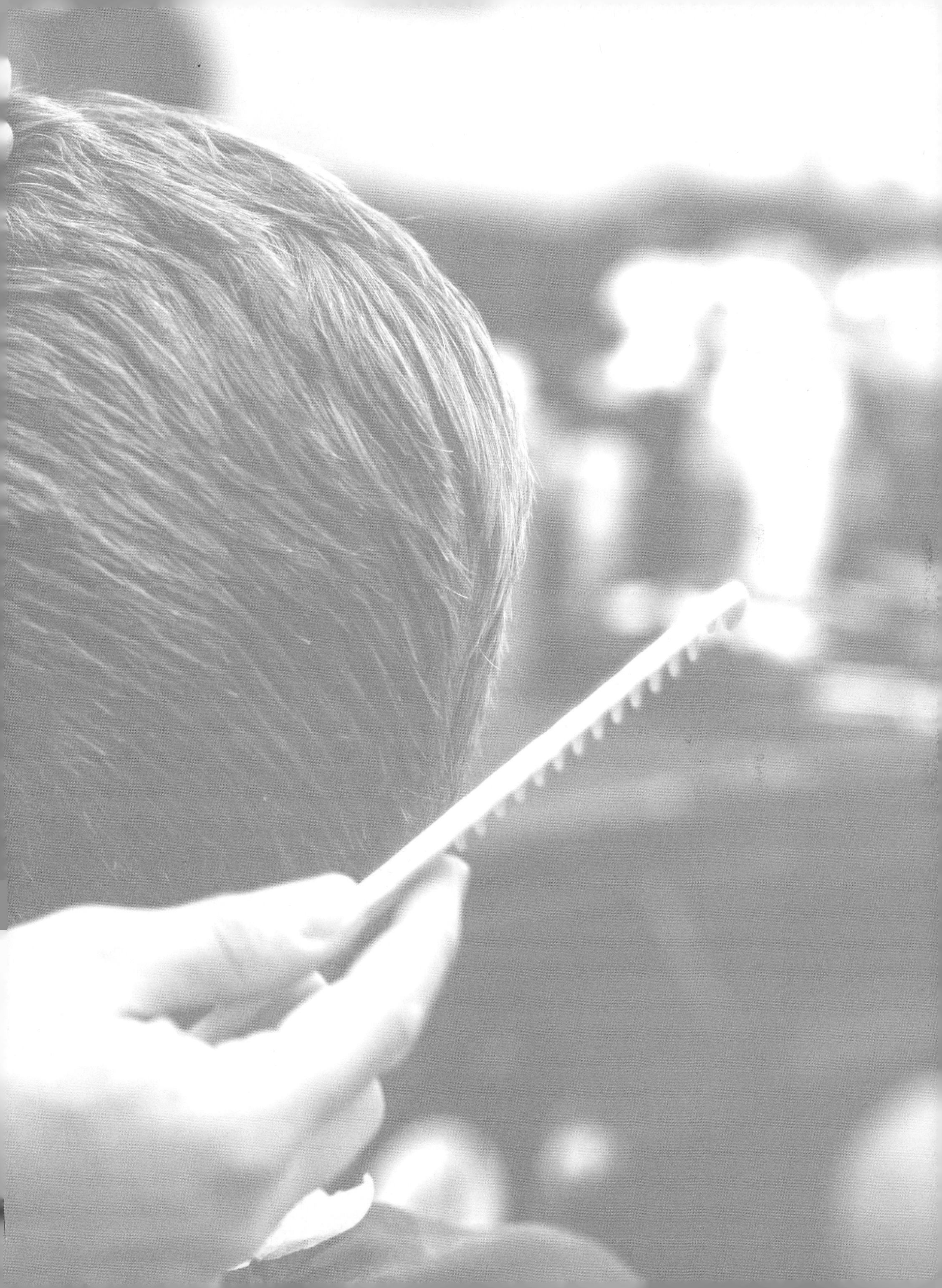

Basic Barber & Beauty

베이직 남성이·미용 커트

메디시인

머 리 말

사회의 끊임 없는 변화로 유행에 민감한 10~40대 남성들은 다양한 헤어 스타일을 통해 외모를 관리하고 자유로운 감성과 개성을 추구하고 있고 자신의 이미지 관리를 위한 방법으로 선호하고 있습니다.

미(美)의 관심은 여성 중심에서 벗어나 남성들에게도 많은 관심이 늘어나고 있는 현재 우리는 빠른 트랜드 변화와 디자인의 다양성에 대한 기술적인 테크닉을 찾아내야 할 것입니다.

이 책을 통해 새로운 디자인의 기본 이·미용 남성 커트 기술을 보다 쉽게 이해할 수 있습니다. 이 책은 디자인 커트 이론 지식의 체계를 단계별로 정리하였으며, 실기 테크닉도 함께 설명하고 있습니다. 현실적으로 미용 전문가들이 이해하고 활용할 수 있는데 도움을 드리고자 노력하였습니다.

이·미용 기초 남성 커트를 공부하는 학생, 관련 산업 및 강의하시는 강사들에게 실질적인 도움을 드리고, 좋은 자료로 활용되길 바라는 마음입니다.

미용 분야의 새로운 학습의 변화나 다양한 모듈의 제시에 대하여 창의와 연구를 게을리하지 않을 것을 약속드리며, 아울러 선배, 동료선생님들과 교수님들의 지도와 많은 성원을 부탁드립니다.

끝으로 출간을 위해 적극적으로 참여해 주신 선생님들과 편집 디자인 및 출판을 위해 애써 주신 메디시언 임직원분들께도 심심한 감사의 말씀을 드립니다.

임인년 흑호해
필자 대표 박 은 준

차례

머리말 / 3

교과목 프로파일 / 9

PART Ⅰ 이·미용 기초 이론

Chapter 01 이·미용의 역사

1. 서양의 이 · 미용 ········· 28

1. 고대 문명 / 28
2. 중세 시대 / 31
3. 르네상스 시대 / 32
4. 바로크 시대 / 33
5. 로코코 시대 / 34
6. 근세 / 35
7. 현대 / 39

2. 한국의 이 · 미용 ········· 46

1. 고대 / 46
2. 현대 / 52

Chapter 02 남성 커트의 기초 이론

1. 남성 커트의 개념 ········· 65

2. 두상의 명칭과 라인의 분석 ········· 66

1. 두상의 포인트 명칭 / 66
2. 두상 부위별 명칭 / 67
3. 두상의 분할 용어 / 68
4. 두상의 분할 라인 / 68
5. 두상 부분 나누기 / 69

3. 섹션 ········· 70

4. 분배 ········· 72

1. 자연 분배 / 72
2. 직각 분배 / 73
3. 방향 분배 / 73
4. 변이 분배 / 74

5. 시술 각 ········· 74

1. 자연 시술 각 / 74
2. 일반 시술 각 / 75

6. 손가락 위치 ········ 78
1. 평행 손가락 위치 / 78
2. 비 평행 손가락 위치 / 78

7. 디자인 라인 ········ 79
1. 고정 디자인 라인 / 79
2. 이동 디자인 라인 / 79
3. 다중 디자인 라인 / 80

8. 베이스의 종류 ········ 81
1. 온 더 베이스 / 81
2. 사이드 베이스 / 81
3. 오프 더 베이스 / 82
4. 프리 베이스 / 83
5. 트위스트 베이스 / 83

9. 두상 위치 ········ 84
1. 똑바른 형 / 84
2. 앞으로 숙인 형 / 85
3. 옆으로 기울인 형 / 85

Chapter 03 이·미용 도구의 분석

1. 가위 ········ 86
1. 가위의 역사 / 86
2. 가위의 구조 / 87
3. 가위의 종류 / 88
4. 가위 선택 시 주의 점 / 90
5. 가위 잡는 방법 / 90

2. 틴닝 가위 ········ 91
1. 틴닝 가위의 구조 / 91
2. 틴닝 가위의 사용 방법 / 92
3. 날의 위치에 따른 분류 / 92
4. 틴닝 가위 날의 간격과 시술 방법 / 94
5. 틴닝 가위 가로와 세로 패널 잡는 방법 / 95

3. 빗 ········ 95
1. 빗의 구조 / 96
2. 빗의 종류와 기능 / 96
3. 빗의 용도 / 97
4. 싱글링 시술 시 빗 잡는 방법 / 97
5. 모발 빗질 시 잡는 방법 / 98

4. 레이저 ········ 98
1. 레이저의 구조 / 99
2. 레이저의 종류 / 99
3. 레이저의 결정요인 / 100

차례

5. 클리퍼 …… 101

1. 클리퍼의 구조 / 101
2. 클리퍼의 종류 / 102

6. 그 외 기타 도구 …… 103

1. 핀셋 / 103
2. 커트 보 / 104
3. 분무기 / 104
4. 얼굴 털이개 / 105

Chapter 04 헤어 커트의 기본 테크닉

1. 장가위 테크닉 …… 106

1. 지간 깎기 / 106
2. 연속 깎기 / 107
3. 떠올려 깎기 / 107
4. 돌려 깎기 / 108
5. 밀어 깎기 / 108
6. 당겨 깎기 / 109
7. 세워 깎기 / 109

2. 클리퍼 테크닉 …… 110

1. 클리퍼의 선정과 관리 / 110
2. 클리퍼 잡는 기법 / 110
3. 클리퍼 시술 시 빗 잡는 방법과 커트 시술 방법 / 112

3. 레이저 테크닉 …… 115

1. 레이저 테크닉의 특징 / 115
2. 레이저 커트 방법 / 115
3. 레이저 테크닉의 종류 / 115

4. 시술 도구 소독 방법 …… 117

1. 소독 절차 / 117
2. 소독의 종류 및 방법 / 117
3. 도구에 따른 소독 방법 / 118
4. 도구 정리 시 유의 사항 / 118
5. 작업대 정리 및 보관 / 118

Chapter 05 남성 헤어 스타일의 개념 및 정의

1. 장발 스타일 / 125
2. 중발 스타일 / 125
3. 상고 스타일 / 126
4. 스포츠 스타일 / 128
5. 울프 스타일 / 130
6. 샤기 스타일 / 130
7. 댄디 스타일 / 131
8. 비대칭 스타일 / 132
9. 리젠트 스타일 / 132
10. 스왓 스타일 / 133
11. 인디 스타일 / 133
12. 투 블럭 스타일 / 134
13. 포마드 스타일 / 134
14. 모히칸 스타일 / 135

PART II 남성 이용 베이직 커트 실기

Chapter 06 남성 이용 커트 기본 스타일

1. 장발형 스타일 ····· 140

1. 남성 이용 장발 솔리드(수평) 헤어 스타일 / 140
2. 남성 이용 장발 솔리드(스파니엘) 헤어 스타일 / 149
3. 남성 이용 장발 솔리드(이사도라) 헤어 스타일 / 158
4. 남성 이용 장발 (낮은)그래쥬에이션 헤어 스타일 / 169
5. 남성 이용 장발 (중간)그래쥬에이션 헤어 스타일 / 179
6. 남성 이용 장발 (높은)그래쥬에이션 헤어 스타일 / 189
7. 남성 이용 장발 (유니폼)레이어 헤어 스타일 / 202
8. 남성 이용 장발 (인크리스)레이어 헤어 스타일 / 213

2. 단발형 스타일 ····· 224

1. 남성 이용 단발 상상고 헤어 스타일 / 224
2. 남성 이용 단발 중상고 헤어 스타일 / 237
3. 남성 이용 단발 하상고 헤어 스타일 / 250

3. 중발형 스타일 ····· 266

1. 남성 이용 중발 상중발 헤어 스타일 / 266
2. 남성 이용 중발 중중발 헤어 스타일 / 278
3. 남성 이용 중발 하중발 헤어 스타일 / 290

4. 짧은 단발형 스타일 ····· 302

1. 클리퍼 테크닉 둥근형 이발 헤어 스타일 / 302
2. 장가위 테크닉 둥근형 이발 헤어 스타일 / 310
3. 클리퍼 테크닉 삼각형 이발 헤어 스타일 / 322
4. 장가위 테크닉 삼각형 이발 헤어 스타일 / 331
5. 클리퍼 테크닉 사각형 이발 헤어 스타일 / 343
6. 장가위 테크닉 사각형 이발 헤어 스타일 / 350

차례

PART III 남성 미용 베이직 커트 실기

Chapter 07 남성 미용 커트 기본 스타일

1. 장발형 스타일 ······ 370
1. 남성 미용 장발 솔리드(수평) 헤어 스타일 / 370
2. 남성 미용 장발 솔리드(스파니엘) 헤어 스타일 / 380
3. 남성 미용 장발 솔리드(이사도라) 헤어 스타일 / 391
4. 남성 미용 장발 (낮은)그래쥬에이션 헤어 스타일 / 404
5. 남성 미용 장발 (중간)그래쥬에이션 헤어 스타일 / 415
6. 남성 미용 장발 (높은)그래쥬에이션 헤어 스타일 / 426
7. 남성 미용 장발 (유니폼)레이어 헤어 스타일 / 439
8. 남성 미용 장발 (인크리스)레이어 헤어 스타일 / 449

2. 단발형 스타일 ······ 461
1. 남성 미용 단발 상상고 헤어 스타일 / 461
2. 남성 미용 단발 중상고 헤어 스타일 / 475
3. 남성 미용 단발 하상고 헤어 스타일 / 489

3. 중발형 스타일 ······ 506
1. 남성 미용 중발 상중발 헤어 스타일 / 506
2. 남성 미용 중발 중중발 헤어 스타일 / 520
3. 남성 미용 중발 하중발 헤어 스타일 / 534

4. 짧은 단발형 스타일 ······ 548
1. 남성 미용 짧은 단발 둥근형 이발 헤어 스타일 / 548
2. 남성 미용 짧은 단발 삼각형 이발 헤어 스타일 / 560
3. 남성 미용 짧은 단발 사각형 이발 헤어 스타일 / 573

II 이 · 미용 용어정리 / 589

II 참고 문헌 / 596

1. 교과목 Profile

대분류	중분류	소분류	세분류
숙박·여행·오락	이·미용	이·미용 서비스	이용
능력 단위 수준	3수준		
능력 단위 명칭	기초 이발 〈1201010561_18v3〉 장발형 이발 〈1201010562_18v3〉 중발형 이발 〈1201010563_18v3〉 단발형 이발 〈1201010518_18v3〉 짧은 단발형 이발 〈1201010519_18v3〉		
교과목표	1. 이용 역사와 이발술의 기초를 통해 이발의 기본기를 완성하는 능력을 함양한다. 2. 형태 분석에 따른 솔리드형, 그래쥬에이션형, 레이어드형의 종류 및 형태선, 특징 등을 도식화하여 적용하는 능력을 함양한다. 3. 형태 분석에 따른 상중발, 중중발, 하중발 스타일의 종류 및 형태선, 특징 등을 도식화 하여 적용하는 능력을 함양한다. 4. 클리퍼와 장가위를 이용하여 귀를 덮지 않도록 길이를 설정하여 원하는 스타일에 따라 양감을 조절하는 능력을 함양한다. 5. 두상의 모발이 눕지 않고 세울 정도의 짧은 스타일로 둥근형, 삼각형, 사각형 형태로 깎는 능력을 함양한다.		

능력 단위 명칭	단원명〈능력 단위 요소명〉	교과내용
기초 이발〈1201010561_18v3〉	이용 역사 설명하기〈1201010561_18v3.1〉	1.1 문화사에 따른 이용 발전과정을 설명할 수 있다. 1.2 이발술의 발달에 따른 이발 도구의 변천사를 설명할 수 있다. 1.3 이발의 변천사를 형태와 기법으로 설명할 수 있다.
	기초 이발하기〈1201010561_18v3.2〉	2.1 이발 도구인 가위, 틴닝 가위, 레이저, 바리캉, 빗 등의 구조와 사용 방법을 설명할 수 있다. 2.2 이발 도구에 따른 자르기 기본 기법을 실행할 수 있다. 2.3 이발 작업에 필요한 기초이론 지식을 적용할 수 있다. 2.4 이발의 기본절차를 수행할 수 있다.
장발형 이발〈1201010562_18v3〉	솔리드형 이발하기〈1201010562_18v3.1〉	1.1 형태 분석에 따른 솔리드형의 종류 및 형태선, 특징 등을 도식화하여 적용할 수 있다. 1.2 솔리드형을 이해하고 도해도를 작성한 후 자를 수 있다.

	레이어드형 이발하기 〈1201010562_18v3.2〉	2.1 비대칭, 대칭, 커넥션, 디스 커넥션 스타일의 형태선, 특징 등을 도식화하여 자르거나 깎을 수 있다. 2.2 레이저를 이용한 에칭, 아킹, 로테이션, 테이퍼링 기법으로 자를 수 있다. 2.3 가위를 이용한 롱, 미디엄, 쇼트 스트로크 기법으로 자를 수 있다. 2.4 이발 작업 후 고객 만족도를 파악하여 필요한 경우 수정·보완하며 홈 케어를 위해 조언할 수 있다.
	그래쥬에이션형 이발하기 〈1201010562_18v3.3〉	3.1 형태 분석에 따른 그래쥬에이션형의 종류 및 형태선, 특징 등을 도식화하여 적용할 수 있다. 3.2 그래쥬에이션형의 길이와 단차를 이해하고 도해도를 작성한 후 자를 수 있다. 3.3 그래쥬에이션형의 다양한 무게감과 그라데이션을 연출할 수 있다.
중발형 이발 〈1201010563_18v3〉	상중발형 이발하기 〈1201010563_18v3.1〉	1.1 형태 분석에 따른 상중발형 스타일의 종류 및 형태선, 특징 등을 도식화하여 설명할 수 있다. 1.2 상중발형을 이발하기 위한 커트 절차를 설명할 수 있다. 1.3 상중발형을 이발하기 위한 이발 기법을 수행할 수 있다.
	중중발형 이발하기 〈1201010563_18v3.2〉	2.1 형태 분석에 따른 중중발형 스타일의 종류 및 형태선, 특징 등을 도식화하여 설명할 수 있다. 2.2 중중발형을 이발하기 위한 커트 절차를 설명할 수 있다. 2.3 중중발형을 이발하기 위한 이발 기법을 수행할 수 있다.
	하중발형 이발하기 〈1201010563_18v3.3〉	3.1 형태 분석에 따른 하중발형 스타일의 종류 및 형태선, 특징 등을 도식화하여 설명할 수 있다. 3.2 하중발형을 이발하기 위한 커트 절차를 설명할 수 있다. 3.3 하중발형을 이발하기 위한 이발 기법을 수행할 수 있다.
단발형 이발 〈1201010518_18v3〉	상상고형 이발하기 〈1201010518_18v3.1〉	1.1 천정부의 두발을 지간 깎기를 할 수 있다. 1.2 천정부 아래 영역의 두발을 거칠게 깎기를 할 수 있다. 1.3 바리캉을 이용하여 측면과 후면의 발제선부터 중단부 이상 그라데이션하여 깎을 수 있다. 1.4 바리캉으로 깎은 후 싱글링하여 천정부의 두발과 자연스럽게 연결할 수 있다. 1.5 틴닝 가위를 사용하여 질감 처리를 할 수 있다. 1.6 장가위를 사용하여 수정·보완할 수 있다.

	중상고형 이발하기 〈1201010518_18v3.2〉	2.1 천정부와 상단부의 두발을 지간 깎기를 할 수 있다. 2.2 상단부 아래 영역의 두발을 거칠게 깎기를 할 수 있다. 2.3 바리캉을 이용하여 측면과 후면의 발제선부터 하단부까지 그라데이션하여 깎을 수 있다. 2.4 바리캉으로 깎은 후 싱글링하여 상단부의 두발과 자연스럽게 연결할 수 있다. 2.5 틴닝 가위를 사용하여 질감 처리를 할 수 있다. 2.6 장가위를 사용하여 수정·보완할 수 있다.
	하상고형 이발하기 〈1201010518_18v3.3〉	3.1 천정부와 상단부의 두발을 지간 깎기를 할 수 있다. 3.2 상단부 아래 영역의 두발을 거칠게 깎기를 할 수 있다. 3.3 바리캉을 이용하여 측면과 후면의 발제선부터 후두하부까지 그라데이션하여 깎을 수 있다. 3.4 바리캉으로 깎은 후 싱글링하여 상단부의 두발과 자연스럽게 연결할 수 있다. 3.5 틴닝 가위를 사용하여 질감 처리를 할 수 있다. 3.6 장가위를 사용하여 수정·보완할 수 있다.
짧은 단발형 이발 〈1201010519_18v3〉	둥근형 이발하기 〈1201010519_18v3.1〉	1.1 전체 두발을 거칠게 깎기를 할 수 있다. 1.2 바리캉을 이용하여 측면과 후면의 발제선부터 후두부까지 그라데이션하여 깎을 수 있다. 1.3 천정부를 둥근형으로 깎은 후 싱글링하여 천정부의 두발과 자연스럽게 연결할 수 있다. 1.4 틴닝 가위를 사용하여 질감 처리를 할 수 있다. 1.5 장가위를 사용하여 수정·보완할 수 있다.
	삼각형 이발하기 〈1201010519_18v3.2〉	2.1 전체 두발을 거칠게 깎기를 할 수 있다. 2.2 바리캉을 이용하여 측면과 후면의 발제선부터 후두부까지 그라데이션하여 깎을 수 있다. 2.3 천정부를 삼각형으로 깎은 후 싱글링하여 천정부의 두발과 자연스럽게 연결할 수 있다. 2.4 틴닝 가위를 사용하여 질감 처리를 할 수 있다. 2.5 장가위를 사용하여 수정·보완할 수 있다.

	사각형 이발하기 〈1201010519_18v3.3〉	3.1 전체 두발을 거칠게 깎기를 할 수 있다. 3.2 바리캉을 이용하여 측면과 후면의 발제선부터 후두부까지 그라데이션하여 깎을 수 있다. 3.3 천정부를 사각형으로 깎은 후 싱글링하여 천정부의 두발과 자연스럽게 연결할 수 있다. 3.4 틴닝 가위를 사용하여 질감 처리를 할 수 있다. 3.5 장가위를 사용하여 수정·보완할 수 있다.

능력 단위 명칭	단원명 〈능력 단위 요소명〉	교과 내용
교육 방법	강의법, 실험 실습법, AI교수법, 문제 해결식 수업	
평가 시 고려사항	기초 이발 〈1201010561_18v3〉	① 수행 준거에 제시되어 있는 내용을 성공적으로 수행할 수 있는지를 평가해야 한다. ② 평가자는 다음 사항을 평가해야 한다. • 수행 준거에 따른 지식·기술·태도의 습득 능력 • 이용의 유래와 시대별 발전과정 이해 여부 • 이발 도구 변천사 이해 여부 • 헤어 스타일의 변천사 이해 여부 • 올바르게 도구를 조작하는 능력 • 숙련도 있게 모발을 빗질하고 섹셔닝하는 능력 • 숙련도 있게 모발을 핀셋 처리하는 능력 • 올바른 작업 절차 이해 여부 • 이발 기법 숙련도 여부
	장발형 이발 〈1201010562_18v3〉	① 수행 준거에 제시되어 있는 내용을 성공적으로 수행할 수 있는지를 평가해야 한다. ② 평가자는 다음 사항을 평가해야 한다. • 수행 준거에 따른 지식·기술·태도의 습득 능력 • 헤어 커트 기초이론 이해 여부 • 올바르게 도구를 조작하는 능력 • 헤어 스타일의 변천사 이해 여부 • 숙련도 있게 모발을 빗질하고 섹셔닝하는 능력 • 숙련도 있게 모발을 핀셋 처리하는 능력 • 커트 유형에 따른 올바른 작업 절차 이해 여부 • 이발 기법 숙련도 여부 • 콤 아웃 처리 능력

능력 단위 명칭	단원명 〈능력 단위 요소명〉	교과 내용
	중발형 이발 〈1201010563_18v3〉	① 수행 준거에 제시되어 있는 내용을 성공적으로 수행할 수 있는지를 평가해야 한다. ② 평가자는 다음 사항을 평가해야 한다. • 수행 준거에 따른 지식·기술·태도의 습득 능력 • 올바르게 도구를 조작하는 능력 • 숙련도 있게 모발을 빗질하는 능력 • 숙련도 있게 이발 기법을 수행하는 능력 • 고객의 모발 상태에 따른 올바른 작업 절차 이해 여부 • 질감 처리 능력
	단발형 이발 〈1201010518_18v3〉	① 수행 준거에 제시되어 있는 내용을 성공적으로 수행할 수 있는지를 평가해야 한다. ② 평가자는 다음 사항을 평가해야 한다. • 수행 준거에 따른 지식·기술·태도의 습득 능력 • 바리캉 커트 이발 기법 숙련도 여부 • 모발 길이에 따라 바리캉 기법을 다르게 적용하는 능력 • 커트 유형에 따른 올바른 작업 순서 및 방법의 이해 여부 • 커트 스타일의 완성도
	짧은 단발형 이발 〈1201010519_18v3〉	① 수행 준거에 제시되어 있는 내용을 성공적으로 수행할 수 있는지를 평가해야 한다. ② 평가자는 다음 사항을 평가해야 한다. • 수행 준거에 따른 지식·기술·태도의 습득 능력 • 커트 유형에 따른 올바른 작업 순서 및 방법의 이해 여부 • 모발 길이에 따라 적절하게 빗과 가위를 사용하는 능력 • 모발 길이에 따른 그라데이션의 완성도 • 커트 스타일의 완성도 • 이발 기법 숙련도 여부
평가 방법	A. 포트폴리오 B. 문제해결 시나리오 C. 서술형 시험 D. 논술형 시험 E. 사례연구 F. 평가자 질문 G. 평가자 체크 리스트 H. 피평가자 체크 리스트 I. 일지/저널 J. 역할연기 K. 구두발표 L. 작업장평가 M. 기타	

능력 단위 명칭	단원명 〈능력 단위 요소명〉	교과 내용
작업기초능력	• 의사 소통 능력 (경청 능력, 기초 외국어 능력, 문서 이해 능력, 문서 작성 능력, 의사 표현 능력) • 문제 해결 능력 (문제처리 능력, 사고력) • 자기 개발 능력 (경력개발 능력, 자기관리 능력, 자아 인식 능력) • 자원 관리 능력 (물적 자원 관리 능력, 시간 자원 관리 능력, 인적자원 관리 능력) • 대인 관계 능력 (갈등관리 능력, 고객 서비스 능력, 리더십 능력, 팀워크 능력, 협상 능력) • 기술 능력 (기술선택 능력, 기술이해 능력, 기술적용 능력) • 직업윤리 (공동체 윤리, 근로 윤리)	

2. NCS 기반 강의계획서

<table>
<tr><td>능력단위명
〈코드〉</td><td colspan="6">기초 이발 〈1201010561_18v3〉
장발형 이발 〈1201010562_18v3〉
중발형 이발 〈1201010563_18v3〉
단발형 이발 〈1201010518_18v3〉
짧은 단발형 이발 〈1201010519_18v3〉</td></tr>
<tr><td rowspan="2">이수구분</td><td colspan="2">이수시간</td><td colspan="2">학점</td><td colspan="2">학년/학기</td></tr>
<tr><td colspan="2"></td><td colspan="2">3학점</td><td colspan="2"></td></tr>
<tr><td>강의실</td><td colspan="2"></td><td colspan="2">요일</td><td colspan="2"></td></tr>
<tr><td>담당교수</td><td colspan="2">(인)</td><td colspan="2">연구실</td><td colspan="2"></td></tr>
<tr><td>연락처</td><td colspan="2"></td><td colspan="2">E-mail</td><td colspan="2"></td></tr>
<tr><td>학습환경</td><td colspan="2">헤어 실습실</td><td colspan="2">학습자료</td><td colspan="2">교재</td></tr>
<tr><td>인력양성유형</td><td colspan="2">남성 헤어 디자이너</td><td colspan="2">관련 자격증</td><td colspan="2"></td></tr>
<tr><td>교과목표</td><td colspan="6">1. 이용 역사와 이발술의 기초를 통해 이발의 기본기를 완성하는 능력을 함양한다.
2. 형태 분석에 따른 솔리드형, 그래쥬에이션형, 레이어드형의 종류 및 형태선, 특징 등을 도식화하여 적용하는 능력을 함양한다.
3. 형태 분석에 따른 상중발, 중중발, 하중발 스타일의 종류 및 형태선, 특징 등을 도식화하여 적용하는 능력을 함양한다.
4. 클리퍼와 장가위를 이용하여 귀를 덮지 않도록 길이를 설정하여 원하는 스타일에 따라 양감을 조절하는 능력을 함양한다.
5. 두상의 모발이 눕지 않고 세울 정도의 짧은 스타일로 둥근형, 삼각형, 사각형 형태로 깎는 능력을 함양한다.</td></tr>
<tr><td>실습 장비 및 재료</td><td colspan="6">홀더(탁상용, 스탠드용), 위그(마네킹과 가발), 블런트 가위(장가위 또는 미니가위), 틴닝 가위, 바리캉(클리퍼), 레이져, 넥 페이퍼, 헤어 핀셋, 빗, 브러시, 이발 의자, 이발 앞장, 거울, 분무기, 헤어 드라이어, 샴푸제, 린스제, 스프레이, 왁스, 포마드</td></tr>
<tr><td rowspan="3">교재 및
참고도서</td><td>구분</td><td>교재명</td><td>저자</td><td>출판사</td><td colspan="2">출판년도</td></tr>
<tr><td>주교재</td><td></td><td></td><td></td><td colspan="2"></td></tr>
<tr><td>참고도서</td><td colspan="5"></td></tr>
</table>

<table>
<tr><td rowspan="2">수업진행 방식</td><td>이론강의</td><td>실습</td><td>발표</td><td>토론</td><td>팀 프로젝트</td><td>현장 견학</td><td>코·티칭 등 기타</td></tr>
<tr><td>✓</td><td>✓</td><td></td><td></td><td></td><td></td><td></td></tr>
</table>

평가방법	A	B	C	D	E	F	G	H	I	J	K	L	M	출석	계%
	A. 포트폴리오 B. 문제해결 시나리오 C. 서술형 시험 D. 논술형 시험 E. 사례연구 F. 평가자 질문 G. 평가자 체크리스트 H. 피평가자 체크리스트 I. 일지/저널·역할연기 K. 구두발표 L. 작업장평가 M. 기타														

능력 단위 명칭 〈코드〉	단위명 (능력 단위 요소명)	수행준거 (평가내용)
기초 이발 〈1201010561_18v3〉	이용역사 설명하기 〈1201010561_18v3.1〉	1.1 문화사에 따른 이용 발전과정을 설명할 수 있다. 1.2 이발술의 발달에 따른 이발 도구의 변천사를 설명할 수 있다. 1.3 이발의 변천사를 형태와 기법으로 설명할 수 있다.
	기초 이발하기 〈1201010561_18v3.2〉	2.1 이발 도구인 가위, 틴닝 가위, 레이저, 바리캉, 빗 등의 구조와 사용방법을 설명할 수 있다. 2.2 이발 도구에 따른 자르기 기본 기법을 실행할 수 있다. 2.3 이발 작업에 필요한 기초 이론 지식을 적용할 수 있다. 2.4 이발의 기본절차를 수행할 수 있다.
장발형 이발 〈1201010562_18v3〉	솔리드형 이발하기 〈1201010562_18v3.1〉	1.1 형태 분석에 따른 솔리드형의 종류 및 형태선, 특징 등을 도식화하여 적용할 수 있다. 1.2 솔리드형을 이해하고 도해도를 작성한 후 자를 수 있다.
	레이어드형 이발하기 〈1201010562_18v3.2〉	2.1 형태 분석에 따른 레이어드형의 종류 및 형태선, 특징 등을 도식화하여 적용할 수 있다. 2.2 레이어드형을 이해하고 도해도를 작성한 후 자를 수 있다.
	그래쥬에이션형 이발하기 〈1201010562_18v3.3〉	3.1 형태 분석에 따른 그래쥬에이션형의 종류 및 형태선, 특징 등을 도식화하여 적용할 수 있다. 3.2 그래쥬에이션형의 길이와 단차를 이해하고 도해도를 작성한 후 자를 수 있다. 3.3 그래쥬에이션형의 다양한 무게감과 그라데이션을 연출할 수 있다.
중발형 이발 〈1201010563_18v3〉	상중발형 이발하기 〈1201010563_18v3.1〉	1.1 형태 분석에 따른 상중발형 스타일의 종류 및 형태선, 특징 등을 도식화하여 설명할 수 있다. 1.2 상중발형을 이발하기 위한 커트 절차를 설명할 수 있다. 1.3 상중발형을 이발하기 위한 이발 기법을 수행할 수 있다.

	중중발형 이발하기 〈1201010563_18v3.2〉	2.1 형태 분석에 따른 중중발형 스타일의 종류 및 형태선, 특징 등을 도식화하여 설명할 수 있다. 2.2 중중발형을 이발하기 위한 커트 절차를 설명할 수 있다. 2.3 중중발형을 이발하기 위한 이발 기법을 수행할 수 있다.
	하중발형 이발하기 〈1201010563_18v3.3〉	3.1 형태 분석에 따른 하중발형 스타일의 종류 및 형태선, 특징 등을 도식화하여 설명할 수 있다. 3.2 하중발형을 이발하기 위한 커트 절차를 설명할 수 있다. 3.3 하중발형을 이발하기 위한 이발 기법을 수행할 수 있다.
단발형 이발 〈1201010518_18v3〉	상상고형 이발하기 〈1201010518_18v3.1〉	1.1 천정부의 두발을 지간 깎기를 할 수 있다. 1.2 천정부 아래 영역의 두발을 거칠게 깎기를 할 수 있다. 1.3 바리캉을 이용하여 측면과 후면의 발제선부터 중단부 이상 그라데이션하여 깎을 수 있다. 1.4 바리캉으로 깎은 후 싱글링하여 천정부의 두발과 자연스럽게 연결할 수 있다. 1.5 틴닝 가위를 사용하여 질감 처리를 할 수 있다. 1.6 장가위를 사용하여 수정·보완할 수 있다.
	중상고형 이발하기 〈1201010518_18v3.2〉	2.1 천정부와 상단부의 두발을 지간 깎기를 할 수 있다. 2.2 상단부 아래 영역의 두발을 거칠게 깎기를 할 수 있다. 2.3 바리캉을 이용하여 측면과 후면의 발제선부터 하단부까지 그라데이션하여 깎을 수 있다. 2.4 바리캉으로 깎은 후 싱글링하여 상단부의 두발과 자연스럽게 연결할 수 있다 2.5 틴닝 가위를 사용하여 질감 처리를 할 수 있다. 2.6 장가위를 사용하여 수정·보완할 수 있다.
	하상고형 이발하기 〈1201010518_18v3.3〉	3.1 천정부와 상단부의 두발을 지간 깎기를 할 수 있다. 3.2 상단부 아래 영역의 두발을 거칠게 깎기를 할 수 있다. 3.3 바리캉을 이용하여 측면과 후면의 발제선부터 후두하부까지 그라데이션하여 깎을 수 있다. 3.4 바리캉으로 깎은 후 싱글링하여 상단부의 두발과 자연스럽게 연결할 수 있다. 3.5 틴닝 가위를 사용하여 질감 처리를 할 수 있다. 3.6 장가위를 사용하여 수정·보완할 수 있다.

짧은 단발형 이발 〈1201010519_18v3〉	둥근형 이발하기 〈1201010519_18v3.1〉	1.1 전체 두발을 거칠게 깎기를 할 수 있다. 1.2 바리캉을 이용하여 측면과 후면의 발제선부터 후두부까지 그라데이션하여 깎을 수 있다. 1.3 천정부를 둥근형으로 깎은 후 싱글링하여 천정부의 두발과 자연스럽게 연결할 수 있다. 1.4 틴닝 가위를 사용하여 질감 처리를 할 수 있다. 1.5 장가위를 사용하여 수정·보완할 수 있다.
	삼각형 이발하기 〈1201010519_18v3.2〉	2.1 전체 두발을 거칠게 깎기를 할 수 있다. 2.2 바리캉을 이용하여 측면과 후면의 발제선부터 후두부까지 그라데이션하여 깎을 수 있다. 2.3 천정부를 삼각형으로 깎은 후 싱글링하여 천정부의 두발과 자연스럽게 연결할 수 있다. 2.4 틴닝 가위를 사용하여 질감 처리를 할 수 있다. 2.5 장가위를 사용하여 수정·보완할 수 있다.
	사각형 이발하기 〈1201010519_18v3.3〉	3.1 전체 두발을 거칠게 깎기를 할 수 있다. 3.2 바리캉을 이용하여 측면과 후면의 발제선부터 후두부까지 그라데이션하여 깎을 수 있다. 3.3 천정부를 사각형으로 깎은 후 싱글링하여 천정부의 두발과 자연스럽게 연결할 수 있다. 3.4 틴닝 가위를 사용하여 질감 처리를 할 수 있다. 3.5 장가위를 사용하여 수정·보완할 수 있다.

능력 단위 명칭 〈코드〉	관련 지식(K), 기술(S), 태도(A)	
기초 이발 〈1201010561_18v3〉	지식(K)	• 이용의 유래에 관한 지식 • 이발 도구의 변천사에 관한 지식 • 이발술의 변천사에 관한 지식 • 자르기 절차에 요구되는 필요지식과 수행 준거에 관한 지식 • 헤어 스타일의 변천사에 관한 지식 • 도구 종류에 따른 구조와 사용방법에 관한 지식 • 자르기 절차에 요구되는 필요지식과 수행 준거에 관한 지식
	기술(S)	• 카테고리별로 분류할 수 있는 능력 • 커트 도구를 목적에 맞게 사용할 수 있는 기술 • 커트 도구 종류에 따라 기본 기법으로 자를 수 있는 기술 • 이발의 기본기로써 자르거나 깎을 수 있는 기술
	태도(A)	• 이발 기초 이론을 이해하려고 노력하는 자세 • 도구 사용법을 정확히 이해하고 올바르게 사용하려는 자세

장발형 이발 〈1201010562_18v3〉	지식(K)	• 도해도에 관한 지식 • 솔리드 스타일 종류에 관한 지식 • 솔리드 스타일 형태선에 관한 지식 • 솔리드 스타일 특징에 관한 지식 • 레이어드 스타일 종류에 관한 지식 • 레이어드 스타일 형태선에 관한 지식 • 레이어드 스타일 특징에 관한 지식 • 그래쥬에이션형 스타일 종류에 관한 지식 • 그래쥬에이션형 스타일 형태선에 관한 지식 • 그래쥬에이션형 스타일 특징에 관한 지식 • 다양한 높이의 무게감에 관한 지식
	기술(S)	• 도해도를 표현할 수 있는 기술 • 솔리드 스타일을 내용과 형태에 어울리게 자를 수 있는 기술 • 레이어드 스타일을 내용과 형태에 어울리게 자를 수 있는 기술 • 그래쥬에이션 스타일을 내용과 형태에 어울리게 자를 수 있는 기술 • 디자인 라인을 커트 형태에 맞게 작업할 수 있는 기술
	태도(A)	• 사용한 도구 및 재료를 청결하게 관리·유지하는 자세 • 바른 사세로 삭업할 수 있노록 노력하는 자세 • 기술 향상을 위해 훈련에 적극적으로 임하는 자세
중발형 이발 〈1201010563_18v3〉	지식(K)	• 커트 도해도에 관한 지식 • 상중발형 스타일 종류에 관한 지식 • 상중발형 스타일의 형태선에 관한 지식 • 상중발형 스타일의 특징에 관한 지식 • 중중발형 스타일 종류에 관한 지식 • 중중발형 스타일의 형태선에 관한 지식 • 중중발형 스타일의 특징에 관한 지식 • 하중발형 스타일 종류에 관한 지식 • 하중발형 스타일의 형태선에 관한 지식 • 하중발형 스타일의 특징에 관한 지식
	기술(S)	• 도해도를 작성할 수 있는 기술 • 도식화 작업을 할 수 있는 기술 • 상중발형 스타일을 커트할 수 있는 기술 • 중중발형 스타일을 커트할 수 있는 기술 • 하중발형 스타일을 커트할 수 있는 기술
	태도(A)	• 사용한 도구 및 재료를 청결하게 관리·유지하는 자세 • 바른 자세로 작업할 수 있도록 노력하는 자세 • 기술 향상을 위해 훈련에 적극적으로 임하는 자세

단발형 이발 〈1201010518_18v3〉	지식(K)	• 두부 명칭에 관한 지식 • 상상고형 스타일의 기준선에 관한 지식 • 중상고형 스타일의 기준선에 관한 지식 • 하상고형 스타일의 기준선에 관한 지식 • 두상과 얼굴 형태 분석에 관한 지식 • 도구사용에 따른 운행 각도에 관한 지식 • 도구사용에 따른 자세에 관한 지식 • 도구사용에 따른 시선에 관한 지식
	기술(S)	• 바른 자세로 작업할 수 있는 기술 • 작업 위치에 따라 팔의 자세를 바꿀 수 있는 능력 • 도구를 목적에 맞게 사용하는 능력 • 도구를 올바르게 조작하는 기술 • 이발 기법을 스타일에 적용할 수 있는 능력 • 스타일에 따라 이발 기법을 선정할 수 있는 능력
	태도(A)	• 이발에 사용할 도구와 재료를 절차에 맞게 진열하여 준비하는 자세 • 다양한 고객의 욕구를 파악하기 위해 노력하는 자세 • 정확한 도구사용법을 이해하고 올바르게 사용하려고 노력하는 자세 • 이발 기법을 이해하고 기능 향상에 적극적으로 노력하는 자세
짧은 단발형 이발 〈1201010519_18v3〉	지식(K)	• 두상과 얼굴 형태 분석에 관한 지식 • 둥근형 이발에 알맞은 빗 각도에 관한 지식 • 둥근형 이발에 알맞은 가위 각도에 관한 지식 • 삼각형 이발에 알맞은 빗 각도에 관한 지식 • 삼각형 이발에 알맞은 가위 각도에 관한 지식 • 사각형 이발에 알맞은 빗 각도에 관한 지식 • 사각형 이발에 알맞은 가위 각도에 관한 지식 • 도구사용에 따른 자세에 관한 지식 • 도구사용에 따른 시선에 관한 지식 • 버즈 스타일과 브로스 스타일의 차이점에 관한 지식
	기술(S)	• 스타일에 따라 이발 기법을 선정할 수 있는 능력 • 바른 자세로 작업할 수 있는 기술 • 작업 위치에 따라 팔의 자세를 바꿀 수 있는 능력 • 도구를 목적에 맞게 사용하는 능력 • 도구를 올바르게 조작하는 기술 • 이발 기법을 스타일에 적용할 수 있는 능력
	태도(A)	• 이발에 사용할 도구와 재료를 절차에 맞게 진열하여 준비하는 자세 • 다양한 고객의 욕구를 파악하기 위해 노력하는 자세 • 정확한 도구사용법을 이해하고 올바르게 사용하려고 노력하는 자세 • 이발 기법을 이해하고 기능 향상에 적극적으로 노력하는 자세

3. 주차별 강의 계획서

1. 이용 베이직 강의 계획서

주차	학습내용 (단원명)	수업(수행) 목표	수업 방식	수업 매체 및 자료	평가
1	이·미용 역사	• 문화사에 따른 이용 발전 과정을 설명할 수 있다. • 이발의 변천사를 형태와 기법으로 설명할 수 있다. • 이발술의 발달에 따른 이발 도구의 변천사를 설명할 수 있다.	강의	교재	
2	이발 기초 이론 및 이발 도구	• 이발 작업에 필요한 기초 이론 지식을 적용할 수 있다. • 이발의 기본 절차를 수행할 수 있다. • 이발 도구인 가위, 틴닝 가위, 레이저, 이발기, 빗 등의 구조와 사용 방법을 설명할 수 있다. • 이발 도구에 따른 자르기 기본 기법을 실행할 수 있다.	강의	교재	
3	헤어 커트 디자인의 분석	• 이발에 요구되는 기본 지식으로 관찰, 사고, 형의 특성, 형태 분석, 디자인 결정 등을 설명할 수 있다. • 얼굴형, 신체, 모류 방향 등을 파악 후 디자인을 할 수 있다.	강의	교재	
4	솔리드형 이발	• 형태 분석에 따른 솔리드형의 종류 및 형태선, 특징 등을 도식화 하여 커트를 수행할 수 있다. • 수평 원랭스의 도해도와 커트 절차를 수행할 수 있다. • 수평 스파니엘전대각의 도해도와 커트 절차를 수행할 수 있다. • 수평 이사도라후대각의 도해도와 커트 절차를 수행할 수 있다.	강의	교재	
5	그래쥬에이션 이발	• 그래쥬에이션 형의 다양한 무게감과 그라데이션을 연출할 수 있다. • 낮은 그래쥬에이션의 도해도와 커트 절차를 수행할 수 있다. • 중간 그래쥬에이션의 도해도와 커트 절차를 수행할 수 있다. • 높은 그래쥬에이션의 도해도와 커트 절차를 수행할 수 있다.	강의	교재	
6	레이어 이발	• 레이어드형을 이해하고 도해도를 작성한 후 자를 수 있다. • 유니폼 레이어의 도해도와 커트 절차를 수행할 수 있다. • 인크리스 레이어의 도해도와 커트 절차를 수행할 수 있다.	강의	교재	

주차	학습내용(단원명)	수업(수행) 목표	수업 방식	수업 매체 및 자료	평가
7	상상고형 이발	• 천정부의 두발을 지간 깎기를 할 수 있다. • 천정부 아래 영역의 두발을 거칠게 깎기를 할 수 있다. • 이발기를 이용하여 측면과 후면의 발제선부터 중단부 이상 그라데이션하여 깎을 수 있다. • 이발기로 깎은 후 싱글링하여 천정부의 두발과 자연스럽게 연결할 수 있다. • 틴닝 가위를 사용하여 질감 처리를 할 수 있다. • 장가위를 사용하여 수정·보완할 수 있다.	강의	교재	
8	중상고형 이발	• 천정부와 상단부의 두발을 지간 깎기를 할 수 있다. • 상단부 아래 영역의 두발을 거칠게 깎기를 할 수 있다. • 이발기를 이용하여 측면과 후면의 발제선부터 하단부까지 그라데이션하여 깎을 수 있다. • 이발기로 깎은 후 싱글링하여 상단부의 두발과 자연스럽게 연결할 수 있다. • 틴닝 가위를 사용하여 질감 처리를 할 수 있다. • 장가위를 사용하여 수정·보완할 수 있다.	강의	교재	1차 (서술형 시험)
9	하상고형 이발	• 천정부와 상단부의 두발을 지간 깎기를 할 수 있다. • 상단부 아래 영역의 두발을 거칠게 깎기를 할 수 있다. • 이발기를 이용하여 측면과 후면의 발제선부터 후두하부까지 그라데이션하여 깎을 수 있다. • 이발기로 깎은 후 싱글링하여 상단부의 두발과 자연스럽게 연결할 수 있다. • 틴닝 가위를 사용하여 질감 처리를 할 수 있다. • 장가위를 사용하여 수정·보완할 수 있다.	강의	교재	
10	상중발형 이발	• 형태 분석에 따른 상중발형 스타일의 종류 및 형태선, 특징 등을 도식화하여 설명할 수 있다. • 상중발형을 이발하기 위한 커트 절차를 설명할 수 있다. • 상중발형을 이발하기 위한 이발 기법을 수행할 수 있다.	강의	교재	
11	중중발형 이발	• 형태 분석에 따른 중중발형 스타일의 종류 및 형태선, 특징 등을 도식화하여 설명할 수 있다. • 중중발형을 이발하기 위한 커트 절차를 설명할 수 있다. • 중중발형을 이발하기 위한 이발 기법을 수행할 수 있다.	강의	교재	

주차	학습내용 (단원명)	수업(수행) 목표	수업 방식	수업 매체 및 자료	평가
12	하중발형 이발	• 형태 분석에 따른 하중발형 스타일의 종류 및 형태선, 특징 등을 도식화하여 설명할 수 있다. • 하중발형을 이발하기 위한 커트 절차를 설명할 수 있다. • 하중발형을 이발하기 위한 이발 기법을 수행할 수 있다.	강의	교재	
13	둥근형 이발	• 전체 두발을 거칠게 깎기를 할 수 있다. • 이발기를 이용하여 측면과 후면의 발제선부터 후두부까지 그라데이션하여 깎을 수 있다. • 천정부를 둥근형으로 깎은 후 싱글링하여 천정부의 두발과 자연스럽게 연결할 수 있다. • 틴닝 가위를 사용하여 질감 처리를 할 수 있다. • 장가위를 사용하여 수정·보완할 수 있다.	강의	교재	
14	삼각형 이발	• 전체 두발을 거칠게 깎기를 할 수 있다. • 이발기를 이용하여 측면과 후면의 발제선부터 후두부까지 그라데이션하여 깎을 수 있다. • 천정부를 삼각형으로 깎은 후 싱글링하여 천정부의 두발과 자연스럽게 연결힐 수 있다. • 틴닝 가위를 사용하여 질감 처리를 할 수 있다. • 장가위를 사용하여 수정·보완할 수 있다.	강의	교재	3차 (포트폴리오)
15	사각형 이발	• 전체 두발을 거칠게 깎기를 할 수 있다. • 이발기를 이용하여 측면과 후면의 발제선부터 후두부까지 그라데이션하여 깎을 수 있다. • 천정부를 사각형으로 깎은 후 싱글링하여 천정부의 두발과 자연스럽게 연결할 수 있다. • 틴닝 가위를 사용하여 질감 처리를 할 수 있다. • 장가위를 사용하여 수정·보완할 수 있다.	강의	교재	2차 (평가자 체크리스트)

2. 미용 베이직 강의 계획서

주차	학습내용 (단원명)	수업(수행) 목표	수업 방식	수업 매체 및 자료	평가
1	이·미용 역사	• 문화사에 따른 이용 발전 과정을 설명할 수 있다. • 남성 헤어 스타일의 변천사를 형태와 기법으로 설명할 수 있다. • 남성 커트의 발달에 따른 남성 커트 도구의 변천사를 설명할 수 있다.	강의	교재	
2	커트 기초 이론 및 커트 도구	• 남성 커트 작업에 필요한 기초 이론 지식을 적용할 수 있다. • 남성 커트의 기본 절차를 수행할 수 있다. • 남성 커트 도구인 가위, 틴닝 가위, 레이저, 클리퍼, 빗 등의 구조와 사용 방법을 설명할 수 있다. • 남성 커트 도구에 따른 자르기 기본 기법을 실행할 수 있다.	강의	교재	
3	헤어 커트 디자인의 분석	• 남성 커트에 요구되는 기본 지식으로 관찰, 사고, 형의 특성, 형태 분석, 디자인 결정 등을 설명할 수 있다. • 얼굴형, 신체, 모류 방향 등을 파악 후 디자인을 할 수 있다.	강의	교재	
4	솔리드형 이발	• 형태 분석에 따른 솔리드형의 종류 및 형태선, 특징 등을 도식화 하여 커트를 수행할 수 있다. • 수평 원랭스의 도해도와 커트 절차를 수행할 수 있다. • 수평 스파니엘전대각의 도해도와 커트 절차를 수행할 수 있다. • 수평 이사도라후대각의 도해도와 커트 절차를 수행할 수 있다.	강의	교재	
5	그래쥬에 이션 이발	• 그래쥬에이션 형의 다양한 무게감과 그라데이션을 연출할 수 있다. • 낮은 그래쥬에이션의 도해도와 커트 절차를 수행할 수 있다. • 중간 그래쥬에이션의 도해도와 커트 절차를 수행할 수 있다. • 높은 그래쥬에이션의 도해도와 커트 절차를 수행할 수 있다.	강의	교재	
6	레이어 이발	• 레이어드형을 이해하고 도해도를 작성한 후 자를 수 있다. • 유니폼 레이어의 도해도와 커트 절차를 수행할 수 있다. • 인크리스 레이어의 도해도와 커트 절차를 수행할 수 있다.	강의	교재	

주차	학습내용 (단원명)	수업(수행) 목표	수업 방식	수업 매체 및 자료	평가
7	상상고형 이발	• 천정부의 두발을 지간 깎기를 할 수 있다. • 천정부 아래 영역의 두발을 거칠게 깎기를 할 수 있다. • 이발기를 이용하여 측면과 후면의 발제선부터 중단부 이상 그라데이션하여 깎을 수 있다. • 이발기로 깎은 후 싱글링하여 천정부의 두발과 자연스럽게 연결할 수 있다. • 틴닝 가위를 사용하여 질감 처리를 할 수 있다. • 장가위를 사용하여 수정·보완할 수 있다.	강의	교재	
8	중상고형 이발	• 천정부와 상단부의 두발을 지간 깎기를 할 수 있다. • 상단부 아래 영역의 두발을 거칠게 깎기를 할 수 있다. • 이발기를 이용하여 측면과 후면의 발제선부터 하단부까지 그라데이션하여 깎을 수 있다. • 이발기로 깎은 후 싱글링하여 상단부의 두발과 자연스럽게 연결할 수 있다. • 틴닝 가위를 사용하여 질감 처리를 할 수 있다. • 장가위를 사용하여 수정·보완할 수 있다.	강의	교재	1차 (서술형 시험)
9	하상고형 이발	• 천정부와 상단부의 두발을 지간 깎기를 할 수 있다. • 상단부 아래 영역의 두발을 거칠게 깎기를 할 수 있다. • 이발기를 이용하여 측면과 후면의 발제선부터 후두하부까지 그라데이션하여 깎을 수 있다. • 이발기로 깎은 후 싱글링하여 상단부의 두발과 자연스럽게 연결할 수 있다. • 틴닝 가위를 사용하여 질감 처리를 할 수 있다. • 장가위를 사용하여 수정·보완할 수 있다.	강의	교재	
10	상중발형 이발	• 형태 분석에 따른 상중발형 스타일의 종류 및 형태선, 특징 등을 도식화하여 설명할 수 있다. • 상중발형을 이발하기 위한 커트 절차를 설명할 수 있다. • 상중발형을 이발하기 위한 이발 기법을 수행할 수 있다.	강의	교재	
11	중중발형 이발	• 형태 분석에 따른 중중발형 스타일의 종류 및 형태선, 특징 등을 도식화하여 설명할 수 있다. • 중중발형을 이발하기 위한 커트 절차를 설명할 수 있다. • 중중발형을 이발하기 위한 이발 기법을 수행할 수 있다.	강의	교재	

주차	학습내용 (단원명)	수업(수행) 목표	수업 방식	수업 매체 및 자료	평가
12	하중발형 이발	• 형태 분석에 따른 하중발형 스타일의 종류 및 형태선, 특징 등을 도식화하여 설명할 수 있다. • 하중발형을 이발하기 위한 커트 절차를 설명할 수 있다. • 하중발형을 이발하기 위한 이발 기법을 수행할 수 있다.	강의	교재	
13	둥근형 이발	• 전체 두발을 거칠게 깎기를 할 수 있다. • 이발기를 이용하여 측면과 후면의 발제선부터 후두부까지 그라데이션하여 깎을 수 있다. • 천정부를 둥근형으로 깎은 후 싱글링하여 천정부의 두발과 자연스럽게 연결할 수 있다. • 틴닝 가위를 사용하여 질감 처리를 할 수 있다. • 장가위를 사용하여 수정·보완할 수 있다.	강의	교재	
14	삼각형 이발	• 전체 두발을 거칠게 깎기를 할 수 있다. • 이발기를 이용하여 측면과 후면의 발제선부터 후두부까지 그라데이션하여 깎을 수 있다. • 천정부를 삼각형으로 깎은 후 싱글링하여 천정부의 두발과 자연스럽게 연결할 수 있다. • 틴닝 가위를 사용하여 질감 처리를 할 수 있다. • 장가위를 사용하여 수정·보완할 수 있다.	강의	교재	3차 (포트폴리오)
15	사각형 이발	• 전체 두발을 거칠게 깎기를 할 수 있다. • 이발기를 이용하여 측면과 후면의 발제선부터 후두부까지 그라데이션하여 깎을 수 있다. • 천정부를 사각형으로 깎은 후 싱글링하여 천정부의 두발과 자연스럽게 연결할 수 있다. • 틴닝 가위를 사용하여 질감 처리를 할 수 있다. • 장가위를 사용하여 수정·보완할 수 있다.	강의	교재	2차 (평가자 체크리스트)

PART Ⅰ

PART Ⅰ

이·미용 기초 이론

1. 이·미용의 역사
2. 남성 커트의 기초 이론
3. 이·미용 도구의 분석
4. 헤어 커트의 기본 테크닉
5. 남성 헤어 스타일의 개념 및 정의

Chapter 1

이 · 미용의 역사

1. 서양의 이·미용[1)2)3)4)5)6)]

1. 고대 문명 B.C. 3,000년~A.D. 3세기

(1) 고대 이집트 시대

청결 관념이 강하고 강한 열기를 견뎌야 했던 이집트인들은 머리카락을 바짝 자르거나 밀어버리고 가발을 쓰는 관습이 있었으며 실내에서는 청결함과 시원함을 느꼈으며 실외에서는 위엄을 주고 햇빛을 차단해 주는 역할을 하였다.

그림 1-1 이집트 시대 헤어 스타일[7)8)9)10)11)12)]

고분에서 발견된 가발은 사람의 머리카락이나 식물 추출물과 양모나 말에서 나온 털 등을 사용하였고 B.C. 1069년~1552년 사이에 지배했던 신생왕국에서는 가발을 겹쳐 착용한 이중 가발 스타일도 엿볼 수 있었다. 이집트 시대에 면도칼은 매우 중요한 의미를 부여하고, 금, 은, 구리 등으로 만들어졌으며 모발을 자르거나 숱을 치는데 사용된 것으로 추측된다.

고대 왕국에는 왕의 자손은 보통 청년에 의해 구별되었으며 귀 위로 도출된 거대한 변발을 하고 있는 것으로 표현되었고 신분의 표시는 제국 시대 동안 계속 되었지만 장식적인 모발이 변발을 대신하였다. 다른 젊은이들은 한쪽으로 늘어뜨린 머리를 한 소수 외에는 대부분 머리를 깎았다.

(2) 그리스 시대

B.C. 1100년 경~B.C. 700년까지 약 400년간은 그리스의 문명 형성기였다. 그리스는 이집트와 달리 남·녀 모두 머리를 길렀으며, 남자들은 머리 모양에 관심이 많았다. 남자들은 머리나 수염에, 여성들은 모발에 컬을 형성하기 위해 2개의 금속 파이프를 사용하였고 그리스인들은 상중에는 머리를 짧게 잘랐으며, 노인과 노예들은 난발短髮을 하였다. 또한, 신부들은 결혼하는 날 진실과 겸손의 의미로 자신의 머리를 잘라 여신에게 봉납捧納하였다.

그림 1-2 그리스 시대 헤어 스타일[13][14][15][16][17][18]

그리스 여성들은 금발이 신의 은총이라 여겨 금발의 컬이 있는 머리를 선호하여 잿물이나 노란색 꽃을 우려낸 물에 머리를 감고 온종일 햇볕에 앉아 있기도 하였다. 그리스인 모발의 일반적인 특징은 아름다운 컬이다.

그리스에서 이발사와 미용사들의 업무는 확실히 알려지지 않았지만, 미용사를 포함한 다수 이발사들은 고객을 의자에 앉혀 놓고 커트를 하기 위해 목둘레를 천으로 덮고 두 손가락으로 큰 가위를 들고 머리카락에 층이 나도록 잘랐고 헤어 스타일을 시술뿐만 아니라 부역으로써 곡물을 나르기도 하였다. 이발사들이 사용하는 핀셋이나 거울, 연고, 천, 집게 등은 스스로 제작하였으며, 그리스의 작업장에서 최초로 고안된 것으로 알려진 거울은 2세기부터 조상 대대로 전해 내려오고 있다.

(3) 로마 시대

람세이는 로마 유물에 대한 책자에서 일찍이 B.C. 300년 시칠리아로부터 이발사가 왔고 젊은 스키피오 장군약 B.C. 200년이 매일 면도한 첫 번째 사람이었다고 전하였다.

제국 시대 동안 하드리아누스가 턱수염을 기르는 관습을 다시 유행시켜 이발소가 인기 있는 장소가 되었으며, 손톱 손질, 발톱 정리, 털과 구취를 제거, 턱수염을 깎기 위해서 칼과 면도칼이 있었고 가위, 빗, 족집게, 지짐 인두, 거울, 타월, 가운도 있었다.

그림 1-3 로마 시대 헤어 스타일[19][20][21][22][23][24]

이러한 면도 풍습은 2세기 동안 일정하게 유지되었고 특히 고위층 남성들의 수염을 정성 들여 손질했으며 수염은 남성이라는 하나의 상징으로 인식되기도 했다.

여자는 앞가르마를 타고 양쪽 머리를 곱슬거리게 늘어뜨리거나 머리 전체를 짧게 컬을 만드는 단순한 스타일이었다. 또한, 남·녀 모두 염색 가발이 성행하였고 상류 사회의 여성들은 금발을 좋아하여 황색으로 염색을 하였으며, 남성들은 검은색으로 염색을 시술하였다.

B.C. 30년 로마 시대부터 이발사의 흔적을 찾아 볼 수 있는데 이발소는 최신 정보나 친구를 만나고, 사무를 처리하는 장소로 이용되었으며 이발사들은 고객들의 흥밋거리나 가십거리를 제공해 주기도 했다. 이발소에서의 시설물은 고객이 앉을 수 있는 의자와 어깨 망토, 벽에 매달린 커다란 거울 등이 비품의 전부였고 그 밖에 회전 기구와 빗, 수건, 연고, 가위를 가는 숫돌을 갖추고 있었다. 훈련받은 연습생들은 경험을 쌓은 후 부유층의 전용 이발사로 보내졌다.

(4) 바빌로니아

함무라비 왕 재위 B.C. 1792~B.C. 1750 이 제정했던 함무라비 법선에 '이용을 업으로 하는 사람'이 의사의 보조자로서 외과 수술이나 이齒의 치료를 직접 했다는 기록이 있다.

2. 중세 시대 5~15세기

8세기~12세기까지 고위층 기독교인, 주교, 수도원장은 일반적으로 법률에 의해 주로 짧은 머리 스타일 Short Style 을 하였고 교회의 통치에 복종 의미로 삭발이 시행되었다. 가느다란 머리카락과 대머리 Baldness 를 대단한 불행으로 간주하여 머리카락을 자라나게 하거나 좋아지게 되는 다양한 탈모 예방 방법과 발모제에 대한 연구가 성행하였다.

머릿속의 이를 없애기 위한 참빗은 화장대의 여러 도구 중 매우 중요했으며 멧돼지 털이나 고슴도치 털로 만들어진 헤어 브러시 hair brush 를 사용하였다.

13세기 남자들은 짧은 단발머리 형태가 주류를 이루었고 거울이 보편화 되어 널리 사용되었다. 14세기 초반엔 긴 머리와 턱수염을 기른 사람도 있었으나 보통의 사람들에게는 깨끗하게 면도하고 턱까지 내려오는 웨이브 wave 머리나 둥글게 끝을 말아 올린 형태의 헤어 스타일이 유행하면서 이 시기부터 아이롱이 이용되었다.

15세기는 중세와 근세의 과도기였고 머리를 짧게 자르기 시작했다. 이마에서 머리 뒷 부분까지 귀 위로 똑바로 잘라 빗질하기 쉬운 스타일인 일명 바가지 커트Badin Cut와 함께 앞머리를 이마에 내리던 스타일이 시작되었으며 남성의 헤어 스타일이 점점 여성화 되어 가기 시작했다. 금발과 검정색의 유행으로 남자들도 머리를 염색하거나 표백하였다.

그림 1-4 중세 시대 헤어 스타일[25][26][27][28][29][30]

3. 르네상스 시대 14~16세기

이탈리아를 중심으로 번성하기 시작한 르네상스 시대의 남성들의 머리 형태는 단발형이거나 짧은 머리형으로 보닛Bonnet이나 캡 형태의 모자를 즐겨 착용하였다. 근엄한 수염이 사라지고 모발은 어깨선까지 길렀으며 여성들의 머리 형태는 중세 말기의 머리 전체에 착용한 장식이 없어지자 황금색과 적색 컬러의 염색을 시술하고 머리 분을 사용하여 향기 나고 반짝거리게 하였으며 계급이 낮은 하류 계급은 청색 컬러를 시술하였다.

이용업은 15세기에 접어들면서 마사지와 샴푸, 목욕에 이르기까지 영역을 넓혀 나갔으며, 중세 이후 페스트pest가 만연하면서 공중목욕탕이 금지되고 입욕의 습관이 사라지면서 상류층에서만 사용한 향수가 체취 제거를 위한 향수로써 보급되기 시작했다.

16세기 전기에는 남자 헤어 스타일이 대부분 단발이었으나 후기에는 머리를 길게 기르거나 앞에서 뒤로 빗어 넘긴 스타일로 현대와 비슷한 짧은 머리 스타일이었다. 1637년 12월 이발사와 가발 제조자의 협동조합이 파리에서 결성되었으며 가발의 수요가 지속적으로 증가하였다.

그림 1-5 르네상스 시대 헤어 스타일[31][32][33][34][35][36]

이 시대의 가발은 짐승 가죽에 인모 머리카락을 사용하여 바느질을 해서 사용하였으나 그 후엔 부드러운 이마포를 사용하였다. 프랑스 루이 15세의 정부였던 퐁파두르 Pompadour는 화려한 의상과 머리형태, 화장법을 유행시켰으며 가발을 사용한 뒤부터 가발 자체가 장식품이 아닌 왕조의 권위를 갖춘 헤어 스타일 자체로서 일반인과 차별화시킬 수 있는 고귀한 사치품이 되었다.

4. 바로크 시대 17세기

바로크 시대의 남성머리 형태는 가장 여성스럽고 풍성한 모양을 하였고 루이 13세 시대에 젊은 왕이 대머리라는 것을 감추기 위해 사용하면서 프랑스 상류층에서 가발이 유행하였다.

17세기 전반에는 깨끗이 면도를 하는 것이 일반적이었으나 1630년대 이후에는 콧수염과 턱수염을 길렀다. 1637년 12월 이발사와 가발 제조사인 협동조합이 파리에서 결성되면서 파리 최초의 헤어 드레서인 '상파뉴'는 파리의 궁전에서 그 명성을 떨쳤다. 여성들은 루이 13세 시대에 머리 형태는 기교적으로 양옆으로 크게 부풀렸던 과장된 머리형이 사라지고 점차 자연스러워졌으며 머리 위에는 '퐁타주Fontanges'라고 하는 새로운 형태의 작고 둥근 캡으로 착용하였다.

그림 1-6 바로크 시대 헤어 스타일[37][38][39][40][41][42]

17세기 후반에 접어 들면서 화려한 의상과 더불어 화려한 형태로 변화하였고 가발의 재료는 자신의 모발이나 염소 털 등을 사용하였으며 모발에 각종 분을 뿌려 갈색이나 연두색, 회색을 띤 흰색으로 착색하여 이를 포마드로 고정시키고 향수를 뿌렸다.

5. 로코코 시대 18세기

18세기 초에는 바로크 시대처럼 가발을 착용하였고 여성들의 머리 형태는 바로크 시대에 유행한 퐁파두르Pompadour 헤어 스타일이 유행하였다. 가발의 형태에 따라 다양한 이름이 붙여졌으며 이름을 다 열거하기 힘들 정도로 많은 스타일의 가발이 있었고 흰색이나 회색 가루를 뿌렸으며 가발의 재료는 사람의 머리털이나 말, 소, 염소 털, 송아지 꼬리, 여우 꼬리와 모 헤어 털실, 철사 등이 이용되었으며 세기 말인 프랑스 혁명 후에는 남자들의 가발이 없어지고 짧은 머리 형태로 변하였다.

그림 1-7 로코코 시대 헤어 스타일[43)44)45)46)47)48)]

1760년대 '로코코의 여왕'이라 불리는 마리 앙투아네트 시대에는 머리 형태에 많은 변화가 나타나 점차 머리 형태가 높아지고 그 위에 화려한 장식을 하였다. 여성들은 머리형을 공들여 치장하는데 오랜 시간이 걸리자 중급 계급의 여인들은 3개월, 상류계층은 10일간 머리를 빗지 않고 그대로 두었으며 로코코 시대의 화장품 제조는 1770년 영국에서 최초의 비누와 화장수 회사가 생겨났고 1774년 프랑스에서는 향수와 화장품 가게가 생기기 시작했다.

18세기 후반에는 남성들의 머리 형태에 가장 큰 변화는 가발이었고 경쾌하고 우아한 모습의 머리 모양을 꾸몄으며 가발의 형태는 높이를 줄이고 길이가 짧아져서 좀 더 편리한 가발의 형태로 변했다.

6. 근세 19세기

(1) 엠파이어 시대 1789~1825

나폴레옹이 황제에 즉위하여 프랑스를 다스렸던 10년의 기간으로 남자들의 머리 형태는 가장 자연스럽고 편리한 형태인 단발머리로 앞머리를 짧게 커트해서 컬을 하거나 뒤에는 머리를 어깨선까지 길게 늘어뜨린 스타일인 티투스 스타일Titus style과 프시케 스타일Psyche style이 유행하였다.

그림 1-8 엠파이어 시대 헤어 스타일[49,50,51,52,53]

남자들은 로마인같이 보이려고 브르스터 커트와 앞머리를 짧게 자른 뱅 스타일을 주로 하였으며, 크라운이 높은 검정이나 회색 모자를 착용하였으며 여자들은 로코코 시대의 귀족 사회의 과장된 실루엣Silhouette과 화려한 장식에서 벗어나 고전주의 영향으로 인간 본연의 자연스러움을 갈망하여 자연스럽게 머리를 늘어뜨리는 헤어 스타일을 하였다.

(2) 로맨틱 시대 1800~1850

루이 18세가 즉위하는 시기로 영국은 빅토리아 시대가 개막하게 되었으며 남성들은 실크 해트를 즐겨 썼는데 크라운의 높이가 굴뚝처럼 높아졌다. 사회의 급진적인 변화를 겪으면서 감성 중심의 낭만주의가 시작되었다. 1818년 외과 의사인 쟈크 테나르Jacques Thenard에 의해 발견된 과산화수소는 1860년과 1865년 탈색에 사용되었으며 이용사와 의사를 겸직하던 1804년 프랑스인 장 바버Jean barber, 최초의 이용사가 외과와 이용원을 완전히 분리시켜 세계 최초의 이용원을 개원하였다.

현재도 이용원은 그의 이름을 붙여 '바버숍Barber Shop'으로 불리고 있다. 이용원의 사인보드Sign Board는 이용원과 외과에서 사용하던 청색정맥, 적색동맥, 백색붕대의 사인볼을 외과가 아닌 이용원에서 현재까지도 사용되고 있다.

그림 1-9 로맨틱 시대 헤어 스타일54)55)56)57)58)59)

(3) 크리놀린Crinoline 시대1850~1870

프랑스의 루이 나폴레옹 3세가 황제로 즉위한 1850년부터 1870년까지의 20년을 말하고 과학기술의 획기적인 발달과 생활 수준의 향상은 낭만주의에서 리얼리즘Realism으로 이행시키는 요인이 되었다.

남자들의 머리 형태는 짧고 단정하게 정돈된 스타일이 주를 이루었고 모발이 뒷목에 닿지 않을 정도로 짧게 자르고 콧수염과 볼 수염을 길렀다. 또한, 중절모자와 굴뚝처럼 높은 실크 해트Silk Hat, 크라운Crown이 낮고 챙이 넓은 모자도 유행하였다.

1860년대 여성들 사이에서는 크리놀린이 유행하였는데 이 시대 여성들의 이상적인 허리 사이즈는 14~16인치로 빈혈로 기절하는 사람들이 많아졌고 맨 아래 늑골을 제거하는 성형수술이 성행하였다. 루이 나폴레옹 3세와 결혼한 스페인 출신 유제니 왕비의 헤어 스타일이 유행하였는데 유제니 왕비와 같은 붉은 갈색을 만들기 위해 염색제와 탈색제를 사용하였고 쟈크 테나르Jacques Thenard에 의해 발견된 과산화수소를 이용하여 처음으로 탈색을 하였으며 1864년에는 호프만이 페닐렌디아민Phenylenediamine을 발견하고 1883년 케라틴Keratin을 염색하기 위해 사용하였으며 파리의 모네가 P.P.D 파라페닐렌디아민 : Para Phenylene Diamine를 이용한 모발 염색의 기초를 마련했다.

그림 1-10 크리놀린 시대 헤어 스타일[60)61)62)63)64)65)]

(4) 버슬 시대 1870~1914

평온하던 시대로 남자들의 머리 길이는 더욱 짧아지고 콧수염과 턱수염을 기르는 것이 일반적 경향이 되었고 콧 수염 양 끝을 위로 말아 올린 카이젤 스타일에 염색을 하거나 왁스를 바르는 등 손질을 하였다.

1872년 독일의 토트나우Todtnau에서 태어난 칼 루드비히 네슬러Karl Ludwig Nessler는 처음에 지방 마을에서 한 이발사의 도제徒弟로 있다가 스위스로 옮겨온 후에 이발업을 시작했다. 그의 이름을 영국식 이름인 찰스 네슬러Charles Nestler로 바꾼 후 최초의 전기 히터 파마를 창안하였고 퍼머넌트 웨이브Permanent Wave를 만들기 위한 방법을 연구하였으며 다양한 기구를 가지고 모발에 대한 시험을 시작했다.

1901년 네슬러Nestle는 런던 레스터 광장Leicester Square의 뷰티 살롱Beauty Salon에서 일했지만 고객에게 마르셀 웨이브Marcel wave: 물결 웨이브 대신 펌Perm으로써 연구한 웨이브Wave를 시도하려 했던 것이 발각되어 해고를 당한 후 좌절하지 않고 1902년 자신의 런던 미용실을 개업하고 거대한 전기 히터 기계를 이용한 펌을 시도했다.

그림 1-11 버슬 시대 헤어 스타일66)67)68)69)70)

7. 현대 20세기

1900년대는 권위적이고 우월적인 이미지가 강한 댄스 스타일의 옷차림과 자연스럽게 가르마가 없는 올백으로 넘긴 스타일, 가르마를 5:5로 나누어 달라붙게 하는 아비용 스타일이 유행하였다. 이 시대에는 이마를 모두 드러내고 모발에 피마자유를 도포한 다음 정갈하게 정리한 헤어 스타일이 유행하였고 빈틈없고 냉철한 이미지를 표현하였다.

1907년 프랑스의 젊은 화학자 유젠슈엘르Euge'ne schueller가 모발의 합성 염모제를 개발하였으며, 1925년에는 산화염료를 주 원료로 하는 염색약들이 개발되면서 과학적인 염색법이 시작되었고 1936년에는 크림 타입의 염모제가 출시되었다.

1937년에 헨 켈Han Kel은 견습생들에게 마르셀 웨이브의 기술로서 2가지의 원인을 제공했다. 마르셀 웨이브의 테크닉은 미용사만이 할 수 있는 특별한 기능이 되었으며, 아름다운 웨이브wave를 형성시키기 위해서는 머리Head에 대한 구조를 익히게 할 뿐만 아니라, 모발Hair를 어떻게 조절할 것인가 학습을 해야 했다. 즉 머리면에 대한 굴곡인 두상의 형태를 이용 머리카락의 길이로서 volume up or down 시키며 머리 라인Head Line을 보완시키는 고도의 테크닉인 미학적 관념으로서의 작업인 마르셀 웨이브를 만들기 위해 꾸준하고 끈기 있는 완성된 연습시간의 필요에 따른 표현되는 미 자체가 예술art 인 것을 처음으로 표출시켰다.

그림 1-12 1900년대 헤어 스타일[71][72][73][74][75]

시술 시에 따르는 많은 주의 모발 분배와 웨이브와 정확성의 결과를 요구하는 헤어 스타일Hair Style을 만들기 위한 미적美的인 시각을 위한 미용사Beauty Hair Dresser와 이발사Baeber Hair Dresser를 구별하기 위한 기술 중의 하나로 분류시키기 시작하였다.

1950년대 염색이 세계적으로 알려지기 시작하면서 미국의 세계적인 슈퍼스타 엘비스 프레슬리Elvis Aron Presley의 뒤로 빗는 덕 테일Duck Tail스타일, 옆머리를 붙이고 윗머리를 올리는 헤어 스타일이 유행하였으며, 영화 '이유없는 반항'에서 제임스 딘James Dean의 머리에서 변형된 상고머리는 젊은이들 사이에서 유행하였다. 퍼머넌트 웨이브Permanent Wave가 활성화 되었던 시기로 남자 스타일 역시 웨이브 스타일이 대세를 이루었다. 미국인 버나드 아즈 구로Bernard Az Guro라는 뉴욕의 미용사가 모발을 짧게 잘라 얼굴을 완전히 드러나게 하는 독특한 스타일을 창작하여 미국뿐만 아니라 세계적으로 유행하였다.

그림 1-13 1950년대 헤어 스타일[76][77][78][79][80]

1960년대에는 경제 발달과 소비, 부, 여가로 인해 미국은 문화적 전성기를 맞이하여 문화와 패션의 아이콘으로 비틀즈The Beatles를 최고로 뽑으며 장발 스타일이 다시 유행하게 되었다.

그림 1-14 1960년대 헤어 스타일[81][82][83][84][85]

60년대 대표 디자이너 비달사순Vidal Sassoon의 등장으로 기하학적인 커트 선을 기반으로 지금까지 끊임없이 유행하고 모방하는 대표적인 스타일인 앞쪽이 길고 무거운 긴 단발머리 스타일과 머쉬룸mushroom 스타일이 나타났다.

1970년대 초반에는 기존 세대에 반기를 든 히피족이 생겨났다. 청년층을 주체로 시작된 히피 문화는 탈 사회적 행동을 하는 사람들을 일컬으며 기존 헤어 스타일Hair Style에 구속받지 않으려는 자연스러움을 강조하기 위해 주로 장발을 하는 히피 스타일Hippie Style이 남자들에게 유행하였다. 1970년대 후반에는 여성들의 사회 진출이 확산되어 주로 젊은 층이 트랜드Trend의 주도권을 잡아가면서 펑크Punk, 글램룩Glam Look, 히피Hippie, 밀리터리Military 등 양성적인 모습들이 유행하였고 히피 문화를 뒤쫒아 청소년 하위문화 스타일로 펑크족이 새롭게 탄생하였다.

젊은 세대들로 구축된 펑크족은 현란한 컬러 염색과 머리 형태는 불규칙한 길이의 머리를 빳빳하게 세운 스파이키 스타일Spike Style, 옆머리를 자르지 않은 채 머리 가운데 부분으로 머리를 모아 젤이나 무스를 사용하여 부채살 모양으로 세운 폴큐핀 스타일Porcupine style, 머리의 양 옆은 면도를 하거나 짧게 자르고 앞 이마부터 뒷 목둘레까지 기르는 독특한 모호크 스타일Mohawk Style이 유행하였다.

그림 1-15 1970년 헤어 스타일[86)87)88)89)90)91)]

1980년대는 자기 관리에 대한 관심이 높아져 다양한 컬러가 유행을 하였고 1981년 프랑스의 기계 제작 회사인 바리캉 마르Barriquand et Marre 제작소에서 바리캉이 발명되었고, 바리캉이 발명되면서 남성들 사이에서 앞머리는 귀가 보이도록 짧고 뒷머리 길이만 길게 기른 레이어 커트 스타일인 일명 맥가이버 헤어 스타일이 세련되고 멋스러운 트랜드 스타일로 많은 남성이 선망하는 스타일이었고, 여자들처럼 볼륨감 있는 과장된 헤어 스타일이 유행하였다.

그림 1-16 1980년대 헤어 스타일[92][93][94][95][96][97]

1990년대에는 스윙, 댄스, 복고, 운동과 더불어 긴 앞머리와 바짝 깎아 올린 뒷머리는 1930년대와 1940년대 스타일이 재창조 되었고, 헤어 커트 외에도 다양한 컬러의 등장과 화려한 색감이 미용계의 염색이라는 매뉴얼이 다양화되기 시작하면서 하이라이트, 부분 염색과 원색 컬러 역시 주류를 이루었다.

그림 1-17 1990년대 헤어 스타일[98][99][100][101][102][103]

2000년대에는 뉴 밀레니엄New Millennium이 시작되면서 새로운 시대가 시작되었다. 정신적 건강을 추구하고 동양의 선과 맞물리며 웰빙Well-Being, 오리엔탈리즘Orientalism이 대두되는 시기로 꾸민 듯 안 꾸민 듯 자연스러움을 추구하였다. 개인의 개성을 표현하는 다양한 커트 스타일과 매직 스트레이트Magic Straight, 셋팅 웨이브Setting Wave, 샤기 커트Shaggy Cut, 댄디 커트Dandy Cut, 투 블럭 커트Two Block Cut 등의 유행과 흐름이 빠르게 진행 되었다.

그림 1-18　2000년대 헤어 스타일[104][105][106][107][108][109]

2. 한국의 이·미용[110)111)112)113)114)115)116)]

1. 고대

(1) 상고 시대BC 10세기경

상고 시대의 머리 형태는 긴 모발을 그대로 늘어뜨리는 피발被髮상태 속에서 모발을 위로 치올려 상투를 튼 속발束髮, 모발을 뒤쪽으로 길게 땋아서 늘어뜨린 편발編髮 등 단순한 형태로 변모變貌하였다. 여성은 개인의 미적욕구와 표현기능의 역할을 수행하였으며 가계加髻만으로 미혼녀와 기혼녀의 구분을 판별할 수 있었다. 한치윤의 해동역사海東繹史에 람방위조선시선藍方威朝鮮詩選을 보면 다음과 같은 기록이 있다.

"삼한의 부인은 반발盤髮인 일종의 얹은머리를 하였는데 모두 아발鴉髮을 지었고, 남은 머리카락은 늘어뜨렸으며, 미혼모는 말아서 뒤로 처지게 늘어트렸다." 이는 출가녀出嫁女는 반발盤髮의 형태를 이루고, 미가녀未嫁女는 변발수후辯髮鬚後한 것을 알 수 있다. 이러한 땋은 머리 모양과 말아 올리는 형태는 큰 기교는 없고 단순하나 농경과 수렵생활에서 오는 생활 방식으로 인하여 의도적으로 단정하게 한 사람은 많지 않았다.

그림 1-19 상고 시대 헤어 스타일[117)118)119)120)121)]

(2) 삼국 시대

고구려, 백제, 신라로 나뉘어졌던 삼국 시대는 머리 형태로 귀천의 차이를 나타냈으며 기혼이나 미혼을 구분하기 위하여 모발을 땋거나 상투를 틀었다. 관례冠禮를 하지 않은 사내는 모발을 땋아 늘어뜨린 형태의 변발辮髮을 한 다음 검정 댕기를 사용하여 끝을 묶었고, 기혼의 남자들은 상투를 틀었다.

여자머리의 경우 쪽의 위치가 높고 길게 내려오는 북계머리와 오른쪽으로 드리운 머리, 반발盤髮의 일종인 얹은머리하여 아계丫髻를 찌고 나머지 머리를 서린머리, 전체적으로 정수리에 올린머리 등이 나타났다. 오른쪽으로 드리운 머리의 형태는 둥근 모양으로 서린머리와 땋아서 드리운 머리가 나타났다. 특히, 삼국 시대 머리 모양의 특성으로 문헌상으로만 알려져 있고 실제 모습을 알 수 없었던 결혼한 여자의 머리 모양인 아계丫髻를 찌고 나머지 머리를 서린머리가 조형 유물에서 나타났다.

① 고구려

남자들은 보편적으로 상투머리가 많았으며 집에서는 좌·우의 이마 가까이에 두 개의 상투를 틀어 올린 쌍상투를 하였다. 쌍상투는 머리숱이 많은 장년과 노년들 모두 즐겨하였고 고구려의 고분벽화를 보면 무용총의 수박희手博戱: 두 사람이 맞붙어 손으로 쳐서 상체를 쓰러뜨리는 겨루기와 삼실총三室塚에서 상투가 묶여져 있는 것을 볼 수 있었다.

그림 1-20 고구려 시대 헤어 스타일[122][123][124][125][126][127]

여인의 머리에 건귁을 착용했으며 이것은 부녀자의 쓰개였다. 귁은 궤䕫라고 쓰기도 하여 머릿수건을 뜻하였고, 부인들의 머릿수건 착용은 중북부뿐 아니라 남부에서도 자주 볼 수 있었다. 가체를 이용한 고계高髻: 올림머리로 머리의 중앙을 높게 올려 중간에 장식 끈으로 장식을 하고 타원형의 테를 둘렀으며 두 가닥을 양볼 쪽으로 드리우게 하는 머리 모양을 하고 있다.

귀부인은 고계高髻: 올림머리에 환을 가로로 두 개를 하였고 일반 서민들은 한 개의 환을 하였으며 둥근 부분이 위쪽으로 향하게 하나만 하였는데 환의 끝자락에는 머리 단을 내려 한층 멋스럽게 장식하였다. 동수 부인과 시녀들의 머리 모양은 좌·우로 드리운 두 가닥의 유·무가 다를 뿐 같은 형태이다. 이처럼 환의 모양은 아주 비슷하나 환을 대는 방식과 숫자를 다르게 하여 신분에 따라 머리 모양이 다르다는 것을 알 수 있다.

② 백제

백제는 일본에 화장품 제조 기술과 화장법을 전수할 정도로 미의식이 발달했고 모발을 길고 아름답게 가꾸는 마한의 전통을 계승하였으며 정수리가 뾰족하게 솟도록 하는 수계식 상투머리를 틀었다. 여성은 혼인을 하기 전에는 두 갈래로 땋아서 댕기로 늘어뜨리고 부인들은 두 갈래로 땋아 틀어 올린 쪽머리를 하였다.

그림 1-21 백제 시대 헤어 스타일[128)129)130)131)132)133)]

③ 신라

신라 시대에는 '아름다운 정신이 깃든다'는 영육일치사상의 영향으로 남·녀 모두 외모에 대한 관심이 높았으며 남자들은 고구려, 백제와 같이 정수리가 뾰족하게 솟도록 하는 수계식 상투와 쌍쌍투를 하거나 모발을 길러서 감고 검은 두건을 착용하기도 하였다.

또한 대인은 상투를, 소인은 결발結髮: 쪽을 찌거나 상투를 트는 머리형태을 하였다. 여자의 머리 형태는 얹은머리와 쪽진 머리가 기본형으로 머리카락을 머리에 두르고 진주나 채색 비단으로 장식했으며 가체를 사용한 얹은머리 형태를 한 것으로 보여진다. 머리 형태에 관심이 많았던 만큼 머리카락의 매매가 이루어졌으며 가체를 얹고 높게 올린 후 고계高髻: 올림머리 형식으로 하였고, 꽃과 보석으로 화려하게 꾸민 것을 화계化髻라 하였으며 신라 시대의 머리 형태는 높고 화려했다.[134]

그림 1-22 신라, 통일 신라 시대 헤어 스타일[136][137][138][139][140][141]

(3) 통일 신라 시대

통일 신라는 삼국의 문화가 융합되어 머리 형태가 다양하고 화려했으며, 신라와 같은 머리 모양을 하였다. 두발에 대한 금제는 없으나 두발 장식품인 소梳 : 머리빗와 채釵 : 머리꽂이 비녀에 대한 금령이 있었으며, 진골에서 평민까지 계급에 따라 규제하는 금령으로 이를 범하면 형벌로 다스렸다.[135)]

(4) 고려 시대

고려 시대에는 관례冠禮 전 미혼 남·녀는 모발을 땋아 길게 늘어뜨린 후 여자는 홍라紅羅 : 붉은색 견직물, 남자는 흑승黑繩으로 묶었으며, 기혼 남성의 경우 상투를 틀었다. 몽골의 영향으로 충렬왕 4년 이후에 머리 모양이 바뀌었는데 일부 남자들은 개체변발開剃辮髮을 하였으며, 개체변발은 정수리 부분의 모발을 남겨 놓고 주변의 머리털을 깎아 나머지 모발을 땋아서 등 뒤로 늘어뜨린 형태로 몽골어로 겁구아怯仇兒라고 불렸고 공민왕 원년1389 이후 본래의 수발 양식인 상투와 얹은머리로 돌아왔다.

여성의 경우 신분과 나이에 따라 두발의 형태를 다르게 하였으며, 옥잠, 호도잠 등 비녀의 사용이 많아졌다. 머리 다발 중간을 틀어 상홍색의 갑사로 만든 댕기로 묶어 쪽진머리와 비슷한 모양을 하였다.[142)]

그림 1-23 고려 시대 헤어 스타일[143)144)145)146)147)148)]

(5) 조선 시대

조선 시대에는 신분제도에 따른 구분이 있었으며, 미혼자는 땋아 늘어뜨리는 댕기머리를 하였고 결혼을 한 성인 남자들의 경우는 양반들은 상투를 틀어 갓을 쓴 모습을 하였고, 천민들은 상투를 틀었다. 상류층에서는 상투관과 탕건宕巾을 사용하였다. 상투관은 양반이나 원유관을 축소시킨 모양이 많았으며 뿔이나 나무, 종이, 가죽에 흑칠을 하여 만들고 머리 정리 정돈과 머리 장식품으로 사용하였다.

특히 머리숱이 적은 노인들이 쓸 때는 검은 종이나 베로 만들었다. 망건을 쓴 다음 상투관을 쓰며 비녀를 꽂아 상투를 고정시켰다. 탕건宕巾은 관직자가 평상시에 망건 위에 쓰는 관모로 속칭 '감투'라고도 하였다. 여자들의 경우 가체가 부녀자 머리 모양의 절대적인 조건이 되었고, 세조世祖 때 명나라 사신 윤봉이 큰머리 양식을 가져와 그대로 썼으며 일반 부녀의 머리 형태는 얹은머리를 하였다. 얹은머리는 다리를 곁들여 머리를 높고 크게 할수록 미를 상징하였으며 다리는 머리숱이 적은 사람에게 많아 보이게 하여 덧땋은머리로 가체加髢, 수체首髢, 월자月子, 다래, 달비 등으로 불리었다.

그림 1-24 조선 시대 헤어 스타일[150)151)152)153)154)155)]

체머리 다리머리, 트레머리는 삼국시대부터 해온 얹은머리에 다리를 많이 넣어서 높고 크게 한 머리모양으로 체머리의 폐단은 날이 갈수록 극심하여 이를 금하기 위하여 조정에서 논의하기에 이르렀다. 1756년 영조 32년 정월에는 사족 부녀의 체머리를 금하고 족두리로 대신하게 하였다. 1788년 정조 12년 10월 국법으로 금하는 한편, 사대부 처첩 이하의 결발結髮 양식도 제정하였다.[149]

2. 현대

한국 남성 헤어 스타일이 본격적으로 변화되고 발달하기 시작한 시기로 일본에 의해 단발령이 강요되고 전통 머리 모양인 댕기머리와 상투머리는 점차 사라지고 서양식 헤어 스타일이 도입되었다. 개화를 시작하면서 사회, 문화적 관습이 빠르게 변화하고 이에 복식과 헤어 스타일도 변화하게 되었다.

(1) 1900~1930년대

1881년 신사유람단으로 일본에 건너간 '서광범'이 체류 중에 상투를 풀어 모발을 자른 것이 우리나라 이용의 시작이다. 1885년 갑신정변甲申政變 직후인 무렵에 일본 상인들이 남산 기슭에 자리 잡고 고관대작을 대상으로 이용업을 시작하였다.

1895년 고종 32년 일본의 강요에 의해 고종에게 상투 풍속을 없애고 머리를 짧게 깎도록 강요하였고 11월 16일 고종은 '국민들에게 앞서 내가 먼저 단발하니 백성들은 내 뜻을 받아들여 만국과 병립할 수 있도록 대업을 성취케 하라.'는 단발령斷髮令을 공식적으로 공포하였다. 관리들은 칼이나 가위를 가지고 다니면서 거리나 성문에서 사람들의 머리를 강제로 잘랐다.

단발령 이후 신지식인들과 고위 관료들에게 유행한 하이 칼라 머리는 고도의 기술을 갖춘 이용사가 가위로 양옆과 뒤쪽을 치켜 깎고 윗머리를 자른 스타일로 가르마를 나누거나 올백머리 형태로 젊은 층에서는 가르마를 왼쪽으로 많이 탔다. 시간이 지나면서 가르마가 없는 올백머리가 유행하였다. 일반 국민들은 빡빡머리인 중머리를 하면서 상투머리는 점점 사라지게 되었다.

그림 1-25 단발령 헤어 스타일[156][157][158][159][160][161]

1901년 인사동 조선 극장 터에 유양호가 개업한 '동흥 이발소'가 영업을 시작하였다. 개업과 동시에 사람들의 입소문이 나기 시작하면서 인기가 많았다. 그 이후 안종호가 광화문 근처에 '태성 이발소'를 개원하였다. 1910년경 일본에서 수입한 바리캉Bariquand이 우리나라에 전파되었다.

우리나라 최초의 이발사 시험제도는 일본 강점기1923년에 '아마모토'라는 일본인이 주축이 되어 최초의 강습회를 시작하여 그해 가을 처음 국가에서 시행하는 이발사 자격시험을 실시하게 되었다. 시험 출제는 의학박사醫學博士 주방주의 저서인 『위생독본』이란 책에서 출제되었으며 위생법규, 생리 해부학, 소독법, 전염병학, 구술시험, 실기 시험 등을 치뤘다.

1924년 6월 16일에 조선 이발 연합회를 결성하여 각 지역별로 이발조합을 형성하고 휴일과 이발 요금, 위생교육, 내부조직 업무 등 이용업의 발전을 향상시켰다.

여성의 경우 1920년대 단발머리가 유행했으며, 1930년대는 웨이브가 있는 단발머리가 유행하는 등 단발의 형태에도 변화가 나타나기 시작했다.[162]

1930년대에는 기술학교를 설립하여 이발업과 기술 자격을 홍보하여 지원자를 모집하고 1년 이상의 교육과정을 수료하면 이발 자격증을 부여하였다.

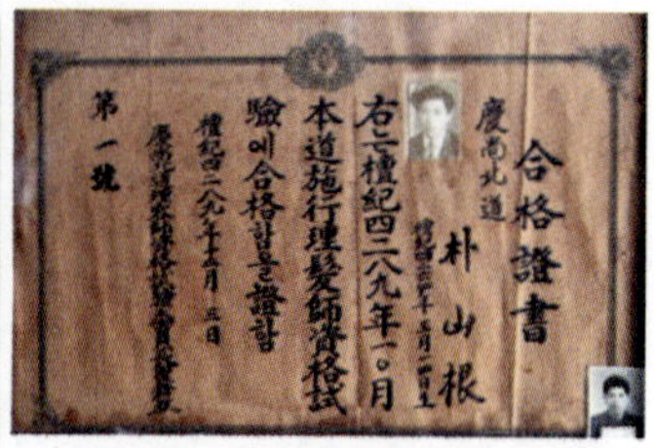

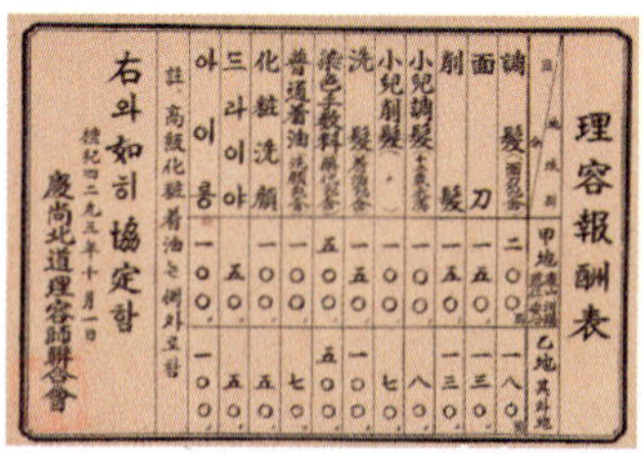

그림 1-26 1900~1930년대[163][164][165][166][167][168]

(2) 1940년대

1946년 한국 이용사 총연합회가 창립되면서 이용업이 더욱 활성화되었고 해방 이후 머리를 기를 수 있게 됨에 따라 다시 하이 칼라 스타일과 상고 스타일이 인기를 잇게 되었다. 일제강점기에 시행하던 시험제도를 그대로 유지하다가 광복 후 1948년 8월 16일 1회 이·미용업의 자격시험을 같이 시행하면서 자격 조건을 더욱 강화하였다. 내무부 산하 각 시, 도에서 이·미용법에 따라 한국직업인력 관리공단이 보사부保社部 : 보건위생, 방역, 의정, 약정藥政, 구호, 자활 지도, 부녀, 아동과 가족계획에 관한 사무를 맡아보던 행정 각부의 하나[169]에서 제정한 공중위생법에 의거하여 실시하게 되었다.

또한, 서울시 위생과의 관리하에 미용사 자격시험이 제정되었고 그 이후로부터 오늘에 이르기까지 미용사 시험 합격증이 있어야만 미용실 개설의 자격이 주어진다.

일제 시대 말기에 금지 되었던 퍼머넌트 웨이브Permanent Wave가 다시 유행하여 일반 여성들도 퍼머나 세팅Setting 또는 아이롱으로 웨이브Wave를 내어 멋을 부렸다.

그림 1-27 1940년대 헤어 스타일[170)171)172)173)174)175)]

(3) 1950년대

해방 직후 혼란스러웠던 사회, 경제, 정치, 문화 등 각 분야의 질서가 잡혀 다소 안정된 생활을 하던 차에 6·25전쟁이 일어났고 까까머리 스타일과 군인이 일상화 되었으며 1956년 5월 12일 우리나라 최초의 TV 방송국인 'HLKZ 대한 방송 주식회사'가 종로에 개국되었다. 1955년 『춘향전』과 1956년 『자유부인』 등의 영화가 제작되고 잡지나 영화배우의 패션과 헤어 스타일을 따라 하기 시작했다.

남성의 머리 스타일은 일본의 잔재와 UN군의 영향으로 포마드를 발라 뒤로 넘긴 스타일과 스포츠 머리형, 중머리와 모판 머리가 유행하였다. 1950년대 남성 헤어 스타일은 강렬하면서도 반항적인 느낌의 이미지로 많은 남성이 선호하였는데 주로 포마드Pomade를 이용한 스타일을 많이 선호하였다.

여성의 헤어 스타일은 뒷머리가 짧은 오드리 헵번Audrey Hepburn의 짧은 쇼트 스타일과 수잔 헤이워드Susan Hayward, 리타 헤이워드Rita Hayworth의 웨이브 진 긴 머리 스타일이 유행하였고, 1950년대 미용실의 증가로 인하여 퍼머머리와 고대기로 생머리에 굵은 웨이브를 주어 손질하는 등 머리 모양이 일반화되었다. 1956년에는 S형의 웨이브를 만들어 귀를 덮고 볼륨을 주는 스타일이 인기가 있었으며, 한복이나 양장에 올림머리를 주로 하였다.[176)]

그림 1-28 1950년대 헤어 스타일[177)178)179)180)181)182)]

(4) 1960년대

1960년의 4·19혁명과 1961년 5·16 군사 쿠데타는 사회 전반에 걸쳐 급격한 변화를 초래하였고 TV의 보급으로 인해 국민들의 의식주의 일부분이던 복식 문화가 자기를 표현하는 수단인 패션으로 변화하는 계기가 되었고 미국 가수로 활동 중이던 윤복희가 1967년 미니스커트를 입고 귀국하자 복식 문화뿐만 아니라 나라 전체가 사회적으로 커다란 충격을 주었다.

남성 헤어 스타일은 하이 칼라 머리의 연장선으로 바리깡bariquand 없이 자른 긴 스포츠 머리와 상고머리가 유행하였고 상고머리로 자른 남성들은 가르마를 나누거나 가르마 없이 뒤로 완전히 빗어 넘기는 올백 스타일을 하였다.

가르마를 나눌 경우 젊은 층은 왼쪽 가르마, 중년층은 가운데로 나누었으며, 헤어 스타일을 고정시키기 위해서는 두발 화장품인 '포마드Pomade'가 필수적이었으며, 모든 남성이 포마드를 가지고 다닐 정도로 인기가 높아 이 시기를 '포마드 전성시대'라고 불렀다.

그림 1-29 1960년대 헤어 스타일[184)][185)][186)][187)][188)][189)]

여성의 경우 여러 형태의 머리 형태와 커트 기술의 발달로 인해 다양한 스타일이 유행되었다. 1960년대 초반에는 세슬 커트, 귀 양끝이 뾰족하게 뻗치는 형태인 로케트라인, 앞과 양 옆에 이중으로 볼륨을 주는 듀오라인일명 바가지머리과 이것이 변형된 백조라인이 유행을 하였고, 듀오라인과 백조라인은 크라운 봄 베이지 스타일이라고 하였다. 중반에는 납작한 뒤통수의 단점을 보완하기 위해 기하학적인 헤어 커트가 등장하였으며, 후반에는 뒷머리를 둥글게 단차를 둔 상고 단발의 형태가 유행되었다. 또한, 고전적인 모습의 올림머리와 고데기를 사용하여 머리의 형태를 살리고 장식적인 컬을 만들기도 하였다.[183)]

(5) 1970년대

새마을 운동이 추진되면서 농업사회에서 산업사회로 전환되는 시기였다. 히피 문화의 영향으로 장발과 미니스커트, 블루진, 통기타 등이 유행하였고, 히피 문화를 군부정치에 대한 반항의 표출로 인식하면서 정부에서는 경범죄 처벌법이란 명목으로 장발과 미니 스커트를 규제하기 시작했다.

남자 대학생들은 히피문화의 영향으로 귀와 목을 덮을 정도의 장발로 기르는 것이 유행이었으며 단속 대상이 되어 길거리에서 장발 단속에 걸리기도 하였다. 장발 외에 상고머리, 스포츠머리, 바람머리 스타일도 유행하였다.

그림 1-30 1970년대 **헤어 스타일**[191)192)193)194)195)196)]

여성들은 1970년대 초반은 커트의 붐이 절정을 이루던 시기로 샤기기 커트Shaggy Cut 일명 거지 커트가 유행을 하였다. 펌 스타일도 바디 펌이 유행되었는데 자연스러운 웨이브와 간편한 손질을 특징으로 하는 머리 형태이다. 중반과 후반에는 머쉬룸Mushroom 버섯 형태의 머리모양이 유행하였고 불균형적으로 정돈되지 않은 듯한 머리 모양이 등장하기 시작했다.[190)]

(6) 1980년대

1980년 12월 컬러 TV의 방영은 우리 생활 모든 면에서 '색채 혁명'을 낳았다. 1986년 아시안게임과 1988년 서울올림픽의 성공적인 개최와 더불어 외국 여행 자유화와 수입 자율화 등 국제 교류는 외국 문화 접촉 기회를 증가시키는 계기가 되었다.

남성들은 교복 자율화와 두발 규제가 완화되면서 획기적인 머리 모양에서 스타일이 다양화되었고 히피 감성으로 중간 길이의 네츄럴한 웨이브나 양옆을 단정하게 빗어 넘기고 윗머리에 볼륨만 주는 스타일, 펑크 스타일이 인기가 있었다. 중반부터 남성들은 미용실에서 머리를 시술하기 시작했고 상고 스타일, 스포츠 스타일을 주로 많이 했으며, 핀컬파마를 한 다음 컬과 볼륨을 강조한 웨이브 스타일을 하였다. 다소 인위적인 '닭 벼슬 머리'와 '자존심 머리' 등도 같이 유행하였다.

그림 1-31 1980년대 **헤어 스타일**[198][199][200][201][202][203]

여성들은 중성적인 헤어 스타일의 유행으로 펑크 헤어, 디스코 머리가 유행하였으며, 1980년대 중반에는 가위와 바리깡bariquand의 부조화 디자인이 유행되었으며 헤어 디자인에 바리깡이 본격적으로 사용되었다. 자연스러운 물결치는 웨이브를 특징으로 하고 있는 보브 스타일이 유행하였다. 긴머리 스트레이트 스타일, 굵은 퍼머 스타일이 유행하였고, 후반에는 머리 염색에 있어 전체적인 염색보다는 부분적인 염색이 유행하였다.[197]

(7) 1990년대

정치, 경제, 사회적 변화가 많았던 시기로 OECD경제협력개발기구에 가입함으로써 세계화, 국제화 시대의 발판을 마련하였다. 1992년 젊은층 문화는 힙합 패션과 랩이 유행하면서 개성을 중시하는 X세대 등장과 함께 힙합 스타일이 각광을 받았다.

남성 헤어 스타일에 있어 학생들은 바리캉Bariquand을 이용한 짧고 단정한 스타일과 레이저Razor를 사용하여 모발 끝 부분을 가볍게 하는 불규칙한 커트가 유행하였고 남성 고객들의 니즈Needs가 더욱 다양화 되고 밝은 컬러의 영구적인 염모제나 산성 염모제인 코팅 시술을 하였다. 1998년에는 남성 전용 미용실인 블루클럽과 Mr. 바리캉의 프랜차이즈 형태로 등장하여 남성 커트 전문점이 블루오션Blue Ocean으로 떠오르기 시작하였다.

여성 헤어 스타일은 복고풍으로 돌아가 크라운 부위에 부드럽게 볼륨을 살리면서 현대 감각에 맞게 재창조된 자연스러운 스타일이 유행하였으며 커트 형태는 주로 레이저를 사용하여 위쪽은 약간의 볼륨이 생기고 아래쪽은 자연스럽게 좁혀든 특징을 가진 헤어 스타일과 자연스러운 웨이브 흐름을 추구하면서 손을 이용하여 웨이브나 컬을 살릴 수 있는 형태가 유행하고, 밴드와 핀을 사용하여 포인트를 주는 경향이 나타났다.[204)]

그림 1-32 1990년대 헤어 스타일[205)206)207)208)209)210)]

다양한 컬러의 변화가 크게 작용하며 하이라이트의 부분 염색블리치 : Bleach과 원색컬러 시술이 주류를 차지하면서 미용 시장에서 염색이라는 매뉴얼이 필수적인 한 분야로 정착되었다.

(8) 2000년 이후

2000년대는 뉴 밀레니엄 시대의 개막과 동시에 유니섹스Unisex 스타일로 헤어 스타일은 커트와 파마, 염색의 전성시대로 커트의 비율과 질감, 다양한 염색의 컬러, 자연스러운 웨이브가 유행하기 시작하였다. 레이어드 커트가 남·녀 모두 좋아하는 스타일이 되었고 금발을 선호하여 염색에 대한 다양한 테크닉Technique들이 개발된 시기로 염색Dyeing, 블리치Bleach, 코팅Coating, 헤어 메니큐어Hair Manicure 등을 사용하여 다양한 혼합 기법을 활용하였다.

남성 헤어 스타일은 디스커넥션Disconnection 커트, 샤기 커트Shaggy Cut, 울프 커트Wolf Cut, 댄디 커트Dandy Cut 등으로 남성들의 라이프 스타일에도 변화를 가지고 왔으며 최근에는 복고 열풍으로 투 블럭 커트와 비대칭 커트 스타일이 다시 부활하여 대중적으로 많은 사랑을 받고 있다.

그림 1-33 2000년 이후 헤어 스타일[212)213)214)215)216)217)]

여성 헤어 스타일은 짧은 머리에 층을 많이 내기도 하고, 일자 형태의 긴 생머리보다는 층이 많은 레이드 커트와 디스커넥션 커트 기법을 사용하여 층이 나면서도 실루엣을 갖는 다양한 길이의 커트가 인기를 끌었다. 다양한 앞머리가 자유로움과 자신감을 반영하였다. 복고풍 스타일이 현대적인 스타일로 재조명되어 히피와 펑키 스타일이 가미되기도 하였으며, 도시적이고 세련된 지적인 멋을 풍기는 스타일, 보이시한 스타일 등 세련미를 강조하고 중성적인 이미지를 연출하였다.[211)]

2013년 이용사 국가 자격 실기시험에 큰 변화가 있었으며, 실기시험 시술 시 모델은 사람에서 마네킹으로 바뀌게 되었고 학생들과 청년들이 이용에 관심을 갖게 되었다. 또한 한국 산업인력공단 NCS 학습 모듈의 이용 분야가 완성되어 각 대학교에서는 교과 과정에 남성 커트 수업이 진행되었다.

2019년 1월에는 이용사 국가 자격 실기시험에서 과제 및 세부 작업명이 NCS 및 현장 친화적인 용어를 기반으로 변경되었고, 과제명은 보통 조발에서 보통 머리, 장교형 조발에서 상고머리, 라운드 브로스 스타일에서 둥근 스포츠로 바뀌었다.

세부 작업명은 기구 정비 및 소독술에서 이용기구 소독, 조발술에서 헤어 커트, 면체술에서 면도, 세발술에서 샴푸·트리트먼트, 정발술에서 정발, 아이론에서 아이론 펌으로 변경되었으며, 염색과 탈색이 추가되었다.

[교수 학습방법]

교수 방법
① 예술 정신과 훌륭한 기술을 갖추기 위해서는 이발사의 노력과 인내가 요구됨을 상기시킨다.
② 이용 역사를 살펴볼 수 있는 시각적 자료를 제시하며 설명한다.
③ 박물관 및 전시관 현장 방문을 계획하여 학습자가 이용 역사와 도구 변천사에 흥미를 갖도록 유도한다.
④ 시대별 커트 도구의 발달사를 스타일의 변천사와 연계하여 설명한다.
⑤ 이용의 역사를 인식하고 현재 바버 숍이 활성화되고 있음을 상기시킨다.
⑥ 모둠별로 바버 숍 성공 사례에 대해 조사하고 발표함으로써 다른 모둠의 학습자와 내용을 공유할 수 있도록 지도한다.

학습 방법
① 이용사로써 자신의 일에 자부심을 갖고 예술 정신과 훌륭한 기술을 연마하기 위해서 노력과 인내가 필요함을 숙지한다.
② 이용 역사에 대해 다양한 자료를 인터넷으로 검색하고 주요 내용을 정리한다.
③ 박물관 및 전시관의 현장 방문을 통해 이용 역사와 도구 변천사를 조사하여 정리한다.
④ 커트 도구의 발달과 스타일의 변천 과정을 연계지어 정리한다.
⑤ 바버 숍의 현황에 대해 검색하여 정리한다.
⑥ 다른 모둠의 발표 내용을 주의 깊게 청취하고 궁금한 점을 질문한다.

[평가 준거]

학습 내용	평가 항목	성취 수준		
		상	중	하
이용 역사 설명	1. 문화사에 따른 이용 발전 과정을 설명할 수 있다.			
	2. 이발술의 발달에 따른 커트 도구의 변천사를 설명할 수 있다.			
	3. 이발의 변천사를 형태와 기법으로 설명할 수 있다.			

[평가 방법]

① 서술형 시험

학습 내용	평가 항목	성취 수준		
		상	중	하
이용 역사 설명	1. 이용의 유래와 시대별 발전 과정에 대해 핵심 용어를 사용하여 기술하는 능력			
	2. 이용의 역사를 시대별로 구분지어 기술하는 능력			
	3. 도구의 발달 과정을 기술하는 능력			

② 구두 발표

학습 내용	평가 항목	성취 수준		
		상	중	하
이용 역사 설명	1. 문화사에 따른 이용 발전 과정을 조리있게 설명하는 능력			
	2. 이발술의 발전에 따른 형태와 기법을 시각적 자료를 활용하여 발표하는 능력			
	3. 이용 역사에 대한 자신의 생각을 표현하는 능력			

Chapter 2

남성 커트의 기초 이론

218)219)220)221)222)

1. 남성 커트의 개념

남성의 모발을 대상으로 하는 커트를 남성 커트라 하며 주된 목적은 머리의 질감, 모류의 방향, 컬러Color, 웨이브 Wave의 유·무를 정확하게 진단하여 필요한 기구와 기기를 이용하여 시대적 유행을 가미하고 고객의 생활환경을 고려하여 변화를 창출한다. 고객의 개성에 맞는 헤어 스타일Hair Style을 만드는 데 목적이 있으며 모발의 길이 변화와 층의 변화를 주어 모양의 형태, 길이, 질감, 방향 등의 여러 요소들을 이용하여 헤어 스타일을 만들어 주며 시술을 용이하고 편안하게 손질하기 위해서 질감 처리를 먼저 하는 경우가 있다.

이용은 복식 외에 여러 가지 방법으로 아름다움을 추구하는 방식이며, 물리적, 화학적 기교를 행하는 것으로 부용예술에 속하며 풍부한 지식과 기술을 습득하여 직업적, 인간적 자질을 갖추어 고객의 요구에 만족스러운 개성미를 나타내는 동시에 예술로서 화장품과 손질을 통해 개개인의 외적인 용모를 다루는 응용과학의 한 분야라고 할 수 있다.

남성 커트 종류에는 장발, 중발, 상고머리, 스포츠 머리 등이 있으며, 트랜드 커트는 현재 유행하고 있는 투 블럭 커트, 댄디 커트, 모히칸 커트, 울프 커트 등 다양한 커트가 있다.

이용의 정의는 다음과 같다.

① 이용이발이란 복식 외에 여러 가지 용모에 물리적, 화학적 기교를 행하여 미적 아름다움을 추구하는 수단이라고 할 수 있다.

② 이용업이란 손님의 머리카락 또는 수염 등을 깎거나 다듬는 방법 등으로 손님의 용모를 단정하게 하는 영업을 말한다.

③ 남성 헤어 커트를 하기 위해서는 미적 감각을 위한 다양한 문화와 예술들을 이해하고 깊은 관심을 가져야 한다.

④ 이용사의 자세는 서비스업인 만큼 항상 친절하고 고객의 의견과 심리를 존중하고 구강 위생을 철저히 유지하며 기술적인 면에서도 끊임없이 연구가 개발되어야 한다.

2. 두상의 명칭과 라인의 분석

1. 두상의 포인트 명칭

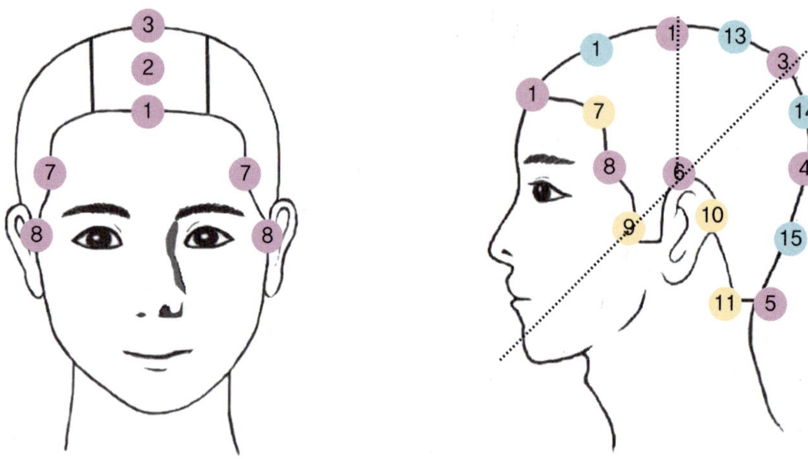

그림 2-1 두상 포인트 명칭

번호	기호	명칭	두부 명칭
1	C.P	센터 포인트 Center Point	중심점
2	T.P	탑 포인트 Top Point	두정점
3	G.P	골든 포인트 Golden Point	머리 꼭짓점
4	B.P	백 포인트 Back Point	뒷지점
5	N.P	네이프 포인트 Nape Point	목 중심점
6	E.P	이어 포인트 Ear Point	귀지점
7	F.S.P	프런트 사이드 포인트 Front Side Point	정면 옆쪽 지점
8	S.P	사이드 포인트 Side Point	옆쪽 지점

번호	기호	명칭	두부 명칭
9	S.C.P	사이드 코너 포인트Side Corner Point	귀 앞지점
10	E.B.P	이어 백 포인트Ear Back Point	귀 뒷지점
11	N.S.P	네이프 사이드 포인트Nape Side Point	목 옆쪽 지점
12	C.T.M.P	센터 탑 미디움 포인트Center Top Medium Point	중심점과 두정점의 중간지점
13	T.G.M.P	탑 골든 미디움 포인트Top Golden Medium Point	두정점과 머리 꼭짓점의 중간지점
14	G.B.M.P	골든 백 미디움 포인트Golden Back Medium Point	머리 꼭짓점과 뒷지점의 중간지점
15	B.N.M.P	백 네이프 미디움 포인트Back Nape Medium Point	뒷지점과 목 중심점의 중간

※ 이용에서 1번을 E.P Ear Point로 하는 경우도 있다.

2. 두상 부위별 명칭[223)]

① 전두부Top ② 측두부Side ③ 두정부Crown ④ 후두부Nape

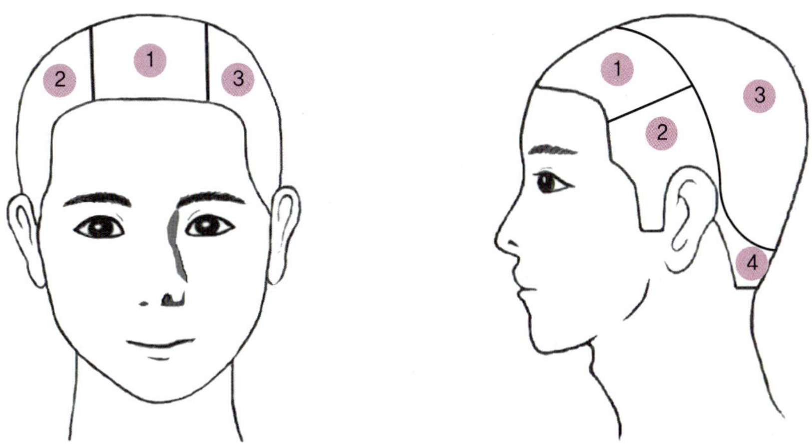

그림 2-2 두상 부위별 명칭

① **전두부**Top : 얼굴 주위와 밀접한 관계를 가지고 있으며, 전체적인 얼굴의 균형에 많은 영향을 미치는 부분이다.

② **측두부**Side : 옆선의 이미지를 연출하는 곳으로 사이드Side나 아웃라인Out Line의 모양, 질감을 형성하는 곳으로 짧은 모발은 얼굴형의 이미지가 결정된다.

③ **두정부**Crown : 두상에서 자장 높고 넓은 영역으로 헤어 스타일의 전체적인 질감이나 움직임, 볼륨, 형태를 좌우한다.

④ **후두부**Nape : 커트의 형태를 결정 짓는 영역으로 두상에서 가장 낮은 곳에 위치하고 있으며, 두상의 아웃라인Out Line이나 길이를 결정하는 곳이다.

3. 두상의 분할 용어[225)]

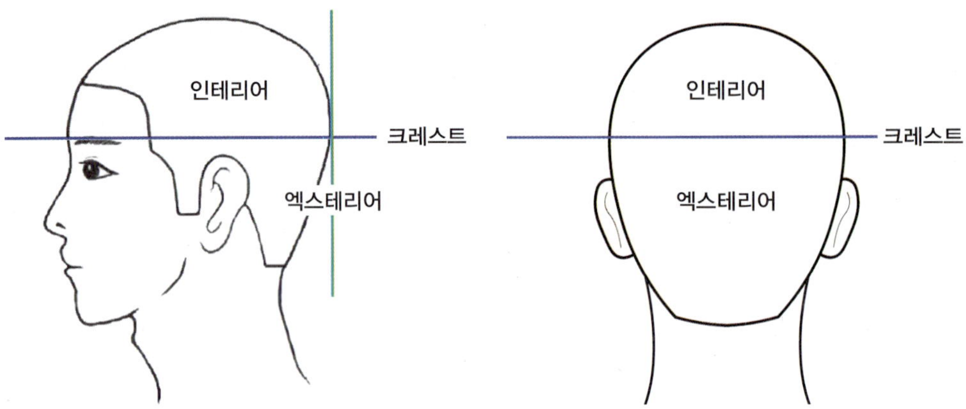

그림 2-3 두상의 분할 용어

① 인테리어Interior : 두상의 크레스트Crest 윗부분의 명칭이다.

② 익스테리어Exterior : 두상의 크레스트Crest 아랫부분의 명칭이다.

③ 크레스트Crest : 인테리어와 익스테리어의 분할선 명칭이다.

4. 두상의 분할 라인[226)]

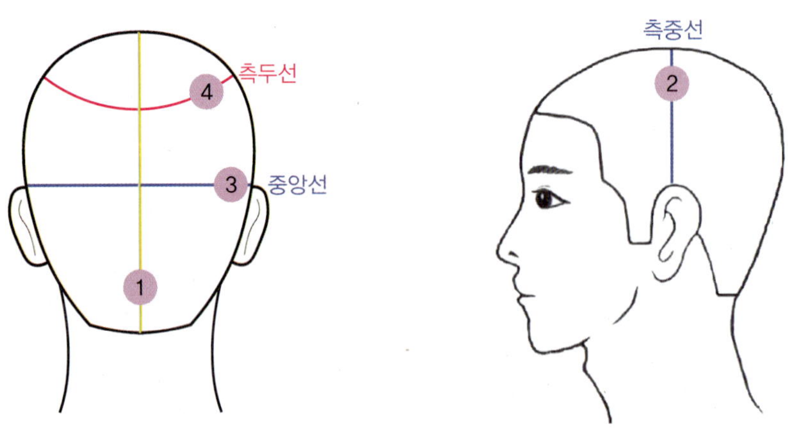

그림 2-4 두상의 분할 라인

① 정중선Center Line : 센터 포인트C.P : Center Point에서 네이프 포인트N.P : Nape point까지 좌·우로 분할하는 선이다.

② 측중선Ear to Ear Line : 좌·우의 귀를 세로로 이어주고 두상 부위 측면을 전·후로 2등분하는 선이다.

③ 수평선Horizontal Line : 이어 포인트E.P : Ear point의 높이를 가로로 이어주고 두상 부위 측면을 상·하로 2등분하는 선이다.

④ 측두선U-Line : 양쪽 프론트 사이드 포인트F.S.P : Front Side point에서 측중선까지 연결하는 선이다.

5. 두상 부분 나누기

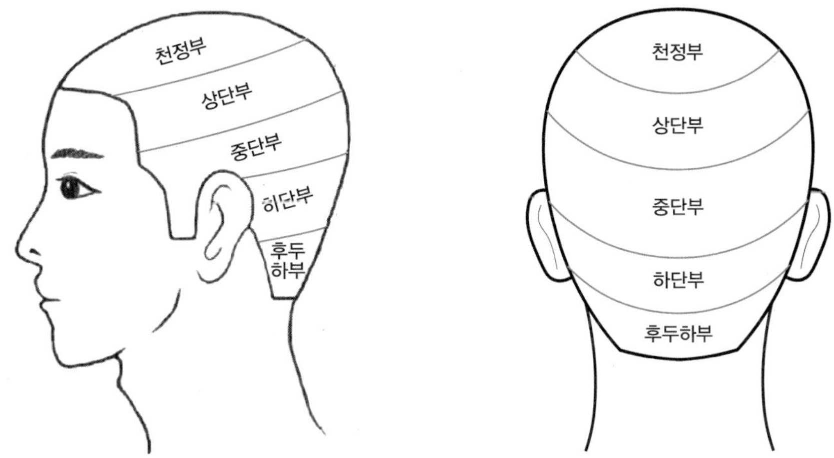

그림 2-5 두상 부분 나누기

① 천정부天頂部 : 프론트 사이트 포인트와 골든 포인트G.P : Golden Point를 이은 선으로 안쪽 영역이다. 윗머리의 길이, 층, 볼륨Volume을 표현한다.

② 상단부上段部 : 측면의 사이드 포인트S.P : Side Point와 골든 포인트를 연결하는 영역이다. 층, 볼륨을 표현한다.

③ 중단부中段部 : 프론트 사이트 포인트의 영역이다. 숏 커트Short Cut시 경계선을 연결한다.

④ 하단부下段部 : 측면의 이어 포인트E.P : Ear Point와 백 네이프 미디움 포인트B.N.M.P : Back Nape Medium Point의 중간 영역이다. 무게감을 표현한다.

⑤ 후두하부後頭下部 : 네이프 포인트 하단의 영역이다. 그라데이션Gradation을 표현하거나 아웃 라인Out Line의 질감 및 무게감을 표현한다.

3. 섹션Section

커트 시술 시 두상에서 블로킹을 나눈 후 다시 작은 구역을 나누는 것을 말한다.

① 수평 라인Horizontal line : 자연에 대해서 평행선으로 좌·우 대칭을 이루는 섹션으로 가로 또는 수평의 라인으로 원랭스 커트Onelength Cut에 사용된다.

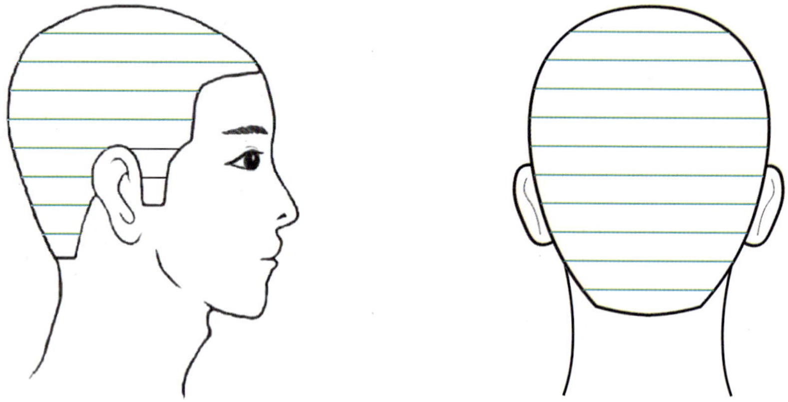

그림 2-6 수평 라인

② 수직 라인Vertical Line : 자연에 대해서 수직 라인으로 두발의 층을 높게 하고 급격한 각도조절이 필요할 때 적용되는 섹션으로 세로 또는 수직 라인으로 그래쥬에이션Graduation, 레이어드 커트Layer Cut에 사용된다.

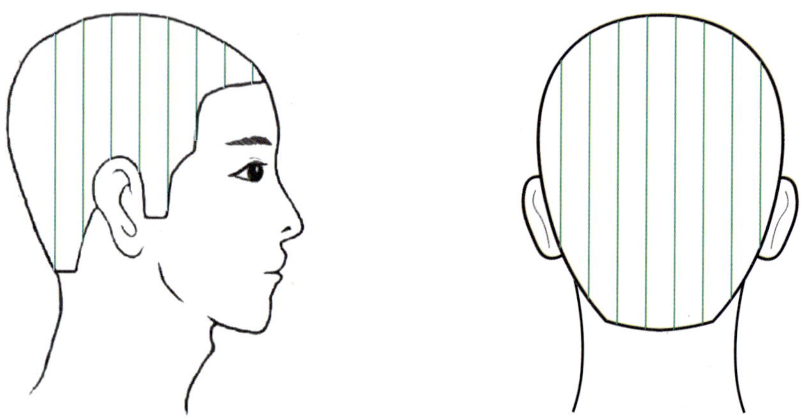

그림 2-7 수직 라인

③ 전대각Diagonal Forward : 얼굴 앞쪽으로 진행하는 사선 섹션으로 스파니엘 커트Spaniel Cut 또는 A 라인A-Line 스타일 커트에 사용된다.

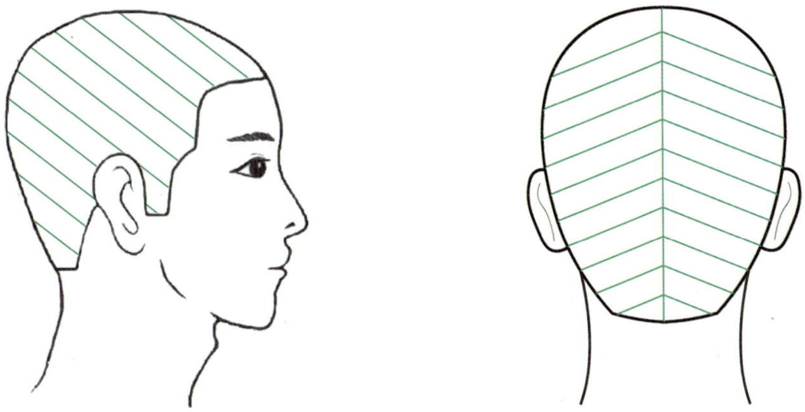

그림 2-8 전대각 라인

④ 후대각Diagonal Back : 얼굴 뒤쪽으로 진행하는 사선 섹션으로 앞쪽 방향으로 모발이 짧아지고 이사도라 커트Isadora cut 또는 U 라인U-Line 스타일 커트에 사용된다.

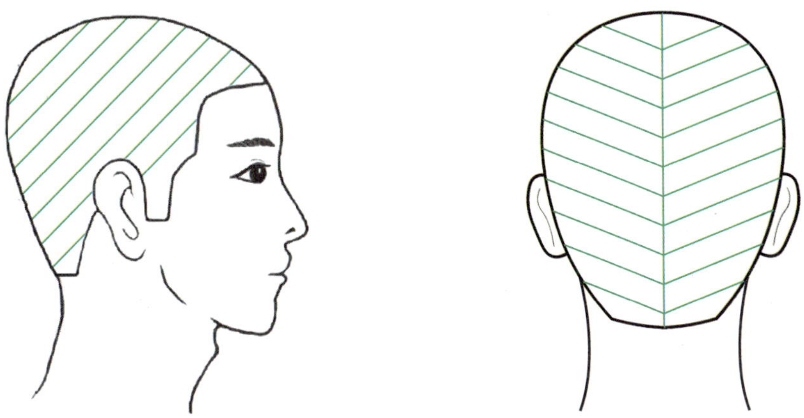

그림 2-9 후대각 라인

⑤ 방사형Pivot & Radial : 골든 포인트G.P : Golden Point를 중심점으로 방사형 나누는 섹션으로 두상의 똑같은 크기의 섹션을 나누기 위해 사용되고 레이어 커트Layer Cut 시 사용된다.

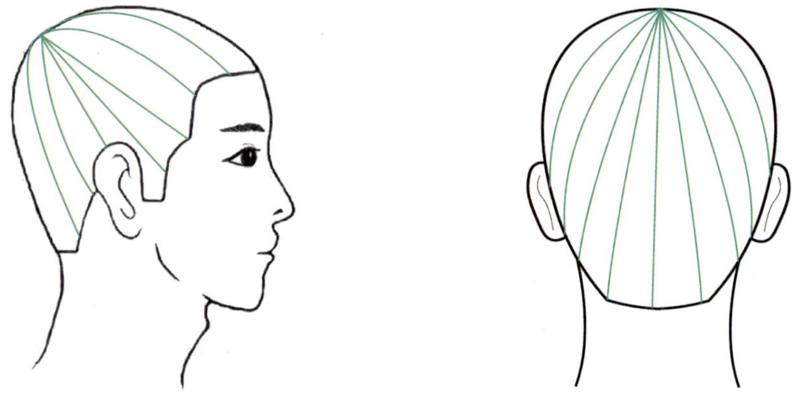

그림 2-10 방사형 라인

4. 분배

섹션과 두상에 관련하여 모발을 빗질하는 방향으로 분배에는 자연분배, 직각분배, 방향분배, 변이분배가 있다.

1. 자연 분배Natural Distribution

두피에서 중력의 방향으로 자연스럽게 떨어지는 그대로 빗질하는 형태로 섹션에 대해 두발이 중력의 방향0° 으로 빗질 되고 중력과 자연 모발의 성장 패턴이 방향에 영향을 미친다. 원랭스 커트Onelength Cut에 사용된다.

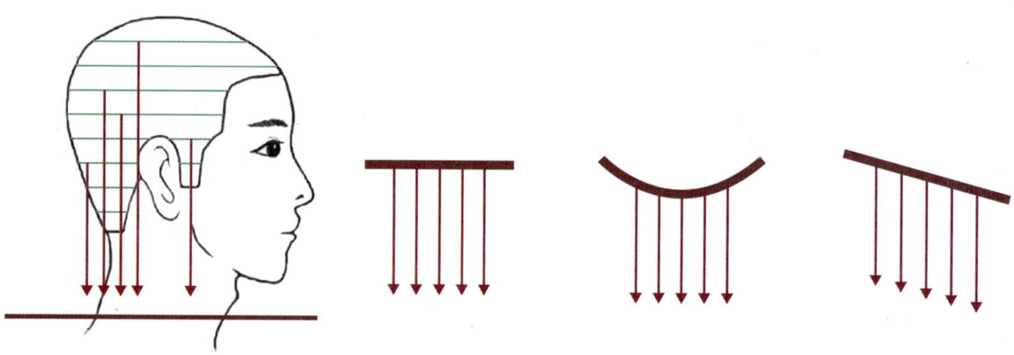

그림 2-11 자연 분배

2. 직각 분배 Perpendicular Distribution

파팅 Parting 할 때 어떠한 선을 긋더라도 각도를 90°로 빗질하는 형태로 섹션 Section 에 대해 두발이 직각 방향으로 빗겨지며, 수직분배라 한다. 그래쥬에이션 Graduation, 레이어 커트 Layer Cut 에 사용된다.

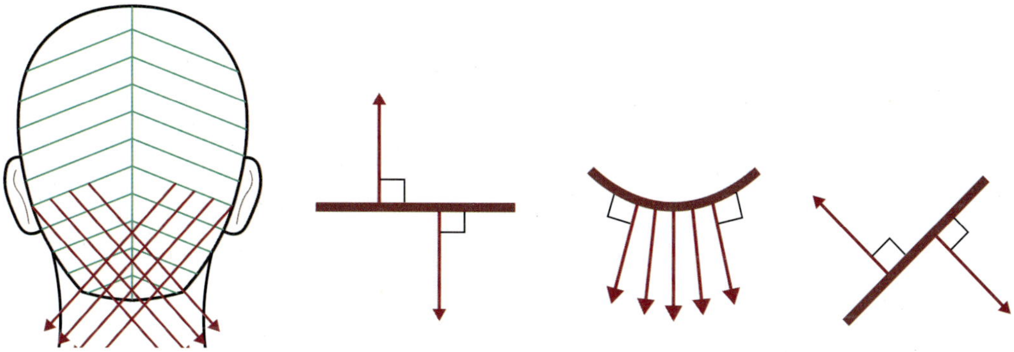

그림 2-12 직각 분배

3. 방향 분배 Direction Distribution

일관성을 유지하기 위해 특정한 방향을 정해두고 모발을 빗으며, 섹션과 상관 없이 한 방향으로 빗질을 하고 두상의 곡면으로 인해 길이가 길어지는 결과를 가지고 온다.

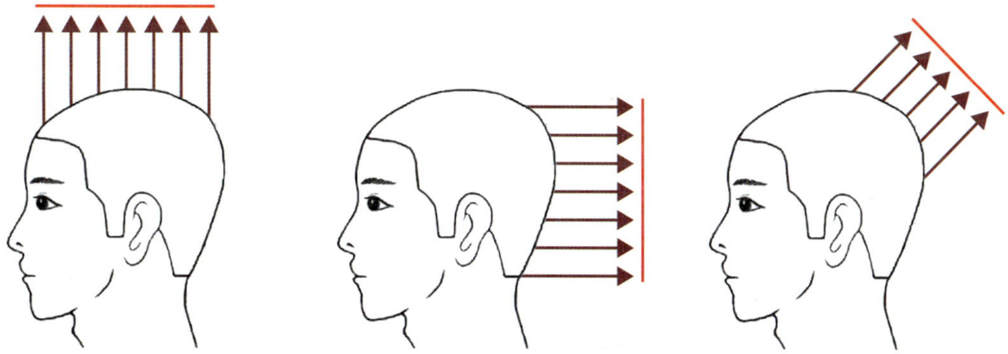

그림 2-13 방향 분배

4. 변이 분배 Shifted Distribution

섹션Section에 대해 모발이 임의의 방향으로 빗겨지며, 자연 분배, 직각 분배, 방향 분배 0°와 90°를 제외한 모든 각도의 빗질하는 방법으로 긴 머리와 짧은 머리를 연결할 때 사용되고 원랭스 커트Onelength Cut를 제외한 모든 커트에서 사용된다.

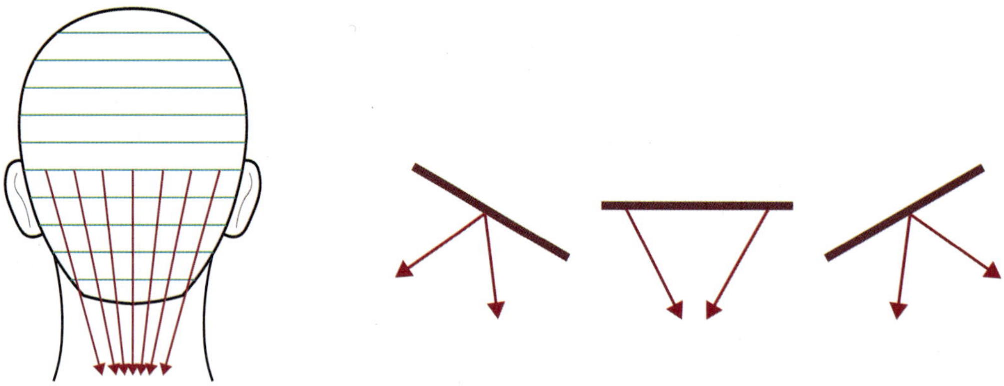

그림 2-14 변이 분배

5. 시술 각Projection

헤어 커트 시 두상으로부터 모발을 들어 올려 펼치거나 내려진 상태로 커트하는 것을 말한다. 시술의 종류는 자연 시술 각고정 각과 일반 시술 각이동 각이 있다.

1. 자연 시술 각Natural Fall

중력에 의해 모발이 자연스럽게 떨어지는 각도로 0°를 기준으로 하고 천체축을 기준으로 한 각도이다.

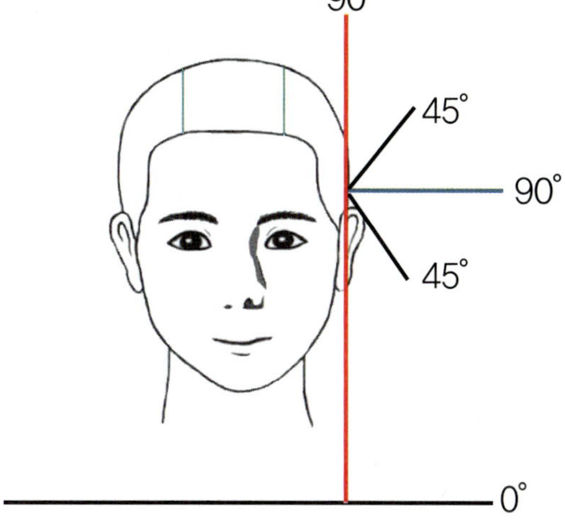

그림 2-15 자연 시술 각

2. 일반 시술 각 Normal Projection

모발이 두상 곡면에서 모발을 들었을 때 나타나는 각도로 베이스의 모발을 빗어 두상의 곡면 접점을 기준으로 한 각도를 말하며 두상의 곡면을 따라 둥글게 굴려져 모발이 들리는 각도이다.

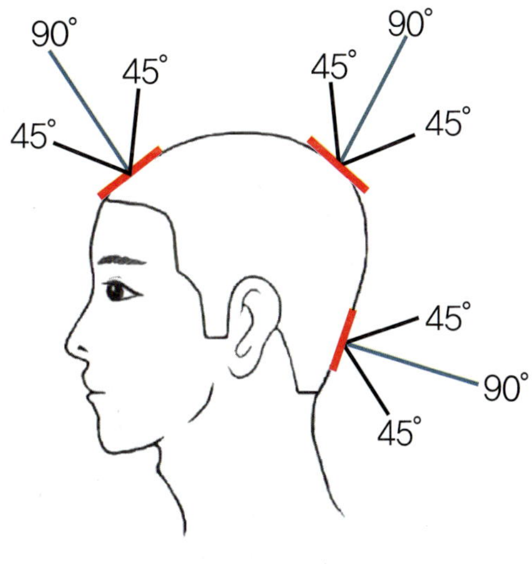

그림 2-16 일반 시술 각

(1) 원랭스One-Length형 시술 각

두상의 곡면으로부터 중력의 힘에 의해 자연 시술 각 0°로 모발이 떨어져 있는 상태이다.

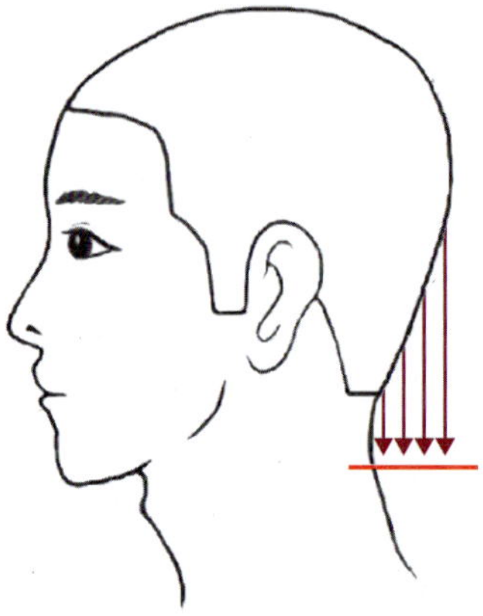

그림 2-17 원랭스형 시술 각

(2) 그래쥬에이션Graduation형 시술 각

그래쥬에이션Graduation에 사용되는 자연 시술 각 1°~89° 사이가 적용되고 낮은 시술 각 1°~30°, 중간 시술 각 30°~60°, 높은 시술 각 60°~89° 가 사용된다.

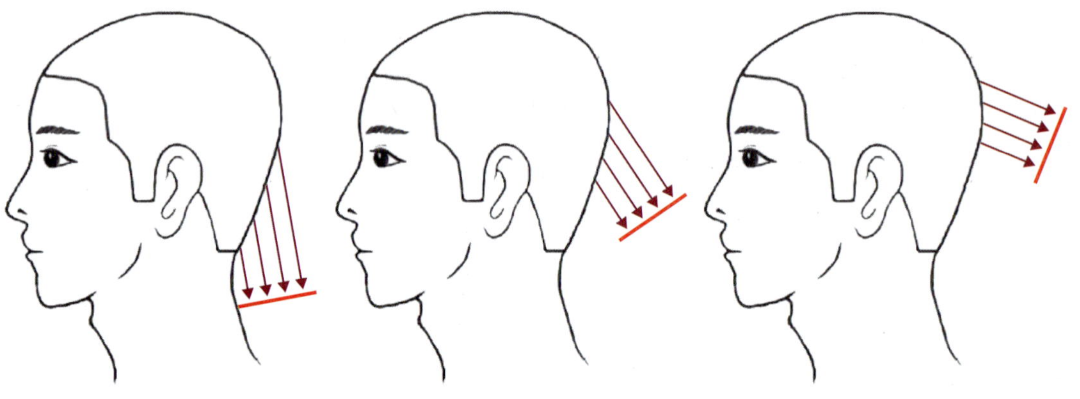

그림 2-18 그래쥬에이션 시술 각

(3) 유니폼 레이어Uniform Layer형 시술 각

두상의 곡면에서 일반 시술 각 90°이며 길이가 동일하다.

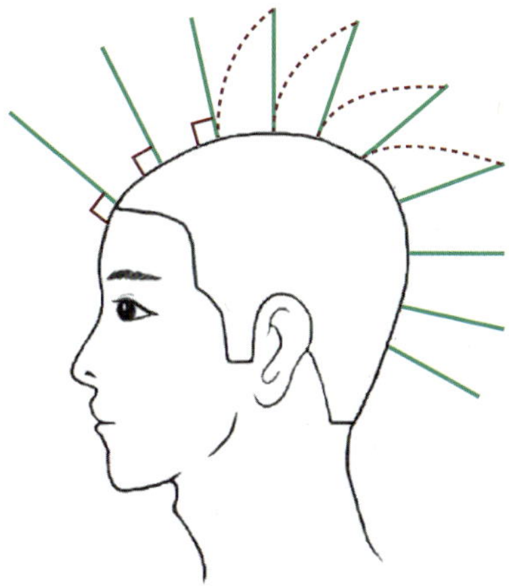

그림 2-19 유니폼 레이어형 시술 각

(4) 인크리스 레이어Increase Layer형 시술 각

일반적으로 자연 시술 각 90°가 인크리스 레이어Increase Layer형을 만드는데 시용되며, 시술 각은 한 부분에 모발을 집중하여 고정 가이드 라인Guide Line이 되는 파팅Parting에만 적용된다.

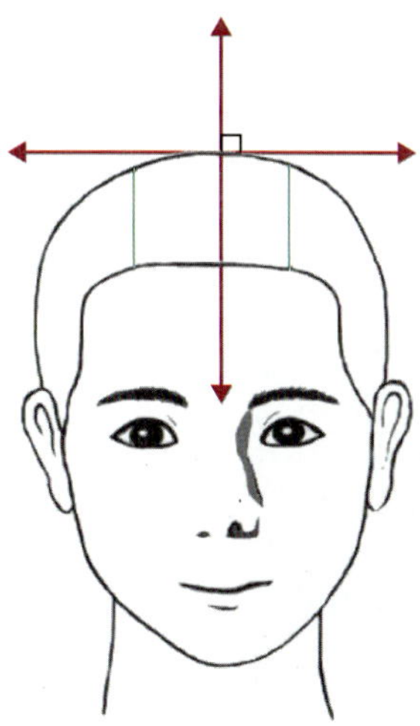

그림 2-20 인크리스 레이어형 시술 각

6. 손가락 위치Finger Position[226)227)]

1. 평행 손가락 위치Parallel Finger Position

모발을 조절하는 손가락은 베이스 섹션에 평행하게 놓여지고 의도한 선을 가장 완벽하게 만들 수 있으며 손가락, 가위 모두가 평행인 상태를 말한다.

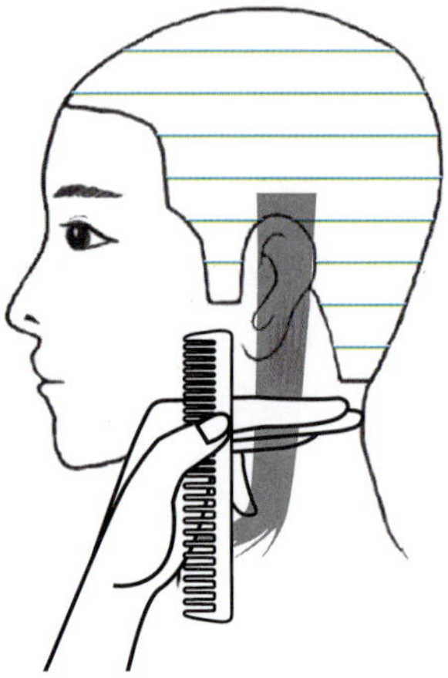

2. 비 평행 손가락 위치Nonparallel Finger Position

손가락이 비 평행하게 놓인 상태를 말하고 과장된 길이 증가와 대조되는 길이를 연결할 때 사용된다.

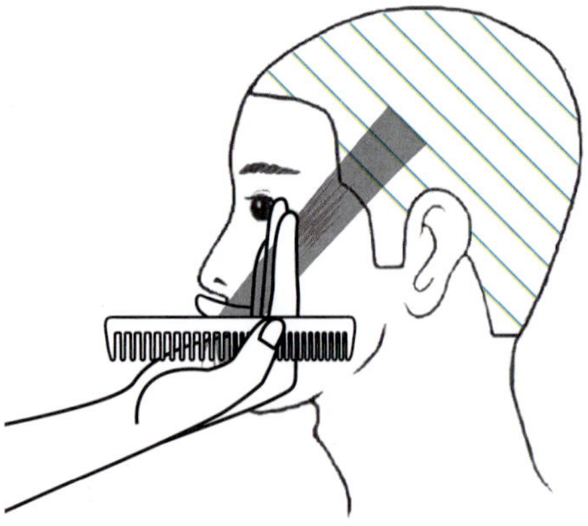

7. 디자인 라인 Design line[226)227)]

커트하는 과정에서 사용되는 머리모양 패턴이나 길이 가이드를 말하며 고정 디자인 라인, 이동 디자인 라인, 다중 디자인 라인이 있다.

1. 고정 디자인 라인 Stationary Design Line

디자인 라인이 이동하지 않으며 처음 결정한 가이드 라인Guide Line에 맞춰 커트 한다. 한 곳으로 모아 커트하는 것으로 가이드 라인에서 멀어질수록 모발의 길이가 길어지길 원할 때 사용한다. 원랭스One-Length 커트, 인크리스 레이어Increase Layer 커트에 사용된다.

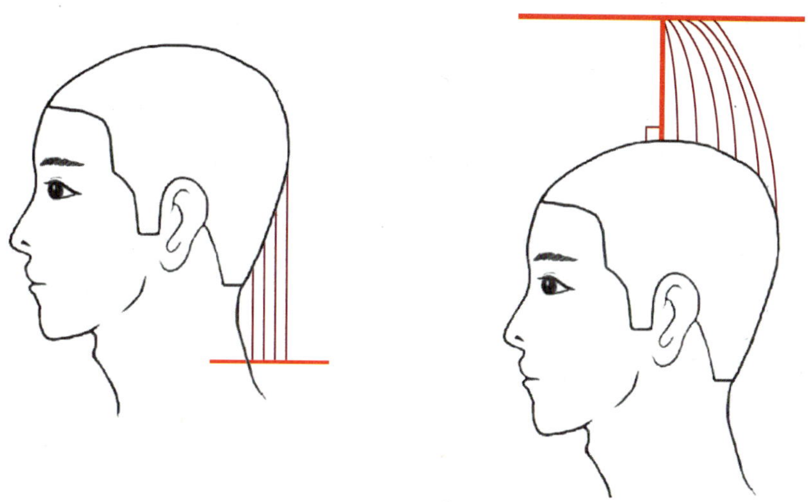

그림 2-21 고정 디자인 라인

2. 이동 디자인 라인 Moblie Design Line

커트하는 길이 가이드가 움직이며, 처음 결정된 가이드의 길이가 움직여 다음 커트할 섹션의 길이 가이드로 사용한다. 유니폼 레이어Uniform Layer 그래쥬에이션Graduation 커트에 적용된다.

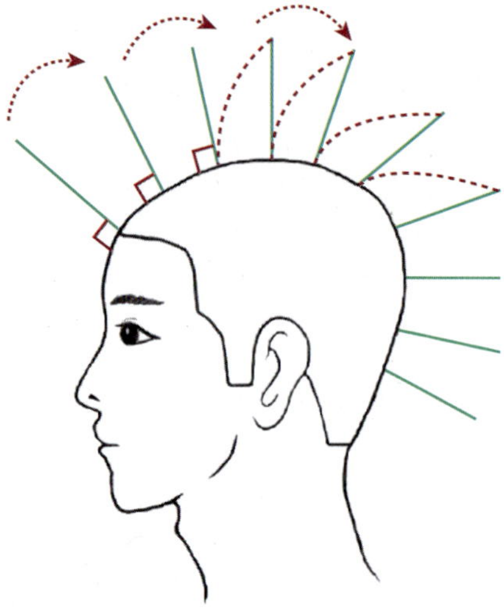

그림 2-22 이동 디자인 라인

3. 다중 디자인 라인 Multiple Design Line

스타일에 따라 두발 길이의 증가와 감소를 1차, 2차, 3차로 세분류하여 디자인 라인을 지정하여 커트하는 방법으로 전체적으로 층이 난 모발의 질감을 원하지만 네이프 Nape 부분의 모발 길이가 충분하지 않을 때 새로운 디자인 라인을 만들어 사용한다. 인크리스 레이어 Increase Layer 커트에 적용된다.

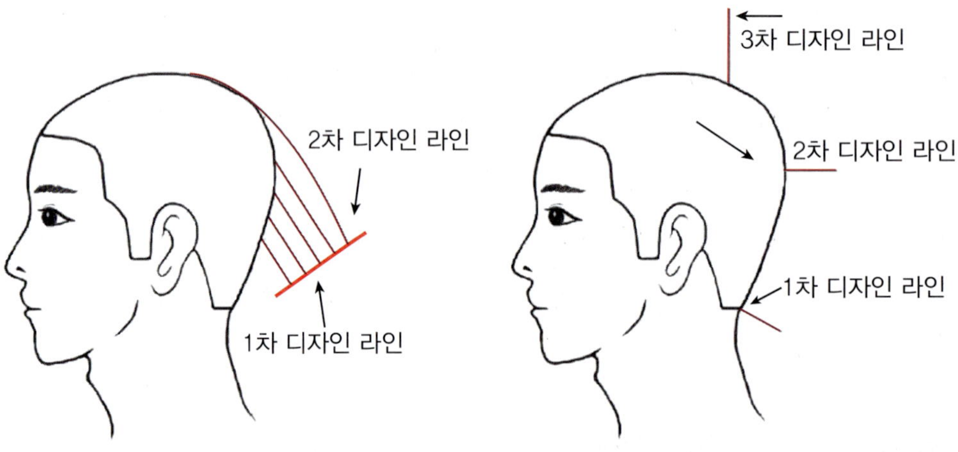

그림 2-23 다중 디자인 라인

8. 베이스Base의 종류

헤어 스타일의 형태 선을 만드는 중요한 시술 형태로 섹션Section과 패널Panel의 자리로 길이를 조절하고 베이스Bass에 따라 두발의 좌·우 길이를 결정하는데 적용하면서 스타일을 완성시킬 수 있다.

1. 온 더 베이스On The Base

베이스 중심 부분에 모발이 두피로부터 일반 시술각 90°로 들어 올려 앞쪽과 뒤쪽의 모발을 가운데로 모아진 접점에서 커트하고 베이스 폭은 2~3cm가 적당하며, 동일한 폭으로 슬라이스 하지 않을 시 길이의 단차가 생긴다. 좌·우가 동일한 길이로 커트할 때 사용된다.

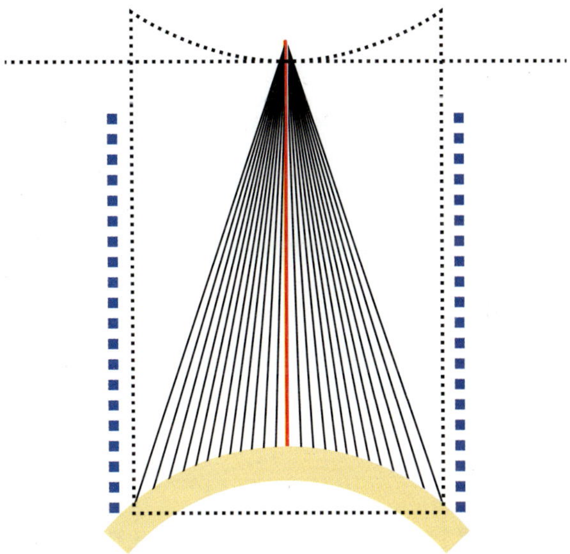

그림 2-24 온 더 베이스

2. 사이드 베이스Side Base

커트 시술 시 패널을 잡았을 때 한쪽 변이 90°로 베이스의 중심의 우측 또는 좌측면으로 치우치므로 그 기준을 중심으로 모발의 길이가 점점 길게 또는 짧게 된다.

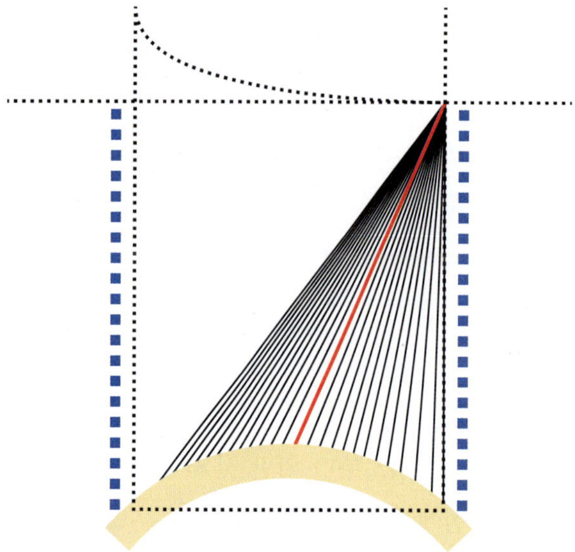

그림 2-25 사이드 베이스

3. 오프 더 베이스 Off The Base

헤어 커트시 패널의 한 변이 90° 이상으로 베이스를 벗어나 밖으로 벗어나는 것을 말하며, 시술자의 의도에 따라 사이드 베이스Side Base의 기준선을 넘어서 일정한 각도를 끄는 것을 말고 우측 또는 좌측으로 당겨지는 길이에 따라 사선의 경사도가 달라지며 급격한 모발의 변화를 요구할 때 사용된다.

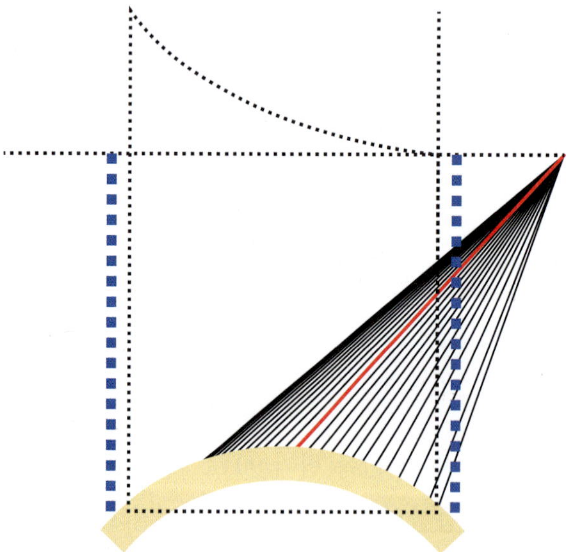

그림 2-26 오프 더 베이스

4. 프리 베이스 Free Base

온 더 베이스On the Base와 사이드 베이스Side Base의 중간 베이스를 말하며, 모발 길이가 두상에서 자연스럽게 길어지거나 짧아지는 효과가 있다. 사이드 베이스와 비슷한 효과를 가지고 있으나 사이드 베이스에 비해 완만하고 부드러운 효과를 만들 수 있다.

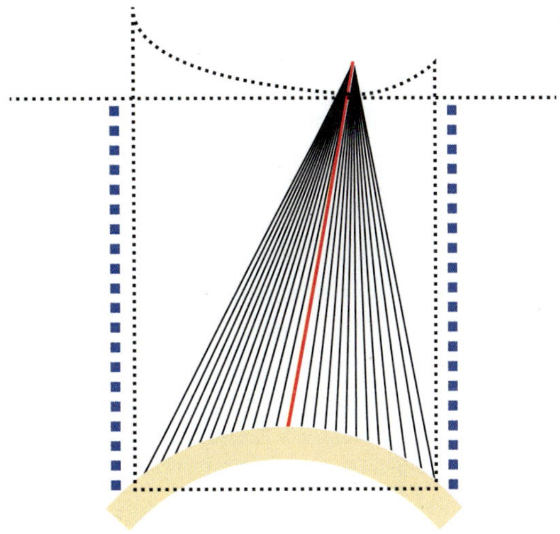

그림 2-27 프리 베이스

5. 트위스트 베이스 Twist Base

프리 베이스Free Base 상태에서 비틀린 모양으로 잡아 자를 때 사용하며, 두발 길이의 장단이 좌·우, 위·아래에 급격한 길이 변화가 필요할 때 사용된다.

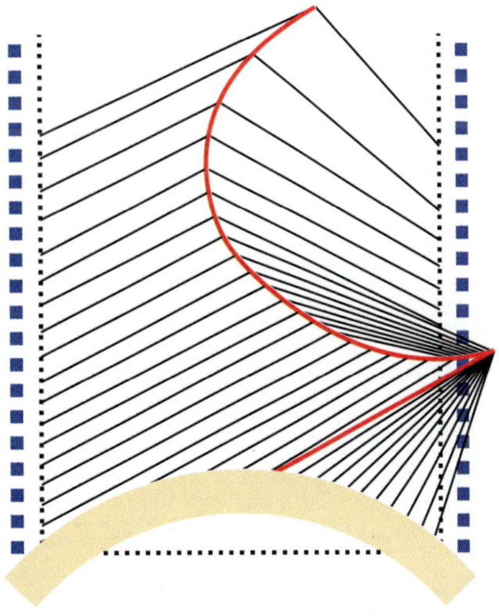

그림 2-28 트위스트 베이스

9. 두상 위치Head Position[228)229)]

두상 위치는 머리 형태의 직접적인 영향을 주고, 머리 질감이나 커트 라인의 방향에 영향을 주며, 두상의 위치는 똑바른Up Right 형, 앞으로 숙인Forward 형, 옆 기울인Tilted 형 등이 있다.

1. 똑바른Up Right 형

가장 자연스럽고 고른 효과를 주며 똑바로 한 상태에서 커트할 경우 가장 자연스럽다. 원랭스One-Length 커트에 가장 많이 사용된다.

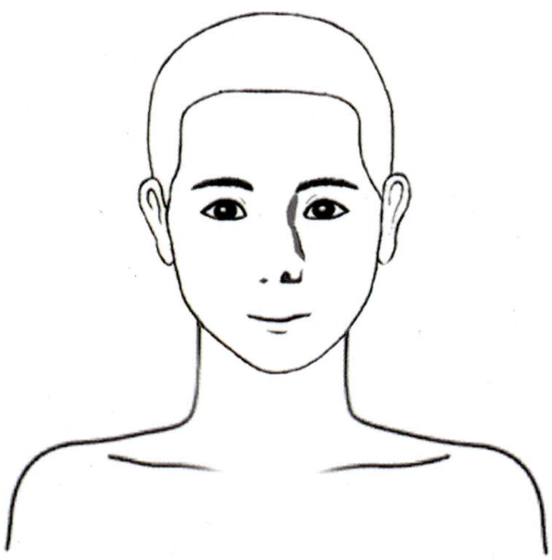

그림 2-29 똑바른 형

2. 앞으로 숙인 Forward 형

주로 형태 선의 끝 마무리로 많이 사용되며 그래쥬에이션 Graduation, 레이어 Layer 커트 시 많이 사용된다.

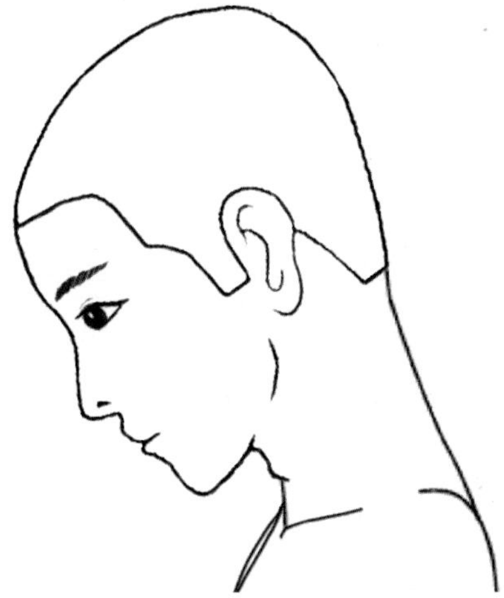

그림 2-30 앞으로 숙인 형

3. 옆으로 기울인 Tilted 형

형태 선의 쉬운 마무리를 위해 사용되며 페이스 라인 Face Line, 사이드 Side가 짧은 디자인 라인을 만들려고 할 경우 사용된다.

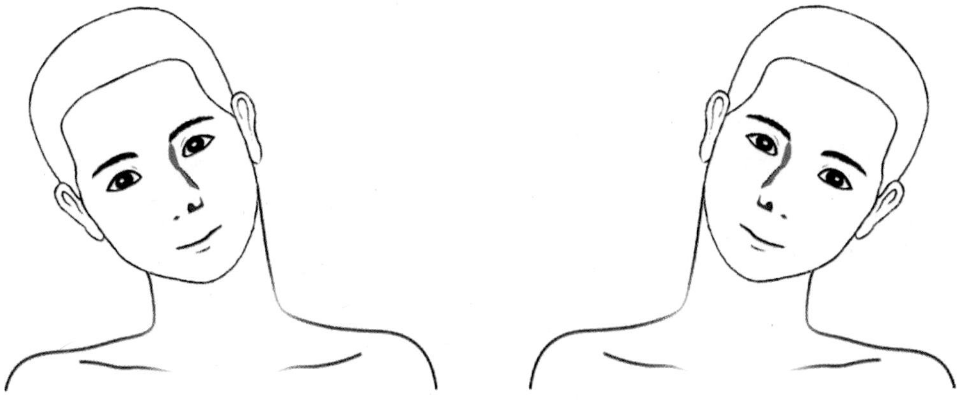

그림 2-31 옆으로 기울인 형

Chapter 3

이·미용 도구의 분석

헤어 디자인에 따라 커트의 형태에 따라 사용할 도구와 기법이 결정되며 어떠한 도구를 사용할 것인지는 숙련도와 헤어 스타일에 대한 결과물에 따라 다르다. 선택된 도구는 형태선, 질감의 변화를 가지고 올 수 있다.

1. 가위Scissors[230][231]

1. 가위의 역사

B.C. 1000년 경 그리스에서 만들어진 철제 가위가 가장 오래된 유물이다. 원지점식元支點式 : 지레의 작용점, 받침점, 힘점의 상호 관계에 의하여 힘점이 작용점과 받침점 사이에 있는 것의 가위와 같은 모양으로 주로 양털을 깎는데 사용되었고, 로마 시대 B.C. 27년 경의 철제 가위는 중간지점식中間支點式 : 지레의 받침점이 힘점과 작용점의 사이에 있는 것으로 서양 가위의 전형적인 모양이다. 중국의 가위는 뤄양洛陽 부근의 전한시대前漢時代의 무덤에서 출토된 것이 최초의 것이다.

한국의 가위는 분황사芬皇寺 석탑에서 나온 신라시대의 원시형 가위가 최초이고 형태는 ∝형으로 손잡이는 없고 가위 날을 엇갈리게 하기 위해 밑 부분을 가늘게 둥글거렸다. 고려 시대의 유물은 철제와 동제銅製 등을 많이 찾아 볼수 있는데 신라 시대의 가위와 같은 ∝형, 현재의 X형과 같은 가위로 손잡이가 매우 다양하다.

조선시대의 가위는 고려의 가위와 비슷한 X형이 대부분인데 손잡이가 좌·우로 넓어진 것이 특징이며 무쇠가 대부분이고 철과 백동白銅을 사용한 것도 있었고 가위의 모양은 매우 다양하였다.

조선 말기에는 가위의 사용법이나 형태가 오늘날의 가위와 유사한 것으로 전해졌다.

로마 시대 가위[232]

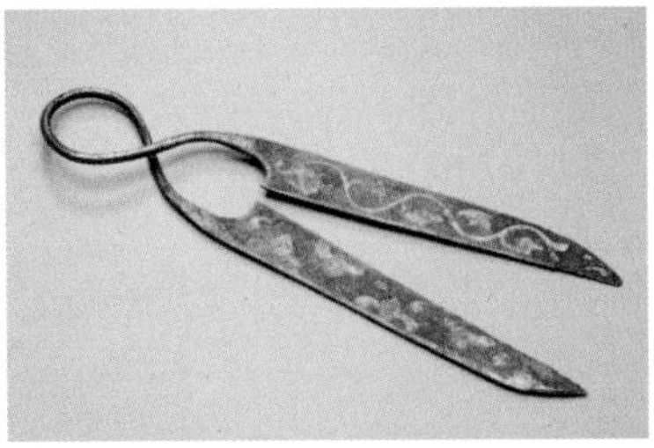

중국 당나라 시대 가위[233]

신라 시대[234]
금동초심지가위 (慶州 月池 金銅燭鋏)

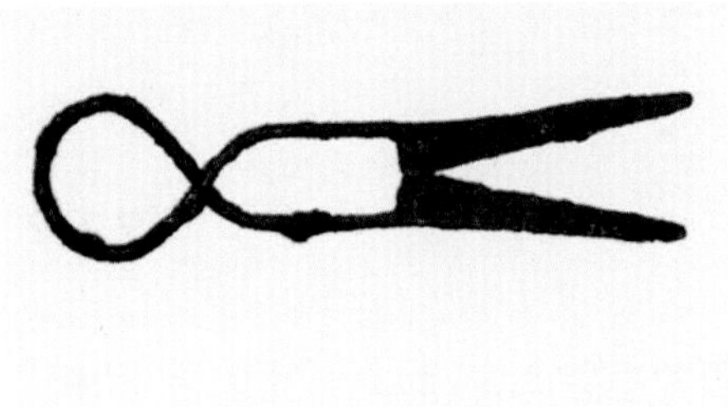

고려시대 가위[235]

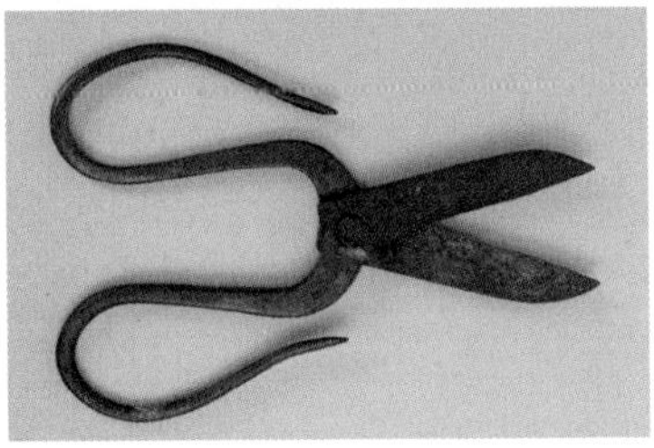

조선 시대 철제 가위[236]

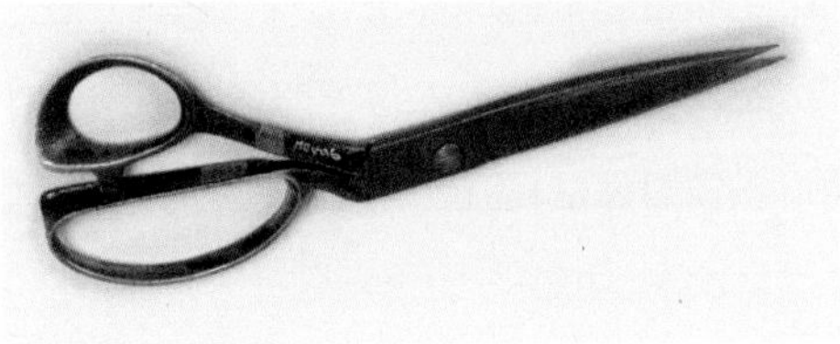

조선 시대 말기 가위[237]

그림 3-1 가위의 역사

2. 가위의 구조[238][239][240]

가위의 구조 중에 가장 중요한 부분은 이동날동인 : Moving Blade과 고정날정인 : Still Blade의 역할로 정날은 자르고자 하는 모발이 위치하는 부분으로 잘라진 부분을 정하고, 손 이외의 기준으로서 역할을 병행한다. 동날은 정날에 의해 정해진 부분을 손가락이 힘을 동반하여 동날의 움직임의 의하여 잘라진다. 이러한 기능이 순차적으로 일어나기보다는 거의 동시 상호작용에 의해 나타난다.

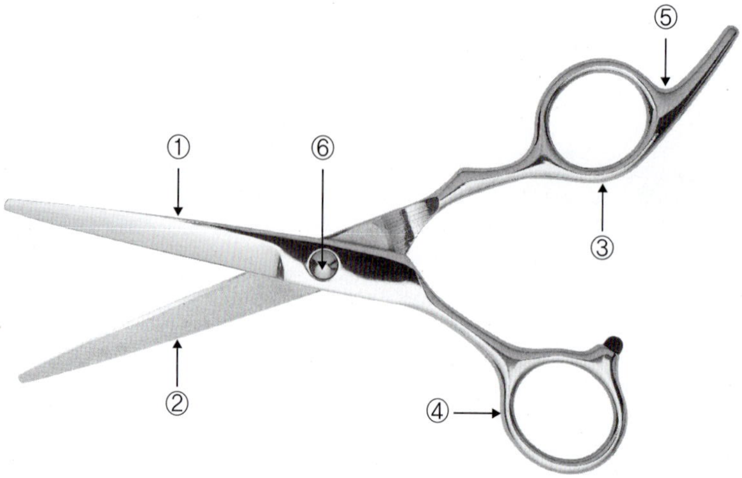

그림 3-2 가위의 구조[241)]

① **이동날** Moving Blade : 엄지 손가락에 의해 조작되어 움직이는 날

② **고정날** Still Blade : 약지 손가락에 의해 조작되어 움직이는 날

③ **약지환** Finger grip : 정인 이동날 에 연결된 원형 고리로 약지 손가락을 끼워 넣는 곳

④ **엄지환** Thumb grip : 동인에 연결된 원형의 고리로 엄지 손가락이 위치하는 곳

⑤ **소지걸이** Finger brace : 약지환에 연결되어 있으며 소지 새끼 손가락 를 걸기 위한 곳

⑥ **조임쇠** Pivot Point : 정도와 동도를 하나로 고정시켜 주며 가위를 느슨하게 하거나 조이는 역할

3. 가위의 종류[242)243)]

가위는 재질에 따라 착강 가위와 전강 가위로 구분되며 사용 목적에 따라 일반 가위, 틴닝 가위, 스트록 가위, 곡선 가위, 미니 가위로 구분된다.

(1) 재질에 따른 분류

① **착강 가위** : 협신부와 날의 부분은 서로 다른 재료로 되어 있으며 양쪽의 강철을 연결시켜 용접해서 만든 가위

② **전강 가위** : 전체를 특수강으로 만든 가위

(2) 사용 목적에 따른 분류

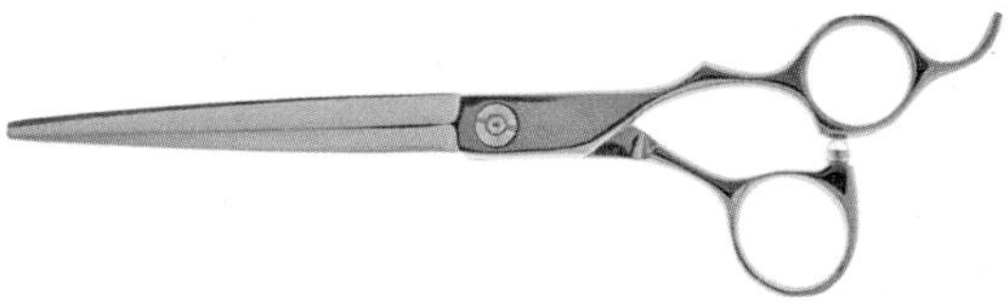

일반 가위 : 일반적으로 헤어 커트에 사용되며 가위의 길이에 따라 4~7인치 정도로 구분된다.

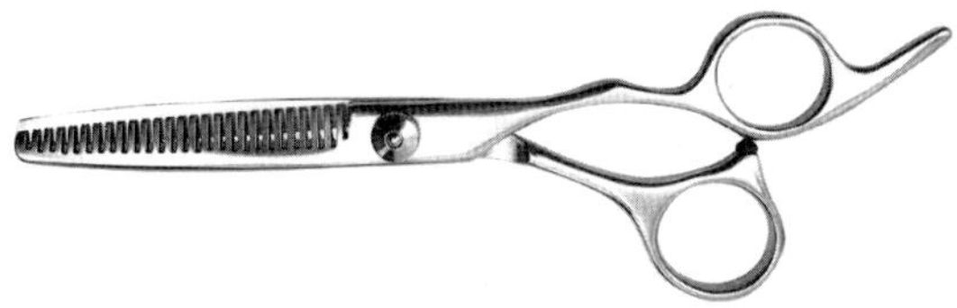

틴닝 가위 : 숱 가위라고도 불리며, 모발의 길이를 자르지 않고 모량을 조절하는 데 사용한다.

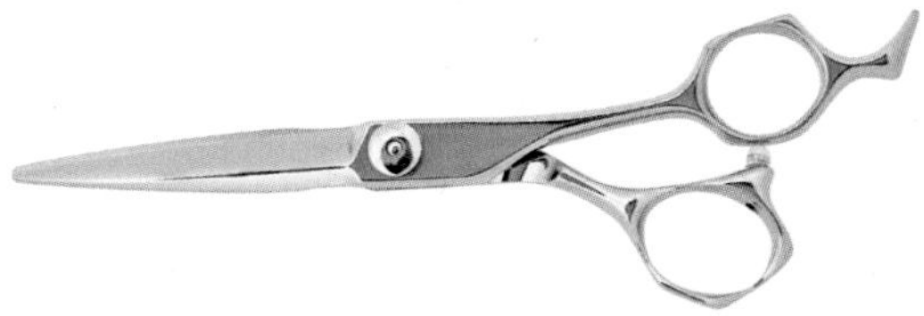

스트록 가위 : 스트록 커트 시 많이 사용되며 모발의 길이와 양을 동시에 표현한다.

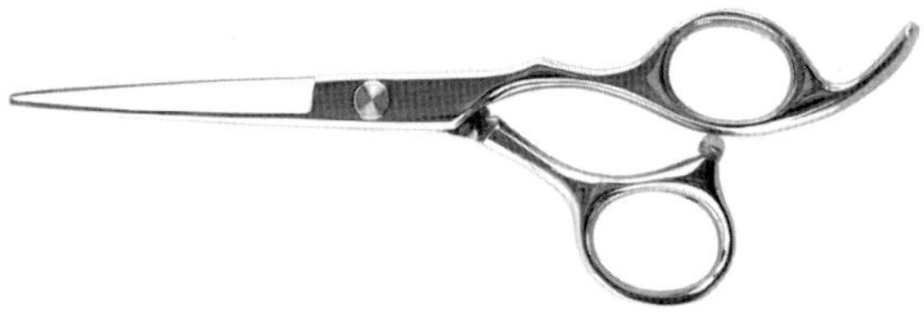

미니 가위 : 4~5.5인치까지의 범위에 속하는 가위로 정밀한 블런트 커트 시술 시 사용한다.

그림 3-3 사용 목적에 따른 분류

(3) 생산방식에 의한 분류

① **주물 가위** : 모양의 틀을 쇳물에 부어서 만든 가위

② **단조 가위** : 대장간 방식으로 쇠를 달구어 망치로 두들겨 만든 가위

③ **포징 가위** : 쇠를 젤 상태로 만들어 가위 모양의 틀을 이용해 만든 가위

④ **연마 가위** : 철판을 연마해 만든 가위

(4) 소지걸이 유 · 무에 의한 분류

① **고정형 소지걸이** : 손잡이와 소지걸이가 일체형으로 고정되어 있다.

② **탈착형 소지걸이** : 손잡이와 소지걸이를 분리할 수 있다.

4. 가위 선택 시 주의 점[244][245]

좋은 가위에 대한 기준은 디자이너의 사용 습관과 디자이너의 선호도가 다르고, 어떤 제품이 좋고 나쁘다고 단정하기는 어렵기 때문에 다음과 같은 기준을 설정하여 가위를 선택해야 한다.

① 본인의 체형에 맞는 가위를 선택한다. 디자이너 손가락에 잘 맞는가, 가위의 무게, 전체적인 밸런스 등

② 협신鋏身으로 갈수록 날 끝이 약간 안쪽으로 자연스럽게 구부러진 것이 좋다.

③ 안정성을 살펴서 선택해야 한다. 두피 상처

④ 양쪽 날의 견고함이 동일해야 좋은 날이라 할 수 있다.

⑤ 사용감을 살펴 선택해야 한다. 밀리거나 뜰김이 없어야 한다.

⑥ 날이 얇고 허리가 강한 것이 좋은 날이라 할 수 있다.

⑦ 도금된 것은 강철의 질이 좋지 않으니 피하는 것이 좋다.

⑧ 가위가 너무 빡빡하지 않은 상태를 유지해야 한다.

5. 가위 잡는 방법

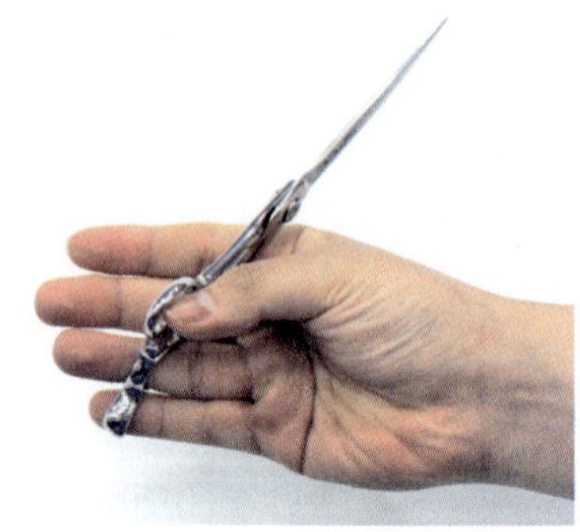

가위가 사선이 되도록 손목 밖을 향해 45° 기울기로 올린 후 엄지 손가락을 엄지환에 엄지 손톱의 1/3을 넘지 않게 살짝 걸쳐 놓는다.

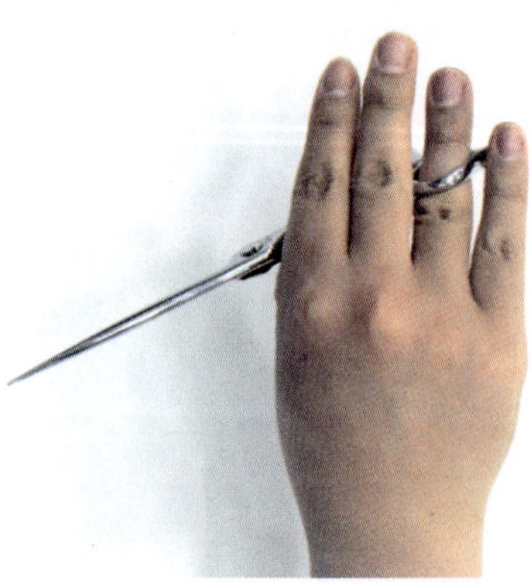

소지 손가락 끝 부분을 얹고 곧게 펴준 다음 엄지 손가락만을 이용해 유동날을 움직여 커트한다.

그림 3-4 가위 잡는 방법

2. 틴닝 가위Thinning Scissors[246)247)]

커트를 하기 위한 가장 기본적인 도구 중의 하나로 숱 가위라고도 불리며 모발의 길이는 변화를 주지 않은 상태에서 모량의 감소만을 이루는 방법으로 모량의 불균형이나 모발이 강모인 경우 적당하게 조절하여 커트를 용이하게 하고 커트 시술의 시작부터 마무리까지 전 과정에서 사용된다. 틴닝 가위Thinning Scissors를 사용할 때는 반드시 50% 건조된 상태에서 실시하여야 모발의 손상이나 가위 날의 마모를 줄일 수 있다. 재질에 따라 다르지 않고 날의 위치, 발의 수, 날의 모양에 따라 분류하는 것이 일반적이다.

1. 틴닝 가위의 구조

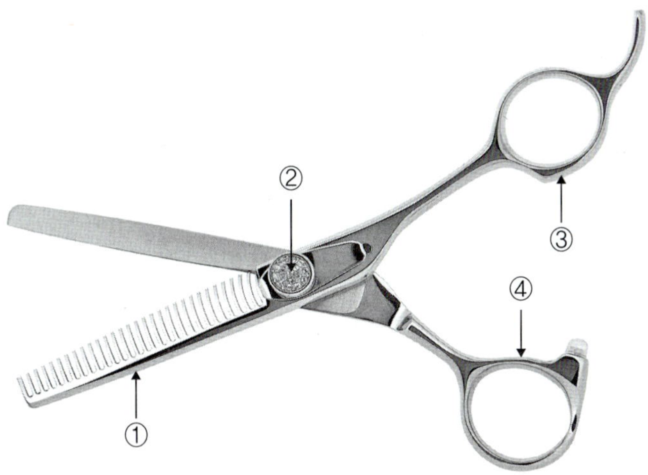

그림 3-5 틴닝 가위의 구조

① **빗날** : 엄지 손가락에 의해 조작되어 움직이는 날로 빗의 모양을 하고 있으니 말 그대로 빗날

② **조임쇠**Pivot Point : 약지 손가락에 의해 조작되어 움직이는 날

③ **약지환** Finger grip : 정인이동날에 연결된 원형 고리로 약지 손가락을 끼워 넣는 곳

④ **엄지환**Thumb grip : 동인에 연결된 원형의 고리로 엄지 손가락이 위치하는 곳

2. 틴닝 가위의 사용 방법

① 모발 길이는 자르지 않고 전체적인 모발의 숱만 감소시키는 방법이다.
② 틴닝 가위를 사용하여 커트 시 모발 양이 많은 사람에게 커트 시술 전 모발의 양을 적당히 조절하는 경우에 사용한다.
③ 시술하기 전에 어느 부분에 시술할 것인지 미리 정하고 사용해야 한다.
④ 모발의 양을 감소시키고 자연스러운 라인을 만들어주며 질감 처리를 하는데 좋은 도구이다.

3. 날Blade의 위치에 따른 분류

틴닝 가위Thinning Scissors의 날 위치에 따라 발을 형성시켜 나타나는 특징을 이용하여 분류할 수 있다. 발이 어느 위치에 있느냐에 따라 전혀 다른 느낌을 표현할 수 있다.

(1) 정날 틴닝 가위기본 틴닝 가위

가장 많이 사용되는 틴닝 가위로 정날의 부분에 발이 형성되어 있어 자를 때에 바깥쪽부터 잘리고 잘리지 않는 머리는 위쪽으로 향하는 특징이 있다. 모발의 끝을 잡고 판넬Panel의 안쪽을 자르게 되면 모발이 틴닝 가위 안쪽에 끼여 자르기 힘든 경우가 종종 발생하기도 한다.

그림 3-6 정날 틴닝 가위

(2) 역날 틴닝 가위

정날 틴닝 가위Thinning Scissors와 반대 경우로 동날쪽에 발이 형성되어 있어 잘려지지 않는 모발은 밑으로 가라 앉아 라인을 덮어 주는 특징을 가지고 있다. 잘린 부분이 안쪽에 있기 때문에 잘린 부분의 표시가 나타나지 않고 자연스러워 보이며 모발의 날이 부딪치지 않아 사용자의 사용감도 좋다.

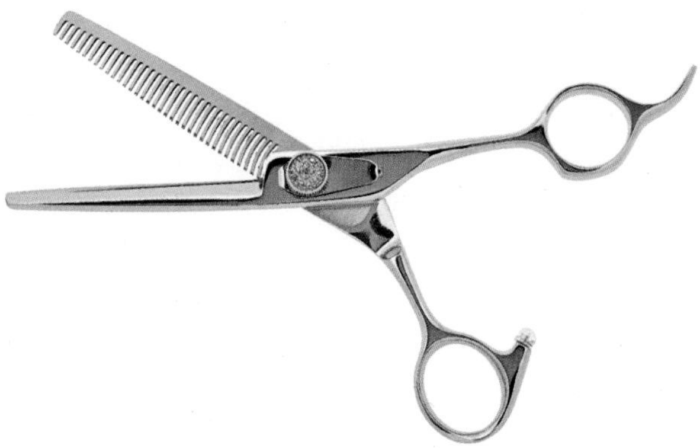

그림 3-7 역날 틴닝 가위[248)]

(3) 양날 틴닝 가위

동날과 정날 모두의 부분에 발이 형성되어 있는 형태의 가위로 결삭력은 양날의 넓이에 따라 다르지만 같은 넓이의 발수에서는 2/3정도 적게 잘리며 보통 틴닝 가위가 빗과 날이 만났을 때 뜯기거나 잡히는 경우가 있다면 양날 틴닝 가위에서는 거의 나타나지 않는 현상이다.

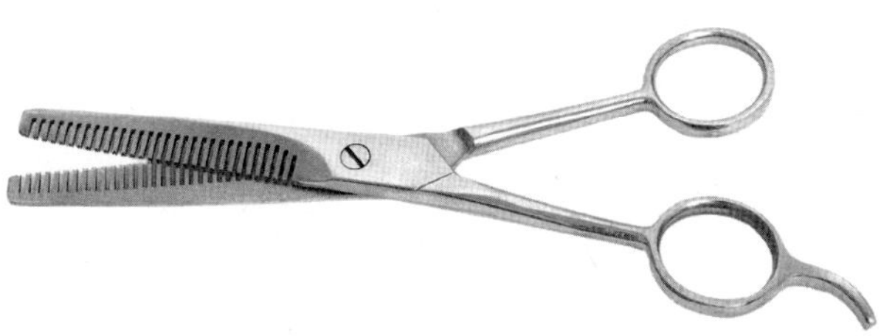

그림 3-8 양날 틴닝 가위

4. 틴닝 가위 Thinning Scissors 날의 간격과 시술 방법[249)]

틴닝 가위 날의 간격		특징
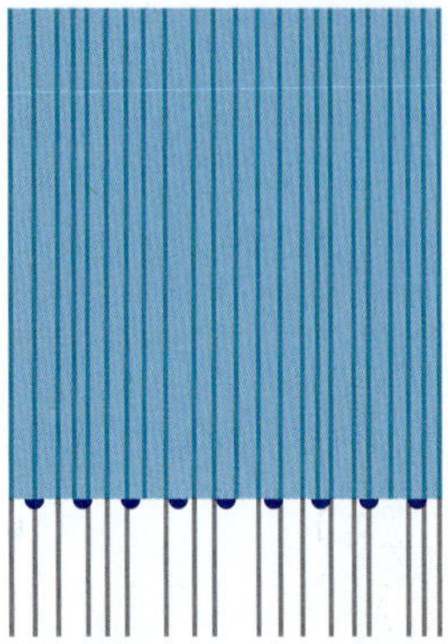		최소한의 모량을 제거해 주기 때문에 테이퍼를 약간만 할 때 사용된다.
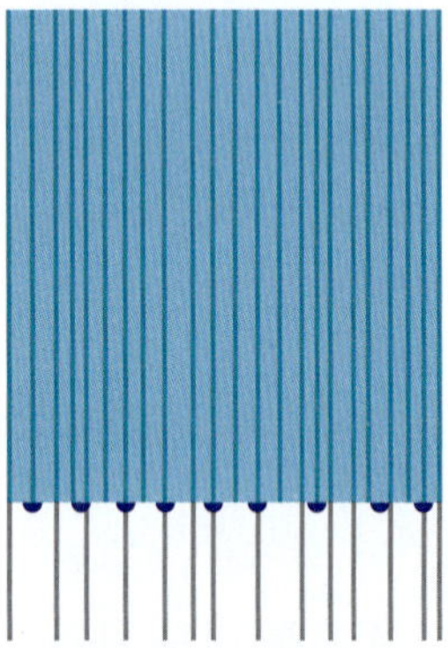	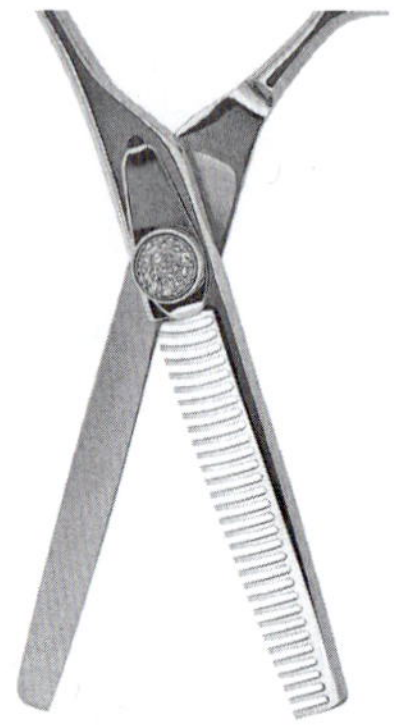	중간 정도의 모량을 제가할 때 사용하며 이 기법은 무게감을 줄여주고 생동감을 준다.
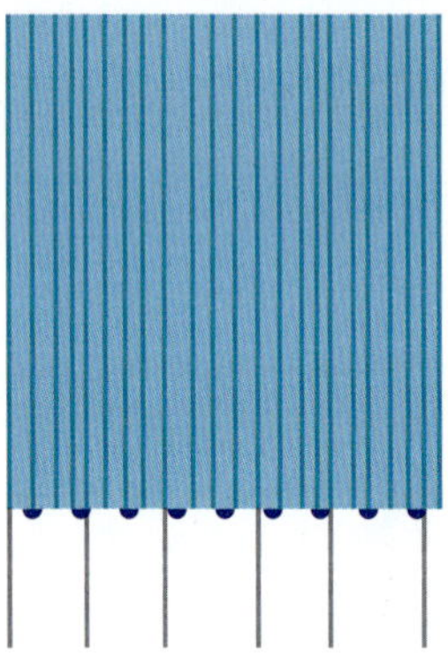	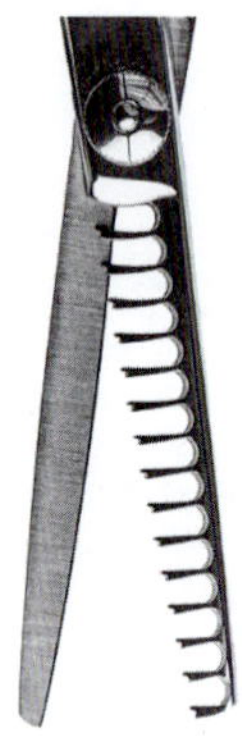	많은 질감을 만들어 주기 때문에 모량을 최대한으로 제거해 줄 때 사용된다.

5. 틴닝 가위 Thinning Scissors 가로와 세로 패널 잡는 방법[250)]

① 양감을 균일하게 사용하며, 틴닝 가위를 단독 사용 시 라인에 자국이 남을 수도 있어 다른 테크닉과 조합하여 사용하면 좋다.

② 틴닝 가위를 개폐하면서 커트해 나가고 한 번에 몇 번씩 같은 부분을 자르면 확실한 자국이 나기 때문에 주의한다.

틴닝 가위로 패널 잡는 방법			특징
틴닝 가위를 가로로 넣을 때			모량을 균일하게 감소하고 싶을 때 사용한다.
틴닝 가위를 세로로 넣을 때		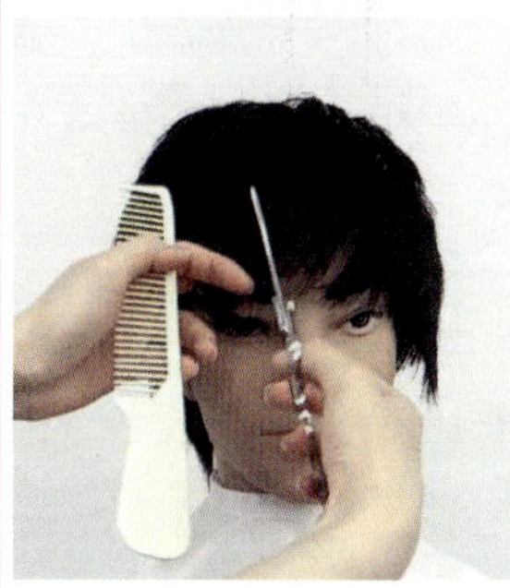	아웃 라인 Out Line과 잘 융합되게 하고자 할 때, 가위의 개폐 수에 따라 모량을 조절한다.

3. 빗 Comb[251)252)253)]

머리카락을 자르는 작업을 수행할 때 머리카락의 양을 조절하는 도구이며, 클리퍼 Clipper로 머리카락을 자르는 시술을 할 때, 가위로 머리카락을 자를 때 사용하는 중요한 역할을 한다.

1. 빗의 구조

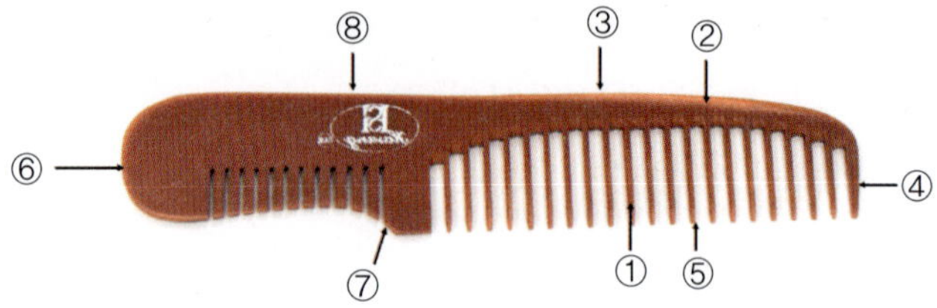

그림 3-9 빗의 구조

① 빗 살 : 빗의 가장 중요한 부분으로 고르고 균일된 것이 좋다.

② 빗 몸 : 빗 전체를 지탱해 주는 역할을 하며 너무 매끄럽거나 반질거리지 않으며 안정성이 좋아야 한다.

③ 빗 등 : 빗 등의 두께는 균일하고 전체가 삐뚤어지거나 구부러지지 않아야 한다.

④ 빗 머리 : 빗 머리의 가장자리는 모발이 걸리지 않고 손질하기 쉽도록 끝이 둥근 것이 좋다.

⑤ 빗 살끝 : 두피에 직접 닿는 부분이며 모발을 두피로부터 끌어당겨 세우는 부분으로 끝이 너무 날카롭거나 둥글면 좋지 않다.

⑥ 손잡이 : 손으로 잡는 부분이다.

⑦ 검지 손가락 끝 위치 : 검지 손가락으로 빗살 부분을 잡아 준다.

⑧ 엄지 손가락 끝 위치 : 엄지 손가락을 이용하여 빗 등을 받쳐 준다.

2. 빗의 종류와 기능

구분	내용	
빗大	모량이 많거나 곱슬머리, 엉키는 모발, 긴 모발에 주로 사용하며 거칠게 깎기와 떠올려 깎기에 적합하다.	
빗中	커트 시 가장 일반적으로 사용하며 연속 깎기 싱글링 : Singling에 적합한 빗으로 스타일링과 정발 빗으로 사용한다.	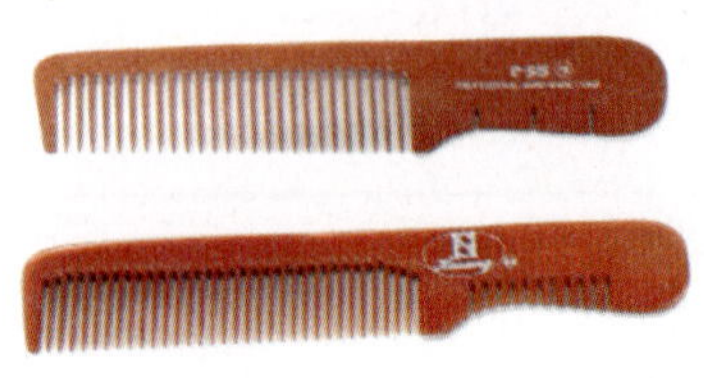

구분	내용	
빗小	네이프Nape와 이어 라인Ear Line의 짧은 부분과 정교하게 커트할 때 사용되며 소밀 깎기에 주로 사용한다.	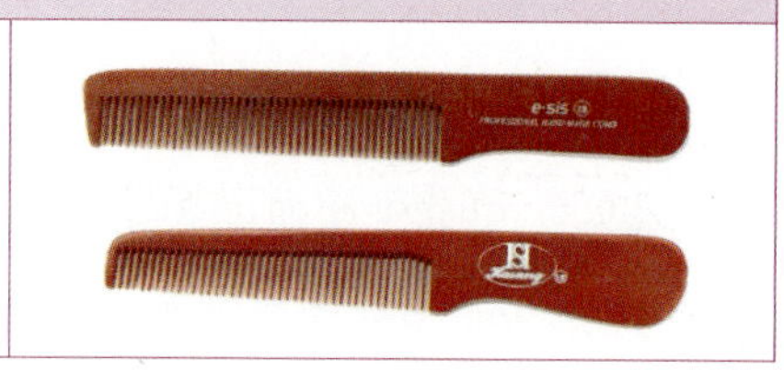

3. 빗의 용도

① 두발이 길고 숱이 많거나 심한 곱슬머리는 빗살 간격이 넓고 빗살이 길이가 긴 큰 빗을 사용한다.

② 두발이 짧고 숱이 적으면 빗살 간격이 좁고 빗살 길이가 짧은 빗을 사용한다.

③ 빗살의 굵기는 빗등 쪽으로는 두꺼워지고 빗살 끝 쪽으로는 가늘어진다.

4. 싱글링Singling 시술 시 빗 잡는 방법

① 빗살의 끝 부분을 위로 향하거나 평행하게 향하게 하고 왼손으로 잡는다.

② 약지와 검지 손가락 사이에 빗을 올려 놓고 엄지 손가락을 이용하여 빗 등을 받쳐 주며, 검지 손가락을 빗살 끝을 잡는다.

③ 중지 손가락 가운데 마디를 밑으로 살짝 접는다.

④ 약지와 소지 손가락을 편하게 잡는다.

⑤ 빗은 두상 방향으로 빗 등은 시술자 쪽으로 경사지게 한다.

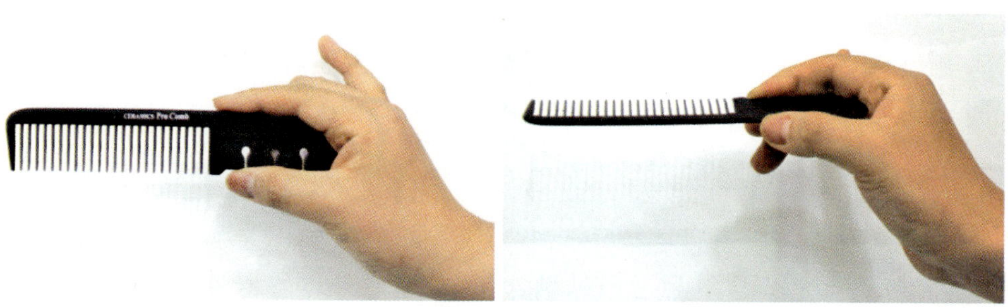

그림 3-10 싱글링 시술 시 빗 잡는 방법

5. 모발 빗질 시 잡는 방법

① 손바닥을 편 상태에서 네 손가락에 빗을 올려 놓고 엄지 손가락은 빗의 손잡이를 감싸고 빗살을 아래로 향하게 한다.

② 빗 등위에 검지 손가락을 얹고 빗살은 아래로 향하게 한다.

③ 중지, 약지, 소지 손가락을 밑으로 살짝 잡는다.

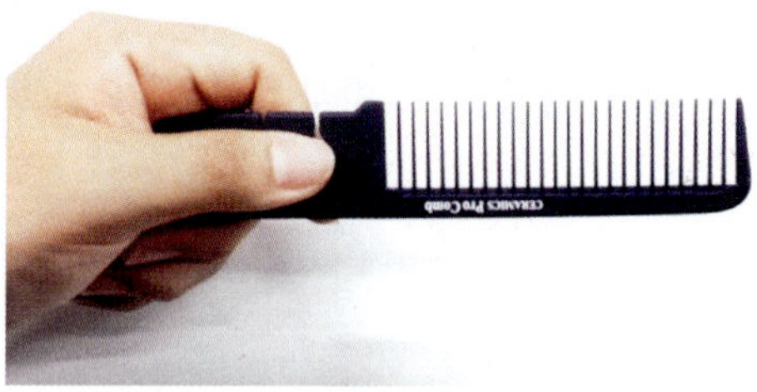

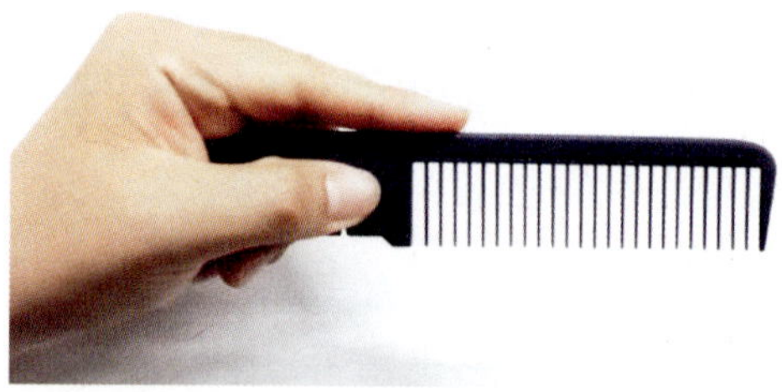

그림 3-11 모발 빗질 시 잡는 방법

4 레이저Razor[254)255)256)]

이용理容에서는 면도용으로 주로 사용되었던 도구지만 미용에서 커트용으로 사용하는 기구로 60년대에는 레이저 커트Razor Cut가 주류였던 것이 있을 정도로 매우 중요한 커트 도구 중의 하나이다.

레이저Razor는 일반 레이저Ordinary Razor와 셰이핑 레이저Shaping Razor로 구분하는데 이용理容에서 얼굴 면도용으로 사용되는 것으로 칼의 모양을 하고 있으며 주로 전문가용으로 빠른 시간에 능률적으로 사용할 수 있고 세밀한 부분의 시술에 적합하지만 지나치게 많은 모발을 커트할 수 있는 우려가 있어 초보자가 사용하기에 무리가 있다.

셰이핑 레이저는 일반 레이저의 형태에 세이프티 가드Safety guard를 첨가한 형태로 단면 날과 양면날의 형태를 가질 수 있으나 현재에는 단면 날이 주류를 이루고 있다. 셰이핑 레이저는 날에 모발이 닿는 양이 제한되므로 모발의 많은 양이 잘려질 수 있는 우려가 없고 사용이 안전하므로 초보자가 사용하기에 적합하다.

모발을 자르기도 하지만 사용 목적에 따라 질감과 커트를 동시에 할 수 있으며 가위Scissors로 표현할 수 없는 미세한 부분을 질감 처리하여 모선의 가벼움, 매끄러움, 율동감을 준다.

1. 레이저의 구조

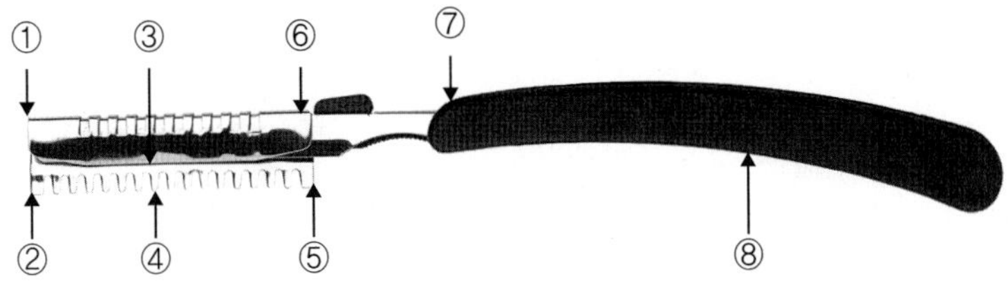

그림 3-12 레이저의 구조[257)]

① 머리Head : 레이저의 등Back에 가장 앞부분의 끝을 말한다.

② 시작점Point : 레이저 커트 날의 가장 앞 부분을 말한다.

③ 날Blade : 날의 교체는 빠르게 해줘야 한다.

④ 커트 날Edge : 지면을 향하여 잡는 것이 아니라 사용자의 가슴쪽을 향하도록 눕혀 잡은 상태에서 엄지 손가락이 누운 상태의 윗면을 지그시 누르는 형태로 잡는다.

⑤ 날 끝Heel : 레이저 커트 날의 가장 끝 부분을 말한다.

⑥ 등Back : 검지, 중지, 약지의 세 손가락을 모아 올리고 날 끝의 뒤쪽 몸체의 바닥면을 받친다.

⑦ 어깨Shoulder : 두께가 일정한 것이 좋다.

⑧ 손잡이Handle : 안쪽면을 받치는 형태로 잡는다.

⑨ 손가락 걸이Finger Rack : 약지 손가락을 구멍에 넣어 주어서 잡는다.

2. 레이저의 종류

(1) 일반 레이저Ordinary Razor

① 일반적인 레이저의 유형

② 시간상 능률적인 작업에 좋지만 너무 자를 수 있는 위험성이 커서 전문가에게 적당하다.

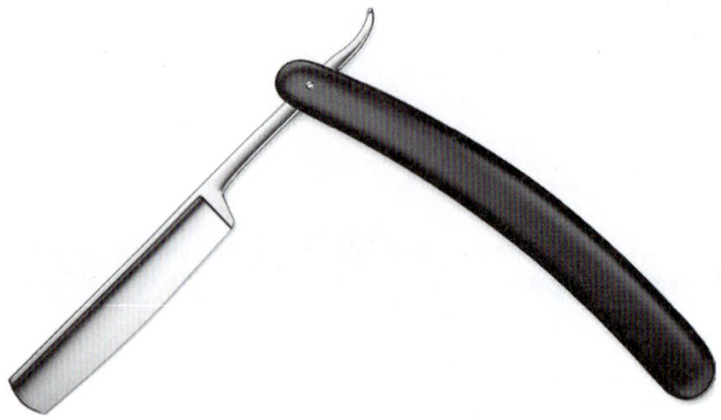

그림 3-13 일반 레이저[258)]

(2) 세이핑 레이저 Shaping Razor

① 일반날 또는 양면날의 유형

② 톱니식으로 되어 있어 안전성이 높으며 초보자에게도 적합하다.

③ 시술 시 시간이 오래 걸려 비능률적이다.

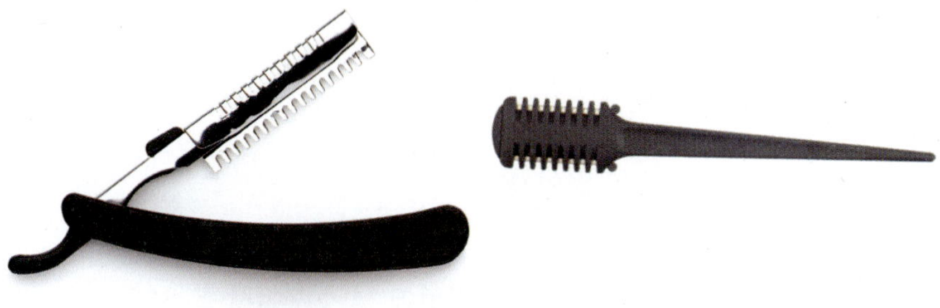

그림 3-14 세이핑 레이저[259)260)]

3. 레이저의 결정요인[261)262)]

① 면도날의 등과 끝이 비틀어지지 않고 평행선을 긋고 있는 것이 좋다.

② 양면의 외곡선상이 면도날의 등과 끝까지 고르게 되어 있는 것이 좋다.

③ 두께가 일정한 것이 좋다.

④ 커팅력과 사용의 편리성이 좋아야 한다.

⑤ 날의 형태가 내곡선의 형태일 경우 모발을 자를 때에 힘의 배분이 직선으로 이루어지지 않으므로 주로 직선이나 외곡선의 형태가 좋다.

5. 클리퍼Clipper [263)264)265)]

1871년 프랑스의 "바리깡 마르Bariquand et Mare" 기계 제작소의 창업자 바리깡에 의해 발명되어 현재까지 그 명칭이 사용되고 있으며 일명 클리퍼Clipper라고 한다. 우리나라는 일본을 통해 1910년에 보급되어 현재까지 사용되고 있다. 현대에는 디자인이 다양화되고 성능이 업그레이드Upgrade 되면서 전기에 의해 두 날이 교차하며 조발 기구로서 다양한 테크닉을 적용해 짧은 두발을 빠르고 간편하게 커트할 수 있는 시술 시간의 절약에 없어서는 안되는 도구이다.

1. 클리퍼의 구조

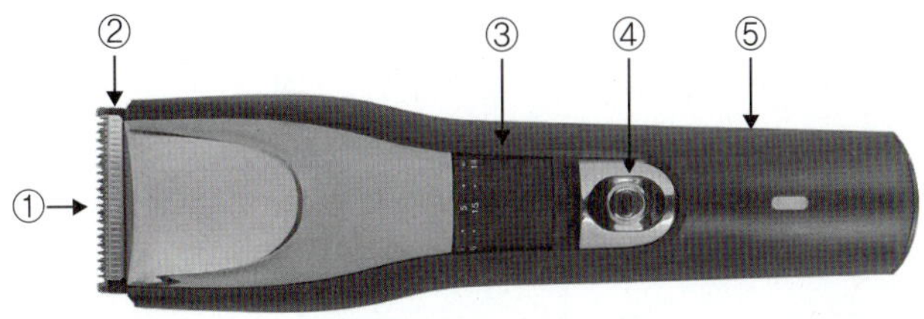

그림 3-15 클리퍼의 구조

① **윗날**이동날, Moving Blade : 좌·우로 움직여서 밑날과 함께 모발을 절단하는 작용을 한다.

② **밑날**고정날, Fixed Blace : 윗날과 함께 모발을 자르는 역할 및 모발을 같은 길이로 간추리는 빗의 작용을 한다.

③ **커트 길이 조절** : 커팅 조절 다이얼0.8~2.0mm로 5단계로 커트 길이 조절이 가능하며 덧날을 이용해 커팅 길이 선택이 가능하다.

④ **전원 스위치** : 슬라이드 버튼 방식의 전원을 켜고 끌 수 있다.

⑤ **몸체**핸들, Body : 클리퍼 몸체는 전원 스위치가 있으며, 날을 조절하는 스위치가 있는 클리퍼도 있다.

2. 클리퍼의 종류[266)]

(1) 프로 클리퍼 Pro Clipper

① 두꺼운 모발과 보통 두발을 커트할 때 적합하고 날의 길이를 조절하며 커트할 수 있다.

② 날을 구입해 교체해 사용할 수 있는 장점이 있으나 고가의 가격이 단점이다.

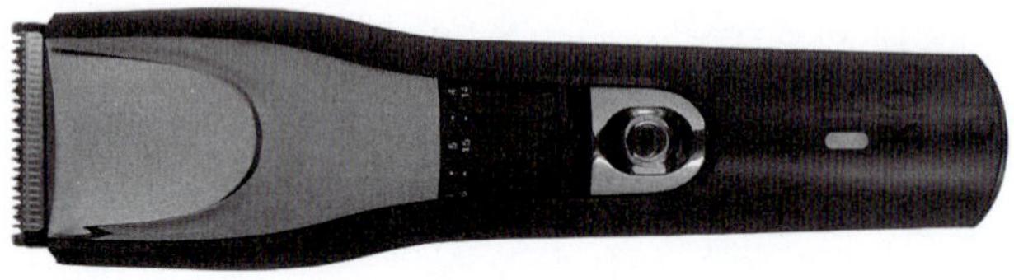

그림 3-16 프로 클리퍼[267)]

(2) 장미 클리퍼

프로 클리퍼와 토끼 클리퍼 사이에 중간 크기의 날로 얇은 두발이나 곱슬머리를 커트할 때 사용한다.

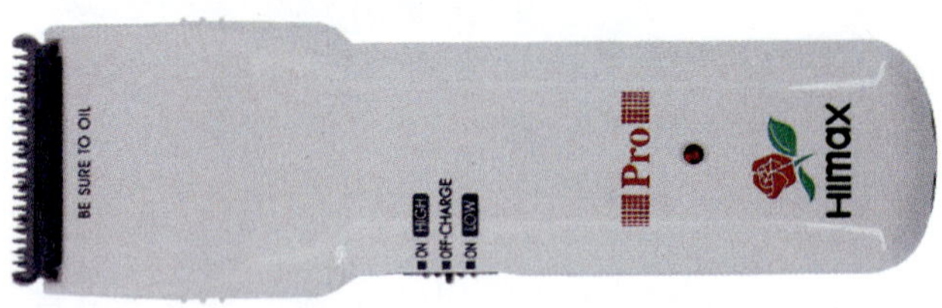

그림 3-17 장미 클리퍼[268)]

(3) 토끼 클리퍼

목 부분과 귀 앞 구렛나루에 잔털을 제거하는 용도로써 면도기 대용으로 간편하게 사용한다.

그림 3-18 토끼 클리퍼[269)]

(4) 조각 클리퍼 Sculpture Clipper

짧게 깎은 두발에 각종 문양을 새겨 넣을 때 사용하는 클리퍼로 날 폭이 좁고 배터리를 넣어 사용하는 제품이다. 눈썹을 정리할 때 사용하기도 하며 눈썹 클리퍼라고도 한다.

그림 3-19 조각 클리퍼[270)]

6. 그 외 기타 도구

커트 시술에는 다양한 도구들을 필요로 하며 각각의 쓰임에 맞는 도구들을 개인의 성향과 방법에 따라 다양한 형태와 종류들을 사용한다.

1. 핀셋 Pincette

모발을 커트하기 위해 일정한 파팅 Parting, 섹셔닝 Sectioning 등 모발의 고정을 위하여 사용한다.

그림 3-20 핀셋

2. 커트 보

커트 보는 커트 시 고객의 옷을 보호하고 커트된 모발이 옷 속으로 들어가는 것을 방지하는 목적으로 착용한다.

그림 3-21 커트 보[271)]

3. 분무기 Spray

커트 시 중요한 역할을 하는 도구로 마른 모발에 균일한 수분을 주고 모발의 큐티클 Cuticle 이 손상되지 않게 정확한 섹션, 파팅을 나눌 때 사용된다.

그림 3-22 분무기

4. 얼굴 털이개

커트 시술이 끝난 후 얼굴에 달라 붙어 있는 머리카락을 제거해 주는 도구로 사용된다.

그림 3-23 얼굴 털이개

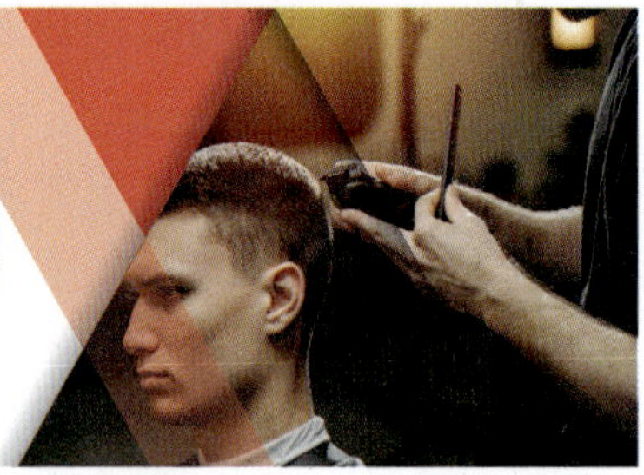

Chapter 4 헤어 커트의 기본 테크닉

1. 장가위 테크닉[271)272)]

1. 지간 깎기

남성 헤어 커트 시술에서 기본 기법으로 빗질된 모발을 왼손 검지와 중지 사이에 끼우고 일정하게 자르는 방법이다.

손등에서 자르는 아웃 커트와 손 안쪽에서 자르는 인 커트로 분류한다.

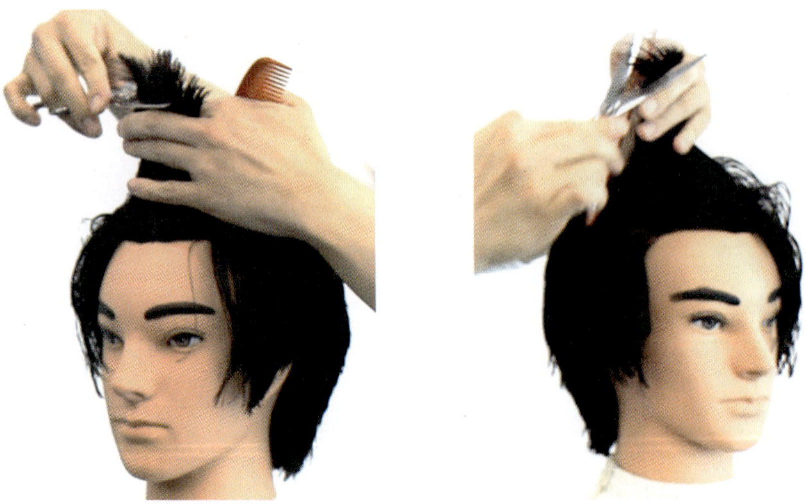

그림 4-1 지간 깎기

2. 연속 깎기 싱글링

연속 깎기는 떠내려 깎기나 떠올려 깎기에 적용되는 기법으로 빗 등에 가위의 정날을 일자로 밀착시켜 커트된 형태면에 따라 연속적으로 깎는 기법이다.

※ 싱글링 Shingling 과 시저스 오버 콤 Scissor Over Comb 은 같은 의미로 사용되고 있다.

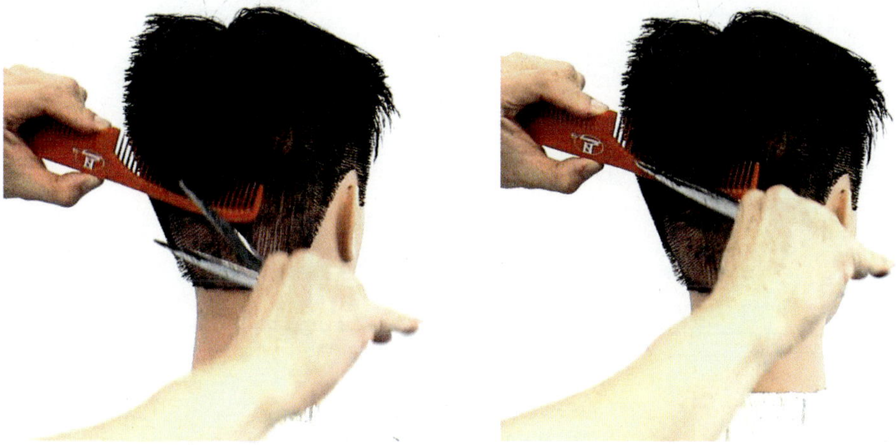

그림 4-2 연속 깎기

3. 떠올려 깎기 떠내 깎기

빗살을 이용하여 아래서부터 빗으로 모발을 떠올려 일으켜 빗살 밖으로 나온 긴 두발을 잘라 형태를 만들며 상향으로 커트하는 기법이다.

그림 4-3 떠올려 깎기 떠내 깎기

4. 돌려 깎기

두발을 방사형으로 두상의 둘레를 이동하면서 커트하는 기법으로 부드러운 곡선라인을 연출하며 주로 측두부와 두정부, 후두부 주변에서 많이 사용되는 기법이다.

그림 4-4 돌려 깎기

5. 밀어 깎기

왼손 엄지 손가락 지문 위를 가위 끝에 고정시키고 중지, 소지, 약지 손가락을 목 부분에 지지대로 움직이지 않고 가위 끝이 밀려가는 힘으로 모발 길이를 미세하게 제거하는 방법으로 빗살 끝을 두피에 붙여 밀어 쓰러지지 않게 커트하는 기법이다.

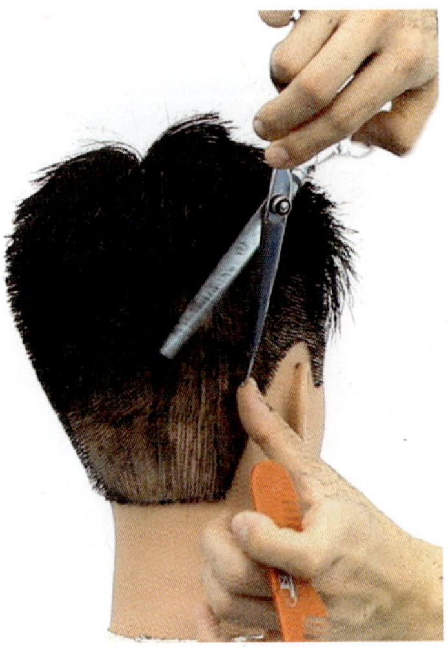

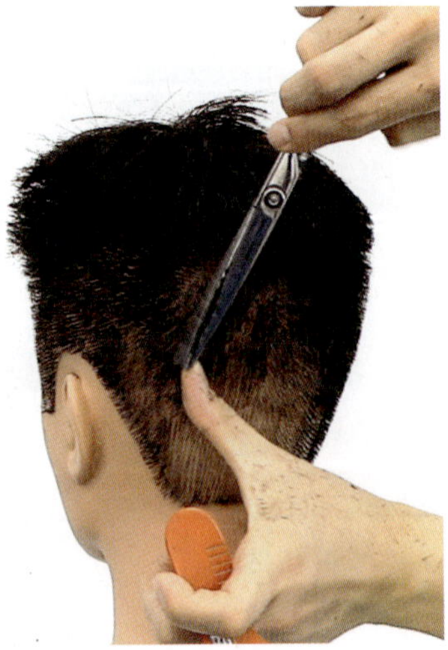

그림 4-5 밀어 깎기

6. 당겨 깎기

왼손 중지, 검지 손가락 지문 부위를 가위 끝에 고정시키고 가위 끝을 당기면서 모발을 깎는 기법으로 왼쪽에서 오른쪽 방향으로 커트하는 기법이다.

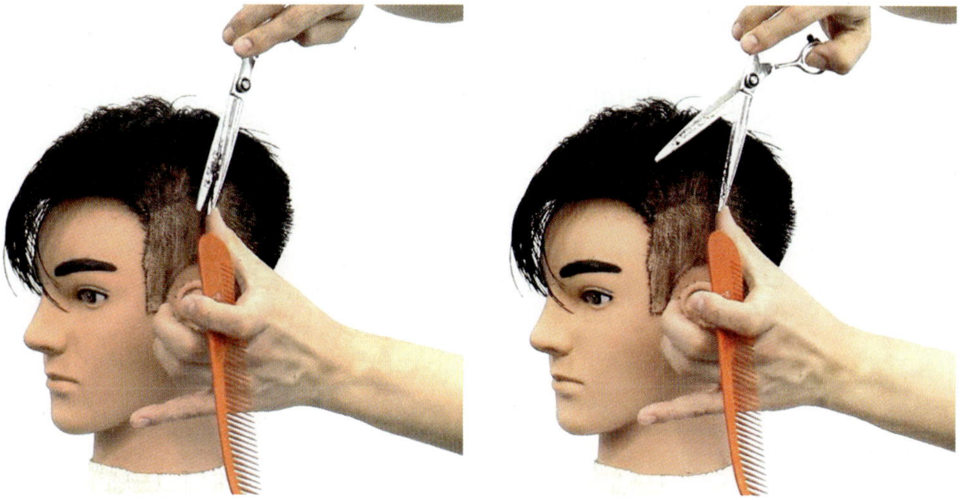

그림 4-6 당겨 깎기

7. 세워 깎기 옆 가위질, 직협

커트의 완성 단계에서 빗을 사용하지 않고 모발 표면에 요철이 있는 부위를 수정하는 커트 기법으로 밀어 깎기와 당겨 깎기가 있다. 접합부의 수정에 사용되는 기법이다.

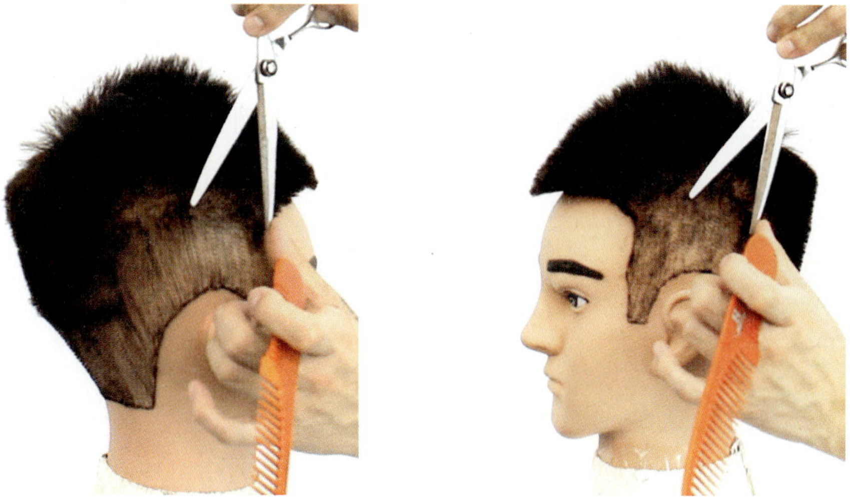

그림 4-7 세워 깎기 옆 가위질, 직협

2. 클리퍼Clipper 테크닉

1. 클리퍼의 선정과 관리

① 헤어 클리퍼를 선정할 때는 디자이너의 체형과 손에 맞고 섬세한 작업을 할 때 안정감을 줄 수 있도록 클리퍼의 무게를 고려하여 선정한다.

② 클리퍼가 너무 무거우면 장시간 작업 시 피로감을 줄 수 있고, 클리퍼가 너무 가벼울 경우 착용감이 떨어져 손 떨림 현상일 일어날 수 있으므로 주의해야 한다.

③ 클리퍼는 전기를 이용하여 커트하는 전자제품으로 사용 전 충분히 충전해야 하고 커트를 할 때는 충전기와 분리한 후 사용해야 한다.

④ 클리퍼 종류에 따라 두상에 남겨진 머리카락의 길이를 조절하는 방법이 상이할 수 있으므로 사용법을 숙지한 후 사용한다.

⑤ 클리퍼의 관리는 작업 후 날을 본체와 분리하여 기계 안에 들어가 있는 모발을 전용 솔로 제거하고 날에는 클리퍼 또는 가위 전용 오일을 충분히 발라 주어 보관한다.

2. 클리퍼 잡는 기법

(1) 한 손 기법

① 머리의 높이를 조금 올릴 때 주로 사용한다.

② 엄지 손가락과 검지 손가락을 이용해서 클리퍼를 잡아 준다.

③ 중지와 약지, 소지 손가락은 클리퍼 뒷면에 자연스럽게 잡아 준다.

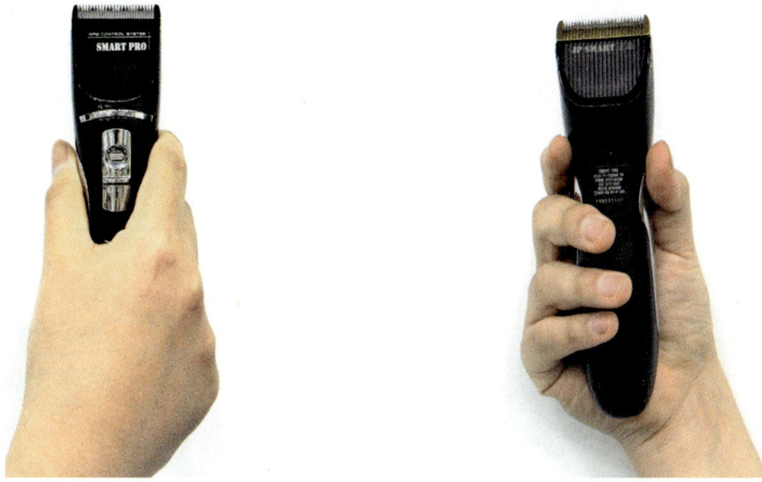

그림 4-8 한 손 기법

(2) 양손 기법

① 클리퍼 시술 시 가장 많이 사용한다.

② 양손 엄지손가락은 클리퍼 위에 검지 손가락은 클리퍼 옆에 놓는다.

③ 남은 손가락은 클리퍼 밑부분을 잡는다.

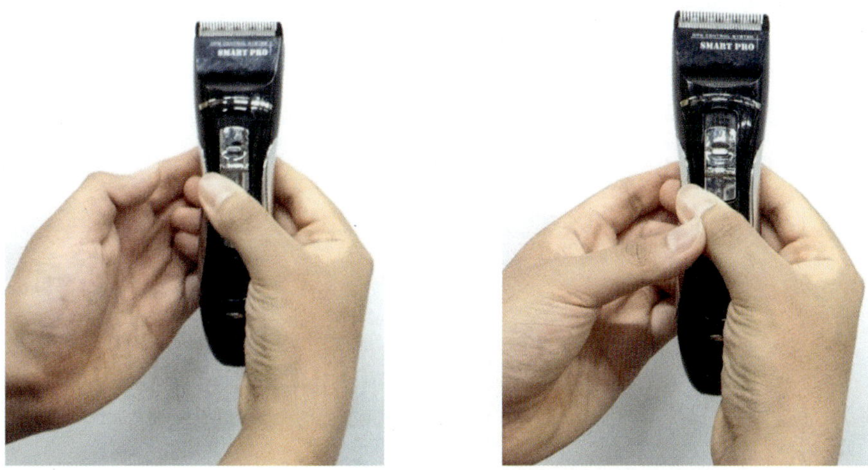

그림 4-9 양손 기법

(3) 펜슬 기법

① 크라운과 탑 부분에 주로 사용한다.

② 펜을 잡듯이 팔목 스냅을 이용해서 커트한다.

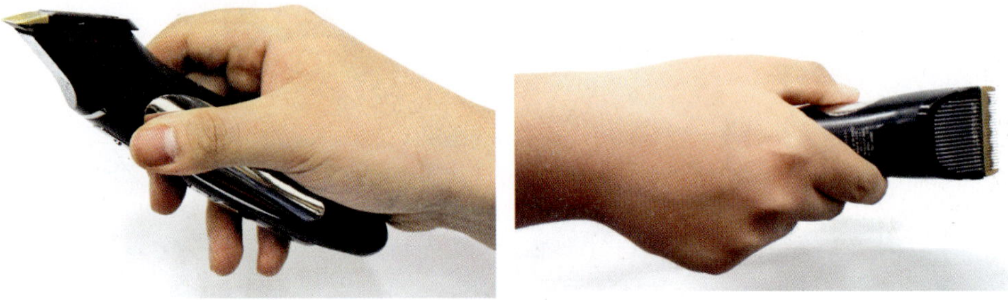

그림 4-10 펜슬 기법

3. 클리퍼 시술 시 빗 잡는 방법과 커트 시술 방법

(1) 클리퍼 사용할 때 빗 잡는 방법

[클리퍼 사용할 때 빗 잡는 방법 1]

① 빗살 끝 부분을 위로 향하게 하고 왼손으로 잡는다.

② 엄지와 검지 손가락 사이에 빗을 올려 놓는다.

③ 엄지 손가락으로 빗들을 받치고, 검지 손가락으로 빗살의 끝 부분을 잡아 준다.

④ 나머지 중지와 약지, 소지 손가락으로 빗을 가볍게 잡아 준다.

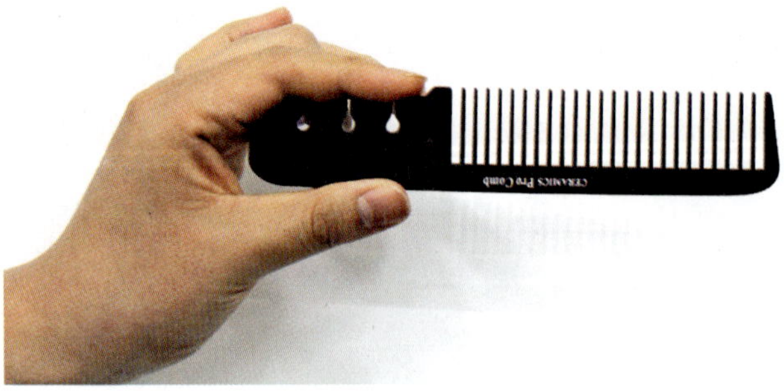

그림 4-11 클리퍼 사용할 때 빗 잡는 방법 1

[클리퍼 사용할 때 빗 잡는 방법 2]

① 빗살 끝 부분을 위로 향하게 하고 왼손으로 잡는다.

② 엄지와 검지 손가락으로 빗을 잡는다.

③ 엄지 손가락으로 빗 등을 밀거나 당겨서 빗을 반 회전시키는 기법이다.

④ 주로 크라운Crown과 탑Top 부분에 커트Cut를 할 때 많이 사용한다.

그림 4-12 클리퍼 사용할 때 빗 잡는 방법 2

(2) 클리퍼와 빗 사용 시 커트 시술 방법

클리퍼를 사용하여 커트할 경우 빗살에 클리퍼를 밀착시키듯이 스치며 빗을 잡은 손 쪽으로 미끄러지듯 이동하며 빗살 위로 튀어나온 모발을 자른다. 커트 시술 시 빗을 잡은 손이 시술 각도나 모발 길이를 조절할 수 있다.

① 빗은 자의 역할을 한다. 클리퍼는 빗을 댄 모발을 정확히 커트한다.

② 빗과 클리퍼의 시술 각은 동일하게 한다.

③ 빗을 정확히 대기 위해 손가락은 지지대 역할을 한다.

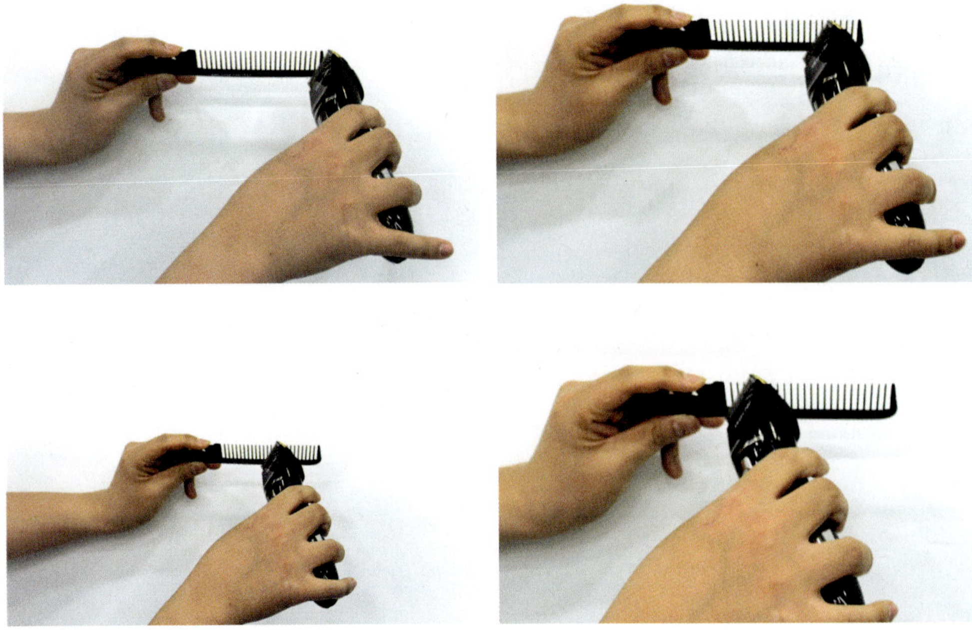

그림 4-13 클리퍼와 빗 사용 시 커트 시술 방법 1

그림 4-14 클리퍼와 빗 사용 시 커트 시술 방법 2

3. 레이저Razor 테크닉[273)]

1. 레이저 테크닉의 특징

① 레이저를 사용하여 모발에 테이퍼링 할 경우 모발 끝에 생동감과 부드러움을 줄 수 있다.

② 모발 끝이 가늘고 부드럽게 확장된 형태 선을 만든다.

③ 전체 커트나 질감 처리 시 모두 사용이 가능하다.

2. 레이저 커트 방법

① 웨트 커트Wet Cut로 물기는 전체적으로 균등하게 분무한 다음 시술한다.

② 수분이 고르게 분무되지 않을 때는 머리카락이 당겨져서 아픔을 주기 때문에 마른 모발을 레이저로 커트 시 모발의 손상을 줄 수 있다.

③ 모발이 테이퍼 함에 따라 모발의 겹침에 변화가 생겨 새의 깃털처럼 부드럽고 가벼운 질감을 가진다.

④ 레이저를 이용하여 모발을 자르는 것을 테이퍼링Tapering이라고 한다.

⑤ 날과 스트랜드Strand의 각도는 예각이 되도록 한다.

3. 레이저 테크닉의 종류

(1) 레이저 에칭Razor Etching

모발의 길이와 무게감을 줄이면서 모발을 커트하기 위해 모발의 표면을 커트하는 방법으로 날의 위치는 모발 위에 위치하며 스트로크의 길이가 모발 끝의 테이퍼하는 양을 결정하며 커트 후 겉 말음 효과가 있다.

그림 4-15 레이저 에칭

(2) 레이저 아킹 Razor Arching

모발의 안쪽에 레이저 날을 갖다 대고 반원형을 그리듯 커트하는 기법이다. 커트 후 안말음 효과가 있고 레이저 날의 위치가 커트하고자 하는 모발 아래에 두고 45° 기울기로 시술한다.

그림 4-16 레이저 아킹

(3) 필링 Peeling

부드럽고 불규칙적인 모발 끝 질감을 만드는 테크닉으로 레이저의 날을 엄지 손가락 사이에 잡고 빠르게 모발을 커트하는 기법이다.

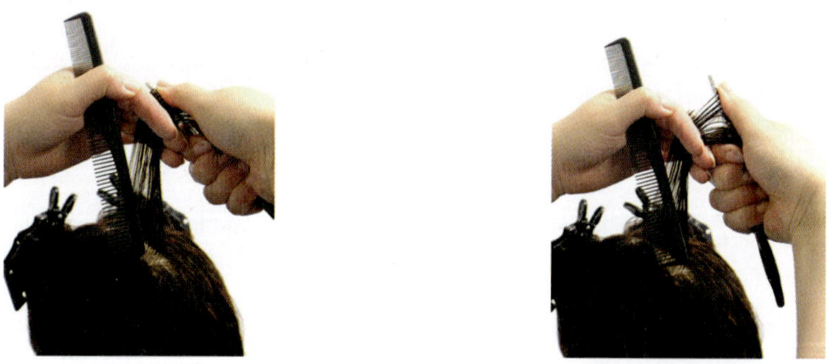

그림 4-17 필링

4. 시술 도구 소독 방법[274][275]

1. 소독 절차

① 가위를 비롯한 커트 도구를 알코올 등 소독제를 사용하여 닦아 준다.

② 커트 도구를 자외선 소독기에 넣어 준다.

③ 소독이 충분히 될 수 있도록 자외선 조사를 한다.

2. 소독의 종류 및 방법

구분	종류		방법
물리적 소독법	건열	태양광선, 화염 멸균법, 건열 멸균법, 소각 소독법	건열 멸균 소독은 섭씨 100℃ 이상의 건조한 열에 20분 이상 쪼인다.
	습열	자비 소독법, 고압 증기 멸균법, 유통 증기 멸균법, 저온 살균법, 순간 멸균법	열탕 소독은 섭씨 100℃ 이상의 물속에서 10분 이상 끓이고, 증기 소독은 섭씨 100℃ 이상의 습한 열에 20분 이상 쪼인다.
	비열	자외선 멸균법, 방사선 멸균법, 여과 멸균법, 초음파 멸균법	자외선 소독기는 1㎠당 85㎼ 이상의 자외선을 20분 이상 쪼인다.
화학적 소독법	화학	알코올, 포름알데히드, 역성비누, 약용비누, 과산화수소, 승홍수, 머큐로크롬, 크레졸, 석탄산류[페놀화합류]	석탄산수 소독은 석탄산 3%, 물 97%의 수용액에 10분 이상 담그고, 크레졸 소독은 크레졸 3%, 물 70%의 수용액에 10분 이상 담그며, 알코올 소독은 에탄올이 70%인 수용액에 10분 이상 담그거나 에탄올수용액을 머금은 거즈로 기구의 표면을 닦는다.

3. 도구에 따른 소독 방법

구분	내용
가위	자외선, 석탄산수, 크레졸수, 포르말린수, 알코올 등으로 소독한 후 청결한 마른 수건으로 수분을 닦아내고 녹이 생기지 않도록 기름칠을 하여 보관한다.
레이저	사용 후 묻은 이물질을 잘 닦아내고 크레졸, 알코올, 역성비누, 포르말린수 등을 사용하여 소독 후 청결히 보관한다. 특히 손잡이 안쪽은 손질과 소독을 철저히 해야 한다.
이발기	전용 브러시를 이용하여 잔여 머리카락을 털어 준 후 희석한 크레졸 용액으로 소독한 후 물기를 티슈로 제거하고 기름칠하여 보관한다.

4. 도구 정리 시 유의 사항

도구	내용
가위	커트 후 가위 날에 남아 있는 머리카락을 제거한 후 헝겊으로 물기를 잘 닦고 기름칠을 한 뒤 안전하게 보관한다.
레이저	커트 후 부착된 머리카락을 자주 제거해 주고 헝겊으로 기름칠을 한 뒤 안전하게 보관한다.
이발기	사용 후 덮개를 열어 남아 있는 머리카락을 자주 제거하고 헝겊으로 기름칠을 한 뒤 안전하게 보관하여 충전에 유의한다.
빗	빗살 사이에 이물질이 쌓이기 쉬우므로 솔로 닦아 주고 재질과 모양에 변형이 생기지 않도록 보관하며, 사용한 브러시는 빗살 사이에 끼어 있는 머리카락을 제거한 뒤 재질과 모양에 변형이 생기지 않도록 보관한다.
드라이어	사용 후 드라이어에 충격이 가해지지 않도록 전선을 뽑아 안전하게 관리한다.

5. 작업대 정리 및 보관

헤어 커트 시술 후에는 사용한 도구 및 주변을 깨끗하게 정리하여야 하며, 머리카락과 같은 폐기물은 빗자루로 쓸어 분리 배출한 후 소독한다. 세균이나 곰팡이 등의 미생물에 최대한 노출되지 않도록 위생에 중점을 둔다.

[교수 학습방법]

교수 방법
① 이발사는 기술로써 표현하지 못한 것을 도구를 통해 사람의 사고나 감정을 표현하는 기술사임을 상기시킨다.
② 도구에 따른 기본 기법과 응용 기법을 시연한다.
③ 헤어 커트 보정 작업 후 잔여 머리카락을 털어 내는 방법을 설명한다.
④ 헤어 커트 유형별 적합한 스타일링 도구 선택 방법, 기법, 제품 사용을 설명한다.
⑤ 고객 배웅 시 적절한 인사말에 대해서 예를 들어 설명한다.
⑥ 이발 작업 후 작업 도구, 작업대, 작업장 주변 정리 정돈과 소독의 필요성과 방법을 설명한다.
⑦ 쾌적하고 위생적인 작업실 조성을 위해 환기에 대한 중요성을 설명한다.

학습 방법
① 프로페셔널로서 자격은 도구 50%, 기술 50%로 인정받을 수 있으므로 사용하는 기구나 도구를 다루는 기법과 정리, 또는 관리 기법을 숙지한다.
② 도구에 따른 기본 기법과 응용 기법을 숙련할 수 있도록 위그에 반복 연습한다.
③ 헤어 커트 보정 작업 후 잔여 머리카락 제거 및 헤어 스타일링을 위한 기법과 제품을 정리한다.
④ 홈 케어를 위한 조언 방법과 고객 배웅 시 적절한 인사말에 대해서 정리한다.
⑤ 커트 작업 후 작업대, 도구, 주변 정리 정돈의 필요성과 방법을 정리한다.
⑥ 작업대, 시술 도구 등에 대한 소독의 필요성과 방법을 정리한다.
⑦ 쾌적하고 위생적인 작업실 조성을 위해 환기에 대한 중요성을 정리한다.

[평가 준거]

학습 내용	평가 항목	성취 수준		
		상	중	하
이발 기초 이론 파악	1. 이발 작업에 필요한 기초 이론 지식을 적용할 수 있다.			
	2. 이발의 기본 절차를 수행할 수 있다.			
이발 도구 사용	1. 이발 도구인 가위, 틴닝 가위, 레이저, 이발기, 빗 등의 구조와 사용 방법을 설명할 수 있다.			
	2. 이발 도구에 따른 자르기 기본 기법을 실행할 수 있다.			

[평가 방법]

① 작업장 평가

학습 내용	평가 항목	성취 수준		
		상	중	하
이발 기초 이론 파악	1. 이발의 기초이론의 개념 이해 여부			
	2. 이발의 기초이론에 대해 그림을 그려 표현하는 능력			
	3. 이발의 기본 절차에 따른 수행 능력			
	4. 각 절차에서 요구하는 유의 사항에 대한 이해 여부			
	5. 작업 도구, 작업대, 작업장의 정리 정돈과 소독 능력			
이발 도구 사용	1. 이발 도구를 바르게 쥐고 사용하는 능력			
	2. 기본 기법의 숙련도 여부			
	3. 이발 기법 종류에 따라 각 기법에 요구하는 수행 능력과 유의점에 대한 이해 여부			
	4. 헤어 스타일과 이발 절차에 따라 도구를 적절하게 선정하는 능력			
	5. 헤어 스타일과 이발 절차에 따라 기법을 적절하게 사용하는 능력			

② 서술형 시험

학습 내용	평가 항목	성취 수준		
		상	중	하
이발 기초 이론 파악	1. 9가지 이발의 기초 이론의 개념 이해 여부			
	2. 이발의 기초 이론에 대해 핵심 용어를 사용하여 기술하는 능력			
	3. 8가지 이발의 기본절차에 대한 순서 이해 여부			
	4. 이발의 기본절차에 대해 핵심 용어를 사용하여 기술하는 능력			
	5. 작업 도구, 작업대, 작업장의 정리 정돈과 소독에 대해 기술하는 능력			
이발 도구 사용	1. 도구의 종류와 구조에 대해 기술하는 능력			
	2. 이발 도구 종류에 따른 특징에 대해 기술하는 능력			
	3. 도구의 사용 방법에 대해 기술하는 능력			
	4. 이발 기법의 종류와 각 특징들을 정리하여 기술하는 능력			

<table>
<tr><th colspan="7">서술형 평가</th></tr>
<tr><td colspan="7"></td></tr>
<tr><td>평가 일시</td><td colspan="2">년 월 일</td><td colspan="4">학과: 학번: 성명:</td></tr>
<tr><td>교과목</td><td colspan="2"></td><td colspan="2">평가자</td><td colspan="2">(인)</td></tr>
<tr><td>능력단위명</td><td colspan="6"></td></tr>
<tr><td>능력단위 요소</td><td colspan="6"></td></tr>
<tr><td colspan="5">평가 내용 및 답안 작성</td><td colspan="2">점수</td></tr>
<tr><td>문항 1</td><td colspan="4">우리나라 이용의 역사와 발전 과정을 서술하시오.</td><td colspan="2" rowspan="2"></td></tr>
<tr><td>답</td><td colspan="4"></td></tr>
<tr><td>문항 2</td><td colspan="4">빗, 가위, 레이저, 이발기의 명칭과 역할, 도구에 따른 주의 사항을 서술하시오.</td><td colspan="2"></td></tr>
<tr><td>답</td><td colspan="4"></td><td colspan="2"></td></tr>
<tr><td>문항 3</td><td colspan="4">이발의 절차 8단계에 대하여 서술하시오.</td><td colspan="2"></td></tr>
<tr><td>답</td><td colspan="4"></td><td colspan="2"></td></tr>
<tr><td>총점</td><td colspan="2"></td><td colspan="2">성취수준</td><td colspan="2"></td></tr>
<tr><td>성취기준</td><td>매우 우수
(25점 이상)</td><td>우수
(25–20점)</td><td>보통
(20–11점)</td><td>미흡
(10–6점)</td><td colspan="2">매우 미흡
(5점 미만)</td></tr>
</table>

<table>
<tr><td colspan="6">작업장 평가</td></tr>
<tr><td colspan="6"></td></tr>
<tr><td>평가 일시</td><td colspan="2">년　　월　　일</td><td colspan="3">학과:　　　　학번:　　　　성명:</td></tr>
<tr><td>교과목</td><td colspan="2"></td><td>평가자</td><td colspan="2">(인)</td></tr>
<tr><td>능력단위명</td><td colspan="5"></td></tr>
<tr><td>능력단위 요소</td><td colspan="5"></td></tr>
<tr><td colspan="5">평가 내용</td><td rowspan="2">점 수</td></tr>
<tr><td>능력단위 요소</td><td colspan="4">내용</td></tr>
<tr><td rowspan="2">작업 준비</td><td colspan="4"></td><td></td></tr>
<tr><td colspan="4"></td><td></td></tr>
<tr><td rowspan="5">작업 과정</td><td colspan="4"></td><td></td></tr>
<tr><td colspan="4"></td><td></td></tr>
<tr><td colspan="4"></td><td></td></tr>
<tr><td colspan="4"></td><td></td></tr>
<tr><td colspan="4"></td><td></td></tr>
<tr><td rowspan="4">작업 마무리</td><td colspan="4"></td><td></td></tr>
<tr><td colspan="4"></td><td></td></tr>
<tr><td colspan="4"></td><td></td></tr>
<tr><td colspan="4"></td><td></td></tr>
<tr><td>평가 과제</td><td colspan="2"></td><td>학습자
결과물</td><td colspan="2"></td></tr>
<tr><td>총점</td><td colspan="2"></td><td>성취수준</td><td colspan="2"></td></tr>
<tr><td>성취기준</td><td>매우 우수
(25점 이상)</td><td>우수
(25−20점)</td><td>보통
(20−11점)</td><td>미흡
(10−6점)</td><td>매우 미흡
(5점 미만)</td></tr>
</table>

<table>
<tr><th colspan="8">평가자 체크리스트</th></tr>
<tr><td colspan="8"></td></tr>
<tr><td>평가 일시</td><td colspan="7">년 월 일 학과: 학번: 성명:</td></tr>
<tr><td>교과목</td><td colspan="2"></td><td colspan="2">평가자</td><td colspan="3">(인)</td></tr>
<tr><td>능력단위명</td><td colspan="7"></td></tr>
<tr><td>능력단위 요소</td><td colspan="7"></td></tr>
<tr><td colspan="5">평가 내용</td><td colspan="3">성취 수준</td></tr>
<tr><td>능력단위 요소</td><td colspan="4">내용</td><td>상
(5)</td><td>중
(3)</td><td>하
(1)</td></tr>
<tr><td rowspan="3">1201010561_18v3.1
이발 역사
설명하기</td><td colspan="4">1.1 문화사에 따른 이용 발전 과정을 설명할 수 있다.</td><td></td><td></td><td></td></tr>
<tr><td colspan="4">1.2 이발술의 발달에 따른 이발 도구의 변천사를 설명할 수 있다.</td><td></td><td></td><td></td></tr>
<tr><td colspan="4">1.3 이발의 변천사를 형태와 기법으로 설명할 수 있다.</td><td></td><td></td><td></td></tr>
<tr><td rowspan="4">1201010518_18v3.2
기초 이발하기</td><td colspan="4">2.1 이발 도구인 가위, 틴닝 가위, 레이저, 이발기, 빗 등의 구조와 사용 방법을 설명할 수 있다.</td><td></td><td></td><td></td></tr>
<tr><td colspan="4">2.2 이발 도구에 따른 자르기 기본 기법을 실행할 수 있다.</td><td></td><td></td><td></td></tr>
<tr><td colspan="4">2.3 이발 작업에 필요한 기초 이론 지식을 적용할 수 있다.</td><td></td><td></td><td></td></tr>
<tr><td colspan="4">2.4 이발의 기본 절차를 수행할 수 있다.</td><td></td><td></td><td></td></tr>
<tr><td>총점</td><td colspan="2"></td><td colspan="3">성취수준</td><td colspan="2"></td></tr>
<tr><td>성취기준</td><td>매우 우수
(25점 이상)</td><td>우수
(25–20점)</td><td>보통
(20–11점)</td><td colspan="2">미흡
(10–6점)</td><td colspan="2">매우 미흡
(5점 미만)</td></tr>
</table>

Chapter 5

남성 헤어 스타일의 개념 및 정의

[276][277][278]

헤어 스타일Hair Style이란 머리형, 머리 형태, 머리 풍을 뜻하며 시대, 민족, 개인에 따라 다양한 인간의 아름다움을 추구하기 위한 수단으로 사회적 계급이나 성별을 나타내는 중요한 역할을 한다. 헤어 스타일은 신체의 전체 크기 중 가장 작은 부분에 해당되지만 변화를 주면 전체적인 인상이 크게 좌우될 수 있다.

1. 장발 스타일Long Hair Style

장발 스타일은 히피족들이 양쪽 어깨까지 길게 늘어트리면서 유행했던 스타일로 측두부 밑머리가 귀 하단을 가린 머리는 장발에 속하고 귀 밑머리를 기준으로 상장발, 중장발, 하장발로 구분된다.

그림 5-1 장발 스타일[279][280][281]

2. 중발 스타일Medium Length Hair Style

중발 스타일은 사람의 머리 두상에서 중심이 되어 측두부 밑머리의 길이가 1/3, 1/2, 2/3 귀를 가린 기장으로 상중발, 중중발, 하중발로 구분하며, 심하게 뜨는 머리, 장방형, 삼각형 얼굴형에 잘 어울리며 짧은 머리에서 표현이 힘든 자연스러운 웨이브로 다양한 스타일을 연출할 수 있다.

그림 5-2 중발 스타일 282) 283) 284)

3. 상고 스타일 Gradation Short Hair Style

상고 스타일은 커트 시술 시 각도의 변화와 모발의 길이에 따라 상상고, 중상고, 하상고로 나누어지고, 커트 시술 후 파마나 염색을 해서 다양한 느낌의 이미지 변화를 연출할 수 있으며, 중년 남성들은 하상고를 선호, 젊은 남성들은 중상고를 선호해 깔끔한 헤어 스타일을 원할 경우 많이 시술한다.

그림 5-3 상고 스타일 285) 286) 287)

(1) 상상고 스타일 High Gradation Short Hair Style

최대한 두피 노출이 이루어지며 짧은 머리는 후두골과 두상의 인테리어 안쪽까지 연장되며 클리퍼 Clipper를 사용하여 측두부의 밑머리는 2~3cm 이상을 60°에서 80°로 올려 커트하는 스타일이다.

그림 5-4 상상고 스타일 288) 289) 290)

(2) 중상고 스타일 Medium Gradation Short Hair Style

클리퍼를 사용하여 귀 상단 1~2cm 이상 올려 커트를 시술 한 다음, 백 포인트 B.P : Back Point의 가이드를 기준으로 빗 기울기가 45°~60°로 4cm씩 연결하여 후대각 라인 Diagonal Back Line선 U 라인 U-Line을 만들고 통상적으로 45° 상고를 상고 스타일이라 칭한다.

그림 5-5 중상고 스타일 291) 292) 293)

(3) 하상고 스타일 Low Gradation Short Hair Style

하조발이라고도 하며, 측두부를 귀 상단과 닿는 기분으로 헤어라인 선만 깔끔하게 정리하고 후두부 밑머리를 2cm 이하로 클리퍼 Clipper 를 사용하는 스타일과 두툼하게 하는 그라데이션 커트 Gradation Cut 스타일로 두 종류가 있다. 보통 40~50대 중년 신사들이 많이 하는 헤어 스타일이다.

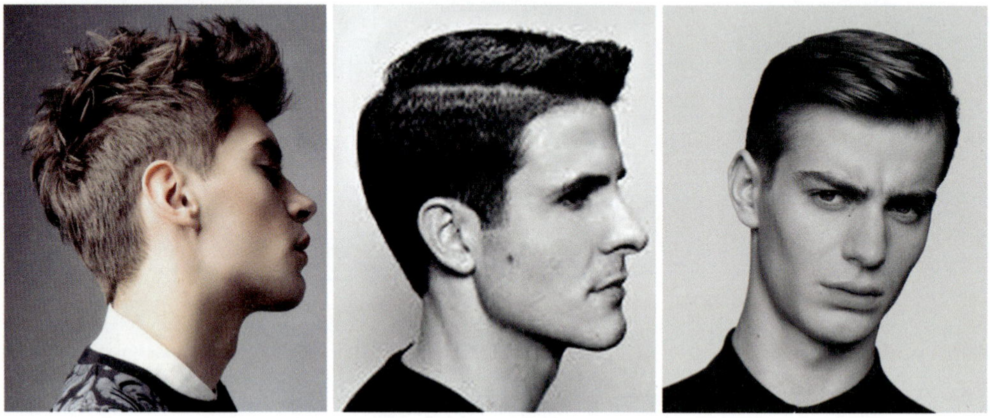

그림 5-6 하상고 스타일[294][295][296]

4. 스포츠 스타일 Brosse Hair Style

스포츠형 Sports, 브로스형 Brosse, 크루 커트 Crew Cut 라고 하며, 브로스는 브러시의 솔 부분처럼 짧게 깎인 스타일로 '솔' 브러시 : Brosse 이라는 뜻의 프랑스어에서 유래되었다.

그림 5-7 스포츠 스타일[297][298][299]

스포츠 스타일은 아주 짧은 머리 형태에 속하는 스타일로 가위나 클리퍼를 사용하여 커트하며, 얼굴이 크고 윤곽이 뚜렷하지 않은 남성들에게 가장 무난하고 커트 방법에 따라 얼굴이 작아 보이는 효과가 있다.

(1) 라운드 스포츠 스타일 Round Brosse Hair Style

클리퍼 Clipper를 사용하여 앞머리에서 빗살 끝을 두상에 대고 탑 포인트 T.P : Top Point의 모발 길이가 1cm가 되도록 두상 90°로 라운드 커트를 시술하며 측두부는 프론트 사이드 포인트 F.S.P : Front Side Point 부분의 U 라인 U-Line까지 70°~90°로 연결하고 후두부는 4~5cm 이상의 모발 길이를 백 포인트 B.P : Back Point에서 골든 포인트 G.P : Golden Point 부분을 지나 탑 포인트까지 90°로 둥글게 연결하여 커트하는 스타일이다.

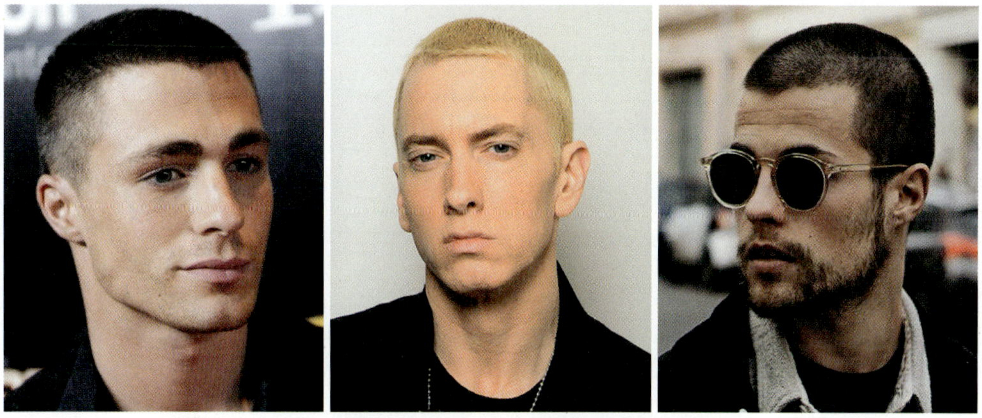

그림 5-8 라운드 스포츠 스타일 300)301)302)

(2) 스퀘어 스포츠 스타일 Square Brosse Hair Style

클리퍼를 사용하여 앞머리에서 빗살 끝을 두상에 대고 탑 포인트 T.P : Top Point의 모발 길이가 1cm가 되도록 빗 등으로 각도를 조절하여 탑 포인트를 향해 수평으로 커트를 한다. 후두부는 백 포인트 B.P : Back Point에서 골든 포인트 G.P : Golden Point 부분을 지나 탑 포인트까지 끌어올려 수평으로 커트하고 스퀘어 Square 모양으로 연결하여 커트하는 스타일이다.

그림 5-9 스퀘어 스포츠 스타일[303][304][305]

5. 울프 스타일 Wolf Hair Style

탑 포인트T.P : Top Point에서부터 심하게 층이 진 커트로 야성적이고 터프한 이미지를 풍기는 스타일로 언더 존Under Zone과 오버 존Over Zone으로 나누었을 때 언더 존은 최대한 기장을 길게 하고 오버 존은 최대한 짧게 잘라 볼륨을 살려 준다. 라인의 가벼움과 탑 포인트 부분의 질감 처리로 가벼운 볼륨을 살려주는 것이 포인트이다. 언더 존과 오버 존의 비대칭 커트라고도 할 수 있다.

그림 5-10 울프 스타일[306][307][308]

6. 샤기 스타일 Shaggy Hair Style

머리카락에 층을 내면서 숱을 쳐서 자르는 커트 방법으로 동양인의 두상에 잘 어울리는 스타일로 전체적으로 가벼우며, 질감을 많이 내면 다소 끝이 지저분해 보일 수 있으니 주의해야 하고 커트 후 스타일링 제품을 사용하여 손질이 편하고 경쾌한 움직임과 가벼움을 표현하는 스타일을 연출할 수 있다.

그림 5-11 샤기 스타일 309) 310) 311)

7. 댄디 스타일 Dandy Hair Style

멋쟁이, 맵시꾼 등으로 표현되며 모발을 그대로 손질하지 않아도 자연스럽고 세련된 멋스러운 남자 스타일로 '영국 신사 머리'라고도 하며, 가벼움 속에서 무거움이 느껴지는 것이 포인트이다. 모발의 끝 부분을 질감 처리하여 가볍고 깔끔한 스타일로 튀지 않고 단정하면서도 멋을 살릴 수 있다. 시간이 지나면 덥수룩해지고 무거워 보이기 때문에 관리가 필요한 스타일이다.

그림 5-12 댄디 스타일 312) 313) 314)

8. 비대칭 스타일 Asymmetry Hair Style

좌·우측의 대칭을 맞추지 않고 비대칭Asymmetry으로 커트해 언밸런스Unbalance한 스타일로 좌측을 짧게 하고 우측을 길게 하거나, 우측을 짧게 하고 좌측을 길게 커트한다. 비대칭 스타일Asymmetry Style은 세련되고 신비스러운 느낌을 줄 수 있지만, 자칫 지저분해 보이기 때문에 주의해야 하는 스타일이다.

그림 5-13 비대칭 스타일[315][316][317]

9. 리젠트 스타일 Regent Hair Style

1930년 런던의 리젠트가街라는 유명한 패션 거리의 청년들이 즐겨 하던 헤어 스타일로 전체 라인의 모발을 짧게 하고 앞머리와 탑 포인트T.P : Top Point 부분을 길게 커트하여 모발을 위로 빗어 넘기고 옆머리를 붙여서 양감을 나타내는 스타일이다.

그림 5-14 리젠트 스타일[318][319][320]

10. 스왓 스타일 Swat Hair Style

가위로 짧게 자르는 스타일로 전체적으로 샤프하면서 깔끔한 스타일로 흔히 레옹 머리, 가위 반삭이라고도 부르며 장가위를 사용하여 싱글링 Shingling 기법으로 두상을 커버해 같은 길이로 모발을 잘라준다. 클리퍼 Clipper 반삭이 깔끔한 느낌이 있다면 스왓 커트 Swat Cut 의 가위 반삭은 자연스러움이 포인트이다.

그림 5-15 스왓 스타일 [321) 322) 323)]

11. 인디 스타일 Indie Hair Style

'독립된'의 뜻으로 앞머리가 둥굴고 짧으며 짧은 인디풍의 언밸런스 Unbalance 스타일의 커트로 앞머리와 옆머리를 3, 6, 9, 12mm 등으로 극단적으로 짧게 잘라주고 탑 포인트 T.P : Top Point 부분이나 가르마 부분으로 올라갈수록 점점 길어지게 잘라주는 것으로 너무 짧게 자르지 않고 길이가 어중간할 경우 모히칸 Mohican 스타일의 느낌이 날 수 있으니 주의해야 한다.

그림 5-16 인디 스타일 [324) 325) 326)]

12. 투 블럭 스타일 Two Block Hair Style

막다, 차단하다는 뜻으로 옆머리와 윗머리 부분이 경계가 생기는 스타일로 '디스커넥션 커트Disconnection Cut' 또는 '블럭 커트Block Cut'라고도 하며 두 개의 블럭을 나누어 옆머리는 짧게 커트하고 윗머리 부분은 길게 남겨두는 것이 포인트이다. 두상의 옆이 튀어나와 옆머리가 잘 뜨는 타입은 옆머리를 짧게 커트하고 윗머리를 덮게 되면 뜨는 부분을 커버하여 손질이 편하게 된다.

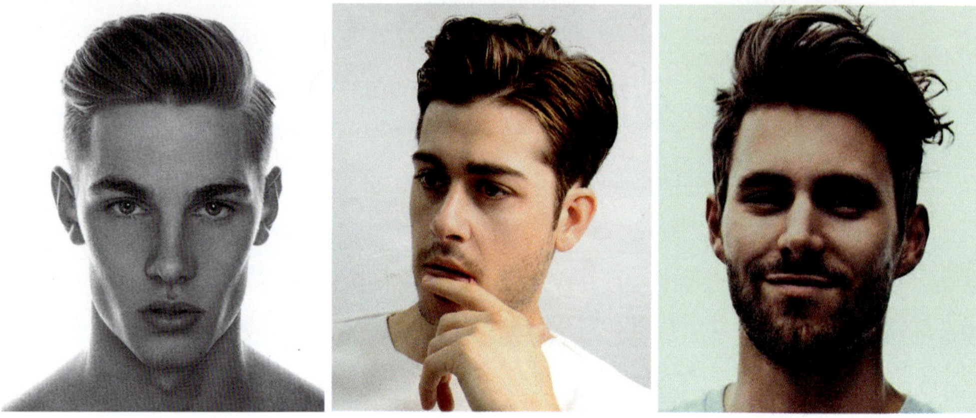

그림 5-17 투 블럭 스타일[327)328)329)]

13. 포마드 스타일 Pomade Hair Style

상고머리 스타일과 가르마 머리 스타일로 많이 활용되고 있는 커트이며, 페이드Fade 스타일이라고도 불린다. 유분을 사용한 스타일링제를 모발에 발라 깔끔하게 빗어 넘기는 스타일링으로 남성적 이미지Image를 연출할 수 있으며, 정장과 같이 클래식한 스타일에 잘 어울리는 스타일이다. 현재는 바버숍에서 많이 시술되고 있는 스타일이다.

그림 5-18 포마드 스타일[330][331][332]

14. 모히칸 스타일 Mohican Hair Style

북미 인디언의 한 종족인 모히칸족의 헤어 스타일로 중앙 라인의 모발은 길게 남겨 두고 옆 부분은 짧게 커트하는 스타일이며, 앞머리와 옆머리는 짧게 하고 탑 포인트T.P : Top Point 부분이나 가르마 부분으로 올라갈수록 점점 길어지게 커트하여 스타일링 제품으로 손질해서 세운다. 언뜻 닭 벼슬처럼 보이기도 한다고 해서 '닭 벼슬 머리'라고도 한다.

그림 5-19 모히칸 스타일[333][334][335]

[이용 베이직 강의 계획서]

주차	학습 내용 (단원명)	수업(수행) 목표	수업 방식	수업 매체 및 자료	평가
1	이·미용 역사	• 문화사에 따른 이용 발전 과정을 설명할 수 있다. • 이발의 변천사를 형태와 기법으로 설명할 수 있다. • 이발술의 발달에 따른 이발 도구의 변천사를 설명할 수 있다.	강의	교재	
2	이발 기초 이론 및 이발 도구	• 이발 작업에 필요한 기초 이론 지식을 적용할 수 있다. • 이발의 기본 절차를 수행할 수 있다. • 이발 도구인 가위, 틴닝 가위, 레이저, 이발기, 빗 등의 구조와 사용 방법을 설명할 수 있다. • 이발 도구에 따른 자르기 기본 기법을 실행할 수 있다.	강의	교재	
3	헤어 커트 디자인의 분석	• 이발에 요구되는 기본 지식으로 관찰, 사고, 형의 특성, 형태 분석, 디자인 결정 등을 설명할 수 있다. • 얼굴형, 신체, 모류 방향 등을 파악 후 디자인을 할 수 있다.	강의	교재	
4	솔리드형 이발	• 형태 분석에 따른 솔리드형의 종류 및 형태선, 특징 등을 도식화 하여 커트를 수행할 수 있다. • 수평 원랭스의 도해도와 커트 절차를 수행할 수 있다. • 수평 스파니엘전대각의 도해도와 커트 절차를 수행할 수 있다. • 수평 이사도라후대각의 도해도와 커트 절차를 수행할 수 있다.	강의	교재	
5	그래쥬에이션 이발	• 그래쥬에이션 형의 다양한 무게감과 그라데이션을 연출할 수 있다. • 낮은 그래쥬에이션의 도해도와 커트 절차를 수행할 수 있다. • 중간 그래쥬에이션의 도해도와 커트 절차를 수행할 수 있다. • 높은 그래쥬에이션의 도해도와 커트 절차를 수행할 수 있다.	강의	교재	
6	레이어 이발	• 레이어드형을 이해하고 도해도를 작성한 후 자를 수 있다. • 유니폼 레이어의 도해도와 커트 절차를 수행할 수 있다. • 인크리스 레이어의 도해도와 커트 절차를 수행할 수 있다.	강의	교재	

주차	학습 내용 (단원명)	수업(수행) 목표	수업 방식	수업 매체 및 자료	평가
7	상상고형 이발	• 천정부의 두발을 지간 깎기를 할 수 있다. • 천정부 아래 영역의 두발을 거칠게 깎기를 할 수 있다. • 이발기를 이용하여 측면과 후면의 발제선부터 중단부 이상 그라데이션하여 깎을 수 있다. • 이발기로 깎은 후 싱글링하여 천정부의 두발과 자연스럽게 연결할 수 있다. • 틴닝 가위를 사용하여 질감 처리를 할 수 있다. • 장가위를 사용하여 수정·보완할 수 있다.	강의	교재	
8	중상고형 이발	• 천정부와 상단부의 두발을 지간 깎기를 할 수 있다. • 상단부 아래 영역의 두발을 거칠게 깎기를 할 수 있다. • 이발기를 이용하여 측면과 후면의 발제선부터 하단부까지 그라데이션하여 깎을 수 있다. • 이발기로 깎은 후 싱글링하여 상단부의 두발과 자연스럽게 연결할 수 있다. • 틴닝 가위를 사용하여 질감 처리를 할 수 있다. • 장가위를 사용하여 수정·보완할 수 있다.	강의	교재	1차 (서술형 시험)
9	하상고형 이발	• 천정부와 상단부의 두발을 지간 깎기를 할 수 있다. • 상단부 아래 영역의 두발을 거칠게 깎기를 할 수 있다. • 이발기를 이용하여 측면과 후면의 발제선부터 후두하부까지 그라데이션하여 깎을 수 있다. • 이발기로 깎은 후 싱글링하여 상단부의 두발과 자연스럽게 연결할 수 있다. • 틴닝 가위를 사용하여 질감 처리를 할 수 있다. • 장가위를 사용하여 수정·보완할 수 있다.	강의	교재	
10	상중발형 이발	• 형태 분석에 따른 상중발형 스타일의 종류 및 형태선, 특징 등을 도식화하여 설명할 수 있다. • 상중발형을 이발하기 위한 커트 절차를 설명할 수 있다. • 상중발형을 이발하기 위한 이발 기법을 수행할 수 있다.	강의	교재	
11	중중발형 이발	• 형태 분석에 따른 중중발형 스타일의 종류 및 형태선, 특징 등을 도식화하여 설명할 수 있다. • 중중발형을 이발하기 위한 커트 절차를 설명할 수 있다. • 중중발형을 이발하기 위한 이발 기법을 수행할 수 있다.	강의	교재	

주차	학습 내용 (단원명)	수업(수행) 목표	수업 방식	수업 매체 및 자료	평가
12	하중발형 이발	• 형태 분석에 따른 하중발형 스타일의 종류 및 형태선, 특징 등을 도식화하여 설명할 수 있다. • 하중발형을 이발하기 위한 커트 절차를 설명할 수 있다. • 하중발형을 이발하기 위한 이발 기법을 수행할 수 있다.	강의	교재	
13	둥근형 이발	• 전체 두발을 거칠게 깎기를 할 수 있다. • 이발기를 이용하여 측면과 후면의 발제선부터 후두부까지 그라데이션하여 깎을 수 있다. • 천정부를 둥근형으로 깎은 후 싱글링하여 천정부의 두발과 자연스럽게 연결할 수 있다. • 틴닝 가위를 사용하여 질감 처리를 할 수 있다. • 장가위를 사용하여 수정·보완할 수 있다.	강의	교재	
14	삼각형 이발	• 전체 두발을 거칠게 깎기를 할 수 있다. • 이발기를 이용하여 측면과 후면의 발제선부터 후두부까지 그라데이션하여 깎을 수 있다. • 천정부를 삼각형으로 깎은 후 싱글링하여 천정부의 두발과 자연스럽게 연결할 수 있다. • 틴닝 가위를 사용하여 질감 처리를 할 수 있다. • 장가위를 사용하여 수정·보완할 수 있다.	강의	교재	3차 (포트폴리오)
15	사각형 이발	• 전체 두발을 거칠게 깎기를 할 수 있다. • 이발기를 이용하여 측면과 후면의 발제선부터 후두부까지 그라데이션하여 깎을 수 있다. • 천정부를 사각형으로 깎은 후 싱글링하여 천정부의 두발과 자연스럽게 연결할 수 있다. • 틴닝 가위를 사용하여 질감 처리를 할 수 있다. • 장가위를 사용하여 수정·보완할 수 있다.	강의	교재	2차 (평가자 체크리스트)

PART Ⅱ

PART Ⅱ

남성 이용 베이직 커트 실기

6. 남성 이용 커트 기본 스타일

남성 이용 커트 기본 스타일

1. 장발형 스타일

1. 남성 이용 장발 솔리드수평 헤어 스타일

학습 내용단원명	수업 목표
남성 커트 기본 스타일장발형 솔리드수평	남성 커트 이용 장발 솔리드 수평 헤어 스타일 실습을 수행할 수 있다.

수평 커트 헤어 스타일로 겉면의 모발이 두상을 따라 자연스럽게 떨어지며 네이프Nape의 기장이 가장 짧고, 탑Top으로 갈수록 길어지는 길이 구조를 보인다.

(1) 솔리드수평 헤어 커트 준비하기

1) 재료

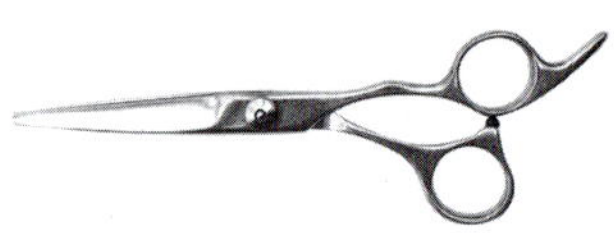

① 장가위

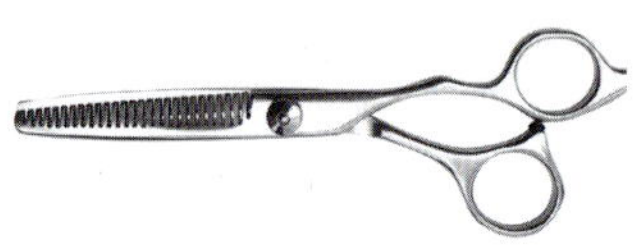

② 틴닝 가위

③ 이용 빗

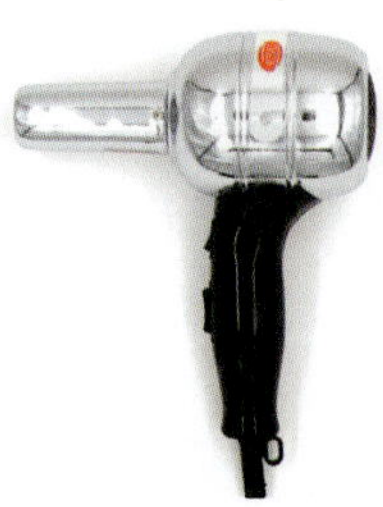

④ 이용 드라이기

⑤ 핀셋

2) 도해도 및 시술 개요

① 도해도

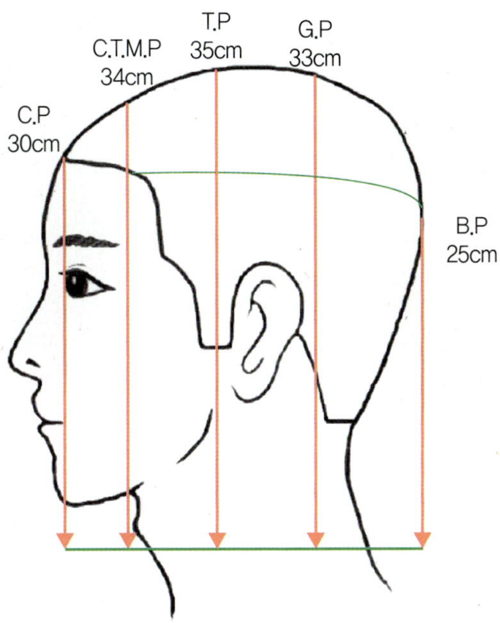

② 시술개요

블로킹 Blocking	정중선 Center Line, 측중선 E.E.L–Ear to Ear Line
섹션 Section	수평 Horizontal
분배 Distribution	자연 분배 Nature Distribution 0°
각도 Angle	자연 시술 각 Nature Fall 0°
베이스 Base	온 더 베이스 On The Base
커트 Cut	지간 깎기
질감 처리 Texturerising	노 텍스쳐 No Texture

3) 이용 남성 커트 시술 방법

시술 전

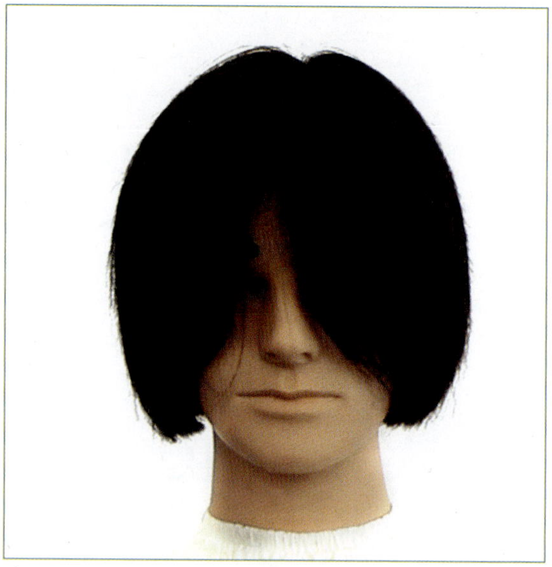
시술 후

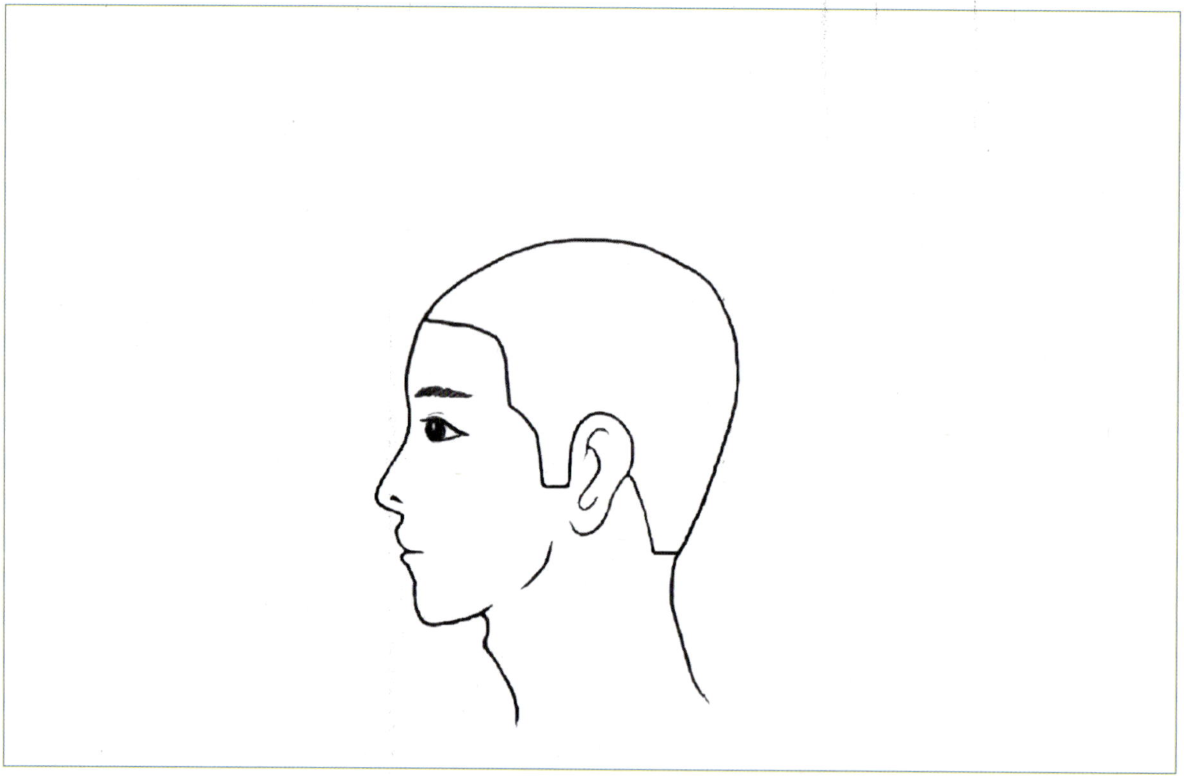
도해도 그려보기

(2) 솔리드수평 헤어 스타일 시술하기

①, ②, ③ 일직선으로 정중선을 나누어 백 포인트B.P : Back Point에서 이어 백 포인트E.B.P : Ear Back Point까지 수평 섹션Horizontal Section으로 나눈다.

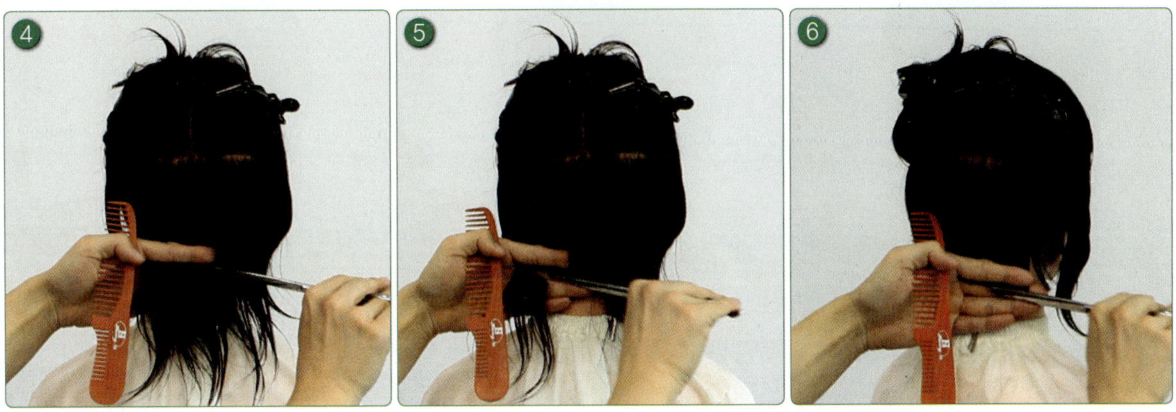

④, ⑤, ⑥ 수평 섹션에서 손가락 위치를 수평 방향과 동일하게 아래로 빗질하여 길이를 설정한 후 자연 시술 각 0°로 지간 깎기로 커트Cut를 진행한다.

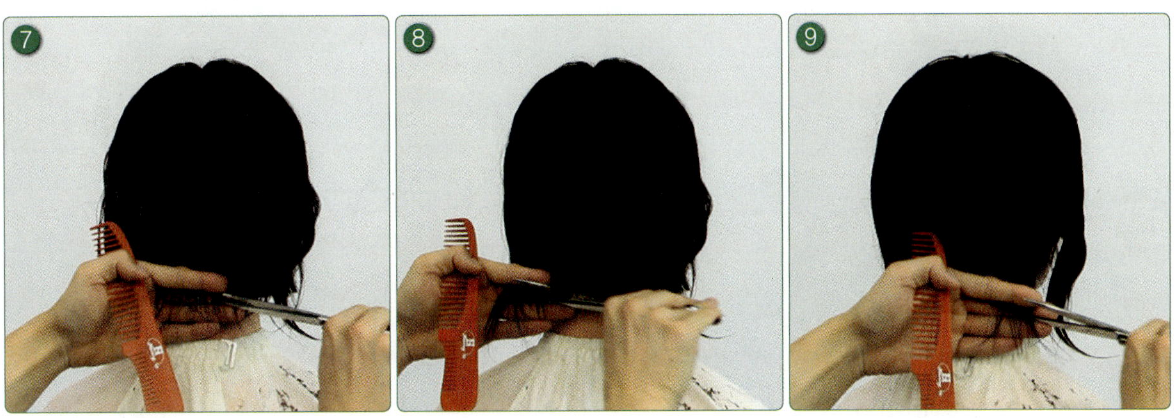

⑦, ⑧, ⑨ 동일한 방법으로 자연 시술 각 0°로 지간 깎기로 커트를 진행한다.

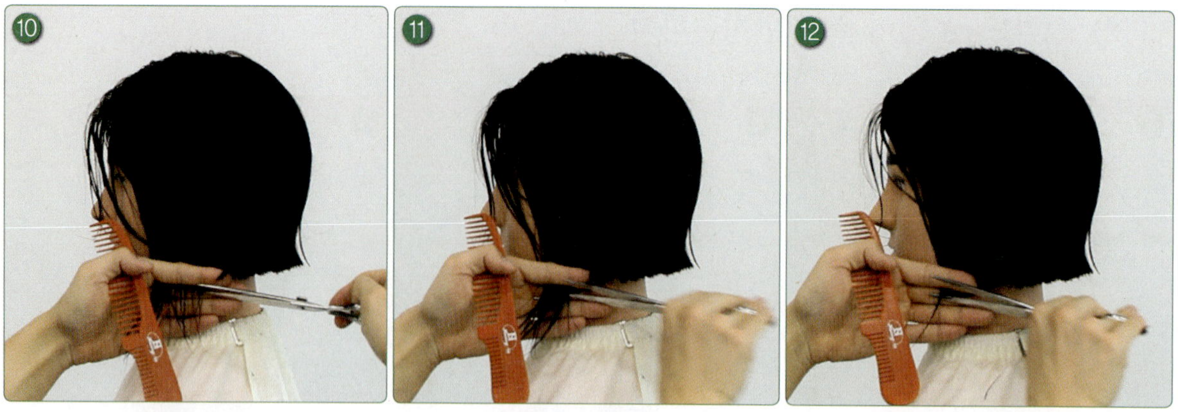

⑩, ⑪, ⑫ 백 사이드B.S : Back Side의 가이드Guide를 기준으로 좌측 사이드Side도 자연 시술 각 0° 로 수평으로 커트를 진행한다.

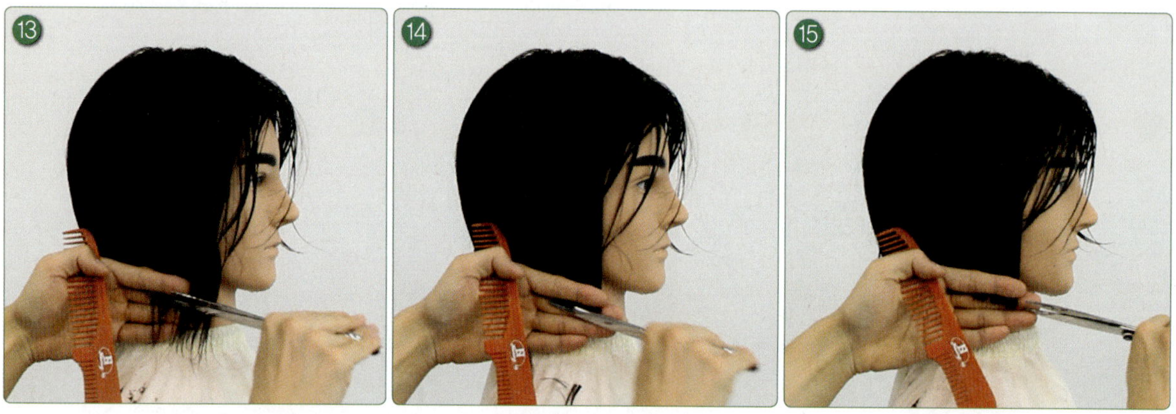

⑬, ⑭, ⑮ 동일한 방법으로 진행하며 양 옆 밸런스Balance를 맞추며 커트를 진행한다.

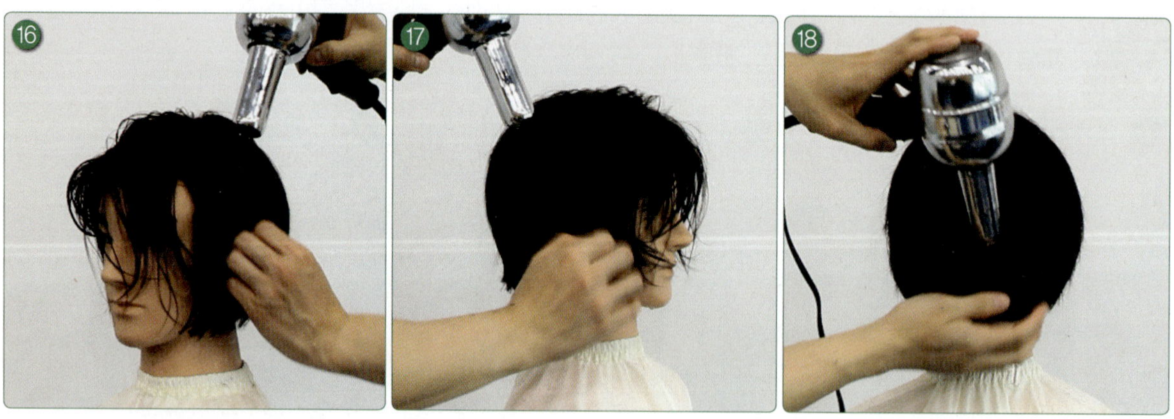

⑯, ⑰, ⑱ 모발의 흐름에 따라 드라이기를 이용하여 핸드 드라이Hand Dry 한다.

⑲, ⑳, ㉑ 전체적인 라인Line 정리하면서 커트를 진행한다.

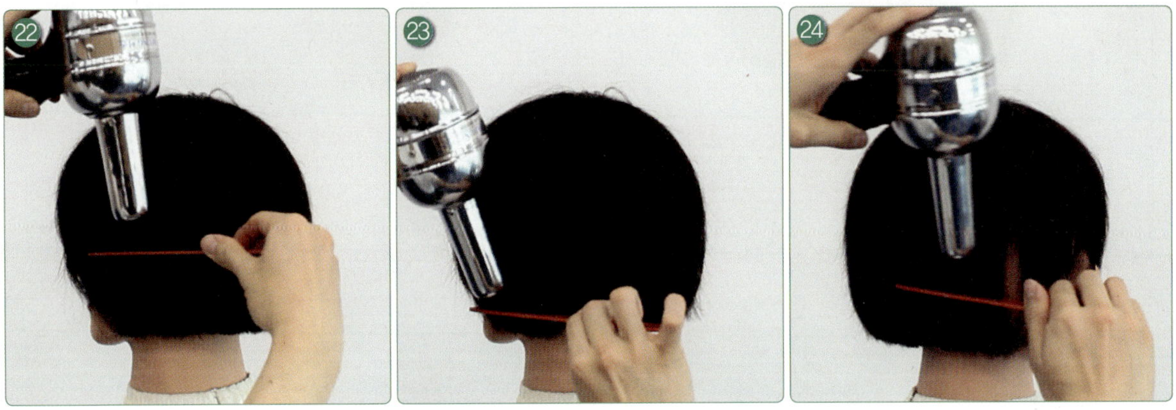

㉒, ㉓, ㉔ 우측 부분 빗을 사용하여 볼륨을 형성해 주며 전체적으로 드라이Dry를 진행한다.

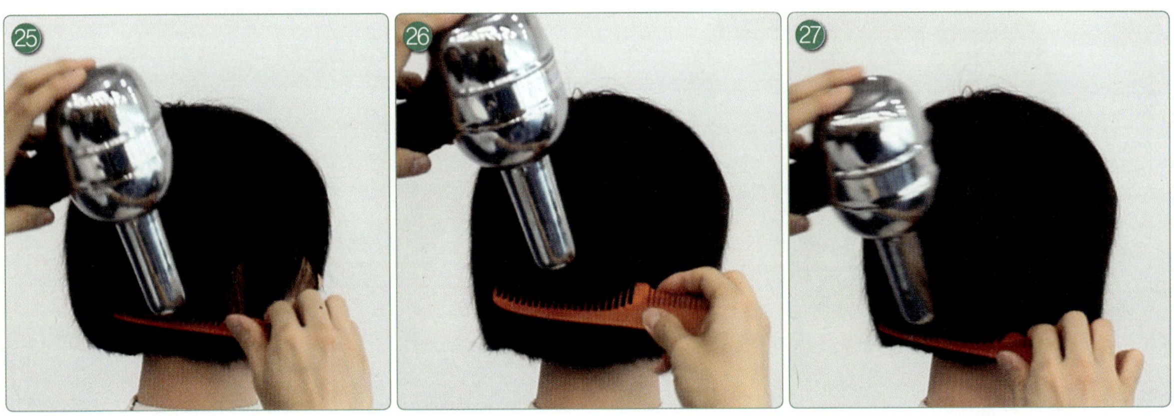

㉕, ㉖, ㉗ 좌측 부분 빗을 사용하여 볼륨을 형성해 주며 전체적으로 드라이를 진행한다.

(3) 솔리드수평 헤어 스타일 마무리 하기

앞Front

뒤Back

우측Right side

좌측Left side

실습과정 사진	
사진	설명

실습결과 사진	
앞 Front	뒤 Back
좌측 Left Side	우측 Right Side

2. 남성 이용 장발 솔리드스파니엘 헤어 스타일

학습내용단원명	수업 목표
남성 커트 기본 스타일장발형 솔리드스파니엘	남성 커트 이용 장발 솔리드 스파니엘 헤어 스타일 실습을 수행할 수 있다.

수평 커트 헤어 스타일로 겉면의 모발이 두상을 따라 자연스럽게 떨어지며, 잘린 두발의 길이가 목선을 기준으로 하였을 때 커트 라인에 따라 전대각 스타일스파니엘 : Spaniel로 나뉜다.

(1) 솔리드스파니엘 헤어 커트 준비하기

1) 재료

① 장가위

② 틴닝 가위

③ 이용 빗

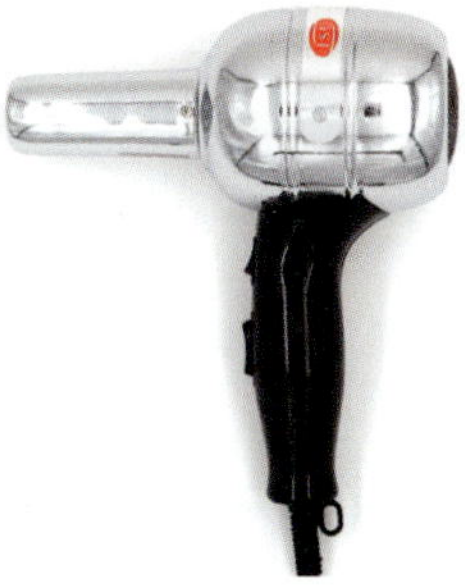

④ 이용 드라이기

⑤ 핀셋

2) 도해도 및 시술 개요

① 도해도

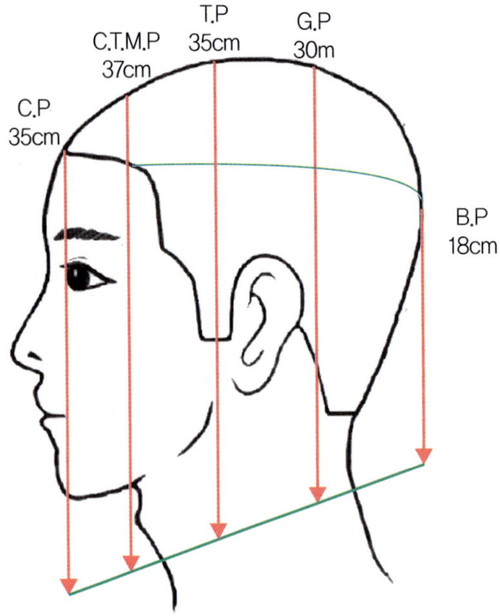

② 시술개요

블로킹Blocking	정중선Center Line, 측중선E.E.L–Ear to Ear Line
섹션Section	수평Horizontal, 전대각Diagonal Forward
분배Distribution	자연 분배Nature Distribution 0°
각도Angle	자연 시술 각Nature Fall 0°
베이스Base	온 더 베이스On The Base, 프리 베이스Free Base, 사이드 베이스Side Base
커트Cut	지간 깎기
질감 처리Texturerising	노 텍스쳐No Texture

3) 이용 남성 커트 시술 방법

시술 전

시술 후

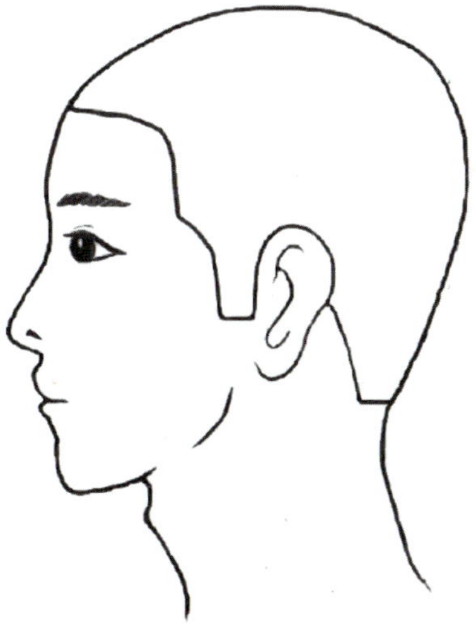

도해도 그려보기

(2) 솔리드스파니엘 헤어 스타일 시술하기

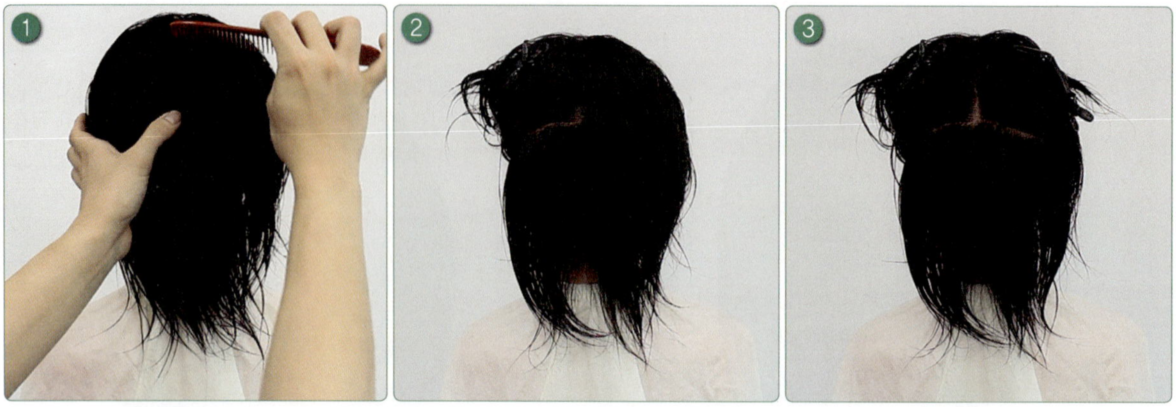

①, ②, ③ 일직선으로 정중선을 나누어 백 포인트B.P : Back Point에서 이어 백 포인트E.B.P : Ear Back Point까지 전대각 섹션Diagonal Forward Section으로 나눈다.

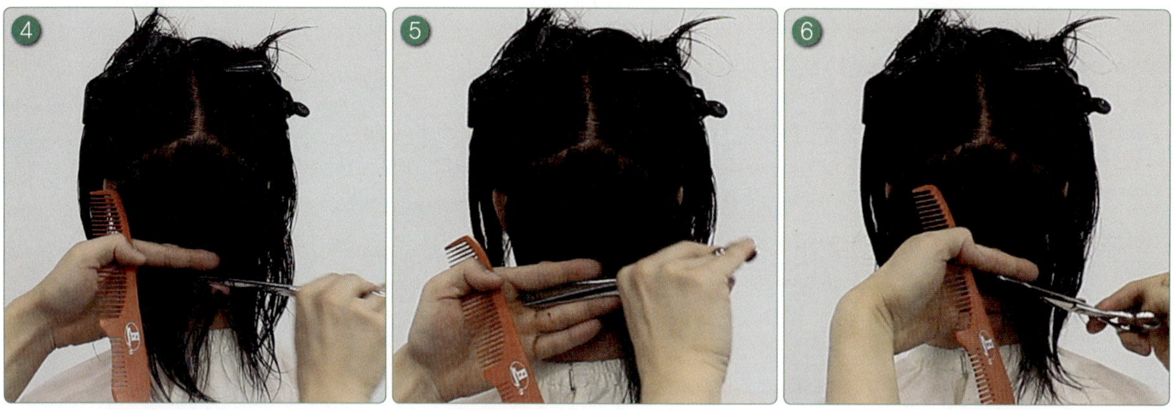

④, ⑤, ⑥ 전대각 섹션에서 손가락 위치를 전대각 방향과 동일하게 아래로 빗질하여 길이를 설정한 후 자연 시술각 0°로 지간 깎기로 커트Cut를 진행한다.

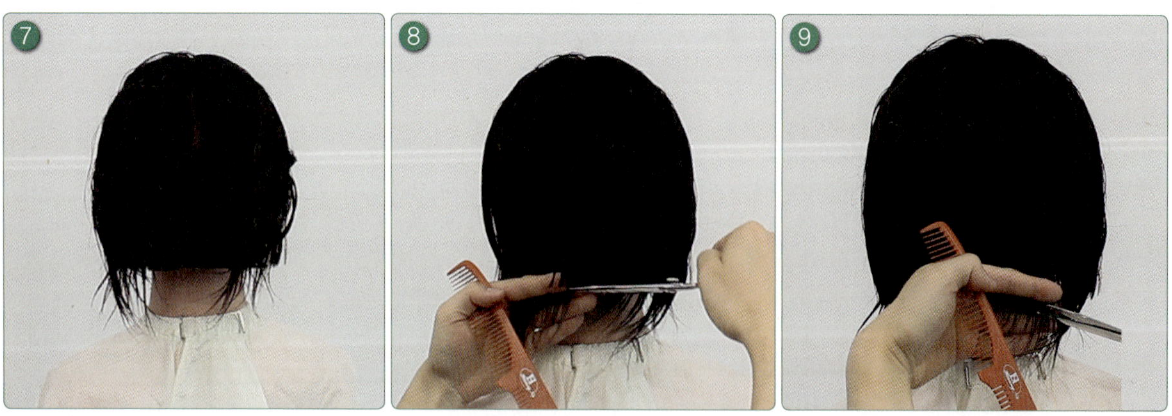

⑦, ⑧, ⑨ 동일한 방법으로 커트를 진행한다.

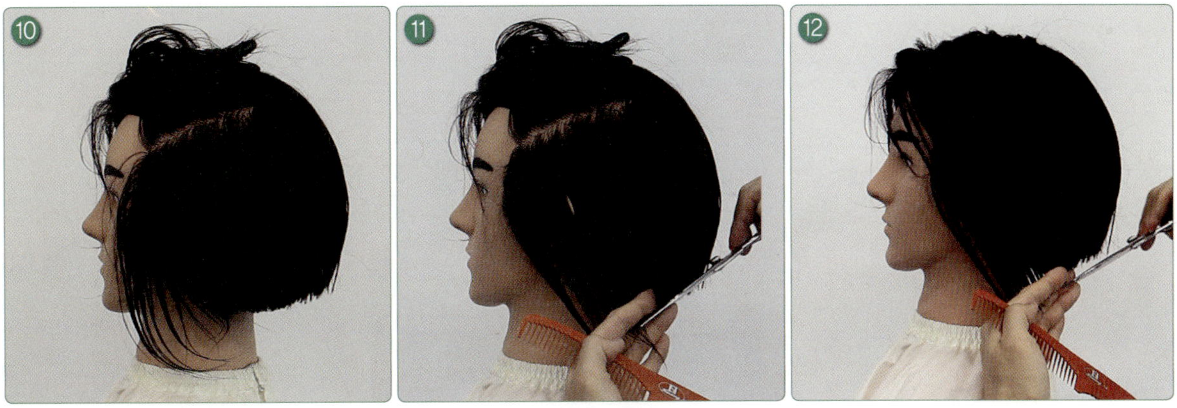

⑩, ⑪, ⑫ 백 사이드B.S : Back Side의 가이드Guide를 기준으로 좌측 사이드Side도 자연 시술 각 0° 전대각 섹션으로 커트를 진행한다.

⑬, ⑭, ⑮ 반대편도 동일한 방법으로 진행하며 양 옆 밸런스Balance를 맞추며 커트를 진행한다.

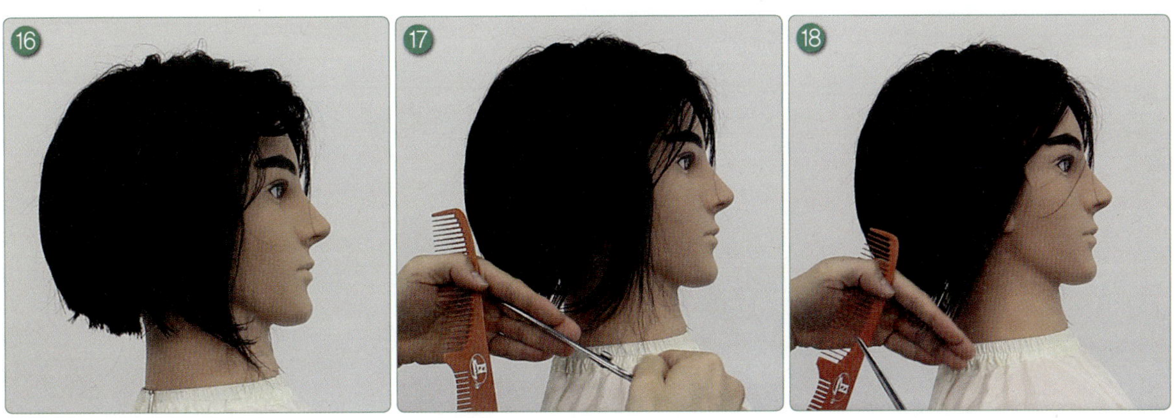

⑯, ⑰, ⑱ 나머지 모발도 앞쪽이 길어지게 전대각 섹션으로 커트를 진행한다.

⑲, ⑳, ㉑ 모발의 흐름에 따라 드라이기를 이용하여 핸드 드라이Hand Dry 한다.

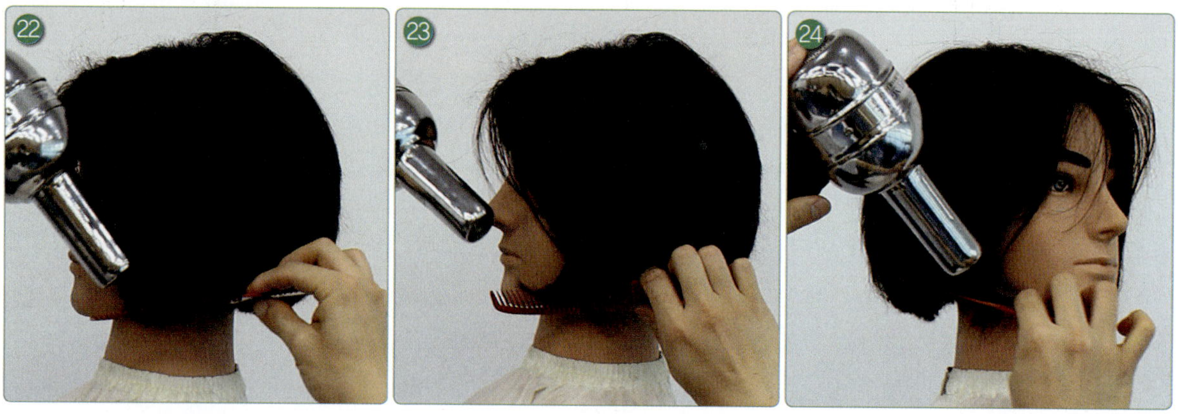

㉒, ㉓, ㉔ 좌측 부분 빗을 사용하여 인 컬드라이In-Curl Dry를 진행한다.

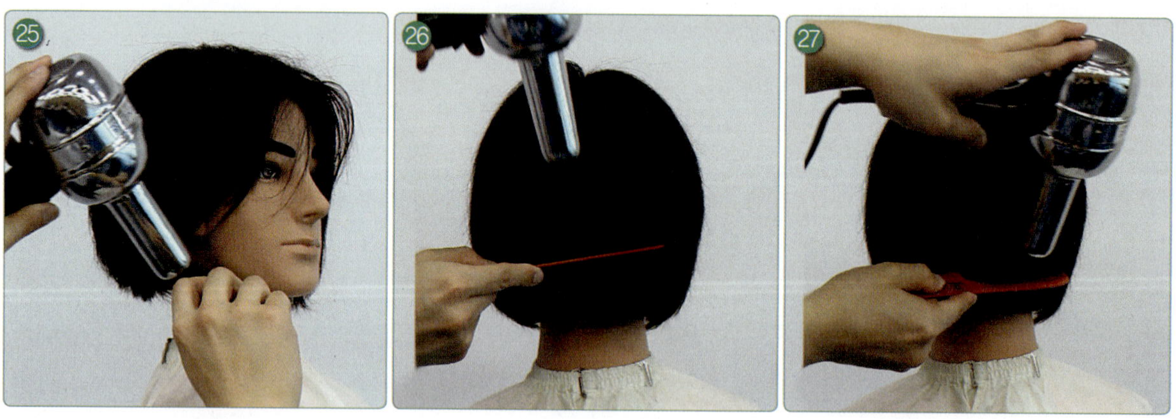

㉕, ㉖, ㉗ 우측 부분 빗을 사용하여 인 컬드라이를 진행한다.

(3) 솔리드스파니엘 헤어 스타일 마무리 하기

앞 Front

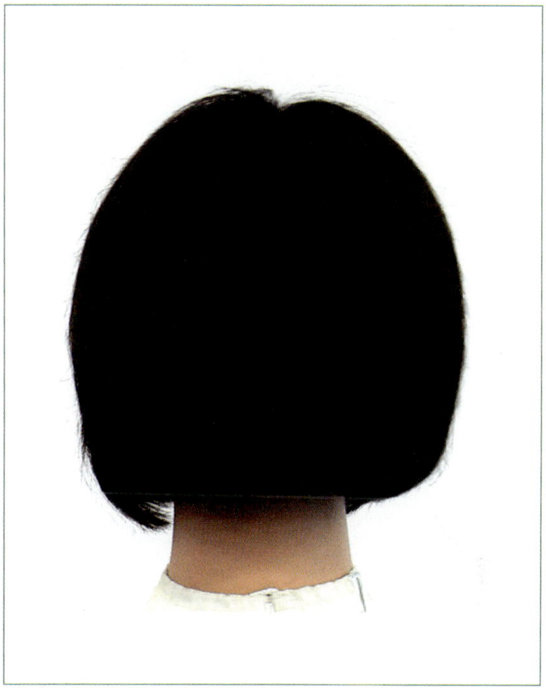

뒤 Back

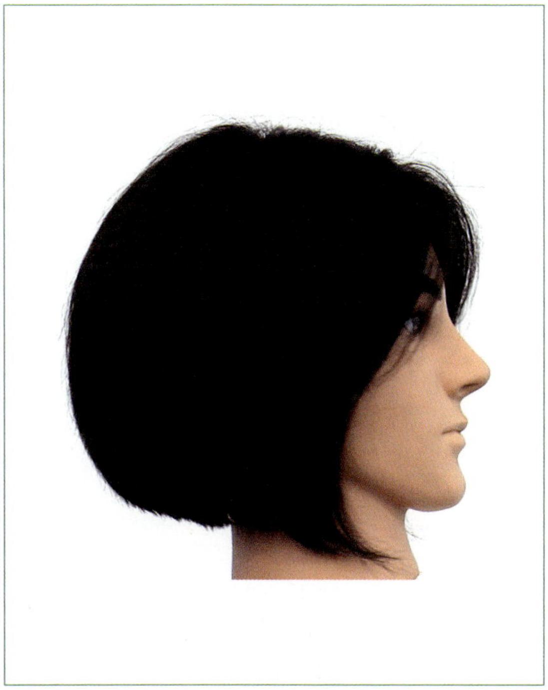

우측 Right side

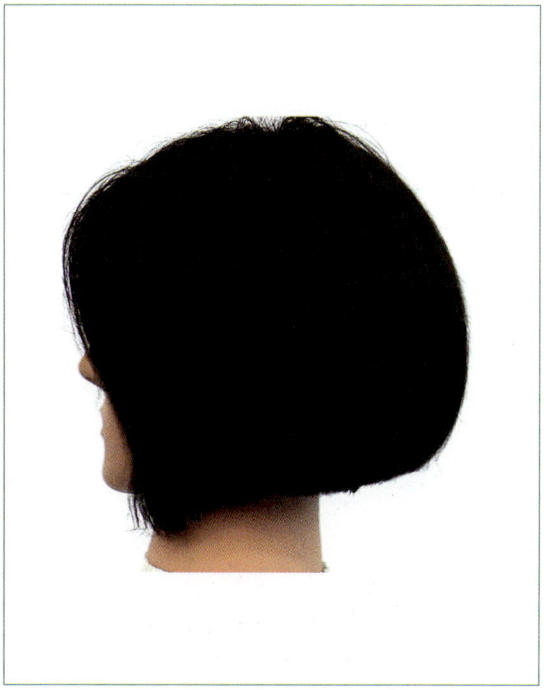

좌측 Left side

실습과정 사진	
사진	설명

실습결과 사진	
앞 Front	뒤 Back
좌측 Left Side	우측 Right Side

3. 남성 이용 장발 솔리드이사도라 헤어 스타일

학습내용단원명	수업 목표
남성 커트 기본 스타일장발형 솔리드이사도라	남성 커트 이용 장발 솔리드 이사도라 헤어 스타일 실습을 수행할 수 있다.

수평 커트 헤어 스타일로 겉면의 모발이 두상을 따라 자연스럽게 떨어지며, 잘린 두발의 길이가 목선을 기준으로 하였을 때 커트 라인에 따라 후대각이사도라 : Isadora 스타일로 나뉜다.

(1) 솔리드이사도라 헤어 커트 준비하기

1) 재료

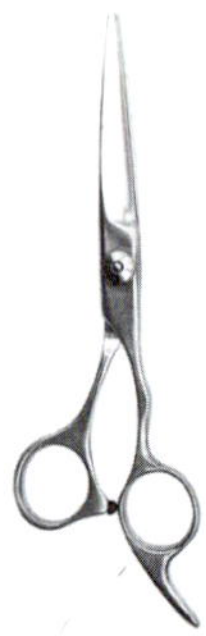

① 장가위

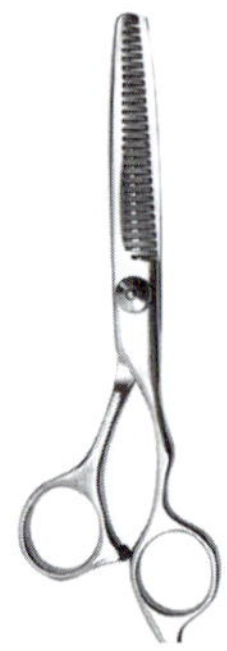

② 틴닝 가위

③ 이용 빗

④ 이용 드라이기

⑤ 핀셋

2) 도해도 및 시술 개요

① 도해도

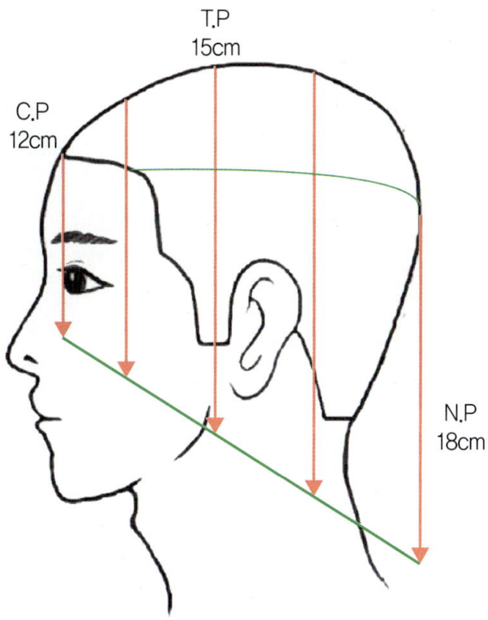

② 시술개요

블로킹 Blocking	정중선 Center Line, 측중선 E.E.L-Ear to Ear Line
섹션 Section	수평 Horizontal, 전대각 Diagonal Forward
분배 Distribution	자연 분배 Nature Distribution 0°
각도 Angle	자연 시술 각 Nature Fall 0°
베이스 Base	온 더 베이스 On The Base, 프리 베이스 Free Base, 사이드 베이스 Side Base
커트 Cut	지간 깎기
질감 처리 Texturerising	노 텍스쳐 No Texture

3) 이용 남성 커트 시술 방법

시술 전

시술 후

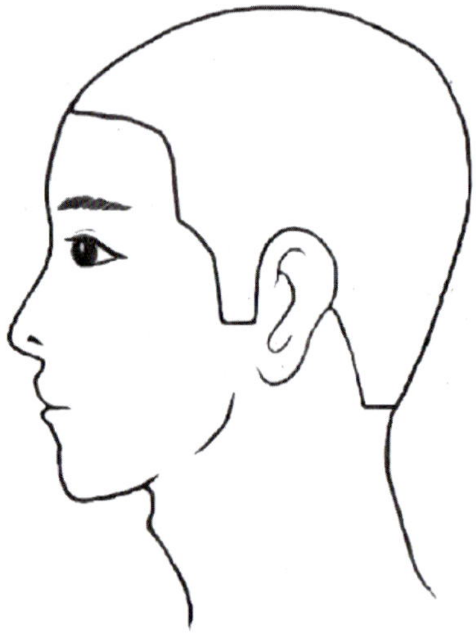

도해도 그려보기

(2) 솔리드이사도라 헤어 스타일 시술하기

①, ②, ③ 일직선으로 정중선을 나누어 백 포인트B.P : Back Point에서 이어 백 포인트E.B.P : Ear Back Point까지 후대각 섹션Diagonal Back Section으로 나눈다.

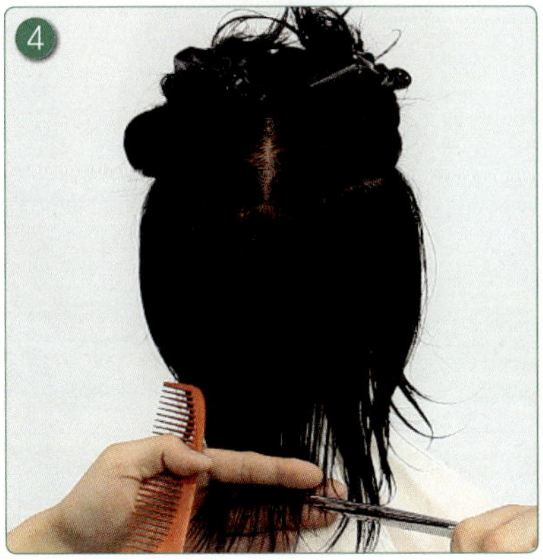

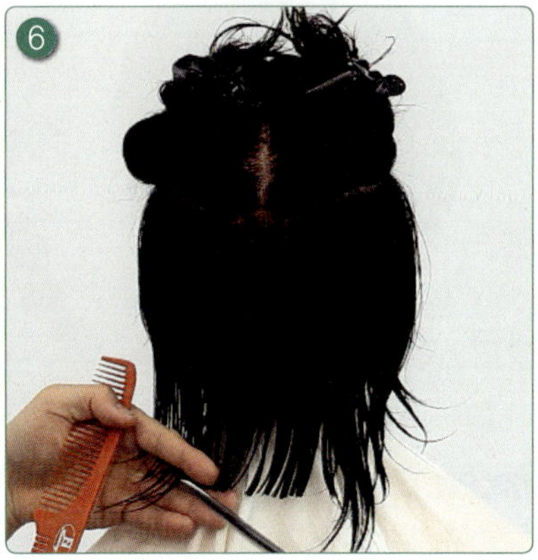

④, ⑤, ⑥ 후대각 섹션에서 손각락 위치를 후대각 방향과 동일하게 아래로 빗질하여 길이를 설정한 후 자연 시술각 0°로 지간 깎기로 커트Cut를 진행한다.

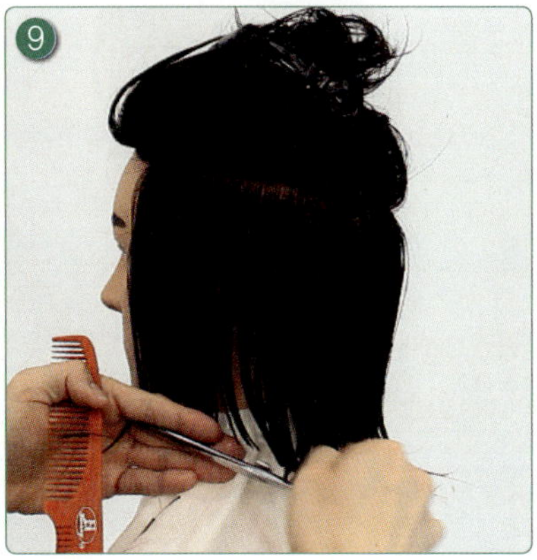

⑦, ⑧, ⑨ 백 사이드B.S : Back Side의 가이드Guide를 기준으로 좌측 사이드Side도 자연 시술 각 0°로 커트를 진행한다.

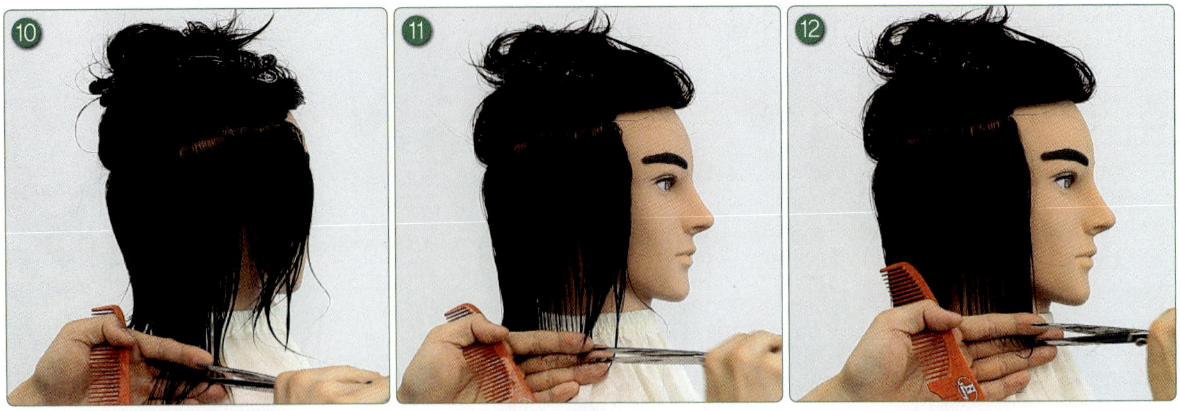

⑩, ⑪, ⑫ 반대편도 동일한 방법으로 진행하며 양 옆 밸런스Balance를 맞추며 커트를 진행한다.

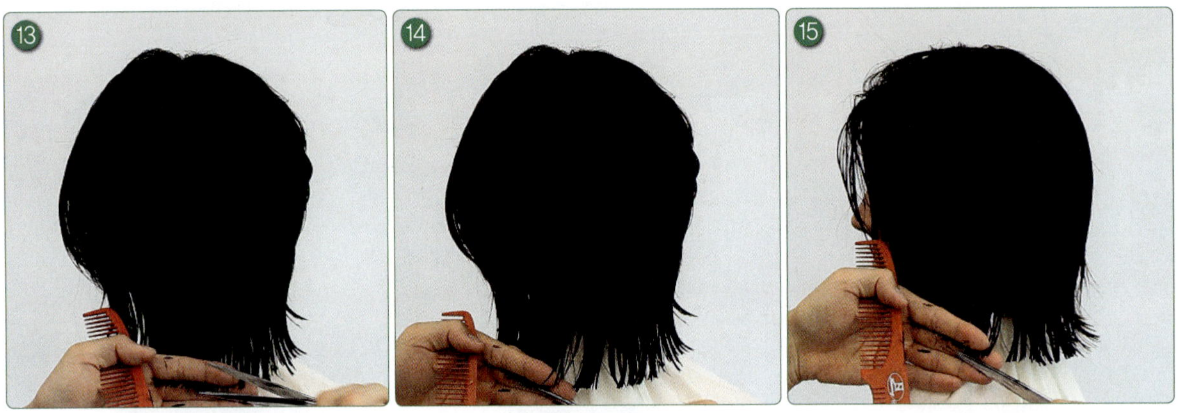

⑬, ⑭, ⑮ 남은 모발을 동일한 방법으로 커트를 진행한다.

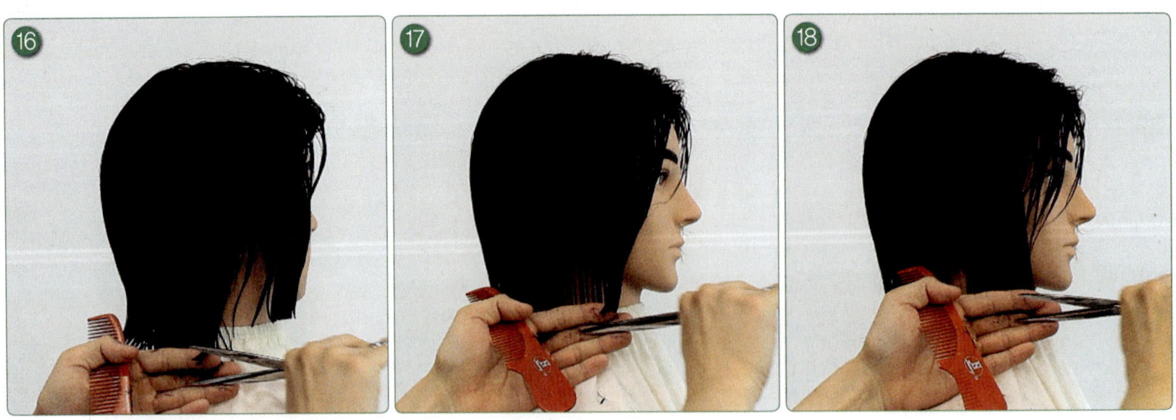

⑯, ⑰, ⑱ 남은 모발을 동일한 방법으로 커트를 진행한다.

⑲, ⑳, ㉑ 모발의 흐름에 따라 드라이기를 이용하여 핸드 드라이Hand Dry 한다.

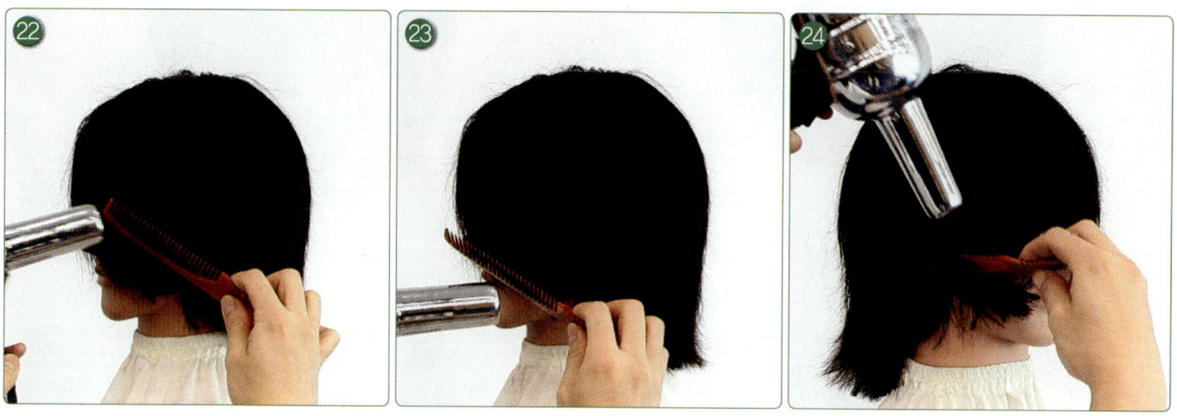

㉒, ㉓, ㉔ 빗을 사용하여 인 컬드라이In-Curl Dry를 진행한다.

㉕, ㉖, ㉗ 빗을 사용하여 인 컬드라이를 진행한다.

(3) 솔리드스파니엘 헤어 스타일 마무리 하기

앞 Front

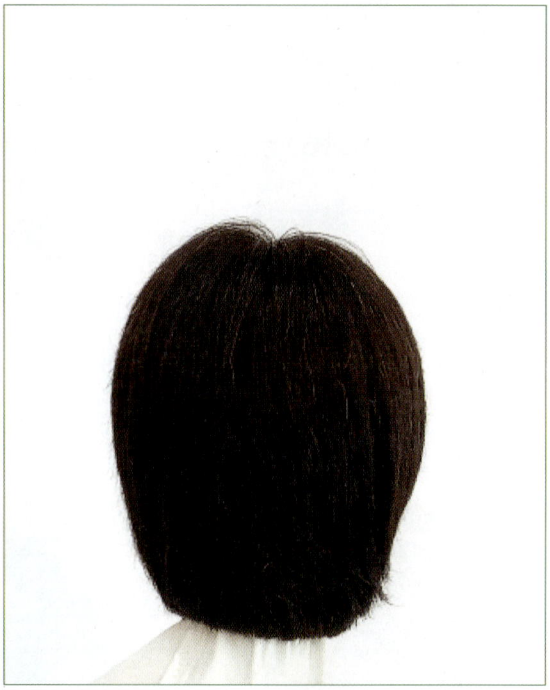

뒤 Back

우측 Right side

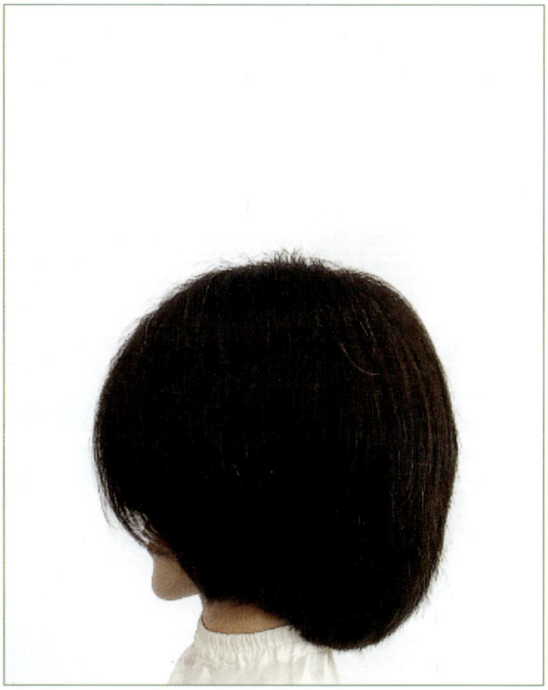

좌측 Left side

실습과정 사진	
사진	설명

실습결과 사진	
앞 Front	뒤 Back
좌측 Left Side	우측 Right Side

[교수 학습방법]

교수 방법
① 원랭스 커트의 형태와 길이 구조를 설명한다.
② 원랭스 커트의 종류 수평 보브, 스파니엘, 이사도라 와 커트 절차를 설명한다.
③ 원랭스 커트 작업 절차에 따라 위그에 시연한다.
④ 올바른 도구 사용 방법과 커트 기법을 익힐 수 있도록 지도한다.

학습 방법
① 원랭스 커트의 길이 구조를 이해하여 노트에 도해도를 그려 본다.
② 원랭스 커트의 이발 작업 절차를 숙지하여 위그에 반복 실습한다.
③ 원랭스 커트에 따른 시술 각을 숙지하여 위그에 실습한다.
④ 도구를 바르게 사용할 수 있도록 주의하며 커트 기법을 위그에 실습한다.

[평가 준거]

학습 내용	평가 항목	성취 수준		
		상	중	하
솔리드형 이발 계획	형태 분석에 따른 솔리드형의 종류 및 형태선, 특징 등을 도식화하여 적용할 수 있다.			
솔리드형 이발 작업	솔리드형을 이해하고 도해도를 작성한 후 자를 수 있다.			

[평가 방법]

학습 내용	평가 항목	성취 수준		
		상	중	하
솔리드형 이발 계획	1. 커트 형태와 솔리드 스타일 종류의 이해 여부			
	2. 솔리드형 구조 그래픽을 그릴 수 있는 능력			
	3. 솔리드형의 커트 절차를 계획할 수 있는 능력			
솔리드형 이발 작업	1. 커트 절차에 따른 작업 순서 방법의 이해 여부			
	2. 4등분 블로킹 능력			
	3. 커트 스타일에 맞는 파팅 능력			
	4. 솔리드 커트를 하기 위한 인 커트 작업 능력			

[평가자 체크리스트]

학습 내용	평가 항목	성취 수준		
		상	중	하
솔리드형 이발 계획	1. 솔리드형의 종류 인지 여부			
	2. 솔리드형 특징의 인지 여부			
	3. 솔리드형 작업 순서 인지 여부			
솔리드형 이발 작업	1. 작업 전 도구 준비 여부			
	2. 올바른 도구 사용 방법 이해 여부			
	3. 인 커트 숙련 여부			
	4. 커트 후 콤 아웃 여부			

4. 남성 이용 장발 낮은그래쥬에이션 헤어 스타일

학습내용 단원명	수업 목표
남성 커트 기본 스타일 장발형 낮은 그래쥬에이션	남성 커트 이용 장발 낮은 그래쥬에이션 헤어 스타일 실습을 수행할 수 있다.

그래쥬에이션Graduation은 천체축 1~89°의 시술 각으로 인해 쌓인 모발이 비활동적인 질감과 활동적인 질감이 혼합되어 무게선을 나타내며 삼각형의 형태를 갖는다.

(1) 낮은그래쥬에이션 헤어 커트 준비하기

1) 재료

① 장가위

② 틴닝 가위

③ 이용 빗

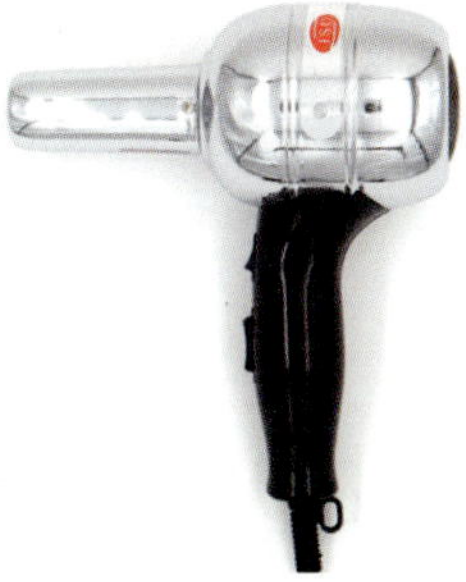

④ 이용 드라이기

⑤ 핀셋

2) 도해도 및 시술 개요

① 도해도

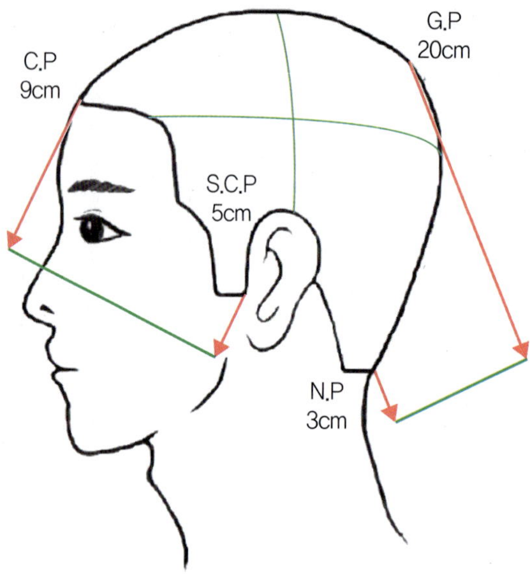

② 시술개요

블로킹 Blocking	정중선 Center Line, 측중선 E.E.L–Ear to Ear Line
섹션 Section	수평 Horizontal, 세로 Vertival, 전대각 Diagonal Forward
분배 Distribution	자연 분배 Nature Distribution, 변이 분배 Shifted Distribution
각도 Angle	자연 시술 각 Natural Fall 0°, 일반 시술 각 Normal Projection 15°~ 30°
베이스 Base	온 더 베이스 On The Base, 프리 베이스 Free Base, 사이드 베이스 Side Base
커트 Cut	지간 깎기
질감 처리 Texturerising	노 텍스쳐 No Texture

3) 이용 남성 커트 시술 방법

시술 전

시술 후

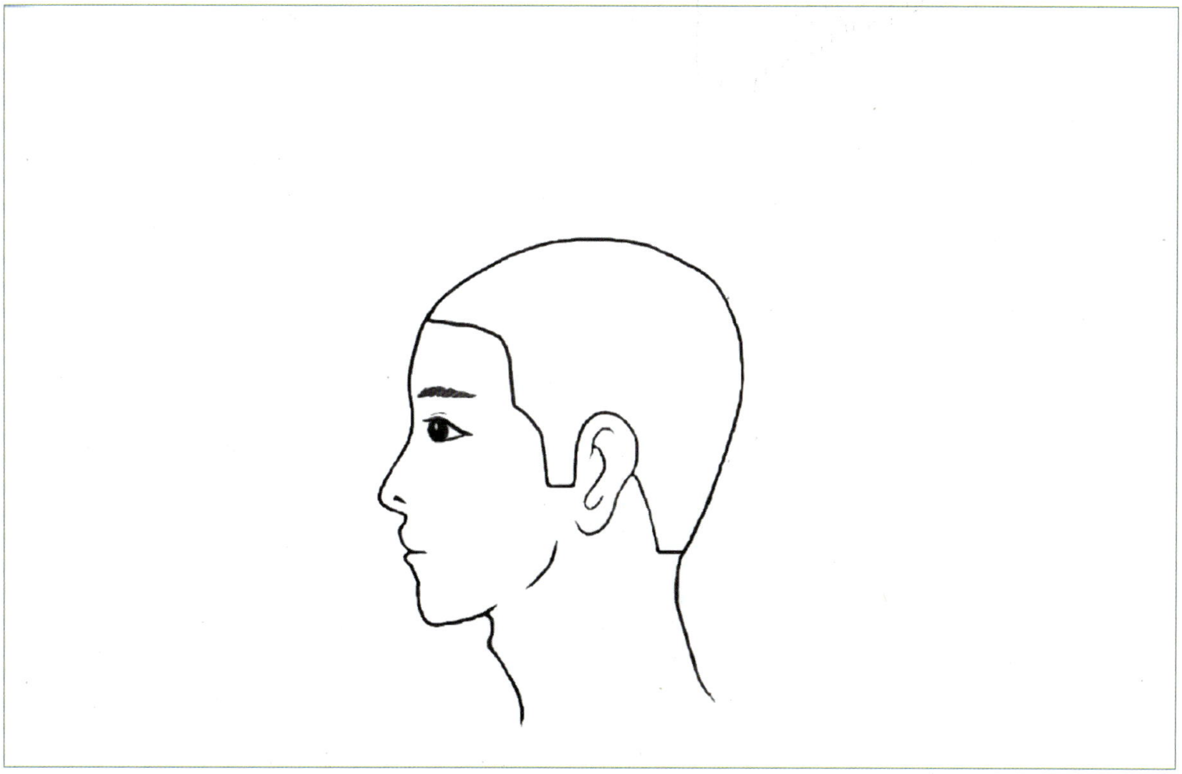

도해도 그려보기

(2) 낮은그래쥬에이션 헤어 스타일 시술하기

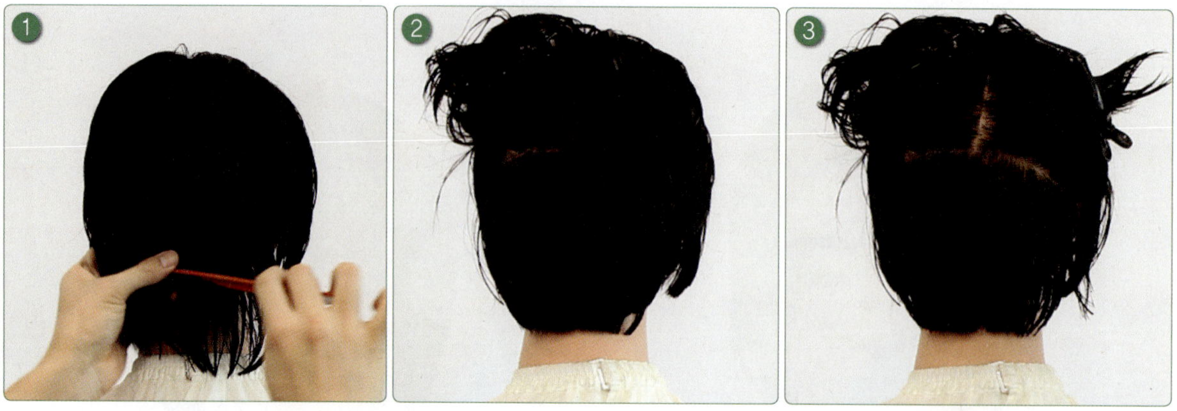

①, ②, ③ 일직선으로 정중선을 나누어 백 포인트B.P : Back Point에서 이어 백 포인트E.B.P : Ear Back Point까지 수평 섹션Horizontal Section으로 나눈다.

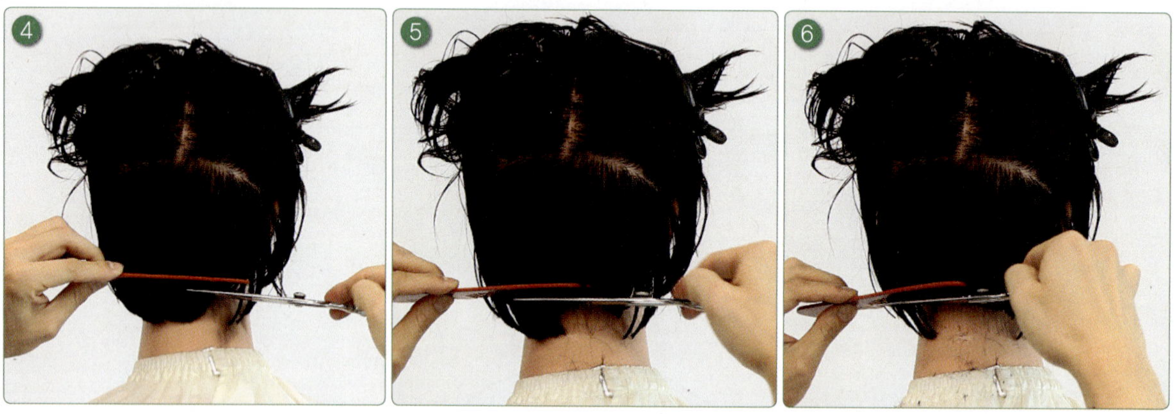

④, ⑤, ⑥ 수평 섹션에서 수평 방향과 동일하게 아래로 빗질하여 길이를 설정한 후 자연 시술 각 0°로 커트Cut를 진행한다.

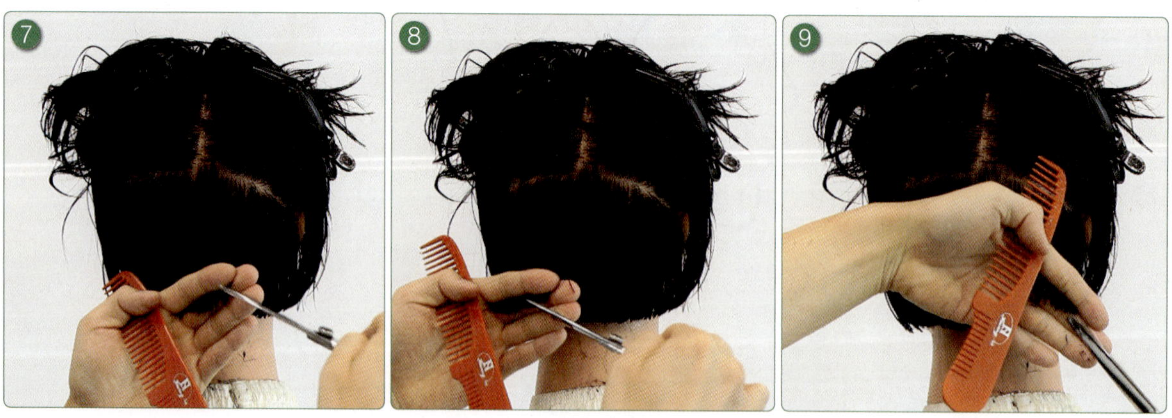

⑦, ⑧, ⑨ 가이드Guide를 기준으로 일반 시술 각 15°로 양쪽의 밸런스Balance를 맞추어 지간 깎기로 커트를 진행한다.

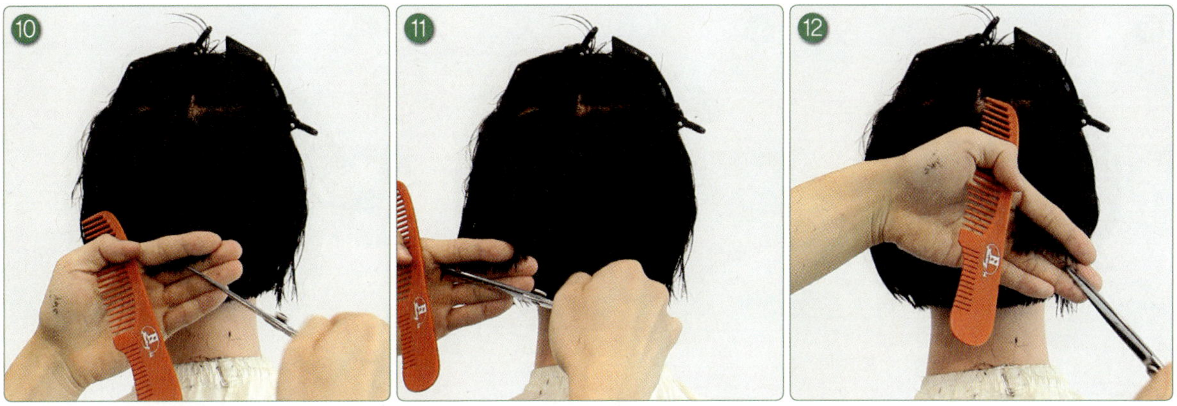

⑩, ⑪, ⑫ 가이드를 기준으로 미들 존Middle Zone 역시 일반 시술 각 15°로 양쪽의 밸런스를 맞추어 지간 깎기로 커트를 진행한다.

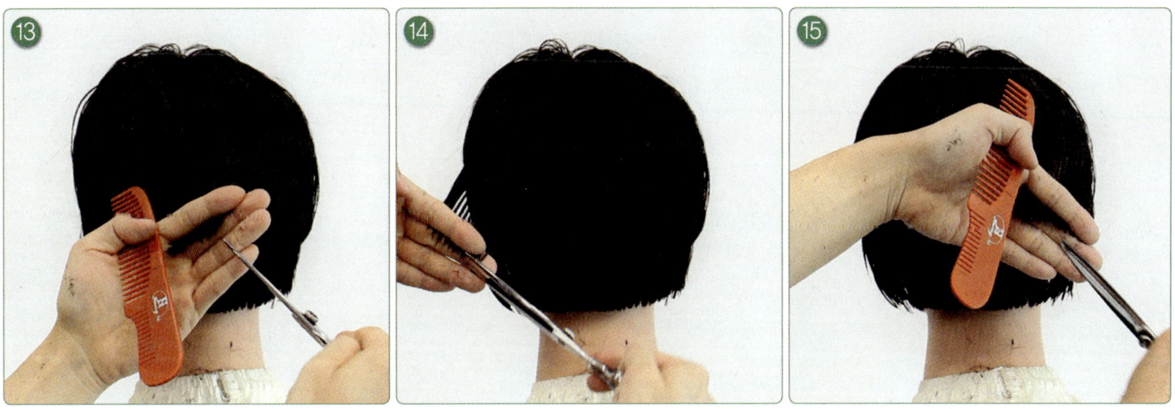

⑬, ⑭, ⑮ 가이드를 기준으로 오버 존Over Zone 부분도 일반 시술 각 15°로 양쪽의 밸런스를 맞추어 지간 깎기로 커트를 진행한다.

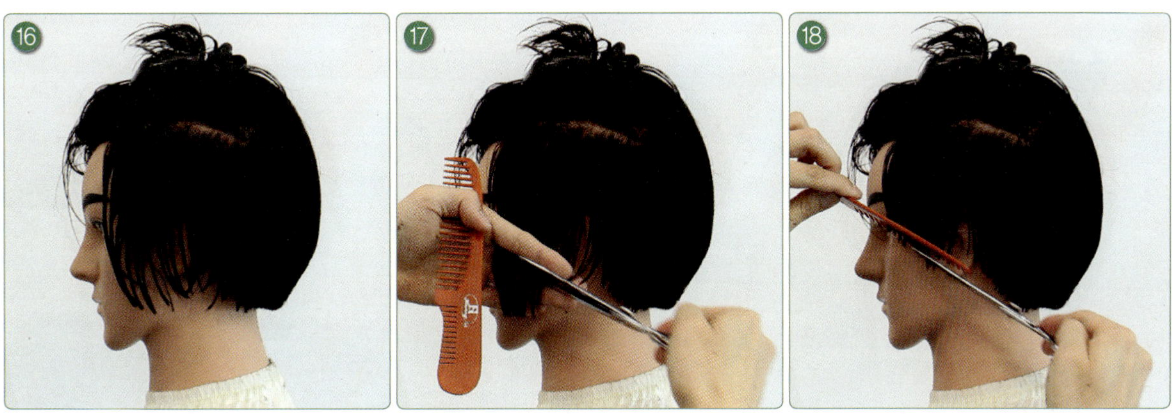

⑯, ⑰, ⑱ 백 사이드B.S : Back Side의 가이드를 기준으로 좌측 사이드Side도 자연 시술 각 0°로 수평으로 지간 깎기로 커트를 진행한다.

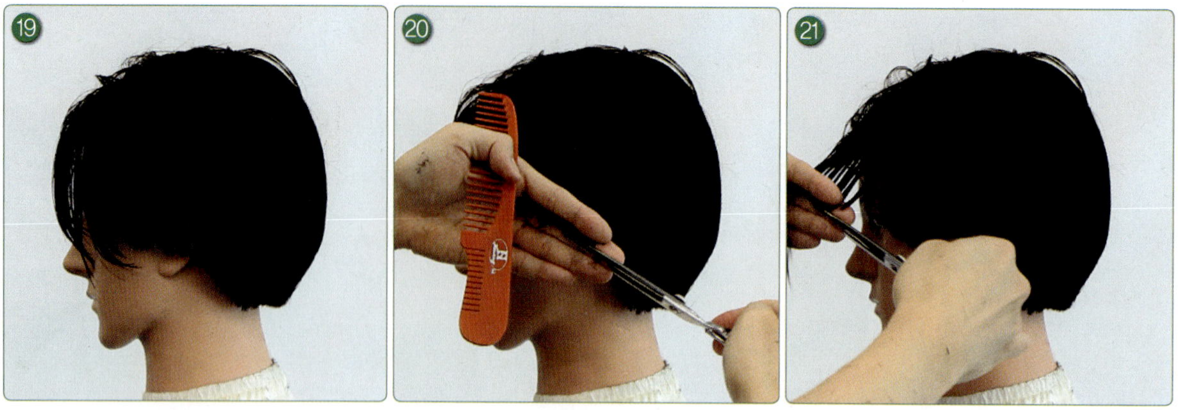

⑲, ⑳, ㉑ 가이드를 기준으로 일반 시술 각 15°로 지간 깎기로 커트를 진행한다.

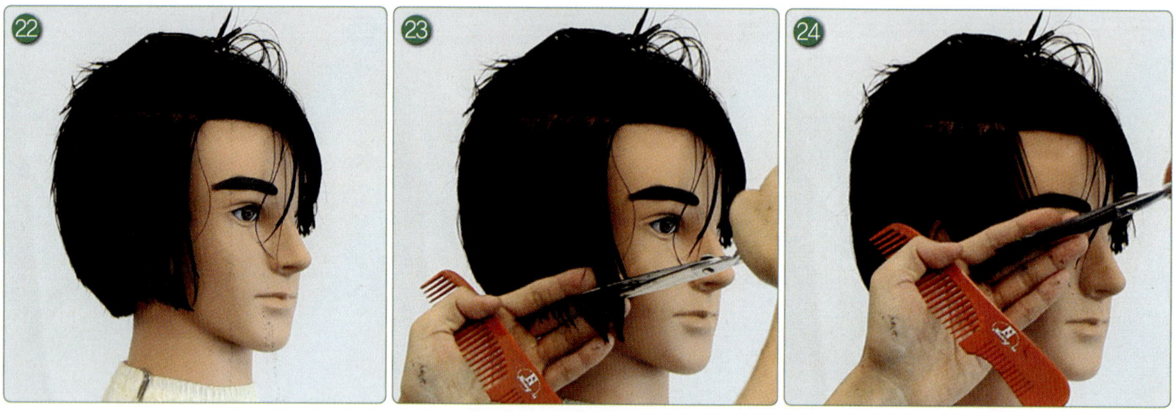

㉒, ㉓, ㉔ 백 사이드의 가이드를 기준으로 좌측 사이드도 자연 시술 각 0°로 수평으로 지간 깎기로 커트를 진행한다.

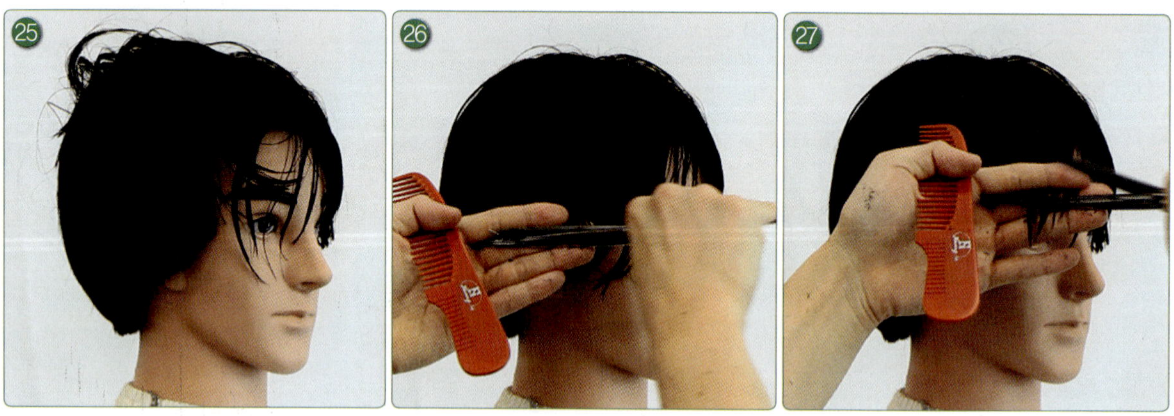

㉕, ㉖, ㉗ 가이드를 기준으로 일반 시술 각 15°로 지간 깎기로 커트를 진행한다.

㉘, ㉙, ㉚ 가이드를 기준으로 앞머리도 지간 깎기로 커트를 진행한다.

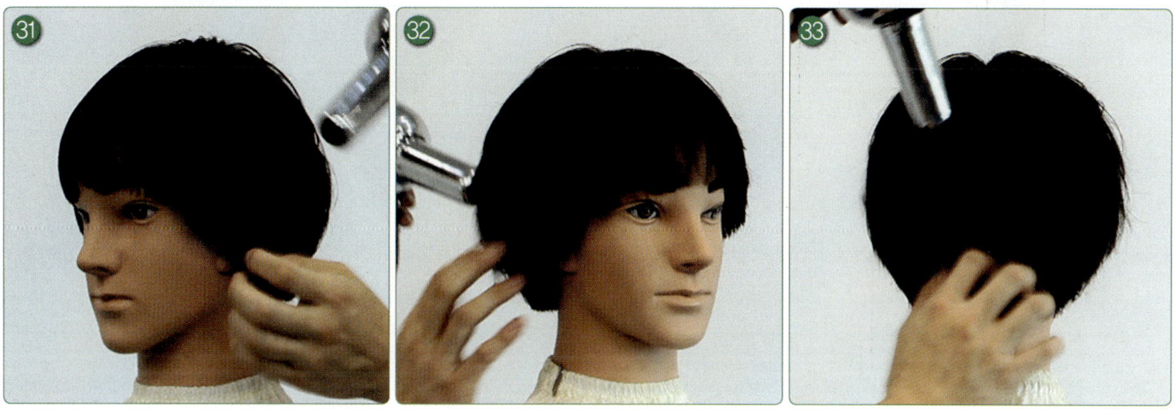

㉛, ㉜, ㉝ 모발의 흐름에 따라 드라이기를 이용하여 핸드 드라이Hand Dry 한다.

㉞, ㉟, ㊱ 빗을 사용하여 볼륨을 형성해 주며 전체적으로 드라이Dry를 진행한다.

(3) 낮은그래쥬에이션 헤어 스타일 마무리 하기

앞Front

뒤Back

우측Right side

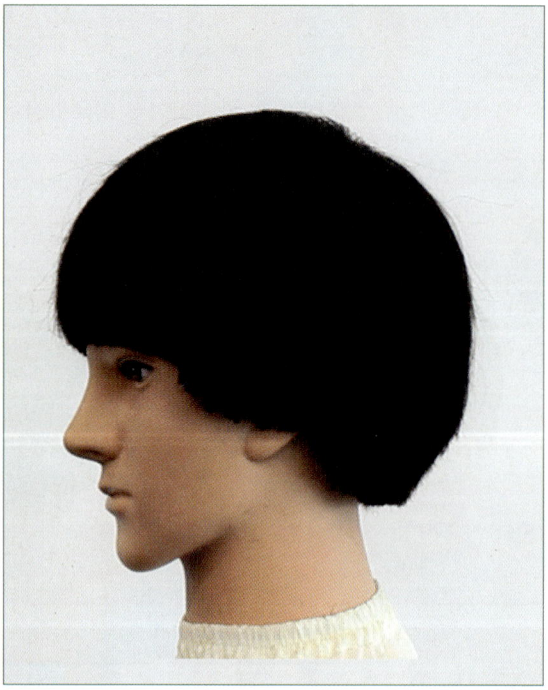

좌측Left side

실습과정 사진	
사진	설명

실습결과 사진	
앞 Front	뒤 Back
좌측 Left Side	우측 Right Side

5. 남성 이용 장발 중간그래쥬에이션 헤어 스타일

학습내용 단원명	수업 목표
남성 커트 기본 스타일 장발형 중간 그래쥬에이션	남성 커트 이용 장발 중간 그래쥬에이션 헤어 스타일 실습을 수행할 수 있다.

그래쥬에이션Graduation은 천체축 1~89°의 시술 각으로 인해 쌓인 모발이 비활동적인 질감과 활동적인 질감이 혼합되어 무게선을 나타내며 삼각형의 형태를 갖는다.

(1) 중간그래쥬에이션 헤어 커트 준비하기

1) 재료

① 장가위

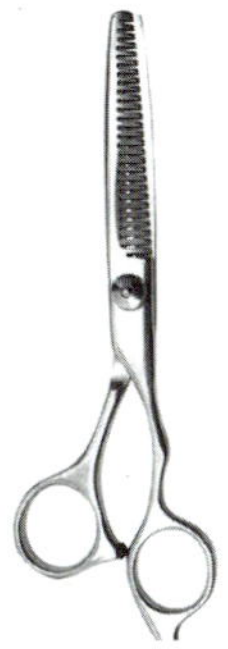

② 틴닝 가위

③ 이용 빗

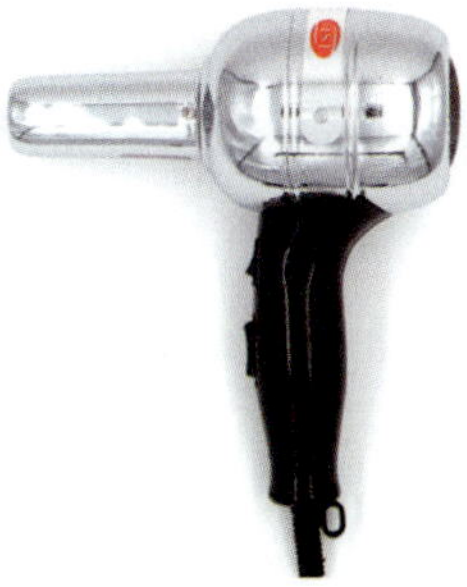

④ 이용 드라이기

⑤ 핀셋

2) 도해도 및 시술 개요

① 도해도

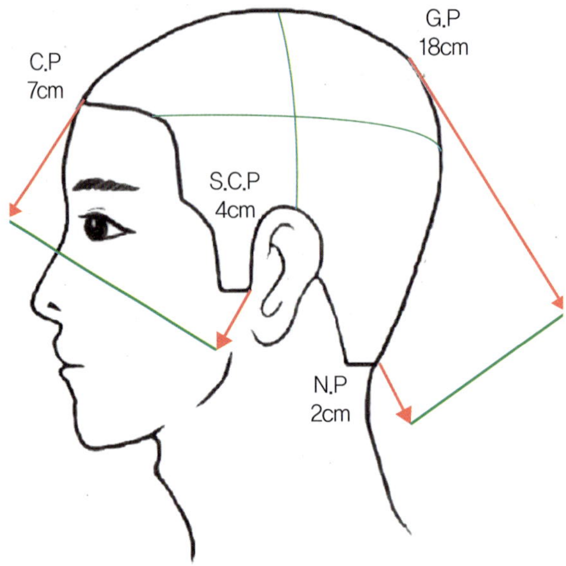

② 시술개요

블로킹Blocking	정중선Center Line, 측중선E.E.L–Ear to Ear Line
섹션Section	수평Horizontal, 세로Vertival, 전대각Diagonal Forward
분배Distribution	자연 분배Nature Distribution, 변이 분배Shifted Distribution
각도Angle	자연 시술 각Natural Fall 0°, 일반 시술 각Normal Projection 45°~ 60°
베이스Base	온 더 베이스On The Base, 프리 베이스Free Base, 사이드 베이스Side Base
커트Cut	지간 깎기
질감 처리Texturerising	노 텍스처No Texture

3) 이용 남성 커트 시술 방법

시술 전

시술 후

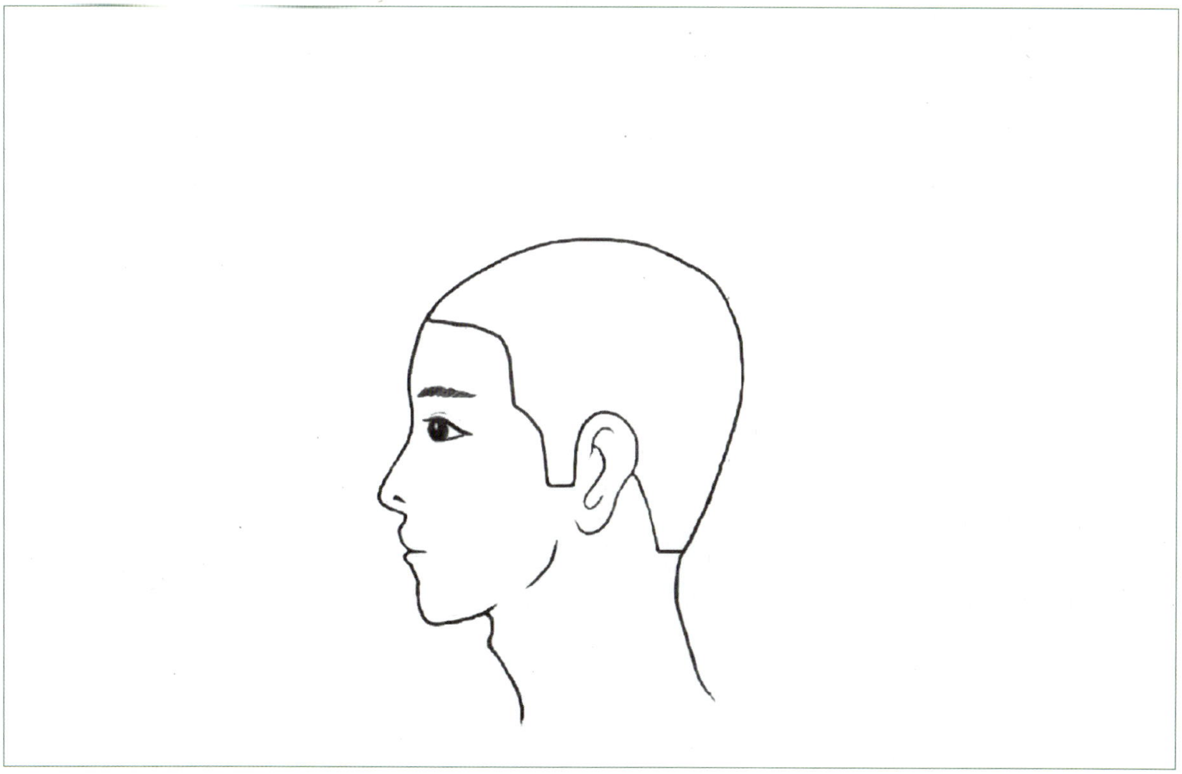

도해도 그려보기

(2) 중간그래쥬에이션 헤어 스타일 시술하기

①, ②, ③ 일직선으로 정중선을 나누어 백 포인트B.P : Back Point에서 이어 백 포인트E.B.P : Ear Back Point까지 수평 섹션Horizontal Section으로 나눈다.

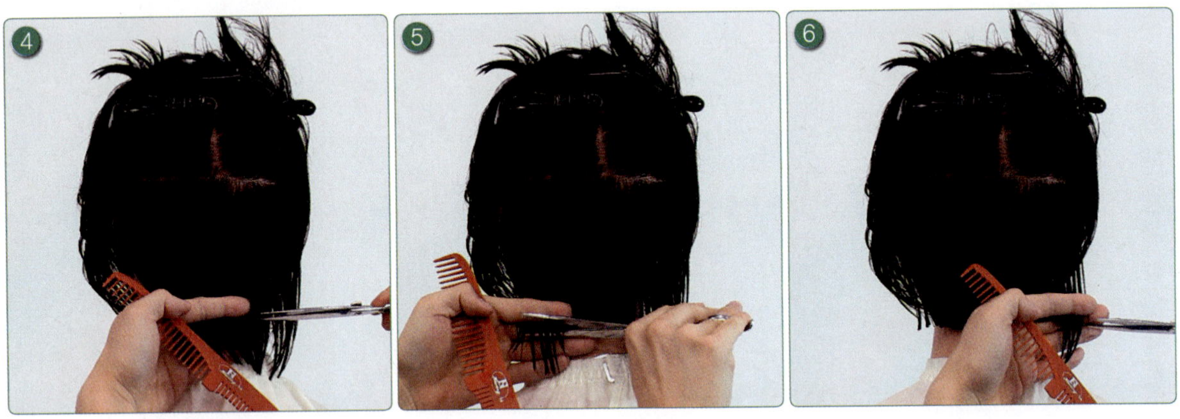

④, ⑤, ⑥ 수평 섹션에서 손가락 위치를 수평 방향과 동일하게 아래로 빗질하여 길이를 설정한 후 자연 시술 각 0°로 지간 깎기로 커트Cut를 진행한다.

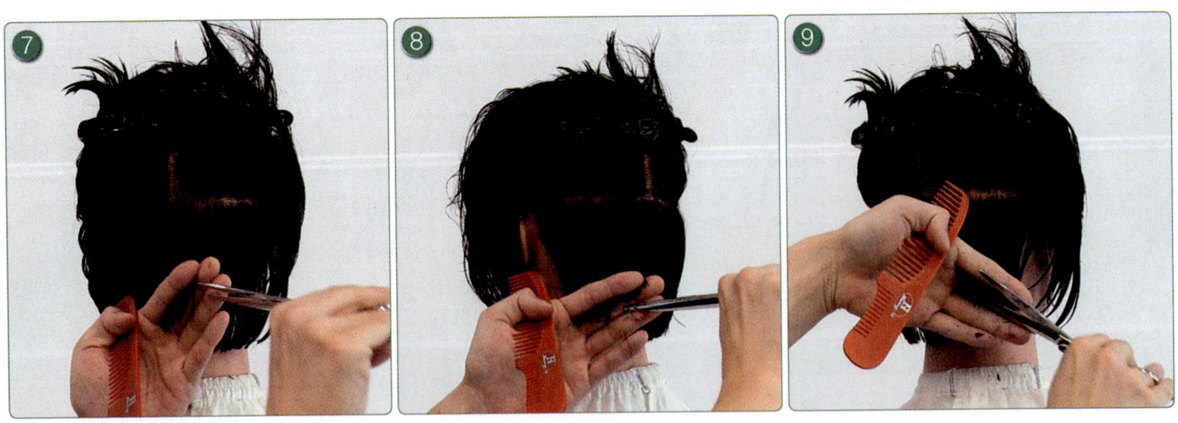

⑦, ⑧, ⑨ 가이드Guide를 기준으로 일반 시술 각 45°로 양쪽의 밸런스Balance를 맞추어 지간 깎기로 커트를 진행한다.

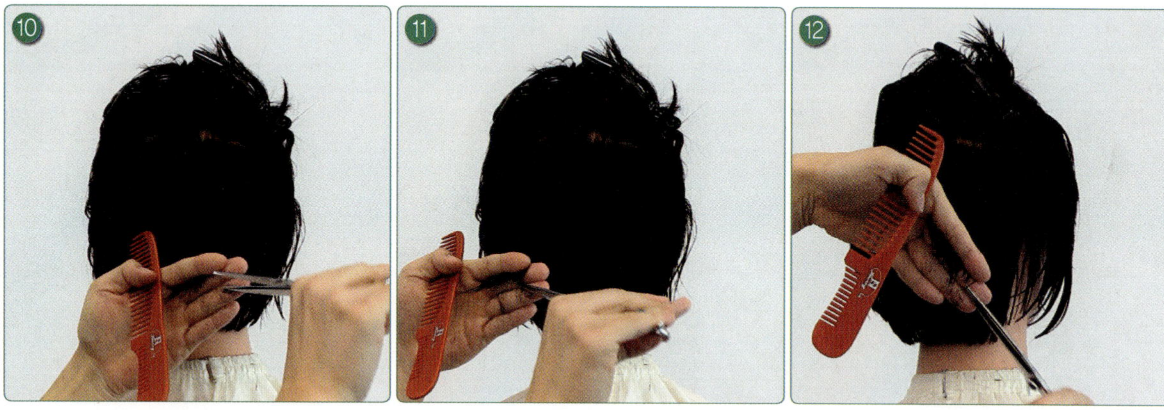

⑩, ⑪, ⑫ 가이드를 기준으로 미들 존Middle Zone은 일반 시술 각 45°로 양쪽의 밸런스를 맞추어 지간 깎기로 커트를 진행한다.

⑬, ⑭, ⑮ 가이드를 기준으로 오버 존Over Zone은 일반 시술 각 45°로 양쪽의 밸런스를 맞추어 지간 깎기로 커트를 진행한다.

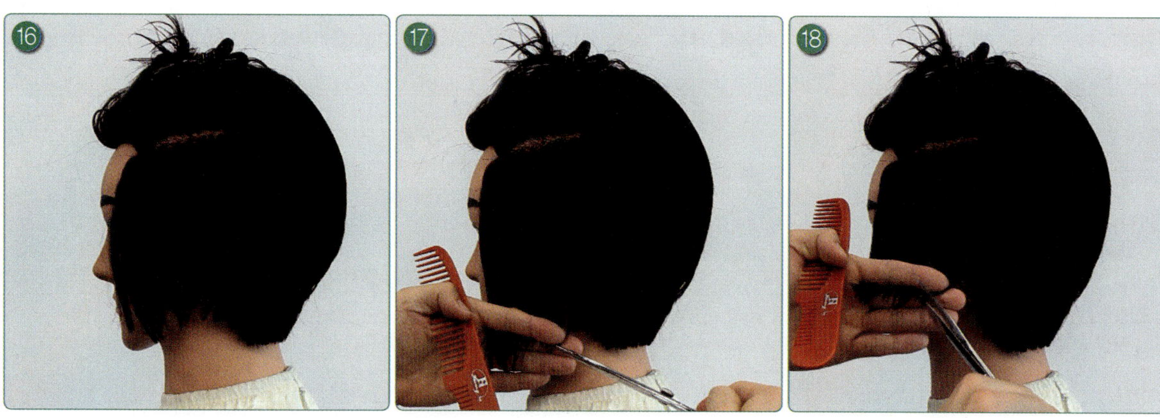

⑯, ⑰, ⑱ 백 사이드B.S : Back Side의 가이드를 기준으로 좌측 사이드Side도 자연 시술 각 0°로 수평으로 커트한 후 일반 시술 각 45°로 들어서 지간 깎기로 커트를 진행한다.

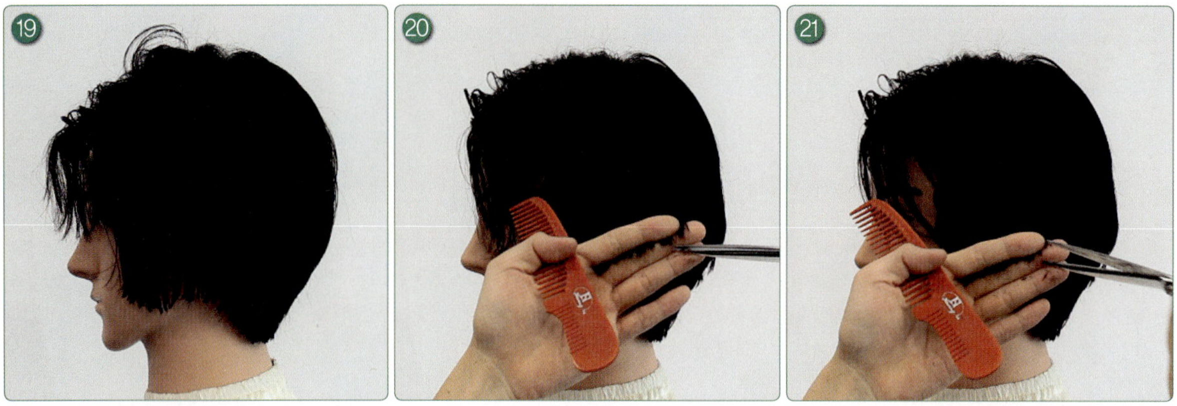

⑲, ⑳, ㉑ 가이드를 기준으로 일반 시술 각 45°로 사이드 베이스Side Base로 지간 깎기로 커트를 진행한다.

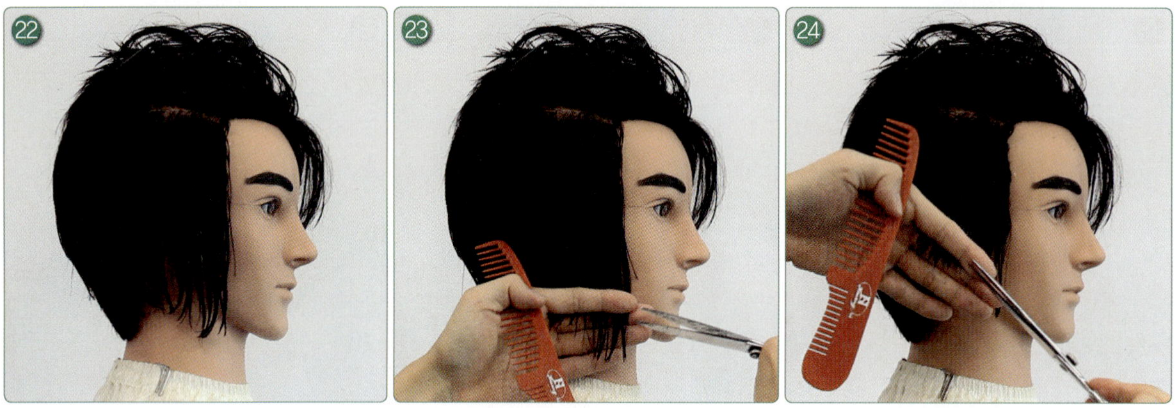

㉒, ㉓, ㉔ 백 사이드의 가이드를 기준으로 좌측 사이드도 자연 시술 각 0°로 수평으로 커트한 후 일반 시술 각 45°로 들어서 지간 깎기로 커트를 진행한다.

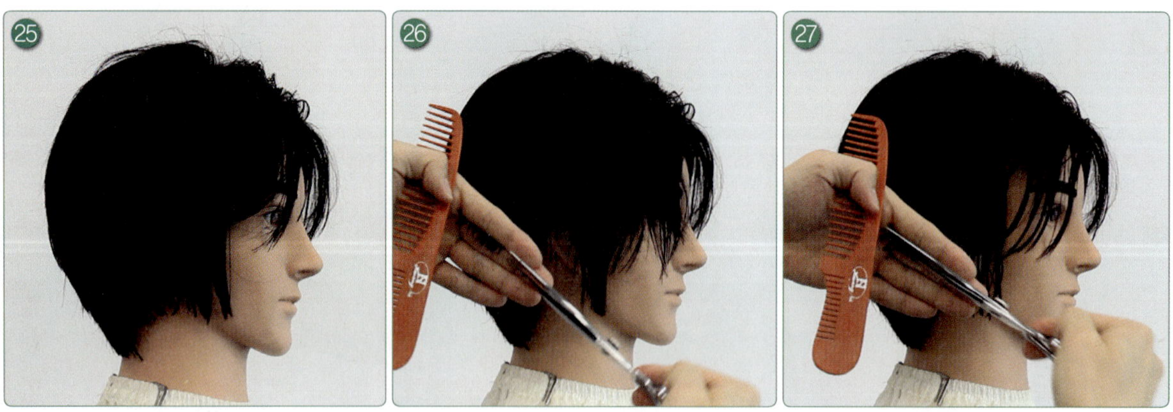

㉕, ㉖, ㉗ 가이드를 기준으로 일반 시술 각 45°로 사이드 베이스로 지간 깎기로 커트를 진행한다.

㉘, ㉙, ㉚ 모발의 흐름에 따라 드라이기를 이용하여 핸드 드라이Hand Dry 한다.

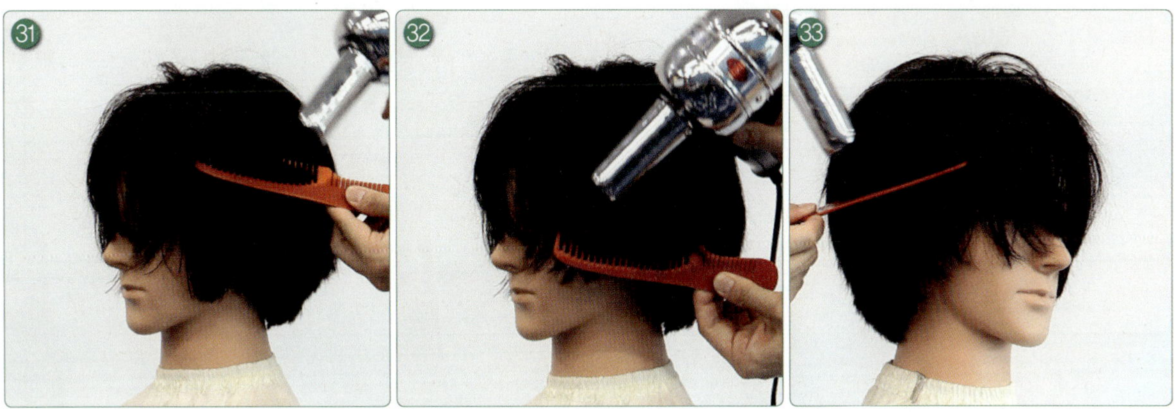

㉛, ㉜, ㉝ 빗을 사용하여 볼륨을 형성해 주며 전체적으로 드라이Dry를 진행한다.

㉞, ㉟, ㊱ 빗을 사용하여 볼륨을 형성해 주며 전체적으로 드라이를 진행한다.

(3) 중간그래쥬에이션 헤어 스타일 마무리 하기

앞Front

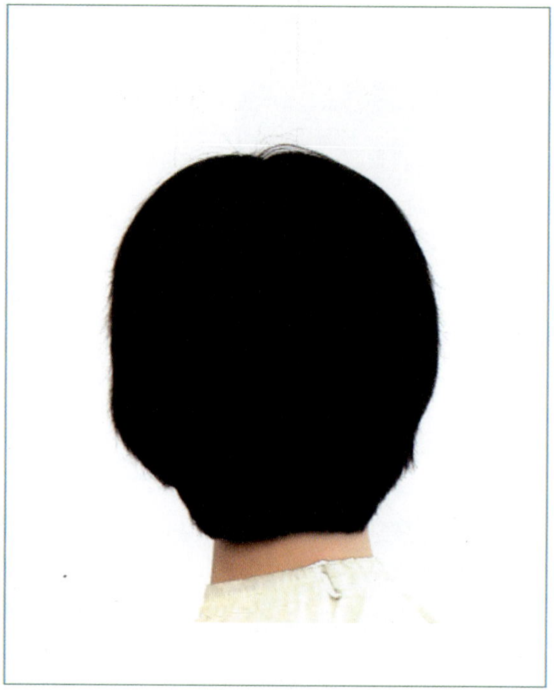

뒤Back

우측Right side

좌측Left side

실습과정 사진	
사진	설명

실습결과 사진	
앞 Front	뒤 Back
좌측 Left Side	우측 Right Side

6. 남성 이용 장발 높은그래쥬에이션 헤어 스타일

학습내용단원명	수업 목표
남성 커트 기본 스타일장발형 높은 그래쥬에이션	남성 커트 이용 장발 높은 그래쥬에이션 헤어 스타일 실습을 수행할 수 있다.

그래쥬에이션Graduation은 천체축 1~89°의 시술 각으로 인해 쌓인 모발이 비활동적인 질감과 활동적인 질감이 혼합되어 무게선을 나타내며 삼각형의 형태를 갖는다.

(1) 높은그래쥬에이션 헤어 커트 준비하기

1) 재료

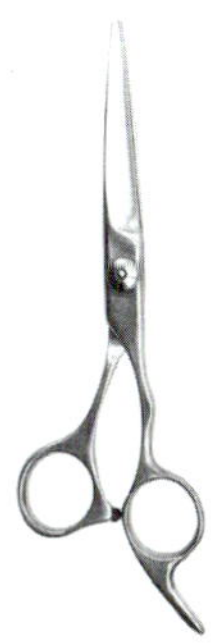

① 장가위

② 틴닝 가위

③ 이용 빗

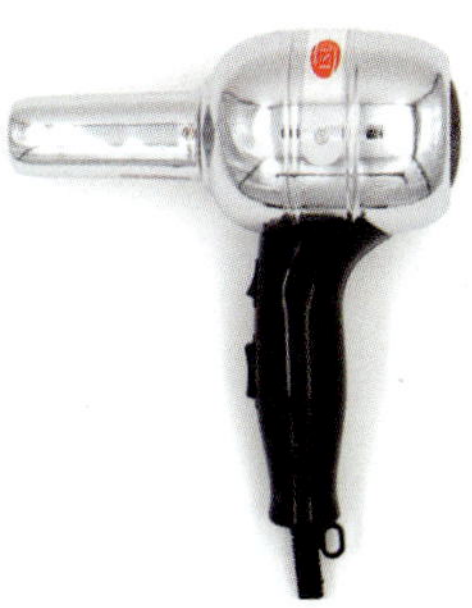

④ 이용 드라이기

⑤ 핀셋

2) 도해도 및 시술 개요

① 도해도

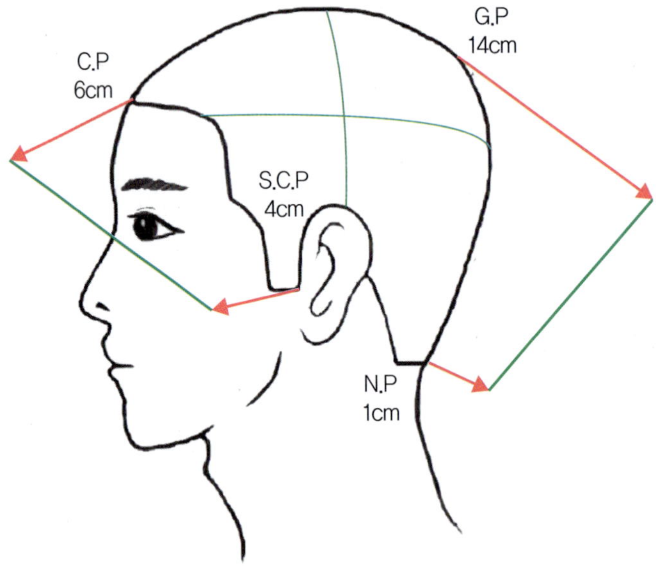

② 시술개요

블로킹 Blocking	정중선 Center Line, 측중선 E.E.L–Ear to Ear Line
섹션 Section	수평 Horizontal, 세로 Vertical, 전대각 Diagonal Forward
분배 Distribution	자연 분배 Nature Distribution, 변이 분배 Shifted Distribution
각도 Angle	자연 시술 각 Natural Fall 0°, 일반 시술 각 Normal Projection 60°~89°
베이스 Base	온 더 베이스 On The Base, 프리 베이스 Free Base, 사이드 베이스 Side Base
커트 Cut	지간 깎기
질감 처리 Texturerising	노 텍스쳐 No Texture

3) 이용 남성 커트 시술 방법

시술 전

시술 후

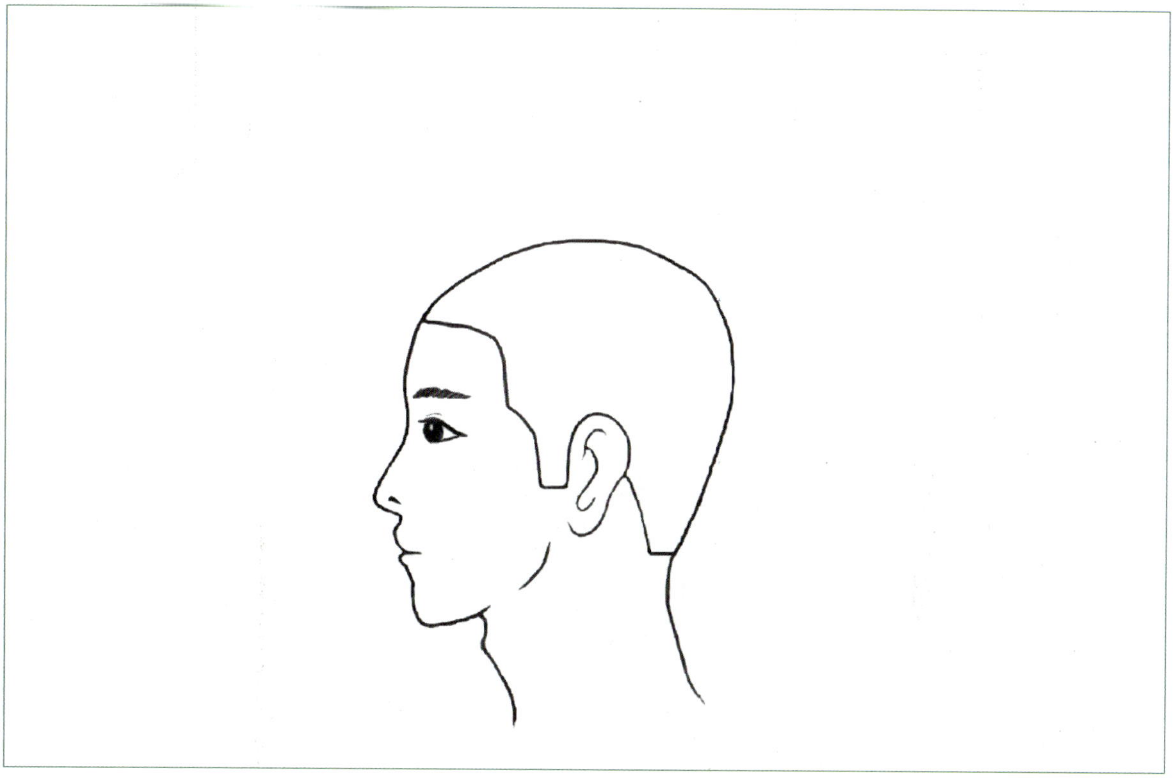

도해도 그려보기

(2) 높은그래쥬에이션 헤어 스타일 시술하기

①, ②, ③ 일직선으로 정중선을 나누어 백 포인트B.P : Back Point에서 이어 백 포인트E.B.P : Ear Back Point까지 수평 섹션Horizontal Section으로 나눈다.

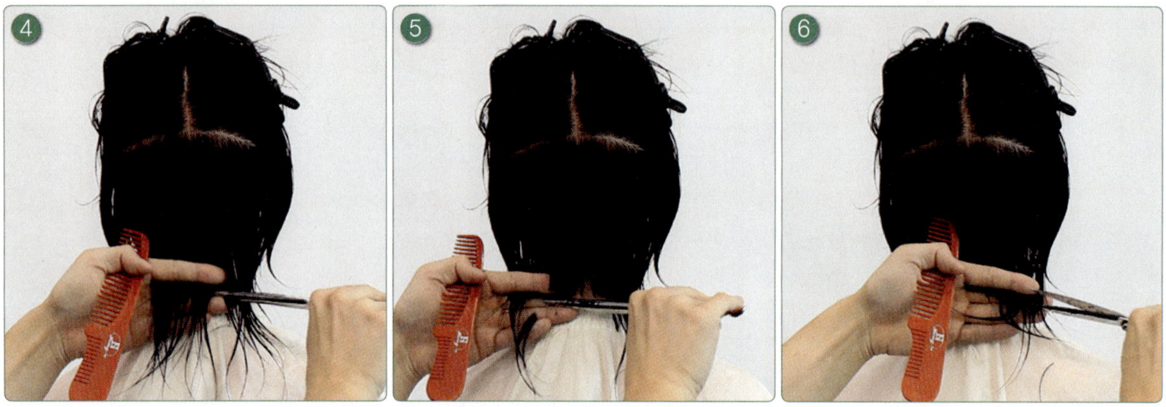

④, ⑤, ⑥ 수평 섹션에서 수평 방향과 동일하게 아래로 빗질하여 길이를 설정한 후 자연 시술 각 0°로 커트Cut를 진행한다.

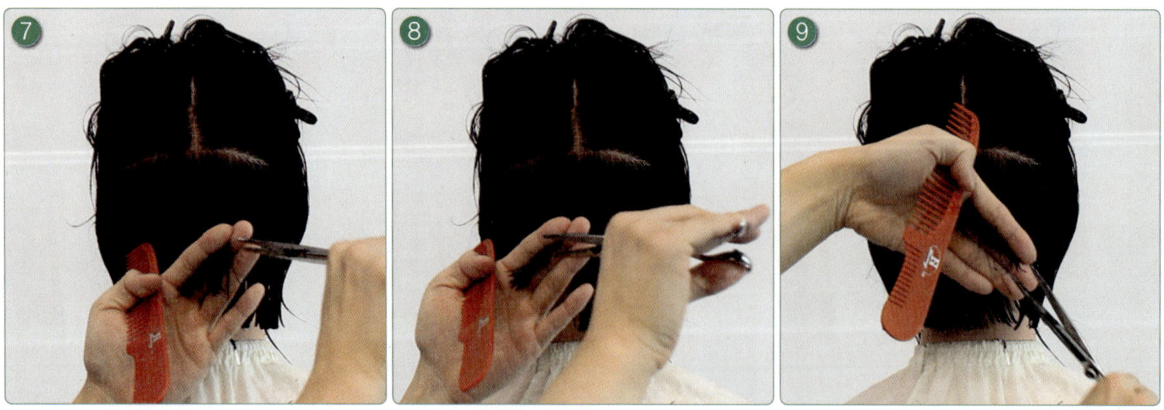

⑦, ⑧, ⑨ 가이드Guide를 기준으로 일반 시술 각 60°로 양쪽의 밸런스Balance를 맞추어 지간 깎기로 커트를 진행한다.

⑩, ⑪, ⑫ 가이드를 기준으로 미들 존Middle Zone은 일반 시술 각 60° 각도로 양쪽의 밸런스를 맞추어 지간 깎기로 커트를 진행한다.

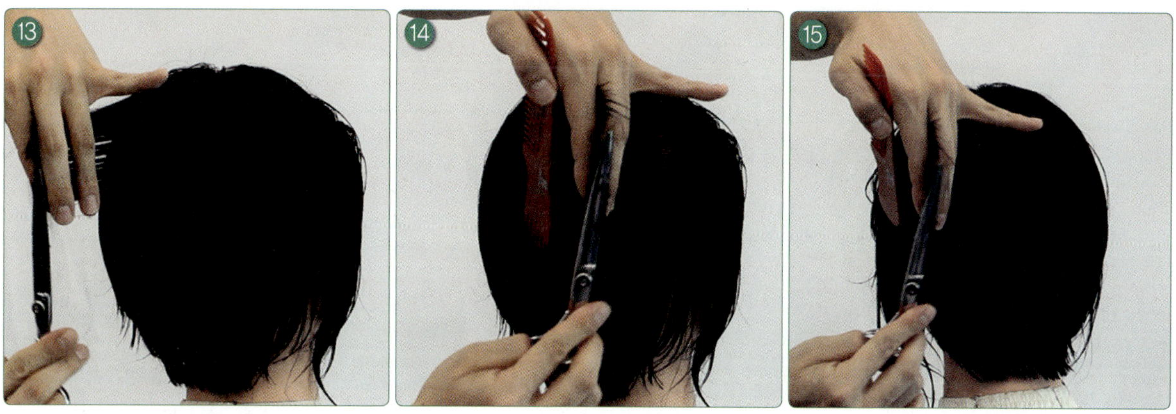

⑬, ⑭, ⑮ 가이드를 기준으로 오버 존Over Zone은 일반 시술 각 60°로 양쪽의 밸런스를 맞추어 지간 깎기로 커트를 진행한다.

⑯, ⑰, ⑱ 백 사이드B.S : Back Side의 가이드를 기준으로 좌측 사이드Side도 자연 시술 각 0°로 수평으로 지간 깎기로 커트를 진행한다.

⑲, ⑳, ㉑ 가이드를 기준으로 일반 시술 각 60°로 지간 깎기로 커트를 진행한다.

㉒, ㉓, ㉔ 가이드를 기준으로 좌측 나머지 모발도 60°로 지간 깎기로 커트를 진행한다.

㉕, ㉖, ㉗ 백 사이드의 가이드를 기준으로 좌측 사이드도 자연 시술 각 0°로 수평으로 지간 깎기로 커트를 진행한다.

㉘, ㉙, ㉚ 가이드를 기준으로 일반 시술 각 60°로 지간 깎기로 커트를 진행한다.

㉛, ㉜, ㉝ 가이드를 기준으로 좌측 나머지 모발도 일반 시술 각 60°로 지간 깎기로 커트를 진행한다.

㉞, ㉟, ㊱ 모발의 흐름에 따라 드라이기를 이용하여 핸드 드라이Hand Dry 한다.

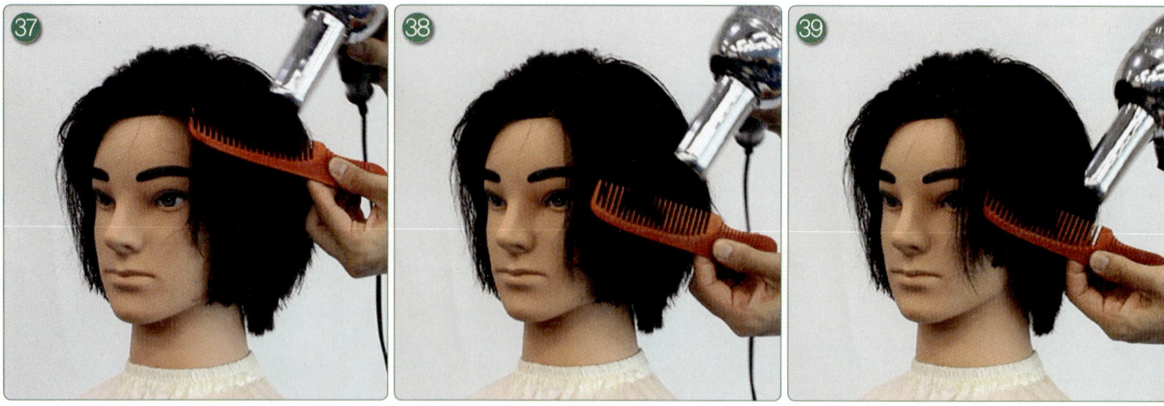

㊲, ㊳, ㊴ 빗을 사용하여 볼륨을 형성해 주며 전체적으로 드라이Dry를 진행한다.

㊵, ㊶, ㊷ 빗을 사용하여 볼륨을 형성해 주며 전체적으로 드라이를 진행한다.

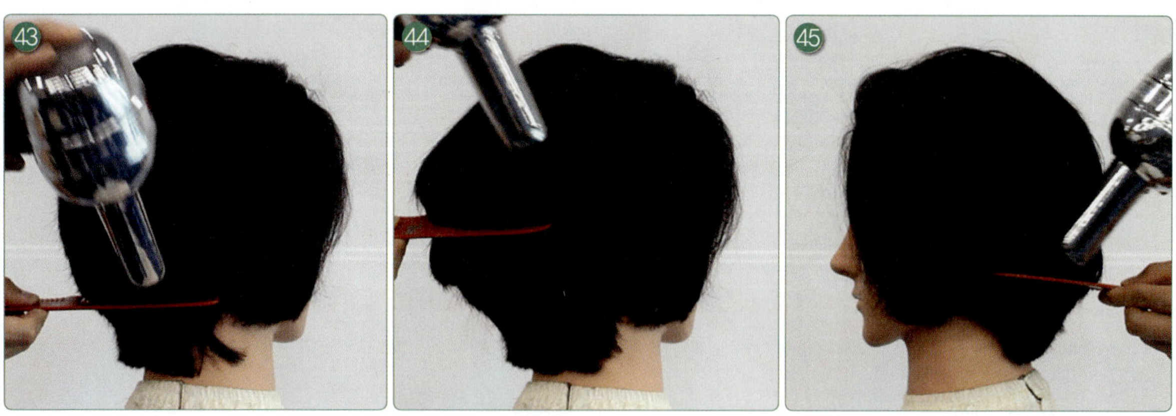

㊸, ㊹, ㊺ 빗을 사용하여 볼륨을 형성해 주며 전체적으로 드라이를 진행한다.

(3) 높은그래쥬에이션 헤어 스타일 마무리 하기

앞Front

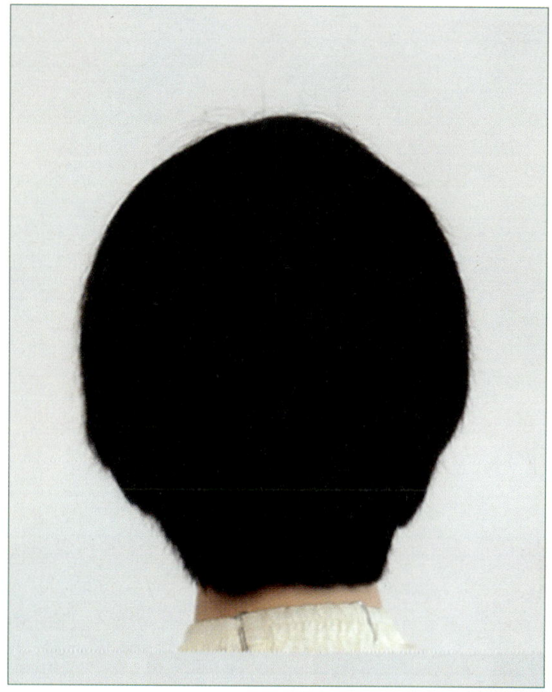

뒤Back

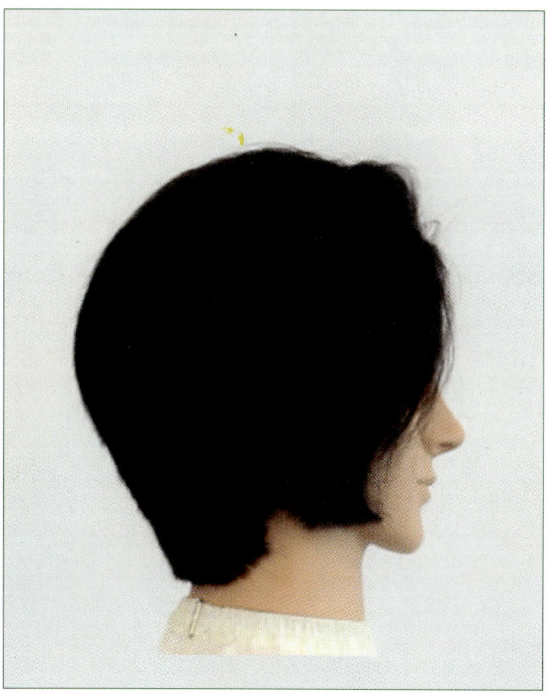

우측Right side

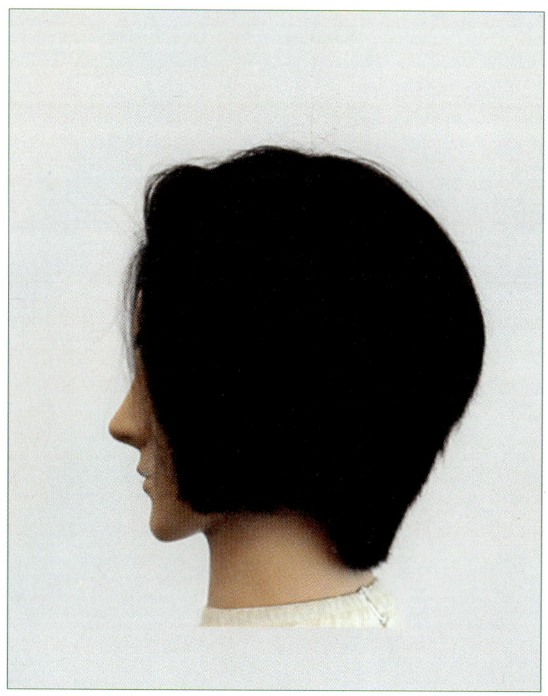

좌측Left side

실습과정 사진	
사진	설명

실습결과 사진	
앞 Front	뒤 Back
좌측 Left Side	우측 Right Side

[교수 학습방법]

교수 방법
① 그래쥬에이션의 커트의 형태와 길이 구조를 설명한다.
② 그래쥬에이션의 커트의 시술 각낮은, 중간, 높은과 커트 절차를 설명한다.
③ 그래쥬에이션의 커트 작업 절차에 따라 위그에 시연한다.
④ 그래쥬에이션의 도구 사용 방법과 커트 기법을 익힐 수 있도록 지도한다.

학습 방법
① 그래쥬에이션의 커트의 길이 구조를 이해하여 노트에 도해도를 그려 본다.
② 그래쥬에이션의 커트의 이발 작업 절차를 숙지하여 위그에 반복 실습한다.
③ 그래쥬에이션의 커트에 따른 시술 각을 숙지하여 위그에 실습한다.
④ 커트 도구를 바르게 사용할 수 있도록 주의하며 커트 기법을 위그에 실습한다.

[평가 준거]

학습 내용	평가 항목	성취 수준		
		상	중	하
그래쥬에이션형 이발 계획	1. 형태 분석에 따른 그래쥬에이션형의 종류 및 형태선 특징 등을 도식화하여 적용할 수 있다.			
	2. 그래쥬에이션형의 길이와 단차를 이해하고 도해도를 작성한 후 자를 수 있다.			
그래쥬에이션형 이발 작업	3. 그래쥬에이션형의 다양한 무게감과 그라데이션을 연출할 수 있다.			

[평가 방법]

학습 내용	평가 항목	성취 수준		
		상	중	하
그래쥬에이션형 이발 계획	1. 커트 형태와 그래쥬에이션 스타일 종류의 이해 여부			
	2. 그래쥬에이션형 구조 그래픽을 그릴 수 있는 능력			
	3. 그래쥬에이션형의 커트 절차를 계획할 수 있는 능력			
그래쥬에이션형 이발 작업	1. 커트 절차에 따른 작업 순서 방법의 이해 여부			
	2. 4등분, 5등분 블로킹 능력			
	3. 커트 스타일에 맞는 파팅 능력			
	4. 그래쥬에이션 커트를 하기 위한 인 커트, 아웃 커트 작업 능력			

[평가자 체크리스트]

학습 내용	평가 항목	성취 수준		
		상	중	하
그래쥬에이션형 이발 계획	1. 그래쥬에이션형의 각도 인지 여부			
	2. 그래쥬에이션형 형태와 질감 인지 여부			
	3. 그래쥬에이션형 작업 순서 인지 여부			
그래쥬에이션형 이발 작업	1. 작업 전 도구 준비 여부			
	2. 올바른 도구 사용 방법 이해 여부			
	3. 인 커트 숙련 여부			
	4. 커트 후 콤 아웃 여부			

7. 남성 이용 장발 유니폼레이어 헤어 스타일

학습내용 단원명	수업 목표
남성 커트 기본 스타일 장발형 레이어 유니폼	남성 커트 이용 장발 유니폼 레이어 헤어 스타일 실습을 수행할 수 있다.

레이어드는 모발의 단차를 만들어 원형 또는 타원형으로 나타낼 수 있으며, 유니폼 레이어드는 두상으로부터 모발의 길이가 같은 형태의 커트를 말한다.

(1) 유니폼레이어 헤어 커트 준비하기

1) 재료

① 장가위

② 틴닝 가위

③ 이용 빗

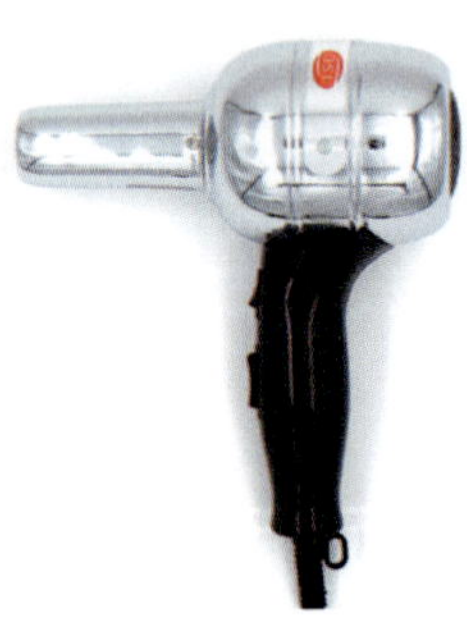

④ 이용 드라이기

⑤ 핀셋

2) 도해도 및 시술 개요

① 도해도

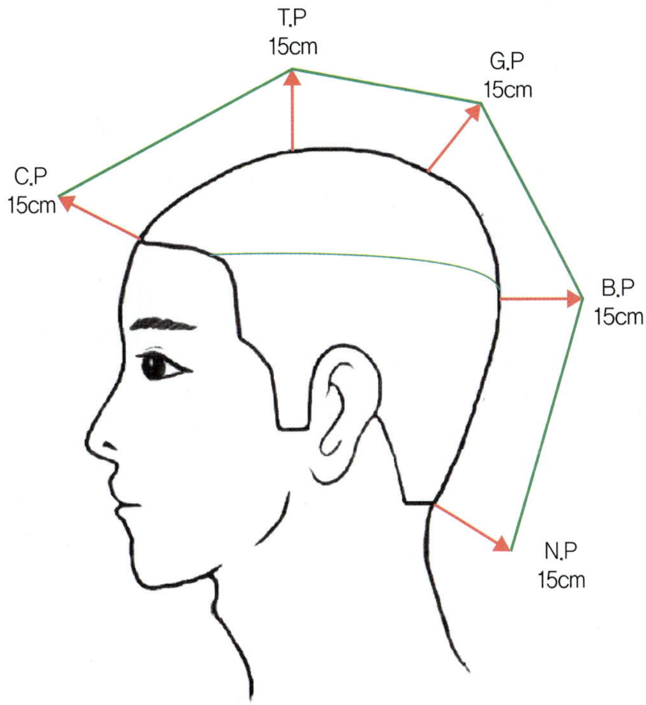

② 시술개요

블로킹 Blocking	정중선 Center Line, 측중선 E.E.L–Ear to Ear Line
섹션 Section	수평 Horizontal, 세로 Vertical, 피봇 Pivot
분배 Distribution	자연 분배 Nature Distribution, 직각 분배 Perpendicular Distribution 방향 분배 Direction Distribution, 변이 분배 Shifted Distribution
각도 Angle	자연 시술 각 Natural Fall 0°, 일반 시술 각 Normal Projection 90°
베이스 Base	온 더 베이스 On The Base, 프리 베이스 Free Base, 사이드 베이스 Side Base
커트 Cut	지간 깎기
질감 처리 Texturerising	노 텍스쳐 No Texture

3) 이용 남성 커트 시술 방법

시술 전

시술 후

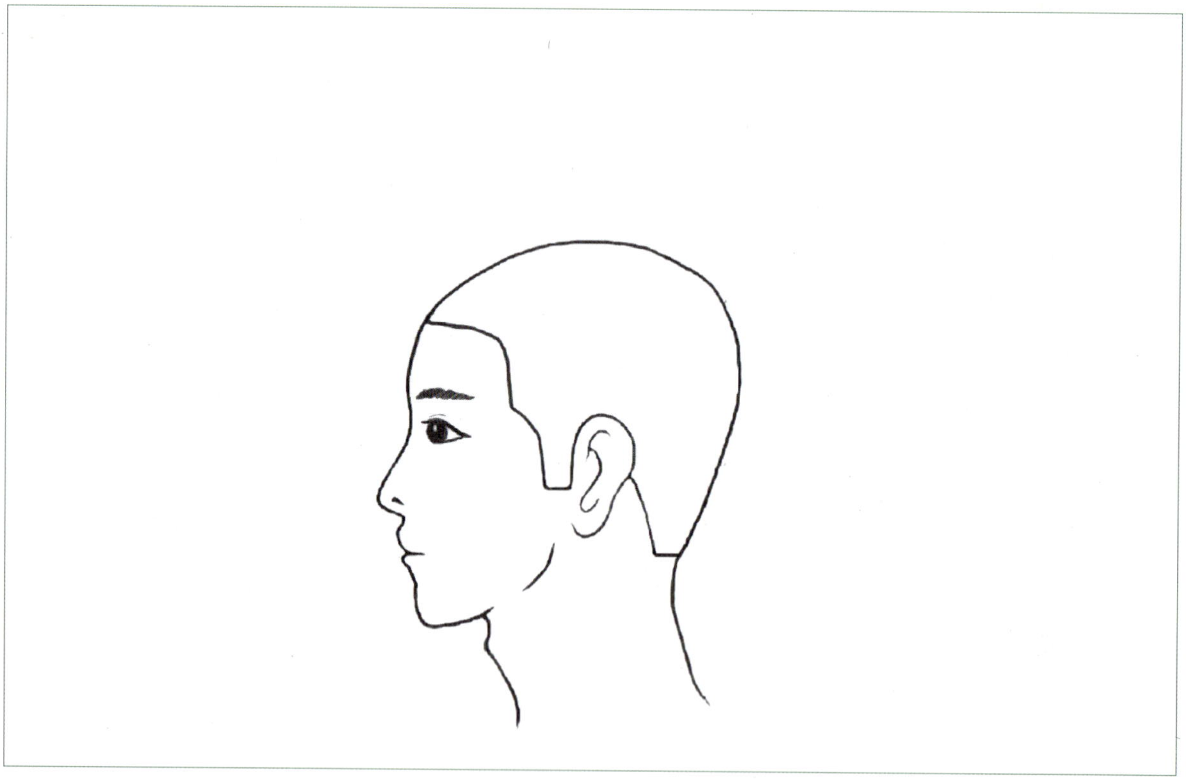

도해도 그려보기

(2) 유니폼레이어 헤어 스타일 시술하기

①, ②, ③ 일직선으로 정중선을 나누어 백 포인트B.P : Back Point에서 이어 백 포인트E.B.P : Ear Back Point까지 전대각 섹션Diagonal Forward Section으로 나눈다.

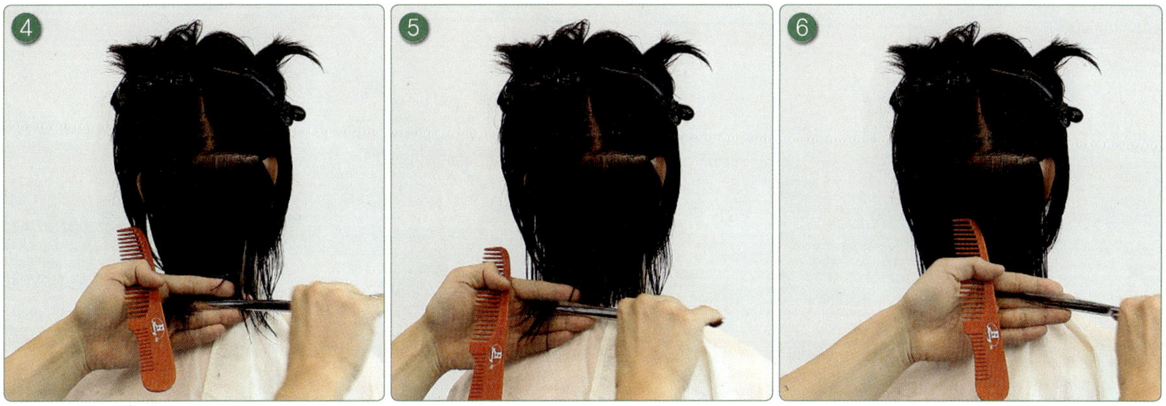

④, ⑤, ⑥ 수평 섹션Horizontal Section에서 손가락 위치를 섹션 방향과 동일하게 아래로 빗질하여 길이를 설정한 후 자연 시술 각 0°로 지간 깎기로 커트Cut를 진행한다.

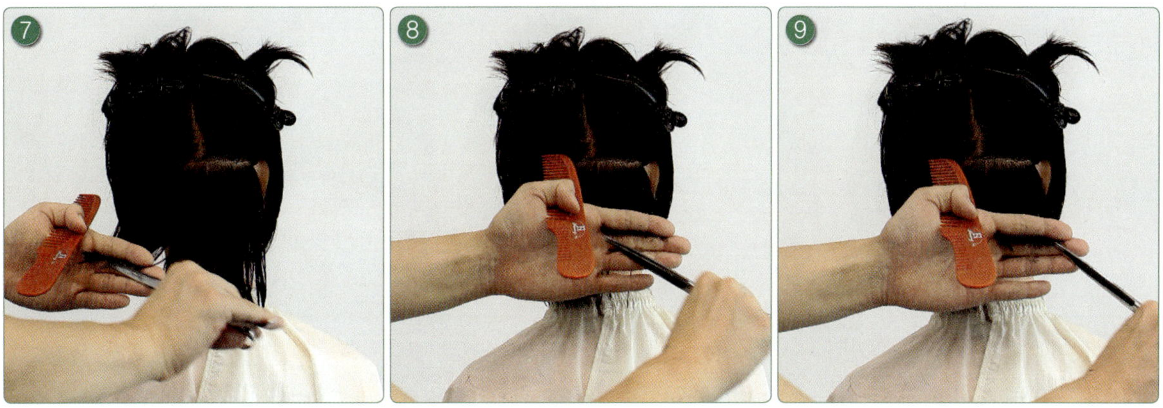

⑦, ⑧, ⑨ 가이드Guide를 기준으로 일반 시술 각 90°로 양쪽의 밸런스Balance를 맞추어 지간 깎기로 커트를 진행한다.

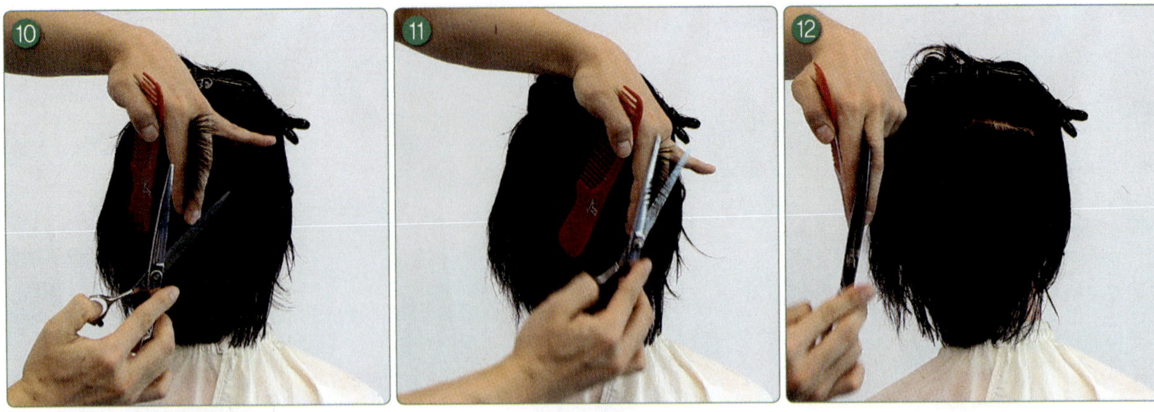

⑩, ⑪, ⑫ 가이드를 기준으로 버티컬 섹션Vertical Section으로 일반 시술 각 90°로 양쪽의 밸런스를 맞추어 지간 깎기로 커트를 진행한다.

⑬, ⑭, ⑮ 골든 포인트G.P : Golden Point를 기준으로 일반 시술 각 90°로 방사선 섹션Pivot Section으로 지간 깎기로 커트를 진행한다.

⑯, ⑰, ⑱ 수평 섹션에서 손가락 위치를 섹션 방향과 동일하게 아래로 빗질하여 길이를 설정한 후 자연 시술 각 0°로 지간 깎기 후 일반 시술 각 90°로 커트를 진행한다.

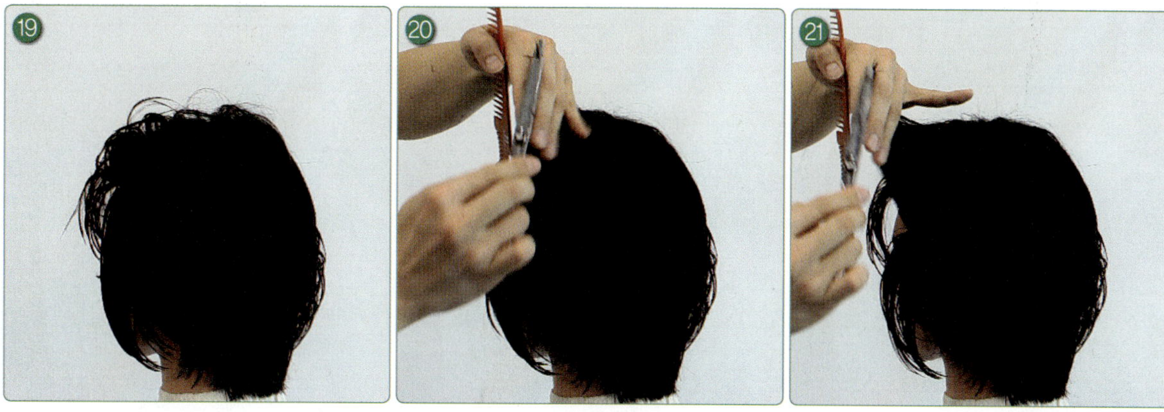

⑲, ⑳, ㉑ 나머지 모발도 가이드에 맞추어 일반 시술 각 90°로 커트를 진행한다.

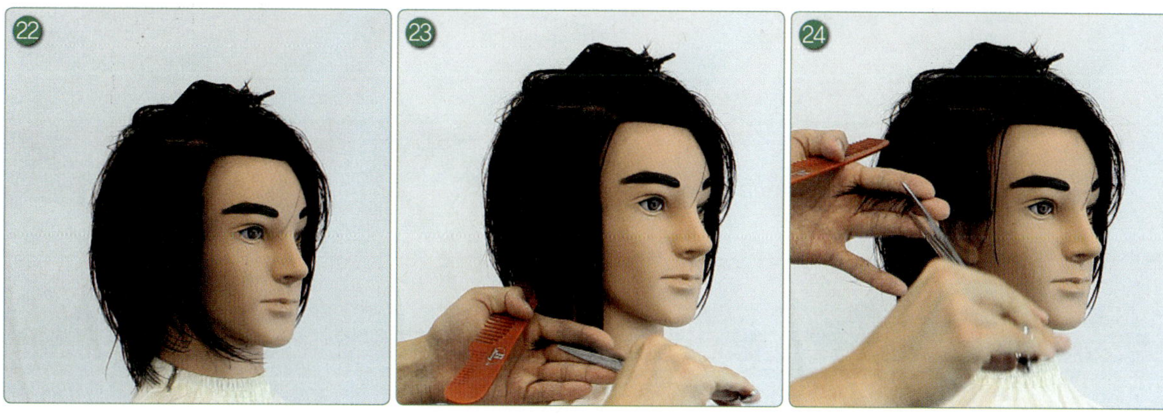

㉒, ㉓, ㉔ 수평 섹션에서 손가락 위치를 섹션 방향과 동일하게 아래로 빗질하여 길이를 설정한 후 자연 시술 각 0°로 지간 깎기 후 일반 시술 각 90°로 커트를 진행한다.

㉕, ㉖, ㉗ 나머지 모발도 가이드에 맞추어 일반 시술 각 90°로 커트를 진행한다.

㉘, ㉙, ㉚ 사이드 포인트S.P : Side Point에서 이어 백 포인트까지 지간 깎기로 커트를 진행한다.

㉛, ㉜, ㉝ 센터 포인트C.P : Center Point에서 탑 골든 미디움 포인트T.G.M.P : Top Golden Medium Point까지 지간 깎기로 커트를 진행한다.

㉞, ㉟, ㊱ 모발의 흐름에 따라 드라이기를 이용하여 핸드 드라이Hand Dry 한다.

㊲, ㊳, ㊴ 빗을 사용하여 볼륨을 형성해 주며 전체적으로 드라이Dry를 진행한다.

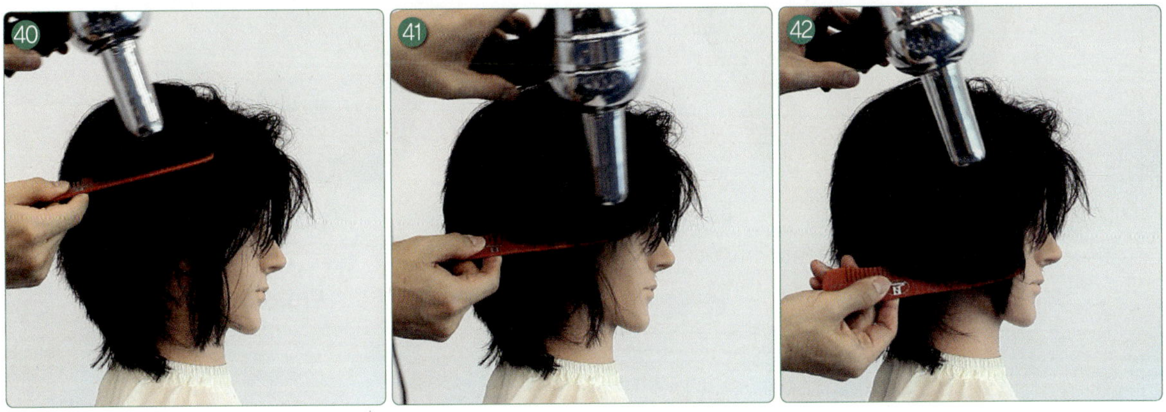

㊵, ㊶, ㊷ 빗을 사용하여 볼륨을 형성해 주며 전체적으로 드라이를 진행한다.

㊸, ㊹, ㊺ 빗을 사용하여 볼륨을 형성해 주며 전체적으로 드라이를 진행한다.

(3) 유니폼레이어 헤어 스타일 마무리 하기

앞 Front

뒤 Back

우측 Right side

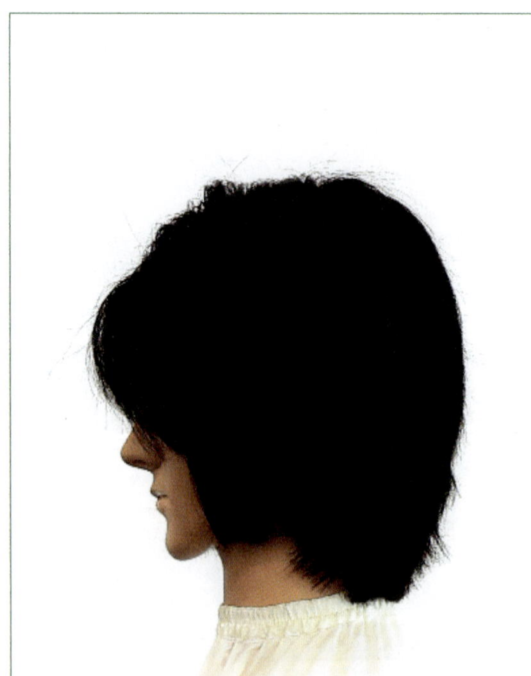

좌측 Left side

실습과정 사진	
사진	설명

실습결과 사진	
앞 Front	뒤 Back
좌측 Left Side	우측 Right Side

8. 남성 이용 장발 인크리스레이어 헤어 스타일

학습내용단원명	수업 목표
남성 커트 기본 스타일장발형 레이어 인크리스	남성 커트 이용 장발 레이어 인크리스 헤어 스타일 실습을 수행할 수 있다.

레이어드는 모발의 단차를 만들어 원형 또는 타원형으로 나타낼 수 있으며, 인크리스레이어는 두상의 윗부분의 두발 길이가 두상의 아랫부분까지 길어져 단차가 보이는 형태의 커트를 말한다.

(1) 인크리스레이어 헤어 커트 준비하기

1) 재료

① 장가위

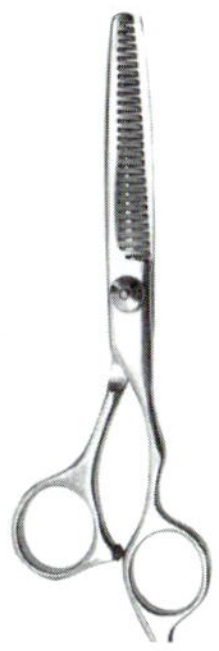

② 틴닝 가위

③ 이용 빗

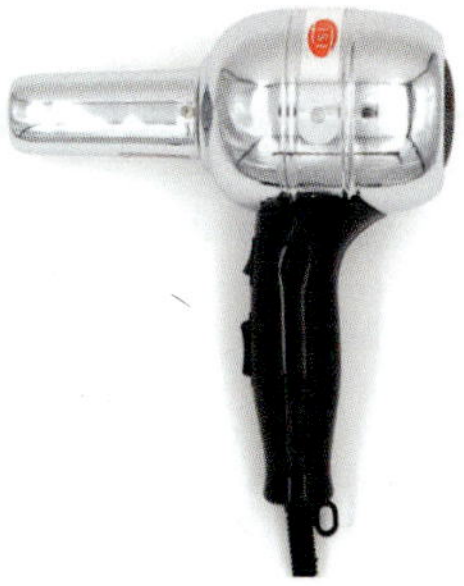

④ 이용 드라이기

⑤ 핀셋

2) 도해도 및 시술 개요

① 도해도

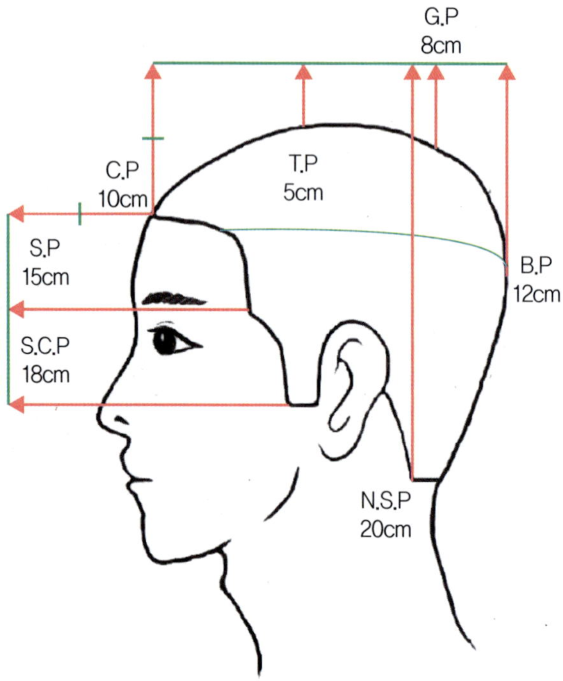

② 시술개요

블로킹 Blocking	노 파팅 No Parting
섹션 Section	수평 Horizontal, 세로 Vertical, 피봇 Pivot
분배 Distribution	자연 분배 Nature Distribution, 직각 분배 Perpendicular Distribution 방향 분배 Direction Distribution, 변이 분배 Shifted Distribution
각도 Angle	자연 시술 각 Natural Fall 0°, 일반 시술 각 Normal Projection 90°
베이스 Base	온 더 베이스 On The Base, 프리 베이스 Free Base, 사이드 베이스 Side Base 오프 더 베이스 Off The Base
커트 Cut	지간 깎기
질감 처리 Texturerising	노 텍스쳐 No Texture

3) 이용 남성 커트 시술 방법

시술 전

시술 후

도해도 그려보기

(2) 인크리스레이어 헤어 스타일 시술하기

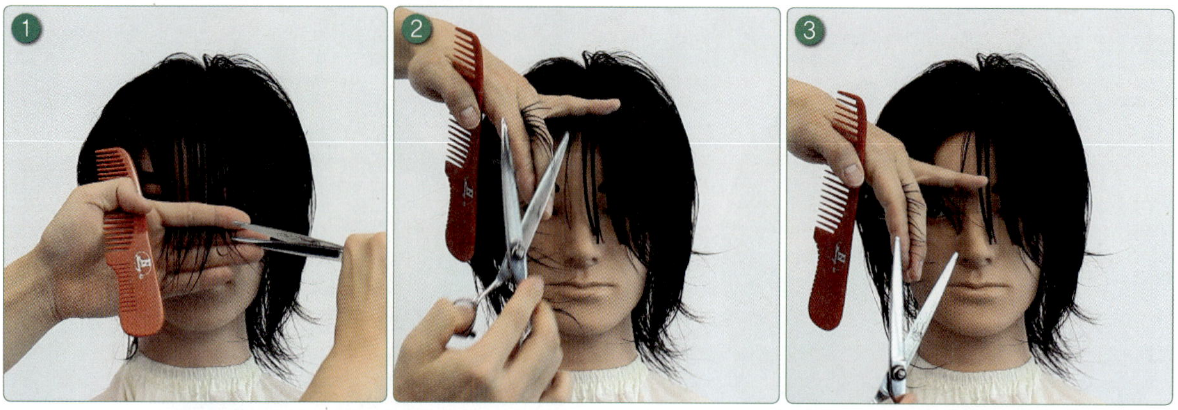

①, ②, ③ 앞머리의 가이드Guide를 설정 후 오프 더 베이스Off The Base로 가이드에 맞춰서 지간 깎기로 커트Cut를 진행한다.

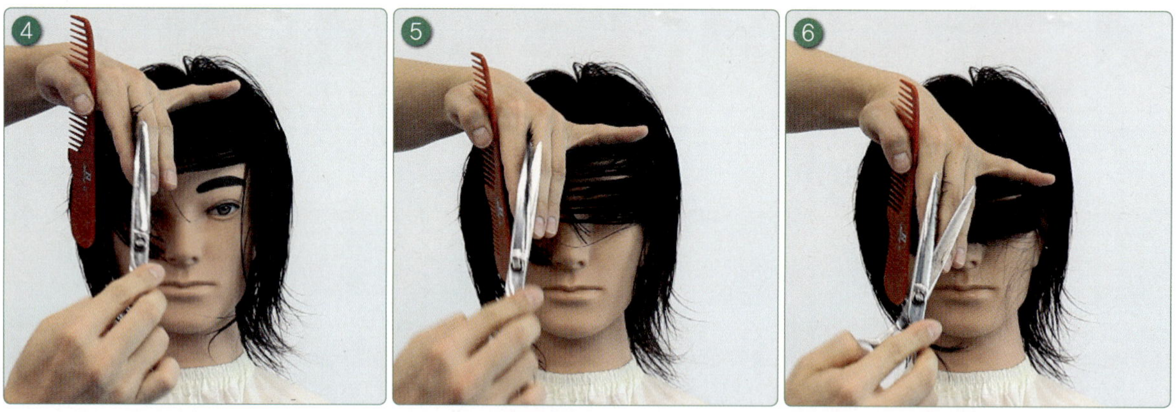

④, ⑤, ⑥ 동일한 방법으로 양쪽의 밸런스Balance를 맞추어 지간 깎기로 커트를 진행한다.

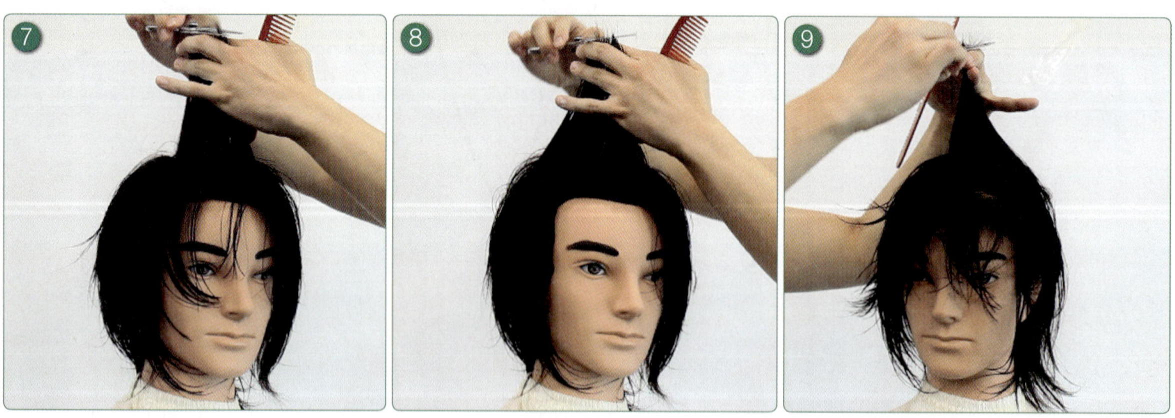

⑦, ⑧, ⑨ 버티컬 섹션Vertical Section의 일반 시술 각 90°로 지간 깎기로 커트하고 사이드 베이스Side Base로 가이드에 맞추어 양쪽의 커트를 진행한다.

⑩, ⑪, ⑫ 가이드를 기준으로 버티컬 섹션으로 일반 시술 각 90°로 양쪽의 밸런스를 맞추어 지간 깎기로 커트를 진행한다.

⑬, ⑭, ⑮ 아웃 라인Out Line을 설정한다.

⑯, ⑰, ⑱ 아웃 라인을 설정한다.

⑲, ⑳, ㉑ 모발의 흐름에 따라 드라이기를 이용하여 핸드 드라이Hand Dry 한다.

㉒, ㉓, ㉔ 빗을 사용하여 볼륨을 형성해 주며 전체적으로 드라이Dry를 진행한다.

㉕, ㉖, ㉗ 빗을 사용하여 볼륨을 형성해 주며 전체적으로 드라이를 진행한다.

(3) 인크리스레이어 헤어 스타일 마무리 하기

앞 Front

뒤 Back

우측 Right side

좌측 Left side

실습과정 사진	
사진	설명

실습결과 사진	
앞 Front	뒤 Back
좌측 Left Side	우측 Right Side

[교수 학습방법]

교수 방법
① 레이어드 커트의 형태와 길이 구조를 설명한다.
② 레이어드 커트의 종류 유니폼, 인크리스와 커트 절차를 설명한다.
③ 레이어드 커트 작업 절차에 따라 위그에 시연한다.
④ 레이어드 도구 사용 방법과 커트 기법을 익힐 수 있도록 지도한다.

학습 방법
① 레이어드 커트의 길이 구조를 이해하여 노트에 도해도를 그려 본다.
② 레이어드 커트의 이발 작업 절차를 숙지하여 위그에 반복 실습한다.
③ 레이어드 커트에 따른 시술 각을 숙지하여 위그에 실습한다.
④ 도구를 바르게 사용할 수 있도록 주의하며 커트 기법을 위그에 실습한다.

[평가 준거]

학습 내용	평가 항목	성취 수준		
		상	중	하
레이어드형 이발 계획	형태 분석에 따른 레이어드형의 종류 및 형태선, 특징 등을 도식화하여 적용할 수 있다.			
레이어드형 이발 작업	레이어드형을 이해하고 도해도를 작성한 후 자를 수 있다.			

[평가 방법]

학습 내용	평가 항목	성취 수준		
		상	중	하
레이어드형 이발 계획	1. 커트 형태와 레이어드 스타일 종류의 이해 여부			
	2. 레이어드형 구조 그래픽을 그릴 수 있는 능력			
	3. 레이어드형 커트 절차를 계획할 수 있는 능력			
레이어드형 이발 작업	1. 커드 절차에 따른 직업 순시 방법의 이해 여부			
	2. 4등분 블로킹 능력			
	3. 커트 스타일에 맞는 파팅 능력			
	4. 레이어드 커트를 하기 위한 지간 작업 능력			

[평가자 체크리스트]

학습 내용	평가 항목	성취 수준		
		상	중	하
레이어드형 이발 계획	1. 레이어드형의 종류 인지 여부			
	2. 레이어드형 특징의 인지 여부			
	3. 레이어드형 작업 순서 인지 여부			
레이어드형 이발 작업	1. 작업 전 도구 준비 여부			
	2. 올바른 도구 사용 방법 이해 여부			
	3. 인 커트 숙련 여부			
	4. 커트 후 콤 아웃 여부			

2. 단발형 스타일

1. 남성 이용 단발 상상고 헤어 스타일

학습내용 단원명	수업 목표
남성 커트 기본 스타일 단발형 상상고	남성 커트 이용 단발 상상고 헤어 스타일 실습을 수행할 수 있다.

높게 치켜 깎은 상고 上高 스타일로서 하이 그라데이션 High Gradation 형태로 무게선의 위치가 백 포인트 B.P : Back Point 이상인 가장 높은 상단부에 위치한다.

(1) 상상고 헤어 커트 준비하기

1) 재료

① 장가위

② 틴닝 가위

③ 이용 빗

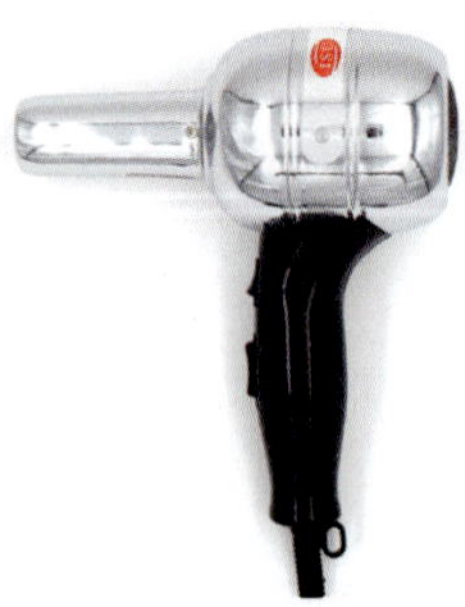

④ 이용 드라이기

⑤ 클리퍼

2) 도해도 및 시술 개요

① 도해도

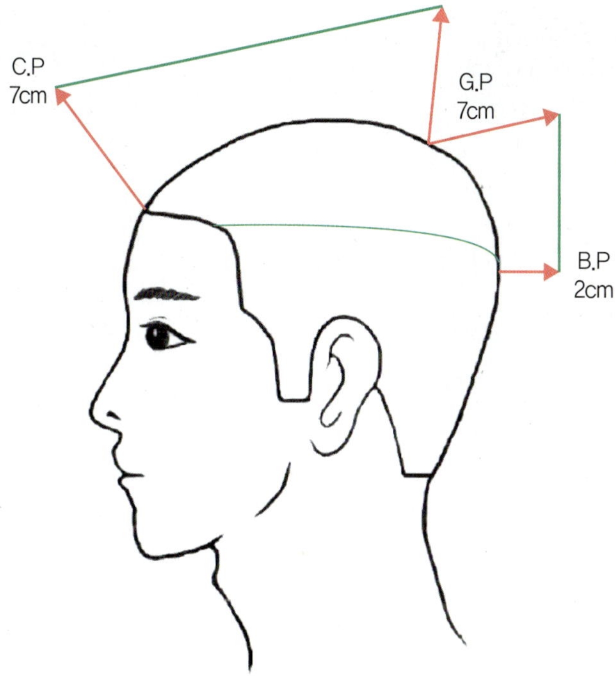

② 시술개요

블로킹 Blocking	U 라인 U-Line
섹션 Section	수평 Horizontal, 세로 Vertical, 후대각 Diagonal Back
분배 Distribution	직각 분배 Perpendicular Distribution, 방향 분배 Direction Distribution, 변이 분배 Shifted Distribution
각도 Angle	Top, Side-일반 시술 각 Normal Projection 90°, Back-자연 시술 각 Natural Fall 80°
베이스 Base	온 더 베이스 On the Base, 사이드 베이스 Side Base, 프리 베이스 Free Base
커트 Cut	지간 깎기, 밀어 깎기, 연속 깎기 싱글링 : Shingling, 떠올려 깎기, 수정 깎기, 클리퍼 오버 콤 Clipper Over Comb
질감 처리 Texturerising	엔드 테이퍼링 End Tapering

3) 이용 남성 커트 시술 방법

시술 전

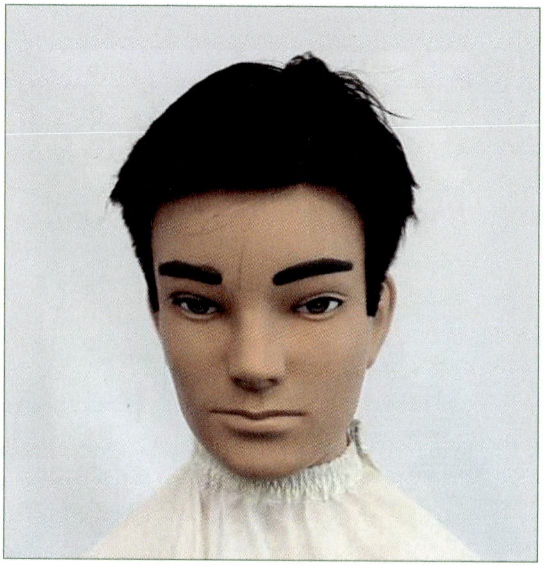

시술 후

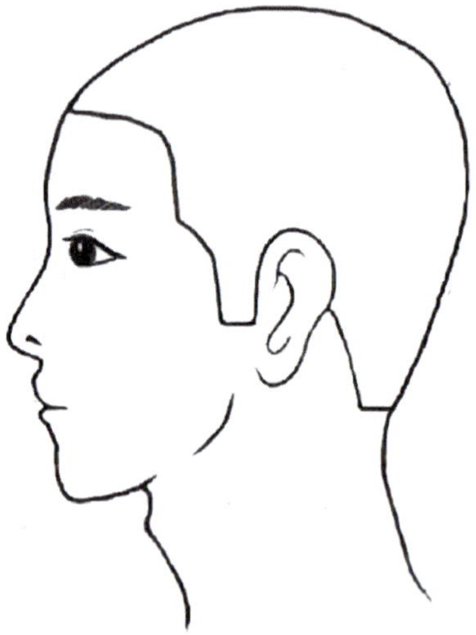

도해도 그려보기

(2) 상상고 헤어 스타일 시술하기

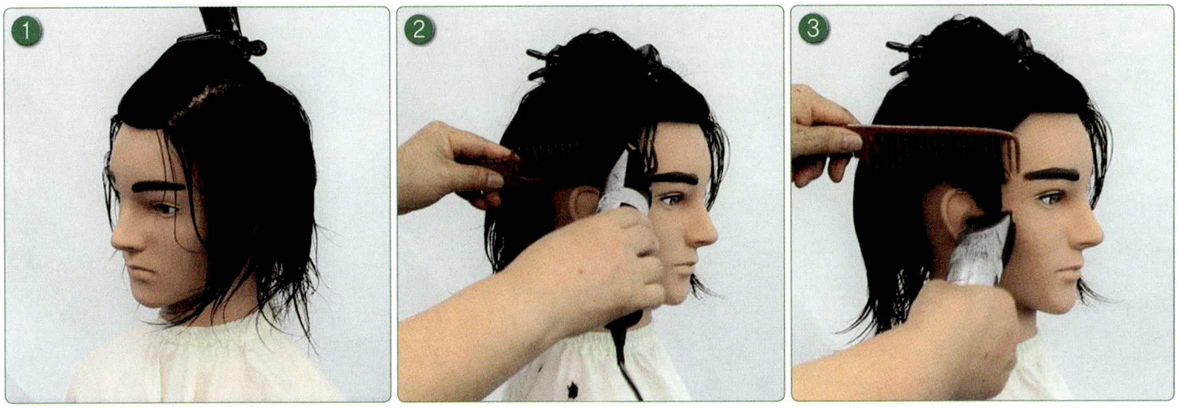

①, ②, ③ U 라인U-Line으로 블로킹Blocking해준 뒤, U 라인 아래 영역의 우측부터 클리퍼 오버 콤Clipper over Comb 기법으로 자연 시술 각 80°로 커트Cut를 진행한다.

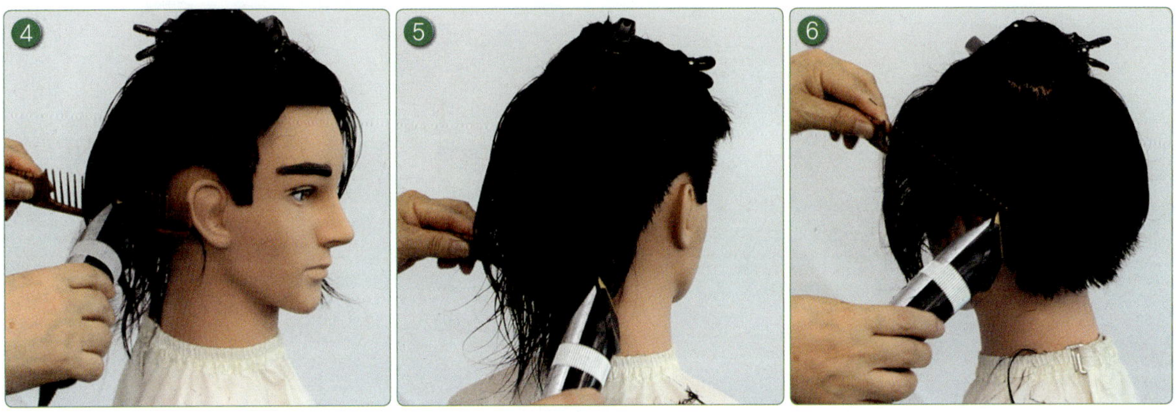

④, ⑤, ⑥ 우측 → 좌측 백 사이드Back Side까지 클리퍼 오버 콤 기법으로 시술 각 80°로 커트를 진행하며 무게선의 위치는 백 포인트B.P : Back Point보다 위쪽에 형성된다.

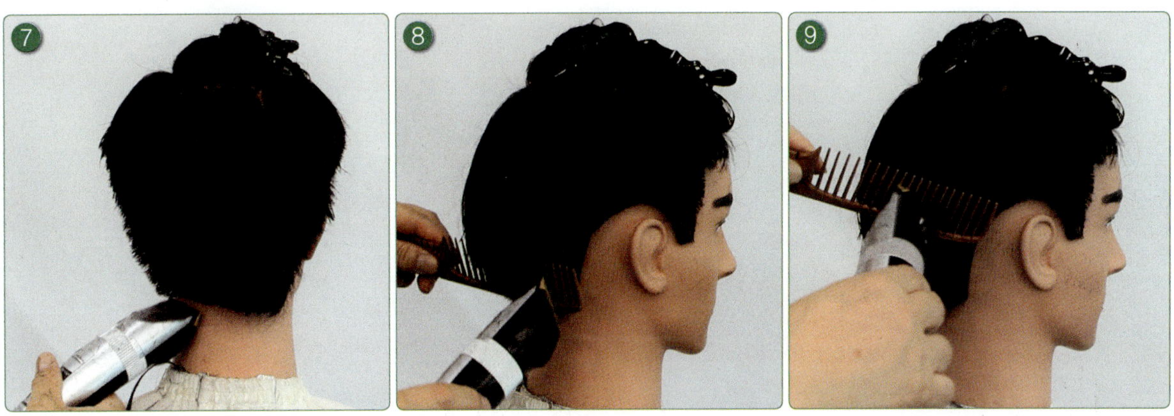

⑦, ⑧, ⑨ 네이프 라인Nape Line을 프리 핸드Free Hand 기법과 클리퍼 오버 콤 기법으로 수정 깎기를 진행한다.

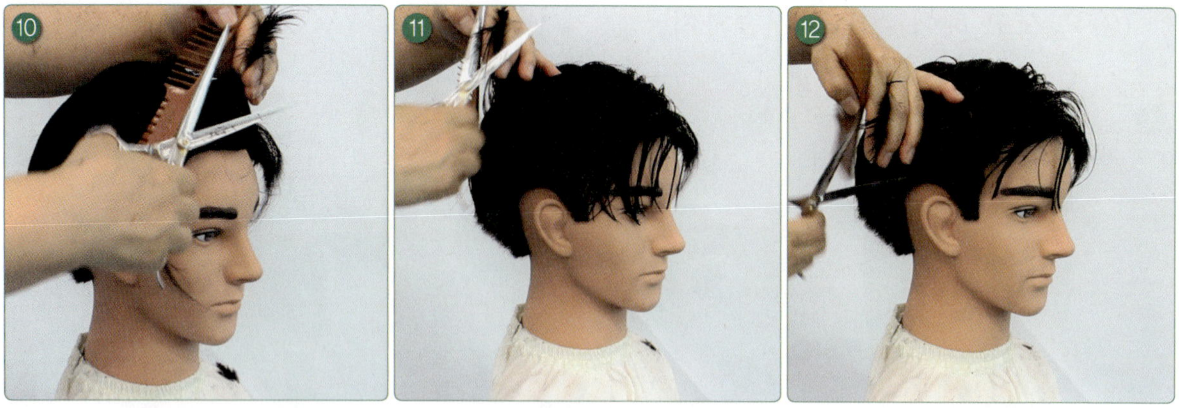

⑩, ⑪, ⑫ 센터 포인트C.P : Center Point에서 골든 포인트G.P : Golden Point까지 이어지도록 수평 섹션Horizontal Section으로 파팅Parting, 직각 분배하여 지간 깎기 기법으로 커트 후, 천정부 영역의 가이드Guide에 연결하여 우측 사이드Side를 평면 커트를 진행한다.

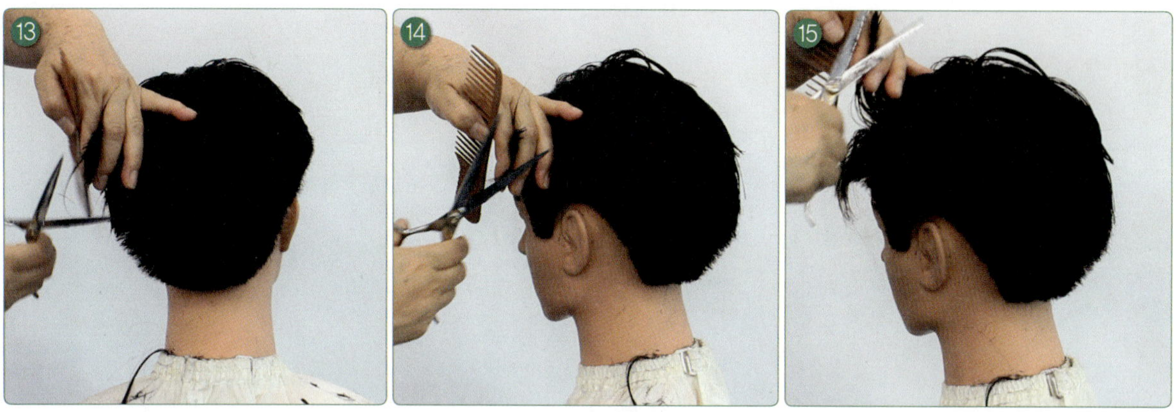

⑬, ⑭, ⑮ 우측 사이드를 가이드로 후두부 → 좌측까지 이동하며 수평 섹션으로 파팅, 직각 분배하여 지간 깎기를 진행한다.

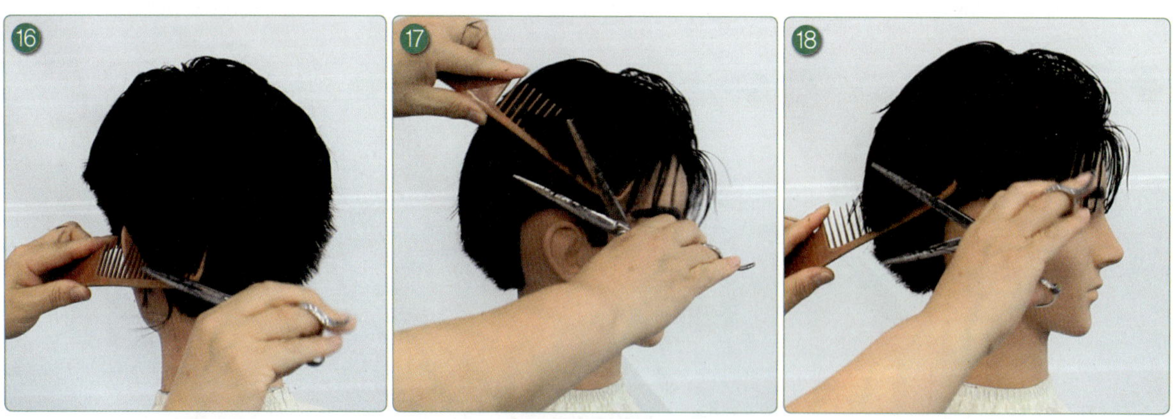

⑯, ⑰, ⑱ 좌측 → 우측으로 이동하며 접합부 부분은 연속 깎기싱글링 : Shingling 기법으로 정리한다.

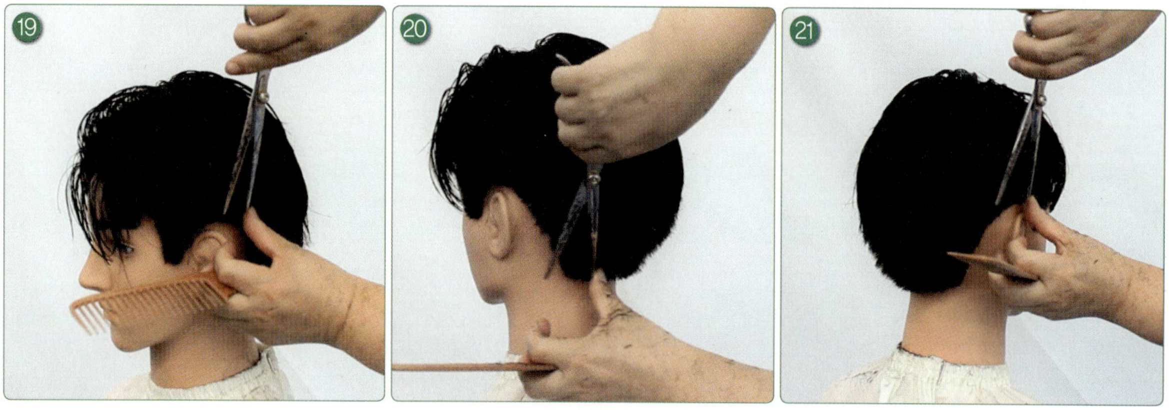

⑲, ⑳, ㉑ 좌측 → 우측으로 이동하면서 모류의 역 방향으로 빗어가며 밀어 깎기하여 수정 깎기를 진행한다.

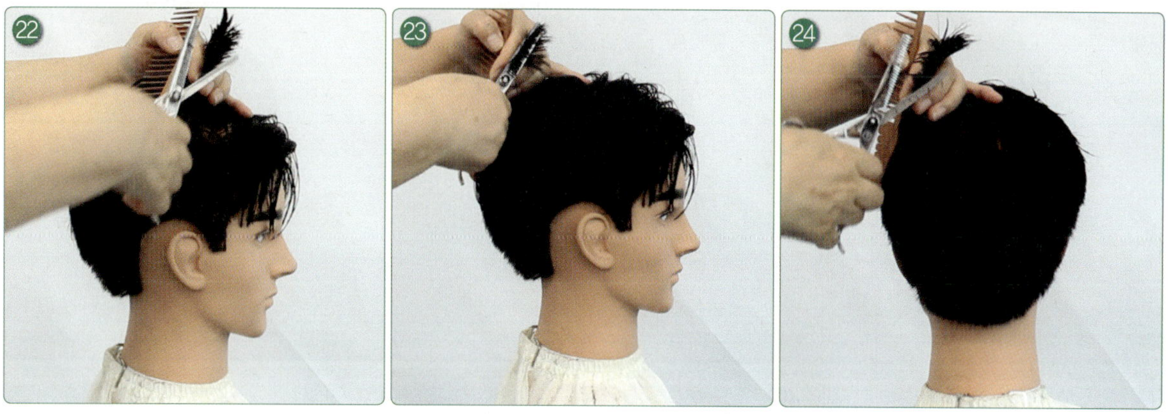

㉒, ㉓, ㉔ 상단부 영역은 센터 포인트 → 골든 포인트를 향해 시계 방향으로 이동하면서 엔드 테이퍼링End Tapering 한다.

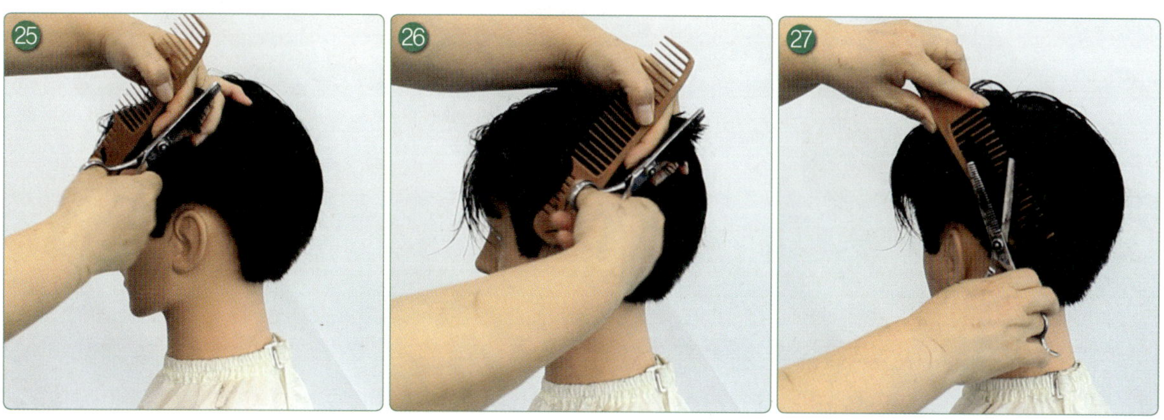

㉕, ㉖, ㉗ 좌측 → 우측으로 이동하며 연속 깎기 → 떠올려 깎기 기법으로 엔드 테이퍼링한다.

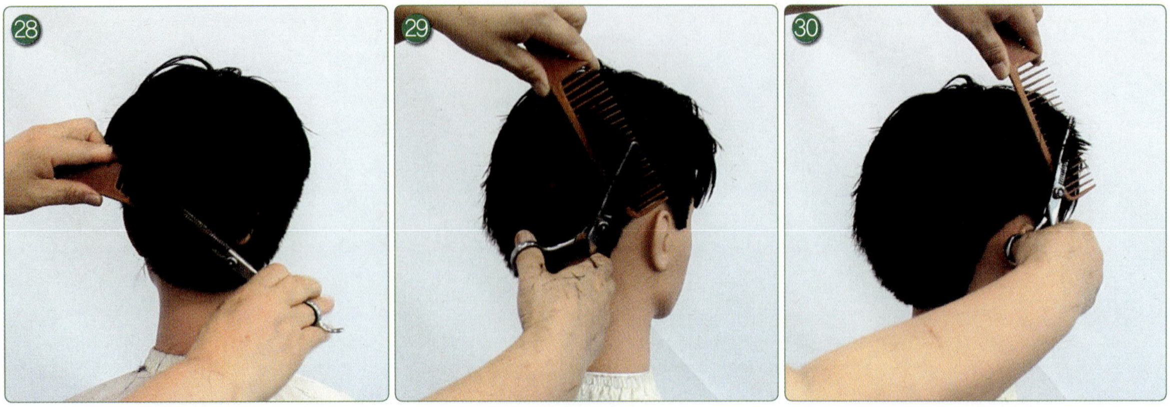

㉘, ㉙, ㉚ 우측도 좌측과 동일한 방법으로 진행하며 양 옆 밸런스Balance를 맞추면서 엔드 테이퍼링을 진행한다.

㉛, ㉜, ㉝ U 라인으로 블로킹 해준 뒤, 후두 하부 영역을 클리퍼를 이용하여 자연 시술 각 80°로 프리 핸드 기법으로 커트하여 형태선을 만들어준다.

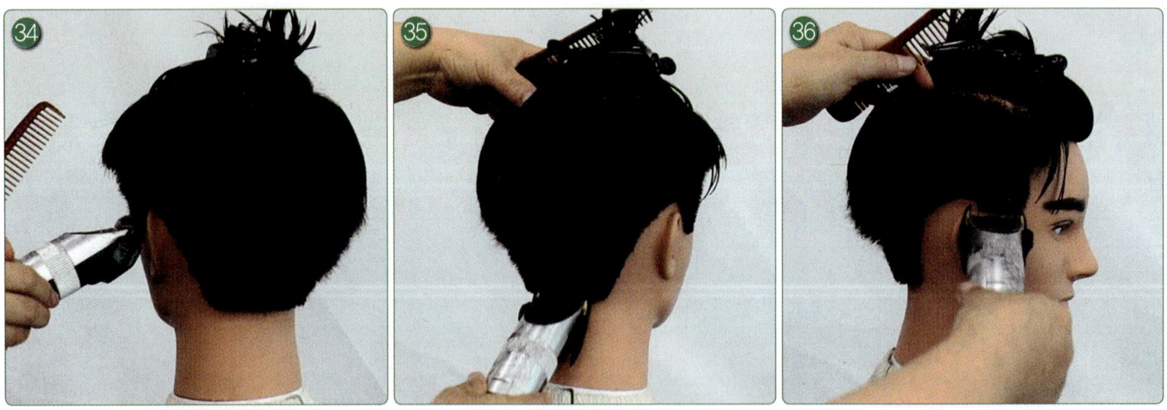

㉞, ㉟, ㊱ 후두하부의 가이드와 연결하여 좌측 → 우측으로 이동하며 프리 핸드 기법으로 연결하고, 이어 라인Ear Line과 구레나룻의 형태선을 정리한다.

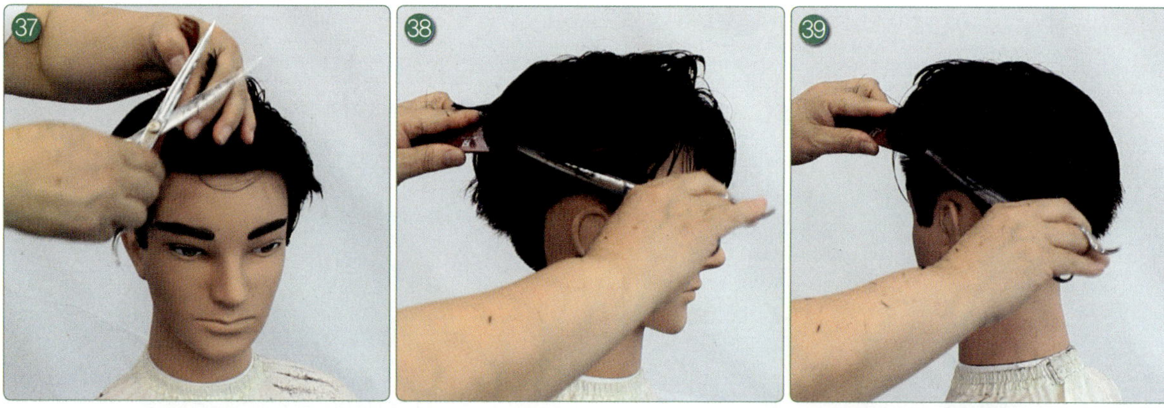

㊲, ㊳, ㊴ U 라인의 블로킹을 풀어준 뒤, 센터 포인트에서 골든 포인트까지 이어지도록 수평 섹션으로 직각 분배하여 수정 깎기 후, 우측 → 좌측으로 이동하며 접합부 부분도 연속 깎기싱글링 기법으로 정리한다.

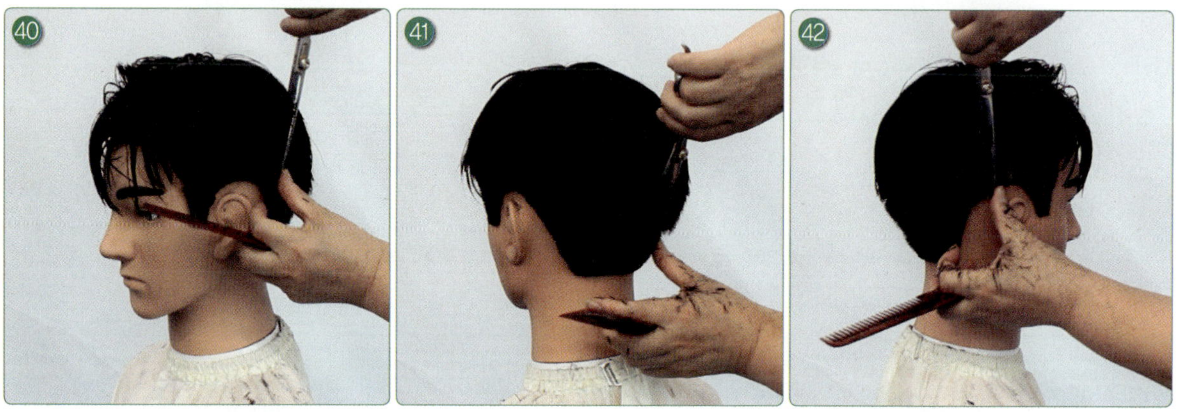

㊵, ㊶, ㊷ 좌측 → 우측으로 이동하면서 모류의 역 방향으로 빗어가며 밀어 깎기하여 수정 깎기를 진행한다.

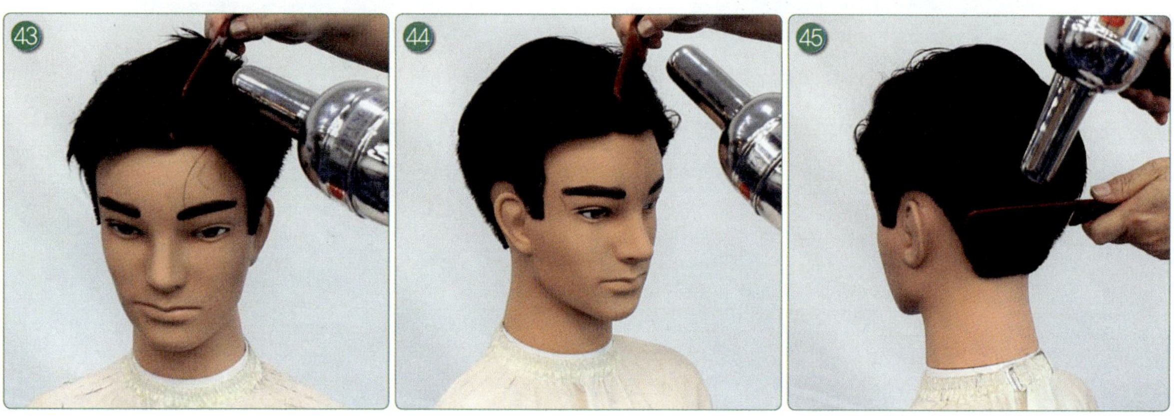

㊸, ㊹, ㊺ 빗을 사용하여 볼륨을 형성해 주며 전체적으로 드라이Dry를 진행한다.

(3) 상상고 헤어 스타일 마무리 하기

앞 Front

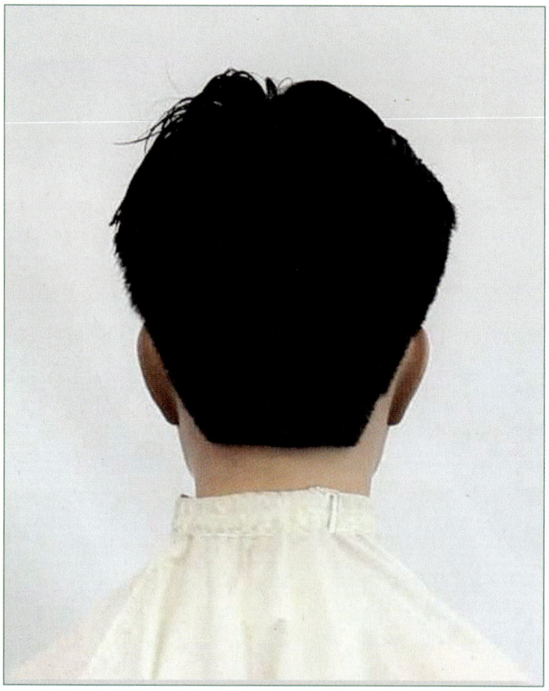

뒤 Back

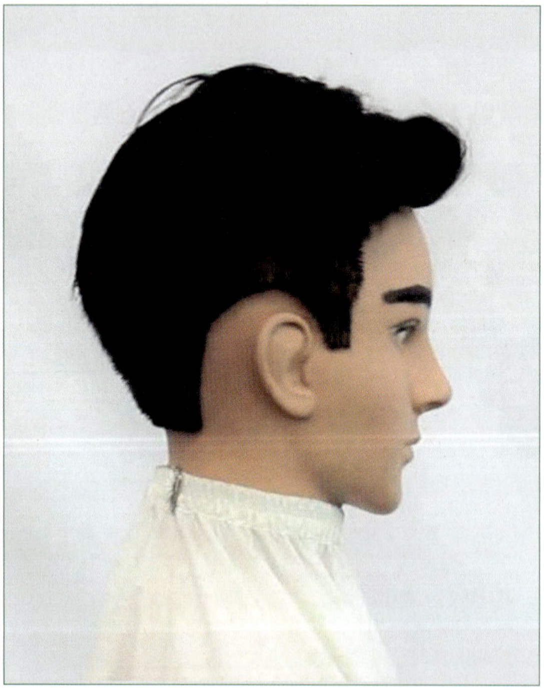

우측 Right side

좌측 Left side

실습과정 사진	
사진	설명

실습결과 사진	
앞 Front	뒤 Back
좌측 Left Side	우측 Right Side

[교수 학습방법]

교수 방법
① 상상고형 이발의 길이 구조 배열을 통한 형태선을 설명한다.
② 상상고형 이발인 하이 페이드 커트와 하이 테이퍼링드 커트 스타일을 잘 이해할 수 있도록 다양한 사진 자료를 제시한다.
③ 하이 그라데이션 커트의 무게선 위치와 형성되는 이유에 대해 설명한다.
④ 상상고형 이발하이 페이드 커트, 하이 테이퍼링드 커트을 작업 절차에 따라 위그에 시연한다.
⑤ 올바른 도구 사용 방법과 이발 기법을 익힐 수 있도록 지도한다.
⑥ 다양한 이발 기법을 활용할 수 있도록 지도한다.

학습 방법
① 상상고형 이발의 길이 구조를 이해하여 노트에 도해도를 그려본다.
② 다양한 상상고 스타일의 디자인 패턴을 잘 파악할 수 있도록 자료를 수집한다.
③ 그라데이션 각도에 따른 무게선의 위치 변화를 숙지하여 위그에 실습한나.
④ 상상고 스타일의 작업 절차를 숙지하여 위그에 반복 실습한다.
⑤ 도구를 바르게 사용할 수 있도록 주의하며 이발 기법을 위그에 실습한다.
⑥ 다양한 이발 기법을 활용할 수 있도록 노력한다.

[평가 준거]

학습 내용	평가 항목	성취 수준		
		상	중	하
상상고형 이발 형태 작업	1. 천정부의 두발을 지간 깎기를 할 수 있다.			
	2. 천정부 아래 영역의 두발을 거칠게 깎기를 할 수 있다.			
	3. 이발기를 이용하여 측면과 후면의 발제선부터 중단부 이상 그라데이션하여 깎을 수 있다.			
상상고형 이발 질감과 마무리	1. 틴닝 가위를 사용하여 질감 처리를 할 수 있다.			
	2. 장가위를 사용하여 수정·보완할 수 있다.			

[평가 방법]

학습 내용	평가 항목	성취 수준		
		상	중	하
상상고형 이발 형태 작업	1. 올바른 도구 사용 방법 이해 여부			
	2. 상상고형 이발 형태 작업 순서 및 방법의 이해 여부			
	3. 오버 콤 기법, 덧날을 활용한 테크닉 등 다양한 이발 기법의 숙련도 여부			
	4. 모발 길이에 따른 그라데이션의 완성도			
	5. 상상고형 이발 형태 작업의 완성도			
상상고형 이발 질감과 마무리	1. 질감과 마무리 작업 순서 및 방법의 이해 여부			
	2. 틴닝 가위 사용 능력			
	3. 옆 가위질[세워 깎기, 밀어 깎기] 숙련도 여부			
	4. 상상고형 이발 커트 스타일의 완성도			

[평가자 체크리스트]

학습 내용	평가 항목	성취 수준		
		상	중	하
상상고형 이발 형태 작업	1. 작업 전 도구 준비 여부			
	2. 올바른 도구 사용 방법 이해 여부			
	3. 상상고형 이발 형태 작업 절차에 따른 수행 능력			
	4. 그라데이션의 커트의 수행 능력			
	5. 상상고형 이발 형태 작업의 완성도			
상상고형 이발 질감과 마무리	1. 질감과 마무리 작업 절차에 따른 수행 능력			
	2. 틴닝 가위 사용 방법에 따른 숙련도 여부			
	3. 옆 가위질[세워 깎기, 밀어 깎기] 숙련도 여부			
	4. 커트 스타일의 완성도			

2. 남성 이용 단발 중상고 헤어 스타일

학습내용 단원명	수업 목표
남성 커트 기본 스타일 단발형 중상고	남성 커트 이용 단발 중상고 헤어 스타일 실습을 수행할 수 있다.

미디움 그라데이션Medium Gradation 형태로 무게선의 위치가 중단부에 위치하며, 천정부와 상단부 영역은 주로 스퀘어Square 또는 라운드Round 모양으로 커트Cut한다.

(1) 중상고 헤어 커트 준비하기

1) 재료

① 장가위

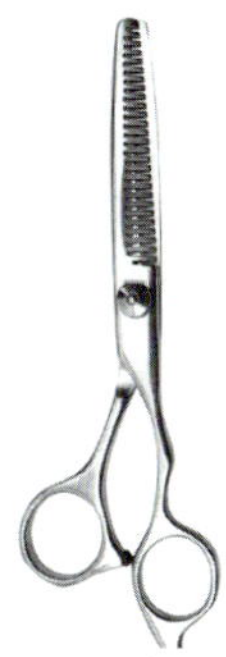

② 틴닝 가위

③ 이용 빗

④ 이용 드라이기

⑤ 클리퍼

2) 도해도 및 시술 개요

① 도해도

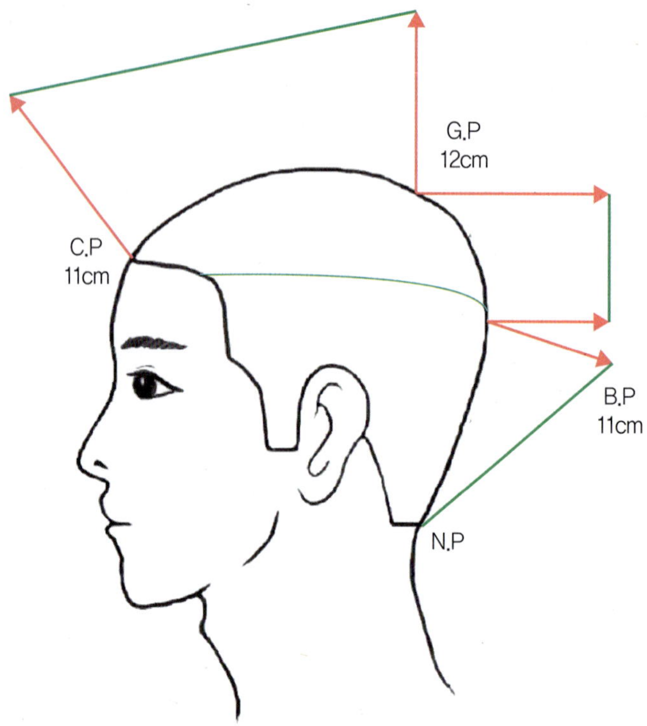

② 시술개요

블로킹 Blocking	노 파팅 No Parting
섹션 Section	수평 Horizontal, 세로 Vertical, 후대각 Diagonal Back
분배 Distribution	직각 분배 Perpendicular Distribution, 방향 분배 Direction Distribution, 변이 분배 Shifted Distribution
각도 Angle	Top, Side－일반 시술 각 Normal Projection 90°, Back－자연 시술 각 Natural Fall 60°
베이스 Base	온 더 베이스 On the Base, 사이드 베이스 Side Base, 프리 베이스 Free Base
커트 Cut	지간 깎기, 밀어 깎기, 연속 깎기 싱글링 : Shingling, 떠올려 깎기, 수정 깎기, 클리퍼 오버 콤 Clipper Over Comb
질감 처리 Texturerising	엔드 테이퍼링 End Tapering, 딥 테이퍼링 Deep Tapering

3) 이용 남성 커트 시술 방법

시술 전

시술 후

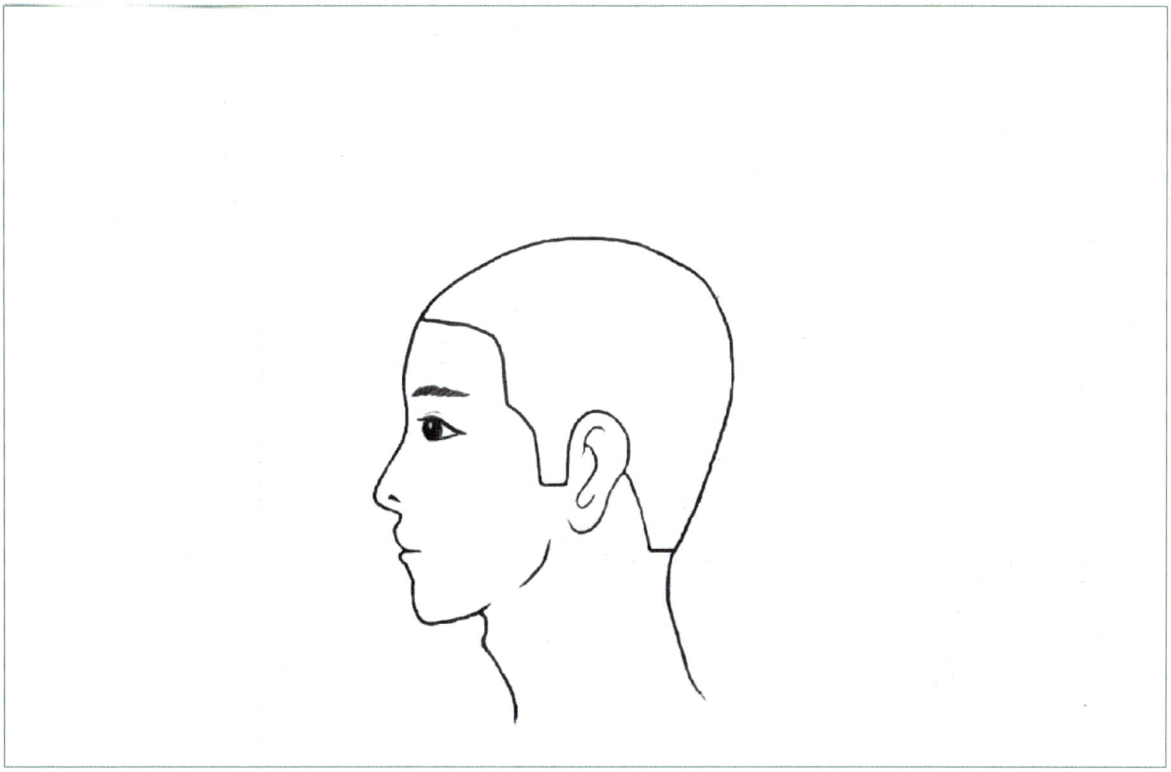

도해도 그려보기

(2) 중상고 헤어 스타일 시술하기

①, ②, ③ 파팅Parting 없이 천정부의 센터 포인트C.P : Center Point에서 골든 포인트G.P : Golden Point를 향해 지간 깎기 기법으로 수평 섹션Horizontal Section으로 커트Cut를 진행한다.

④, ⑤, ⑥ 상단부의 우측 → 좌측을 향하여 반시계 방향으로 이동하면서 지간 깎기를 진행한다. 좌측 사이드 포인트S.P : Side Point에서 연속 깎기싱글링 : Shingling 기법으로 자연 시술 각 60° 그래쥬에이션Graduation 형태로 위의 가이드Guide와 연결한다.

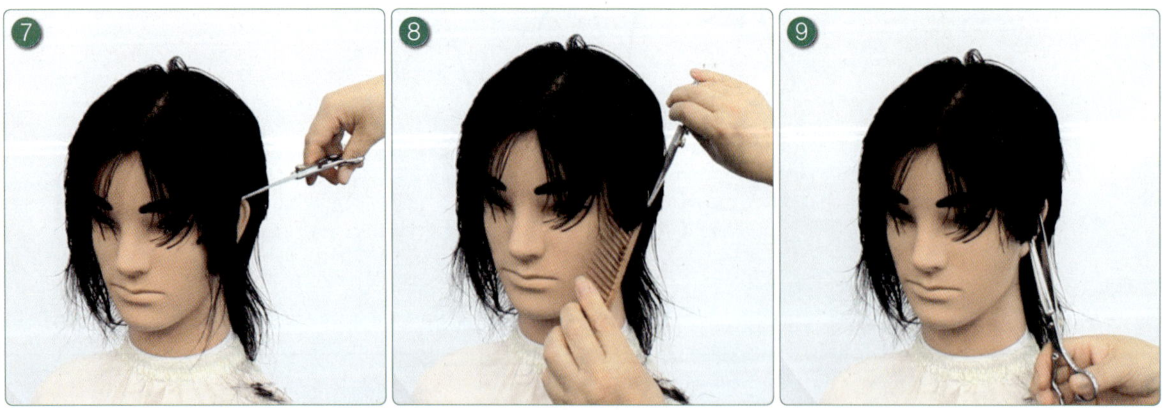

⑦, ⑧, ⑨ 이어 포인트E.P : Ear Point에 가이드 설정 후, 사이드 코너 포인트S.C.P : Side Corner Point에서 이어 백 포인트E.B.P : Ear Back Point까지 이어 라인Ear Line을 정리한다.

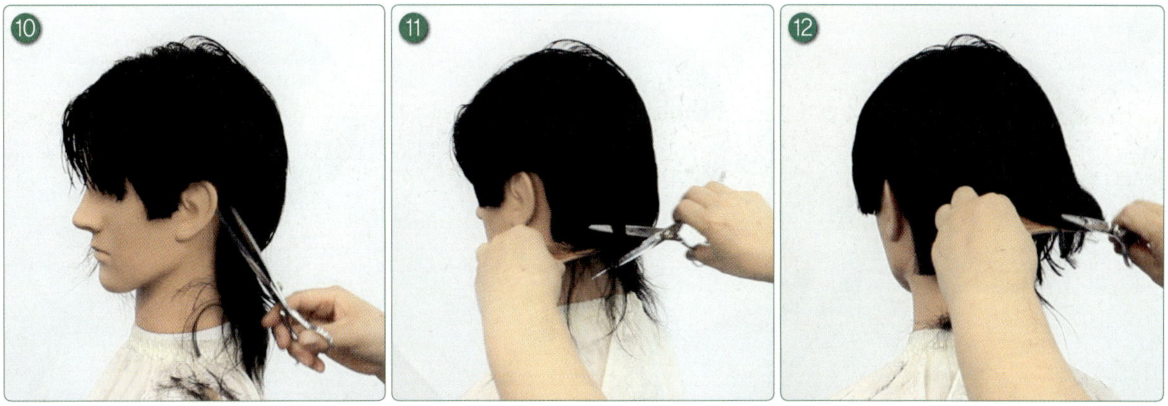

⑩, ⑪, ⑫ 이어 백 포인트에서 네이프 사이드 포인트N.S.P : Nape Side Point까지 헤어 라인Hair Line을 정리한 후, 연속 깎기싱글링 기법으로 자연 시술 각 60° 그래쥬에이션 형태로 커트를 진행한다.

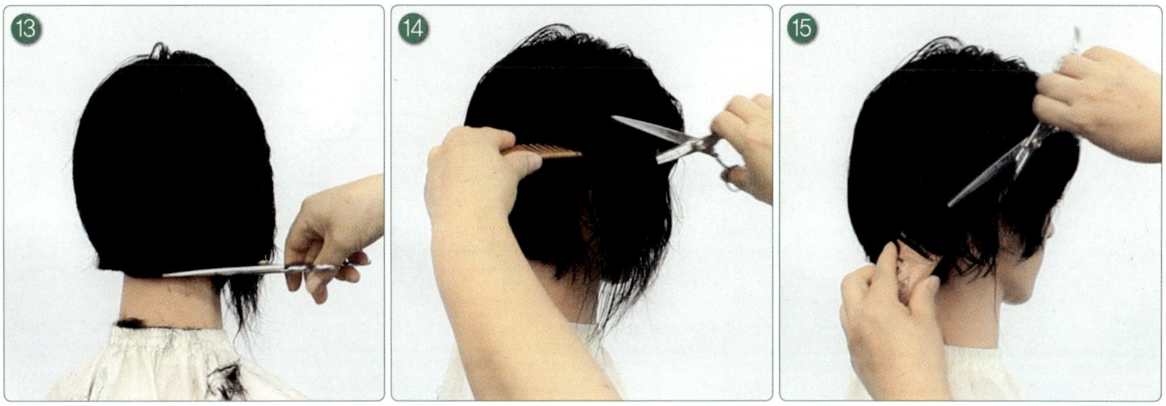

⑬, ⑭, ⑮ 네이프 라인Nape Line에 자연 시술 각 0°로 가이드 설정 후, 우측도 좌측과 동일한 방법으로 진행하며 양 옆 밸런스Balance를 맞추면서 커트를 진행한다.

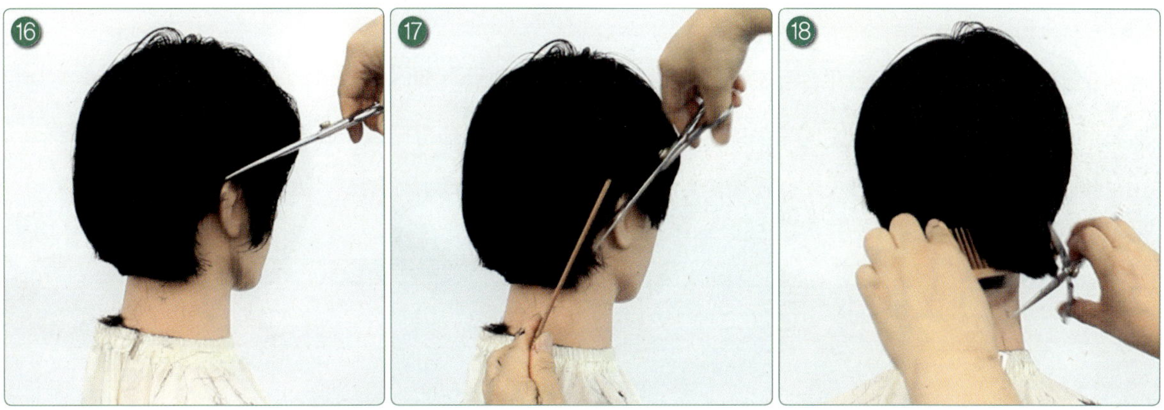

⑯, ⑰, ⑱ 우측도 좌측과 동일한 방법으로 진행하며 양 옆 밸런스를 맞추면서 커트를 진행한다.

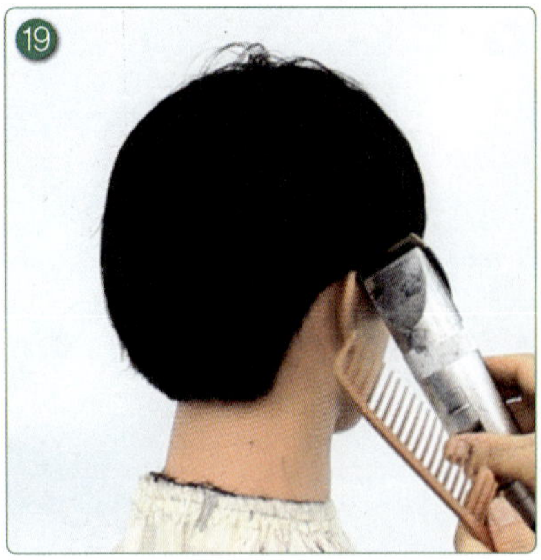

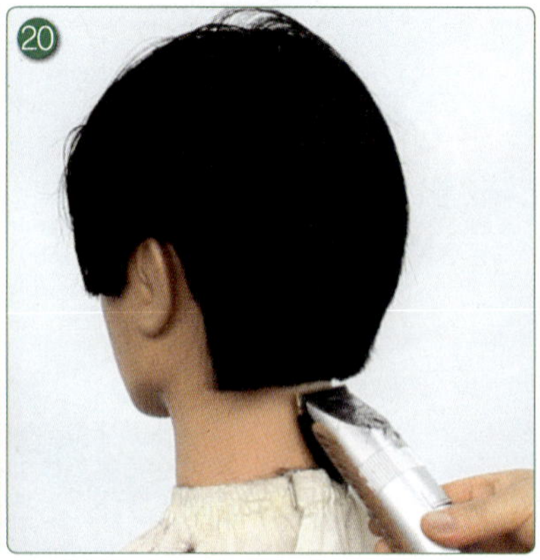

⑲, ⑳, ㉑ 우측 → 좌측까지 클리퍼Clipper를 이용하여 C-스트로크C-stroke 기법으로 자연 시술 각 60°로 그라데이션 커트를 진행한다.

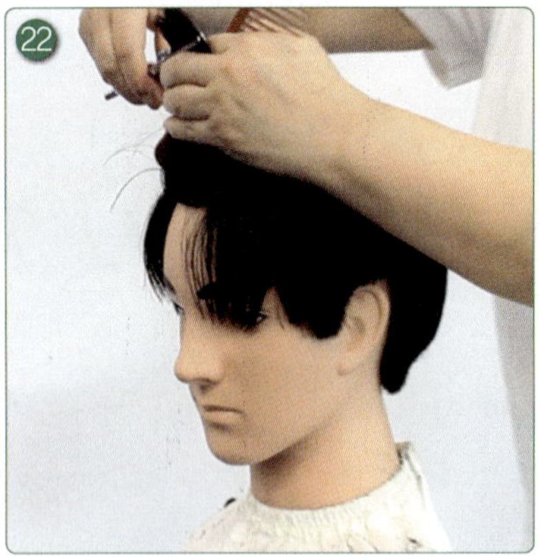

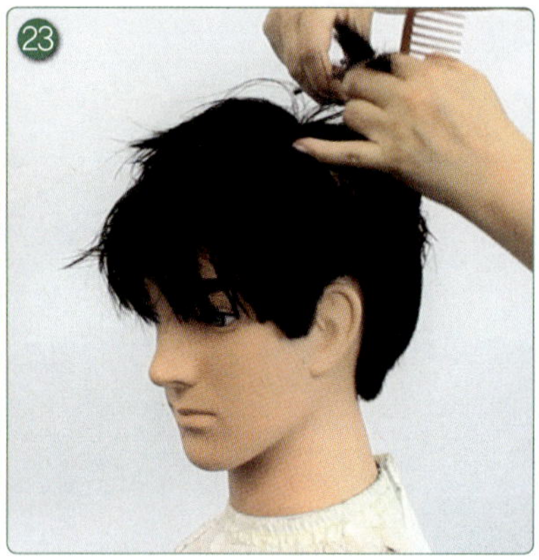

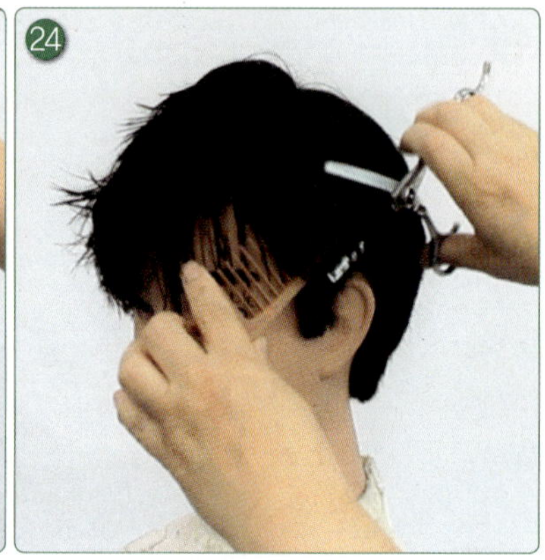

㉒, ㉓, ㉔ 천정부 영역의 센터 포인트에서 골든 포인트를 향해 지간 깎기로 엔드 테이퍼링End Tapering 한다. 좌측 → 우측으로 이동하며 연속 깎기싱글링 → 떠올려 깎기 기법 순으로 엔드 테이퍼링한다.

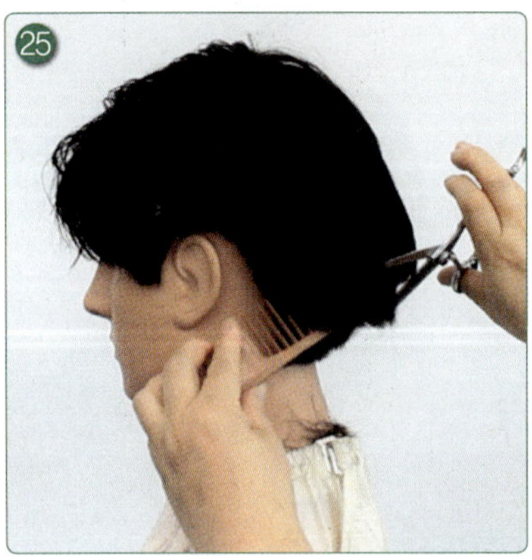

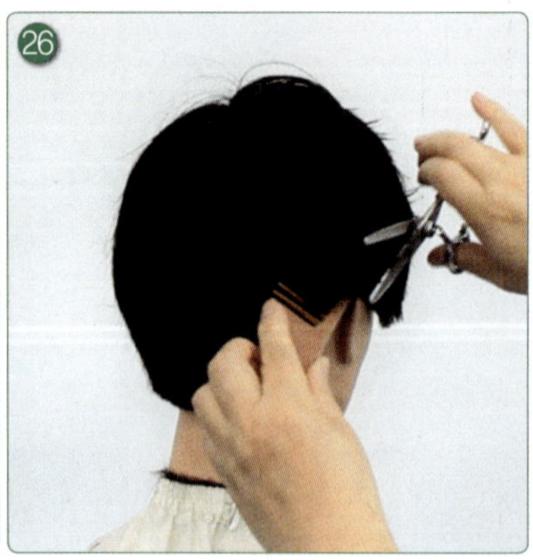

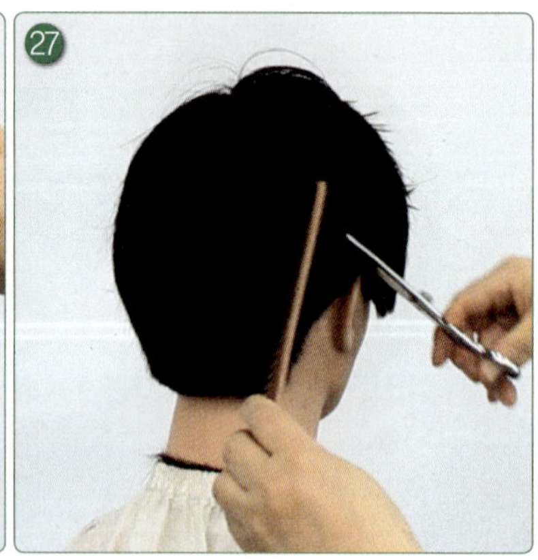

㉕, ㉖, ㉗ 좌측 → 우측으로 이동하며 연속 깎기싱글링 → 떠올려 깎기 기법 순으로 엔드 테이퍼링한다.
* 부분적으로 모량이 뭉친 곳이 있다면 틴닝 가위를 세워 딥 테이퍼링Deep Tapering 한다.

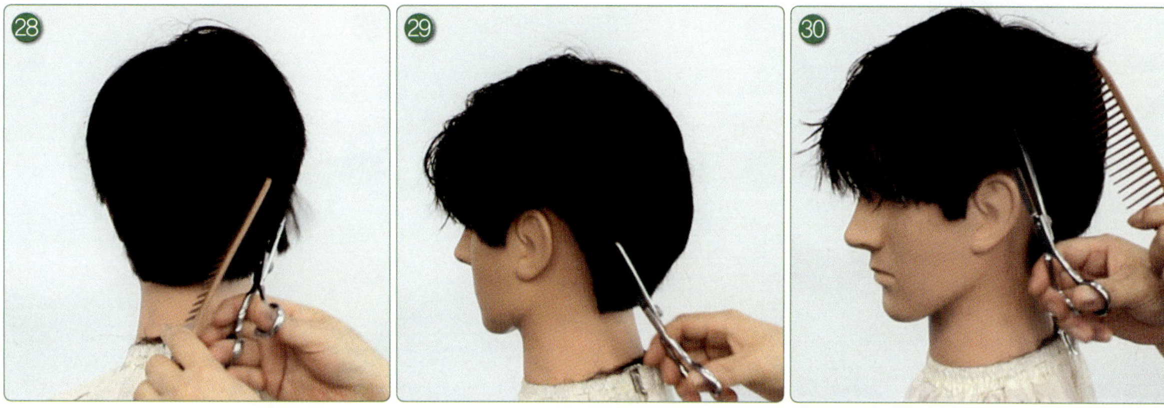

㉘, ㉙, ㉚ 다시 우측 → 좌측으로 이동하며 부족한 부분이 없는지 수정 깎기를 진행한다.
* 부분적으로 모량이 뭉친 곳이 있다면 틴닝 가위를 세워 딥 테이퍼링한다.

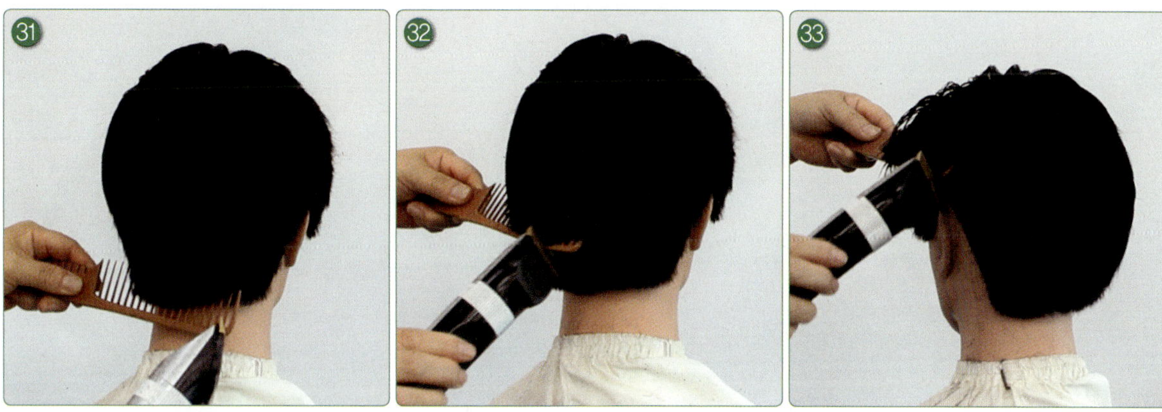

㉛, ㉜, ㉝ 후두부 → 좌측으로 이동하며 클리퍼 오버 콤 Clipper Over Comb 기법을 활용하여 자연 시술 각 60°로 커트하며 이어 라인과 구레나룻의 형태선을 정리한다.

㉞, ㉟, ㊱ 우측도 좌측과 동일한 방법으로 진행하며 좌측 → 우측으로 이동하여 양 옆 밸런스를 맞추면서 커트 후, 다시 우측 → 좌측까지 이동하며 C-스트로크 기법으로 자연 시술 각 60°로 그라데이션 커트를 진행한다.

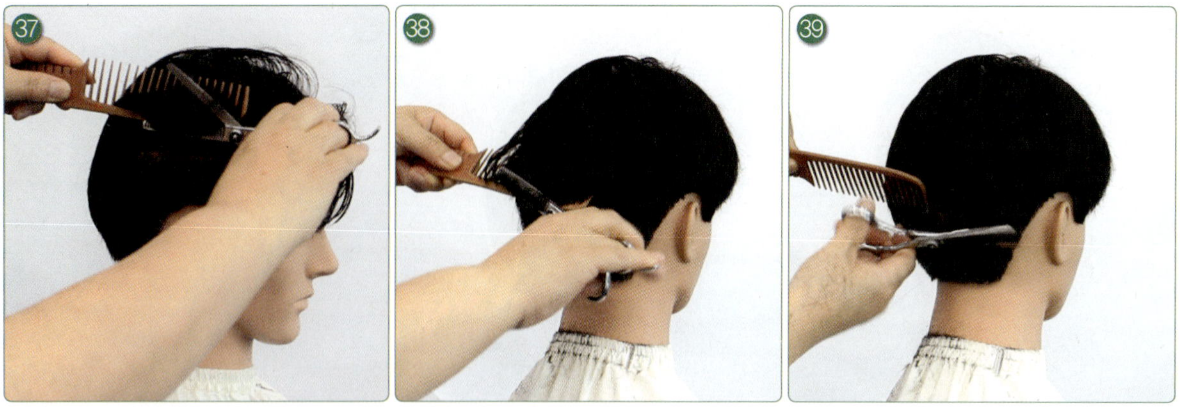

㊲, ㊳, ㊴ 우측 → 좌측으로 이동하며 연속 깎기싱글링 → 떠올려 깎기 기법 순으로 엔드 테이퍼링하여 수정 깎기를 진행한다.

* 모량이 뭉친 곳이 있다면 틴닝 가위를 세워 딥 테이퍼링한다.

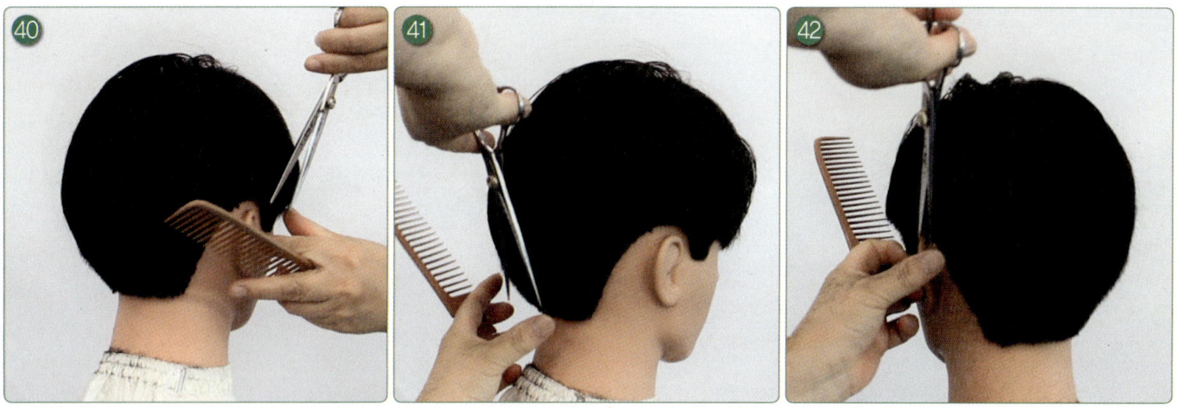

㊵, ㊶, ㊷ 우측 → 좌측으로 이동하면서 모류의 역 방향으로 빗어가며 밀어 깎기하여 수정 깎기를 진행한다.

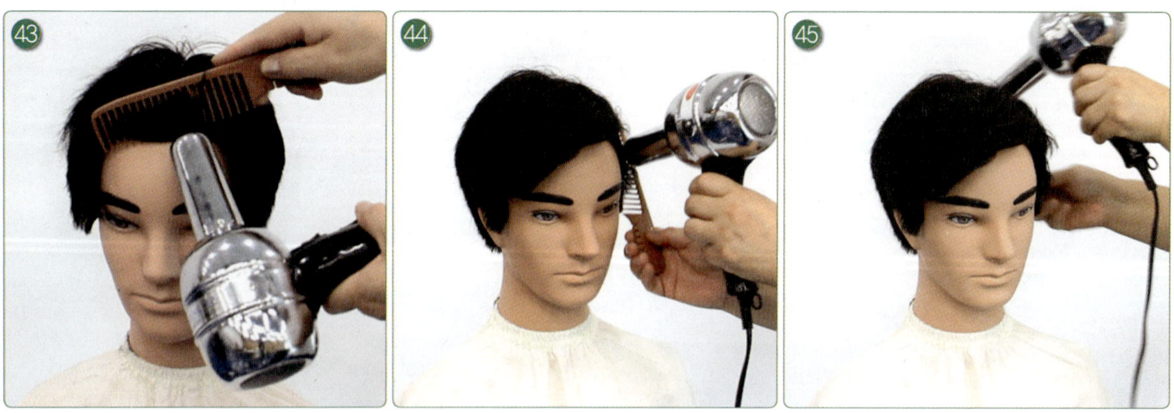

㊸, ㊹, ㊺ 빗을 사용하여 볼륨을 형성해 주며 전체적으로 드라이Dry를 진행한다.

(3) 중상고 헤어 스타일 마무리 하기

앞 Front

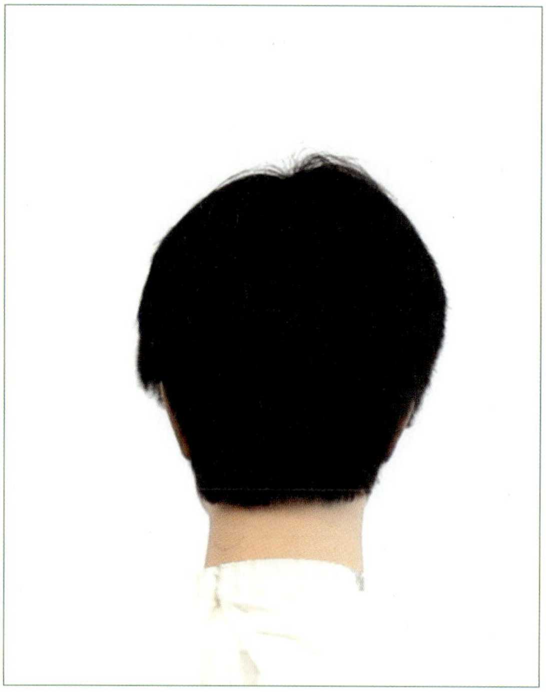

뒤 Back

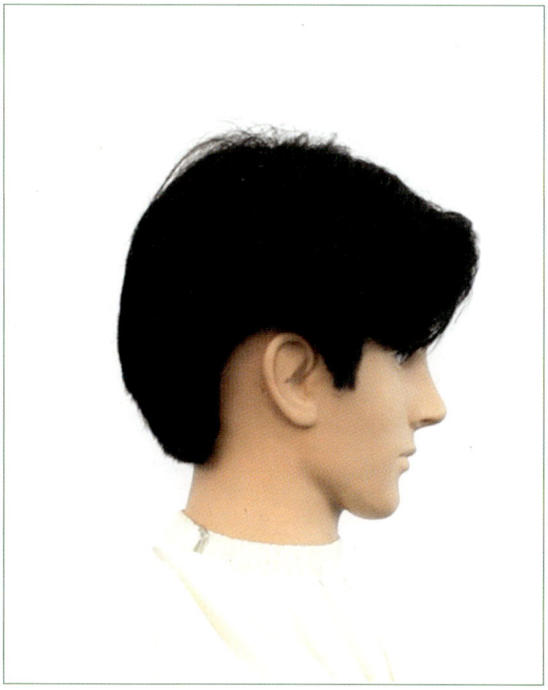

우측 Right side

좌측 Left side

실습과정 사진	
사진	설명

실습결과 사진	
앞Front	뒤Back
좌측Left Side	우측Right Side

[교수 학습방법]

교수 방법
① 중상고형 이발의 길이 구조 배열을 통한 형태선을 설명한다.
② 중상고 스타일을 잘 이해할 수 있도록 다양한 사진 자료를 제시한다.
③ 미디엄 그라데이션 커트의 무게선 위치와 형성되는 이유에 대해 설명한다.
④ 중상고 스타일을 작업 절차에 따라 위그에 시연한다.
⑤ 올바른 도구 사용 방법과 이발 기법을 익힐 수 있도록 지도한다.
⑥ 다양한 이발 기법을 활용할 수 있도록 지도한다.

학습 방법
① 중상고형 이발의 길이 구조를 이해하여 노트에 도해도를 그려본다.
② 다양한 중상고 스타일의 디자인 패턴을 잘 파악할 수 있도록 자료를 수집한다.
③ 그라데이션 각도에 따른 무게선의 위치 변화를 숙지하여 위그에 실습한다.
④ 중상고 스타일의 작업 절차를 숙지하여 위그에 반복 실습한다.
⑤ 도구를 바르게 사용할 수 있도록 주의하며 이발 기법을 위그에 실습한다.
⑥ 다양한 이발 기법을 활용할 수 있도록 노력한다.

[평가 준거]

학습 내용	평가 항목	성취 수준		
		상	중	하
중상고형 이발 형태 작업	1. 천정부와 상단부의 두발을 지간 깎기를 할 수 있다.			
	2. 상단부 아래 영역의 두발을 거칠게 깎기를 할 수 있다.			
	3. 이발기를 이용하여 측면과 후면의 발제선부터 하단부까지 그라데이션 하여 깎을 수 있다.			
	4. 이발기로 깎은 후 싱글링하여 상단부의 두발과 자연스럽게 연결할 수 있다.			
중상고형 이발 질감과 마무리	1. 틴닝 가위를 사용하여 질감 처리를 할 수 있다.			
	2. 장가위를 사용하여 수정·보완할 수 있다.			

[평가 방법]

학습 내용	평가 항목	성취 수준		
		상	중	하
중상고형 이발 형태 작업	1. 올바른 도구 사용 방법 이해 여부			
	2. 중상고형 이발 형태 작업 순서 및 방법의 이해 여부			
	3. 지간 깎기, 싱글링 커트 등 이발 기법 숙련도 여부			
	4. 모발 길이에 따른 그라데이션의 완성도			
	5. 중상고형 이발 형태 작업의 완성도			
중상고형 이발 질감과 마무리	1. 질감과 마무리 작업 순서 및 방법의 이해 여부			
	2. 틴닝 가위 사용 능력			
	3. 옆 가위질[세워 깎기, 밀어 깎기] 숙련도 여부			
	4. 중상고형 이발 커트 스타일의 완성도			

[평가자 체크리스트]

학습 내용	평가 항목	성취 수준		
		상	중	하
중상고형 이발 형태 작업	1. 작업 전 도구 준비 여부			
	2. 올바른 도구 사용 방법 이해 여부			
	3. 중상고형 이발 형태 작업 절차에 따른 수행 능력			
	4. 그라데이션의 커트의 수행 능력			
	5. 중상고형 이발 형태 작업의 완성도			
중상고형 이발 질감과 마무리	1. 질감과 마무리 작업 절차에 따른 수행 능력			
	2. 틴닝 가위 사용 방법에 따른 숙련도 여부			
	3. 옆 가위질[세워 깎기, 밀어 깎기] 숙련도 여부			
	4. 커트 스타일의 완성도			

3. 남성 이용 단발 하상고 헤어 스타일

학습내용 단원명	수업 목표
남성 커트 기본 스타일 단발형 하상고	남성 커트 이용 단발 하상고 헤어 스타일 실습을 수행할 수 있다.

로우 그라데이션 커트 Low Gradation Cut 로서 무게선의 위치가 하단부에 위치하며, 하단부 영역까지 길이를 짧게 하는데 그라데이션 Gradation 의 투명도에 따라 페이드 커트 스타일 Fade Cut Style 과 테이퍼링드 커트 스타일 Taperinged Cut Style 로 구분한다.

(1) 하상고 헤어 커트 준비하기

1) 재료

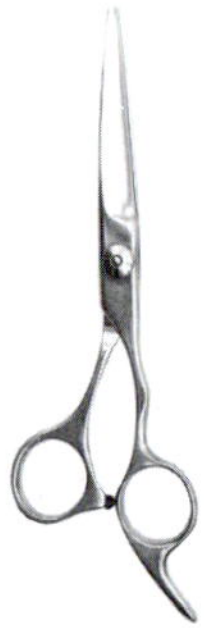

① 장가위

② 틴닝 가위

③ 이용 빗

④ 이용 드라이기

⑤ 클리퍼

2) 도해도 및 시술 개요

① 도해도

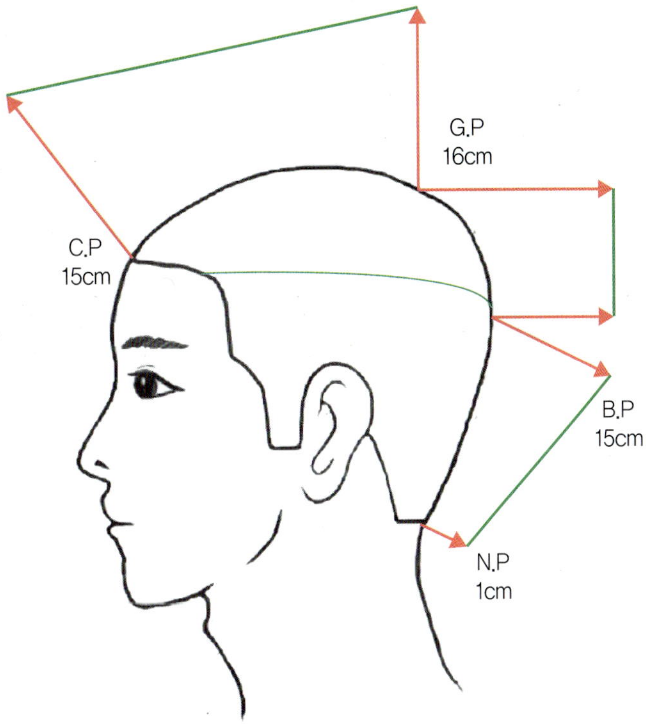

② 시술개요

블로킹Blocking	U 라인U-Line
섹션Section	수평 Horizontal, 세로 Vertical, 후대각 Diagonal Back
분배Distribution	직각 분배 Perpendicular Distribution, 방향 분배 Direction Distribution, 변이 분배 Shifted Distribution
각도Angle	Top, Side-일반 시술 각Normal Projection 90°, Back-자연 시술 각Natural Fall 30°
베이스Base	온 더 베이스On The Base, 사이드 베이스Side Base, 프리 베이스Free Base
커트Cut	지간 깎기, 밀어 깎기, 연속 깎기 싱글링 : Shingling, 떠올려 깎기, 수정 깎기, 클리퍼 오버 콤Clipper Over Comb
질감 처리Texturerising	엔드 테이퍼링End Tapering, 딥 테이퍼링Deep Tapering

3) 이용 남성 커트 시술 방법

시술 전

시술 후

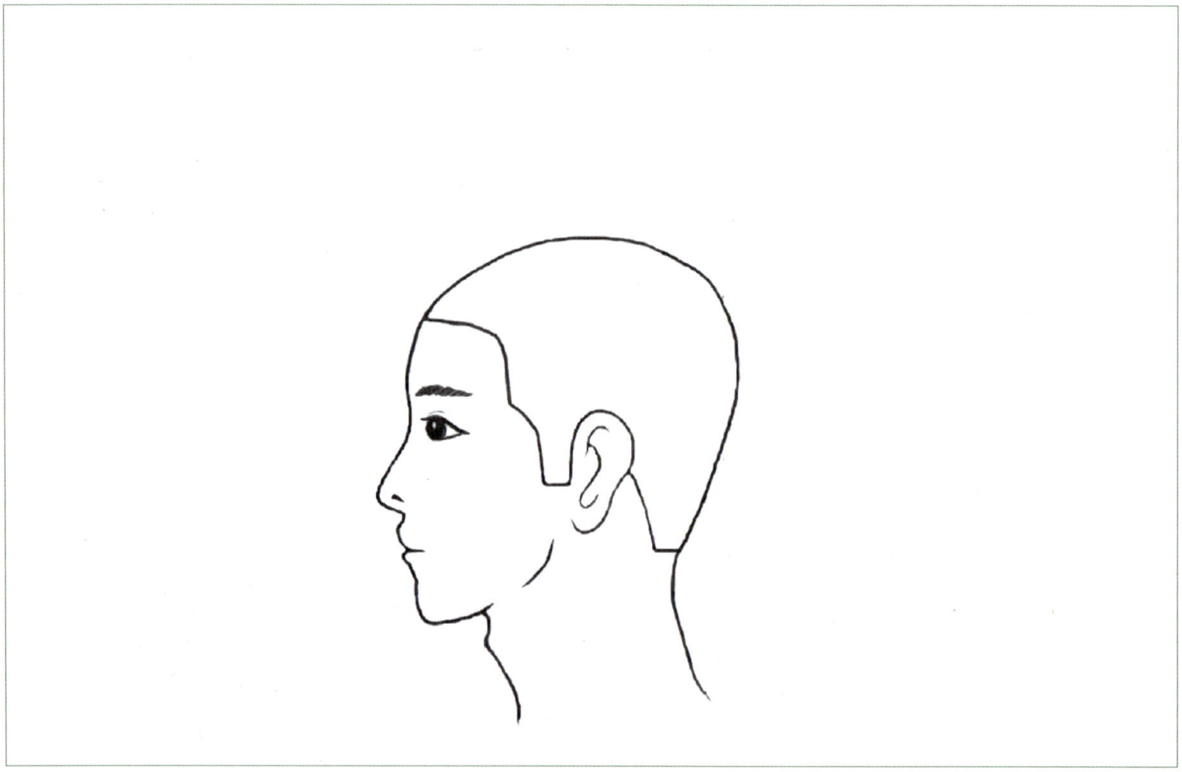

도해도 그려보기

(2) 하상고 헤어 스타일 시술하기

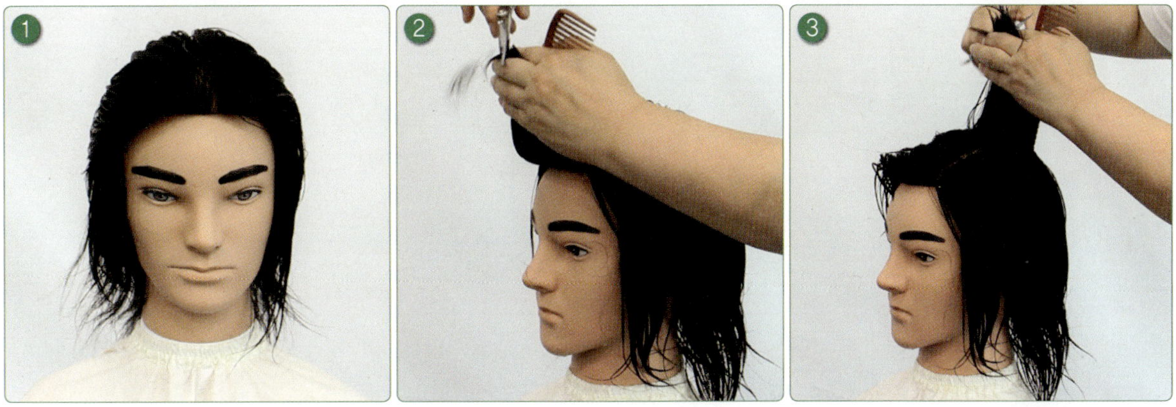

①, ②, ③ 파팅Parting 없이 천정부의 센터 포인트C.P : Center Point에서 골든 포인트G.P : Golden Point를 향해 지간 깎기 기법으로 수평 섹션Horizontal Section으로 커트Cut를 진행한다.

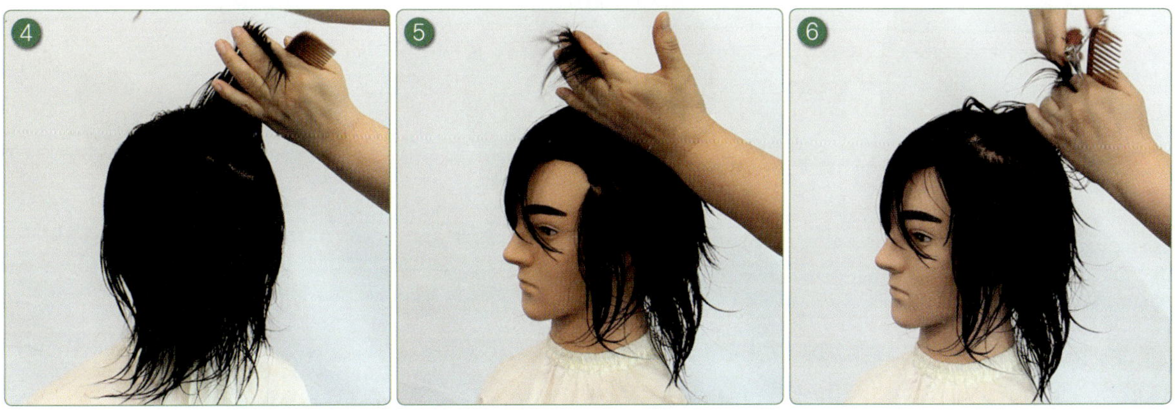

④, ⑤, ⑥ 상단부 영역은 우측 → 좌측을 향하여 반시계 방향으로 이동하면서 지간 깎기를 진행한다. 좌측 영역도 가운데 영역을 가이드Guide로 골든 포인트까지 지간 깎기를 진행한다.

⑦, ⑧, ⑨ 좌측 영역 위의 가이드와 연결하여 좌측 → 우측으로 이동하면서 수평 섹션으로 지간 깎기를 진행한다.

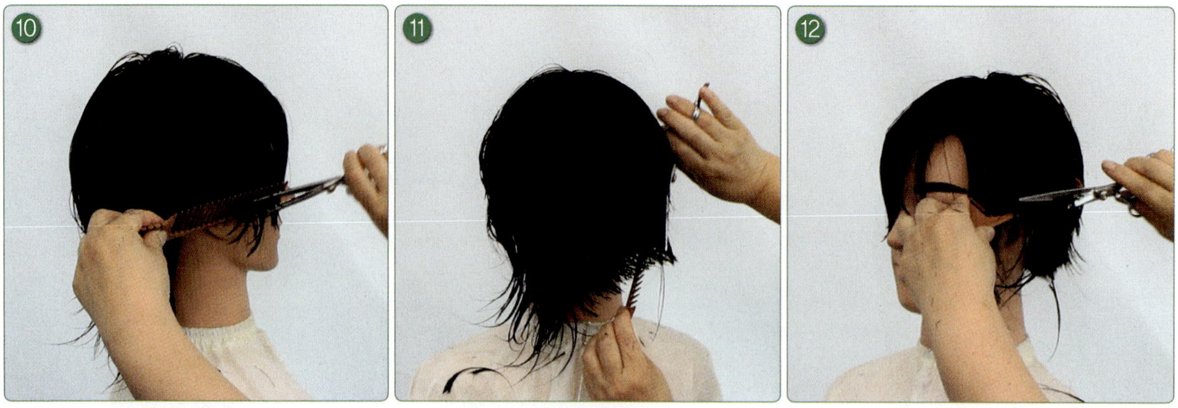

⑩, ⑪, ⑫ 우측 → 좌측으로 이동하면서 사이드 포인트S.P : Side Point에서 연속 깎기싱글링 : Shingling 기법으로 자연 시술 각 30° 그래쥬에이션Graduation 형태로 위의 가이드와 연결하여 커트한다.

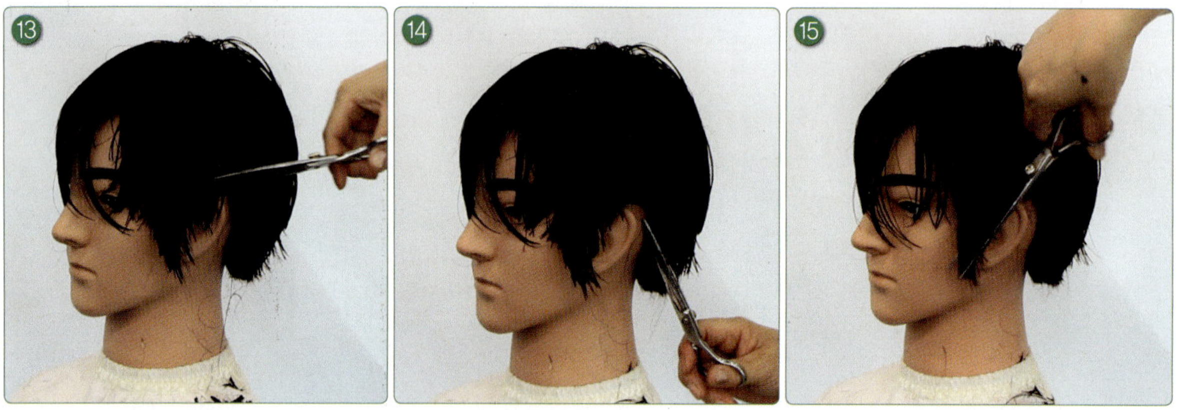

⑬, ⑭, ⑮ 이어 포인트E.P : Ear Point에 가이드 설정 후, 사이드 코너 포인트S.C.P : Side Corner Point에서 이어 백 포인트E.B.P : Ear Back Point까지 이어 라인Ear Line을 정리한다.

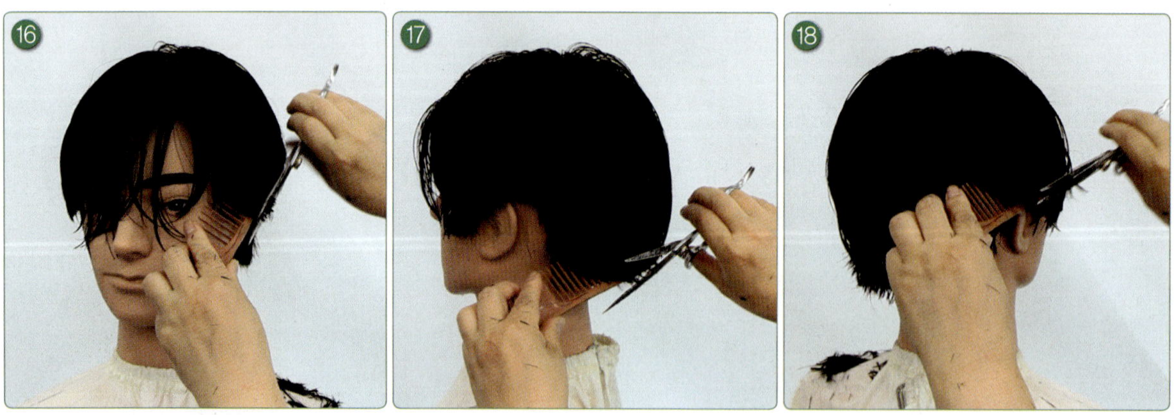

⑯, ⑰, ⑱ 좌측 → 우측으로 이동하면서 연속 깎기싱글링 기법으로 자연 시술 각 30° 그래쥬에이션 형태로 커트를 진행한다.

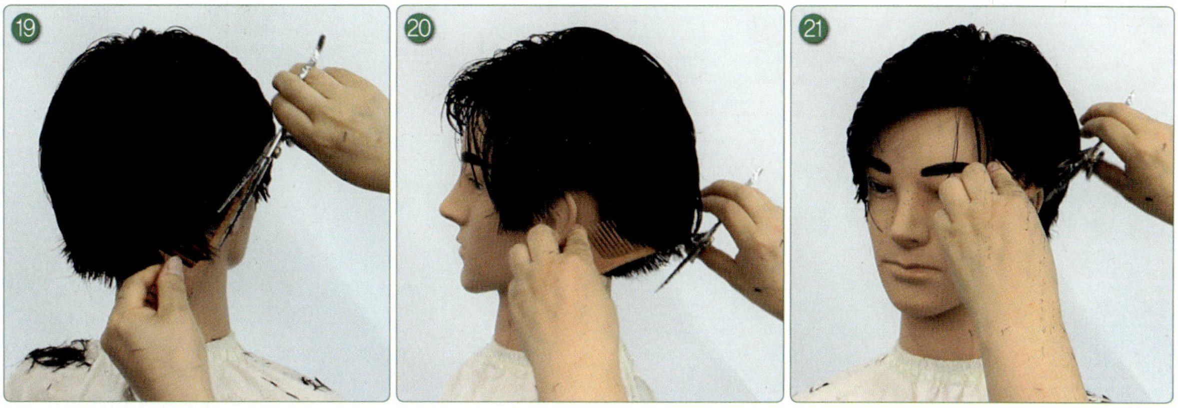

⑲, ⑳, ㉑ 우측 → 좌측으로 이동하면서 상단부의 모발과 연결될 수 있도록 연속 깎기싱글링 한다.

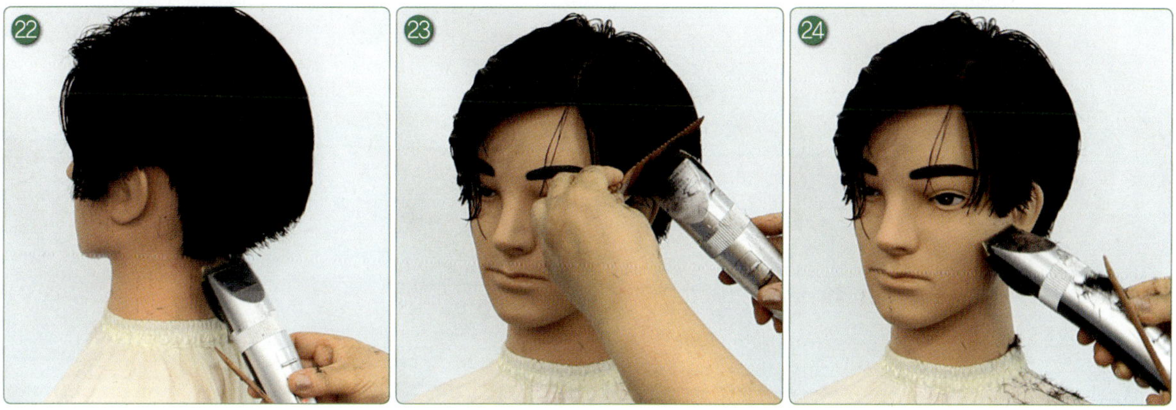

㉒, ㉓, ㉔ 후두 하부 영역을 C-스트로크C-Stroke 기법으로 자연 시술 각 30° 그라데이션 커트Gradation Cut 후, 좌측부터 클리퍼 오버 콤Clipper Over Comb 기법과 프리 핸드Free Hand 기법으로 그라데이션 커트하여 상단부와 연결한다.

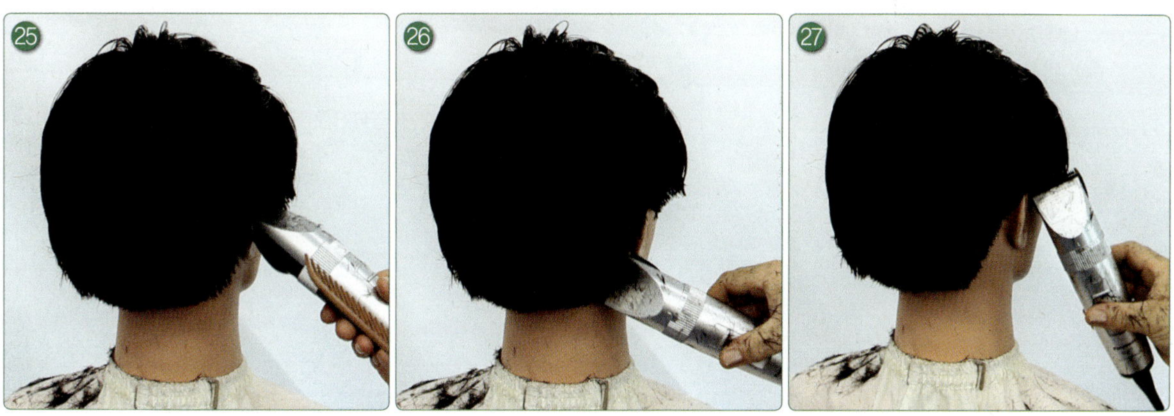

㉕, ㉖, ㉗ 우측도 좌측과 동일한 방법으로 진행하며 양 옆 밸런스Balance를 맞추면서 커트를 진행한다.

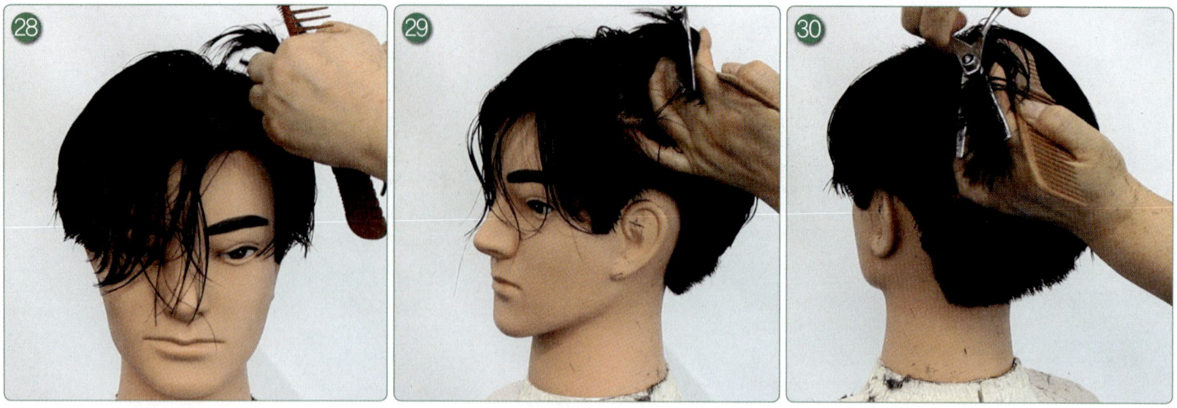

㉘, ㉙, ㉚ 천정부 영역의 센터 포인트에서 골든 포인트를 향해 지간 깎기로 엔드 테이퍼링End Tapering 한다.

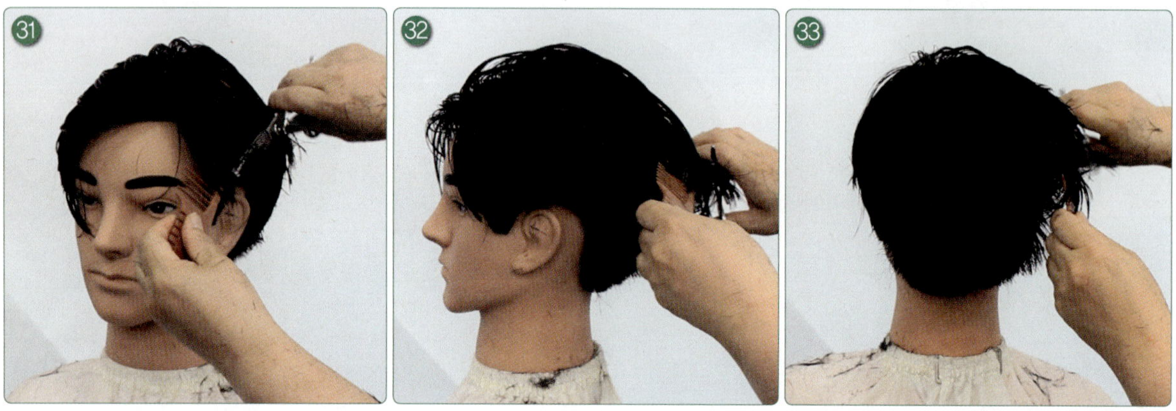

㉛, ㉜, ㉝ 좌측 → 우측으로 이동하며 연속 깎기 → 떠올려 깎기 기법 순으로 엔드 테이퍼링한다.
* 모량이 뭉친 곳이 있다면 틴닝 가위를 세워 딥 테이퍼링Deep Tapering 한다.

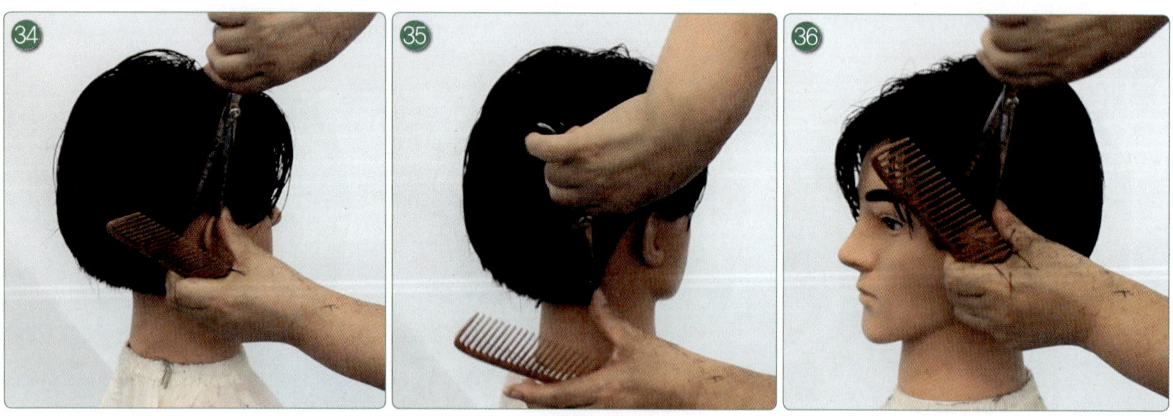

㉞, ㉟, ㊱ 우측 → 좌측으로 모류의 역 방향으로 빗어가며 밀어 깎기하여 수정 깎기를 진행한다.

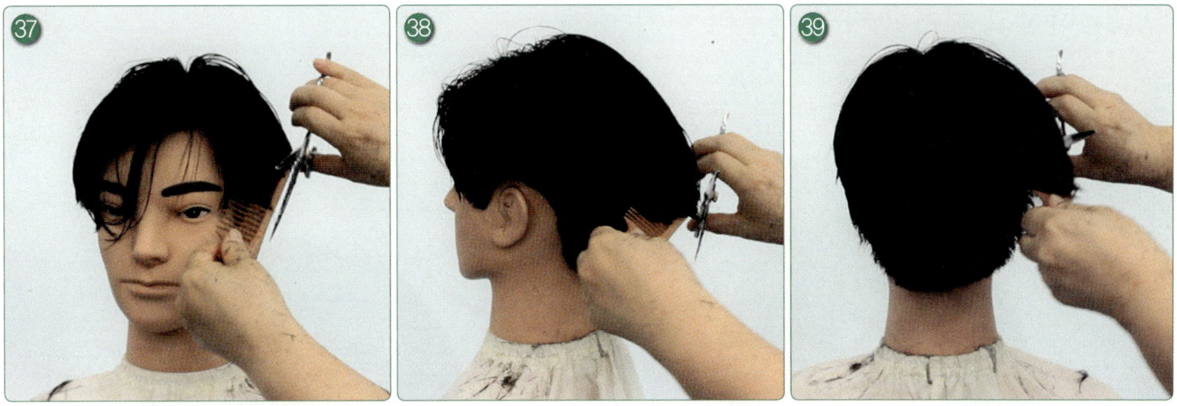

㊲, ㊳, ㊴ 좌측 → 우측으로 이동하며 접합부 부분을 연속 깎기싱글링 기법으로 정리한다.

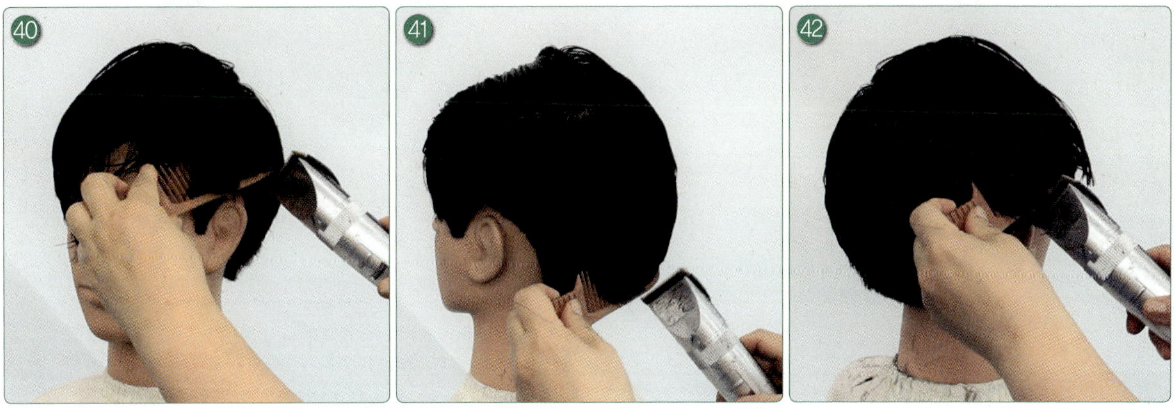

㊵, ㊶, ㊷ 좌측 → 우측으로 이동하며 부족한 부분이 없는지 클리퍼 오버 콤 기법으로 수정 깎기를 진행한다.

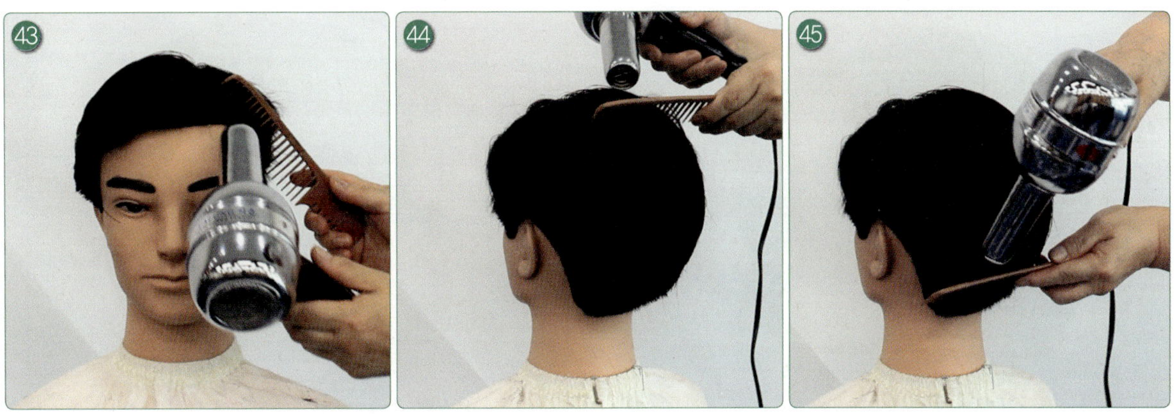

㊸, ㊹, ㊺ 빗을 사용하여 볼륨을 형성해 주며 전체적으로 드라이Dry를 진행한다.

(3) 하상고 헤어 스타일 마무리 하기

앞 Front

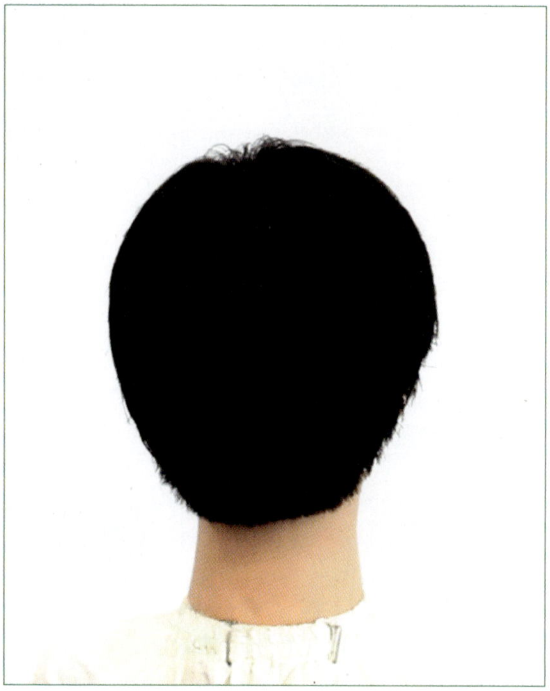

뒤 Back

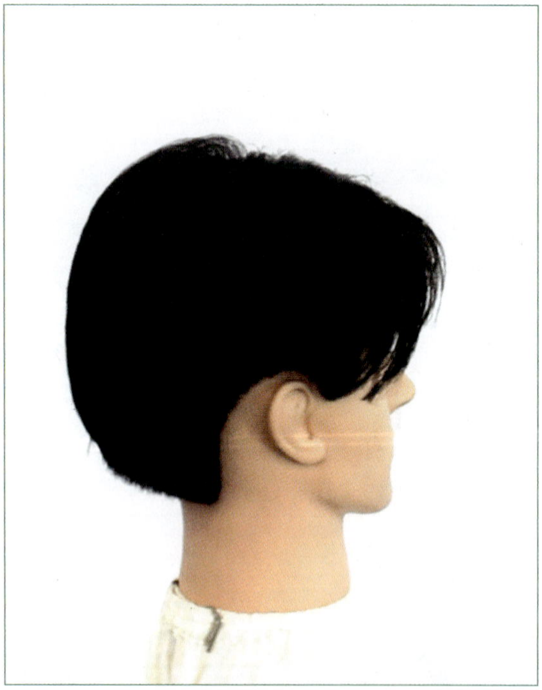

우측 Right side

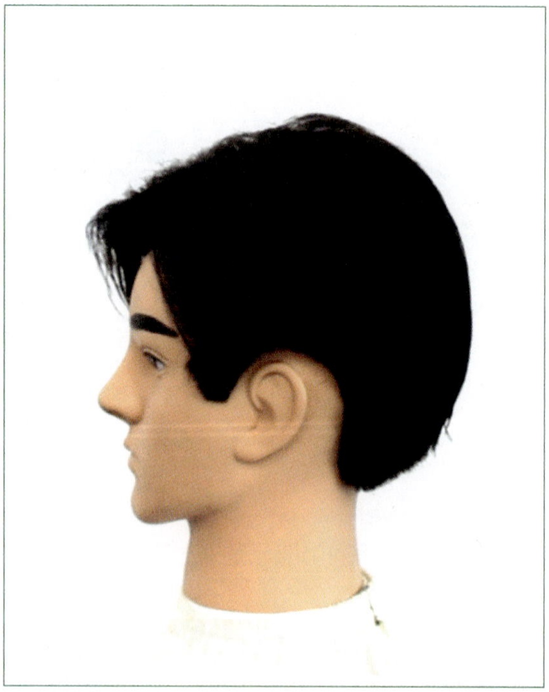

좌측 Left side

실습과정 사진	
사진	설명

실습결과 사진	
앞 Front	뒤 Back
좌측 Left Side	우측 Right Side

[교수 학습방법]

교수 방법
① 하상고형 이발의 길이 구조 배열을 통한 형태선을 설명한다.
② 하상고 스타일을 잘 이해할 수 있도록 다양한 사진 자료를 제시한다.
③ 로우 그라데이션 커트의 무게선 위치와 형성되는 이유에 대해 설명한다.
④ 하상고형 이발을 작업 절차에 따라 위그에 시연한다.
⑤ 올바른 도구 사용 방법과 이발 기법을 익힐 수 있도록 지도한다.
⑥ 다양한 이발 기법을 활용할 수 있도록 지도한다.

학습 방법
① 하상고형 이발의 길이 구조를 이해하여 노트에 도해도를 그려본다.
② 다양한 하상고 스타일의 디자인 패턴을 잘 파악할 수 있도록 자료를 수집한다.
③ 그라데이션 각도에 따른 무게선의 위치 변화를 숙지하여 위그에 실습한다.
④ 하상고형 이발의 작업 절차를 숙지하여 위그에 반복 실습한다.
⑤ 도구를 바르게 사용할 수 있도록 주의하며 이발 기법을 위그에 실습한다.
⑥ 다양한 이발 기법을 활용할 수 있도록 노력한다.

[평가 준거]

학습 내용	평가 항목	성취 수준		
		상	중	하
하상고형 이발 형태 작업	1. 천정부와 상단부의 두발을 지간 깍기를 할 수 있다.			
	2. 상단부 아래 영역의 두발을 거칠게 깍기를 할 수 있다.			
	3. 이발기를 이용하여 측면과 후면의 발제선부터 후두 하부까지 그라데이션하여 깎을 수 있다.			
	4. 이발기로 깎은 후 싱글링하여 상단부의 두발과 자연스럽게 연결할 수 있다.			
하상고형 이발 질감과 마무리	1. 틴닝 가위를 사용하여 질감 처리를 할 수 있다.			
	2. 장가위를 사용하여 수정·보완할 수 있다.			

[평가 방법]

학습 내용	평가 항목	성취 수준		
		상	중	하
하상고형 이발 형태 작업	1. 올바른 도구 사용 방법 이해 여부			
	2. 하상고형 형태 작업 순서 및 방법의 이해 여부			
	3. 지간 깎기, 싱글링 커트 등 이발 기법 숙련도 여부			
	4. 모발 길이에 따른 그라데이션의 완성도			
	5. 하상고형 이발 형태 작업의 완성도			
하상고형 이발 질감과 마무리	1. 질감과 마무리 작업 순서 및 방법의 이해 여부			
	2. 틴닝 가위 사용 능력			
	3. 옆 가위질[세워 깎기, 밀어 깎기] 숙련도 여부			
	4. 하상고형 이발 커트 스타일의 완성도			

[평가자 체크리스트]

학습 내용	평가 항목	성취 수준		
		상	중	하
하상고형 이발 형태 작업	1. 작업 전 도구 준비 여부			
	2. 올바른 도구 사용 방법 이해 여부			
	3. 하상고형 형태 작업 절차에 따른 수행 능력			
	4. 그라데이션 커트의 수행 능력			
	5. 하상고형 이발 형태 작업의 완성도			
하상고형 이발 질감과 마무리	1. 질감과 마무리 작업 절차에 따른 수행 능력			
	2. 틴닝 가위 사용 방법에 따른 숙련도 여부			
	3. 옆 가위질[세워 깎기, 밀어 깎기] 숙련도 여부			
	4. 커트 스타일의 완성도			

평가자 체크리스트

평가 일시	년 월 일	학과:	학번:	성명:
교과목		평가자	(인)	
능력단위명				
능력단위 요소				

평가 내용		성취 수준		
능력단위 요소	내용	상 (5)	중 (3)	하 (1)
1201010518_18v3.1 상상고형 이발하기	1. 천정부의 두발을 지간 깎기를 할 수 있다.			
	2. 천정부 아래 영역의 두발을 거칠게 깎기를 할 수 있다.			
	3. 이발기로 측면과 후면의 발제선부터 중단부 이상 그라데이션하여 깎을 수 있다.			
	4. 이발기로 측면과 후면의 발제선부터 중단부 이상 그라데이션하여 깎을 수 있다.			
	5. 틴닝 가위를 사용하여 질감 처리를 할 수 있다.			
	6. 장가위를 사용하여 수정·보완할 수 있다.			
1201010518_18v3.2 중상고형 이발하기	1. 천정부와 상단부의 두발을 지간 깎기를 할 수 있다.			
	2. 상단부 아래 영역의 두발을 거칠게 깎기를 할 수 있다.			
	3. 이발기로 측면과 후면의 발제선부터 하단부까지 그라데이션하여 깎을 수 있다			
	4. 이발기로 깎은 후 싱글링하여 상단부의 두발과 자연스럽게 연결할 수 있다.			
	5. 틴닝 가위를 사용하여 질감 처리를 할 수 있다.			
	6. 장가위를 사용하여 수정·보완할 수 있다.			
1201010518_18v3.3 하상고형 이발하기	1. 천정부와 상단부의 두발을 지간 깎기를 할 수 있다.			
	2. 상단부 아래 영역의 두발을 거칠게 깎기를 할 수 있다.			
	3. 이발기로 측면과 후면의 발제선부터 후두하부까지 그라데이션하여 깎을 수 있다.			
	4. 이발기로 깎은 후 싱글링하여 상단부의 두발과 자연스럽게 연결할 수 있다.			
	5. 틴닝 가위를 사용하여 질감 처리를 할 수 있다.			
	6. 장가위를 사용하여 수정·보완할 수 있다.			

총점			성취수준		
성취 기준	매우 우수 (25점 이상)	우수 (25−20점)	보통 (20−11점)	미흡 (10−6점)	매우 미흡 (5점 미만)

〈평가 체크리스트 작성 방법〉

① 평가자는 학습자의 수준을 평가하여 상, 중, 하에 체크한다. 객관화된 평가를 위해 평가자는 채점 기준표를 개발해야 한다.

② 항목의 점수상: 5점, 중: 3점, 하: 1점의 총 합에 따라 성취 수준을 결정한다. 성취 수준은 아래의 성취 기준을 참고한다.

③ 성취 수준 매우 우수자는 심화 교육, 매우 미흡자는 보충 수업을 진행한다.

작업장 평가

평가 일시	년 월 일	학과:	학번:	성명:
교과목		평가자	(인)	
능력단위명				
능력단위 요소				

능력단위 요소	평가 내용	점 수
	내용	
작업 준비	작업에 필요한 도구 준비	
	준비된 도구의 위생적인 상태	
작업 과정	단발형 이발 형태 작업 절차에 따른 수행 여부	
	장가위 사용 숙련도	
	이발기 사용 숙련도	
	틴닝 가위 사용 숙련도	
	이발 기법[오버 콤 테크닉, 지간 깎기, 밀어 깎기 등]의 숙련도	
작업 마무리	모발 길이에 따른 그라데이션의 완성도	
	질감 처리의 적절성	
	수정 및 보정 커트에 의한 단발형 이발 스타일의 완성도	

평가 과제		학습자 결과물			
총점		성취수준			
성취 기준	매우 우수 (25점 이상)	우수 (25-20점)	보통 (20-11점)	미흡 (10-6점)	매우 미흡 (5점 미만)

〈평가 체크리스트 작성 방법〉

① 평가자는 학습자의 수준을 평가하여 점수란에 각 평가 내용에 따른 점수각 항목은 10점 만점를 표기한다.
② 항목의 점수의 총 합에 따라 성취 수준을 결정한다. 성취 수준은 아래의 성취 기준을 참고한다.
③ 성취 수준 매우 우수자는 심화 교육, 매우 미흡자는 보충 수업을 진행한다.

3. 중발형 스타일

1. 남성 이용 중발 상중발 헤어 스타일

학습내용 단원명	수업 목표
남성 커트 기본 스타일 중발형 상중발	남성 커트 이용 중발 상중발 헤어 스타일 실습을 수행할 수 있다.

귀를 닿는 지점부터 1/3 덮는 기장으로 인크리스 레이어 Increase Layer 와 그래쥬에이션 Graduation 의 혼합으로 백포인트 B.P : Back Point 아래에서 무게선이 나타나며, 인테리어 Interior 에서는 스퀘어 Square 구조, 엑스테리어 Exterior 는 낮은 시술 각 30°로 그래쥬에이션 형태를 갖는다.

(1) 상중발 헤어 커트 준비하기

1) 재료

③ 이용 빗

② 클리퍼

③ 장가위

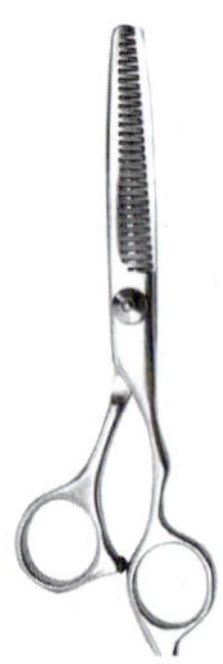

④ 틴닝 가위

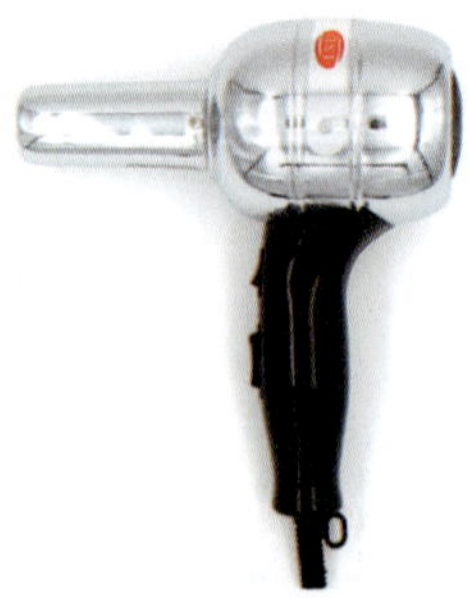

⑤ 이용 드라이기

⑥ 스타일링 제품

2) 도해도 및 시술 개요

① 도해도

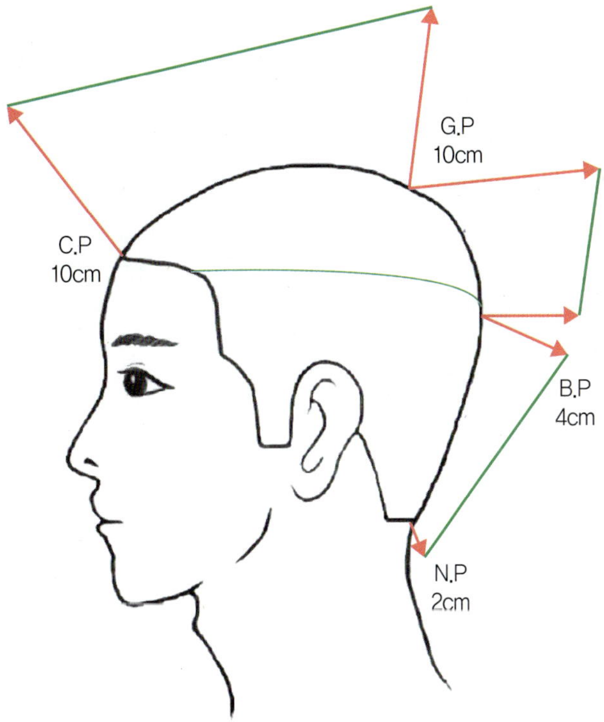

② 시술개요

블로킹 Blocking	노 파팅 No Parting
섹션 Section	수평 Horizontal , 세로 Vertical
분배 Distribution	직각 분배 Perpendicular Distribution , 방향 분배 Direction Distribution , 변이 분배 Shifted Distribution
각도 Angle	Top−일반 시술 각 Normal Projection 90°, Side−자연 시술 각 Natural Fall 30°, Back−자연 시술 각 Natural Fall 30°
베이스 Base	온 더 베이스 On The Base , 사이드 베이스 Side Base , 프리 베이스 Free Base
커트 Cut	지간 깎기, 연속 깎기 싱글링 : Shingling , 떠올려 깎기, 떠내 깎기, 클리퍼 오버 콤 Clipper Over Comb
질감 처리 Texturerising	엔드 테이퍼링 End Tapering , 딥 테이퍼링 Deep Tapering

3) 이용 남성 커트 시술 방법

시술 전

시술 후

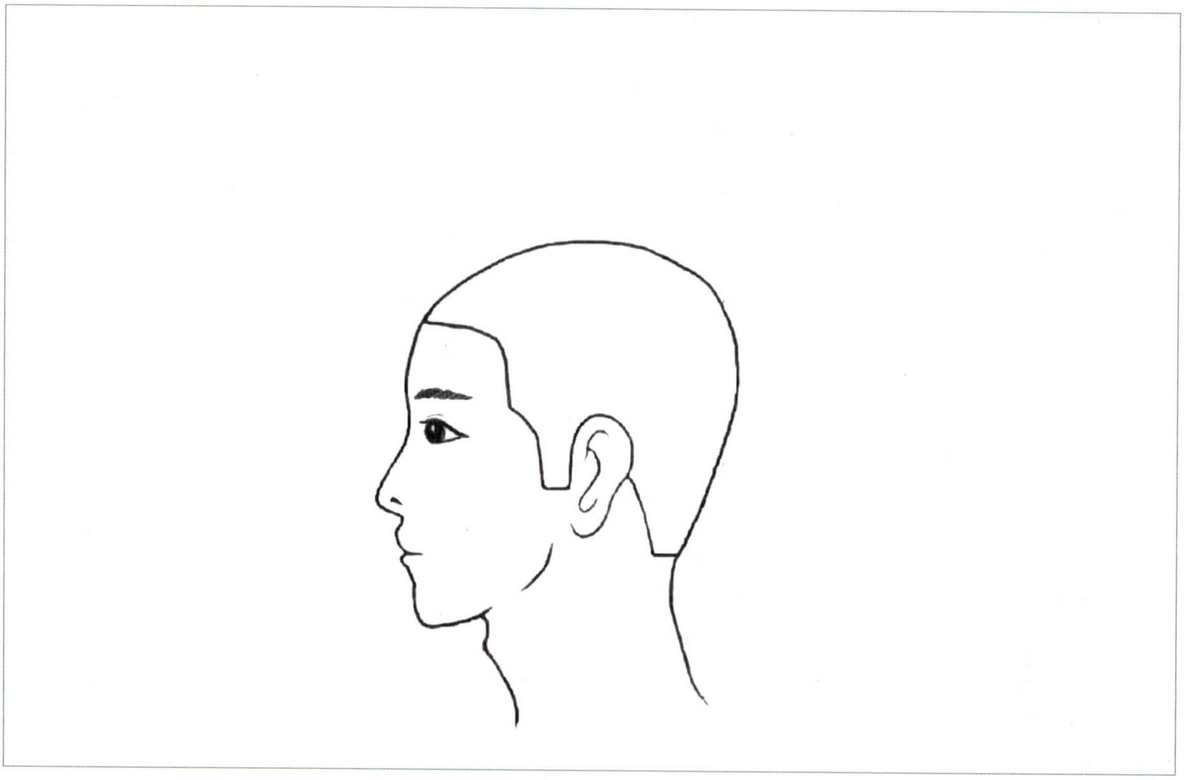

도해도 그려보기

(2) 상중발 헤어 스타일 시술하기

①, ②, ③ 전두부Top에서 두정부Crown까지 수평 섹션Horizontal Section으로 지간 깎기하여 커트Cut를 진행한다.

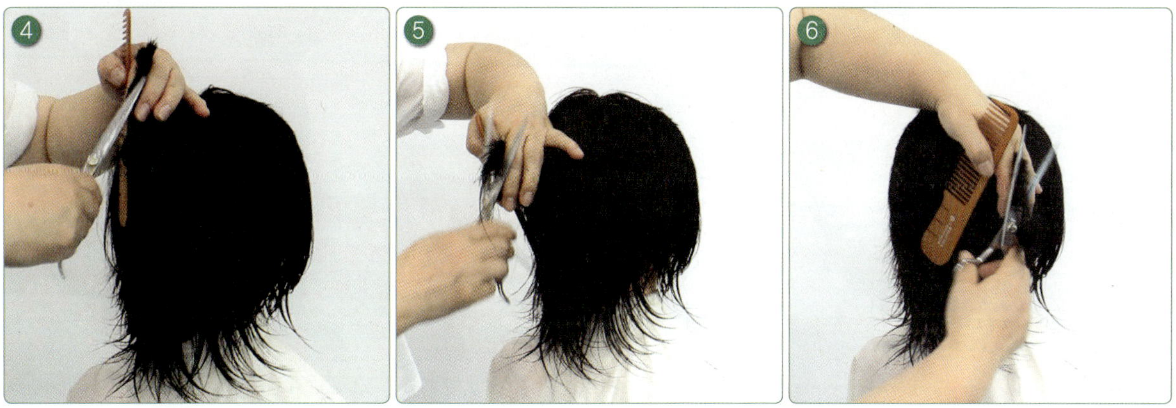

④, ⑤, ⑥ 전두부에서 두정부까지 피봇 섹션Pivot Section으로 일반 시술 각 90°로 지간 깎기를 진행한다.

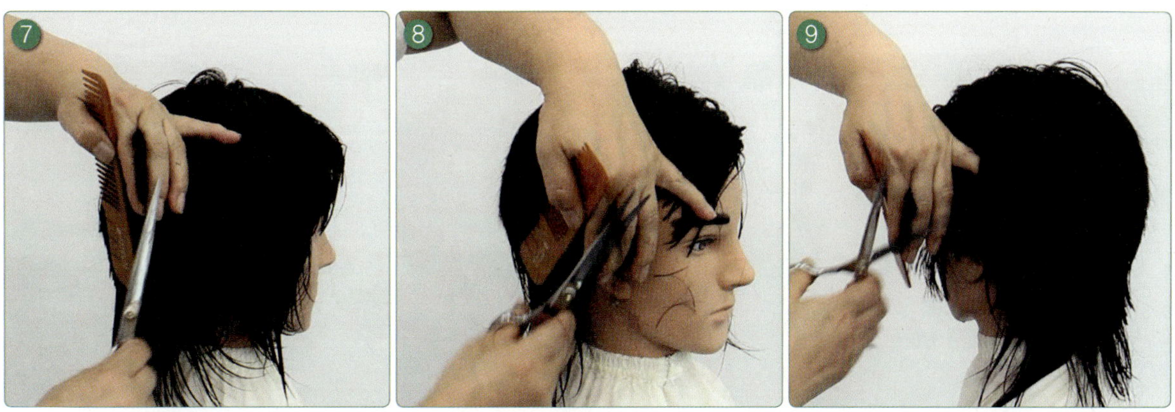

⑦, ⑧, ⑨ 우측 인테리어Interior 영역부터 일반 시술 각 90°로 측두부 사이드Side까지 지간 깎기한 후, 좌측도 동일한 방법으로 양 옆 밸런스Balance를 맞추면서 커트를 진행한다.

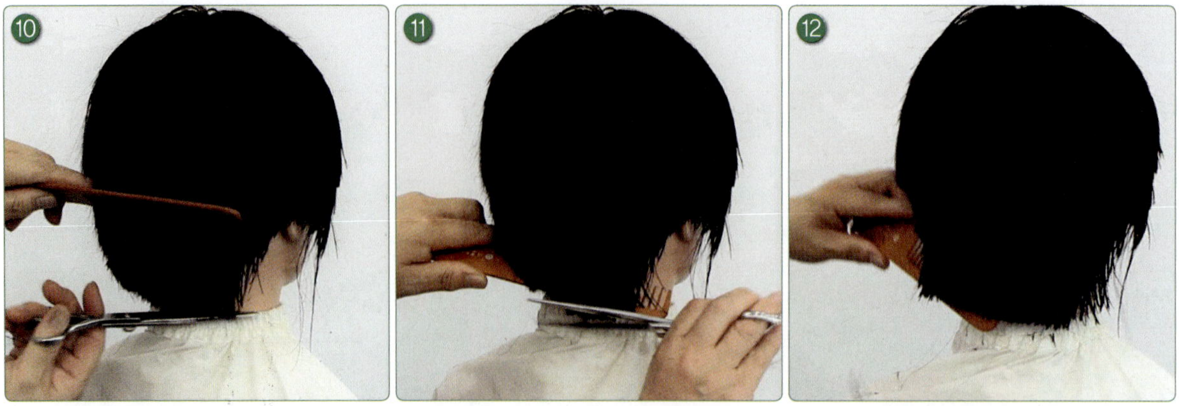

⑩, ⑪, ⑫ 네이프 라인Nape Line에 자연 시술 각 0°로 가이드Guide 설정 후, 자연 시술 각 80°로 빗을 기울여 떠올려 깎기, 떠내 깎기하여 백 포인트B.P : Back Point 아래로 컨벡스Convex 형태의 무게선을 형성한다.

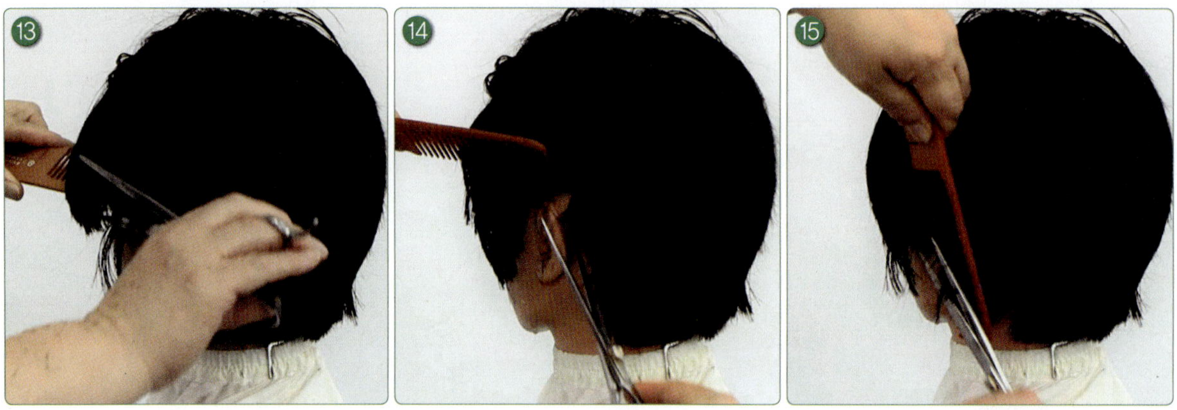

⑬, ⑭, ⑮ 백 사이드B.S : Back Side의 기장을 가이드로 측면의 모발을 떠내 깎기한 뒤, 프리 핸드Free Hand 기법과 떠올려 깎기로 사이드 코너 포인트S.C.P : Side Corner Point부터 네이프 사이드 포인트N.S.P : Nape Side Point까지 헤어 라인Hair Line을 정리한다.

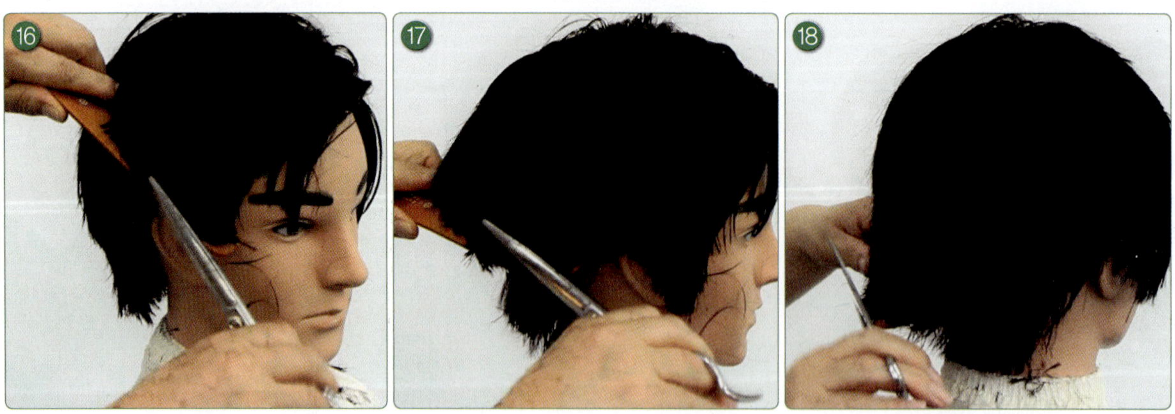

⑯, ⑰, ⑱ 우측도 좌측과 동일한 방법으로 진행하며 양 옆 밸런스를 맞추면서 커트를 진행한다.

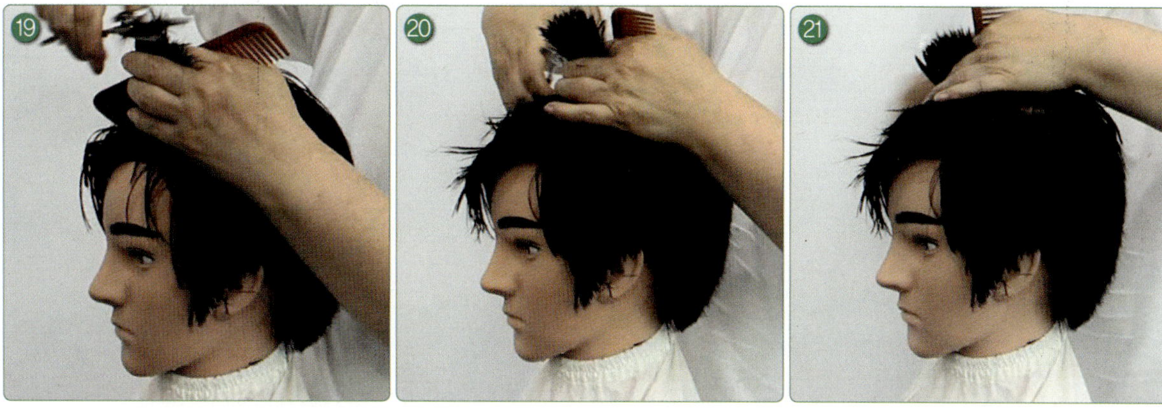

⑲, ⑳, ㉑ 천정부 영역의 센터 포인트C.P : Center Point에서 골든 포인트G.P : Golden Point를 향해 지간 깎기로 엔드 테이퍼링End Tapering 한다.

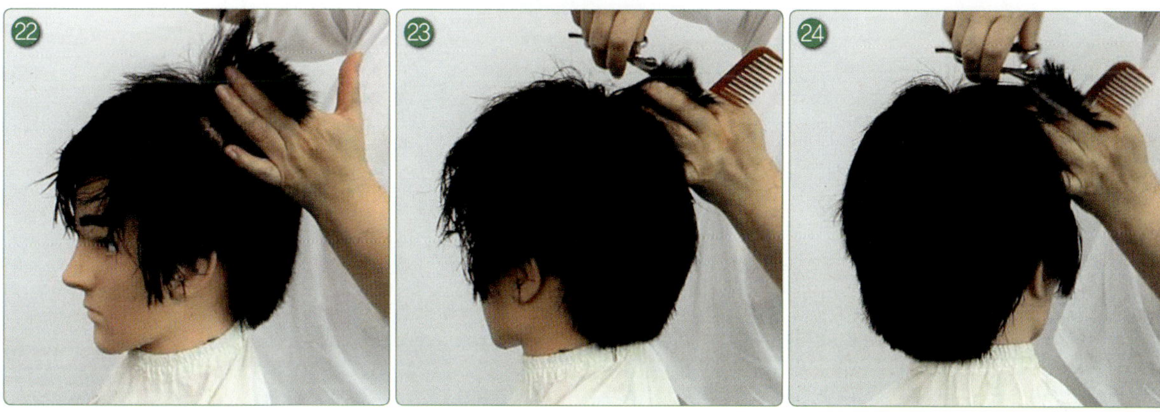

㉒, ㉓, ㉔ 좌측 → 우측으로 이동하며 지간 깎기로 엔드 테이퍼링한다.

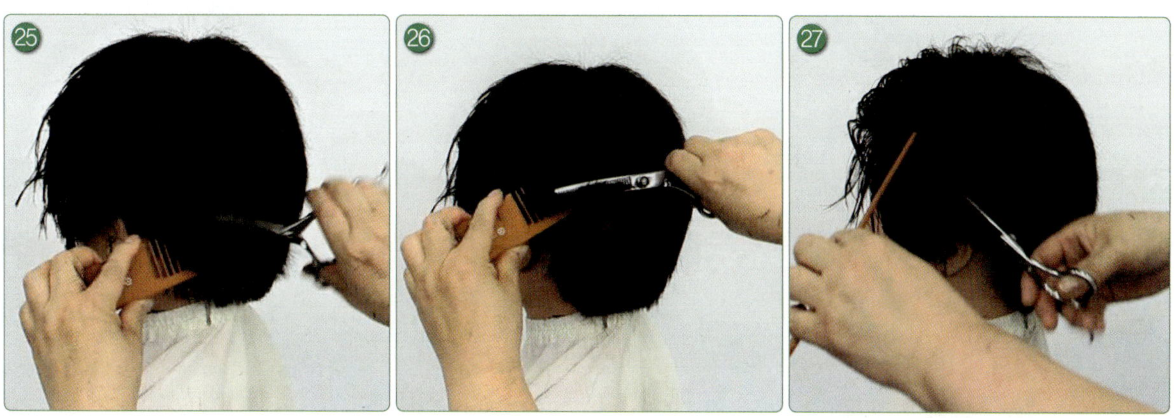

㉕, ㉖, ㉗ 우측 → 좌측으로 이동하며 연속 깎기싱글링 : Shingling → 떠올려 깎기 기법 순으로 엔드 테이퍼링한다.
* 모량이 뭉친 곳이 있다면 틴닝 가위를 세워 딥 테이퍼링Deep Tapering 한다.

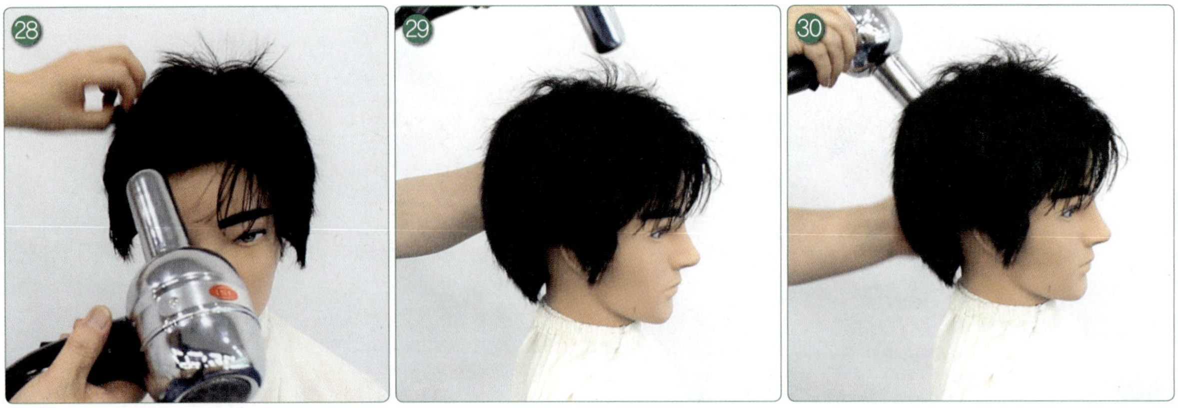

㉘, ㉙, ㉚ 모발의 흐름에 따라 드라이기를 이용하여 핸드 드라이Hand Dry 한다.

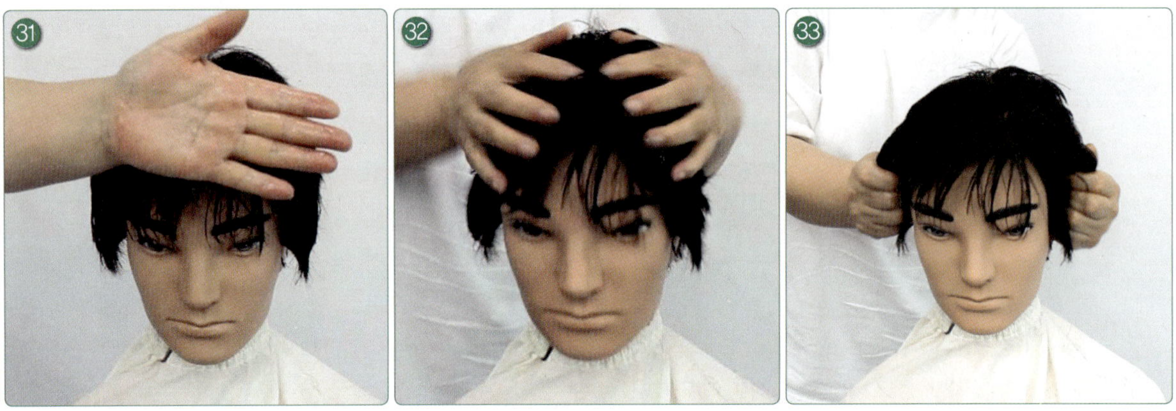

㉛, ㉜, ㉝ 제품을 사용하여 스타일링Styling 한다.

㉞, ㉟, ㊱ 빗을 사용하여 볼륨을 형성해 주며 전체적으로 드라이Dry를 진행한다.

(3) 상중발 헤어 스타일 마무리 하기

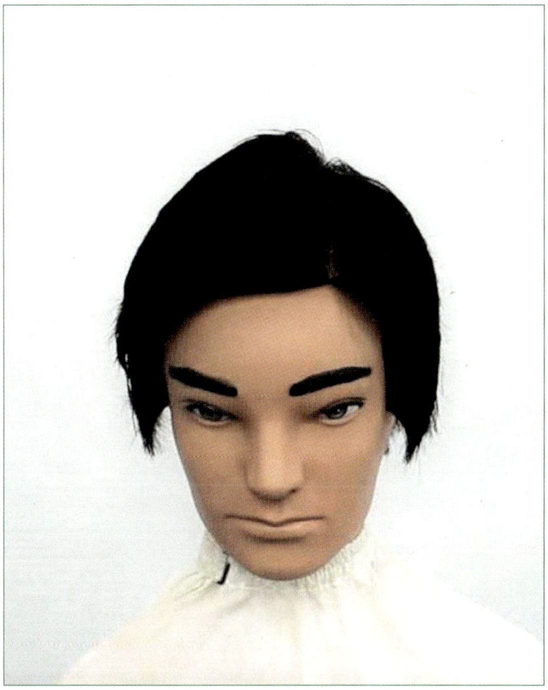

앞 Front

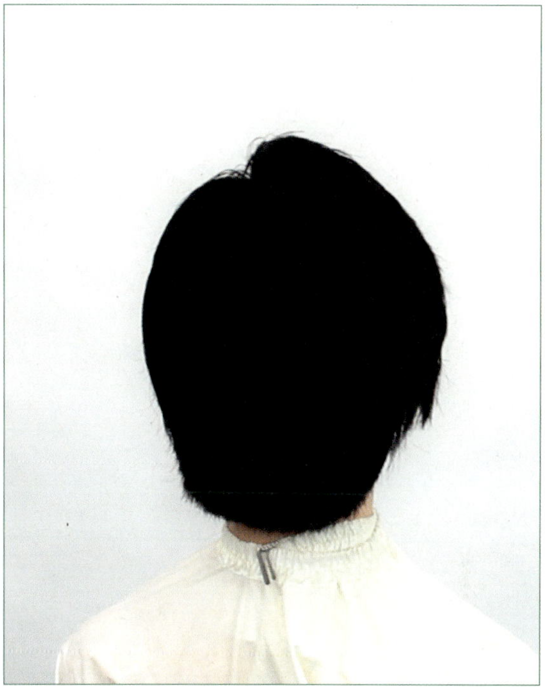

뒤 Back

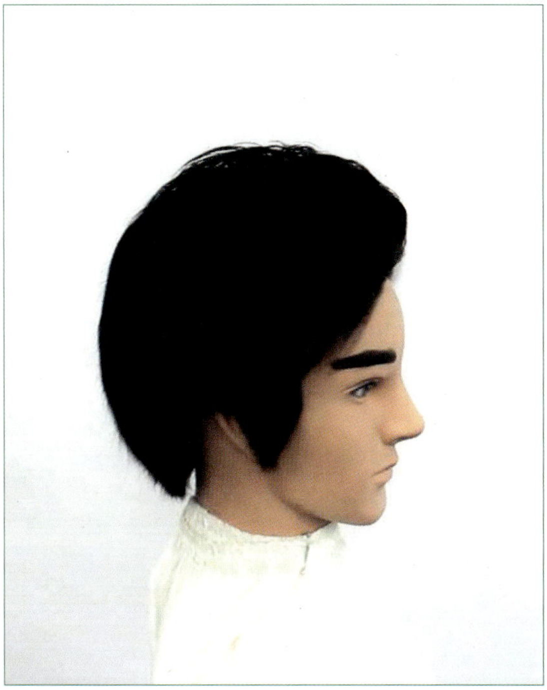

우측 Right side

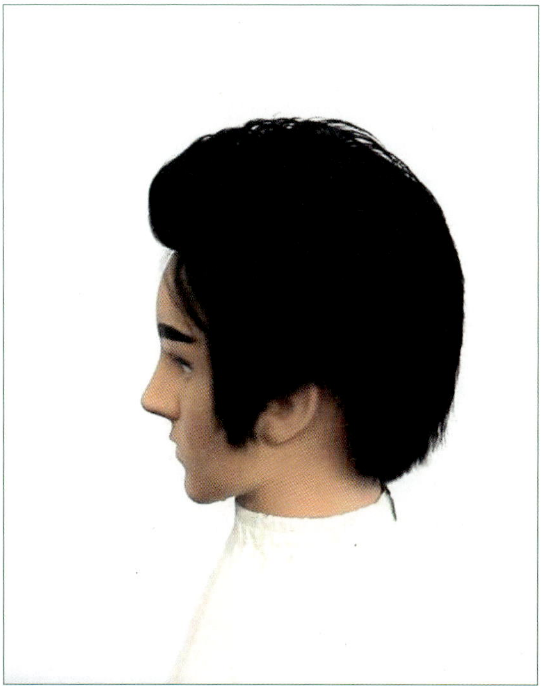

좌측 Left side

실습과정 사진	
사진	설명

실습결과 사진	
앞 Front	뒤 Back
좌측 Left Side	우측 Right Side

[교수 학습방법]

교수 방법
① 상중발형의 길이 구조 배열을 설명한다.
② 상중발형의 도해도를 그리며 7단계 절차에 대해 설명한다.
③ 상중발형을 작업 절차에 따라 위그에 시연한다.
④ 상중발형 이발을 작업 절차에 따라 위그에 시연한다.
⑤ 올바른 도구 사용 방법과 이발 기법을 익힐 수 있도록 지도한다.
⑥ 다양한 이발 기법을 활용할 수 있도록 지도한다.

학습 방법
① 상중발형 이발의 길이 구조를 이해하여 노트에 도해도를 그린다.
② 상중발형의 도해도와 7단계 커트 절차를 정리한다.
③ 상중발형 이발의 작업 절차를 숙지하여 위그에 반복 실습한다.
④ 도구를 바르게 사용할 수 있도록 주의하며 이발 기법을 위그에 실습한다.
⑤ 다양한 이발 기법을 활용할 수 있도록 노력한다.

[평가 준거]

학습 내용	평가 항목	성취 수준		
		상	중	하
상중발형 이발 계획	1. 형태 분석에 따른 상중발형 스타일의 종류 및 형태선 특징 등을 도식화 하여 설명할 수 있다.			
	2. 상중발형을 이발하기 위한 커트 절차를 설명할 수 있다.			
상중발형 이발 작업	상중발형을 이발하기 위한 이발 기법을 수행할 수 있다.			

[평가 방법]

학습 내용	평가 항목	성취 수준		
		상	중	하
상중발형 이발 계획	1. 상중발형의 길이 구조의 이해 여부			
	2. 형태 작업 순서 및 방법의 이해 여부			
	3. 커트 도구 및 기법의 이해 여부			
상중발형 이발 작업	1. 낮은 시술 각 커트의 수행 능력			
	2. 상중발형 이발 형태 작업의 완성도 여부			
	3. 떠내려 깎기의 숙련도 여부			
	4. 커트 스타일의 완성도			

[평가자 체크리스트]

학습 내용	평가 항목	성취 수준		
		상	중	하
상중발형 이발 계획	1. 작업 전 도구 준비 여부			
	2. 올바른 도구 사용 방법 이해 여부			
	3. 형태 작업 절차 계획 능력			
상중발형 이발 작업	1. 스퀘어 커트의 수행 능력			
	2. 상중발형 이발 형태 작업의 완성도 여부			
	3. 떠내려 깎기의 숙련도 여부			
	4. 커트 스타일의 완성도 여부			

2. 남성 이용 중발 중중발 헤어 스타일

학습내용 단원명	수업 목표
남성 커트 기본 스타일 중발형 중중발	남성 커트 이용 중발 중중발 헤어 스타일 실습을 수행할 수 있다.

귀를 1/3덮는 지점부터 1/2 덮는 지점까지의 기장으로 엑스테리어 Exterior 영역은 중간 시술 각 45° 라운드 Round 혹은 미세한 마름모 형태, 인테리어 Interior 영역은 유니폼 레이어 Uniform Layer 로 라운드 형태의 구조로서 백 포인트 B.P : Back Point 위치에 무게선과 중간의 경사선을 갖는다.

(1) 중중발 헤어 커트 준비하기

1) 재료

③ 이용 빗

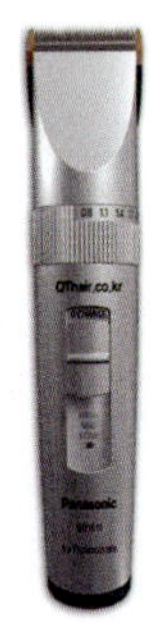
② 클리퍼

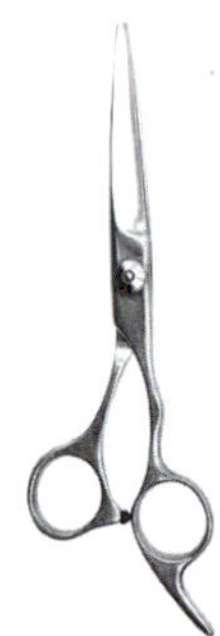
③ 장가위

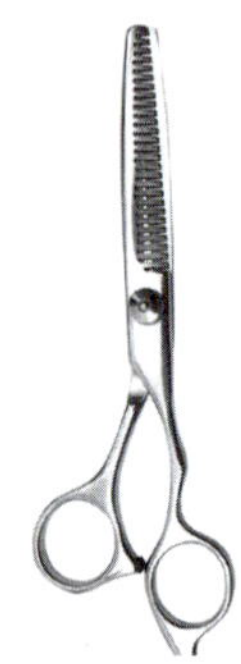
④ 틴닝 가위

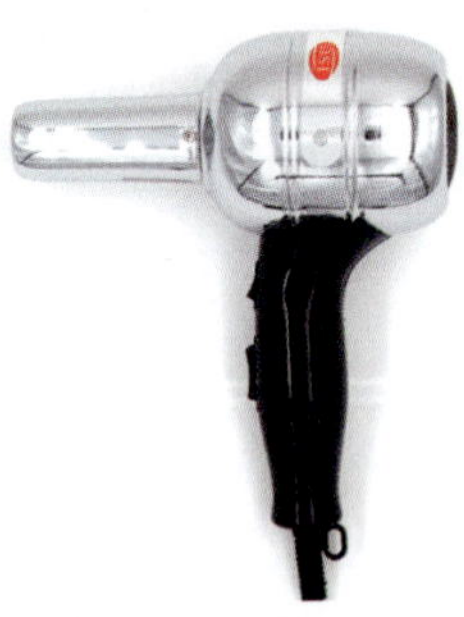
⑤ 이용 드라이기

⑥ 스타일링 제품

⑦ 덴멘 브러시

2) 도해도 및 시술 개요

① 도해도

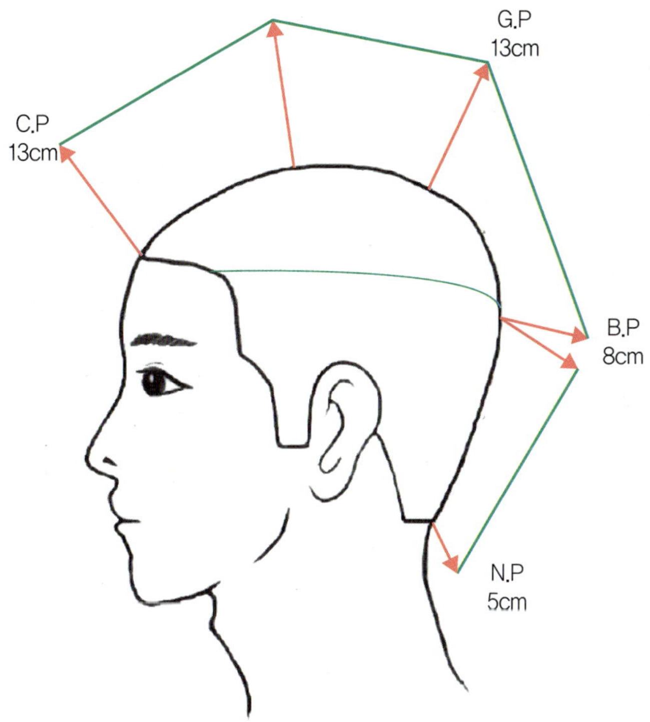

② 시술개요

블로킹 Blocking	U 라인 U-Line
섹션 Section	수평 Horizontal , 세로 Vertical
분배 Distribution	직각 분배 Perpendicular Distribution , 방향 분배 Direction Distribution , 변이 분배 Shifted Distribution
각도 Angle	Top–일반 시술 각 Normal Projection 90°, Side–자연 시술 각 Natural Fall 45°, Back–자연 시술 각 Natural Fall 45°
베이스 Base	온 더 베이스 On The Base
커트 Cut	지간 깎기, 연속 깎기 싱글링 : Shingling , 떠올려 깎기, 떠내 깎기, 클리퍼 오버 콤 Clipper Over Comb
질감 처리 Texturerising	엔드 테이퍼링 End Tapering

3) 이용 남성 커트 시술 방법

시술 전

시술 후

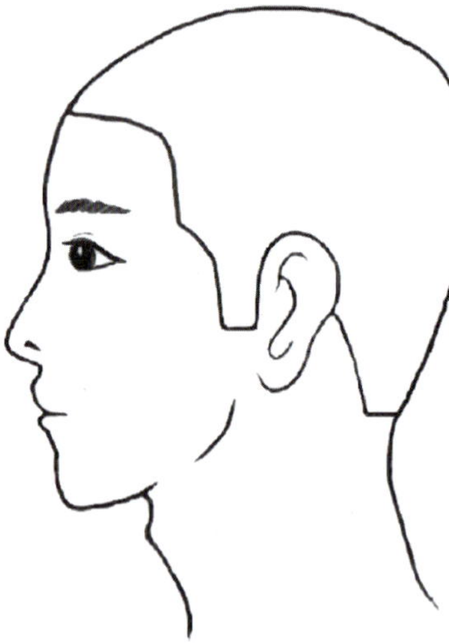

도해도 그려보기

(2) 중중발 헤어 스타일 시술하기

①, ②, ③ U 라인U-Line 영역의 센터 포인트C.P : Center Point에서 골든 포인트G.P : Golden Point까지 일반 시술 각 90° 유니폼 레이어Uniform Layer 형태로 지간 깎기 커트Cut를 진행한다.

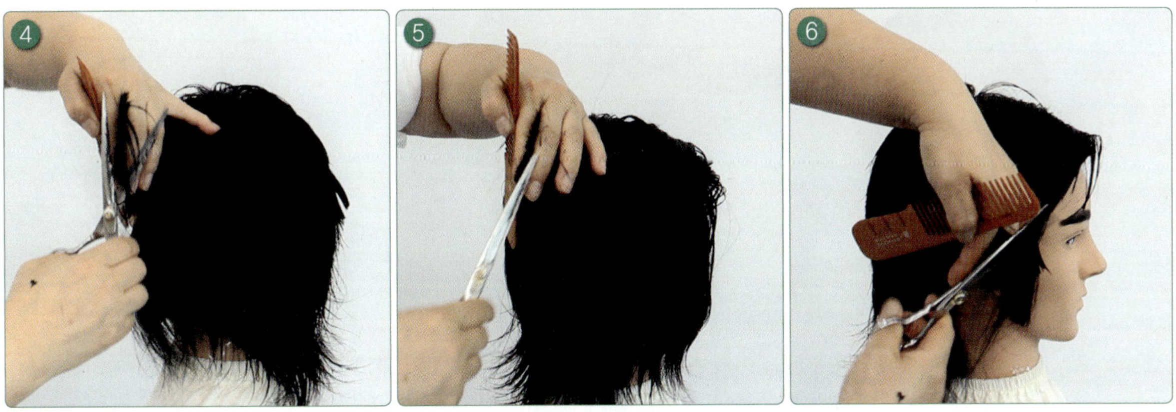

④, ⑤, ⑥ 인테리어Interior 영역을 가이드Guide로 후두부 → 우측으로 이동하면서 일반 시술 각 90°로 지간 깎기 커트를 진행한다.

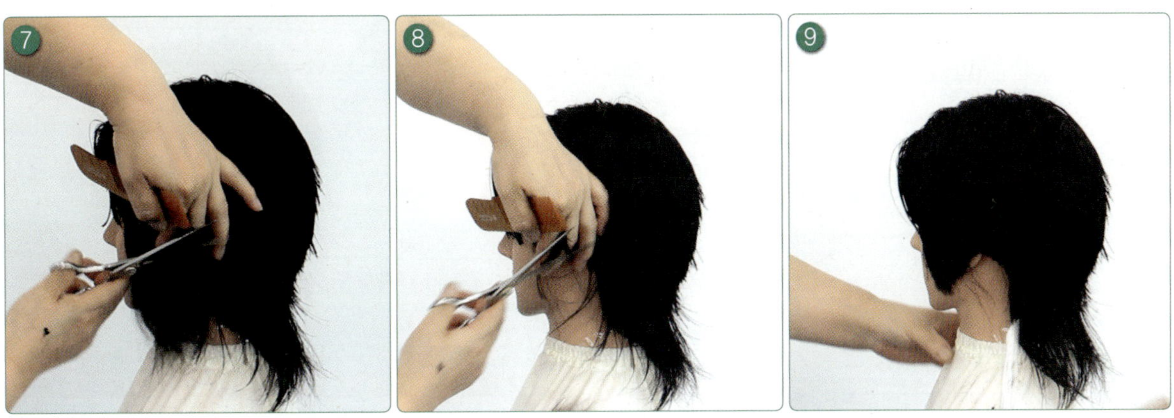

⑦, ⑧, ⑨ 좌측도 우측과 동일한 방법으로 진행하며 양 옆 밸런스Balance를 맞추면서 커트를 진행한다.

⑩, ⑪, ⑫ 네이프 라인Nape Line에 자연 시술 각 0°로 가이드 설정 후, 자연 시술 각 30°로 떠올려 깎기, 떠내 깎기를 진행한다.

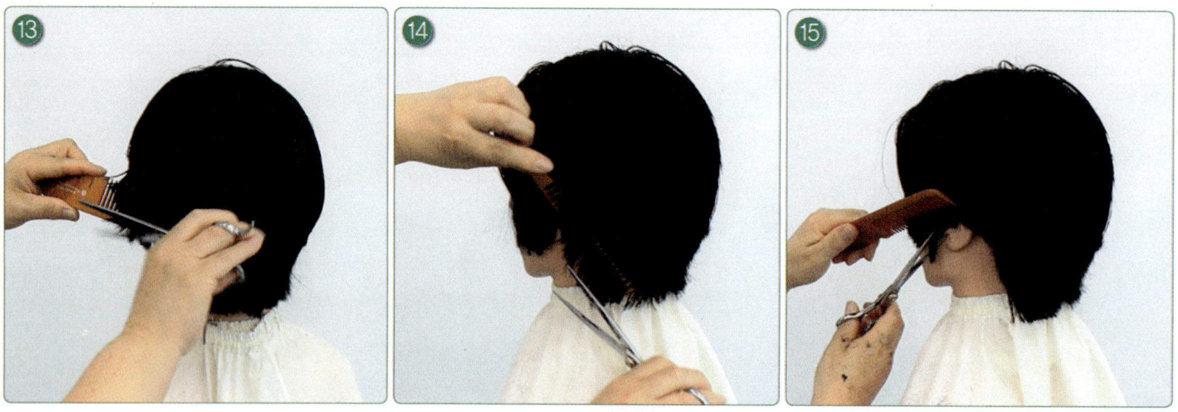

⑬, ⑭, ⑮ 네이프Nape와 좌측 사이드Side의 가이드를 연결하여 떠내 깎기를 진행한다. 자연 시술 각 0°로 빗질 후 프리 핸드Free Hand 기법으로 귀를 1/2 정도 덮는 기장의 컨케이브 라인Concave Line으로 헤어 라인Hair Line을 정리한다.

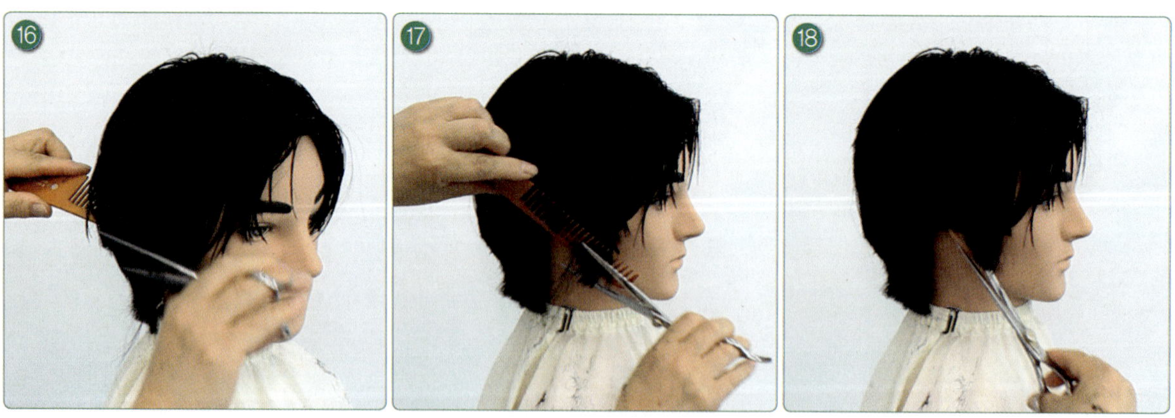

⑯, ⑰, ⑱ 우측도 좌측과 동일한 방법으로 진행하며 양 옆 밸런스를 맞추면서 커트를 진행한다.

⑲, ⑳, ㉑ 천정부 영역의 센터 포인트에서 골든 포인트를 향해 지간 깎기로 엔드 테이퍼링End Tapering 한다.

㉒, ㉓, ㉔ 좌측 → 우측으로 이동하며 지간 깎기로 엔드 테이퍼링한다.

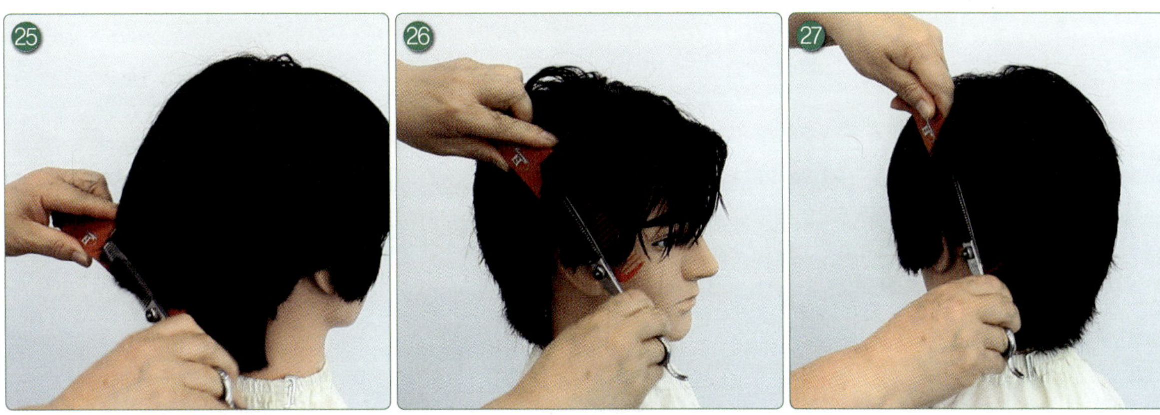

㉕, ㉖, ㉗ 우측으로 이동하며 연속 깎기싱글링 : Shingling → 떠올려 깎기 기법 순서로 엔드 테이퍼링한다.

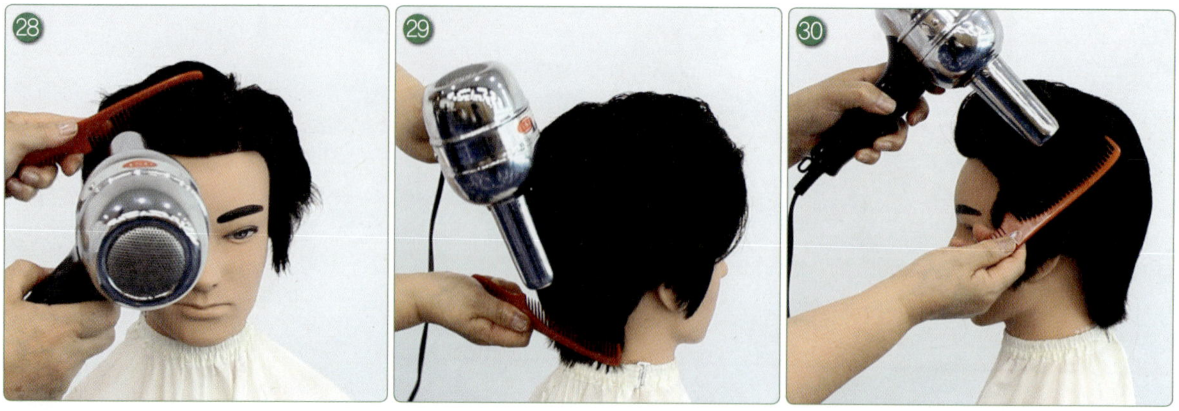

㉘, ㉙, ㉚ 빗을 사용하여 볼륨을 형성해 주며 전체적으로 드라이Dry를 진행한다.

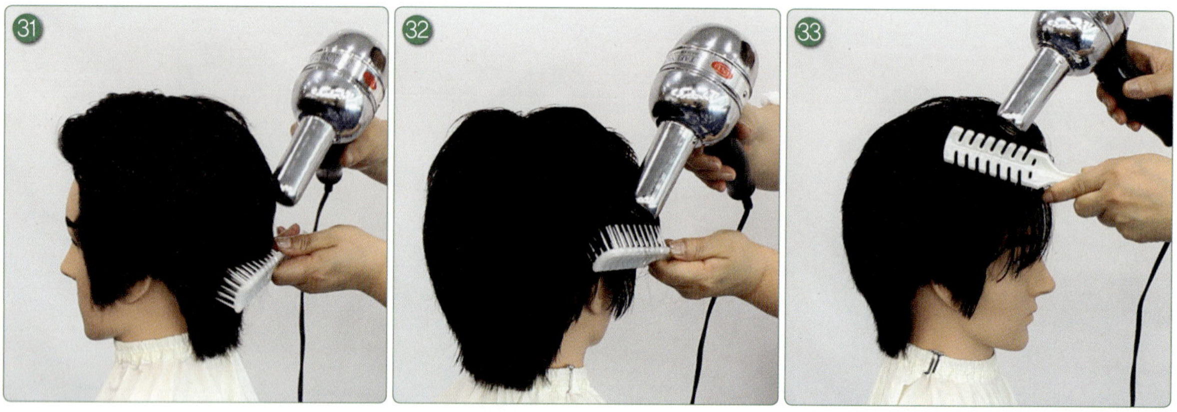

㉛, ㉜, ㉝ 드라이기와 덴멘 브러시Denman Brush를 이용하여 모발 흐름의 방향으로 이동하며 드라이한다.

㉞, ㉟, ㊱ 제품을 사용하여 스타일링Styling 한다.

(3) 중중발 헤어 스타일 마무리 하기

앞Front

뒤Back

우측Right side

좌측Left side

실습과정 사진	
사진	설명

실습결과 사진

앞 Front	뒤 Back
좌측 Left Side	우측 Right Side

[교수 학습방법]

교수 방법
① 중중발형의 길이 구조 배열을 설명한다.
② 중중발형의 도해도를 그리며 7단계 절차에 대해 설명한다.
③ 중중발형을 작업 절차에 따라 위그에 시연한다.
④ 올바른 도구 사용 방법과 이발 기법을 익힐 수 있도록 지도한다.
⑤ 다양한 이발 기법을 활용할 수 있도록 지도한다.

학습 방법
① 중중발형 이발의 길이 구조를 이해하여 노트에 도해도를 그린다.
② 중중발형의 도해도와 7단계 커트 절차를 정리한다.
③ 중중발형 이발의 작업 절차를 숙지하여 위그에 반복 실습한다.
④ 도구를 바르게 사용할 수 있도록 주의하며 이발 기법을 위그에 실습한다.
⑤ 다양한 이발 기법을 활용할 수 있도록 노력한다.

[평가 준거]

학습 내용	평가 항목	성취 수준		
		상	중	하
중중발형 이발 계획	1. 형태 분석에 따른 중중발형 스타일의 종류 및 형태선 특징 등을 도식화하여 설명할 수 있다.			
	2. 중중발형을 이발하기 위한 커트 절차를 설명할 수 있다.			
중중발형 이발 작업	중중발형을 이발하기 위한 이발 기법을 수행할 수 있다.			

[평가 방법]

학습 내용	평가 항목	성취 수준		
		상	중	하
중중발형 이발 계획	1. 중중발형의 길이 구조의 이해 여부			
	2. 형태 작업 순서 및 방법의 이해 여부			
	3. 커트 도구 및 기법의 이해 여부			
중중발형 이발 작업	1. 두상각 90°숙련 여부			
	2. 레이어드 커트의 숙련도 여부			
	3. 떠내 깎기, 떠올려 깎기의 숙련도 여부			
	4. 커트 스타일의 완성도			

[평가자 체크리스트]

학습 내용	평가 항목	성취 수준		
		상	중	하
중중발형 이발 계획	1. 작업 전 도구 준비 여부			
	2. 올바른 도구 사용 방법 이해 여부			
	3. 형태 작업 절차 계획 능력			
중중발형 이발 작업	1. 레이어 커트의 수행 능력			
	2. 중중발형 이발 형태 작업의 완성도			
	3. 떠내 깎기, 떠올려 깎기의 숙련도 여부			
	4. 커트 스타일의 완성도 여부			

3. 남성 이용 중발 하중발 헤어 스타일

학습내용 단원명	수업 목표
남성 커트 기본 스타일 중발형 하중발	남성 커트 이용 중발 하중발 헤어 스타일 실습을 수행할 수 있다.

이어 라인 Ear Line 의 길이가 귀를 1/2 덮는 지점부터 2/3 덮는 지점까지의 기장을 말하며, 방향 분배하여 천체축 90° 커트를 하여 직사각형 또는 장방형의 형태로 탑 포인트 T.P : Top Point 의 기장이 가장 짧고 점차적으로 길어지는 인크리스 레이어 Increase Layer 의 구조를 갖는다.

(1) 솔리드 이사도라 헤어 커트 준비하기

1) 재료

③ 이용 빗

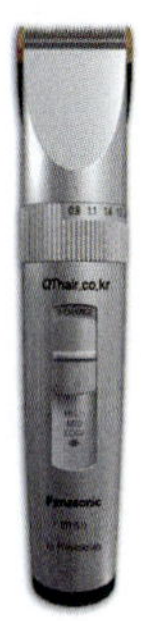

② 클리퍼

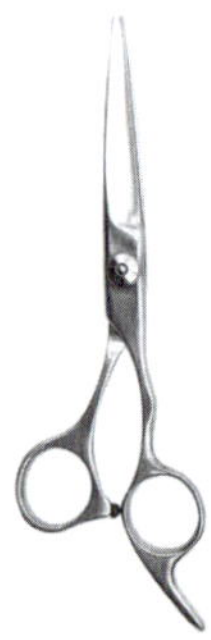

③ 장가위

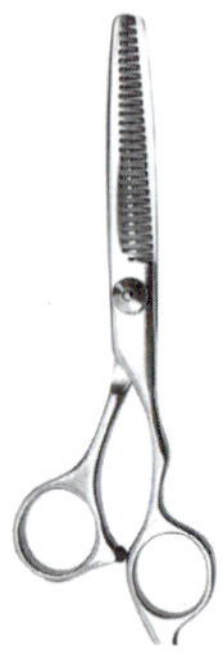

④틴닝 가위

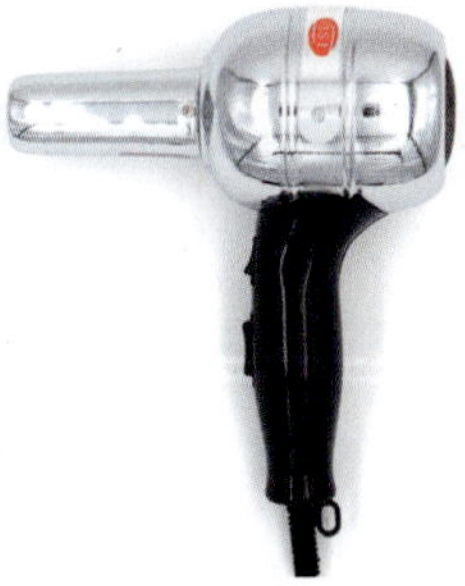

⑤ 이용 드라이기

⑥ 스타일링 제품

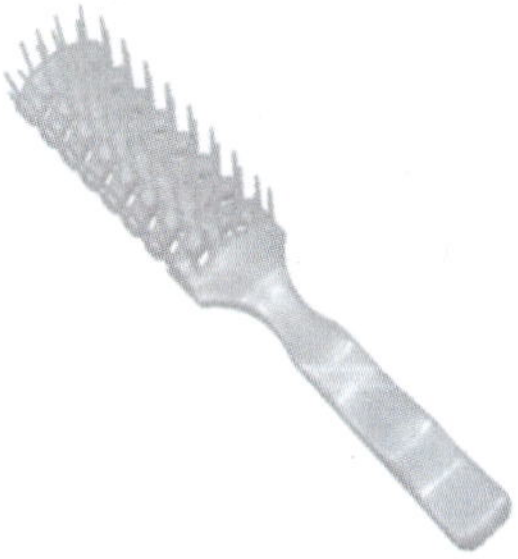

⑦ 덴멘 브러시

2) 도해도 및 시술 개요

① 도해도

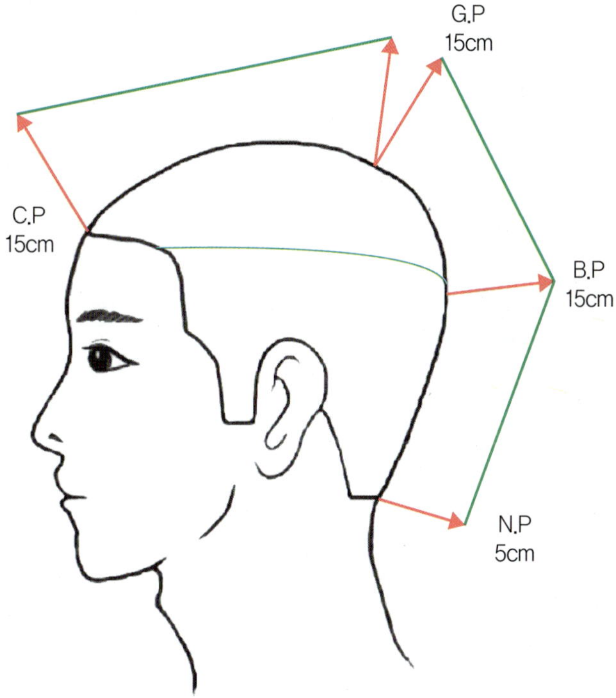

② 시술개요

블로킹 Blocking	노 파팅 No Parting
섹션 Section	수평 Horizontal, 세로 Vertical
분배 Distribution	직각 분배 Perpendicular Distribution, 방향 분배 Direction Distribution, 변이 분배 Shifted Distribution
각도 Angle	Top–일반 시술 각 Normal Projection 90°, Side–자연 시술 각 Natural Fall 90°, Back–자연 시술 각 Natural Fall 90°
베이스 Base	온 더 베이스 On The Base, 사이드 베이스 Side Base, 프리 베이스 Free Base
커트 Cut	지간 깎기, 연속 깎기 싱글링 : Shingling, 떠올려 깎기, 클리퍼 오버 콤 Clipper Over Comb
질감 처리 Texturerising	엔드 테이퍼링 End Tapering

3) 이용 남성 커트 시술 방법

시술 전

시술 후

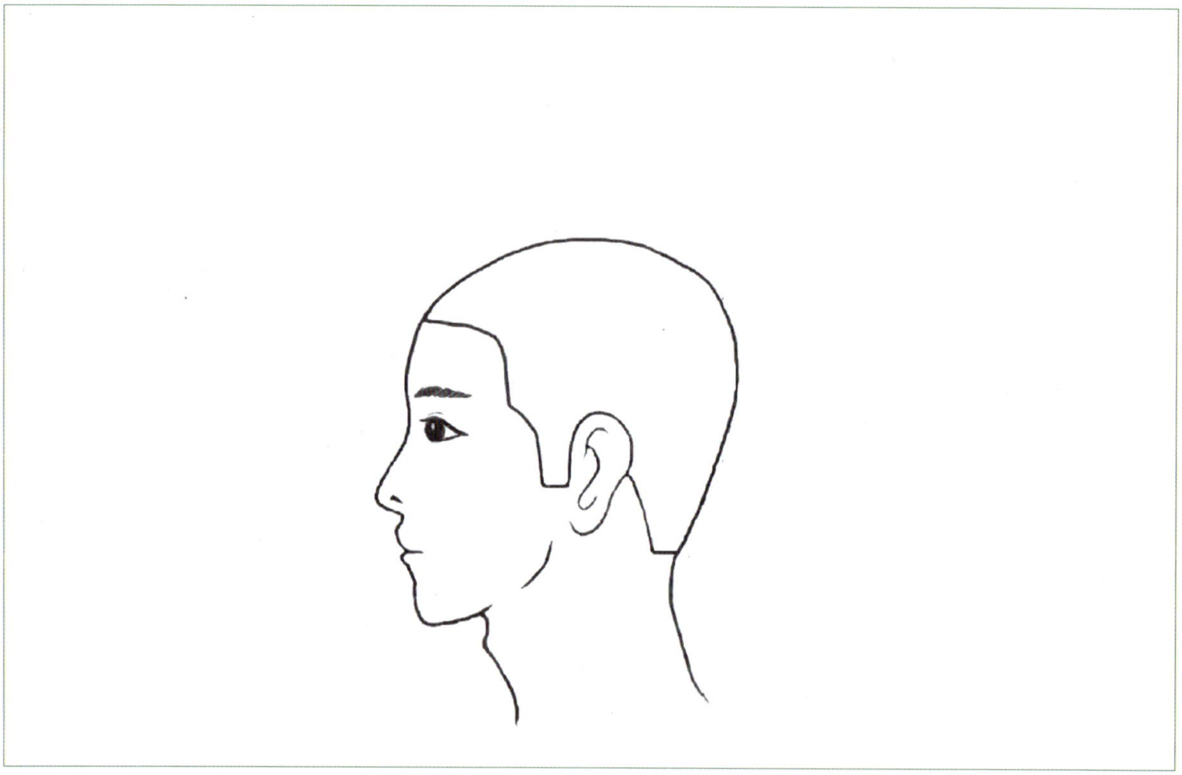

도해도 그려보기

(2) 이용 하중발 헤어 스타일 시술하기

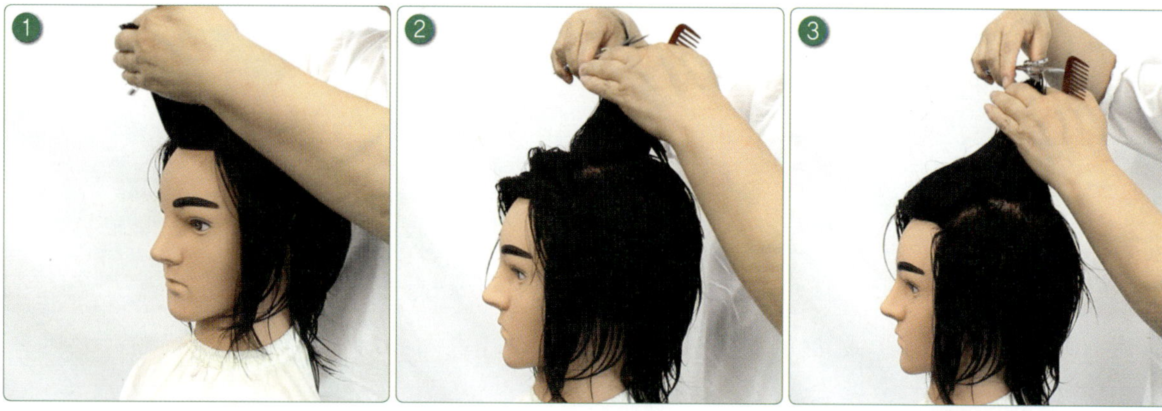

①, ②, ③ U 라인U-Line 영역의 센터 포인트C.P : Center Point에서 골든 포인트G.P : Golden Point를 향해 스퀘어 라인Square Line 형태로 지간 깎기를 진행한다.

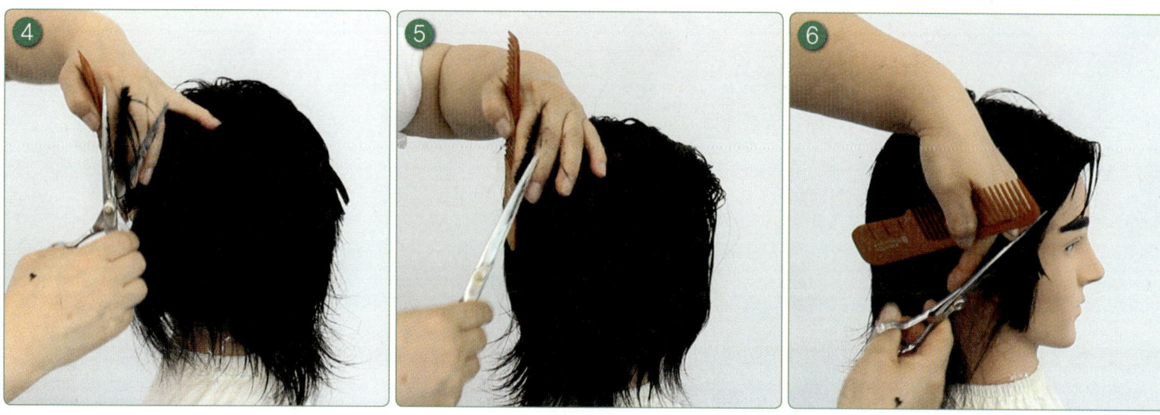

④, ⑤, ⑥ 우측 사이드Side부터 버티컬 섹션Vertical Section으로 스퀘어 라인 형태로 지간 깎기를 진행한다.

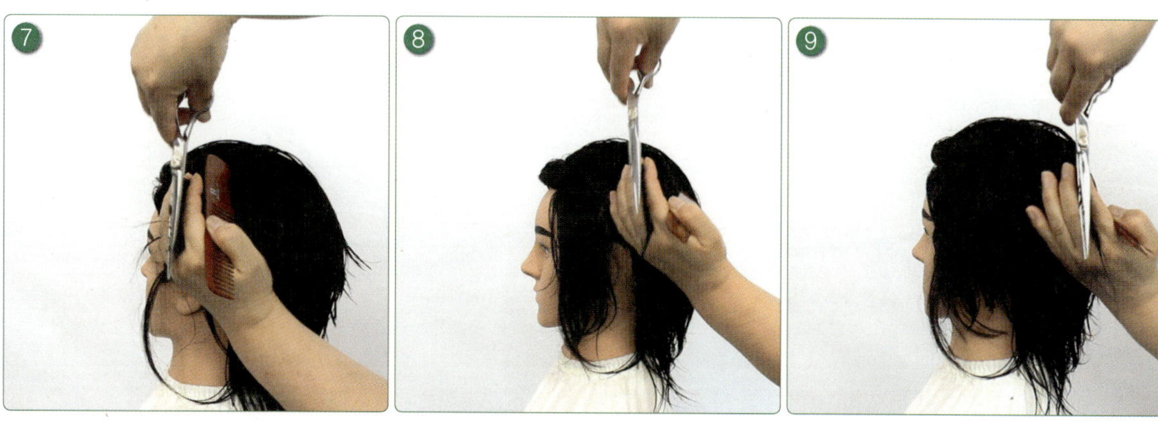

⑦, ⑧, ⑨ 좌측도 우측과 동일한 방법으로 진행하며 좌·우 밸런스Balance를 맞추며 커트Cut를 진행한다.

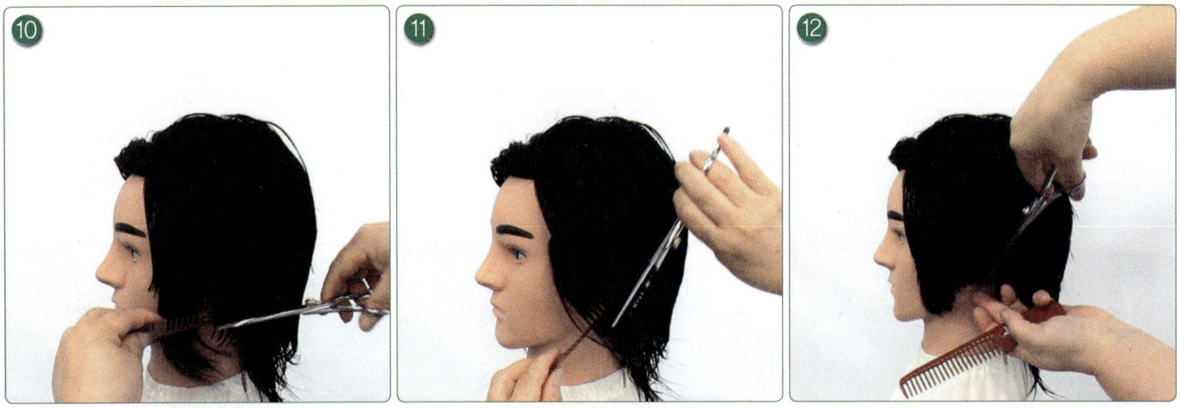

⑩, ⑪, ⑫ 이어 포인트E.P : Ear Point에서 귀의 2/3 위치에 가이드Guide를 설정하고, 컨케이브Concave 형태로 정리한다.

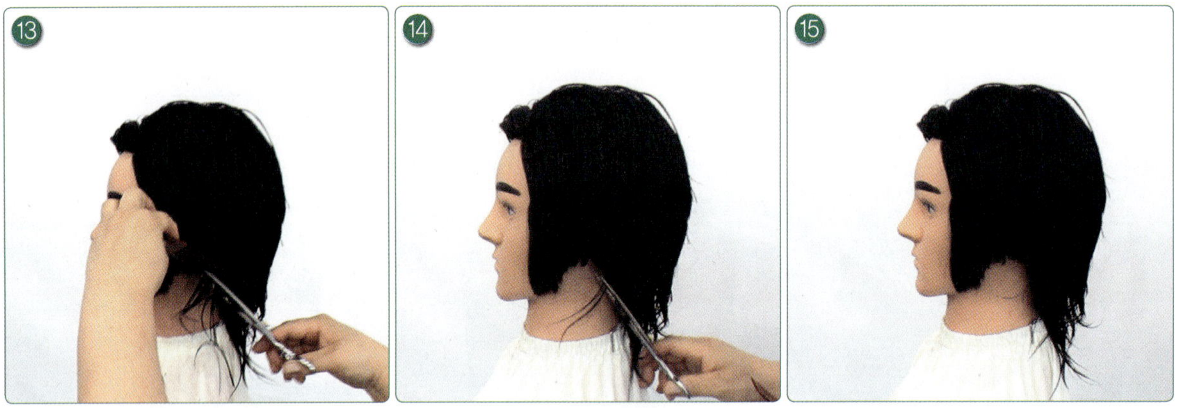

⑬, ⑭, ⑮ 좌측면의 커트된 모발을 가이드로 네이프 사이드 포인트N.S.P : Nape Side Point까지 자연 시술 각 0°로 빗질 후, 프리 핸드Free Hand 기법으로 헤어 라인Hair Line을 정리한다.

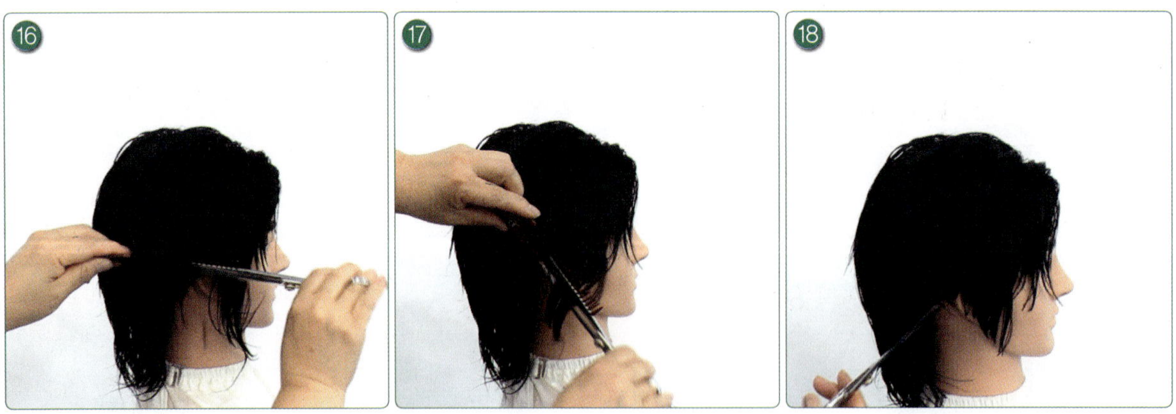

⑯, ⑰, ⑱ 우측도 좌측과 동일한 방법으로 진행하며 양 옆 밸런스를 맞추며 커트를 진행한다.

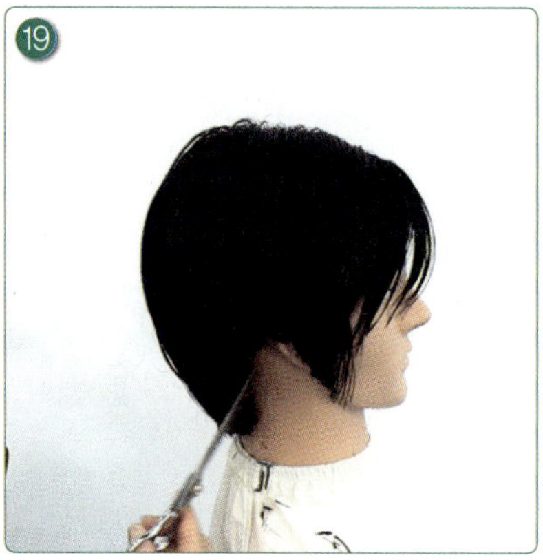

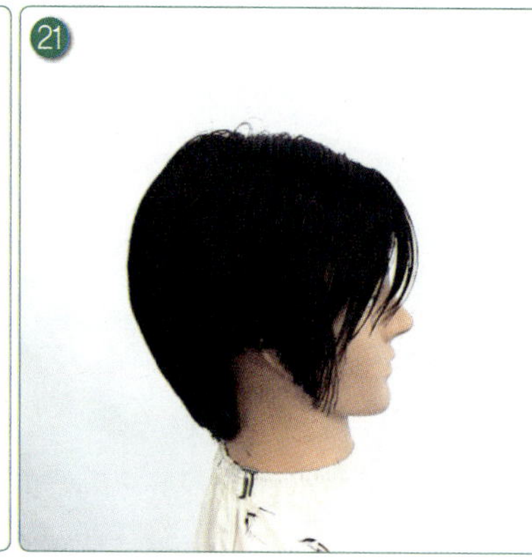

⑲, ⑳, ㉑ 우측면의 커트된 모발을 가이드로 네이프 사이드 포인트까지 자연 시술 각 0°로 빗질 후, 프리 핸드 기법으로 헤어 라인을 정리한다.

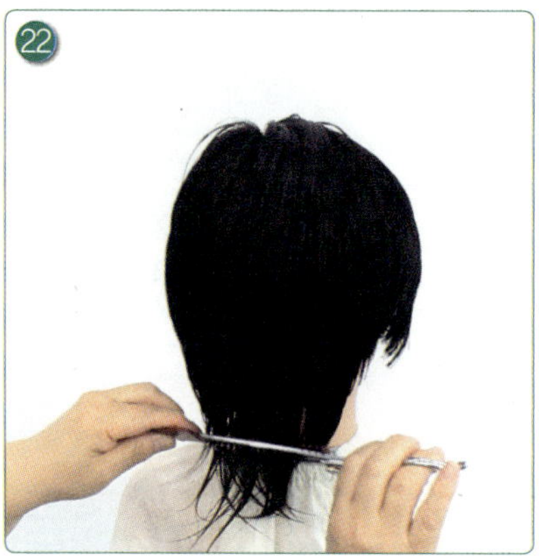

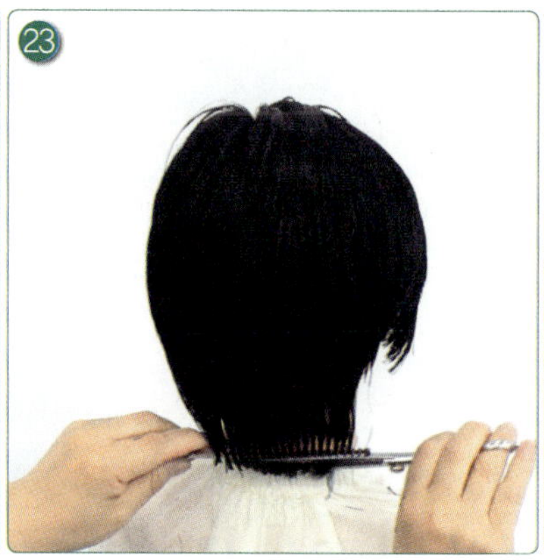

㉒, ㉓, ㉔ 네이프 라인Nape Line에 자연 시술 각 0°로 가이드 설정 후, 백 포인트B.P : Back Point까지 떠올려 깎기로 정리한다.

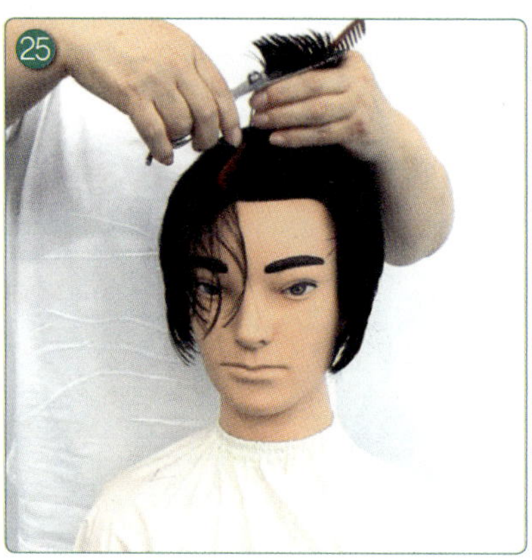

㉕, ㉖, ㉗ 천정부 영역의 센터 포인트에서 골든 포인트를 향해 지간 깎기로 엔드 테이퍼링End Tapering한다.

㉘, ㉙, ㉚ 좌측 → 우측으로 이동하며 연속 깎기싱글링 : Shingling와 떠올려 깎기 기법으로 엔드 테이퍼링한다.

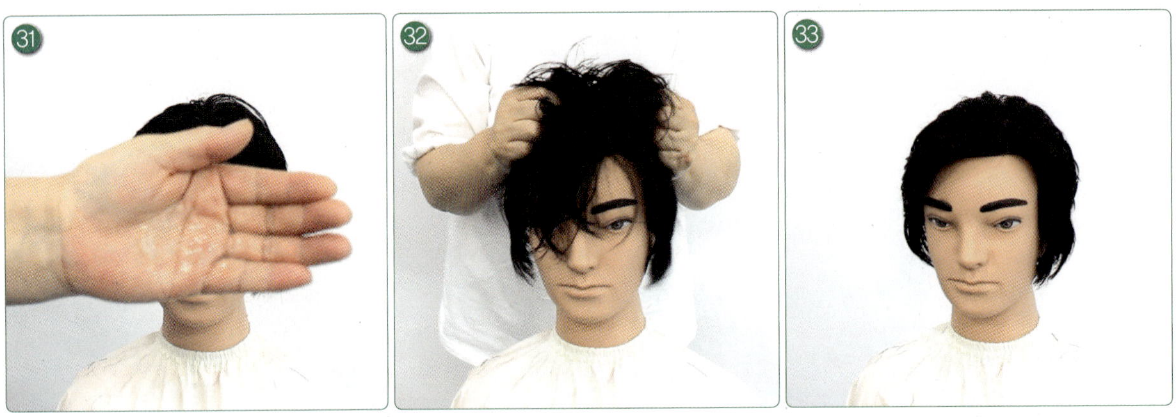

㉛, ㉜, ㉝ 제품을 사용하여 스타일링Styling 한다.

㉞, ㉟, ㊱ 드라이기와 덴멘 브러시Denman Brush를 이용하여 모발의 흐름에 따라 드라이Dry 한다.

(3) 이용 하중발 헤어 스타일 마무리 하기

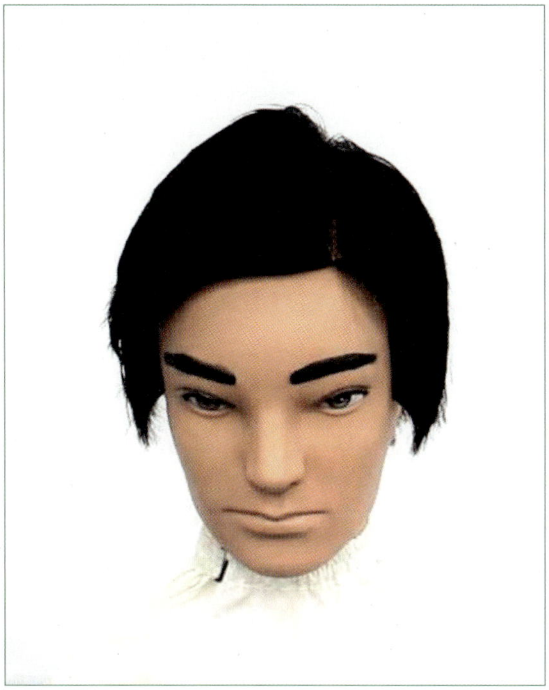

앞Front

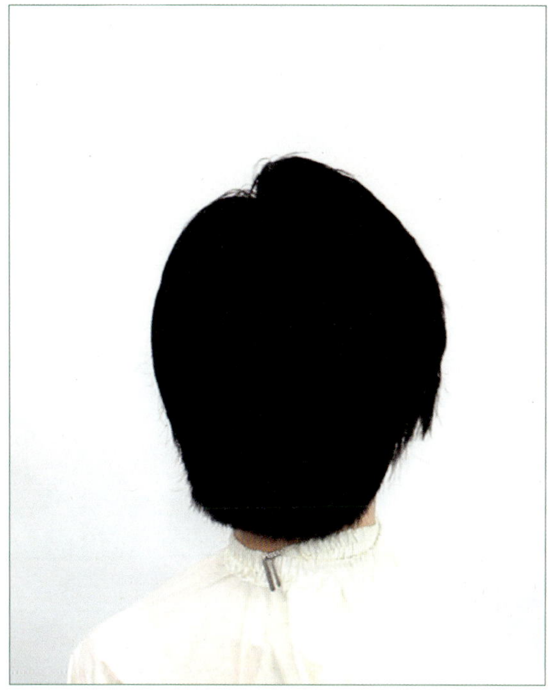

뒤Back

우측Right side

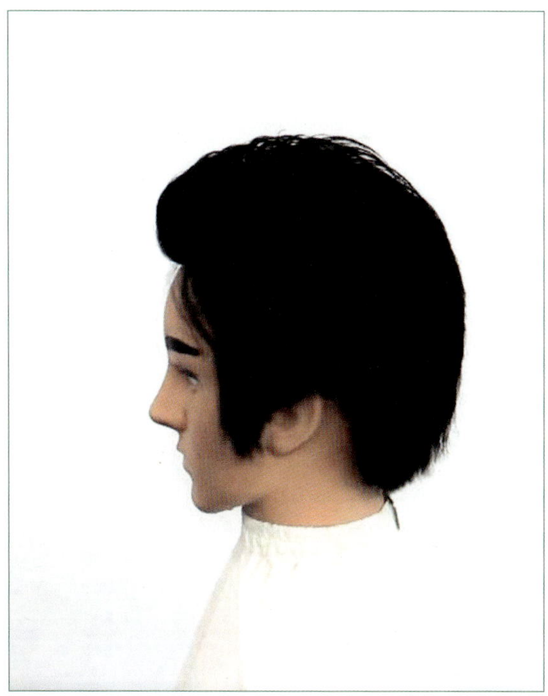

좌측Left side

실습과정 사진	
사진	설명

실습결과 사진

앞 Front	뒤 Back
좌측 Left Side	우측 Right Side

[교수 학습방법]

교수 방법
① 하중발형의 길이 구조 배열을 설명한다.
② 하중발형의 도해도를 그리며 7단계 절차에 대해 설명한다.
③ 하중발형을 작업 절차에 따라 위그에 시연한다.
④ 올바른 도구 사용 방법과 이발 기법을 익힐 수 있도록 지도한다.
⑤ 다양한 이발 기법을 활용할 수 있도록 지도한다.

학습 방법
① 하중발형 이발의 길이 구조를 이해하여 노트에 도해도를 그린다.
② 하중발형의 도해도와 7단계 커트 절차를 정리한다.
③ 하중발형 이발의 작업 절차를 숙지하여 위그에 반복 실습한다.
④ 도구를 바르게 사용할 수 있도록 주의하며 이발 기법을 위그에 실습한다.
⑤ 다양한 이발 기법을 활용할 수 있도록 노력한다.

[평가 준거]

학습 내용	평가 항목	성취 수준		
		상	중	하
하중발형 이발 계획	1. 형태 분석에 따른 하중발형 스타일의 종류 및 형태선 특징 등을 도식화하여 설명할 수 있다.			
	2. 하중발형을 이발하기 위한 커트 절차를 설명할 수 있다.			
하중발형 이발 작업	하중발형을 이발하기 위한 이발 기법을 수행할 수 있다.			

[평가 방법]

학습 내용	평가 항목	성취 수준		
		상	중	하
하중발형 이발 계획	1. 하중발형의 길이 구조의 이해 여부			
	2. 형태 작업 순서 및 방법의 이해 여부			
	3. 커트 도구 및 기법의 이해 여부			
하중발형 이발 작업	1. 천체축 90° 지간 깎기 커트 숙련 여부			
	2. 스퀘어 커트의 수행 능력			
	3. 떠내 깎기, 떠올려 깎기의 숙련도 여부			
	4. 커트 스타일의 완성도			

[평가자 체크리스트]

학습 내용	평가 항목	성취 수준		
		상	중	하
하상고형 이발 형태 작업	1. 작업 전 도구 준비 여부			
	2. 올바른 도구 사용 방법 이해 여부			
	3. 형태 작업 절차 계획 능력			
하상고형 이발 질감과 마무리	1. 낮은 시술 각 커트의 수행 능력			
	2. 하중발형 이발 형태 작업의 완성도 여부			
	3. 떠내 깎기, 떠올려 깎기의 숙련도 여부			
	4. 커트 스타일의 완성도 여부			

4. 짧은 단발형 스타일

1. 클리퍼 테크닉 둥근형 이발 헤어 스타일

학습내용 단원명	수업 목표
남성 커트 기본 스타일 짧은 단발형 둥근형 이발	남성 커트 이용 짧은 단발형 둥근형 이발 헤어 스타일 실습을 수행할 수 있다.

짧은 단발형의 둥근형 이발은 인테리어Interior 영역의 모발을 두개피로부터 세워질 정도로 짧게 둥근 모양으로 깎으며, 엑스테리어Exterior 영역은 하이 그래쥬에이션High Graduation 형태로 무게선이 상단부에 위치한다.

(1) 둥근형 이발 헤어 커트 준비하기

1) 재료

③ 이용 빗

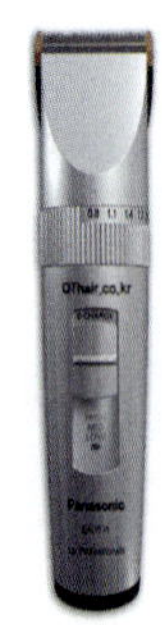

② 클리퍼

③ 장가위

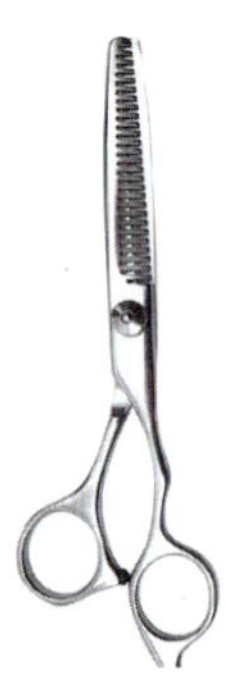

④ 틴닝 가위

⑤ 이용 드라이기

⑥ 스타일링 제품

2) 도해도 및 시술 개요

① 도해도

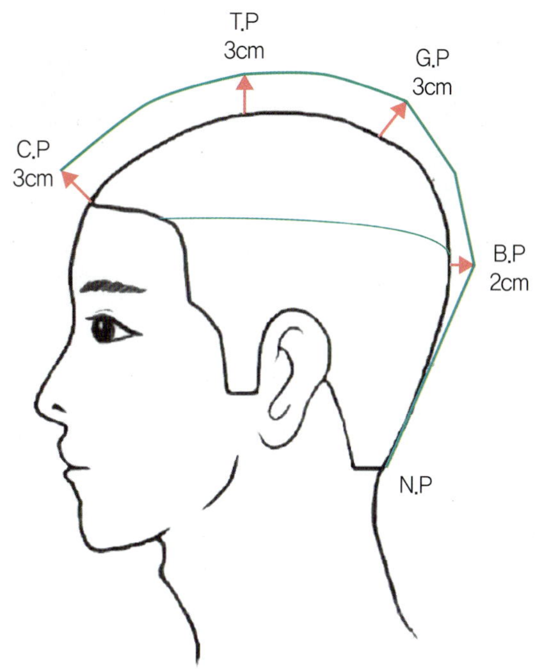

② 시술개요

블로킹 Blocking	노 파팅 No Parting
섹션 Section	수평 Horizontal, 세로 Vertical, 후대각 Diagonal Back
분배 Distribution	직각 분배 Perpendicular Distribution
각도 Angle	Top–일반 시술 각 Normal Projection 90°, Side, Back–일반 시술 각 Normal Projection 70°~90°
베이스 Base	온 더 베이스 On The Base
커트 Cut	떠내 깎기, 밀어 깎기, 수정 깎기, 연속 깎기 싱글링 : Shingling, 클리퍼 오버 콤 Clipper Over Comb
질감 처리 Texturerising	엔드 테이퍼링 End Tapering

3) 이용 남성 커트 시술 방법

시술 전

시술 후

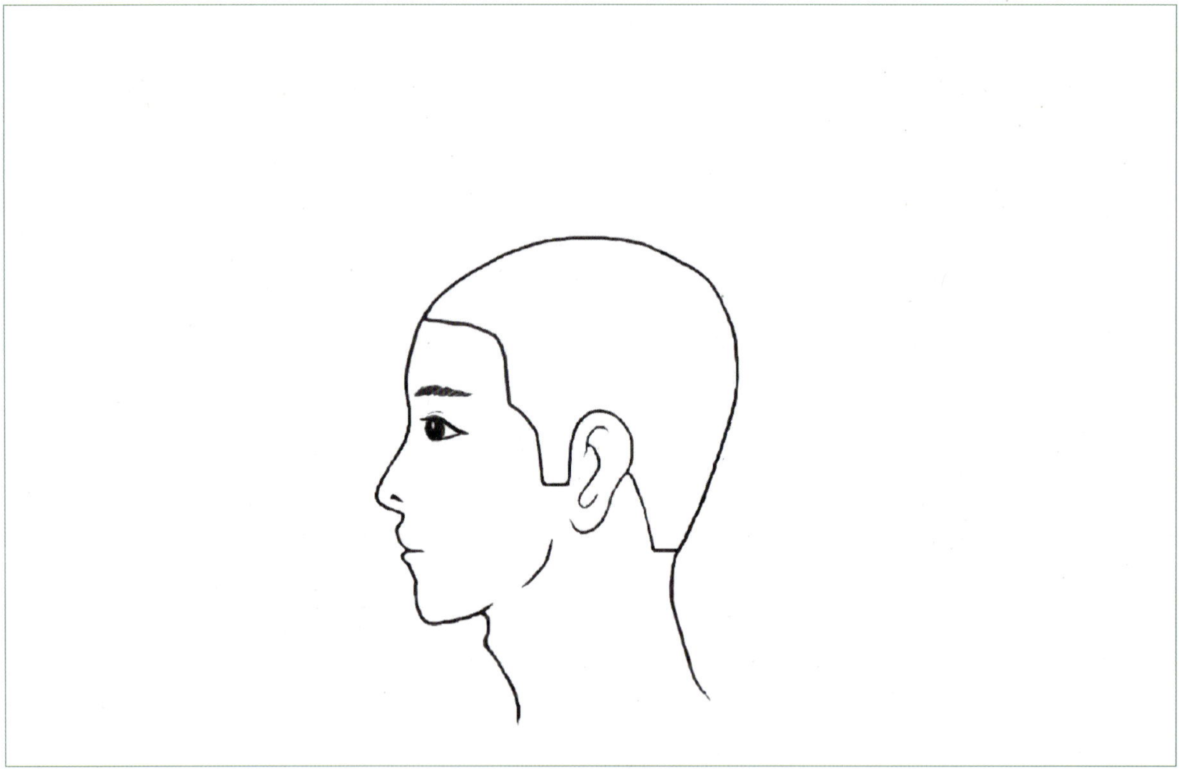

도해도 그려보기

(2) 둥근형 이발 헤어 스타일 시술하기

①, ②, ③ 골든 포인트G.P : Golden Point를 중심으로 가이드Guide를 설정하고 센터 포인트C.P : Center Point 방향으로 떠내 깎기 한 후, 수정 깎기를 진행한다.

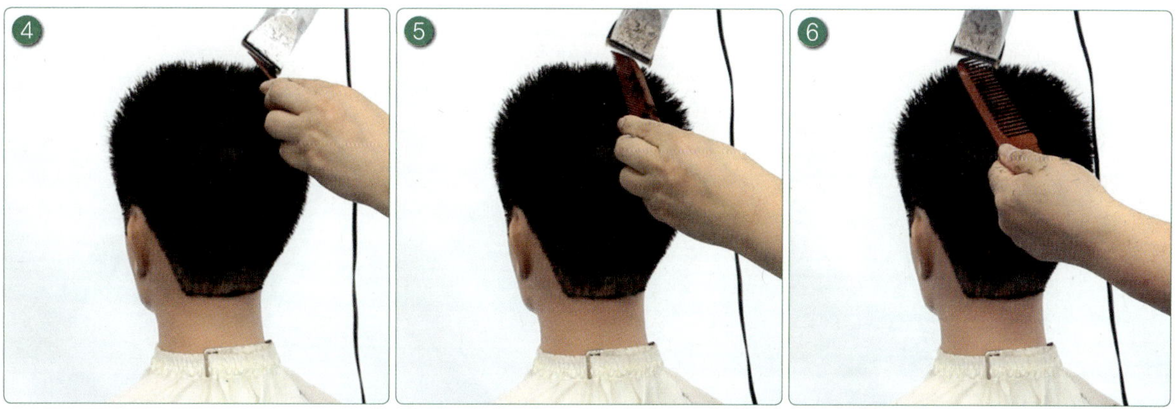

④, ⑤, ⑥ 전두부Top 중앙의 두발 길이를 가이드로 우측 상단부까지 커트Cut를 진행한다.

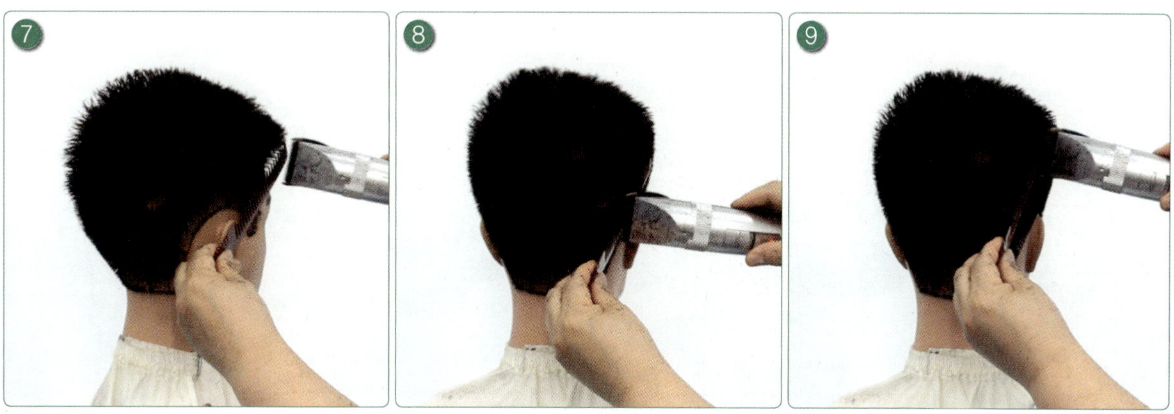

⑦, ⑧, ⑨ 우측 → 후두부로 이동하며 클리퍼Clipper를 이용하여 높은 시술 각 75°로 클리퍼 오버 콤Clipper Over Comb 기법을 활용하여 귀 중단에서 귀 상단까지 컨백스 라인Convex Line이 되도록 그라데이션 커트Gradation Cut를 진행한다.

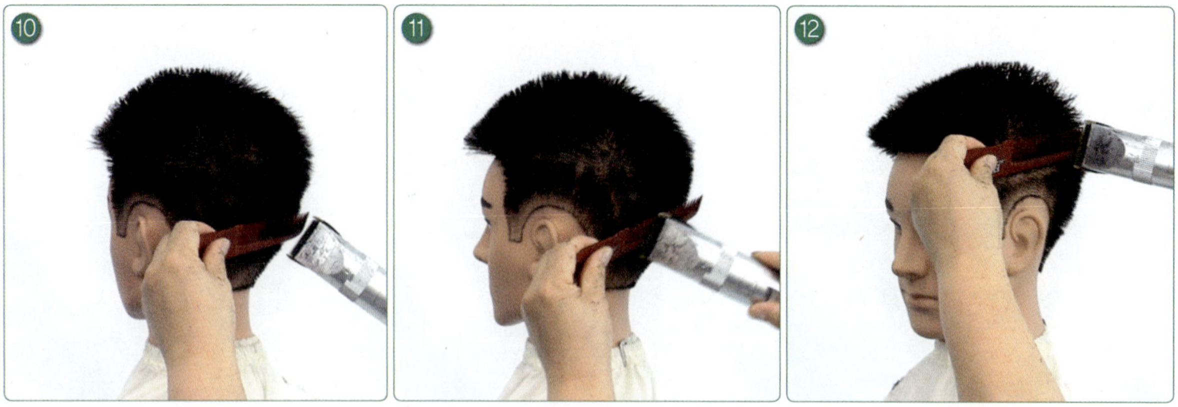

⑩, ⑪, ⑫ 후두부 → 좌측으로 이동하며 클리퍼를 이용하여 높은 시술 각 75°로 후두부 중앙 영역을 골든 백 미디움 포인트G.B.M.P : Golden Back Medium Point까지 클리퍼 오버 콤 기법으로 그라데이션 커트하고, 전두부 중앙의 두발 길이를 가이드로 좌측 상단부 커트를 진행한다.

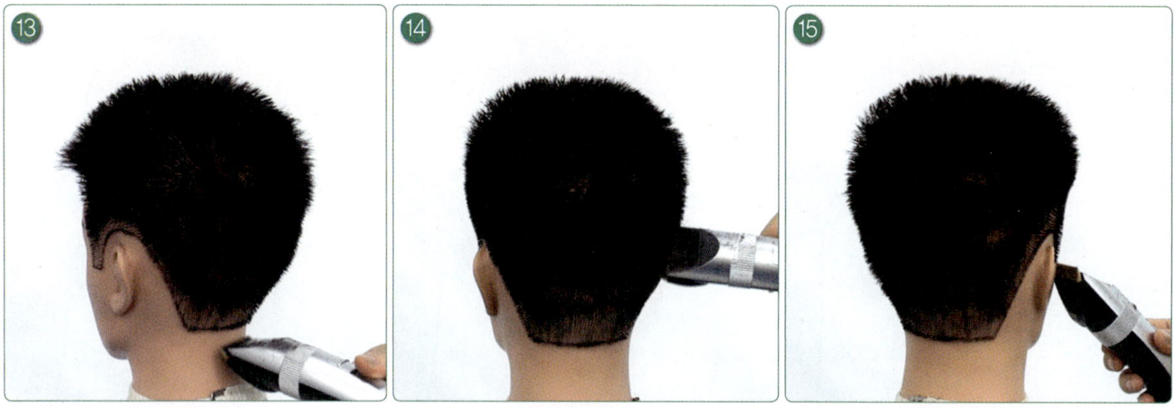

⑬, ⑭, ⑮ 후두부 → 우측으로 이동하며 C–스트로크C–Stroke 기법으로 헤어 라인Hair Line의 음영을 정리한다.

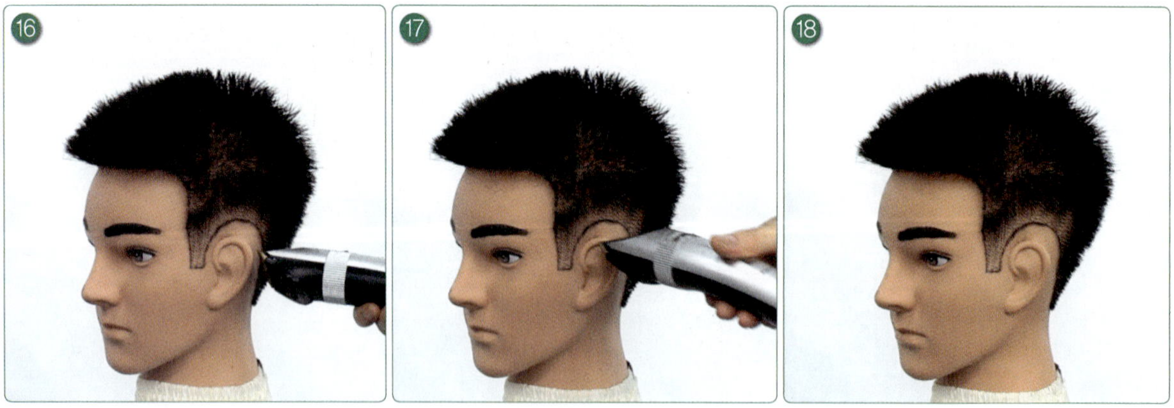

⑯, ⑰, ⑱ 후두부 → 좌측 순서로 이동하며 C–스트로크 기법으로 헤어 라인의 음영을 정리한다.

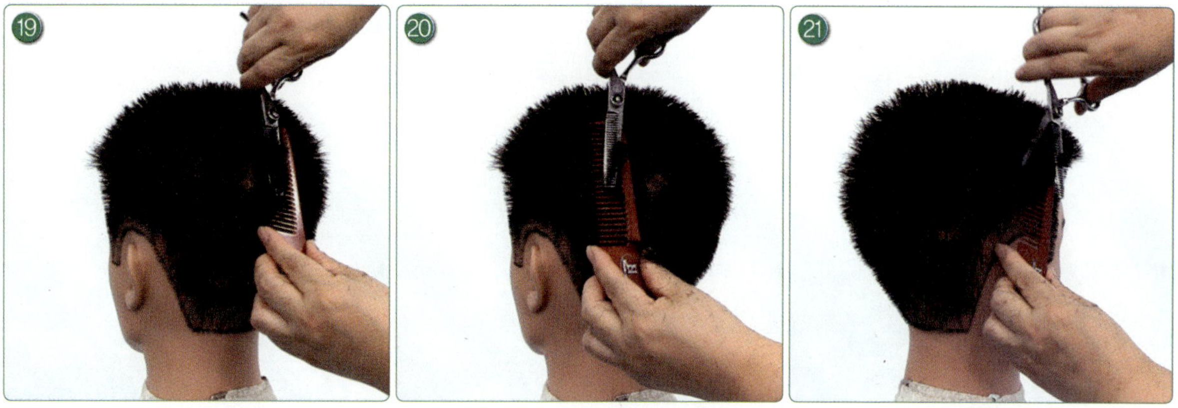

⑲, ⑳, ㉑ 후두부 → 좌측, 후두부 → 우측 순서로 이동하며 엔드 테이퍼링End Tapering 한다.

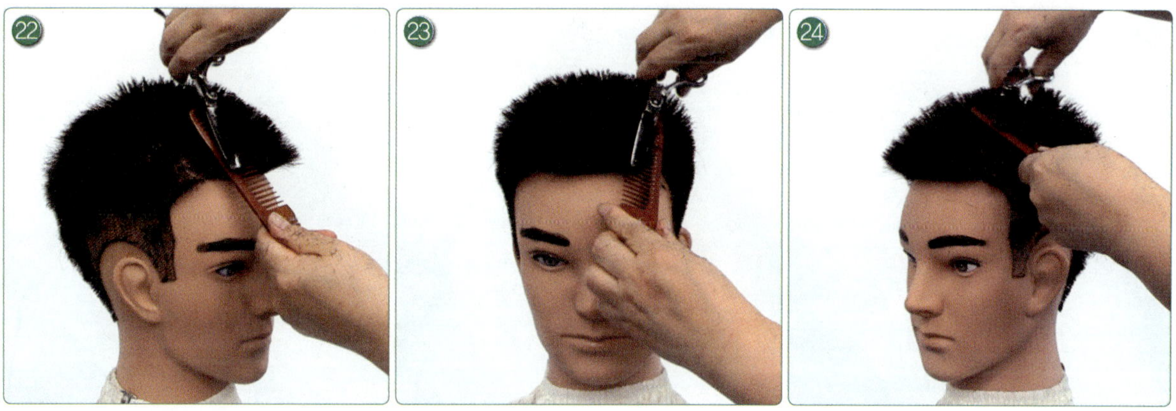

㉒, ㉓, ㉔ 천정부 영역을 엔드 테이퍼링한다.

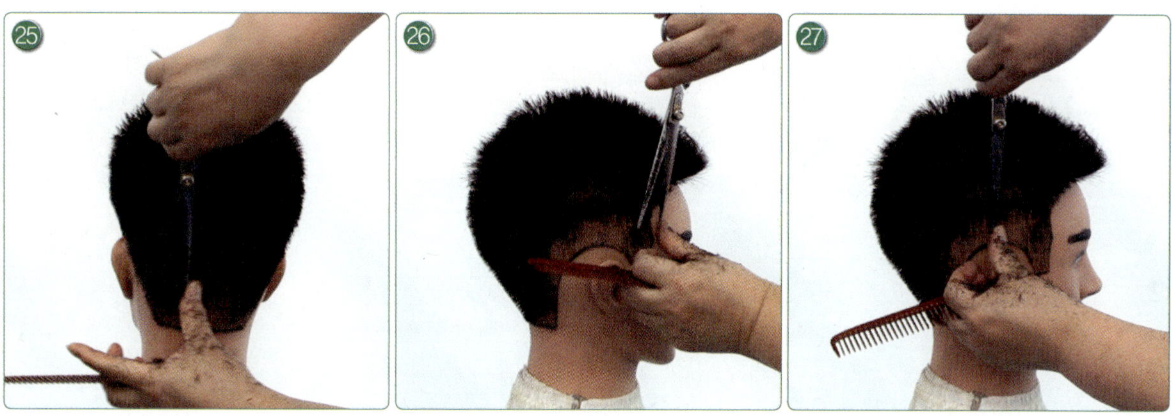

㉕, ㉖, ㉗ 후두부 → 우측으로 이동하며 장가위를 이용하여 밀어 깎기로 접합부 부분을 연결시켜 준다.

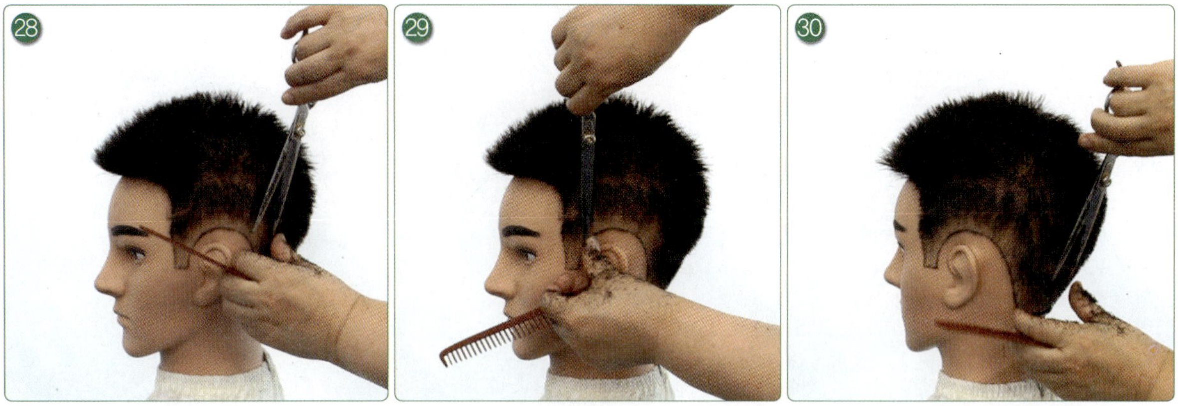

㉘, ㉙, ㉚ 좌측 → 후두부로 이동하며 장가위를 이용하여 밀어 깎기로 접합부 부분을 연결시켜 준다.

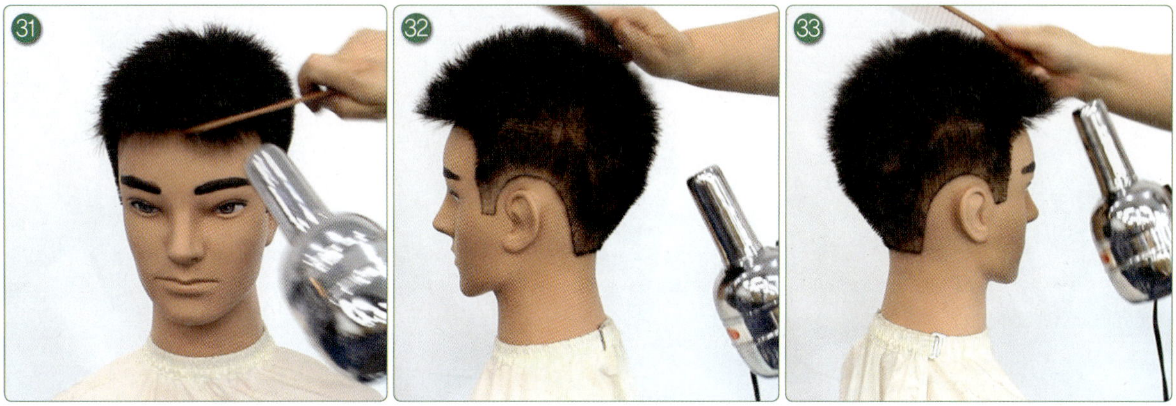

㉛, ㉜, ㉝ 빗을 사용하여 볼륨을 형성해 주며 전체적으로 드라이Dry를 진행한다.

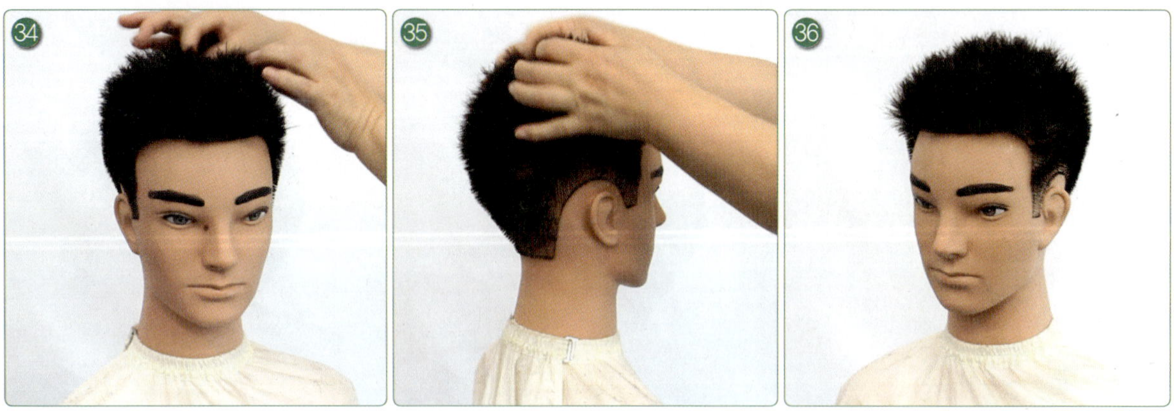

㉞, ㉟, ㊱ 제품을 사용하여 스타일링Styling 한다.

(3) 둥근형 이발 헤어 스타일 마무리 하기

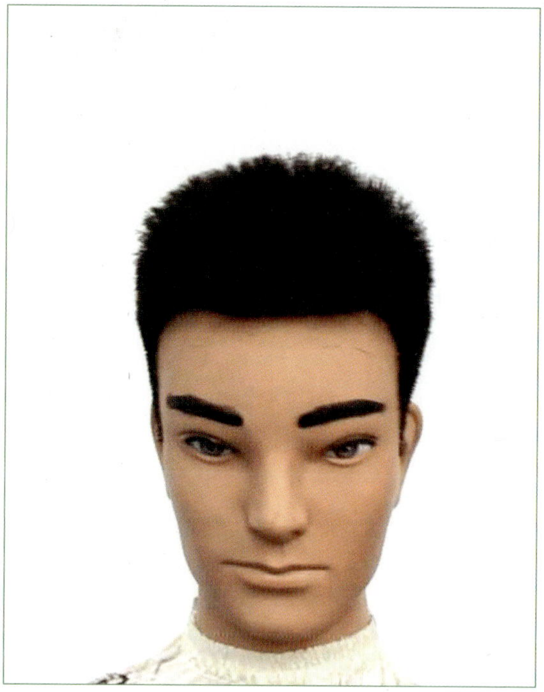

앞 Front

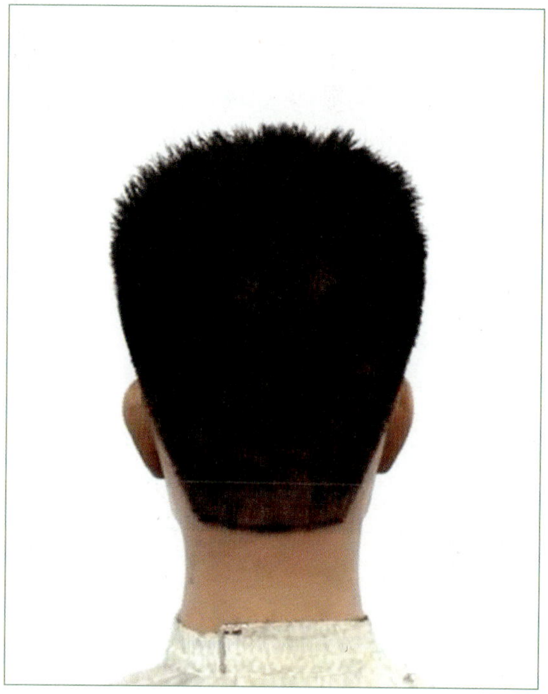

뒤 Back

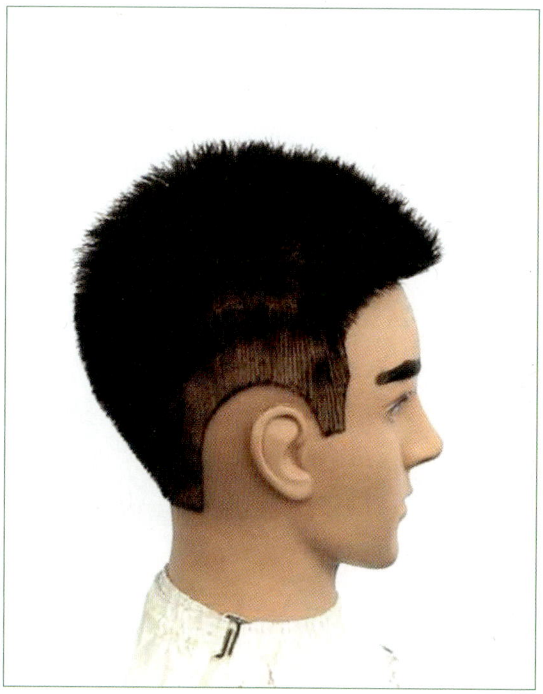

우측 Right side

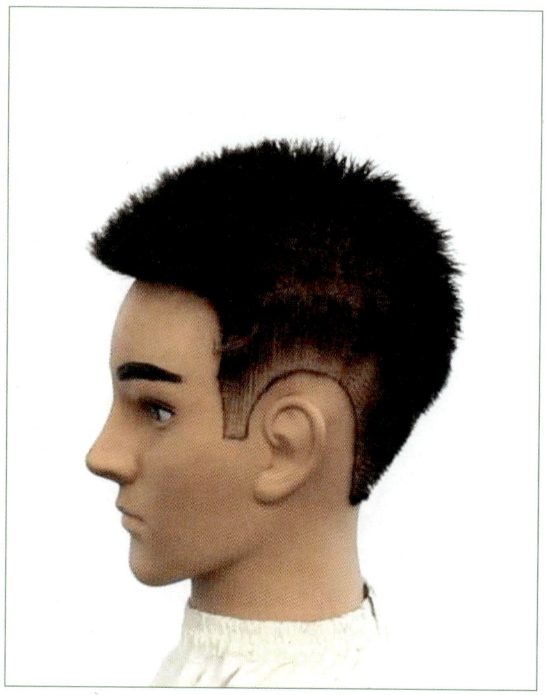

좌측 Left side

2. 장가위 테크닉 둥근형 이발 헤어 스타일

학습내용 단원명	수업 목표
남성 커트 기본 스타일 짧은 단발형 둥근형 이발	남성 커트 이용 짧은 단발형 둥근형 이발 헤어 스타일 실습을 수행할 수 있다.

짧은 단발형의 둥근형 이발은 인테리어Interior 영역의 모발을 두개피로부터 세워질 정도로 짧게 둥근 모양으로 깎으며, 엑스테리어Exterior 영역은 하이 그라데이션High Gradation 커트로서 무게선이 상단부에 위치한다.

(1) 둥근형 이발 헤어 커트 준비하기

1) 재료

③ 이용 빗

② 클리퍼

③ 장가위

④ 틴닝 가위

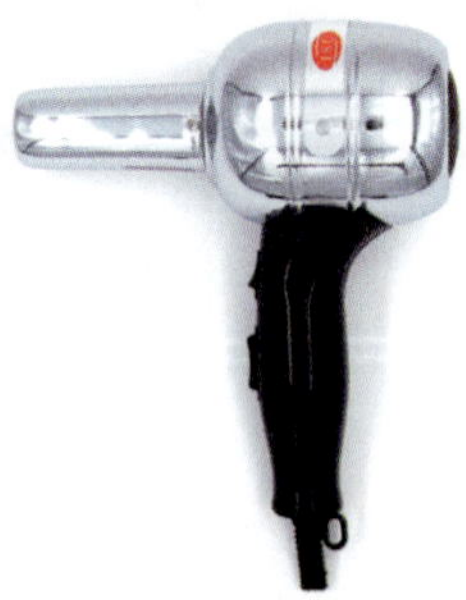

⑤ 이용 드라이기

⑥ 스타일링 제품

2) 도해도 및 시술 개요

① 도해도

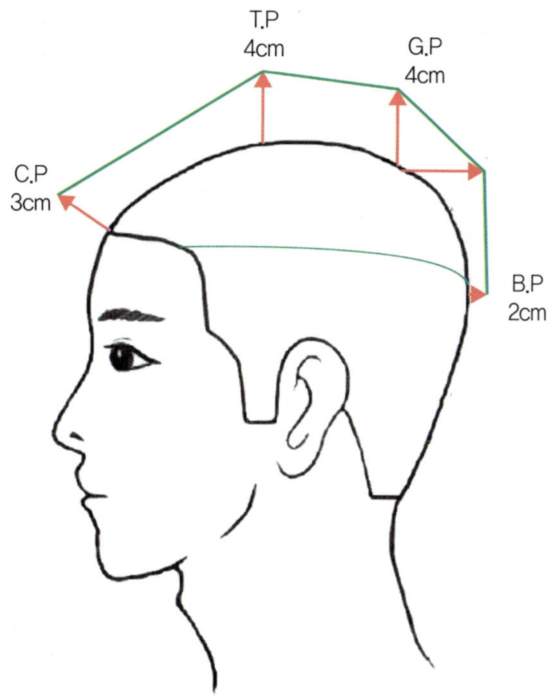

② 시술개요

블로킹 Blocking	노 파팅 No Parting
섹션 Section	수평 Horizontal , 세로 Vertical , 후대각 Diagonal Back
분배 Distribution	Top−90° to Over Directed, Side−70~90°
각도 Angle	두상 각도 Head Angles 90°, Side−70~90°
베이스 Base	온 더 베이스 On The Base
커트 Cut	클리퍼 오버 콤 Clipper Over Comb , 연속 깎기 싱글링 : Shingling
질감 처리 Texturerising	엔드 테이퍼링 End Tapering

3) 이용 남성 커트 시술 방법

시술 전

시술 후

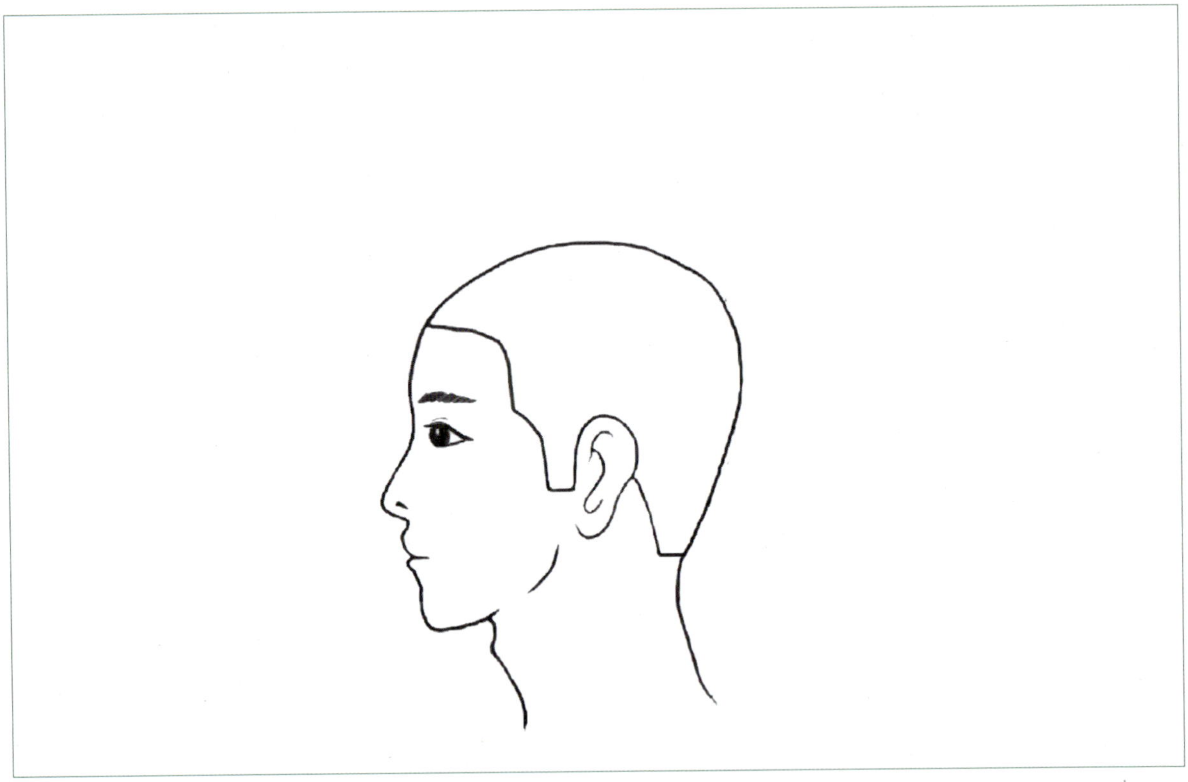

도해도 그려보기

(2) 둥근형 이발 헤어 스타일 시술하기

①, ②, ③ 골든 포인트G.P : Golden Point를 중심으로 가이드Guide를 설정하고 센터 포인트C.P : Center Point 방향으로 떠내려 깎기 한 후, 크로스 체크Cross Check를 진행한다.

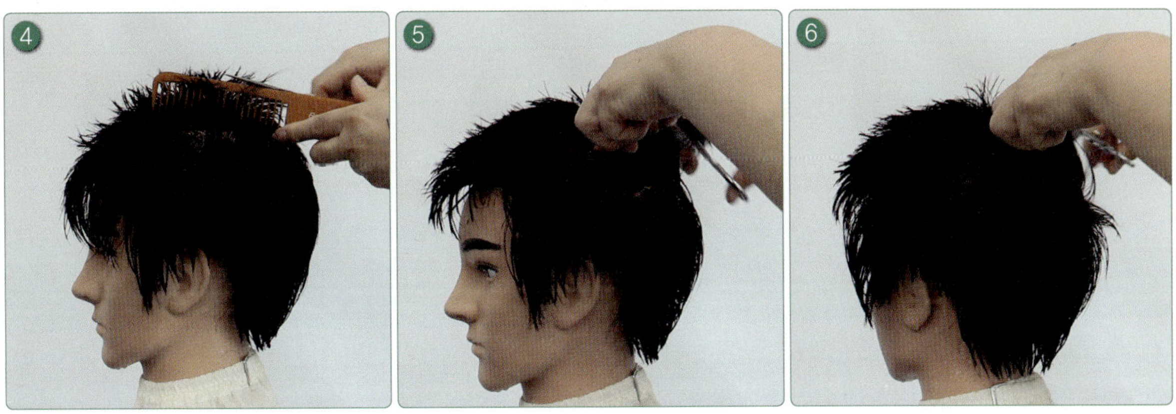

④, ⑤, ⑥ 전두부Top 중앙의 두발 길이를 가이드로 후두부의 상단부까지 커트Cut를 진행한다.

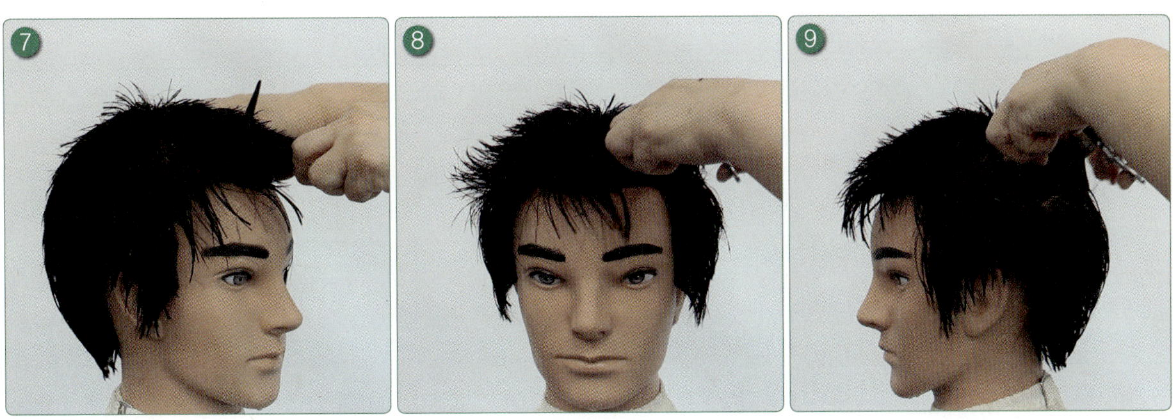

⑦, ⑧, ⑨ 좌측 → 후두부로 이동하며 높은 시술 각 75°로 연속 깎기싱글링 : Shingling 기법을 이용하여 그라데이션 커트Gradation Cut하고, 전두부 중앙의 두발 길이를 가이드로 좌측 상단부 커트를 진행한다.

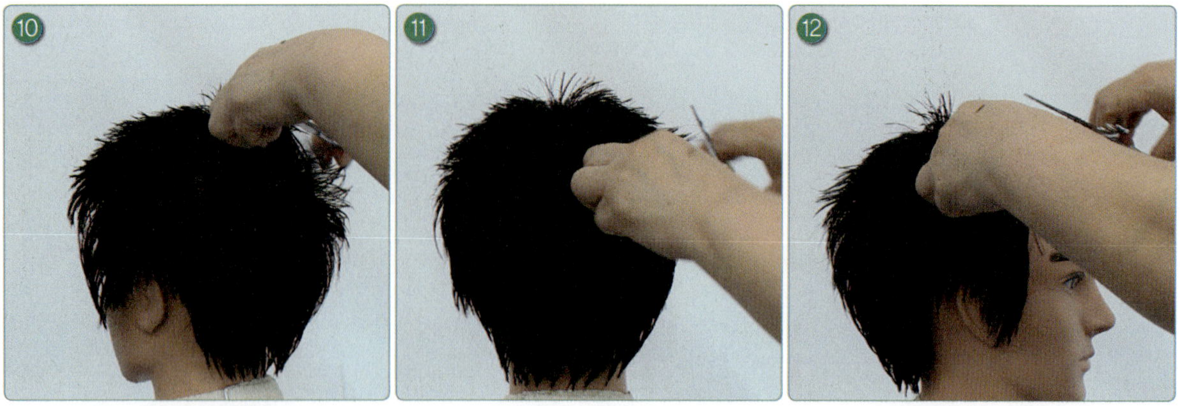

⑩, ⑪, ⑫ 후두부 → 우측으로 이동하며 높은 시술 각 75°로 연속 깎기싱글링 기법을 이용하여 그라데이션 커트하고, 전두부 중앙의 두발 길이를 가이드로 우측 상단부 커트를 진행한다.

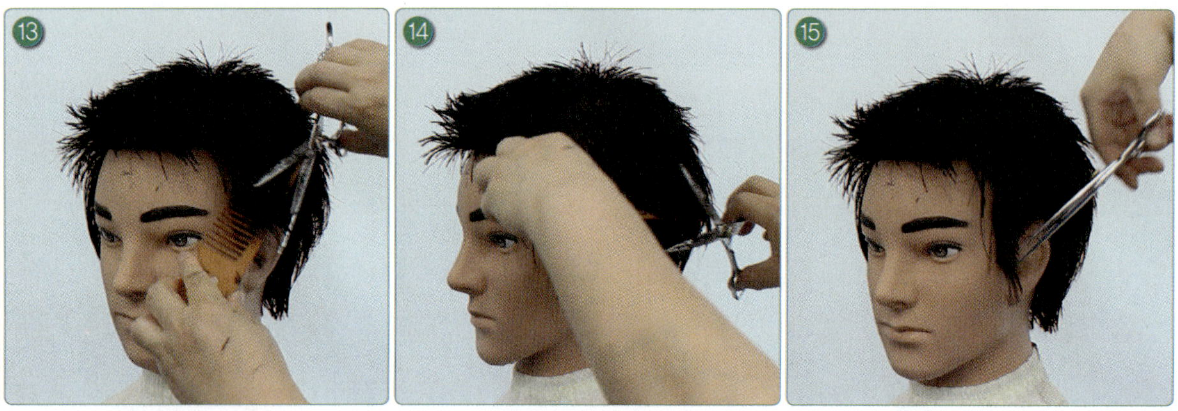

⑬, ⑭, ⑮ 좌측 사이드Side의 하단부를 높은 시술 각 75°로 연속 깎기싱글링 기법을 이용하여 그라데이션 커트를 진행한다.

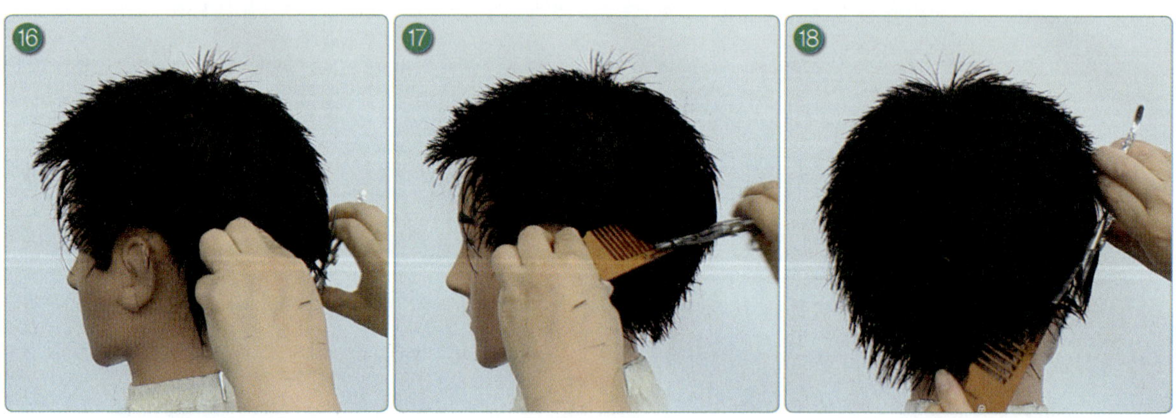

⑯, ⑰, ⑱ 후두부의 하단부를 높은 시술 각 75°로 연속 깎기싱글링 기법을 이용하여 그라데이션 커트를 진행한다.

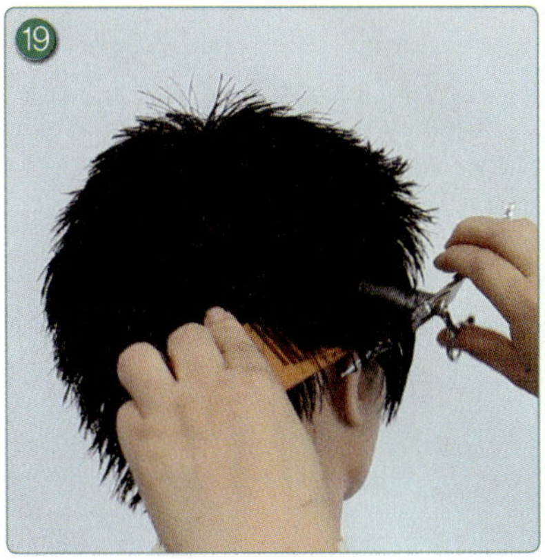

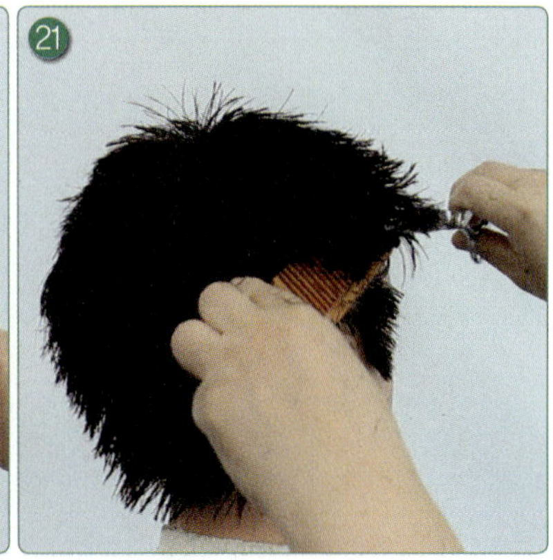

⑲, ⑳, ㉑ 우측 사이드의 하단부를 높은 시술 각 75°로 연속 깎기싱글링 기법을 이용하여 그라데이션 커트를 진행한다.

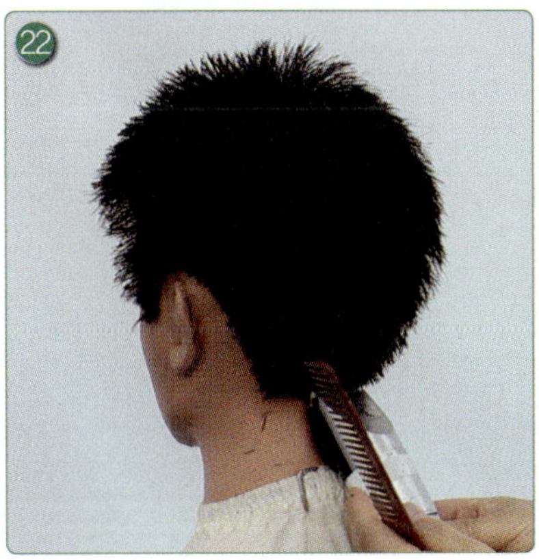

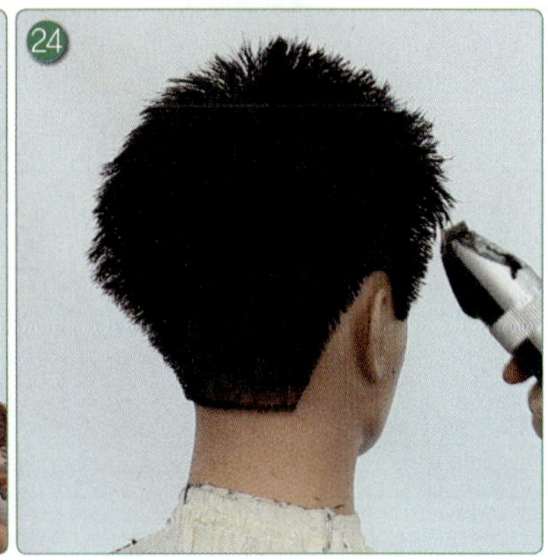

㉒, ㉓, ㉔ 후두부 → 양쪽 사이드로 이동하며 C-스트로크C-Stroke 기법으로 헤어 라인Hair Line의 음영을 정리한다.

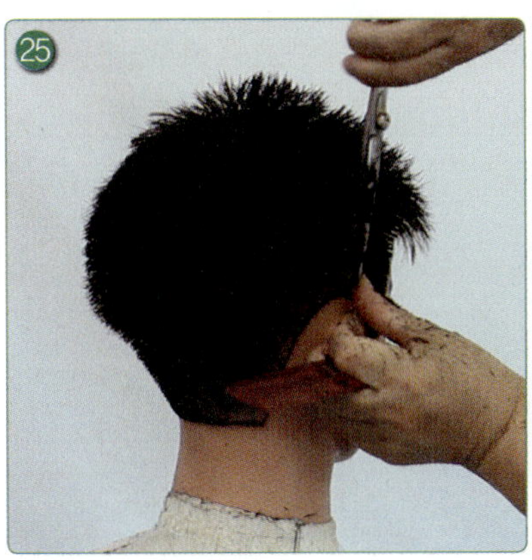
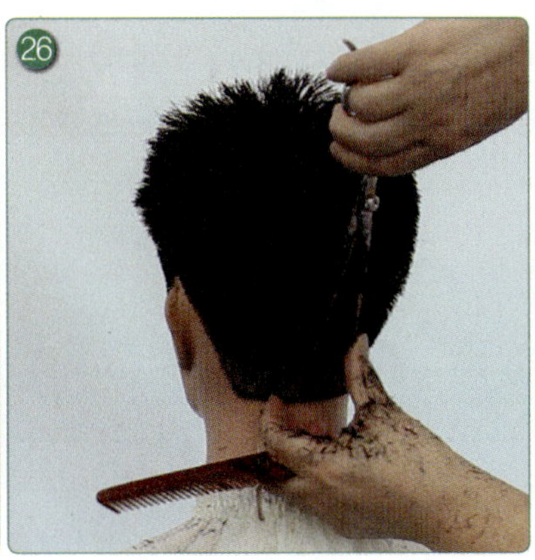
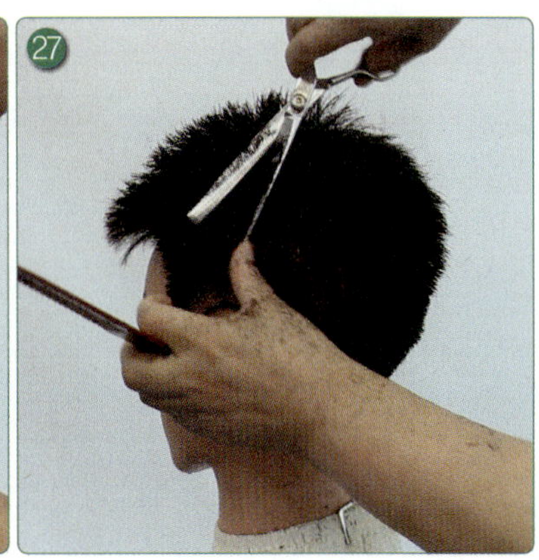

㉕, ㉖, ㉗ 우측 → 후두부 → 좌측으로 이동하며 밀어 깎기 기법으로 접합부 부분을 연결시켜 준다.

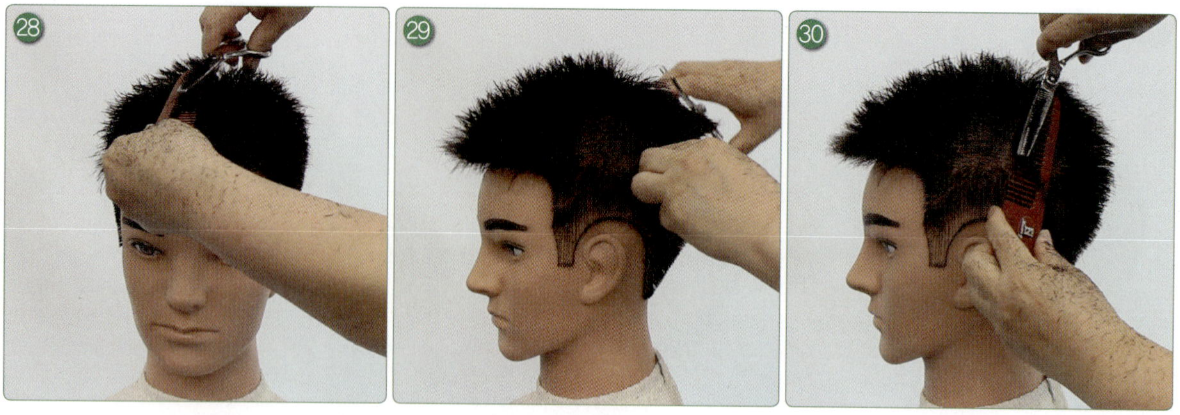

㉘, ㉙, ㉚ 틴닝 가위를 이용하여 엔드 테이퍼링 End Tapering 한다.

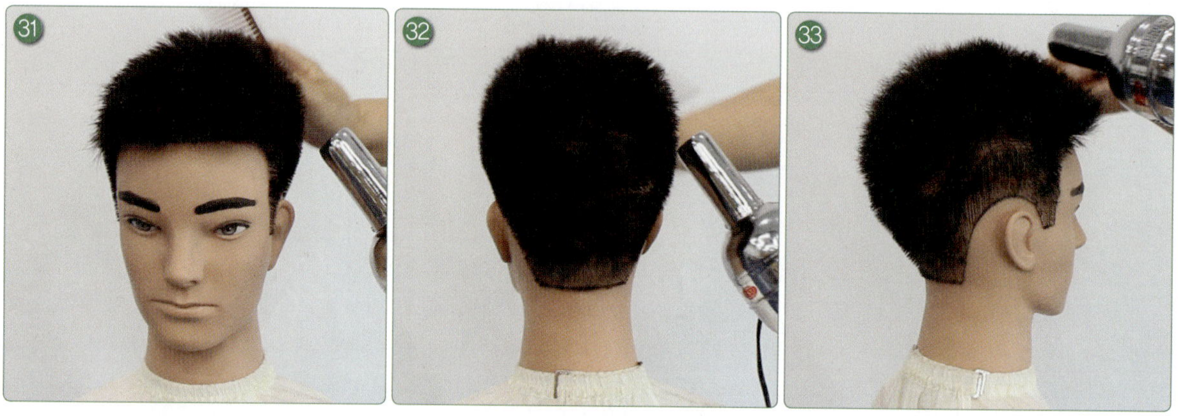

㉛, ㉜, ㉝ 빗을 사용하여 볼륨을 형성해 주며 전체적으로 드라이 Dry 를 진행한다.

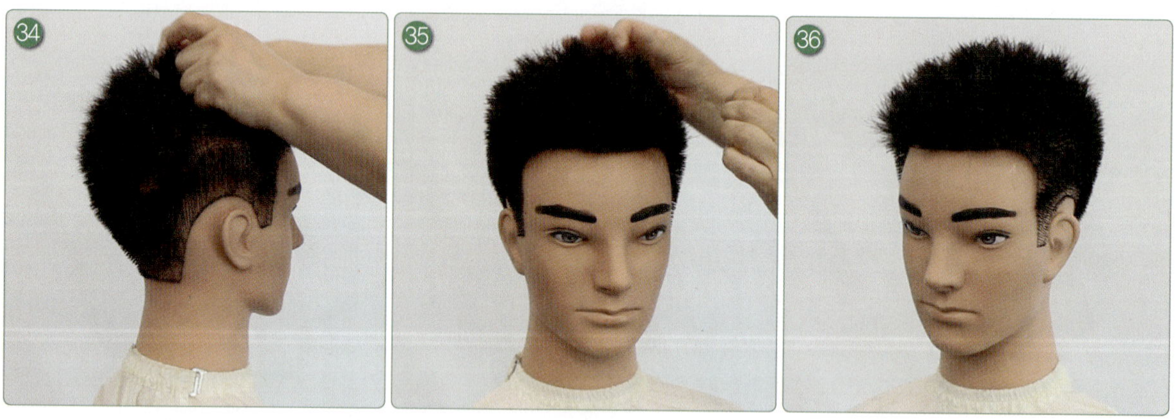

㉞, ㉟, ㊱ 제품을 사용하여 스타일링 Styling 한다.

(3) 둥근형 이발 헤어 스타일 마무리 하기

앞 Front

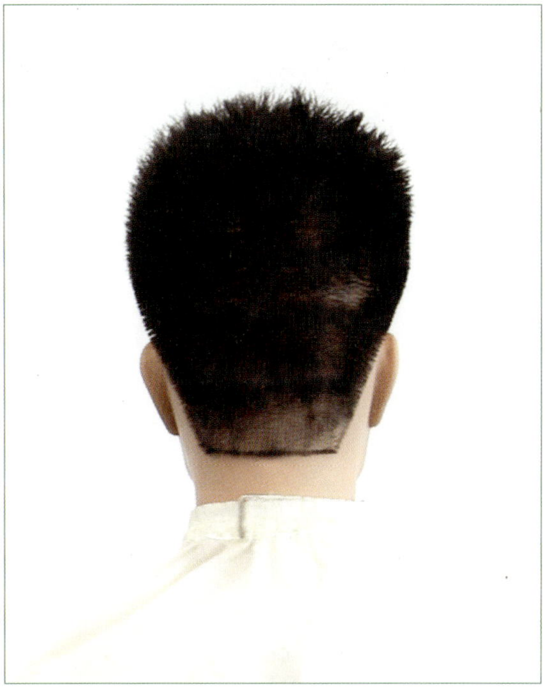

뒤 Back

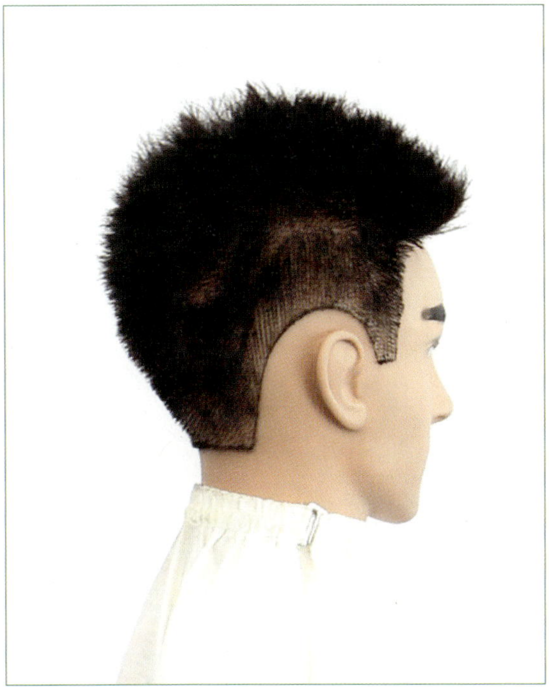

우측 Right side

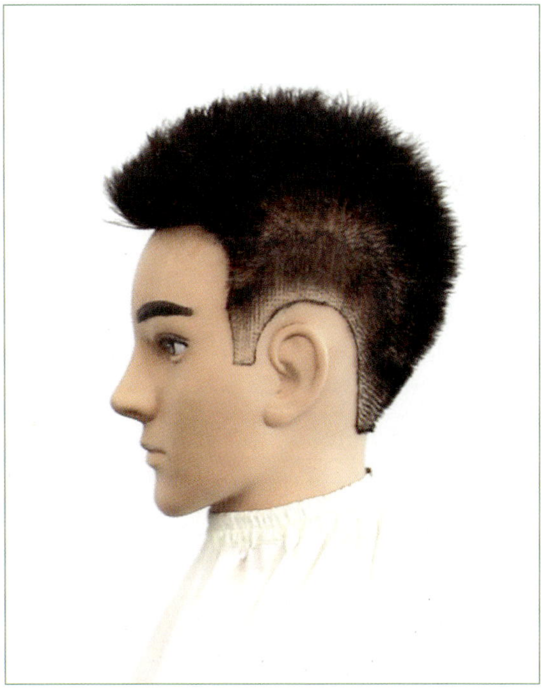

좌측 Left side

실습과정 사진	
사진	설명

실습결과 사진	
앞 Front	뒤 Back
좌측 Left Side	우측 Right Side

[교수 학습방법]

교수 방법
① 둥근형 이발의 길이 구조 배열을 통한 형태선을 설명한다.
② 둥근형 이발인 둥근 스포츠 스타일을 잘 이해할 수 있도록 다양한 사진 자료를 제시한다.
③ 하이 그라데이션 커트의 무게선 위치와 형성되는 이유에 대해 설명한다.
④ 모발 길이에 따른 작업 절차의 차이점을 설명한다.
⑤ 둥근형 이발을 작업 절차에 따라 위그에 시연한다.
⑥ 올바른 도구 사용 방법과 이발 기법을 익힐 수 있도록 지도한다.

학습 방법
① 둥근형 이발의 길이 구조를 이해하여 노트에 도해도를 그려본다.
② 둥근형 이발 스타일의 디자인 패턴을 잘 파악할 수 있도록 자료를 수집한다.
③ 그라데이션 각도에 따른 무게선의 위치 변화를 숙지하여 위그에 실습한다.
④ 두발 길이에 따라 올바른 작업 절차를 선정하여 위그에 실습한다.
⑤ 둥근형 이발의 작업 절차를 숙지하여 위그에 반복 실습한다.
⑥ 도구를 바르게 사용할 수 있도록 주의하며 이발 기법을 위그에 실습한다.

[평가 준거]

학습 내용	평가 항목	성취 수준		
		상	중	하
둥근형 이발 형태 작업	1. 전체 두발을 거칠게 깎기를 할 수 있다.			
	2. 이발기를 이용하여 측면과 후면의 발제선부터 후두부까지 그라데이션 하여 깎을 수 있다.			
	3. 천정부를 둥근형으로 깎은 후 싱글링하여 천정부의 두발과 자연스럽게 연결할 수 있다.			
둥근형 이발 질감과 마무리	1. 틴닝 가위를 사용하여 질감 처리를 할 수 있다.			
	2. 장가위를 사용하여 수정·보완할 수 있다.			

[평가 방법]

학습 내용	평가 항목	성취 수준		
		상	중	하
둥근형 이발 형태 작업	1. 올바른 도구 사용 방법 이해 여부			
	2. 둥근형 이발 형태 작업 순서 및 방법의 이해 여부			
	3. 오버 콤 기법, 싱글링 커트 등 이발 기법 숙련도 여부			
	4. 모발 길이에 따른 그라데이션의 완성도			
	5. 둥근형 이발 형태 작업의 완성도			
둥근형 이발 질감과 마무리	1. 질감과 마무리 작업 순서 및 방법의 이해 여부			
	2. 틴닝 가위 사용 능력			
	3. 옆 가위질[세워 깎기, 밀어 깎기] 숙련도 여부			
	4. 둥근형 이발 스타일의 완성도			

[평가자 체크리스트]

학습 내용	평가 항목	성취 수준		
		상	중	하
둥근형 이발 형태 작업	1. 작업 전 도구 준비 여부			
	2. 올바른 도구 사용 방법 이해 여부			
	3. 둥근형 이발 형태 작업 절차에 따른 수행 능력			
	4. 그라데이션 커트의 수행 능력			
	5. 둥근형 이발 형태 작업의 완성도			
둥근형 이발 질감과 마무리	1. 질감과 마무리 작업 절차에 따른 수행 능력			
	2. 틴닝 가위 사용 능력			
	3. 옆 가위질[세워 깎기, 밀어 깎기] 숙련도 여부			
	4. 둥근형 이발 스타일의 마무리 여부			

3. 클리퍼 테크닉 삼각형 이발 헤어 스타일

학습내용 단원명	수업 목표
남성 커트 기본 스타일 짧은 단발형 삼각형 이발	남성 커트 이용 짧은 단발 삼각형 이발 헤어 스타일 실습을 수행할 수 있다.

인테리어Interior 영역의 모발을 두개피로부터 세워질 정도로 짧게 삼각형 모양으로 깎고, 엑스테리어Exterior 영역은 하이 그래쥬에이션High Graduation 커트Cut로서 무게선이 상단부에 위치한다. 일명 '모히칸 스타일Mohican Style'이라고도 한다.

(1) 삼각형 이발 헤어 커트 준비하기

1) 재료

③ 이용 빗

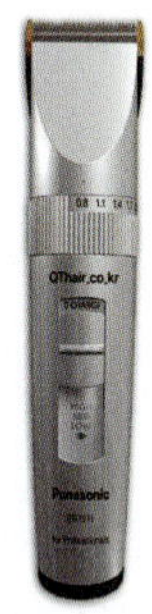

② 클리퍼

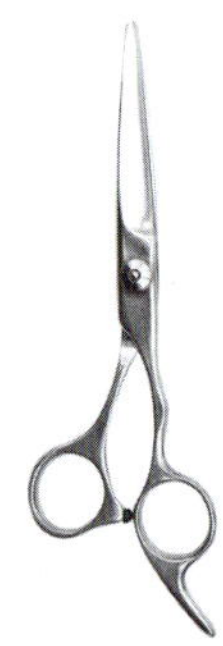

③ 장가위

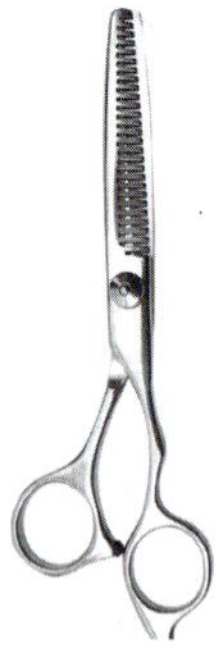

④ 틴닝 가위

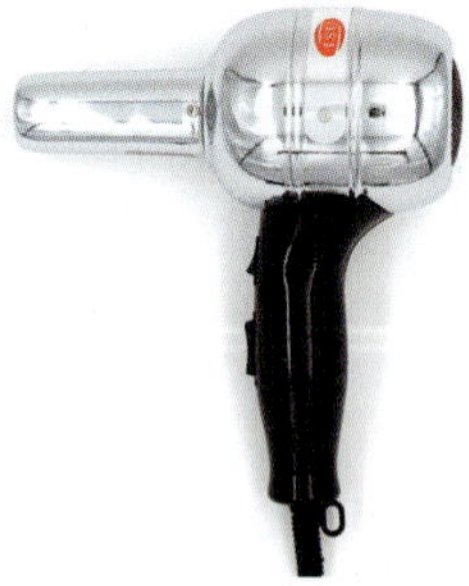

⑤ 이용 드라이기

⑥ 스타일링 제품

2) 도해도 및 시술 개요

① 도해도

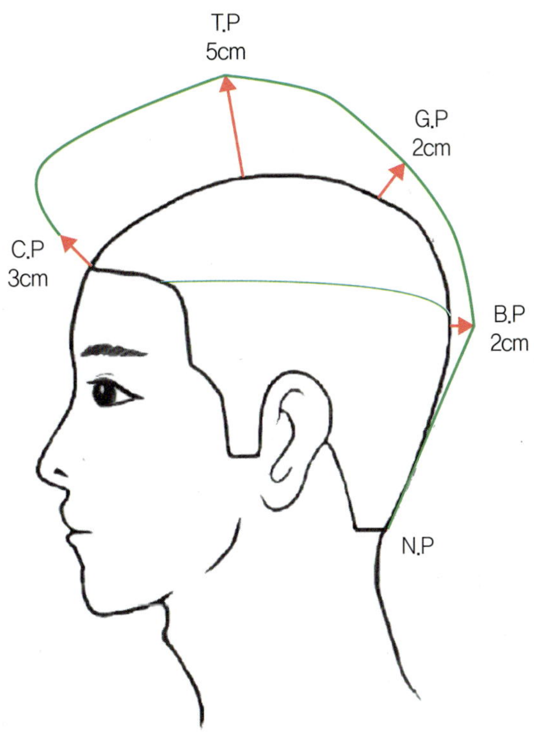

② 시술개요

블로킹 Blocking	노 파팅 No Parting
섹션 Section	수평 Horizontal , 세로 Vertical , 후대각 Diagonal Back
분배 Distribution	직각 분배 Perpendicular Distribution , 방향 분배 Direction Distribution
각도 Angle	Top−일반 시술 각 Normal Projection 90°, Side, Back−일반 시술 각 Normal Projection 70~90°
베이스 Base	온 더 베이스 On The Base
커트 Cut	밀어 깎기, 수정 깎기, 연속 깎기 싱글링 : Shingling 클리퍼 오버 콤 Clipper over Comb
질감 처리 Texturerising	엔드 테이퍼링 End Tapering , 딥 테이퍼링 Deep Tapering

3) 이용 남성 커트 시술 방법

시술 전

시술 후

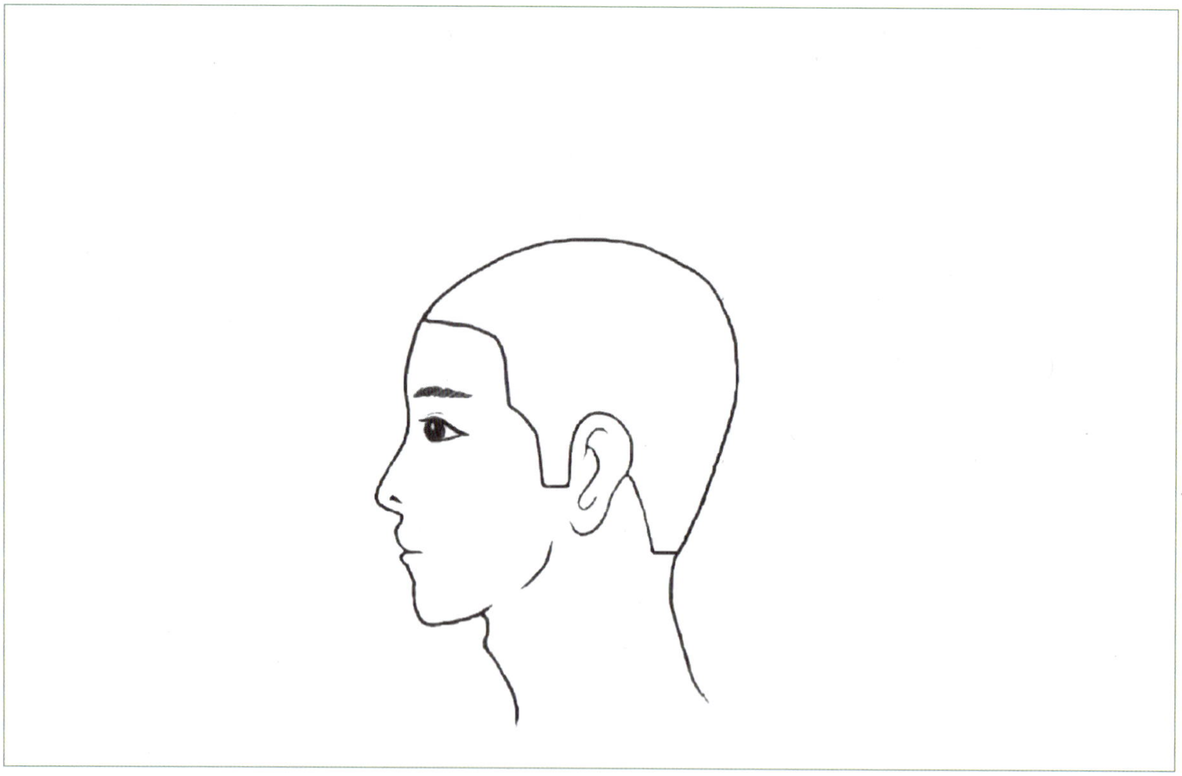

도해도 그려보기

(2) 삼각형 이발 헤어 스타일 시술하기

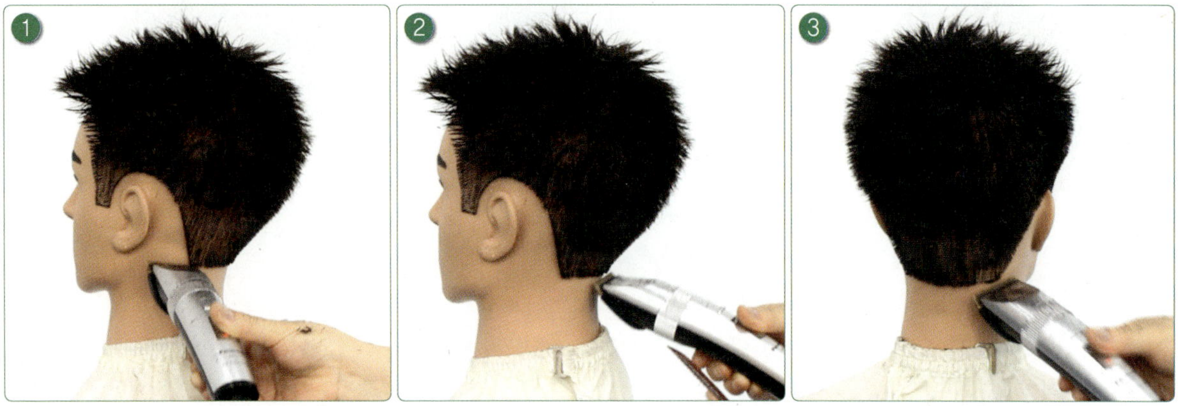

①, ②, ③ C-스트로크C-stroke 기법으로 높은 시술 각 75° 커트Cut 한다. 좌측 → 우측으로 이동하면서 형성된 무게선과 연결하여 후대각Diagonal Back 으로 커트를 진행한다.

④, ⑤, ⑥ 탑 포인트T.P : Top Point에서 센터 포인트C.P : Center Point까지 가이드Guide를 설정한 후, 가이드를 기준으로 빗을 기울여서 V 라인V-Line 형태로 커트를 진행한다.

⑦, ⑧, ⑨ 우측 사이드Side는 후대각으로 높은 시술 각 75° 그라데이션 커트Gradation Cut 하여 앞쪽의 V 라인과 연결하여 커트를 진행한다.

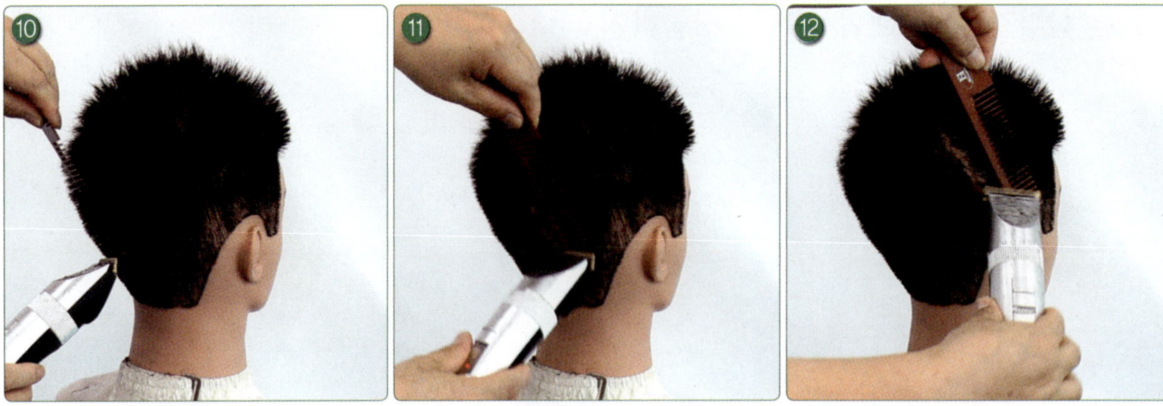

⑩, ⑪, ⑫ 앞쪽과 우측 백 사이드Back Side의 연결 부분에 모서리가 생긴 부분을 없애주며 탑 포인트 가이드와 연결한다.

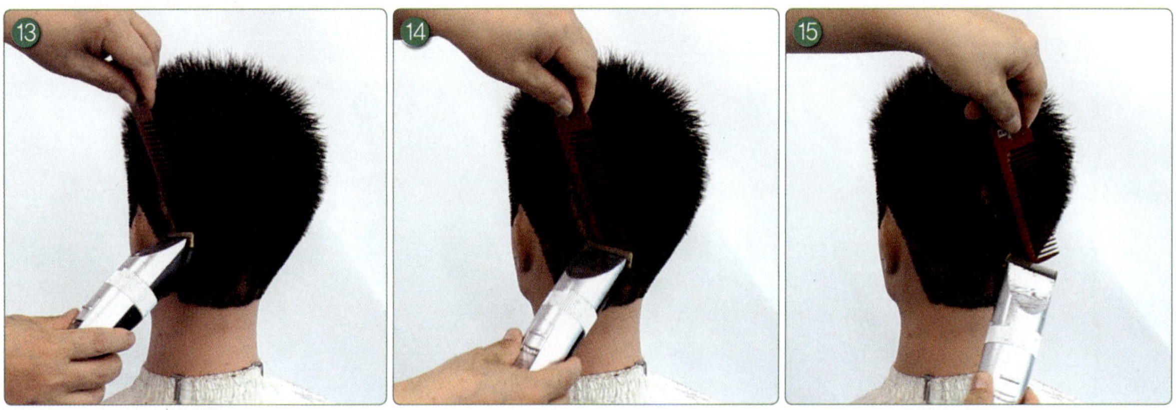

⑬, ⑭, ⑮ 좌측도 우측과 동일한 방법으로 진행하며 좌·우 밸런스Balance를 맞추며 커트를 진행한다.

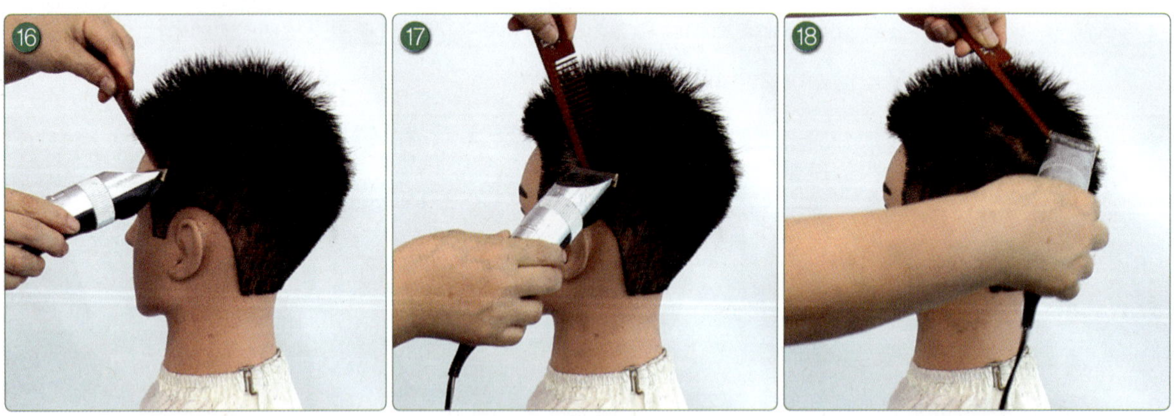

⑯, ⑰, ⑱ 좌측 사이드도 우측과 동일하게 후대각으로 높은 시술 각 75° 그라데이션 커트하여 앞쪽의 V 라인과 연결하여 커트를 진행한다.

⑲, ⑳, ㉑ 앞쪽과 좌측 사이드의 연결 부분에 모서리가 생긴 부분을 없애주며 탑 포인트 가이드와 연결한다.

㉒, ㉓, ㉔ 우측도 좌측과 동일한 방법으로 진행하며 좌·우 밸런스를 맞추며 커트를 진행한다.

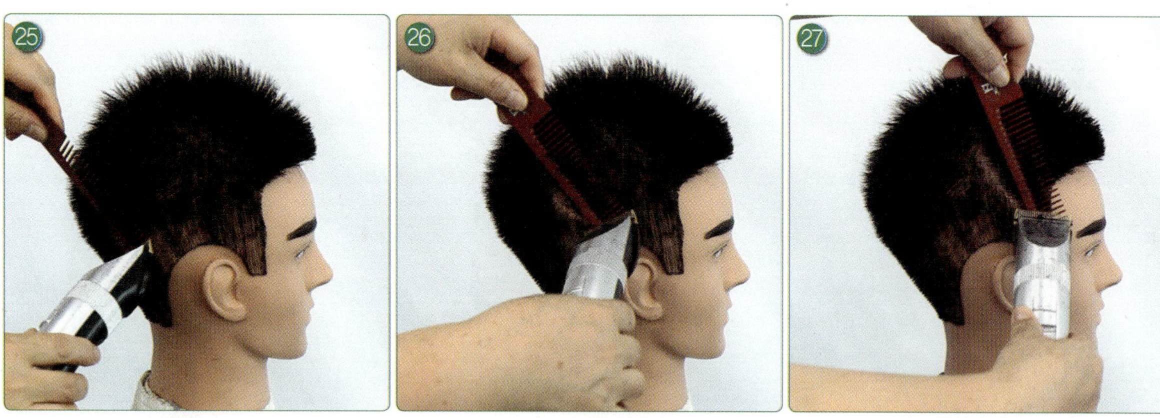

㉕, ㉖, ㉗ 앞쪽과 우측 사이드의 연결 부분에 모서리가 생긴 부분을 없애주면서 탑 포인트 가이드와 연결한다.

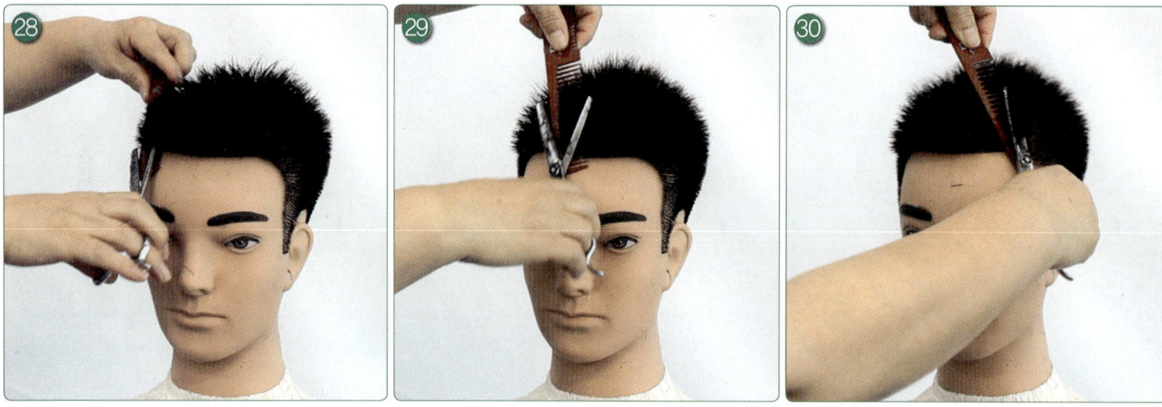

㉘, ㉙, ㉚ 프린지Fringe의 우측 → 좌측으로 이동하며 딥 테이퍼링Deep Tapering 한다.

㉛, ㉜, ㉝ 후두부 → 우측으로 이동하며 딥 테이퍼링한다.

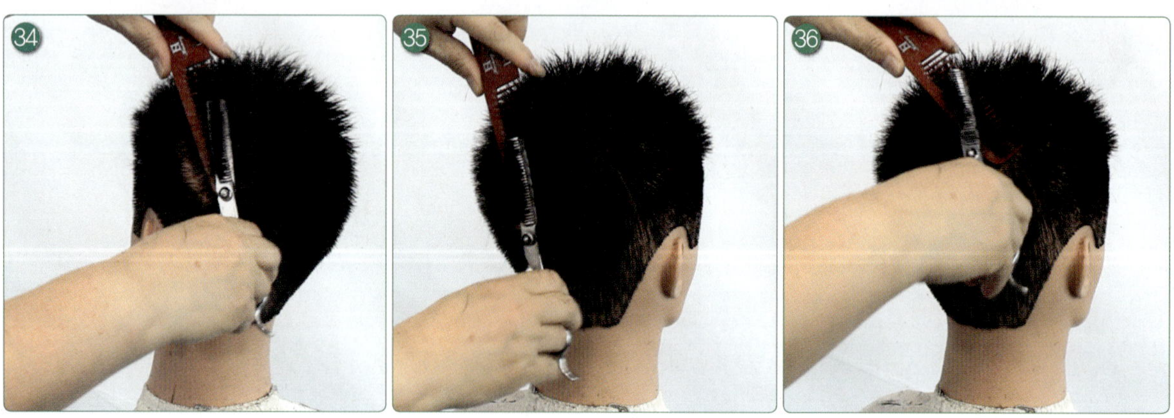

㉞, ㉟, ㊱ 좌측 → 후두부로 이동하며 딥 테이퍼링한다.

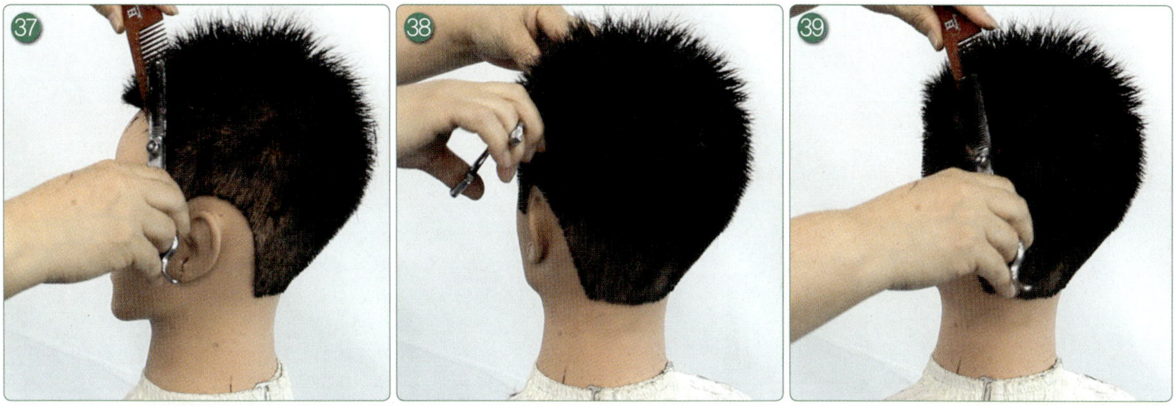

㊲, ㊳, ㊴ 전두부 Top 를 딥 테이퍼링한다.

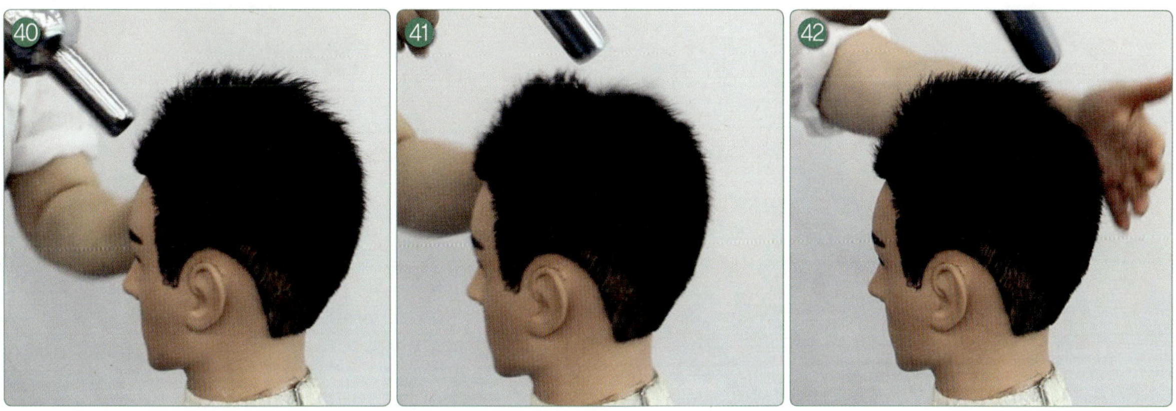

㊵, ㊶, ㊷ 모발의 흐름에 따라 드라이기를 이용하여 핸드 드라이 Hand Dry 한다.

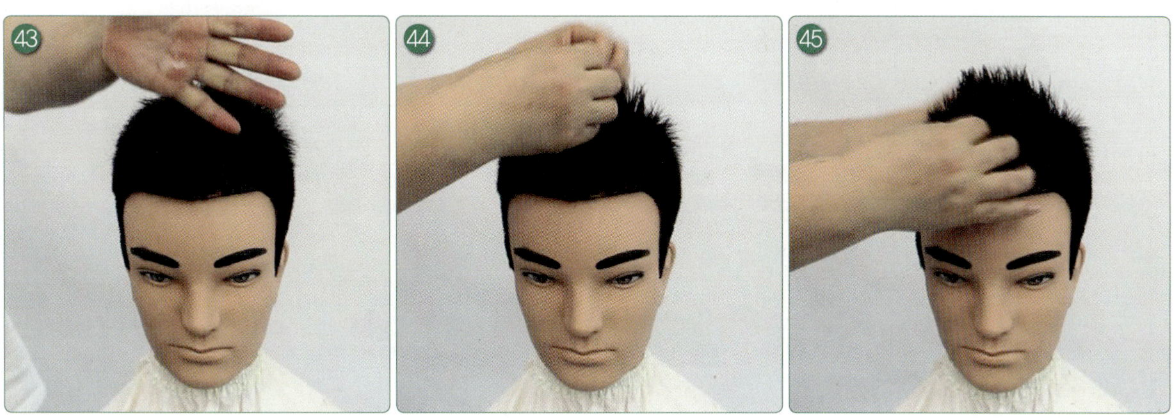

㊸, ㊹, ㊺ 제품을 사용하여 스타일링 Styling 한다.

(3) 삼각형 이발 헤어 스타일 마무리 하기

앞Front

뒤Back

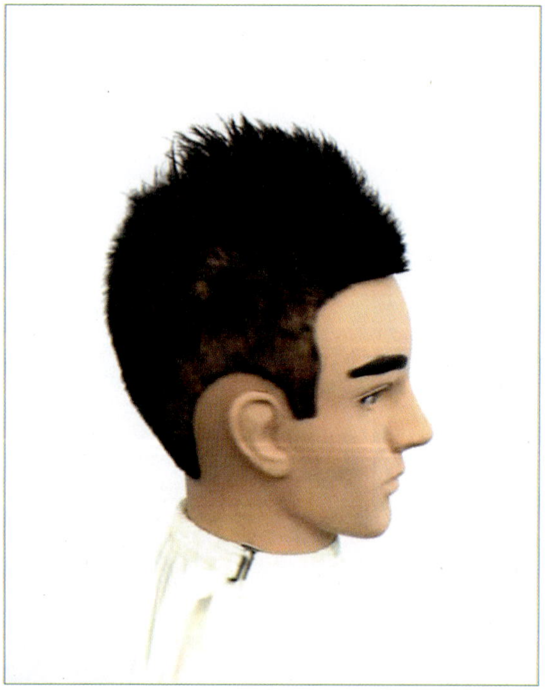

우측Right side

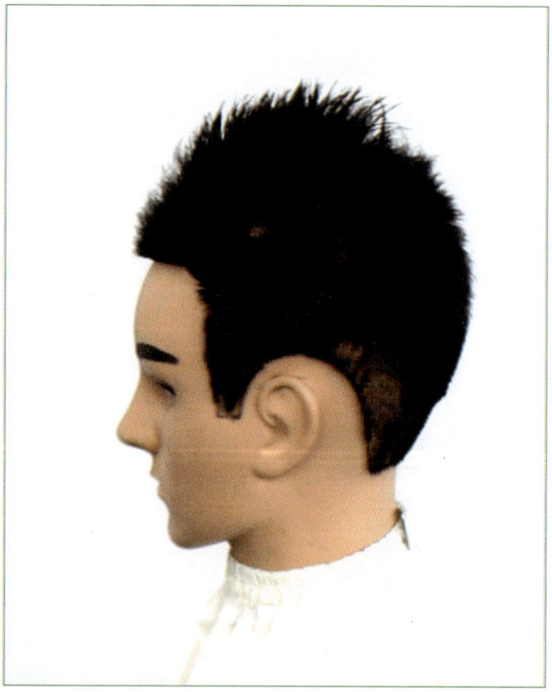

좌측Left side

4. 장가위 테크닉 삼각형 이발 헤어 스타일

학습내용 단원명	수업 목표
남성 커트 기본 스타일 짧은 단발형 삼각형 이발	남성 커트 이용 짧은 단발 삼각형 이발 헤어 스타일 실습을 수행할 수 있다.

인테리어Interior 영역의 모발을 두개피로부터 세워질 정도로 짧게 삼각형 모양으로 깎고, 엑스테리어Exterior 영역은 하이 그라데이션High Gradation 커트로서 무게선이 상단부에 위치한다. 일명 '모히칸 스타일'이라고도 한다.

(1) 삼각형 이발 헤어 커트 준비하기

1) 재료

③ 이용 빗

② 클리퍼

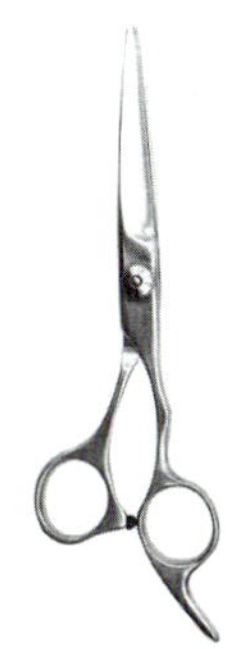

③ 장가위

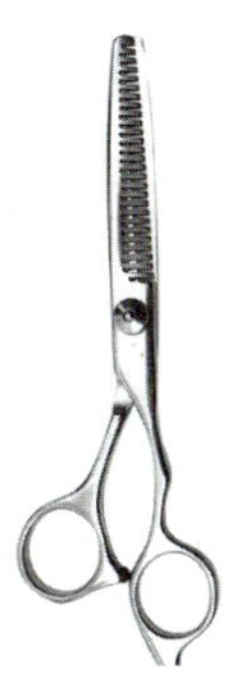

④ 틴닝 가위

⑤ 이용 드라이기

⑥ 스타일링 제품

2) 도해도 및 시술 개요

① 도해도

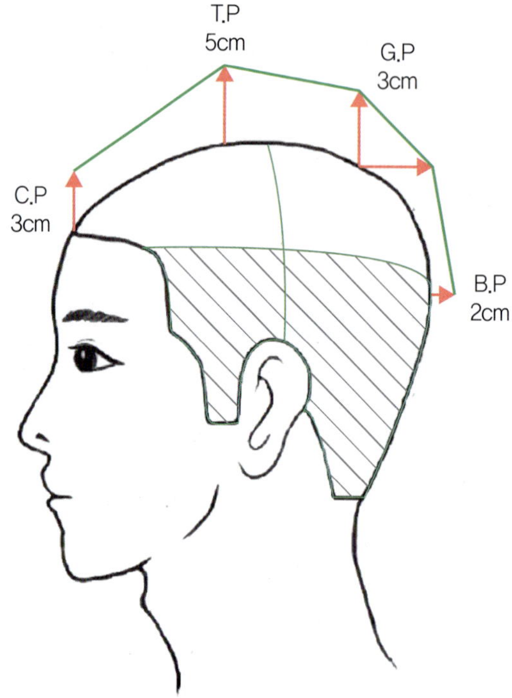

② 시술개요

블로킹 Blocking	노 파팅 No Parting
섹션 Section	수평 Horizontal, 세로 Vertical, 후대각 Diagonal Back
분배 Distribution	Top−90° to Over Directed, Side−60~90°
각도 Angle	두상 각도 Head Angles 90°, Side−60~90°
베이스 Base	온 더 베이스 On The Base
커트 Cut	클리퍼 오버 콤 Clipper Over Comb, 연속 깎기 싱글링 : Shingling
질감 처리 Texturerising	딥 테이퍼링 Deep Tapering, 노멀 테이퍼링 Norma Tapering, 엔드 테이퍼링 End Tapering

3) 이용 남성 커트 시술 방법

시술 전

시술 후

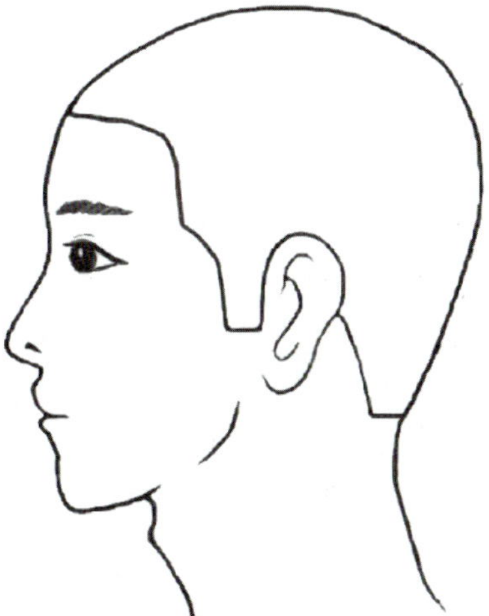

도해도 그려보기

(2) 삼각형 이발 헤어 스타일 시술하기

①, ②, ③ 골든 포인트G.P : Golden Point를 중심으로 가이드Guide를 설정하고 센터 포인트C.P : Center Point 방향으로 떠내려 깎기 한 후, 크로스 체크Cross Check를 진행한다.

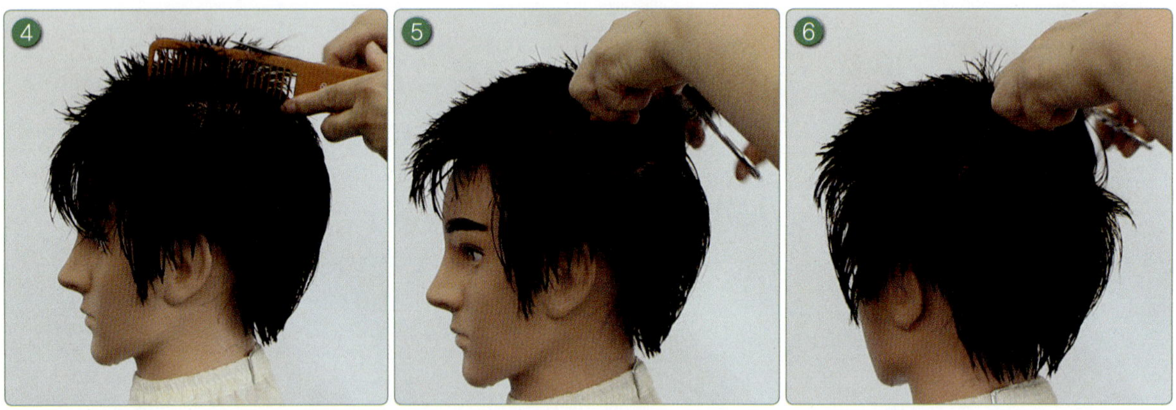

④, ⑤, ⑥ 전두부Top 중앙의 두발 길이를 가이드로 후두부의 상단부까지 커트Cut를 진행한다.

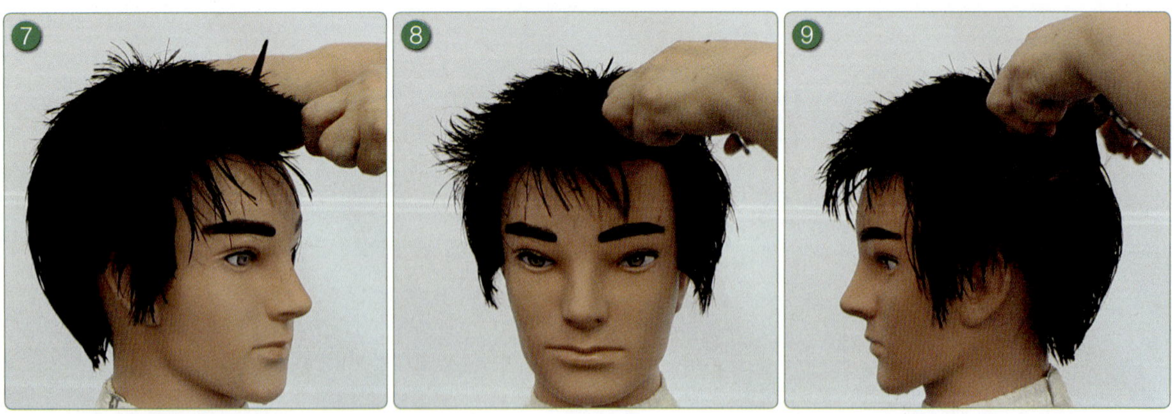

⑦, ⑧, ⑨ 좌측 → 후두부로 이동하며 높은 시술 각 75°로 연속 깎기싱글링 : Shingling 기법을 이용하여 그라데이션 커트Gradation Cut하고, 전두부 중앙의 두발 길이를 가이드로 좌측 상단부 커트를 진행한다.

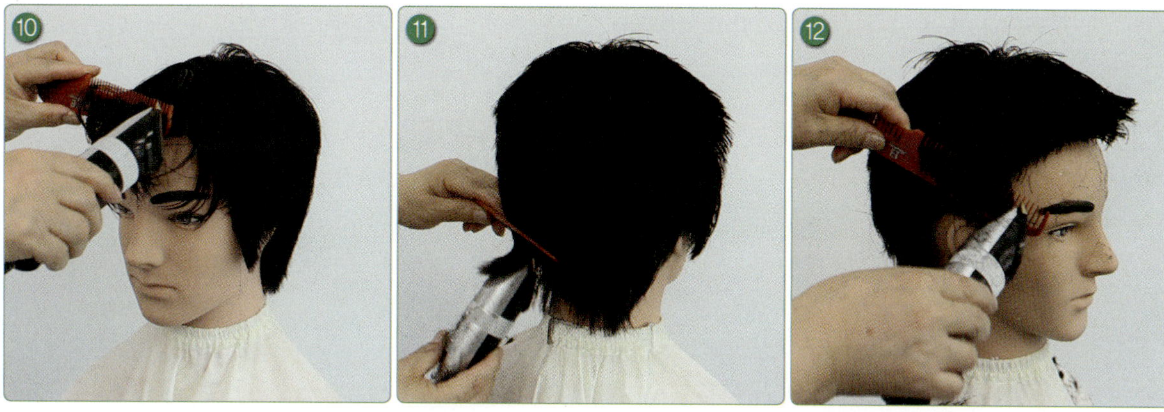

⑩, ⑪, ⑫ 클리퍼Clipper를 이용하여 센터 포인트에 가이드를 형성하고, 설정된 가이드를 기준으로 전체 모발의 커트를 진행한다.

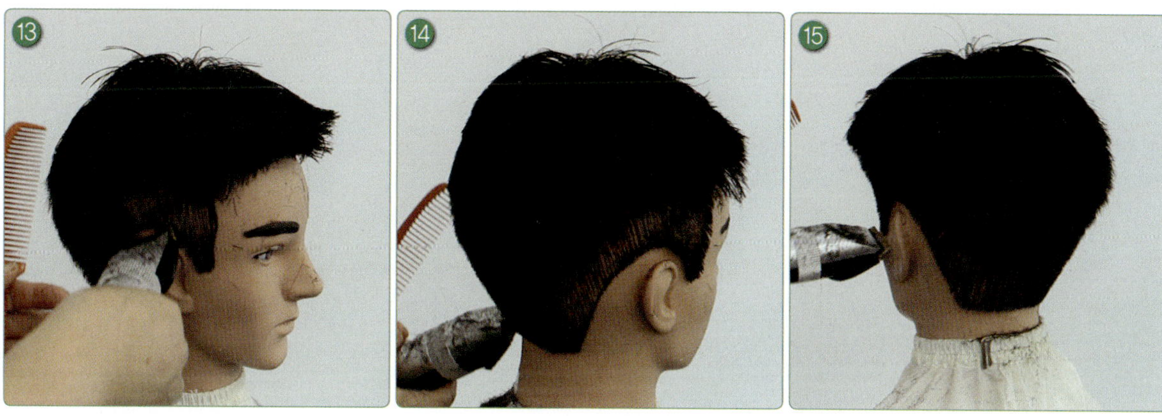

⑬, ⑭, ⑮ 클리퍼를 이용하여 높은 시술 각 75°로 C-스트로크C-stroke 기법을 활용하여 후대각 라인Diagonal Back으로 하단부의 커트를 진행한다.

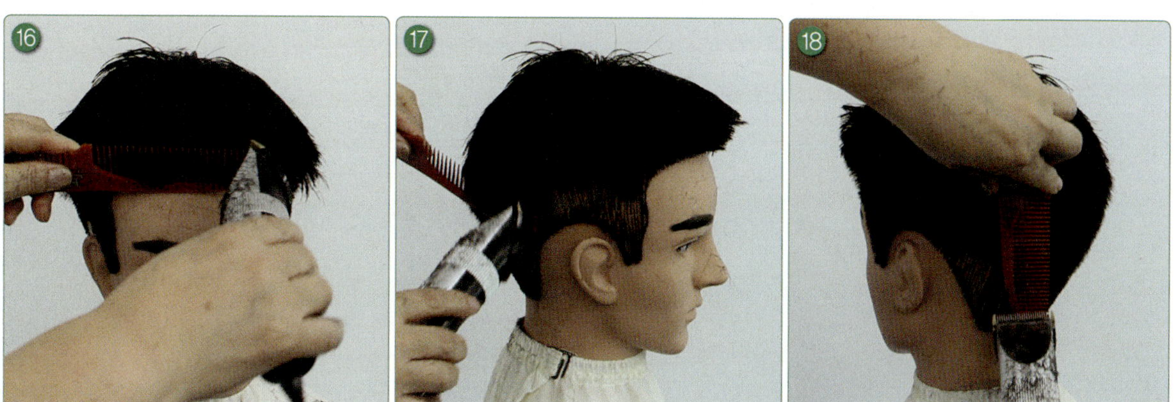

⑯, ⑰, ⑱ 센터 포인트에서 하단부 부분의 전체를 후대각 라인으로 그라데이션 커트하여 높은 시술 각 75°로 커트를 진행한다.

⑲, ⑳, ㉑ 상단부 모발의 모량에 따라 딥 테이퍼링 Deep Tapering, 노멀 테이퍼링 Norma Tapering, 엔드 테이퍼링 End Tapering 기법을 이용하여 커트를 진행한다.

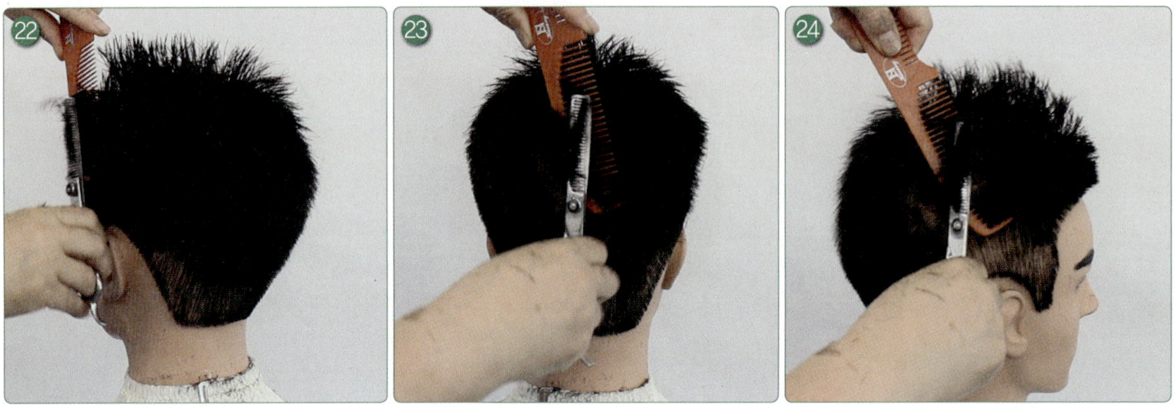

㉒, ㉓, ㉔ 하단부의 모발의 모량에 따라 딥 테이퍼링, 노멀 테이퍼링, 엔드 테이퍼링 기법을 이용하여 커트를 진행한다.

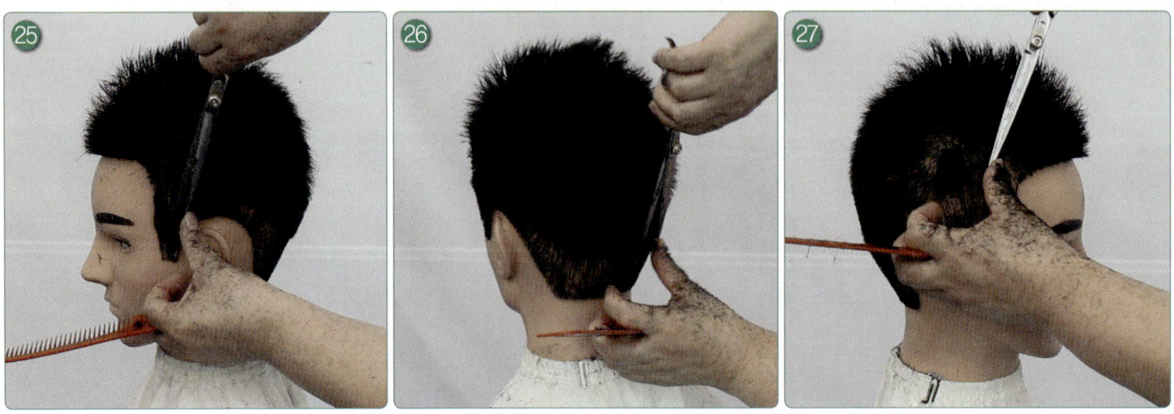

㉕, ㉖, ㉗ 장가위를 이용하여 상단부와 하단부의 접합부 부분을 밀어 깎기로 정리한다.

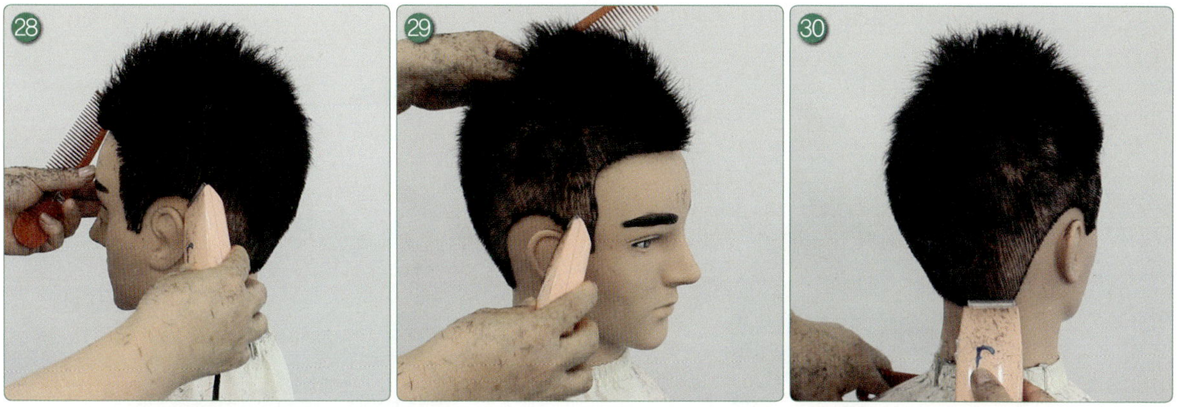

㉘, ㉙, ㉚ 트리머 클리퍼 Trimmer Clipper 를 이용하여 헤어 라인 Hair Line 의 커트를 진행한다.

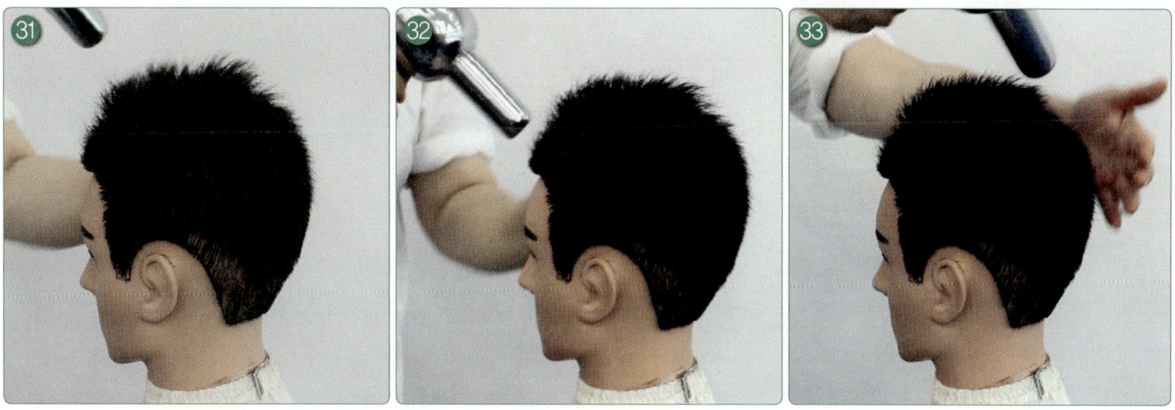

㉛, ㉜, ㉝ 모발의 흐름에 따라 드라이기를 이용하여 핸드 드라이 Hand Dry 한다.

㉞, ㉟, ㊱ 제품을 사용하여 스타일링 Styling 한다.

(3) 삼각형 이발 헤어 스타일 마무리 하기

앞 Front

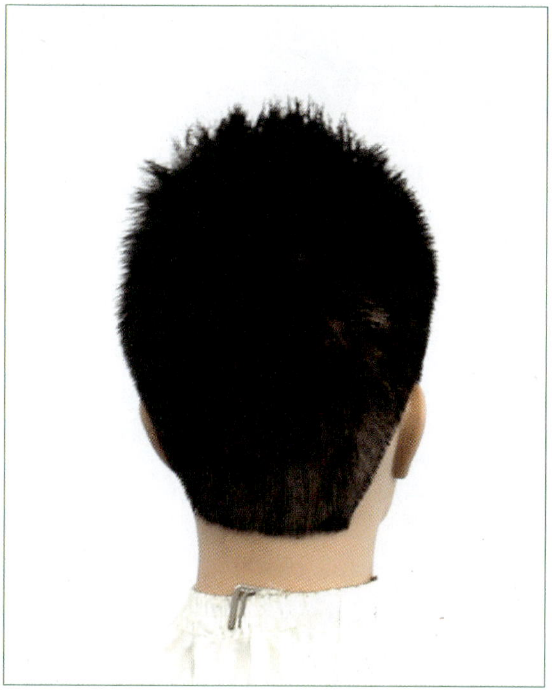

뒤 Back

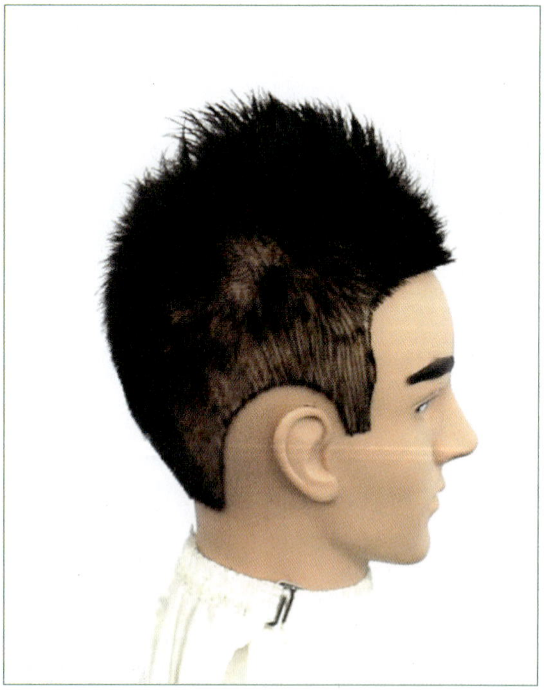

우측 Right side

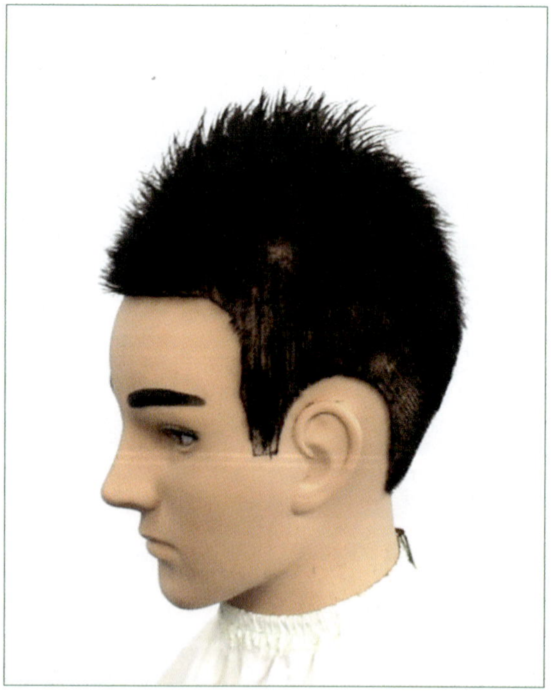

좌측 Left side

실습과정 사진	
사진	설명

실습결과 사진	
앞 Front	뒤 Back
좌측 Left Side	우측 Right Side

[교수 학습방법]

교수 방법
① 삼각형 이발의 길이 구조 배열을 통한 형태선을 설명한다.
② 삼각형 이발인 모히칸 스타일을 잘 이해할 수 있도록 다양한 사진 자료를 제시한다.
③ 하이 그라데이션 커트의 무게선 위치와 형성되는 이유에 대해 설명한다.
④ 모발 길이에 따른 작업 절차의 차이점을 설명한다.
⑤ 삼각형 이발을 작업 절차에 따라 위그에 시연한다.
⑥ 올바른 도구 사용 방법과 이발 기법을 익힐 수 있도록 지도한다.

학습 방법
① 삼각형 이발의 길이 구조를 이해하여 노트에 도해도를 그려 본다.
② 모히칸 스타일의 디자인 패턴을 잘 파악할 수 있도록 자료를 수집한다.
③ 그라데이션 각도에 따른 무게선의 위치 변화를 숙지하여 위그에 실습한다.
④ 모발 길이에 따라 올바른 작업 절차를 선정하여 위그에 실습한다.
⑤ 삼각형 이발의 작업 절차를 숙지하여 위그에 반복 실습한다.
⑥ 도구를 바르게 사용할 수 있도록 주의하며 이발 기법을 위그에 실습한다.

[평가 준거]

학습 내용	평가 항목	성취 수준		
		상	중	하
삼각형 이발 형태 작업	1. 전체 두발을 거칠게 깎기를 할 수 있다.			
	2. 이발기를 이용하여 측면과 후면의 발제선부터 후두부까지 그라데이션 하여 깎을 수 있다.			
	3. 천정부를 둥근형으로 깎은 후 싱글링하여 천정부의 두발과 자연스럽게 연결할 수 있다.			
삼각형 이발 질감과 마무리	1. 틴닝 가위를 사용하여 질감 처리를 할 수 있다.			
	2. 장가위를 사용하여 수정·보완할 수 있다.			

[평가 방법]

학습 내용	평가 항목	성취 수준		
		상	중	하
삼각형 이발 형태 작업	1. 올바른 도구 사용 방법 이해 여부			
	2. 삼각형 이발 형태 작업 순서 및 방법의 이해 여부			
	3. 이발 기법 숙련도 여부			
	4. 모발 길이에 따른 그라데이션의 완성도			
	5. 삼각형 이발 형태 작업의 완성도			
삼각형 이발 질감과 마무리	1. 질감과 마무리 작업 순서 및 방법의 이해 여부			
	2. 틴닝 가위 사용 능력			
	3. 옆 가위질[세워 깎기, 밀어 깎기] 숙련도 여부			
	4. 모히칸 스타일의 완성도			

[평가자 체크리스트]

학습 내용	평가 항목	성취 수준		
		상	중	하
삼각형 이발 형태 작업	1. 작업 전 도구 준비 여부			
	2. 올바른 도구 사용 방법 이해 여부			
	3. 형태 작업 절차에 따른 수행 능력			
	4. 그라데이션 커트의 수행 능력			
	5. 삼각형 이발 형태 작업의 완성도			
삼각형 이발 질감과 마무리	1. 질감과 마무리 작업 절차에 따른 수행 능력			
	2. 틴닝 가위 사용 능력			
	3. 옆 가위질[세워 깎기, 밀어 깎기] 숙련도 여부			
	4. 수정 및 보완 작업을 통한 스타일의 마무리 여부			

5. 클리퍼 테크닉 사각형 이발 헤어 스타일

학습내용 단원명	수업 목표
남성 커트 기본 스타일 짧은 단발형 사각형 이발	남성 커트 이용 짧은 단발 사각형 이발 헤어 스타일 실습을 수행할 수 있다.

인테리어 Interior 영역은 사각형 구조, 엑스테리어 Exterior는 높은 시술 각 75°로 하이 그래쥬에이션 High Gradation 형태로서 무게선이 상단부에 위치한다. 일명 '각진 스포츠 커트'라 하며, 같은 의미로 '스퀘어 브로스'라고도 한다.

(1) 사각형 이발 헤어 커트 준비하기

1) 재료

③ 이용 빗

② 클리퍼

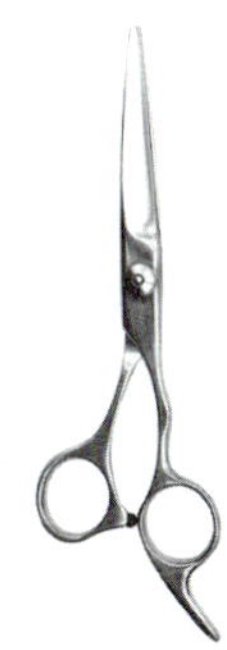

③ 장가위

④ 틴닝 가위

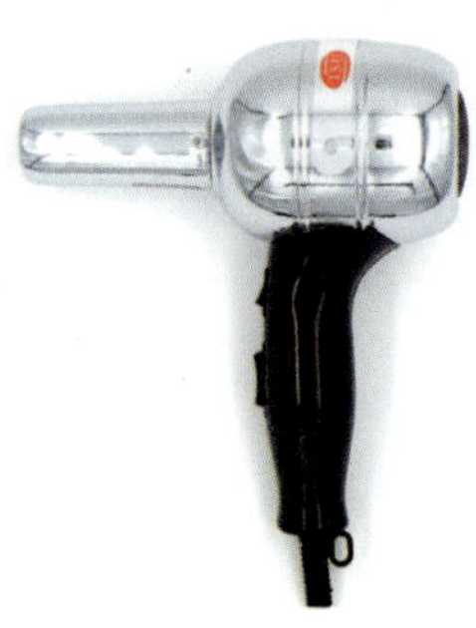

⑤ 이용 드라이기

⑥ 덴멘 브러시

2) 도해도 및 시술 개요

① 도해도

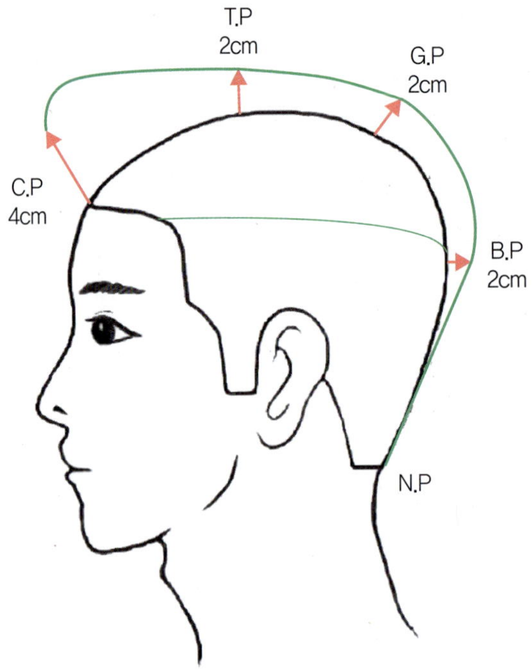

② 시술개요

블로킹 Blocking	노 파팅 No Parting
섹션 Section	수평 Horizontal, 세로 Vertical, 후대각 Diagonal Back
분배 Distribution	직각 분배 Perpendicular Distribution, 방향 분배 Direction Distribution
각도 Angle	Top–일반 시술 각 Normal Projection 90°, Side, Back–일반 시술 각 Normal Projection 70~90°
베이스 Base	온 더 베이스 On The Base
커트 Cut	밀어 깎기, 클리퍼 오버 콤 Clipper Over Comb, 연속 깎기 싱글링 : Shingling
질감 처리 Texturerising	엔드 테이퍼링 End Tapering, 딥 테이퍼링 Deep Tapering

3) 이용 남성 커트 시술 방법

시술 전

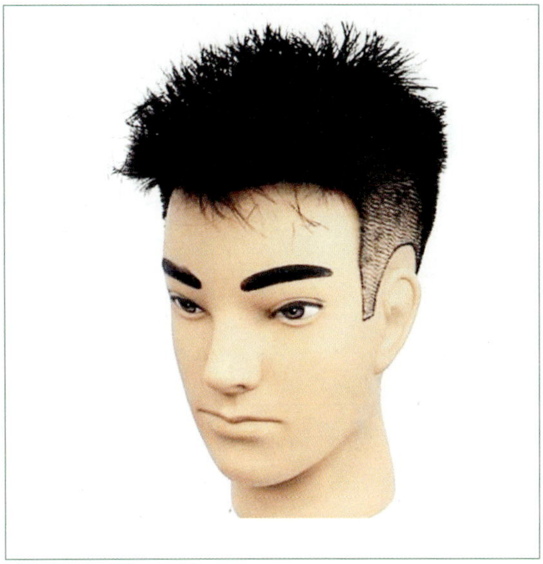

시술 후

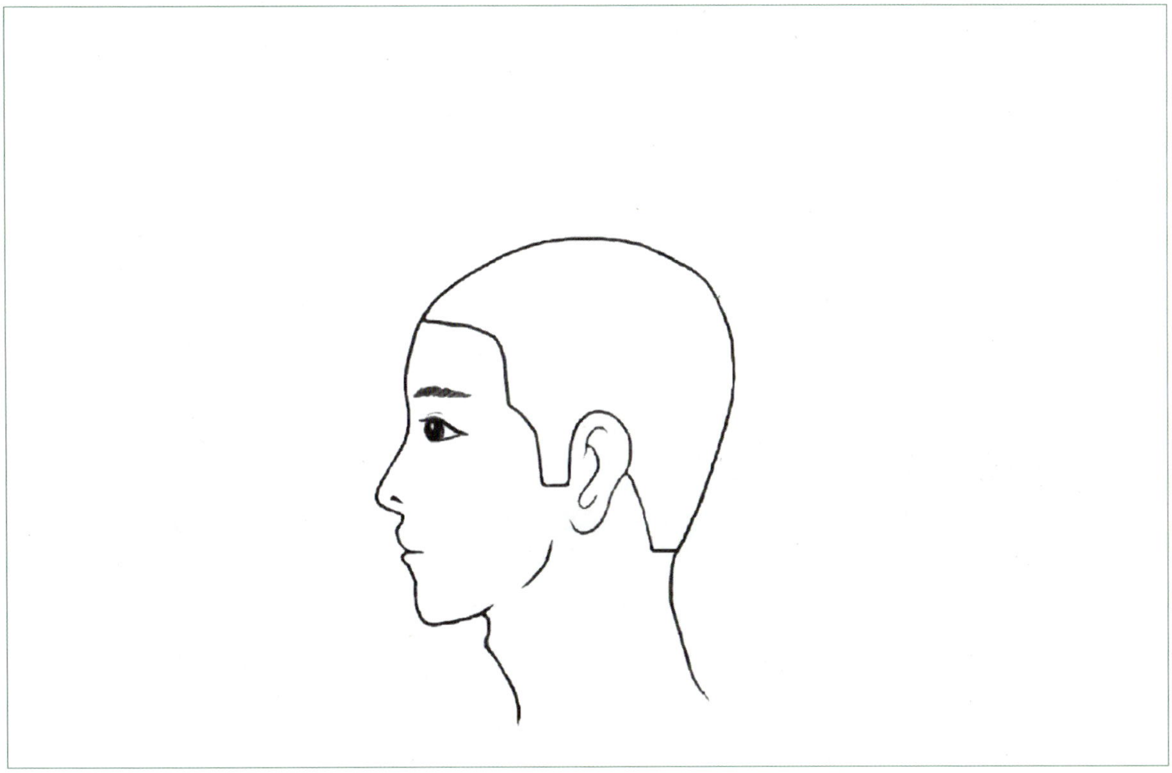

도해도 그려보기

(2) 사각형 이발 헤어 스타일 시술하기

①, ②, ③ 탑 포인트T.P : Top Point에 가이드Guide 설정 후, 천정부 영역을 클리퍼 오버 콤Clipper Over Comb 기법을 이용하여 스퀘어 라인Square Line으로 커트Cut 한다.

④, ⑤, ⑥ 센터 포인트C.P : Center Point까지 가이드에 맞춰 스퀘어 라인으로 커트한다.

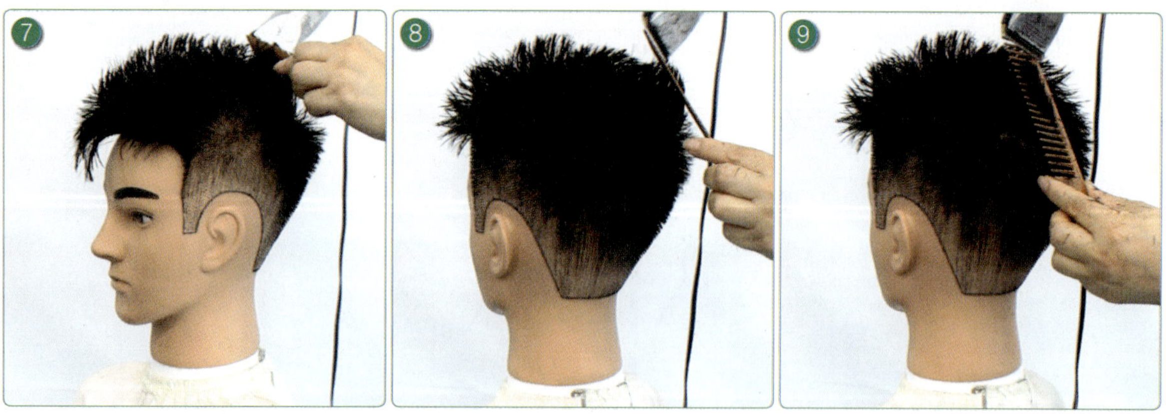

⑦, ⑧, ⑨ 후두부는 컨백스 라인Convex Line 형태로 높은 시술 각 75° 그라데이션 커트Gradation Cut를 진행한다.

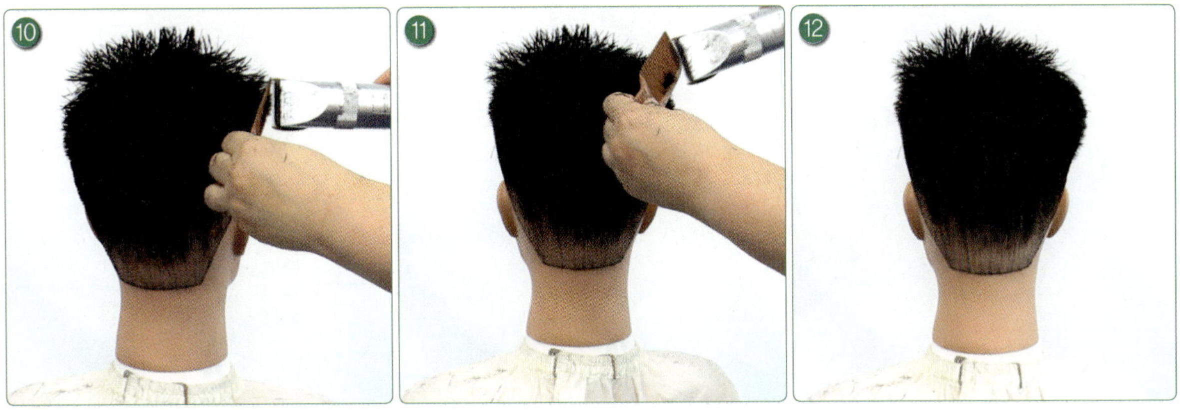

⑩, ⑪, ⑫ 후두부의 컨백스 라인을 가이드로 우측 → 좌측으로 이동하면서 양 측면을 그라데이션 커트를 진행한다.

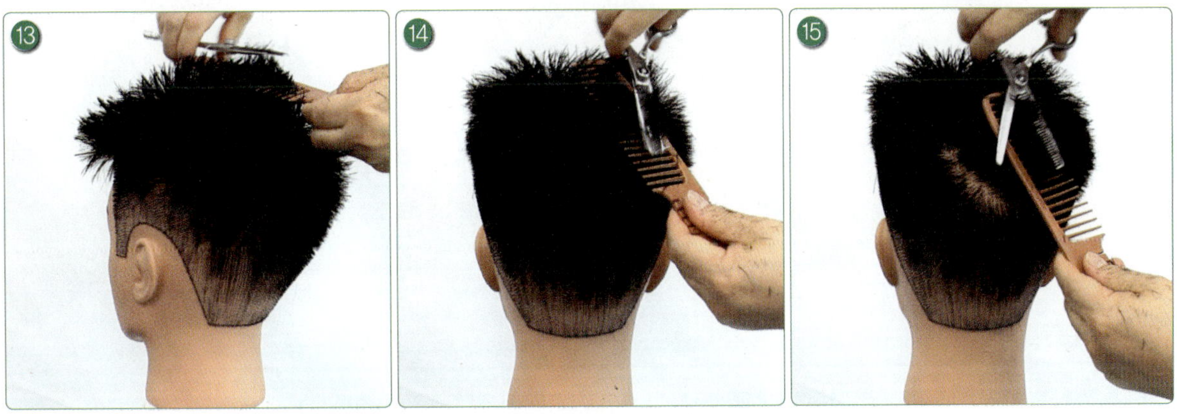

⑬, ⑭, ⑮ 연속 깎기싱글링 : Shingling 기법으로 엔드 테이퍼링End Tapering 한다.

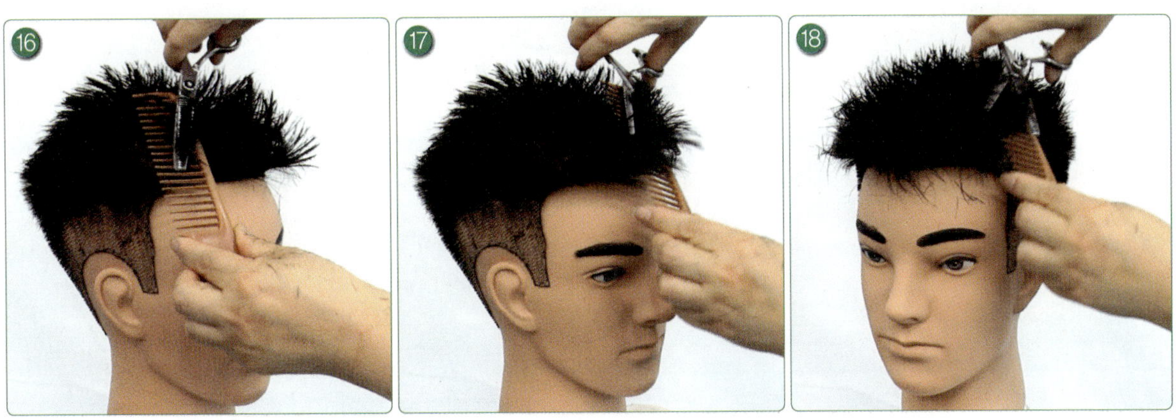

⑯, ⑰, ⑱ 페이스 라인Face Line에 부분적으로 모량이 많은 부분은 딥 테이퍼링Deep Tapering 한다.

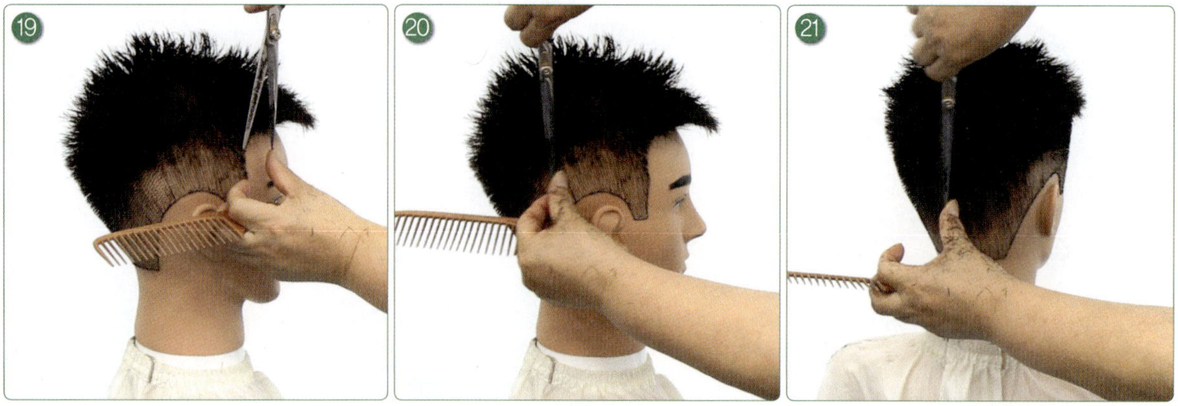

⑲, ⑳, ㉑ 장가위를 이용하여 우측 → 좌측으로 이동하며 요철이 있는 부분을 밀어 깎기로 정리한다.

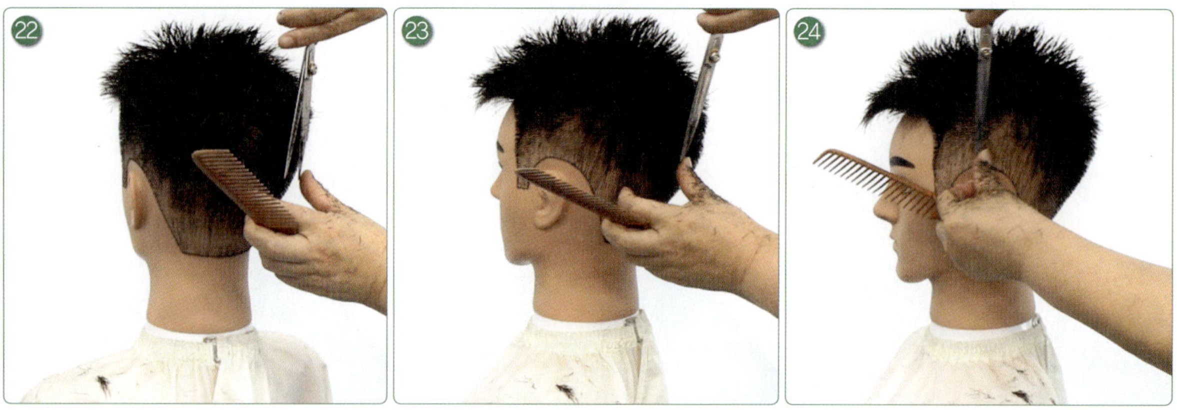

㉒, ㉓, ㉔ 후두부 → 좌측으로 이동하며 요철이 있는 부분을 밀어 깎기로 정리한다.

㉕, ㉖, ㉗ 드라이기와 덴멘 브러시Denman Brush를 이용하여 모발 흐름에 따라 드라이Dry 한다.

(3) 사각형 이발 헤어 스타일 마무리 하기

앞 Front

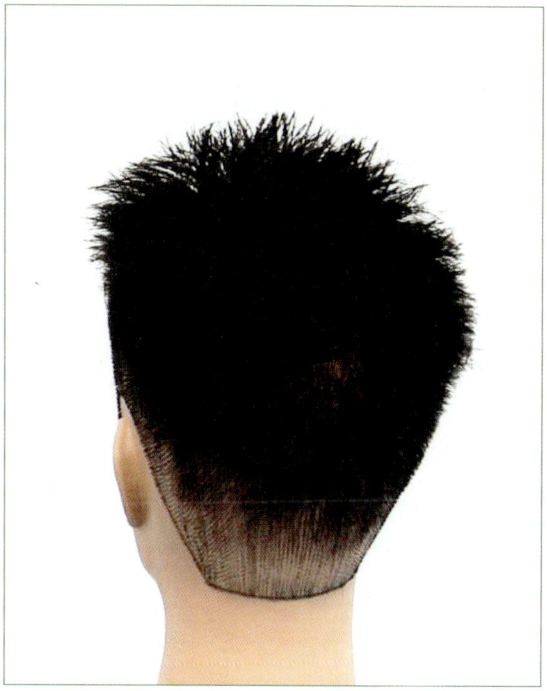
뒤 Back

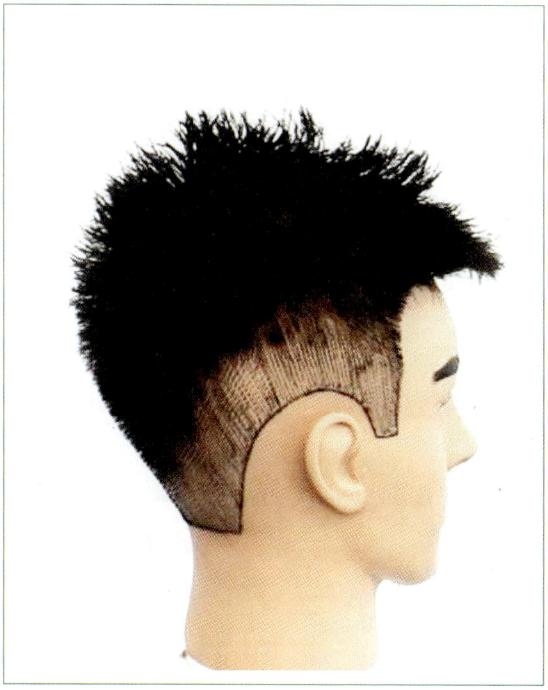
우측 Right side

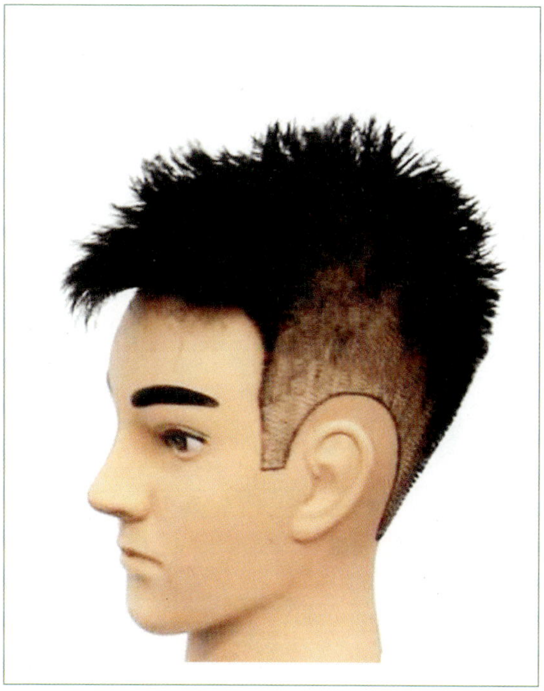
좌측 Left side

6. 장가위 테크닉 사각형 이발 헤어 스타일

학습내용 단원명	수업 목표
남성 커트 기본 스타일 각진 스포츠형 사각형 이발	남성 커트 이용 각진 스포츠형 이발 헤어 스타일 실습을 수행할 수 있다.

사각형 이발은 두개피로부터 세워질 정도로 짧게 사각 모양으로 깎는다. 하이 그라데이션 커트Gradation Cut로서 무게선이 상단부에 위치하는 커트를 말한다.

(1) 사각형 이발 헤어 커트 준비하기

1) 재료

① 장가위

② 틴닝 가위

③ 이용 빗

④ 핀셋

⑤ 스타일링 제품

⑥ 클리퍼

2) 도해도 및 시술 개요

① 도해도

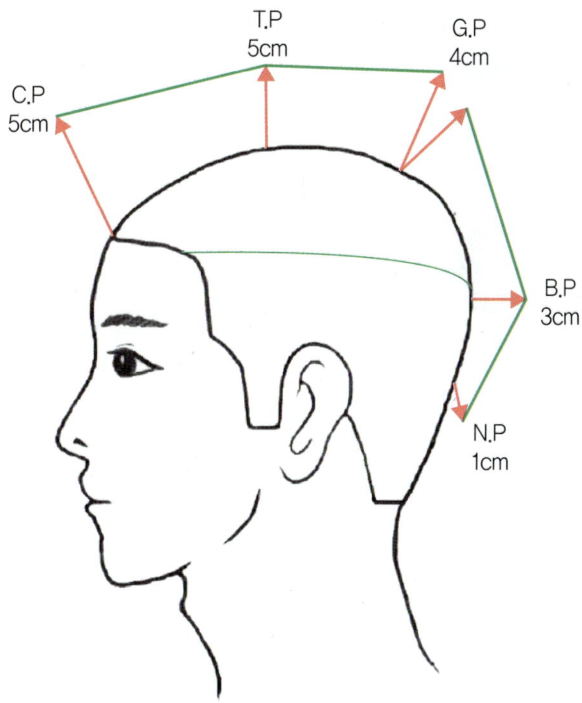

② 시술개요

블로킹Blocking	노파팅
섹션Section	수평Horizontal, 세로Vertical
분배Distribution	Top−90° to Over directed, Back−70∼90°
각도Angle	Head Angle 90°, Back−70∼90°
베이스Base	온 더 베이스On The Base
커트Cut	떠올려 깎기, 연속 깎기싱글링 : Shingling, 세워 깎기
질감 처리Texturerising	테이퍼링 기법Taperinging

3) 이용 남성 커트 시술 방법

시술 전

시술 후

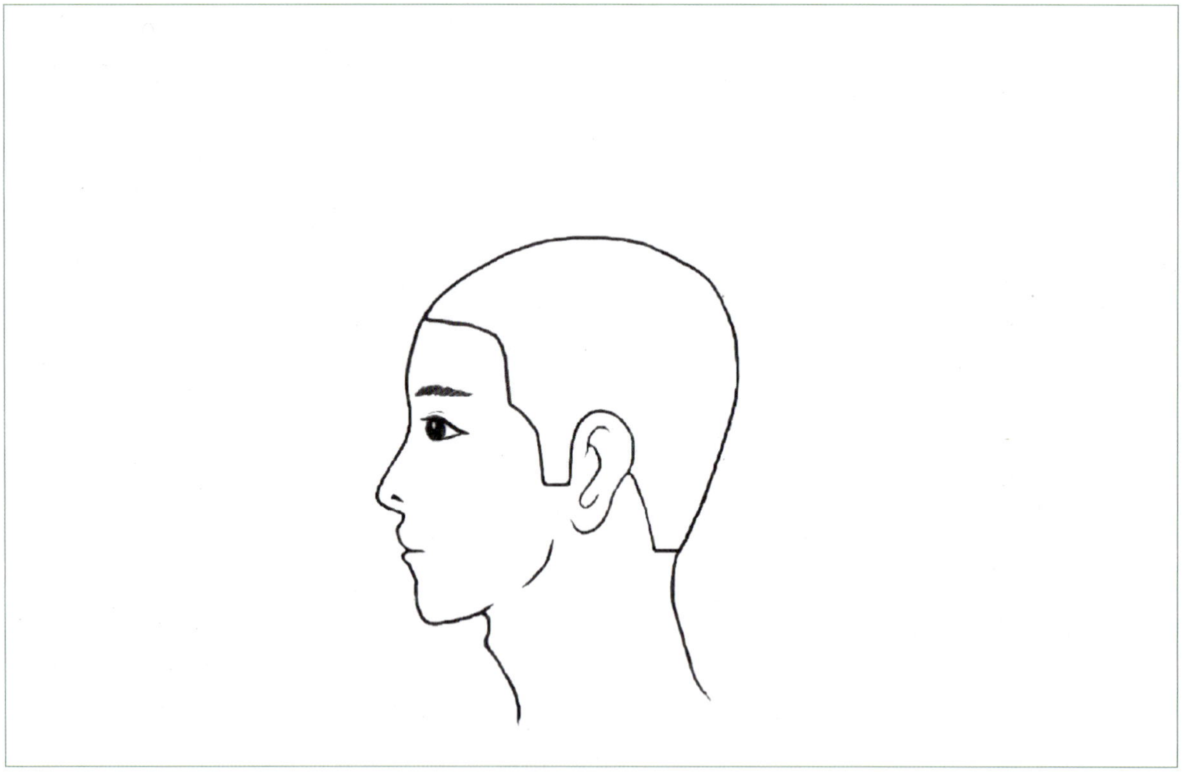

도해도 그려보기

(2) 사각형 이발 헤어 스타일 시술하기

①, ②, ③ 센터 포인트C.P : Center Point에서 탑 골든 미디움 포인트T.G.M.P : Top Golden Medium Point까지 탑Top부분의 길이를 설정하여 떠올려 깎기로 커트Cut를 진행한다.

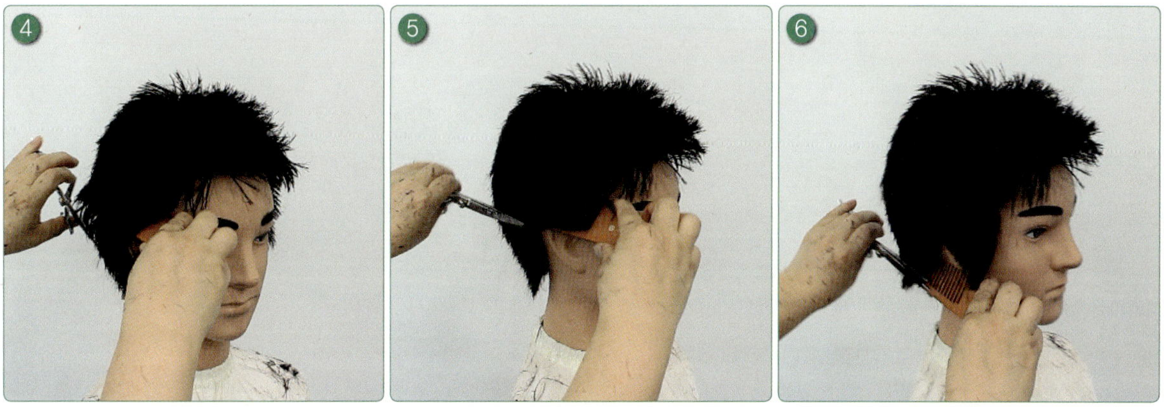

④, ⑤, ⑥ 사이드 코너 포인트S.C.P : Side Corner Point에서 네이프 사이드 포인트N.S.P : Nape Side Point까지 떠올려 깎기로 커트를 진행한다.

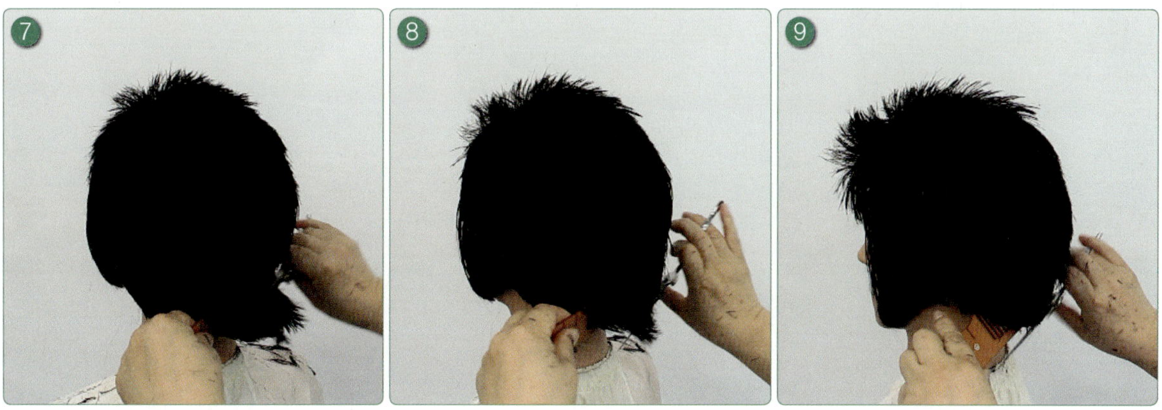

⑦, ⑧, ⑨ 네이프 포인트N.P : Nape Point부터 네이프 사이드 포인트까지 가이드Guide를 설정하고 떠올려 깎기로 커트를 진행한다.

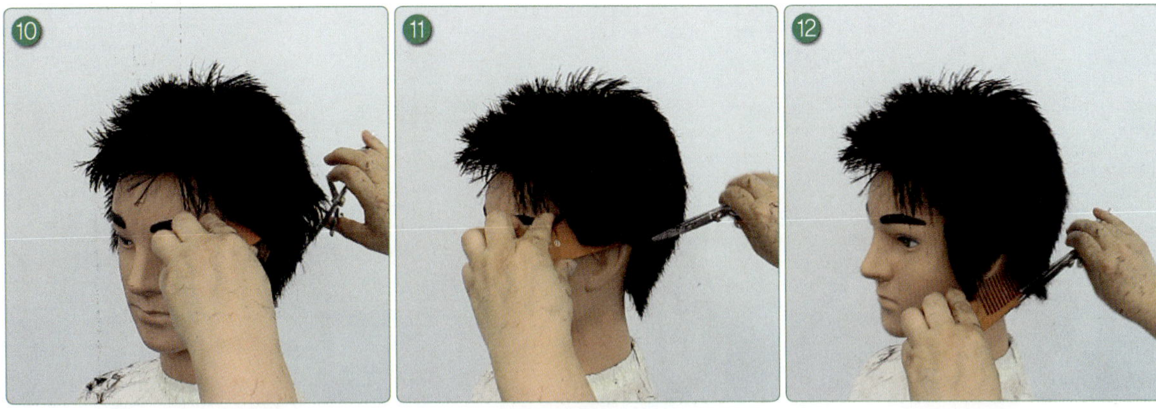

⑩, ⑪, ⑫ 사이드 코너 포인트에서 네이프 사이드 포인트까지 떠올려 깎기로 커트를 진행한다.

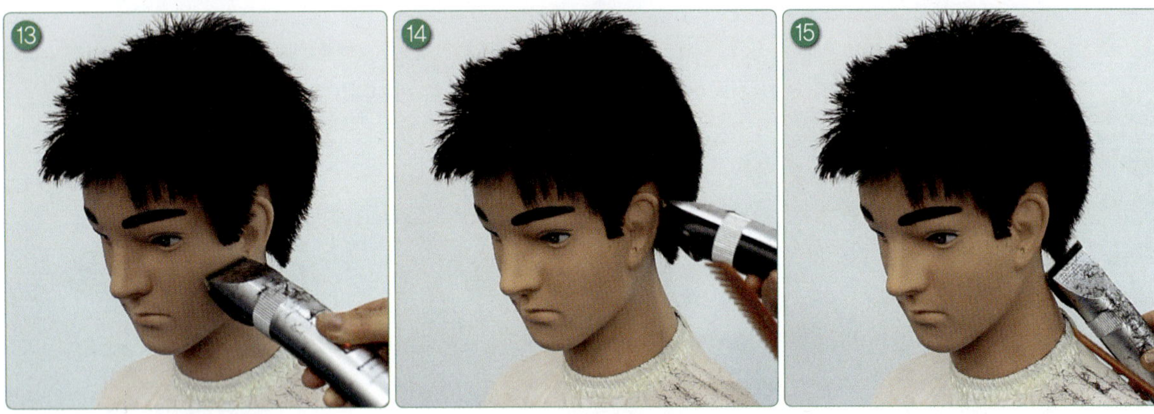

⑬, ⑭, ⑮ 사이드 코너 포인트에서 네이프 사이드 포인트까지 떠올려 깎기로 커트한 가이드에 맞춰 라인Line을 클리퍼Clipper를 사용하여 커트를 진행한다.

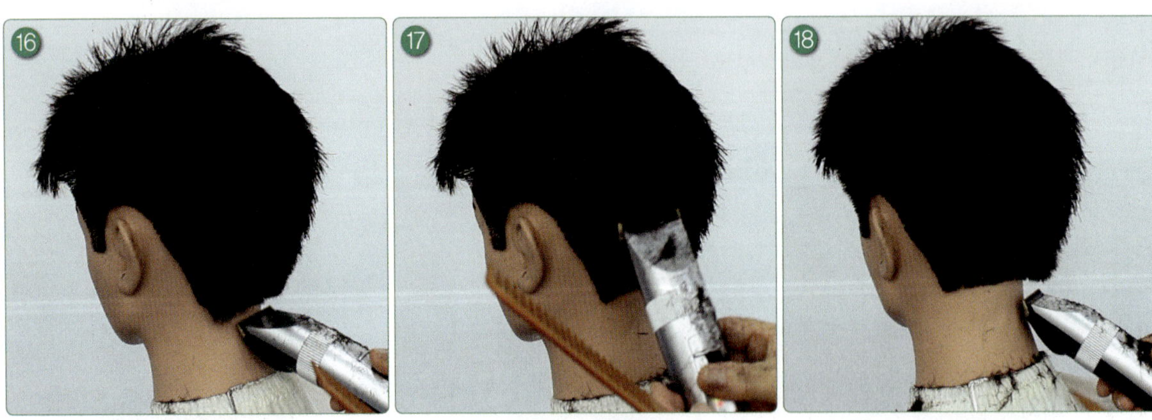

⑯, ⑰, ⑱ 네이프 포인트부터 네이프 사이드 포인트까지 떠올려 깎기 한 가이드에 맞춰 클리퍼를 사용하여 커트를 진행한다.

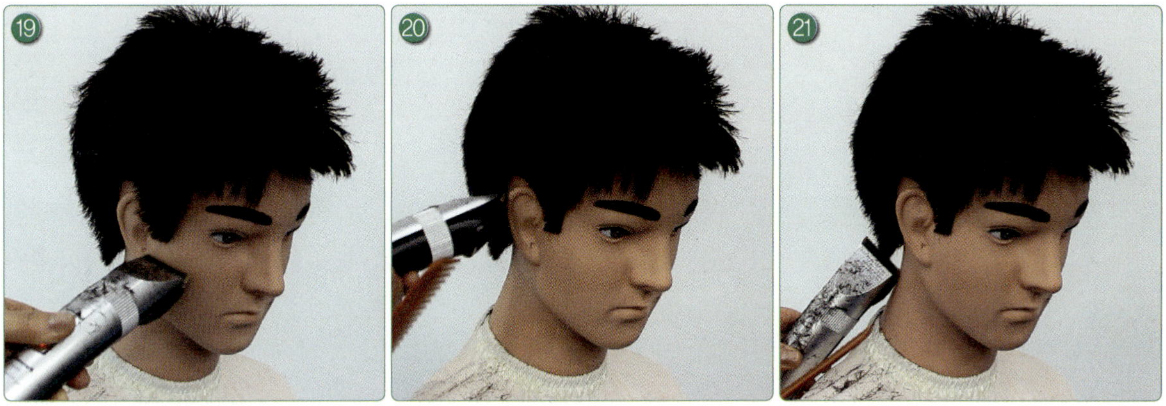

⑲, ⑳, ㉑ 사이드 코너 포인트에서 네이프 사이드 포인트까지 떠올려 깎기로 커트한 가이드에 맞춰 라인을 클리퍼를 사용하여 커트를 진행한다.

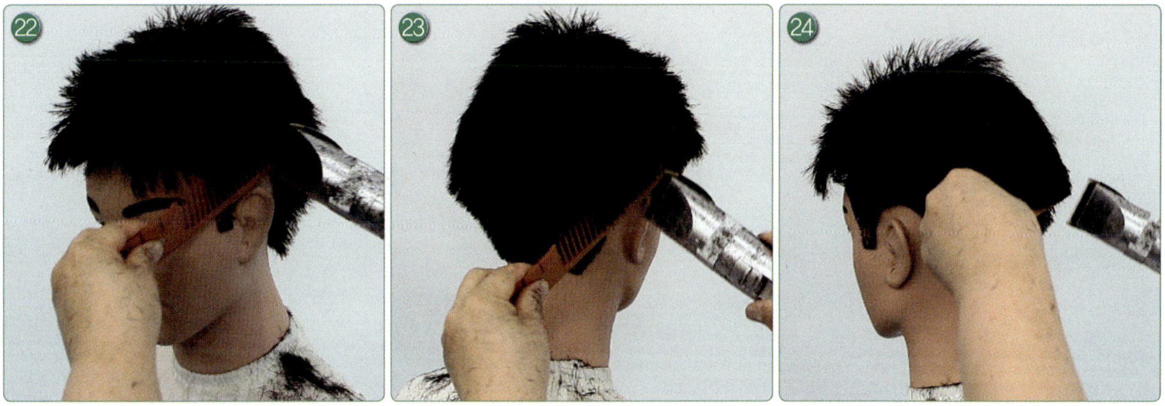

㉒, ㉓, ㉔ 클리퍼를 사용하여 연결 부분의 커트를 진행한다.

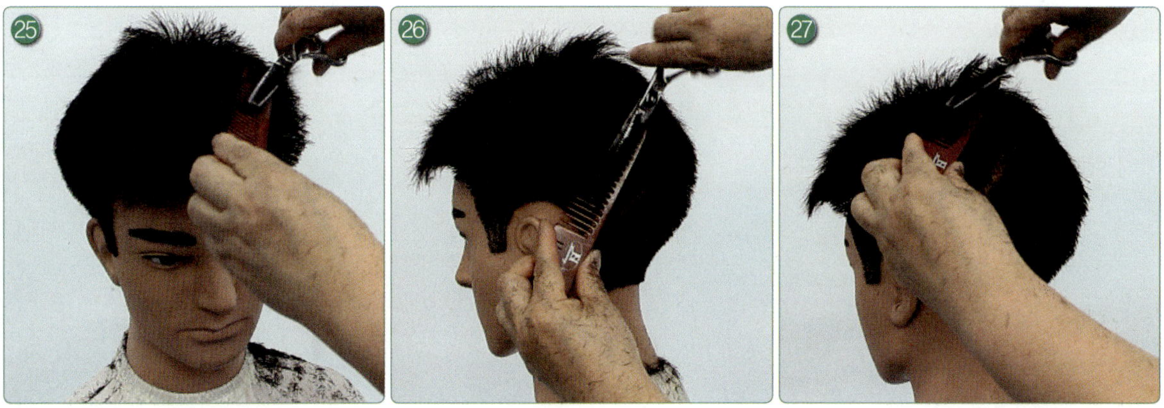

㉕, ㉖, ㉗ 테이퍼링 기법 Taperinging 으로 전체 질감 처리를 한다.

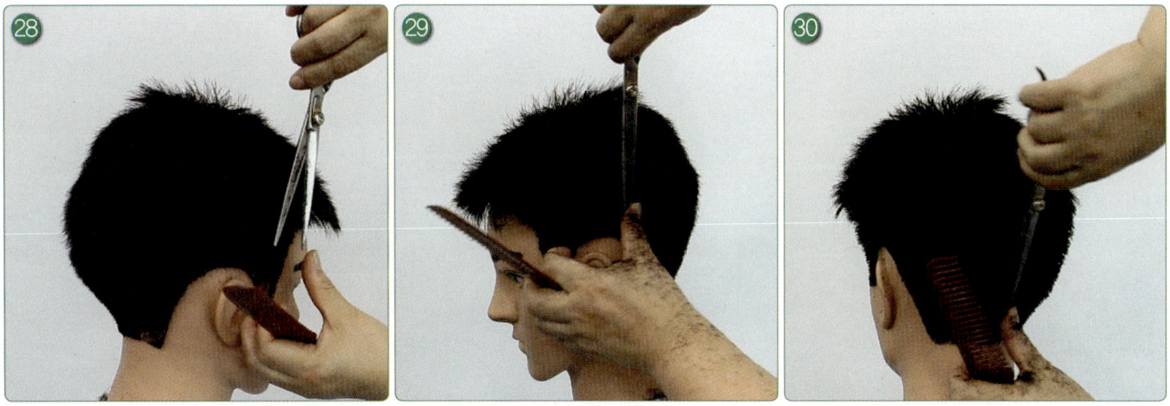

㉘, ㉙, ㉚ 세워 깎기로 연결 부분을 깔끔히 정리한다.

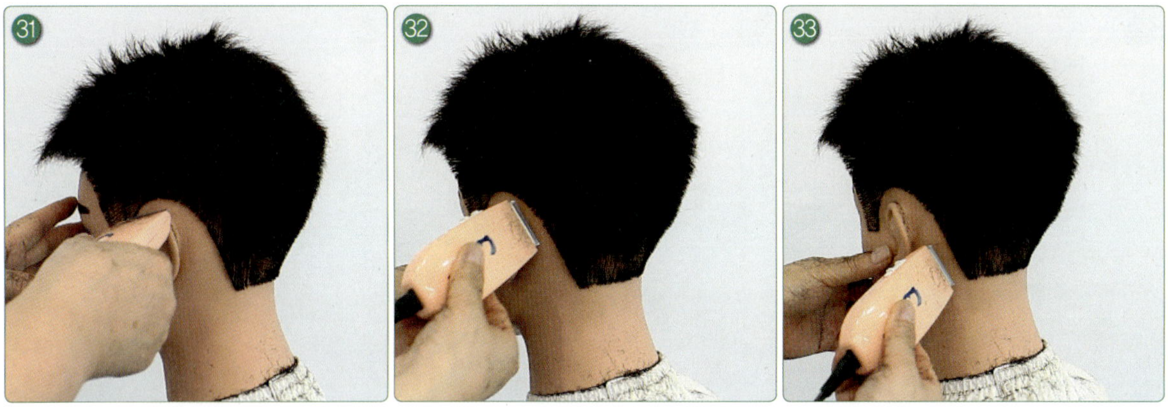

㉛, ㉜, ㉝ 라인을 깔끔히 정리한다.

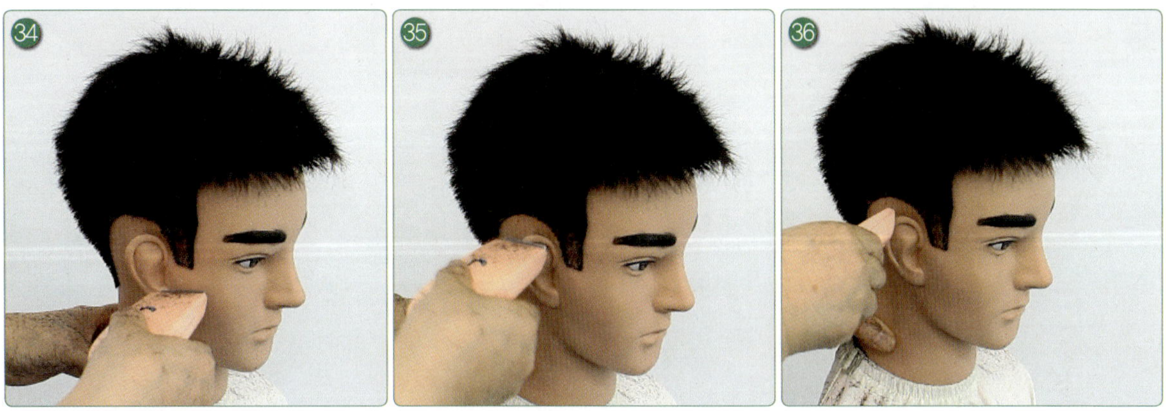

㉞, ㉟, ㊱ 라인을 깔끔히 정리한다.

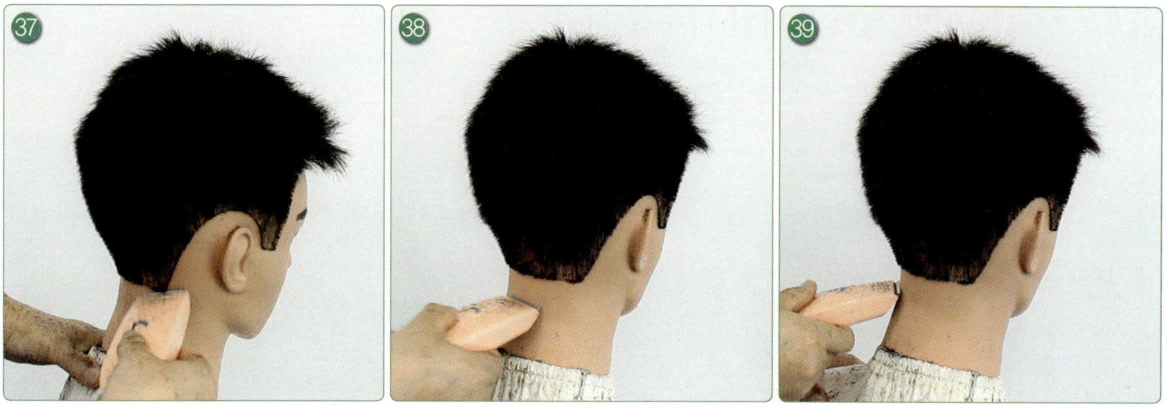

㊲, ㊳, ㊴ 라인을 깔끔히 정리한다.

㊵, ㊶, ㊷ 드라이기와 덴멘 브러시Denman Brush를 사용하여 모발 흐름에 따라 드라이Dry 한다.

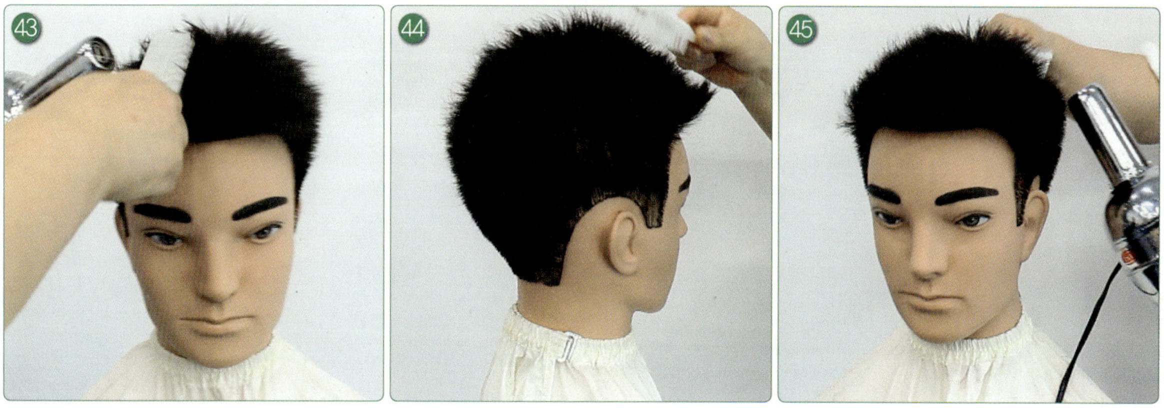

㊸, ㊹, ㊺ 드라이기와 덴멘 브러시를 사용하여 모발 흐름에 따라 드라이한다.

(3) 사각형 이발 헤어 스타일 마무리 하기

앞 Front

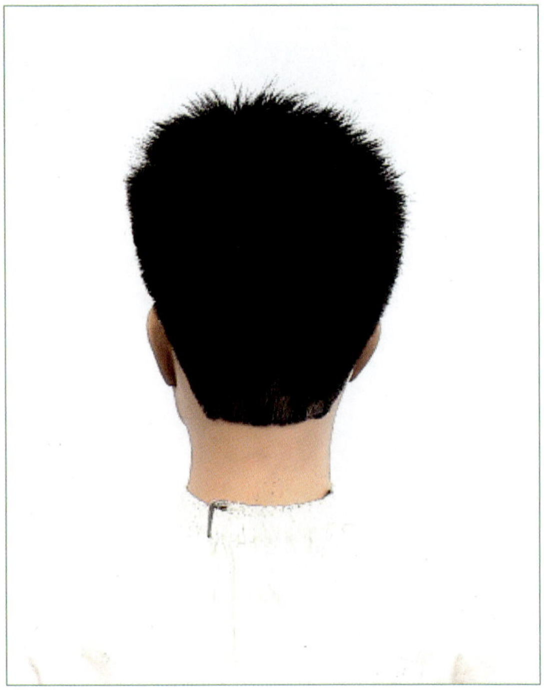

뒤 Back

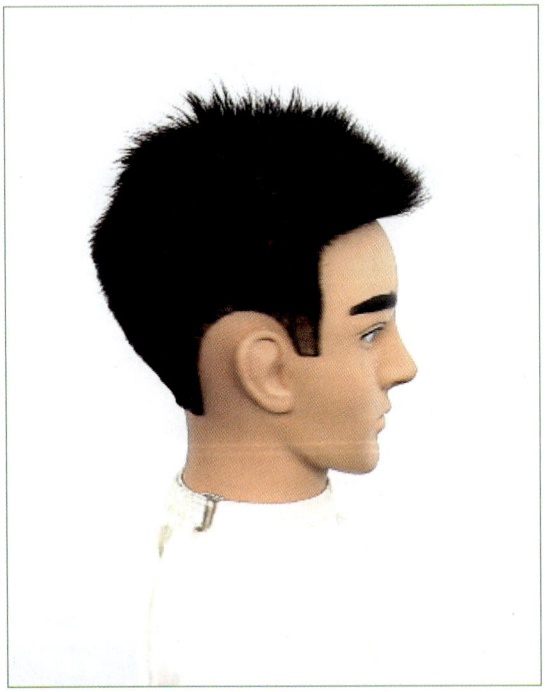

우측 Right side

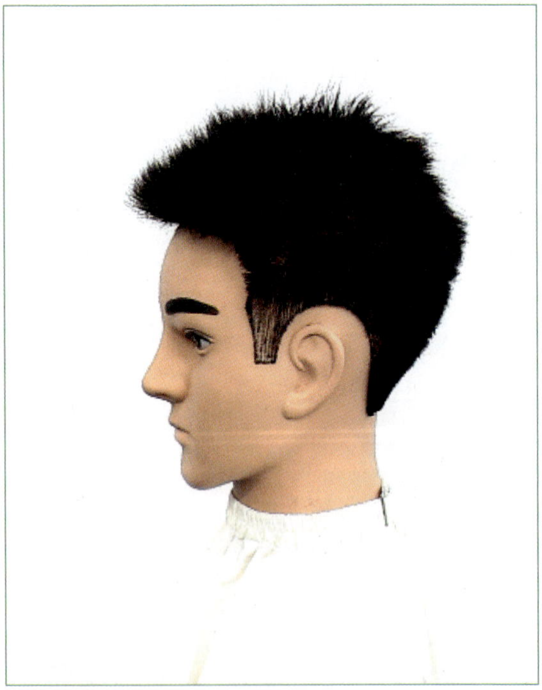

좌측 Left side

실습과정 사진	
사진	설명

실습결과 사진	
앞 Front	뒤 Back
좌측 Left Side	우측 Right Side

[교수 학습방법]

교수 방법
① 사각형 이발의 길이 구조 배열을 통한 형태선을 설명한다.
② 사각형 이발인 각진 스포츠 스타일을 잘 이해할 수 있도록 다양한 사진 자료를 제시한다.
③ 하이 그라데이션 커트의 무게선 위치와 형성되는 이유에 대해 설명한다.
④ 모발 길이에 따른 작업 절차의 차이점을 설명한다.
⑤ 사각형 이발을 작업 절차에 따라 위그에 시연한다.
⑥ 올바른 도구 사용 방법과 이발 기법을 익힐 수 있도록 지도한다.

학습 방법
① 사각형 이발의 길이 구조를 이해하여 노트에 도해도를 그려 본다.
② 다양한 각진 스포츠 스타일의 디자인 패턴을 잘 파악할 수 있도록 자료를 수집한다.
③ 그라데이션 각도에 따른 무게선의 위치 변화를 숙지하여 위그에 실습한다.
④ 두발 길이에 따라 올바른 작업 절차를 선정하여 위그에 실습한다.
⑤ 사각형 이발의 작업 절차를 숙지하여 위그에 반복 실습한다.
⑥ 도구를 바르게 사용할 수 있도록 주의하며 이발 기법을 위그에 실습한다.

[평가 준거]

학습 내용	평가 항목	성취 수준		
		상	중	하
사각형 이발 형태 작업	1. 전체 두발을 거칠게 깎기를 할 수 있다.			
	2. 이발기를 이용하여 측면과 후면의 발제선부터 후두부까지 그라데이션 하여 깎을 수 있다.			
	3. 천정부를 둥근형으로 깎은 후 싱글링하여 천정부의 두발과 자연스럽게 연결할 수 있다.			
사각형 이발 질감과 마무리	1. 틴닝 가위를 사용하여 질감 처리를 할 수 있다.			
	2. 장가위를 사용하여 수정·보완할 수 있다.			

[평가 방법]

<table>
<tr><th rowspan="2">학습 내용</th><th rowspan="2">평가 항목</th><th colspan="3">성취 수준</th></tr>
<tr><th>상</th><th>중</th><th>하</th></tr>
<tr><td rowspan="5">사각형 이발 형태 작업</td><td>1. 올바른 도구 사용 방법 이해 여부</td><td></td><td></td><td></td></tr>
<tr><td>2. 사각형 이발 형태 작업 순서 및 방법의 이해 여부</td><td></td><td></td><td></td></tr>
<tr><td>3. 이발 기법 숙련도 여부</td><td></td><td></td><td></td></tr>
<tr><td>4. 모발 길이에 따른 그라데이션의 완성도</td><td></td><td></td><td></td></tr>
<tr><td>5. 사각형 이발 형태 작업의 완성도</td><td></td><td></td><td></td></tr>
<tr><td rowspan="4">사각형 이발 질감과 마무리</td><td>1. 질감과 마무리 작업 순서 및 방법의 이해 여부</td><td></td><td></td><td></td></tr>
<tr><td>2. 틴닝 가위 사용 능력</td><td></td><td></td><td></td></tr>
<tr><td>3. 옆 가위질[세워 깎기, 밀어 깎기] 숙련도 여부</td><td></td><td></td><td></td></tr>
<tr><td>4. 각진 스포츠 스타일의 완성도</td><td></td><td></td><td></td></tr>
</table>

[평가자 체크리스트]

<table>
<tr><th rowspan="2">학습 내용</th><th rowspan="2">평가 항목</th><th colspan="3">성취 수준</th></tr>
<tr><th>상</th><th>중</th><th>하</th></tr>
<tr><td rowspan="5">사각형 이발 형태 작업</td><td>1. 작업 전 도구 준비 여부</td><td></td><td></td><td></td></tr>
<tr><td>2. 올바른 도구 사용 방법 이해 여부</td><td></td><td></td><td></td></tr>
<tr><td>3. 형태 작업 절차에 따른 수행 능력</td><td></td><td></td><td></td></tr>
<tr><td>4. 그라데이션 커트의 수행 능력</td><td></td><td></td><td></td></tr>
<tr><td>5. 사각형 이발 형태 작업의 완성도</td><td></td><td></td><td></td></tr>
<tr><td rowspan="4">사각형 이발 질감과 마무리</td><td>1. 질감과 마무리 작업 절차에 따른 수행 능력</td><td></td><td></td><td></td></tr>
<tr><td>2. 틴닝 가위 사용 능력</td><td></td><td></td><td></td></tr>
<tr><td>3. 옆 가위질[세워 깎기, 밀어 깎기] 숙련도 여부</td><td></td><td></td><td></td></tr>
<tr><td>4. 수정 및 보완 작업을 통한 스타일의 마무리 여부</td><td></td><td></td><td></td></tr>
</table>

평가자 체크리스트

<table>
<tr><td>평가 일시</td><td colspan="2">년 월 일</td><td colspan="4">학과: 학번: 성명:</td></tr>
<tr><td>교과목</td><td></td><td>평가자</td><td colspan="4">(인)</td></tr>
<tr><td>능력단위명</td><td colspan="6"></td></tr>
<tr><td>능력단위 요소</td><td colspan="6"></td></tr>
<tr><td colspan="4">평가 내용</td><td colspan="3">성취 수준</td></tr>
<tr><td>능력단위 요소</td><td colspan="3">내용</td><td>상
(5)</td><td>중
(3)</td><td>하
(1)</td></tr>
<tr><td rowspan="5">1201010519_18v3.1
둥근형 이발하기</td><td colspan="3">1. 전체 두발을 거칠게 깎기를 할 수 있다.</td><td></td><td></td><td></td></tr>
<tr><td colspan="3">2. 천정부 아래 영역의 두발을 거칠게 깎기를 할 수 있다. 이발기를 이용하여 측면과 후면의 발제선부터 후두부까지 그라데이션하여 깎을 수 있다.</td><td></td><td></td><td></td></tr>
<tr><td colspan="3">3. 천정부를 둥근형으로 깎은 후 싱글링하여 천정부의 두발과 자연스럽게 연결할 수 있다.</td><td></td><td></td><td></td></tr>
<tr><td colspan="3">4. 틴닝 가위를 사용하여 질감 처리를 할 수 있다.</td><td></td><td></td><td></td></tr>
<tr><td colspan="3">5. 장가위를 사용하여 수정·보완할 수 있다.</td><td></td><td></td><td></td></tr>
<tr><td rowspan="5">1201010519_18v3.2
삼각형 이발하기</td><td colspan="3">1. 전체 두발을 거칠게 깎기를 할 수 있다</td><td></td><td></td><td></td></tr>
<tr><td colspan="3">2. 이발기를 이용하여 측면과 후면의 발제선부터 후두부까지 그라데이션하여 깎을 수 있다.</td><td></td><td></td><td></td></tr>
<tr><td colspan="3">3. 천정부를 삼각형으로 깎은 후 싱글링하여 천정부의 두발과 자연스럽게 연결할 수 있다.</td><td></td><td></td><td></td></tr>
<tr><td colspan="3">4. 틴닝 가위를 사용하여 질감 처리를 할 수 있다.</td><td></td><td></td><td></td></tr>
<tr><td colspan="3">5. 장가위를 사용하여 수정·보완할 수 있다.</td><td></td><td></td><td></td></tr>
<tr><td rowspan="5">1201010519_18v3.3
사각형 이발하기</td><td colspan="3">1. 전체 두발을 거칠게 깎기를 할 수 있다.</td><td></td><td></td><td></td></tr>
<tr><td colspan="3">2. 이발기를 이용하여 측면과 후면의 발제선부터 후두부까지 그라데이션하여 깎을 수 있다.</td><td></td><td></td><td></td></tr>
<tr><td colspan="3">3. 천정부를 삼각형으로 깎은 후 싱글링하여 천정부의 두발과 자연스럽게 연결할 수 있다.</td><td></td><td></td><td></td></tr>
<tr><td colspan="3">4. 틴닝 가위를 사용하여 질감 처리를 할 수 있다.</td><td></td><td></td><td></td></tr>
<tr><td colspan="3">5. 장가위를 사용하여 수정·보완할 수 있다.</td><td></td><td></td><td></td></tr>
</table>

총점			성취수준		
성취 기준	매우 우수 (25점 이상)	우수 (25−20점)	보통 (20−11점)	미흡 (10−6점)	매우 미흡 (5점 미만)

〈평가 체크리스트 작성 방법〉

① 평가자는 학습자의 수준을 평가하여 상, 중, 하에 체크한다. 객관화된 평가를 위해 평가자는 채점 기준표를 개발해야 한다.

② 항목의 점수상: 5점, 중: 3점, 하: 1점의 총 합에 따라 성취 수준을 결정한다. 성취 수준은 아래의 성취 기준을 참고한다.

③ 성취 수준 매우 우수자는 심화 교육, 매우 미흡자는 보충 수업을 진행한다.

작업장 평가

<table>
<tr><td>평가 일시</td><td colspan="2">년 월 일</td><td colspan="3">학과: 학번: 성명:</td></tr>
<tr><td>교과목</td><td colspan="2"></td><td>평가자</td><td colspan="2">(인)</td></tr>
<tr><td>능력단위명</td><td colspan="5"></td></tr>
<tr><td>능력단위 요소</td><td colspan="5"></td></tr>
<tr><td colspan="5">평가 내용</td><td rowspan="2">점 수</td></tr>
<tr><td>능력단위 요소</td><td colspan="4">내용</td></tr>
<tr><td rowspan="2">작업 준비</td><td colspan="4">작업에 필요한 도구 준비</td><td></td></tr>
<tr><td colspan="4">준비된 도구의 위생적인 상태</td><td></td></tr>
<tr><td rowspan="5">작업 과정</td><td colspan="4">짧은 단발형 이발 형태 작업 절차에 따른 수행 여부</td><td></td></tr>
<tr><td colspan="4">장가위 사용 숙련도</td><td></td></tr>
<tr><td colspan="4">이발기 사용 숙련도</td><td></td></tr>
<tr><td colspan="4">틴닝 가위 사용 숙련도</td><td></td></tr>
<tr><td colspan="4">이발 기법[오버 콤 테크닉, 지간 깎기, 밀어 깎기 등]의 숙련도</td><td></td></tr>
<tr><td rowspan="3">작업 마무리</td><td colspan="4">모발 길이에 따른 그라데이션의 완성도</td><td></td></tr>
<tr><td colspan="4">질감 처리의 적절성</td><td></td></tr>
<tr><td colspan="4">수정 및 보정 커트에 의한 단발형 이발 스타일의 완성도</td><td></td></tr>
<tr><td>평가 과제</td><td colspan="2"></td><td>학습자 결과물</td><td colspan="2"></td></tr>
<tr><td>총점</td><td colspan="2"></td><td>성취수준</td><td colspan="2"></td></tr>
<tr><td>성취 기준</td><td>매우 우수
(25점 이상)</td><td>우수
(25–20점)</td><td>보통
(20–11점)</td><td>미흡
(10–6점)</td><td>매우 미흡
(5점 미만)</td></tr>
</table>

〈평가 체크리스트 작성 방법〉

① 평가자는 학습자의 수준을 평가하여 점수란에 각 평가 내용에 따른 점수각 항목은 10점 만점를 표기한다.
② 항목의 점수의 총 합에 따라 성취 수준을 결정한다. 성취 수준은 아래의 성취 기준을 참고한다.
③ 성취 수준 매우 우수자는 심화 교육, 매우 미흡자는 보충 수업을 진행한다.

미용 베이직 강의 계획서

주차	학습내용 (단원명)	수업(수행) 목표	수업 방식	수업 매체 및 자료	평가
1	이·미용 역사	• 문화사에 따른 이용 발전 과정을 설명할 수 있다. • 남성 헤어 스타일의 변천사를 형태와 기법으로 설명할 수 있다. • 남성 커트의 발달에 따른 남성 커트 도구의 변천사를 설명할 수 있다.	강의	교재	
2	커트 기초 이론 및 커트 도구	• 남성 커트 작업에 필요한 기초 이론 지식을 적용할 수 있다. • 남성 커트의 기본 절차를 수행할 수 있다. • 남성 커트 도구인 가위, 틴닝 가위, 레이저, 클리퍼, 빗 등의 구조와 사용 방법을 설명할 수 있다. • 남성 커트 도구에 따른 자르기 기본 기법을 실행할 수 있다.	강의	교재	
3	헤어 커트 디자인의 분석	• 남성 커트에 요구되는 기본 지식으로 관찰, 사고, 형의 특성, 형태 분석, 디자인 결정 등을 설명할 수 있다. • 얼굴형, 신체, 모류 방향 등을 파악 후 디자인을 할 수 있다.	강의	교재	
4	솔리드형 이발	• 형태 분석에 따른 솔리드형의 종류 및 형태선, 특징 등을 도식화 하여 커트를 수행할 수 있다. • 수평 원랭스의 도해도와 커트 절차를 수행할 수 있다. • 수평 스파니엘전대각의 도해도와 커트 절차를 수행할 수 있다. • 수평 이사도라후대각의 도해도와 커트 절차를 수행할 수 있다.	강의	교재	
5	그래쥬에이션 이발	• 그래쥬에이션 형의 다양한 무게감과 그라데이션을 연출할 수 있다. • 낮은 그래쥬에이션의 도해도와 커트 절차를 수행할 수 있다. • 중간 그래쥬에이션의 도해도와 커트 절차를 수행할 수 있다. • 높은 그래쥬에이션의 도해도와 커트 절차를 수행할 수 있다.	강의	교재	
6	레이어 이발	• 레이어드형을 이해하고 도해도를 작성한 후 자를 수 있다. • 유니폼 레이어의 도해도와 커트 절차를 수행할 수 있다. • 인크리스 레이어의 도해도와 커트 절차를 수행할 수 있다.	강의	교재	

미용 베이직 강의 계획서

주차	학습내용 (단원명)	수업(수행) 목표	수업 방식	수업 매체 및 자료	평가
7	상상고형 이발	• 천정부의 두발을 지간 깎기를 할 수 있다. • 천정부 아래 영역의 두발을 거칠게 깎기를 할 수 있다. • 이발기를 이용하여 측면과 후면의 발제선부터 중단부 이상 그라데이션하여 깎을 수 있다. • 이발기로 깎은 후 싱글링하여 천정부의 두발과 자연스럽게 연결할 수 있다. • 틴닝 가위를 사용하여 질감 처리를 할 수 있다. • 장가위를 사용하여 수정·보완할 수 있다.	강의	교재	
8	중상고형 이발	• 천정부와 상단부의 두발을 지간 깎기를 할 수 있다. • 상단부 아래 영역의 두발을 거칠게 깎기를 할 수 있다. • 이발기를 이용하여 측면과 후면의 발제선부터 하단부까지 그라데이션하여 깎을 수 있다. • 이발기로 깎은 후 싱글링하여 상단부의 두발과 자연스럽게 연결할 수 있다. • 틴닝 가위를 사용하여 질감 처리를 할 수 있다. • 장가위를 사용하여 수정·보완할 수 있다.	강의	교재	1차 (서술형 시험)
9	하상고형 이발	• 천정부와 상단부의 두발을 지간 깎기를 할 수 있다. • 상단부 아래 영역의 두발을 거칠게 깎기를 할 수 있다. • 이발기를 이용하여 측면과 후면의 발제선부터 후두하부까지 그라데이션하여 깎을 수 있다. • 이발기로 깎은 후 싱글링하여 상단부의 두발과 자연스럽게 연결할 수 있다. • 틴닝 가위를 사용하여 질감 처리를 할 수 있다. • 장가위를 사용하여 수정·보완할 수 있다.	강의	교재	
10	상중발형 이발	• 형태 분석에 따른 상중발형 스타일의 종류 및 형태선, 특징 등을 도식화하여 설명할 수 있다. • 상중발형을 이발하기 위한 커트 절차를 설명할 수 있다. • 상중발형을 이발하기 위한 이발 기법을 수행할 수 있다.	강의	교재	
11	중중발형 이발	• 형태 분석에 따른 중중발형 스타일의 종류 및 형태선, 특징 등을 도식화하여 설명할 수 있다. • 중중발형을 이발하기 위한 커트 절차를 설명할 수 있다. • 중중발형을 이발하기 위한 이발 기법을 수행할 수 있다.	강의	교재	

미용 베이직 강의 계획서

주차	학습내용(단원명)	수업(수행) 목표	수업 방식	수업 매체 및 자료	평가
12	하중발형 이발	• 형태 분석에 따른 하중발형 스타일의 종류 및 형태선, 특징 등을 도식화하여 설명할 수 있다. • 하중발형을 이발하기 위한 커트 절차를 설명할 수 있다. • 하중발형을 이발하기 위한 이발 기법을 수행할 수 있다.	강의	교재	
13	둥근형 이발	• 전체 두발을 거칠게 깎기를 할 수 있다. • 이발기를 이용하여 측면과 후면의 발제선부터 후두부까지 그라데이션하여 깎을 수 있다. • 천정부를 둥근형으로 깎은 후 싱글링하여 천정부의 두발과 자연스럽게 연결할 수 있다. • 틴닝 가위를 사용하여 질감 처리를 할 수 있다. • 장가위를 사용하여 수정·보완할 수 있다.	강의	교재	
14	삼각형 이발	• 전체 두발을 거칠게 깎기를 할 수 있다. • 이발기를 이용하여 측면과 후면의 발제선부터 후두부까지 그라데이션하여 깎을 수 있다. • 천정부를 삼각형으로 깎은 후 싱글링하여 천정부의 두발과 자연스럽게 연결할 수 있다. • 틴닝 가위를 사용하여 질감 처리를 할 수 있다. • 장가위를 사용하여 수정·보완할 수 있다.	강의	교재	3차 (포트폴리오)
15	사각형 이발	• 전체 두발을 거칠게 깎기를 할 수 있다. • 이발기를 이용하여 측면과 후면의 발제선부터 후두부까지 그라데이션하여 깎을 수 있다. • 천정부를 사각형으로 깎은 후 싱글링하여 천정부의 두발과 자연스럽게 연결할 수 있다. • 틴닝 가위를 사용하여 질감 처리를 할 수 있다. • 장가위를 사용하여 수정·보완할 수 있다.	강의	교재	2차 (평가자 체크리스트)

PART Ⅲ

PART Ⅲ

남성 미용 베이직 커트 실기

7. 남성 미용 커트 기본 스타일

Chapter 7

남성 미용 커트 기본 스타일

1. 장발형 스타일

1. 남성 미용 장발 솔리드수평 헤어 스타일

학습 내용단원명	수업 목표
남성 커트 기본 스타일장발형 솔리드수평	남성 커트 미용 장발 솔리드 수평 헤어 스타일 실습을 수행할 수 있다.

솔리드 수평 헤어 스타일Solid Horizontal Hair Style은 겉면의 모발과 안쪽의 모발을 동일 선상에서 자른 것으로 동일한 길이를 나타내고 잘린 두발의 길이가 목선을 기준으로 하였을 때 커트 라인Cut Line에 따라 수평호리존탈 : Horizontal 스타일로 나누어진다.

(1) 솔리드수평 헤어 커트 준비하기

1) 재료

① 커트 빗

② 핀셋

③ 블런트 가위

④ 드라이기

⑤ 롤 브러시

2) 도해도 및 시술 개요

① 도해도

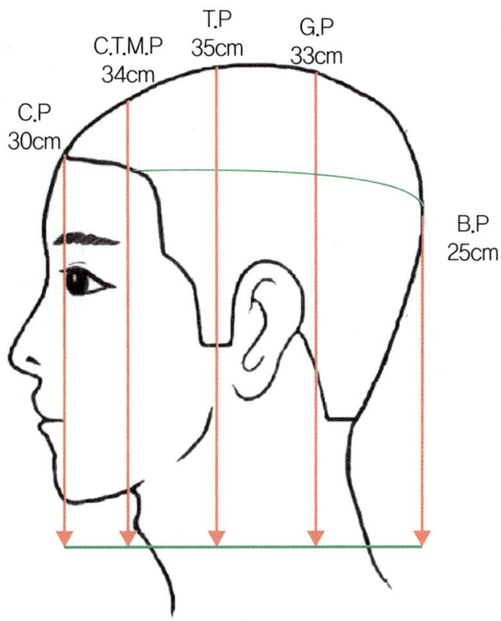

② 시술개요

블로킹 Blocking	정중선 Center Line, 측중선 E.E.L–Ear to Ear Line
섹션 Section	수평 Horizontal
분배 Distribution	자연 분배 Nature Distribution 0°
각도 Angle	자연 시술 각 Nature Fall 0°
베이스 Base	온 더 베이스 On The Base, 프리 베이스 Free Base, 사이드 베이스 Side Base
커트 Cut	블런트 커트 Blunt Cut, 포인트 커트 Point Cut
질감 처리 Texturerising	노 텍스쳐 No Texture

3) 미용 남성 커트 시술 방법

시술 전

시술 후

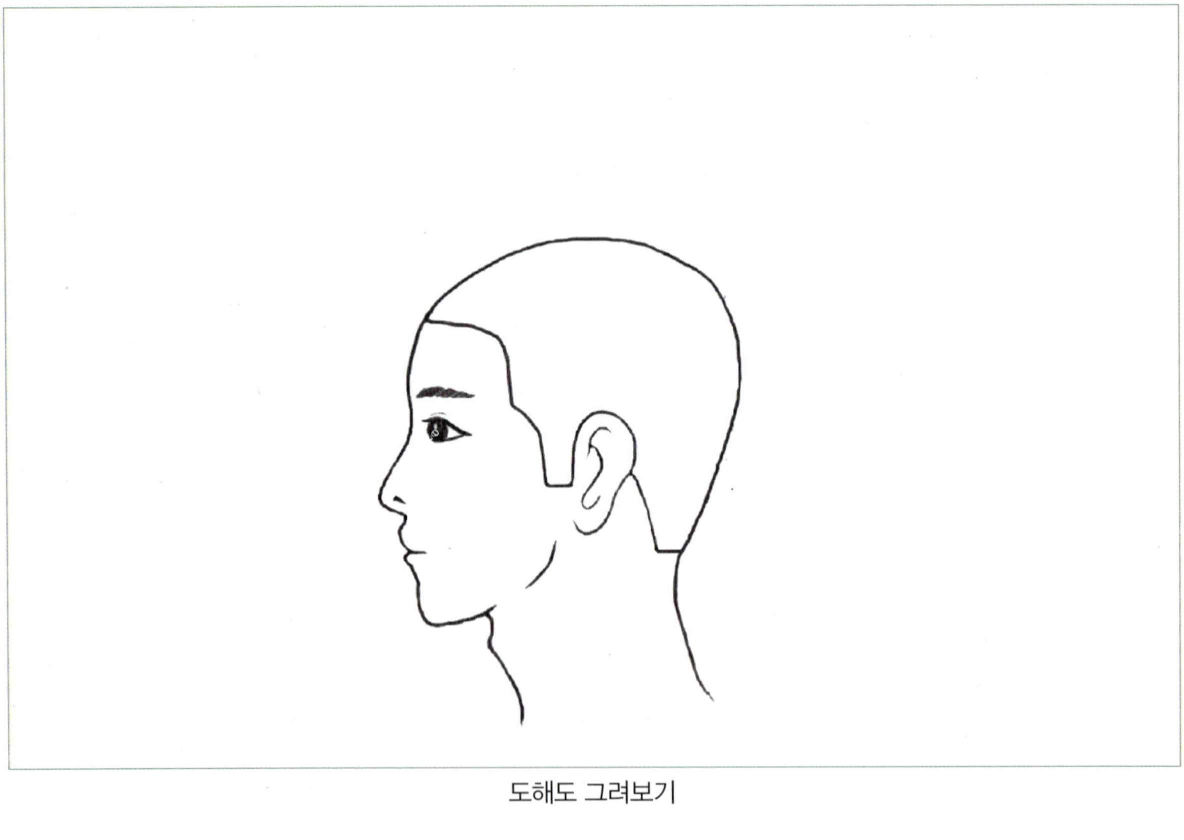

도해도 그려보기

(2) 솔리드수평 헤어 스타일 시술하기

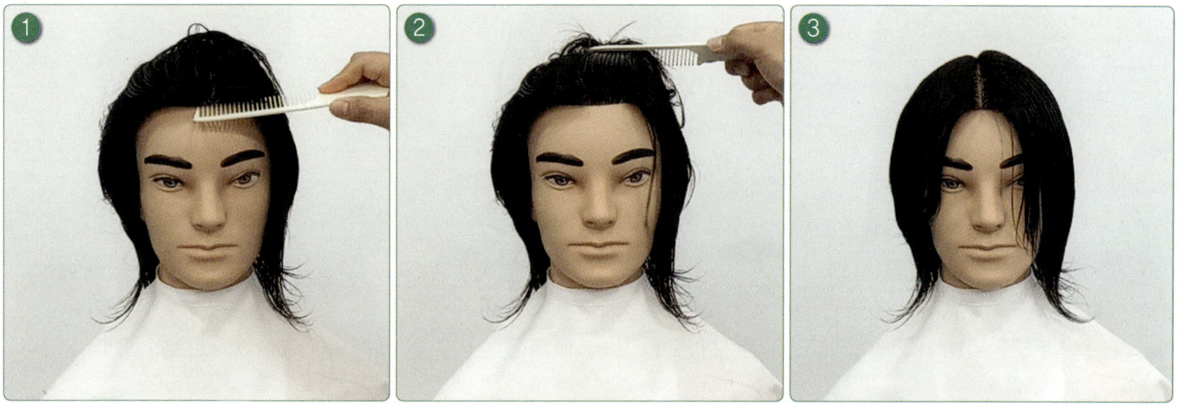

①, ②, ③ 센터 포인트C.P : Center Point에서 탑 포인트T.P : Top Point까지 일직선으로 정중선을 나눈다.

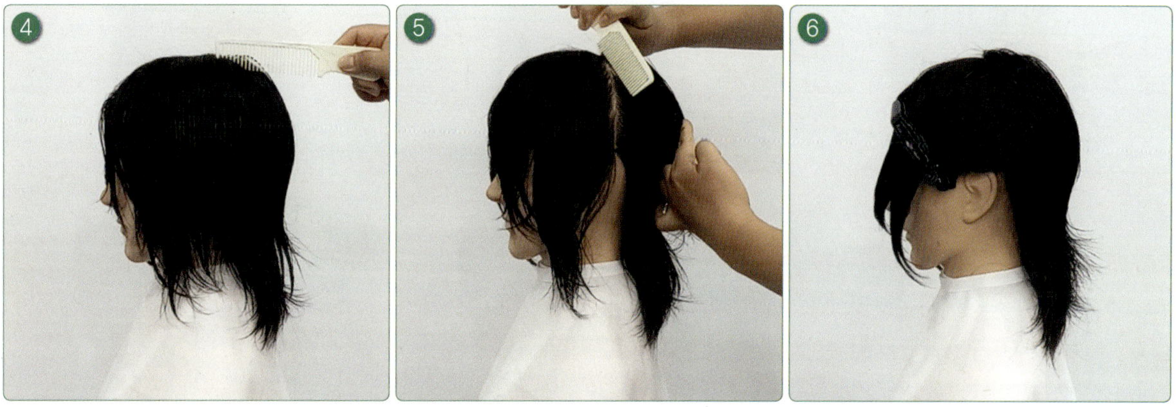

④, ⑤, ⑥ 탑 포인트에서 이어 백 포인트E.B.P : Ear Back Point까지 양쪽 사이드Side를 일직선으로 나눈다.

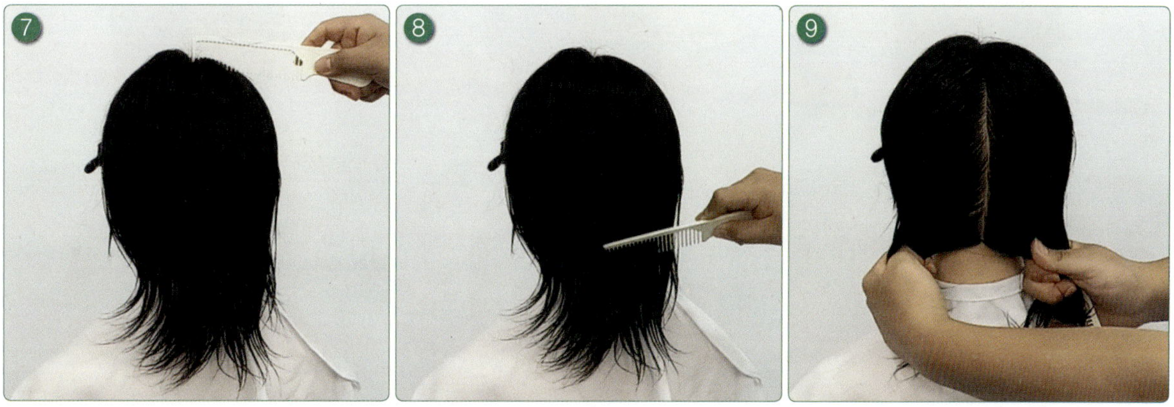

⑦, ⑧, ⑨ 탑 포인트에서 네이프 포인트N.P : Nape Point까지 일직선으로 정중선을 나눈다.

⑩, ⑪, ⑫ 백 포인트B.P : Back Point에서 이어 포인트E.P : Ear Point까지 호리존탈 섹션Horizontal Section으로 나눈다.

⑬, ⑭, ⑮ 수평 섹션에서 손가락 위치를 수평 방향과 동일하게 네이프 라인Nape Line으로 빗질하여 길이를 설정한 후 네이프Nape 좌측 부분을 자연 시술 각 0°로 커트Cut를 진행한다.

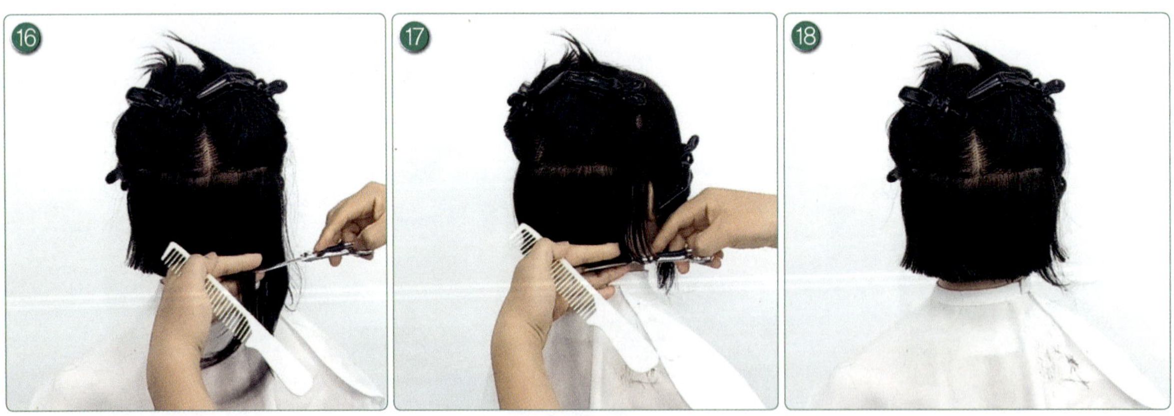

⑯, ⑰, ⑱ 전과 동일하게 네이프 우측 부분을 커트를 진행한다.

⑲, ⑳, ㉑ 탑 포인트 부분을 시술한다.

㉒, ㉓, ㉔ 탑 포인트 부분의 모발을 네이프 라인의 가이드Guide를 기준으로 동일하게 커트를 진행한다.

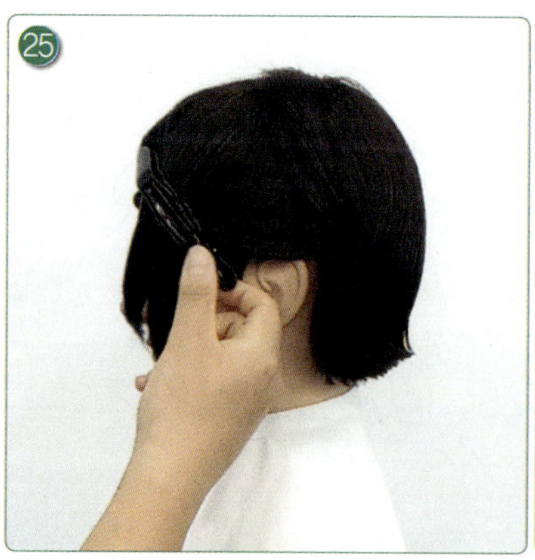

㉕, ㉖, ㉗ 좌측 사이드는 백 사이드B.S : Back Side의 가이드를 기준으로 텐션Tension을 주지 않고 수평 라인Horizontal Line으로 모발을 잡은 후 자연 시술 각 0°로 커트를 진행한다.

㉘, ㉙, ㉚ 전과 동일하게 우측 사이드의 커트를 진행한다.

㉛, ㉜, ㉝ 모발의 흐름에 따라 드라이기를 이용하여 핸드 드라이Hand Dry 한다.

㉞, ㉟, ㊱ 롤 브러시Roll Brush를 이용하여 수평 라인이 잘 표현될 수 있도록 드라이Dry를 진행한다.

(3) 솔리드수평 헤어 스타일 마무리 하기

앞Front

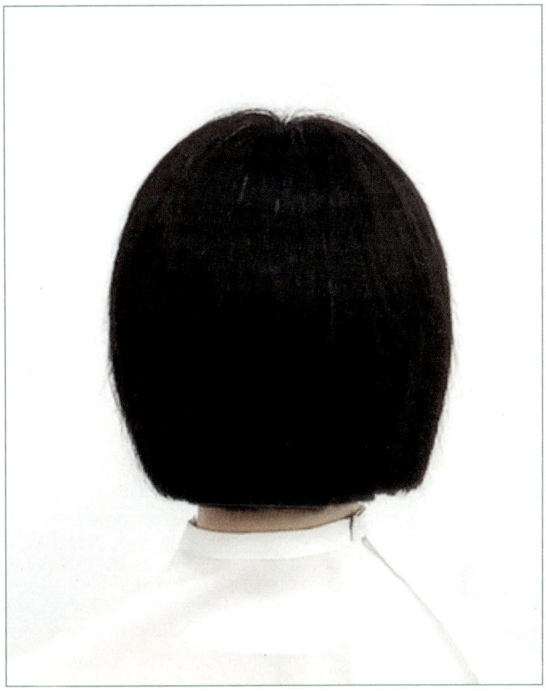

뒤Back

우측Right side

좌측Left side

실습과정 사진	
사진	설명

실습결과 사진	
앞 Front	뒤 Back
좌측 Left Side	우측 Right Side

2. 남성 미용 장발 솔리드스파니엘 헤어 스타일

학습내용단원명	수업 목표
남성 커트 기본 스타일장발형 솔리드스파니엘	남성 커트 미용 장발 솔리드 스파니엘 헤어 스타일 실습을 수행할 수 있다.

솔리드 스파니엘Solid Spaniel은 겉면의 모발이 두상을 따라 자연스럽게 떨어져 종 모양의 실루엣을 보이며, 잘린 두발의 길이가 목선을 기준으로 하였을 때 커트 라인Cut Line에 따라 전대각스파니엘 : Spaniel 스타일로 나누어진다.

(1) 솔리드스파니엘 헤어 커트 준비하기

1) 재료

① 커트 빗

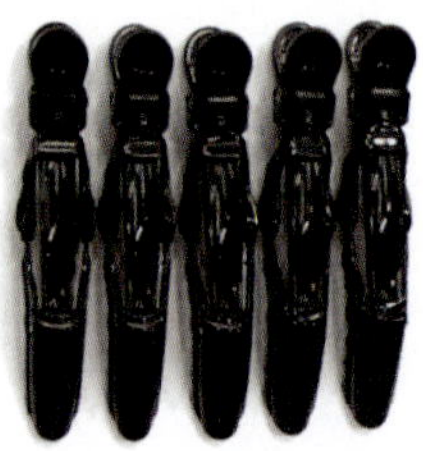

② 핀셋

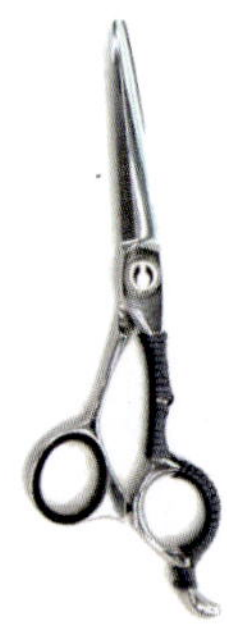

③ 블런트 가위

④ 드라이기

⑤ 롤 브러시

2) 도해도 및 시술 개요

① 도해도

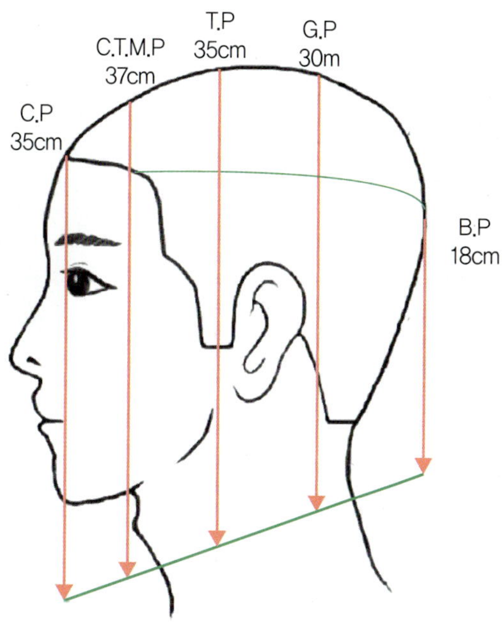

② 시술개요

블로킹 Blocking	정중선 Center Line, 측중선 E.E.L–Ear to Ear Line
섹션 Section	수평 Horizontal, 세로 Vertical, 전대각 Diagonal Forward
분배 Distribution	자연 분배 Nature Distribution
각도 Angle	자연 시술 각 Nature Fall 0°
베이스 Base	온 더 베이스 On The Base, 프리 베이스 Free Base, 사이드 베이스 Side Base
커트 Cut	블런트 커트 Blunt Cut, 포인트 커트 Point Cut
질감 처리 Texturerising	노 텍스처 No Texture

3) 미용 남성 커트 시술 방법

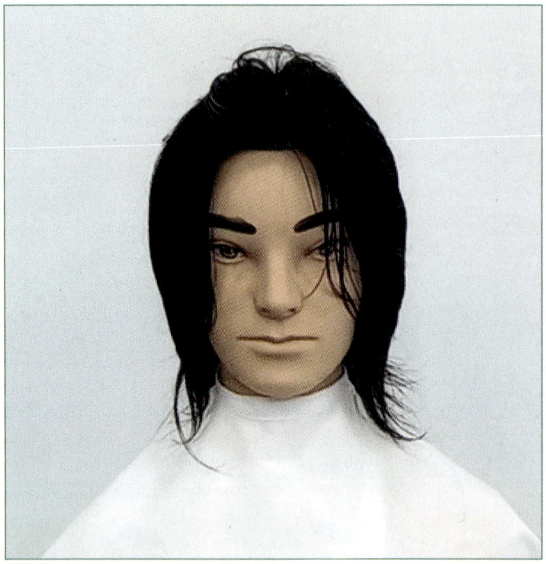

시술 전

시술 후

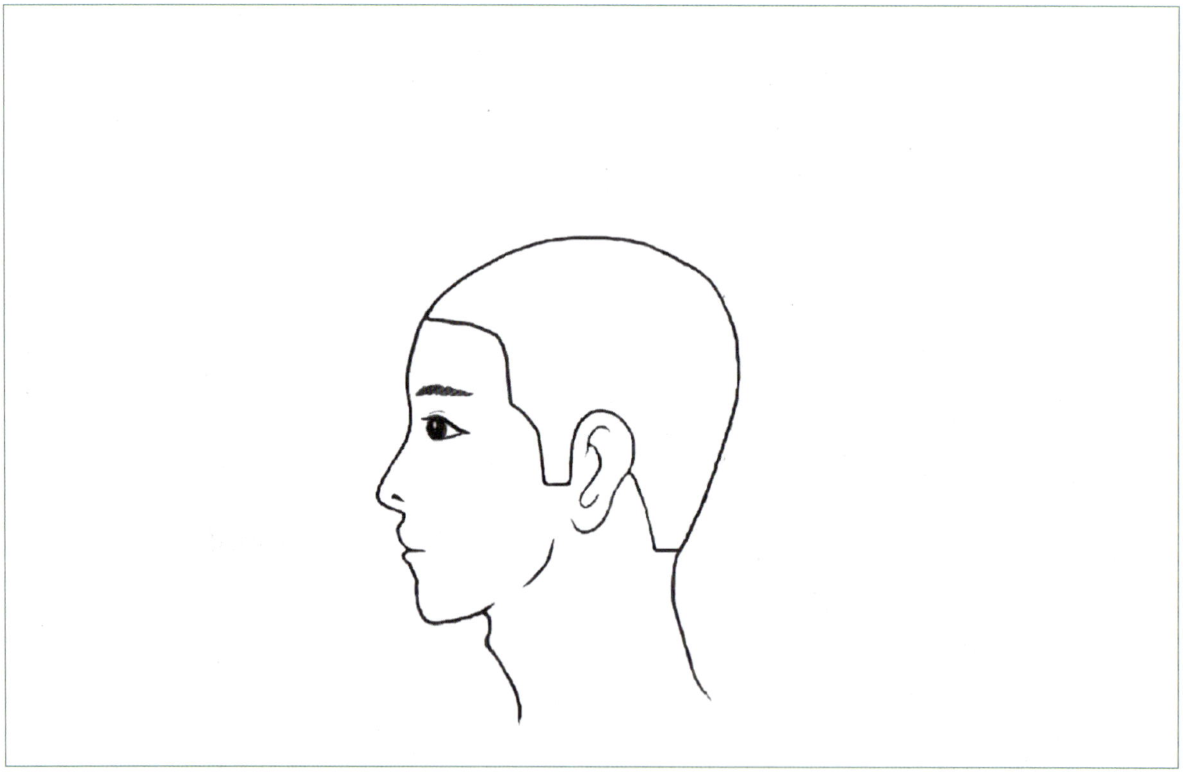

도해도 그려보기

(2) 솔리드스파니엘 헤어 스타일 시술하기

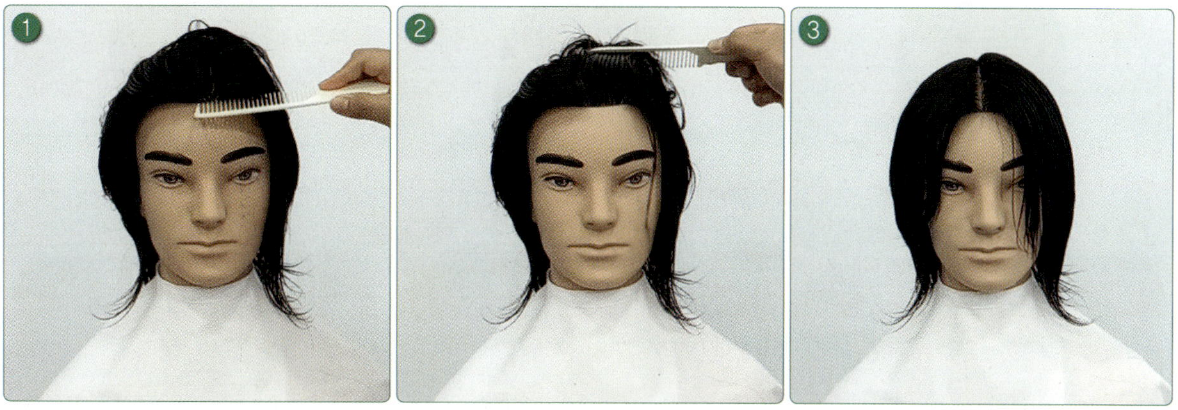

①, ②, ③ 센터 포인트C.P : Center Point에서 탑 포인트T.P : Top Point 부분까지 일직선으로 정중선을 나눈다.

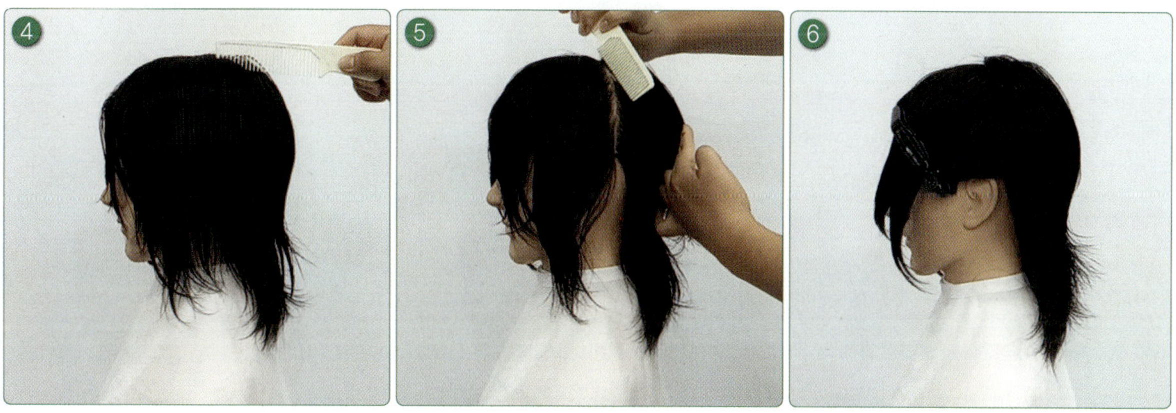

④, ⑤, ⑥ 탑 포인트에서 이어 백 포인트E.B.P : Ear Back Point까지 양쪽 사이드Side를 일직선으로 나눈다.

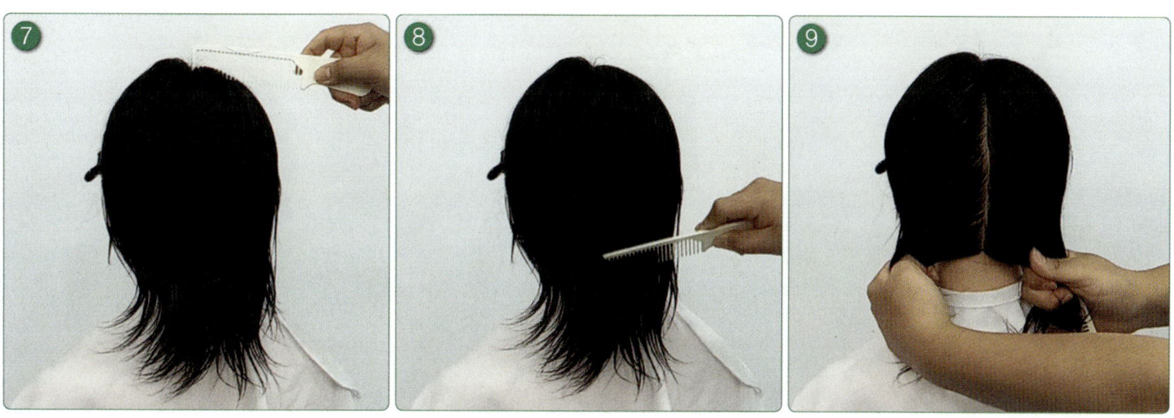

⑦, ⑧, ⑨ 탑 포인트에서 네이프 포인트N.P : Nape Point까지 일직선으로 정중선을 나눈다.

⑩, ⑪, ⑫ 백 포인트B.P : Back Point에서 이어 백 포인트까지 전대각 섹션Diagonal Forward Section으로 나눈다.

⑬, ⑭, ⑮ 손가락 위치를 전대각 섹션의 방향과 동일하게 네이프 라인Nape Line 아래로 빗질하여 길이를 설정한 후 네이프Nape 좌측 부분을 자연 시술 각 0°로 커트Cut를 진행한다.

⑯, ⑰, ⑱ 전과 동일하게 네이프 우측 부분의 커트를 진행한다.

⑲, ⑳, ㉑ 골든 포인트G.P : Golden Point 부분을 시술한다.

* 두상의 곡면에 따른 각도를 이해하기 어렵다면 섹션Section을 좁게 나누어 커트를 진행하는게 용이하다.

㉒, ㉓, ㉔ 골든 포인트 부분을 네이프 라인의 가이드Guide를 기준으로 동일하게 커트를 진행한다.

㉕, ㉖, ㉗ 탑 포인트의 부분을 전과 동일한 방법으로 커트를 진행한다.

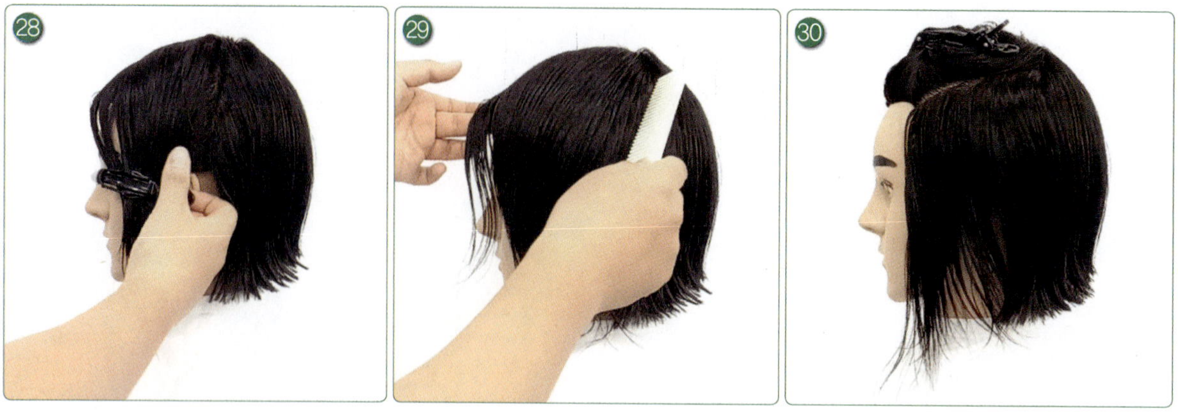

㉘, ㉙, ㉚ 좌측 사이드를 전대각 섹션으로 나눈다.
* 두상의 곡면에 따른 각도를 이해하기 어렵다면 섹션을 좁게 나누어 커트를 진행하는게 용이하다.

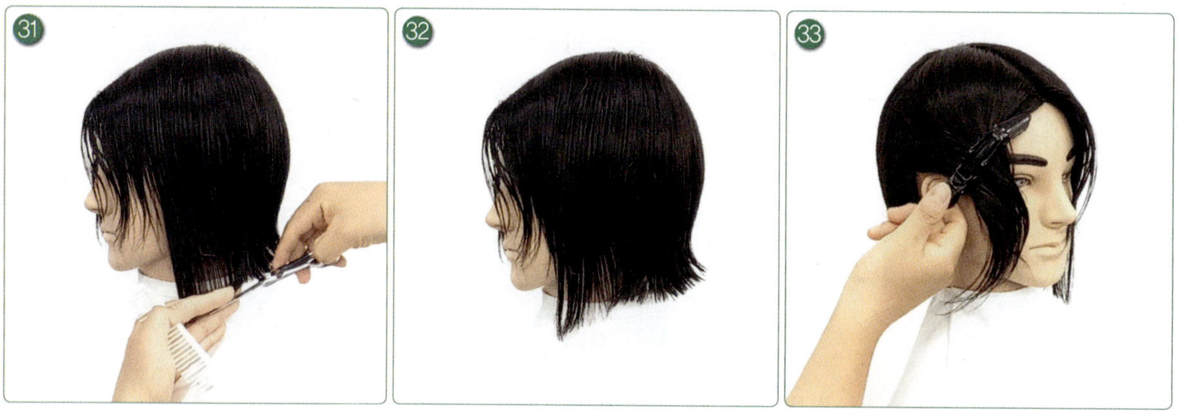

㉛, ㉜, ㉝ 좌측 사이드는 백 사이드B.S : Back Side의 가이드를 기준으로 텐션Tension을 주지 않고 전대각 라인으로 모발을 잡은 후 자연 시술 각 0°로 탑 포인트까지 커트를 진행한다.

㉞, ㉟, ㊱ 전과 동일한 방법으로 우측 사이드의 커트를 진행한다.

㊲, ㊳, ㊴ 전과 동일한 방법으로 탑 포인트까지 커트를 진행한다.

㊵, ㊶, ㊷ 핸드 드라이 테크닉Hand Dry Technic을 이용하여 스타일링Styling을 진행한다.

㊸, ㊹, ㊺ 롤 브러시Roll Brush를 이용하여 전대각 라인이 잘 표현될 수 있도록 드라이Dry를 진행한다.

(3) 솔리드스파니엘 헤어 스타일 마무리 하기

앞 Front

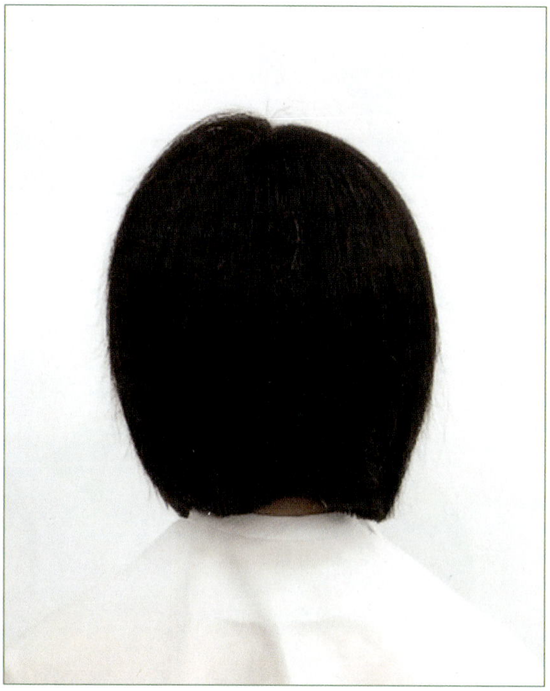

뒤 Back

우측 Right side

좌측 Left side

실습과정 사진	
사진	설명

실습결과 사진	
앞 Front	뒤 Back
좌측 Left Side	우측 Right Side

3. 남성 미용 장발 솔리드이사도라 헤어 스타일

학습내용단원명	수업 목표
남성 커트 기본 스타일장발형 솔리드이사도라	남성 커트 미용 장발 솔리드 이사도라 헤어 스타일 실습을 수행할 수 있다.

솔리드 이사도라Solid Isadora는 겉면의 모발과 안쪽의 모발을 동일 선상에서 자른 것으로 동일한 길이를 나타내며 겉면의 모발이 두상을 따라 자연스럽게 떨어져 종 모양의 실루엣을 보이며 잘린 두발의 길이가 목선을 기준으로 하였을 때 커트 라인Cut Line에 따라 후대각이사도라 : Isadora 스타일로 나누어진다.

(1) 솔리드이사도라 헤어 커트 준비하기

1) 재료

① 커트 빗

② 핀셋

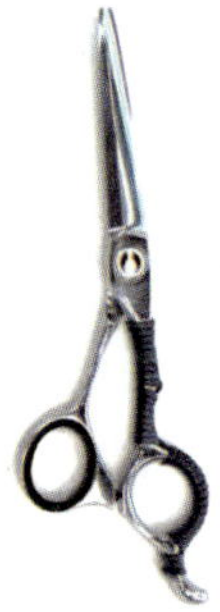
③ 블런트 가위

④ 드라이기

⑤ 롤 브러시

2) 도해도 및 시술 개요

① 도해도

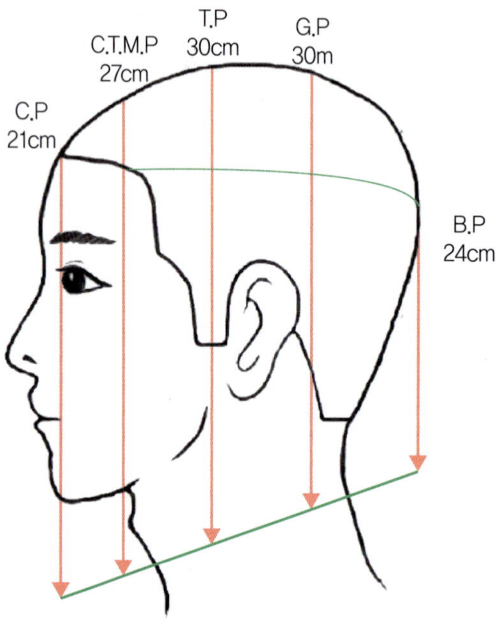

② 시술개요

블로킹Blocking	정중선Center Line, 측중선E.E.L–Ear to Ear Line
섹션Section	수평Horizontal, 세로Vertical, 후대각Diagonal Back
분배Distribution	자연 분배Nature Distribution
각도Angle	자연 시술 각Nature Fall 0°
베이스Base	온 더 베이스On The Base, 프리 베이스Free Base, 사이드 베이스Side Base
커트Cut	블런트 커트Blunt Cut, 포인트 커트Point Cut
질감 처리Texturerising	노 텍스처No Texture

3) 미용 남성 커트 시술 방법

시술 전

시술 후

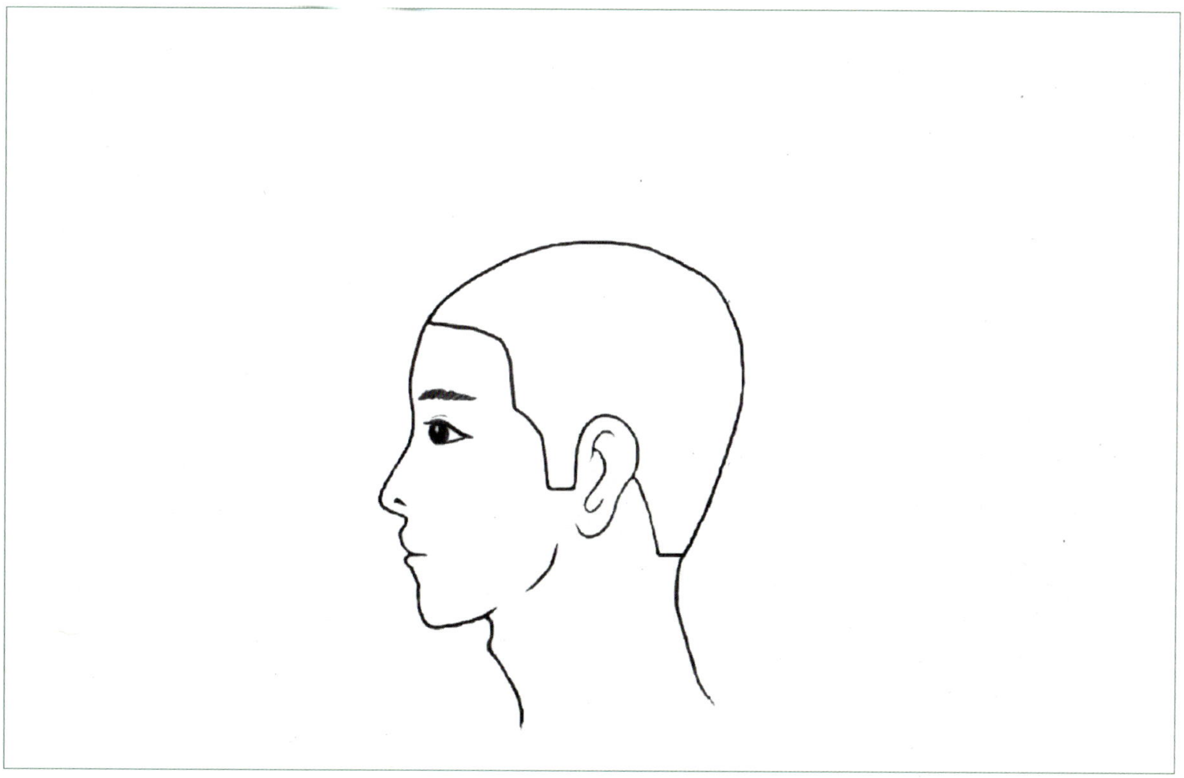

도해도 그려보기

(2) 솔리드이사도라 헤어 스타일 시술하기

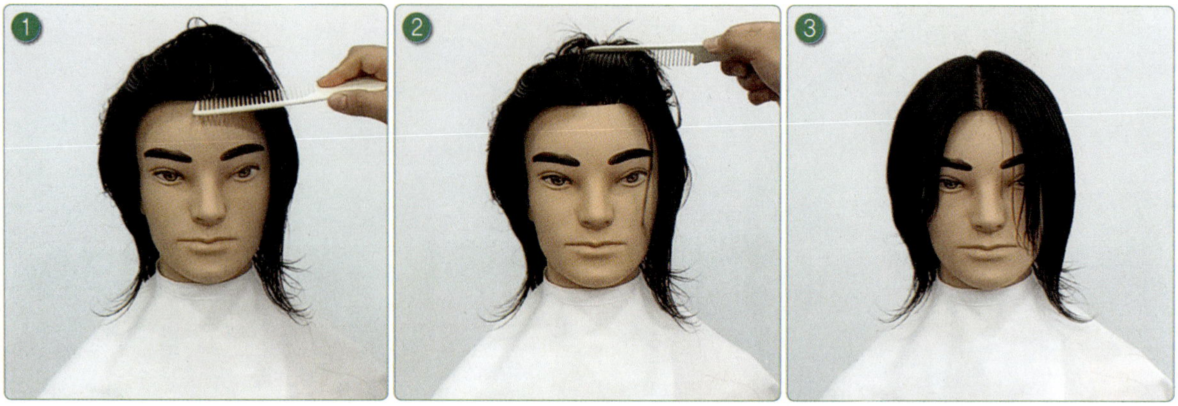

①, ②, ③ 센터 포인트C.P : Center Point에서 탑 포인트T.P : Top Point 부분까지 일직선으로 정중선을 나눈다.

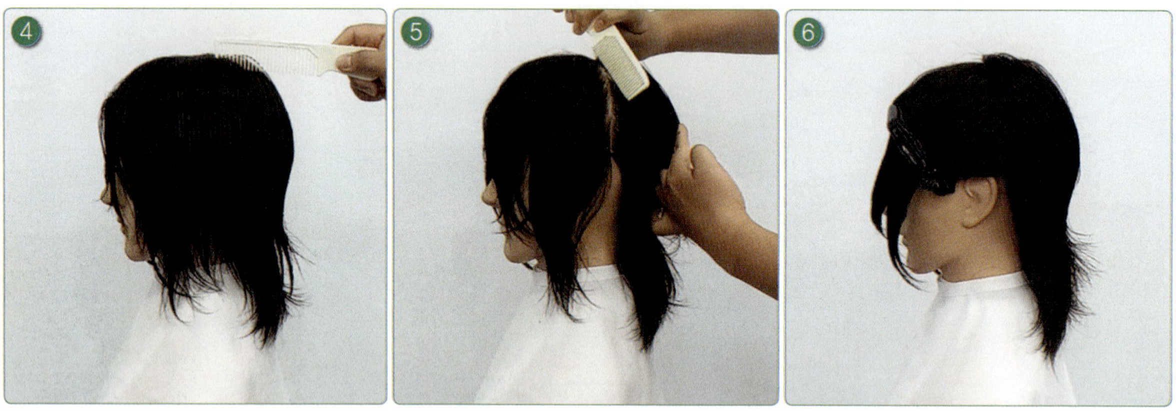

④, ⑤, ⑥ 탑 포인트에서 이어 백 포인트E.B.P : Ear Back Point까지 양쪽 사이드Side를 일직선으로 나눈다.

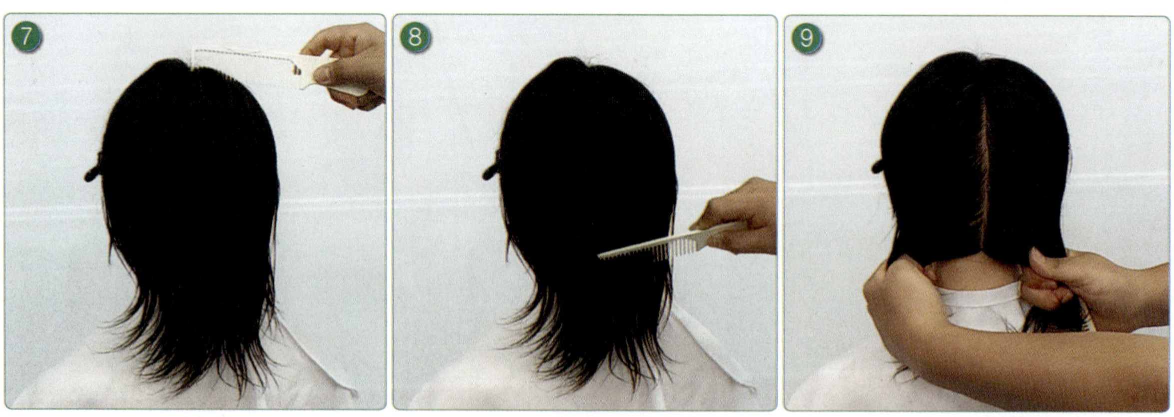

⑦, ⑧, ⑨ 탑 포인트에서 네이프 포인트N.P : Nape Point까지 일직선으로 정중선을 나눈다.

⑩, ⑪, ⑫ 백 네이프 미디움 포인트B.N.M.P : Back Nape Medium Point에서 이어 포인트E.P : Ear Point까지 후대각 섹션Diagonal Back Section으로 나눈다.

⑬, ⑭, ⑮ 손가락 위치를 후대각 섹션의 방향과 동일하게 네이프 라인Nape Line 아래로 빗질하여 길이를 설정한 후 네이프Nape 좌측 부분을 자연 시술 각 0°로 커트Cut를 진행한다.

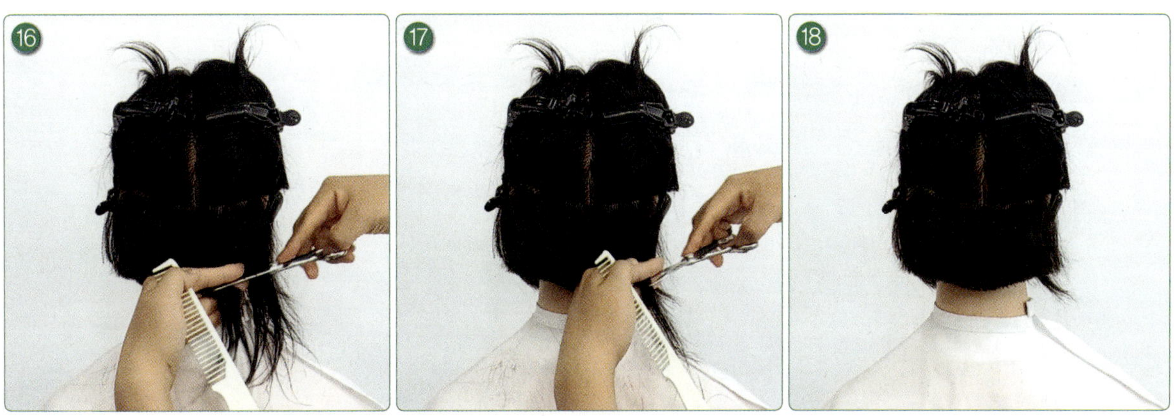

⑯, ⑰, ⑱ 전과 동일하게 네이프 우측 부분의 커트를 진행한다.

⑲, ⑳, ㉑ 골든 포인트G.P : Golden Point 부분을 시술한다.

* 두상의 곡면에 따른 각도를 이해하기 어렵다면 섹션Section을 좁게 나누어 커트를 진행하는게 용이하다.

㉒, ㉓, ㉔ 골든 포인트 부분을 네이프 라인의 가이드Guide를 기준으로 동일하게 커트를 진행한다.

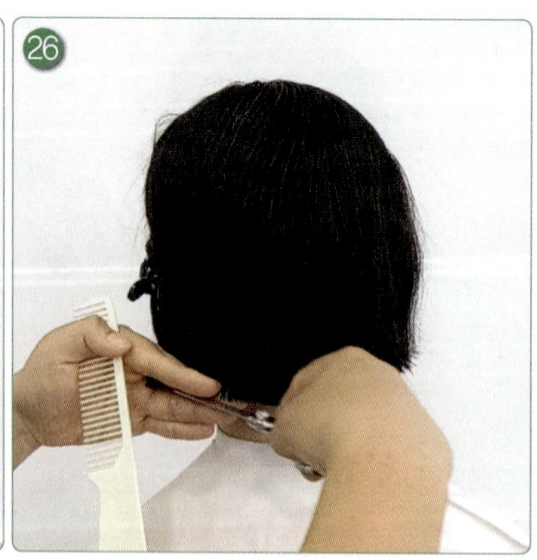

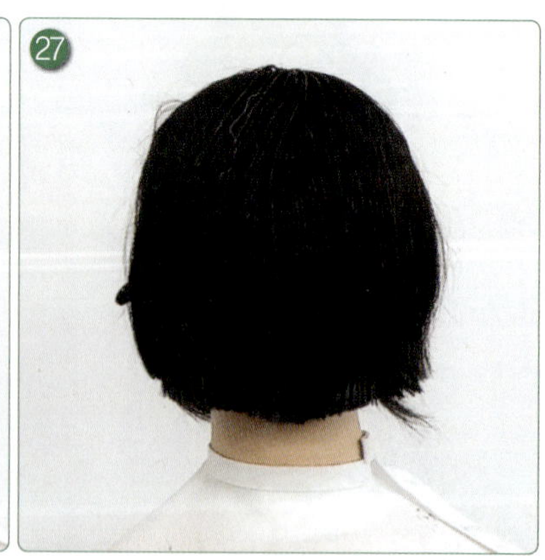

㉕, ㉖, ㉗ 탑 포인트 부분을 전과 동일한 방법으로 커트를 진행한다.

㉘, ㉙, ㉚ 좌측 사이드Side를 후대각 섹션으로 나눈다.

* 두상의 곡면에 따른 각도를 이해하기 어렵다면 섹션을 좁게 나누어 커트를 진행하는게 용이하다.

㉛, ㉜, ㉝ 좌측 사이드는 백 사이드B.S : Back Side의 가이드를 기준으로 텐션Tension을 주지 않고 후대각 라인Diagonal Back Line으로 모발을 잡은 후 자연 시술 각 0°로 커트를 진행한다.

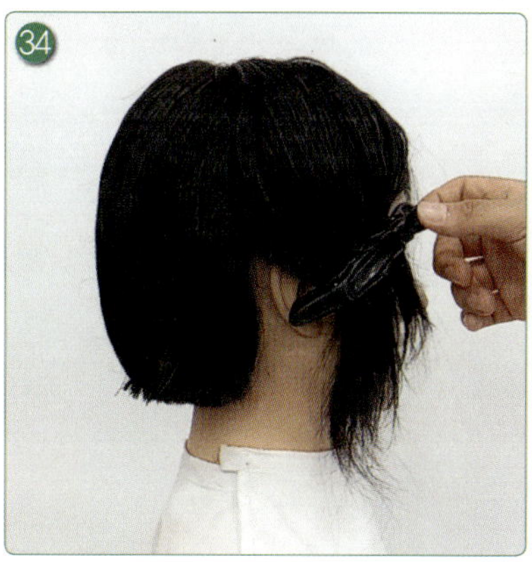

㉞, ㉟, ㊱ 전과 동일한 방법으로 우측 사이드의 커트를 진행한다.

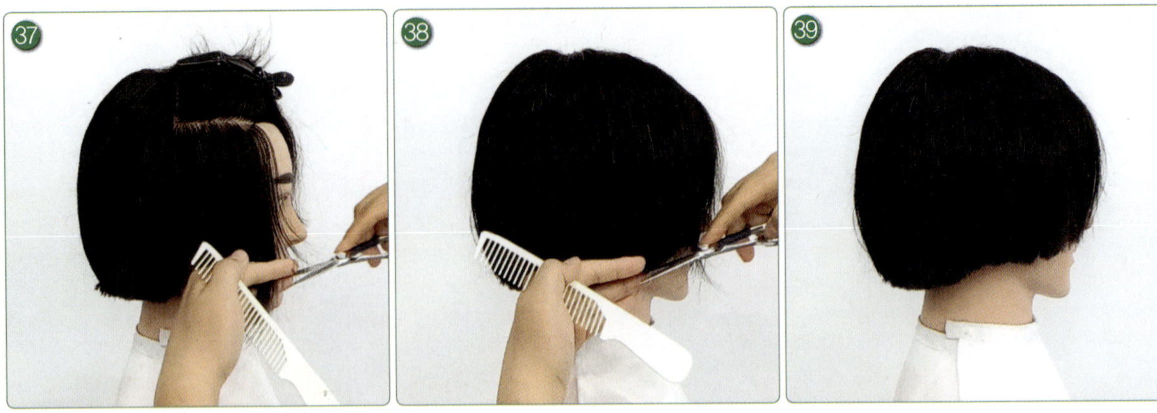

㊲, ㊳, ㊴ 전과 동일한 방법으로 탑 포인트까지 우측 사이드의 커트를 진행한다.

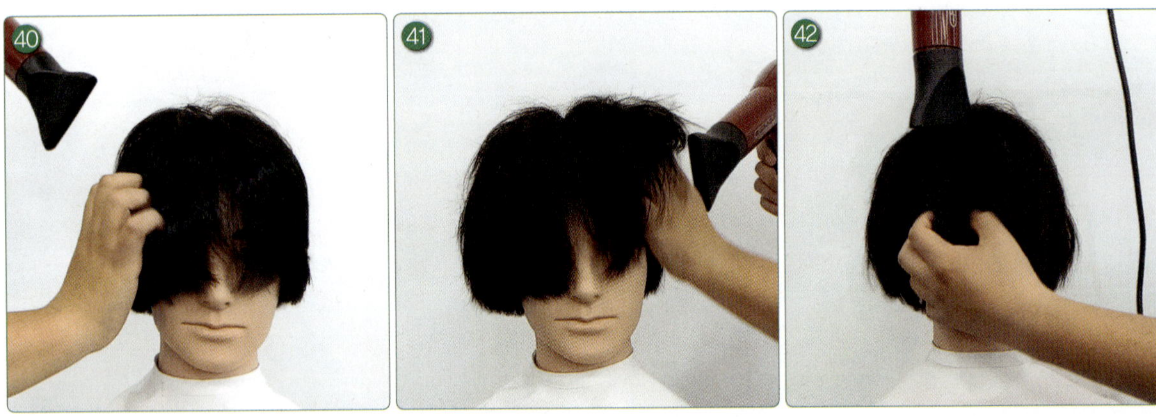

㊵, ㊶, ㊷ 모발의 흐름에 따라 드라이기를 이용하여 핸드 드라이Hand Dry 한다.

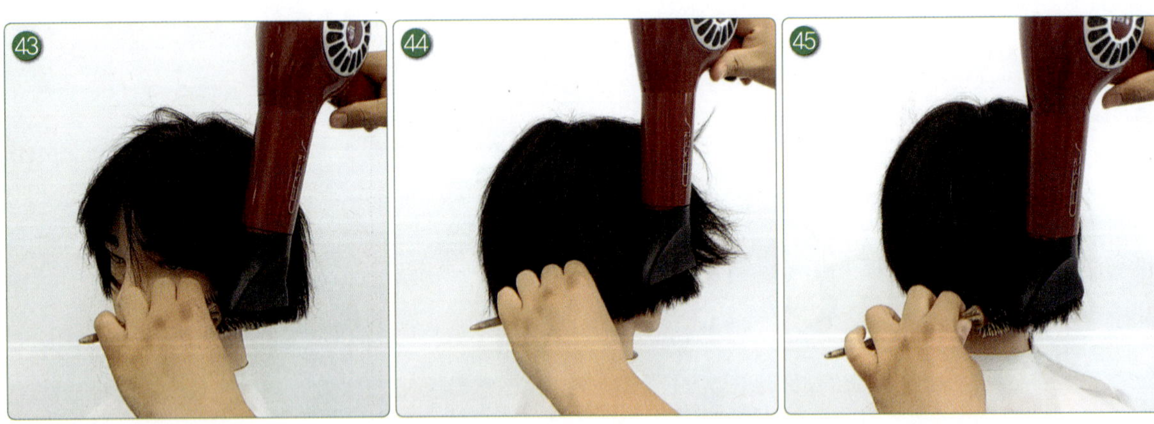

㊸, ㊹, ㊺ 롤 브러시Roll Brush를 이용하여 후대각 라인이 잘 표현될 수 있도록 드라이Dry를 진행한다.

(3) 솔리드스파니엘 헤어 스타일 마무리 하기

앞Front

뒤Back

우측Right side

좌측Left side

실습과정 사진	
사진	설명

실습결과 사진	
앞 Front	뒤 Back
좌측 Left Side	우측 Right Side

[교수 학습방법]

교수 방법
① 원랭스 커트의 형태와 길이 구조를 설명한다.
② 원랭스 커트의 종류수평 보브, 스파니엘, 이사도라와 커트 절차를 설명한다.
③ 원랭스 커트 작업 절차에 따라 위그에 시연한다.
④ 올바른 도구 사용 방법과 커트 기법을 익힐 수 있도록 지도한다.

학습 방법
① 원랭스 커트의 길이 구조를 이해하여 노트에 도해도를 그려 본다.
② 원랭스 커트의 작업 절차를 숙지하여 위그에 반복 실습한다.
③ 원랭스 커트에 따른 시술 각을 숙지하여 위그에 실습한다.
④ 도구를 바르게 사용할 수 있도록 주의하며 커트 기법을 위그에 실습한다.

[평가 준거]

학습 내용	평가 항목	성취 수준		
		상	중	하
솔리드형 이발 계획	형태 분석에 따른 솔리드형의 종류 및 형태선, 특징 등을 도식화하여 적용할 수 있다.			
솔리드형 이발 작업	솔리드형을 이해하고 도해도를 작성한 후 자를 수 있다.			

[평가 방법]

학습 내용	평가 항목	성취 수준		
		상	중	하
솔리드형 이발 계획	1. 커트 형태와 솔리드 스타일 종류의 이해 여부			
	2. 솔리드형 구조 그래픽을 그릴 수 있는 능력			
	3. 솔리드형의 커트 절차를 계획할 수 있는 능력			
솔리드형 이발 작업	1. 커트 절차에 따른 작업 순서 방법의 이해 여부			
	2. 4등분 블로킹 능력			
	3. 커트 스타일에 맞는 파팅 능력			
	4. 솔리드 커트를 하기 위한 인 커트 작업 능력			

[평가자 체크리스트]

학습 내용	평가 항목	성취 수준		
		상	중	하
솔리드형 이발 계획	1. 솔리드형의 종류 인지 여부			
	2. 솔리드형 특징의 인지 여부			
	3. 솔리드형 작업 순서 인지 여부			
솔리드형 이발 작업	1. 작업 전 도구 준비 여부			
	2. 올바른 도구 사용 방법 이해 여부			
	3. 인 커트 숙련 여부			
	4. 커트 후 콤 아웃 여부			

4. 남성 미용 장발 낮은그래쥬에이션 헤어 스타일

학습내용단원명	수업 목표
남성 커트 기본 스타일장발형 낮은 그래쥬에이션	남성 커트 미용 장발 낮은 그래쥬에이션 헤어 스타일 실습을 수행할 수 있다.

낮은 그래쥬에이션Low Graduation은 1~89°의 자연 시술 각으로 인해 쌓인 모발이 비활동적인 질감과 활동적인 질감이 혼합되어 무게선을 나타내며 삼각형의 형태를 갖고, 시술 각에 따라 무게선경사선의 위치가 달라지는데 1~30°의 낮은 시술 각으로 구분 되는 스타일이 낮은 그래쥬에이션이다.

(1) 낮은그래쥬에이션 헤어 커트 준비하기

1) 재료

① 커트 빗

② 핀셋

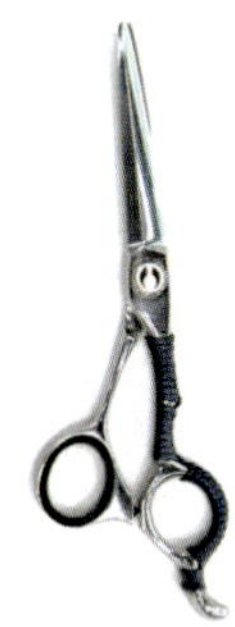

③ 블런트 가위

④ 드라이기

⑤ 롤 브러시

2) 도해도 및 시술 개요

① 도해도

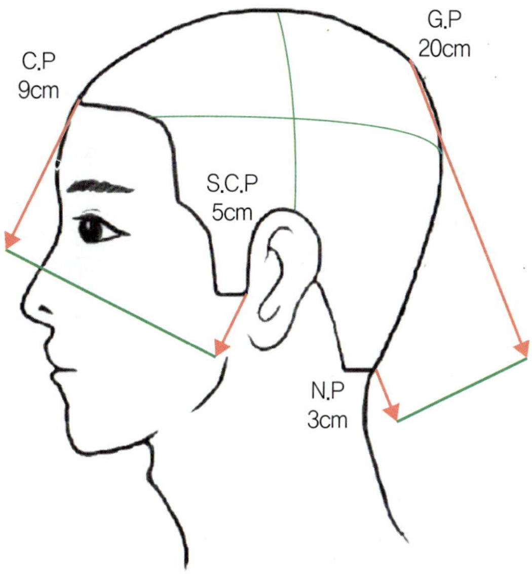

② 시술개요

블로킹 Blocking	정중선 Center Line, 측중선 E.E.L–Ear to Ear Line
섹션 Section	수평 Horizontal, 세로 Vertical, 전대각 Diagonal Forward
분배 Distribution	자연 분배 Nature Distribution, 직각 분배 Perpendicular Distribution
각도 Angle	자연 시술 각 Nature Fall 15° 0~30°, Top–15° to Over Directed
베이스 Base	온 더 베이스 On The Base, 프리 베이스 Free Base, 사이드 베이스 Side Base
커트 Cut	블런트 커트 Blunt Cut, 포인트 커트 Point Cut
질감 처리 Texturerising	노 텍스쳐 No Texture

3) 미용 남성 커트 시술 방법

시술 전

시술 후

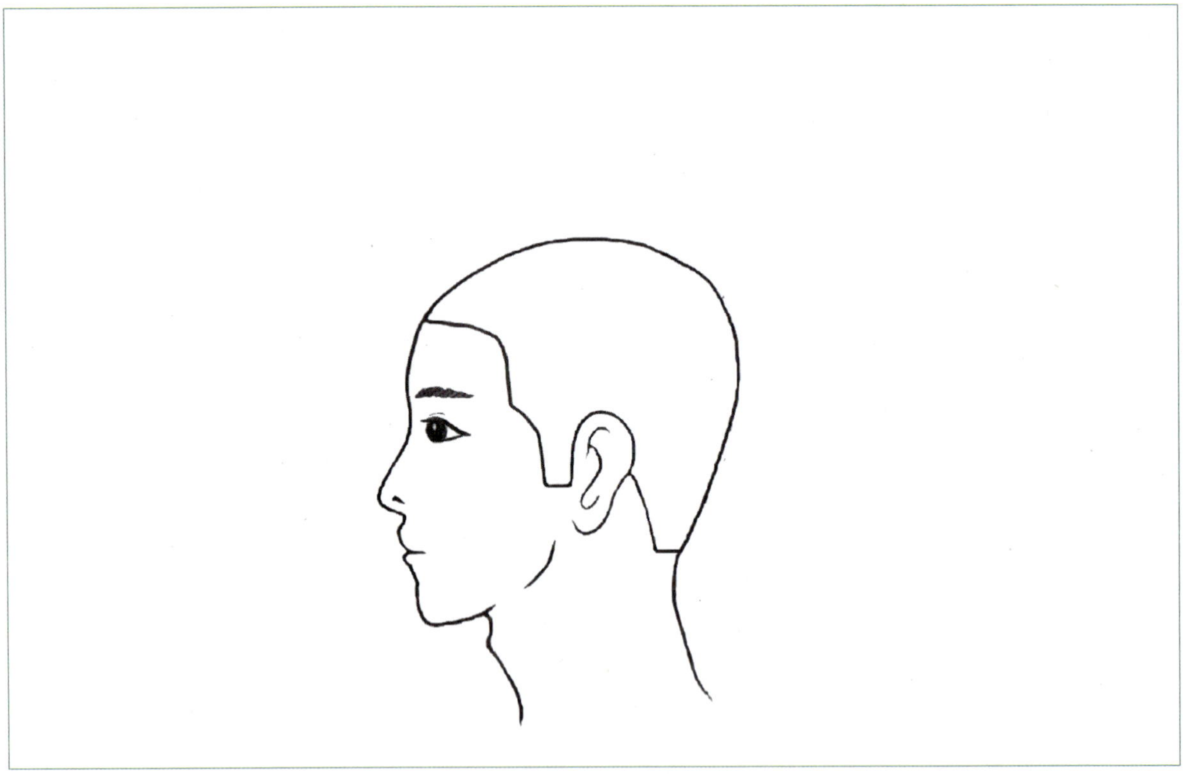

도해도 그려보기

(2) 낮은그래쥬에이션 헤어 스타일 시술하기

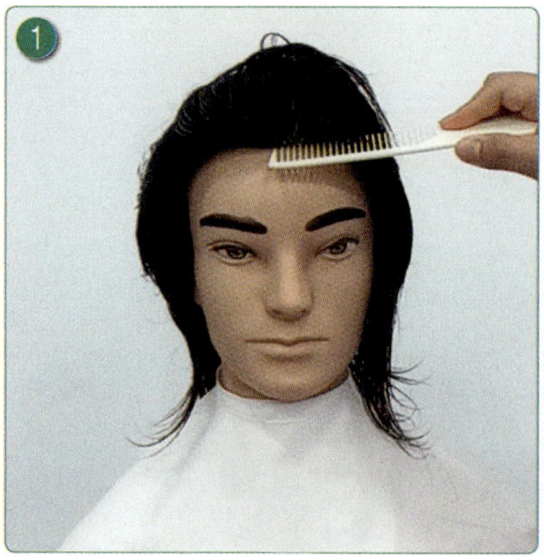
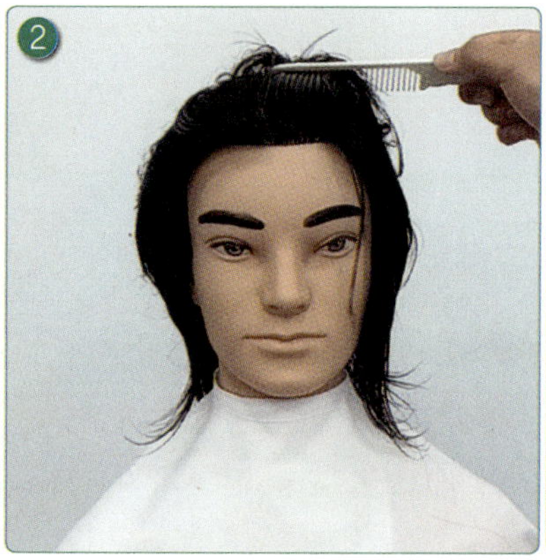
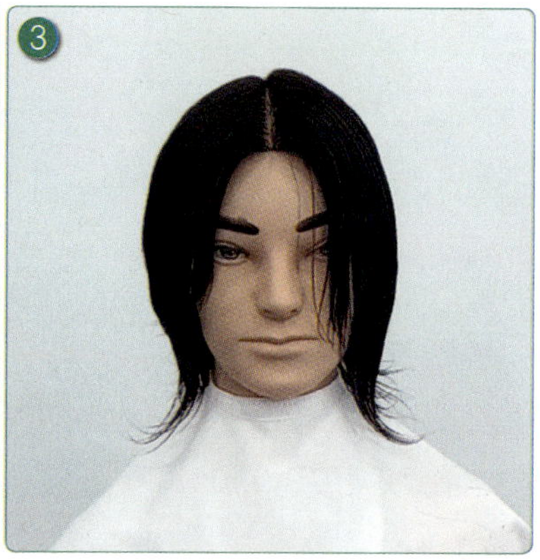

①, ②, ③ 센터 포인트C.P : Center Point에서 탑 포인트T.P : Top Point까지 일직선으로 정중선을 나눈다.

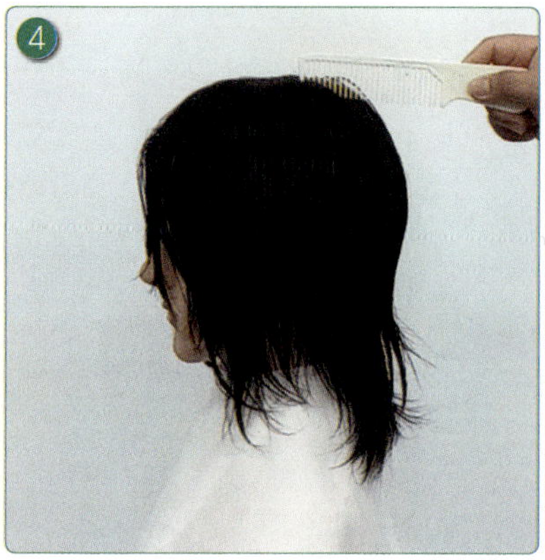
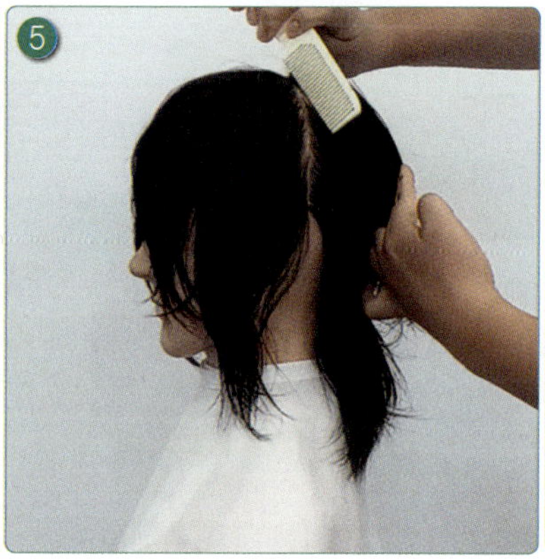
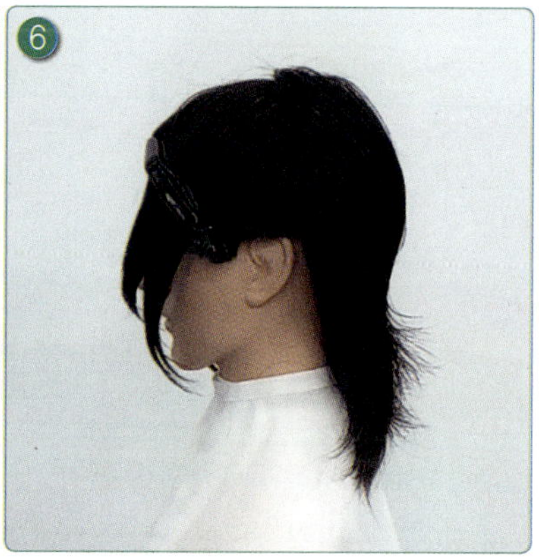

④, ⑤, ⑥ 탑 포인트에서 이어 백 포인트E.B.P : Ear Back Point까지 양쪽 사이드Side를 일직선으로 나눈다.

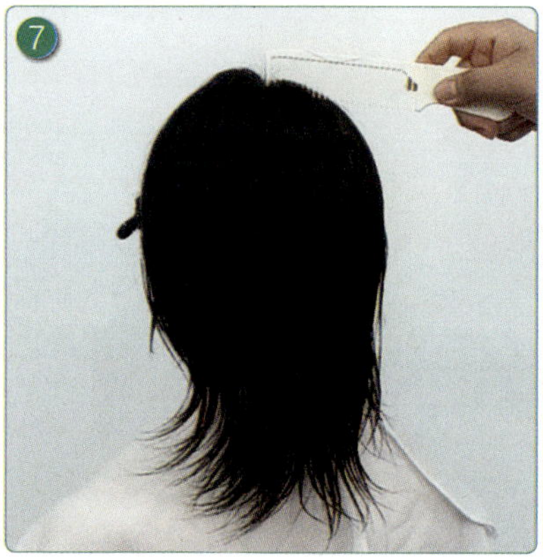
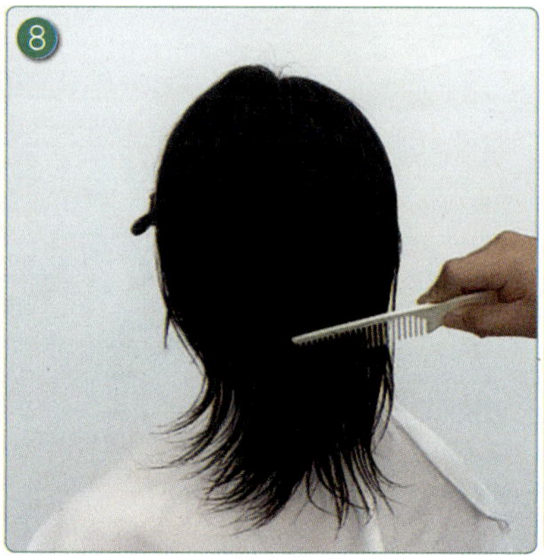
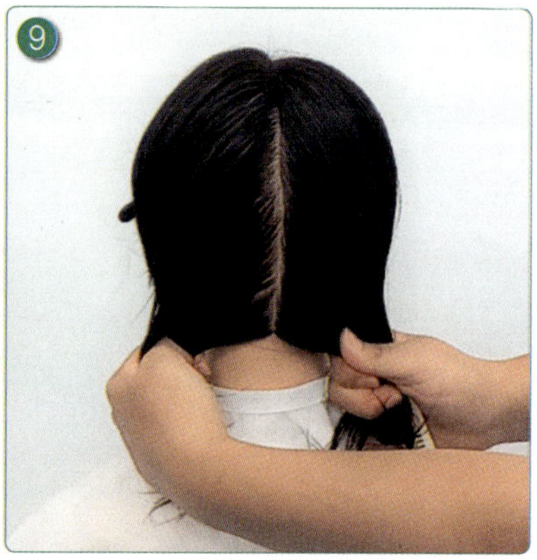

⑦, ⑧, ⑨ 탑 포인트에서 네이프 포인트N.P : Nape Point까지 일직선으로 정중선을 나눈다.

⑩, ⑪, ⑫ 백 포인트B.P : Back Point에서 이어 백 포인트까지 전대각 섹션Diagonal Forward Section으로 나눈다.

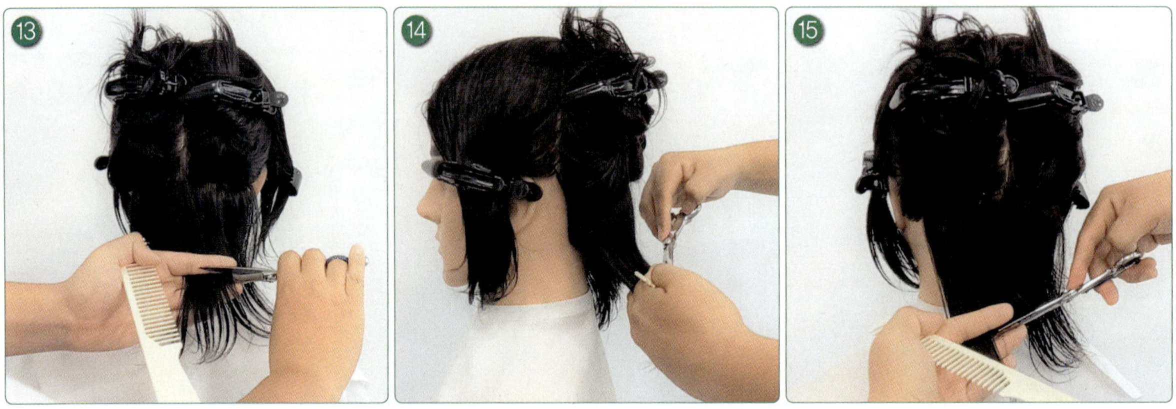

⑬, ⑭, ⑮ 손각락 위치를 전대각 섹션의 방향과 동일하게 네이프 라인Nape Line 아래로 빗질하여 길이를 설정한 후 낮은 시술 각 15°로 커트Cut를 진행한다.

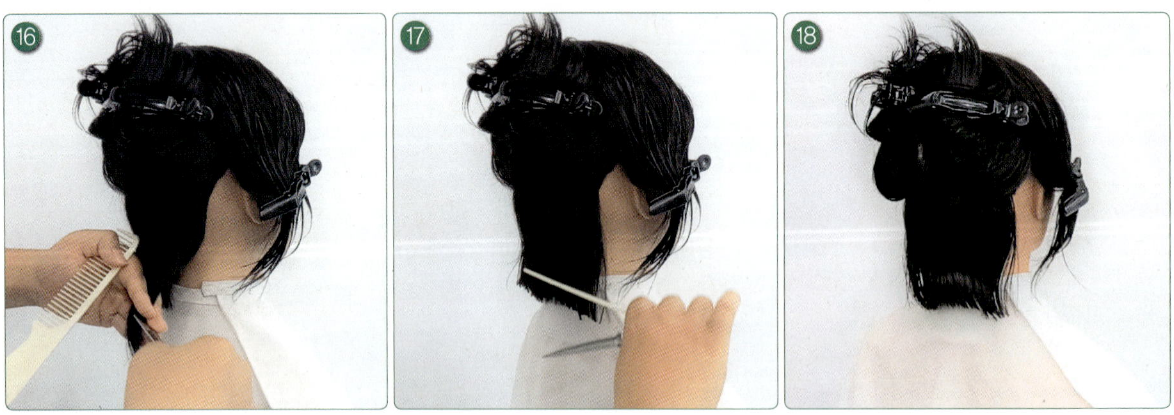

⑯, ⑰, ⑱ 전과 동일하게 네이프Nape 우측 부분의 커트를 진행한다

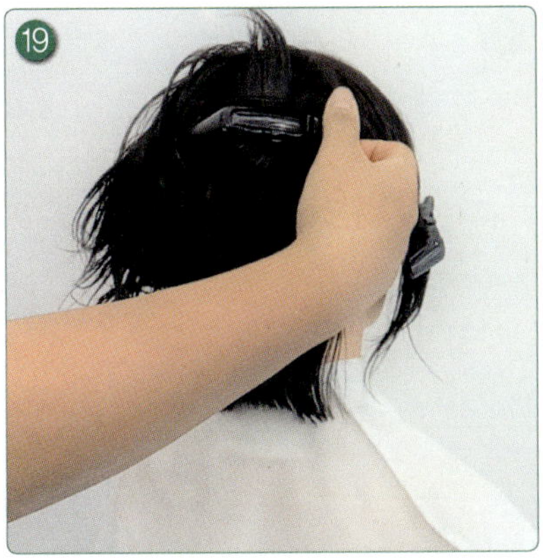

⑲, ⑳, ㉑ 골든 포인트G.P : Golden Point 부분을 시술한다.

* 두상의 곡면에 따른 각도를 이해하기 어렵다면 섹션Section을 좁게 나누어 커트를 진행하는게 용이하다.

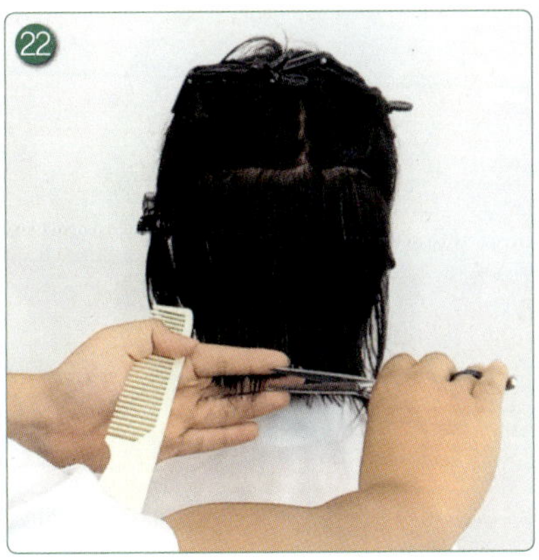

㉒, ㉓, ㉔ 골든 포인트 부분의 모발을 네이프 라인의 가이드Guide를 기준으로 동일하게 커트를 진행한다.

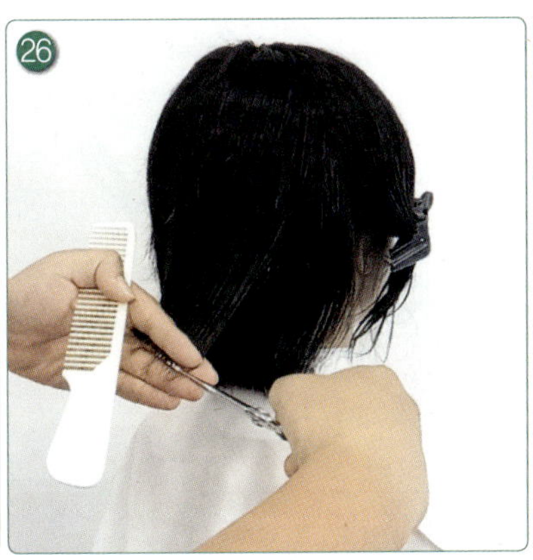

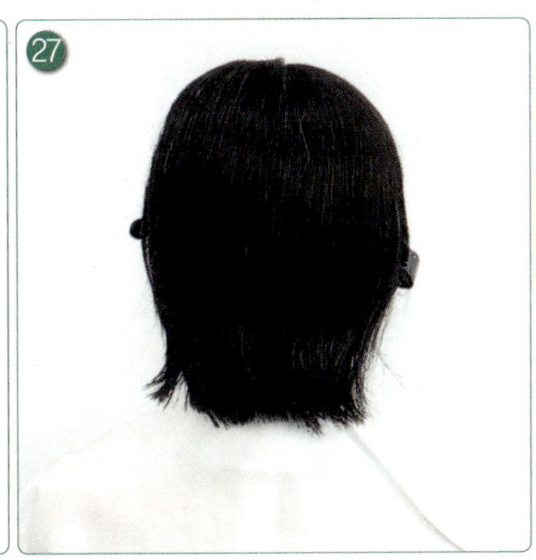

㉕, ㉖, ㉗ 탑Top 부분을 전과 동일한 방법으로 커트를 진행한다.

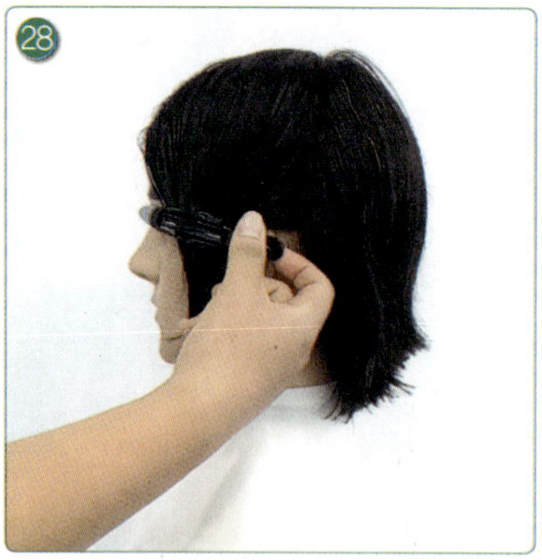

㉘, ㉙, ㉚ 좌측 사이드를 전대각 섹션으로 나눈다.

* 두상의 곡면에 따른 각도를 이해하기 어렵다면 섹션을 좁게 나누어 커트를 진행하는게 용이하다.

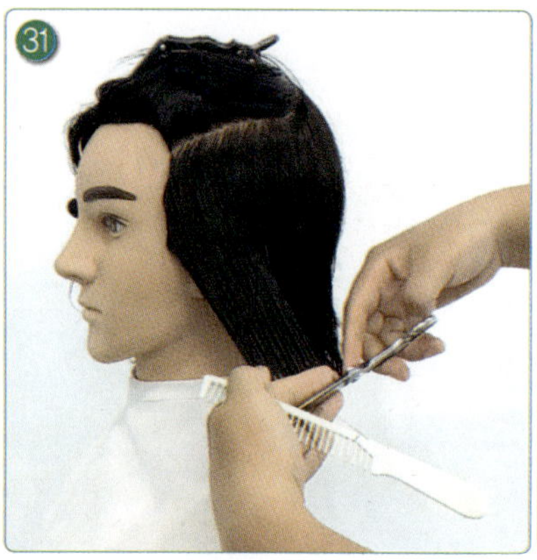

㉛, ㉜, ㉝ 좌측 사이드는 백 사이드B.S : Back Side의 가이드를 기준으로 텐션Tension을 주지 않고 전대각 라인Diagonal Forward Line으로 모발을 잡은 후 낮은 시술 각 15°로 탑 포인트까지 커트를 진행한다.

㉞, ㉟, ㊱ 전과 동일한 방법으로 우측 사이드의 커트를 진행한다.

㊲, ㊳, ㊴ 전과 동일한 방법으로 탑 포인트까지 커트를 진행한다.

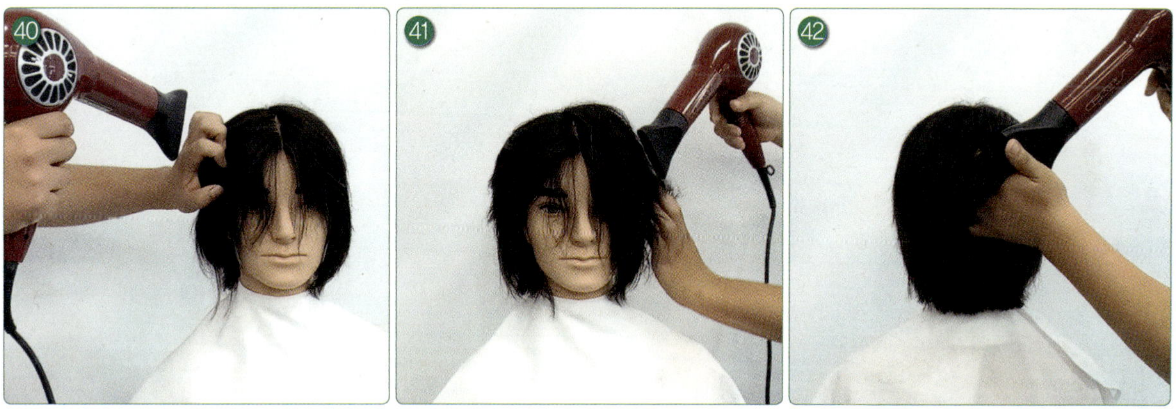

㊵, ㊶, ㊷ 모발의 흐름에 따라 드라이기를 이용하여 핸드 드라이Hand Dry 한다.

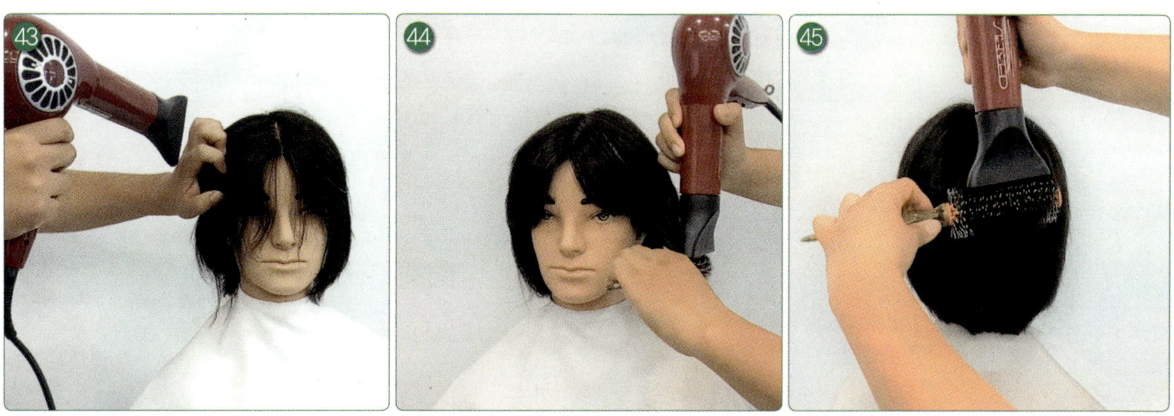

㊸, ㊹, ㊺ 롤 브러시Roll Brush를 이용하여 낮은 그래쥬에이션Low Graduation이 잘 표현 될 수 있도록 적절하게 드라이Dry를 진행한다.

(3) 낮은 그래쥬에이션 헤어 스타일 마무리 하기

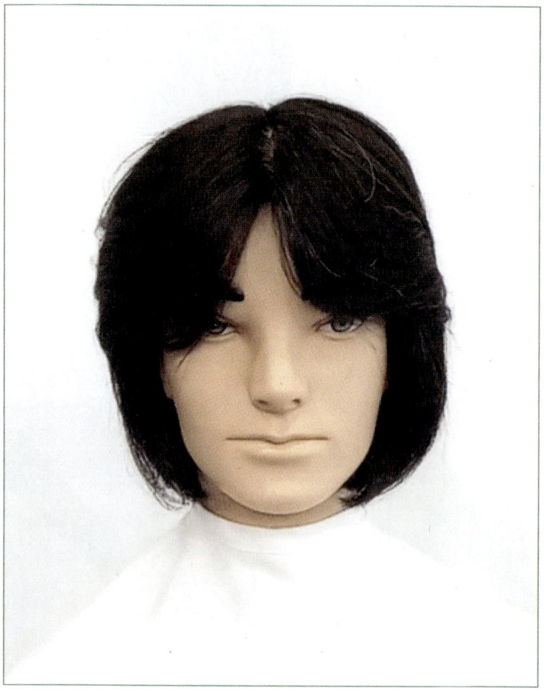

앞 Front

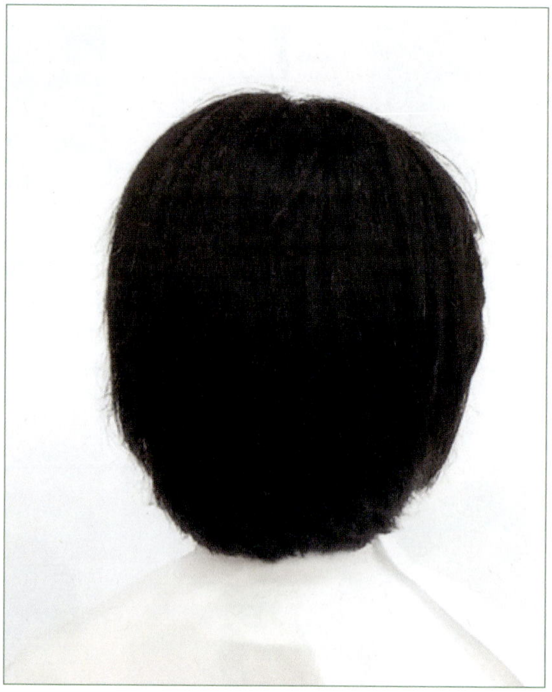

뒤 Back

우측 Right side

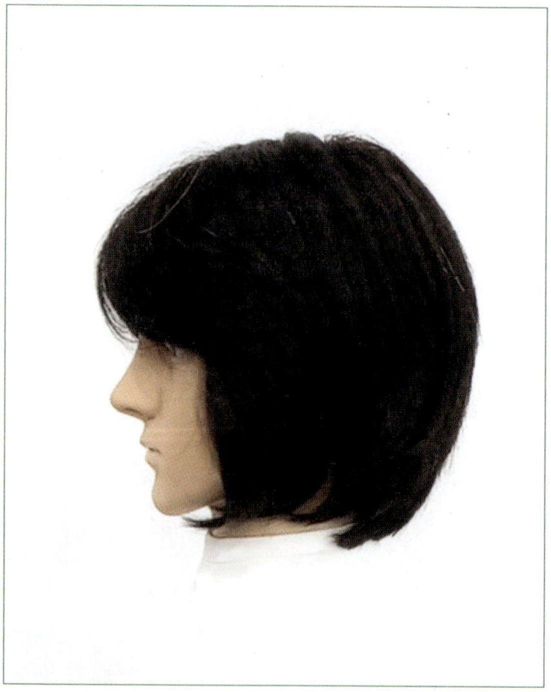

좌측 Left side

실습과정 사진	
사진	설명

<table>
<tr><th colspan="2">실습결과 사진</th></tr>
<tr><td></td><td></td></tr>
<tr><td>앞 Front</td><td>뒤 Back</td></tr>
<tr><td></td><td></td></tr>
<tr><td>좌측 Left Side</td><td>우측 Right Side</td></tr>
</table>

5. 남성 미용 장발 중간그래쥬에이션 헤어 스타일

학습내용 단원명	수업 목표
남성 커트 기본 스타일 장발형 중간 그래쥬에이션	남성 커트 미용 장발 중간 그래쥬에이션 헤어 스타일 실습을 수행할 수 있다.

중간 그래쥬에이션 Medium Graduation 은 1~89°의 자연 시술 각으로 인해 쌓인 모발이 비활동적인 질감과 활동적인 질감이 혼합되어 무게선을 나타내며 삼각형의 형태를 갖고, 시술 각에 따라 무게선 경사선 의 위치가 달라지는데 31~60°의 중간 시술 각으로 구분 되는 스타일이 중간 그래쥬에이션이다.

(1) 중간그래쥬에이션 헤어 커트 준비하기

1) 재료

① 커트 빗

② 핀셋

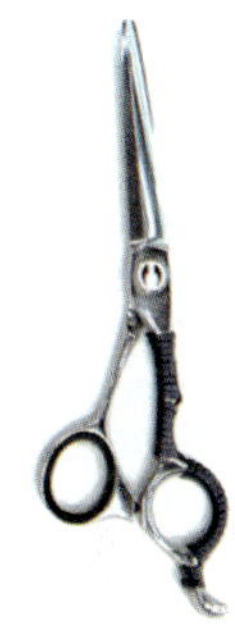

③ 블런트 가위

④ 드라이기

⑤ 롤 브러시

2) 도해도 및 시술 개요

① 도해도

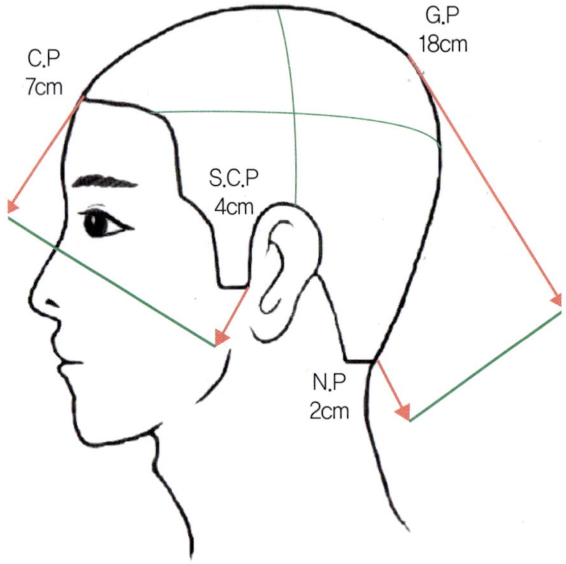

② 시술개요

블로킹 Blocking	정중선 Center Line, 측중선 E.E.L−Ear to Ear Line
섹션 Section	수평 Horizontal, 세로 Vertical, 전대각 Diagonal Forward
분배 Distribution	자연 분배 Nature Distribution, 직각 분배 Perpendicular Distribution
각도 Angle	자연 시술 각 Nature Fall 45° 30~60°, Top−45° to Over Directed
베이스 Base	온 더 베이스 On The Base, 프리 베이스 Free Base, 사이드 베이스 Side Base
커트 Cut	블런트 커트 Blunt Cut, 포인트 커트 Point Cut
질감 처리 Texturerising	노 텍스쳐 No Texture

3) 미용 남성 커트 시술 방법

시술 전

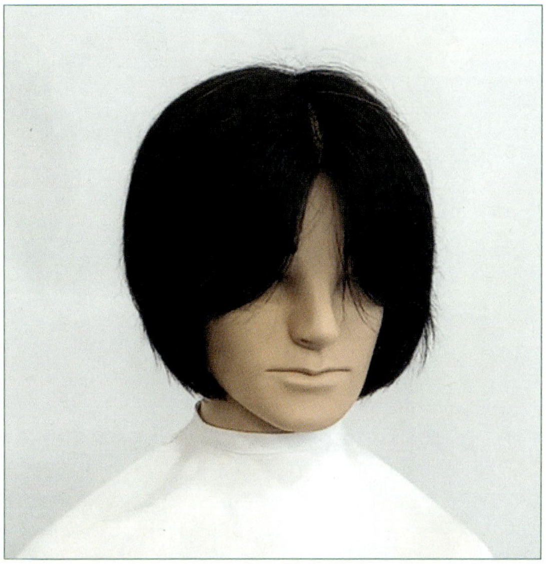

시술 후

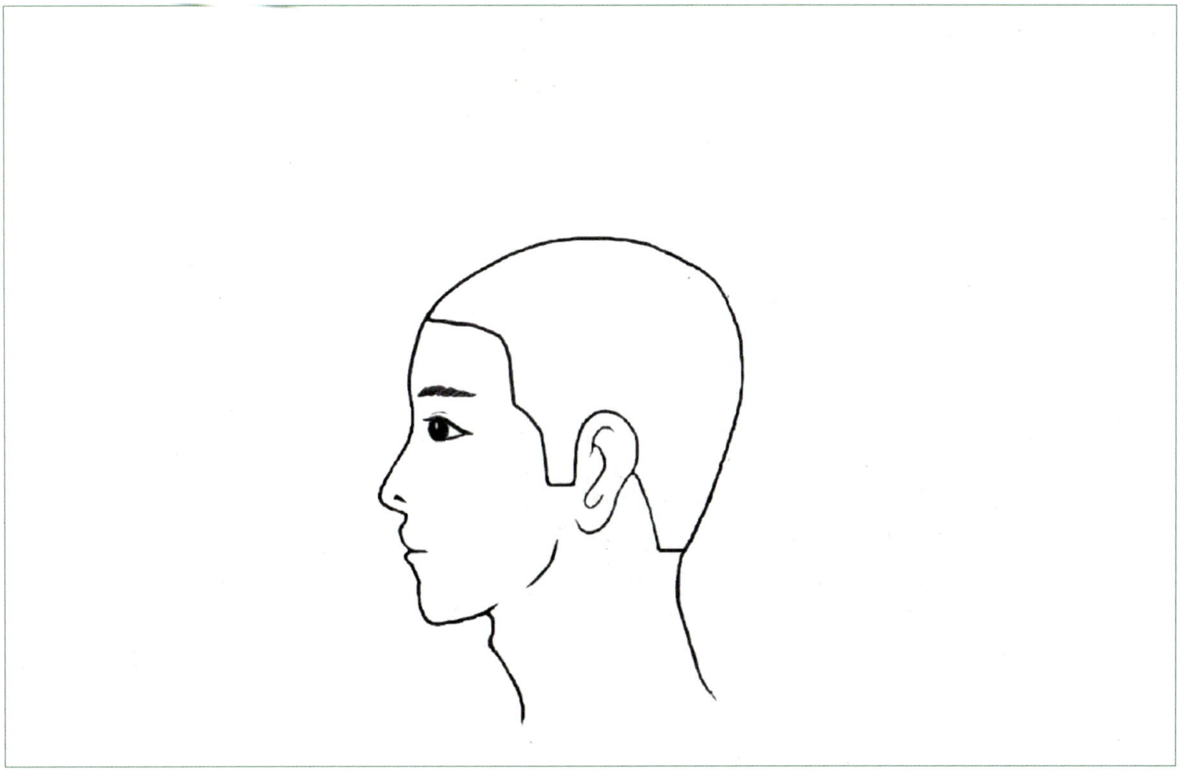

도해도 그려보기

(2) 중간그래쥬에이션 헤어 스타일 시술하기

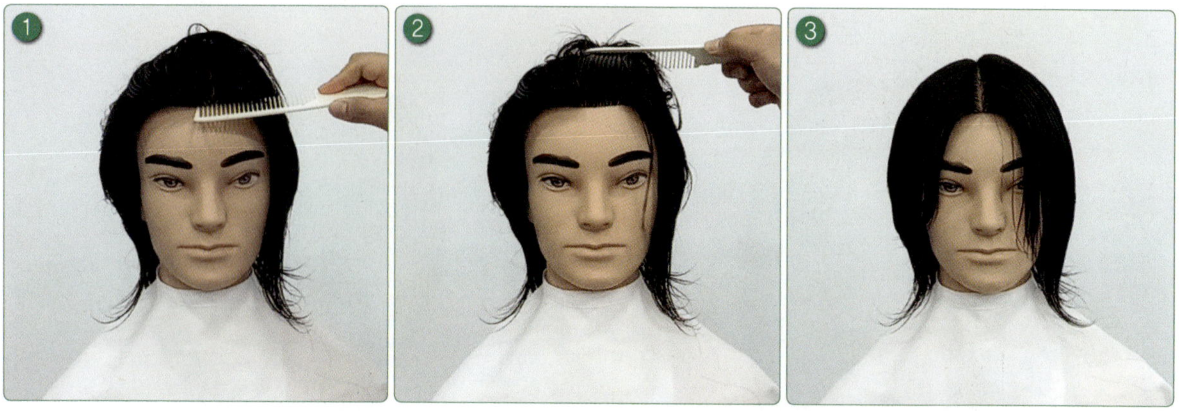

①, ②, ③ 센터 포인트C.P : Center Point에서 탑 포인트T.P : Top Point 부분까지 일직선으로 정중선을 나눈다.

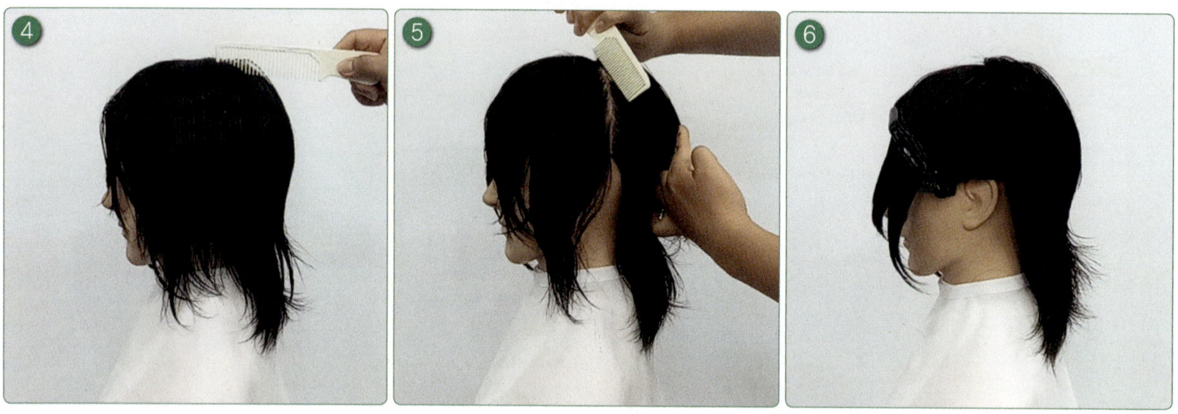

④, ⑤, ⑥ 탑 포인트에서 이어 백 포인트E.B.P : Ear Back Point까지 양쪽 사이드Side를 일직선으로 나눈다.

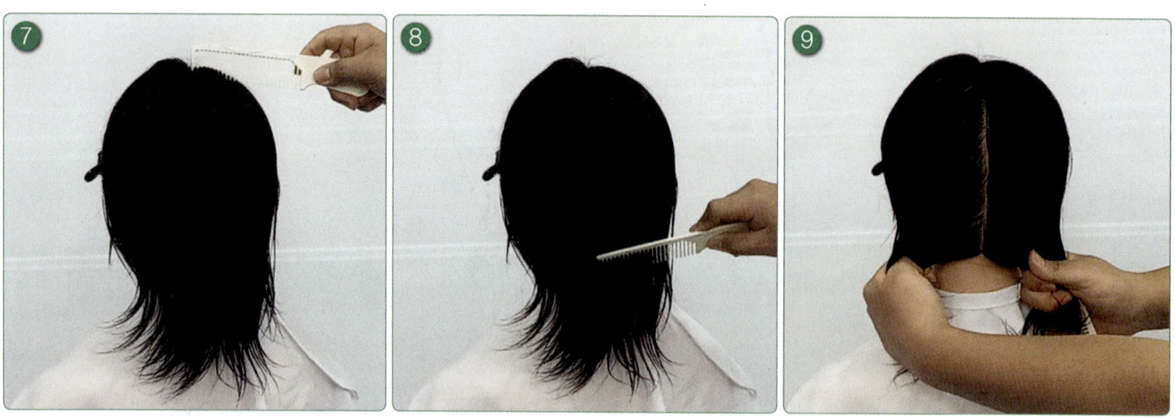

⑦, ⑧, ⑨ 탑 포인트에서 네이프 포인트N.P : Nape Point까지 일직선으로 정중선을 나눈다.

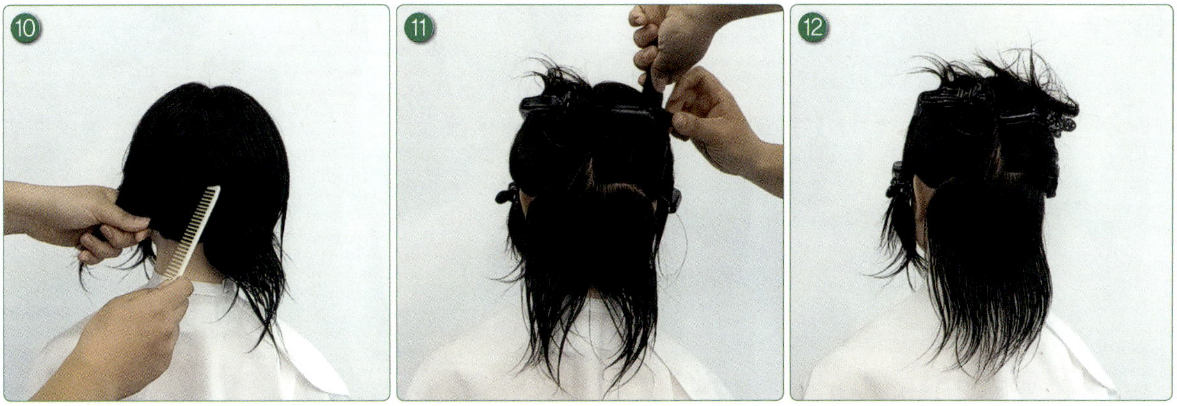

⑩, ⑪, ⑫ 백 포인트B.P : Back Point에서 이어 백 포인트까지 전대각 섹션Diagonal Forward Section으로 나눈다.

⑬, ⑭, ⑮ 손가락 위치를 전대각 섹션의 방향과 동일하게 네이프 라인Nape Line 아래로 빗질하여 길이를 설정한 후 네이프Nape 좌측 부분을 중간 시술 각 45°로 커트Cut를 진행한다.

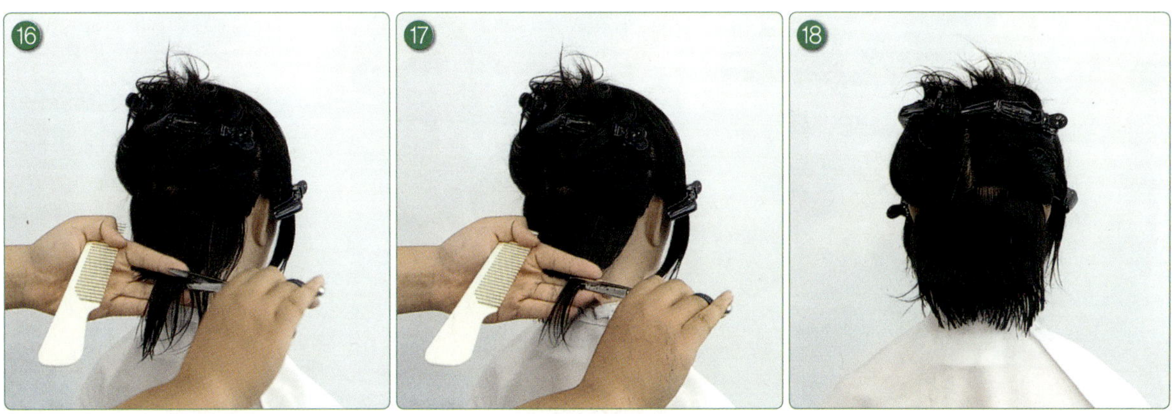

⑯, ⑰, ⑱ 전과 동일하게 네이프 우측 부분의 커트를 진행한다.

⑲, ⑳, ㉑ 골든 포인트G.P : Golden Point 부분을 시술한다.

* 두상의 곡면에 따른 각도를 이해하기 어렵다면 섹션Section을 좁게 나누어 커트를 진행하는게 용이하다.

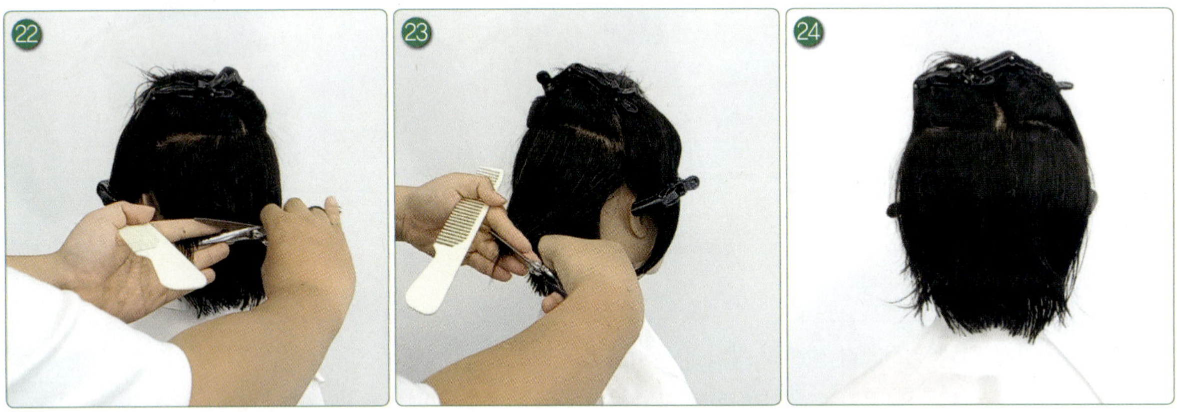

㉒, ㉓, ㉔ 골든 포인트 부분의 모발을 네이프 라인의 가이드Guide를 기준으로 동일하게 커트를 진행한다.

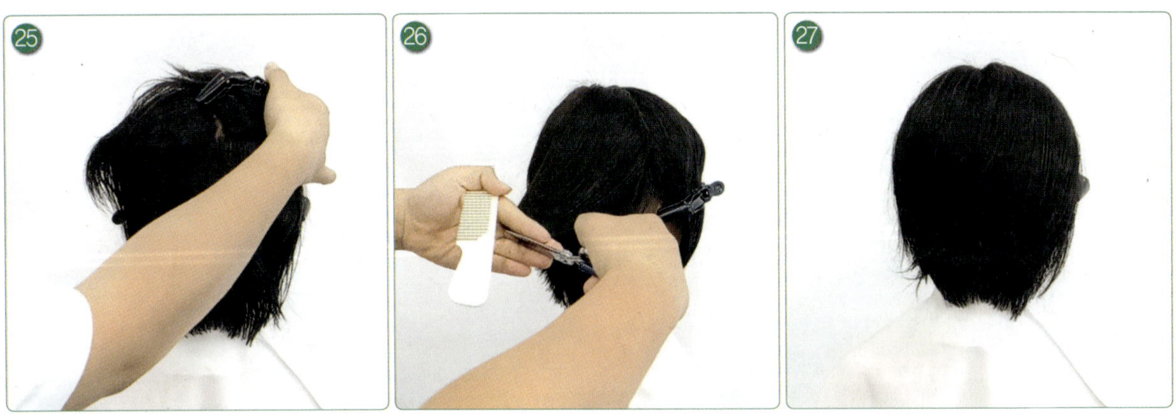

㉕, ㉖, ㉗ 탑 포인트 부분을 전과 동일한 방법으로 커트를 진행한다.

28 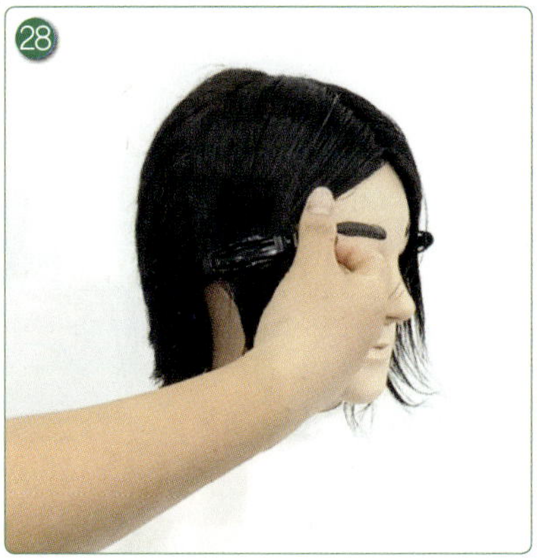 29  30 

㉘, ㉙, ㉚ 우측 사이드를 전대각 섹션으로 나눈다.
*두상의 곡면에 따른 각도를 이해하기 어렵다면 섹션을 좁게 나누어 커트를 진행하는게 용이하다.

31 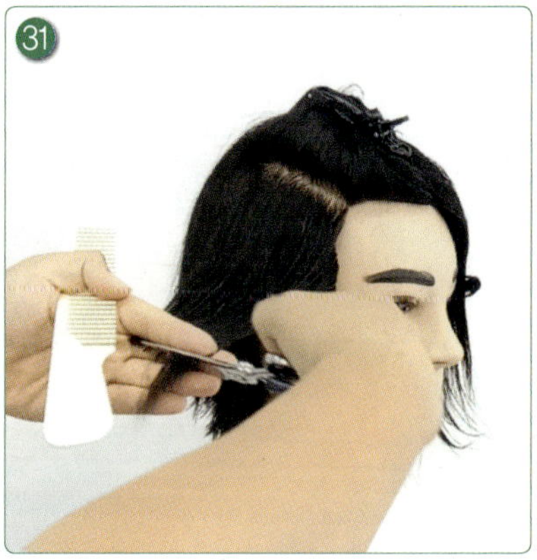 32  33 

㉛, ㉜, ㉝ 우측 사이드는 백 사이드B.S : Back Side의 가이드를 기준으로 텐션Tension을 주지 않고 전대각 라인Diagonal Forward Line으로 모발을 잡은 후 중간 시술 각 45°로 탑 포인트까지 커트를 진행한다.

34  35 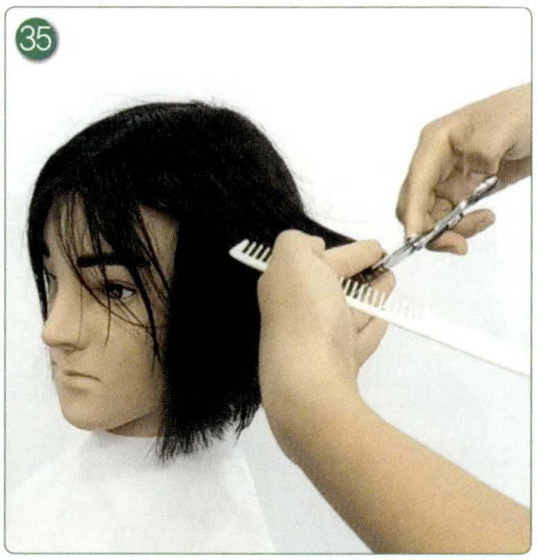 36 

㉞, ㉟, ㊱ 전과 동일한 방법으로 좌측 사이드의 커트를 진행한다.

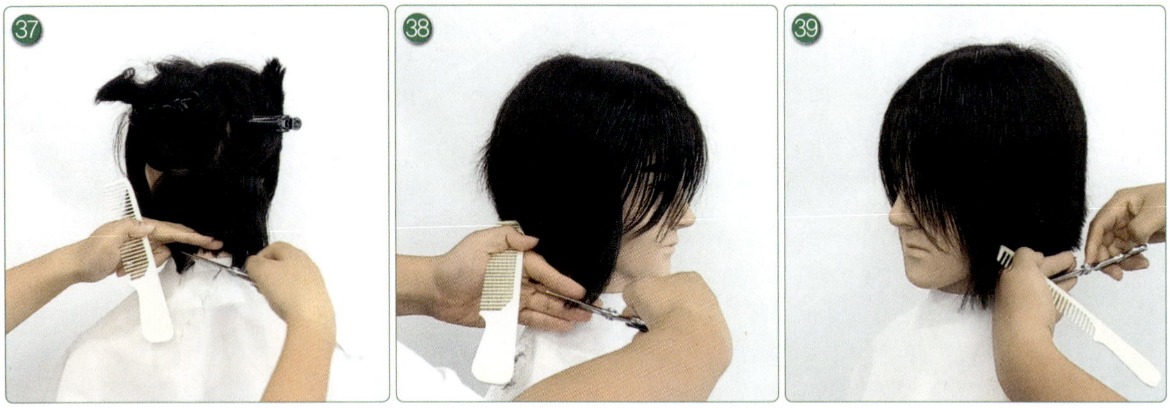

㊲, ㊳, ㊴ 완성된 커트 라인Cut Line에서 헤어 라인Hair Line 의 부근에 튀어 나오는 모발을 깔끔하게 정리한다.

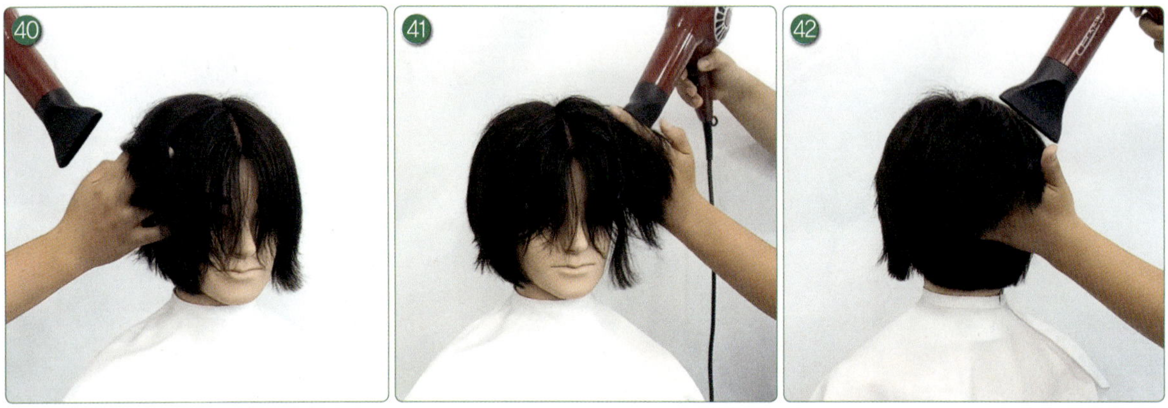

㊵, ㊶, ㊷ 모발의 흐름에 따라 드라이기를 이용하여 핸드 드라이Hand Dry 한다.

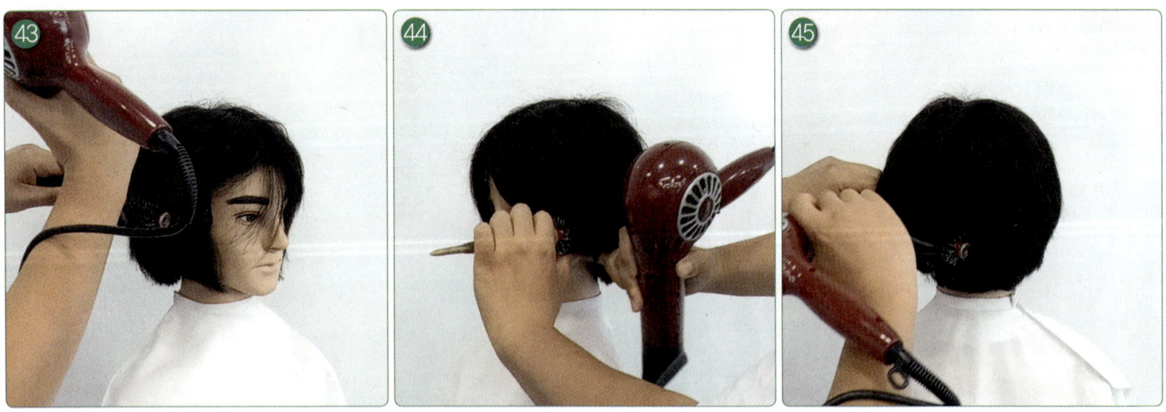

㊸, ㊹, ㊺ 롤 브러시Roll Brush 를 이용하여 중간 그래쥬에이션Medium Graduation 이 잘 표현될 수 있도록 드라이Dry 를 진행한다.

(3) 중간그래쥬에이션 헤어 스타일 마무리 하기

앞Front

뒤Back

우측Right side

좌측Left side

실습과정 사진	
사진	설명

실습결과 사진	
앞 Front	뒤 Back
좌측 Left Side	우측 Right Side

6. 남성 미용 장발 높은그래쥬에이션 헤어 스타일

학습내용 단원명	수업 목표
남성 커트 기본 스타일 장발형 높은 그래쥬에이션	남성 커트 미용 장발 높은 그래쥬에이션 헤어 스타일 실습을 수행할 수 있다.

높은 그래쥬에이션High Graduation은 1~89°의 자연 시술 각으로 인해 쌓인 모발이 비활동적인 질감과 활동적인 질감이 혼합되어 무게선을 나타내며 삼각형의 형태를 갖고, 시술 각에 따라 무게선경사선의 위치가 달라지는데 61~89°의 시술 각으로 구분되는 스타일이 높은 그래쥬에이션이다.

(1) 높은그래쥬에이션 헤어 커트 준비하기

1) 재료

① 커트 빗

② 핀셋

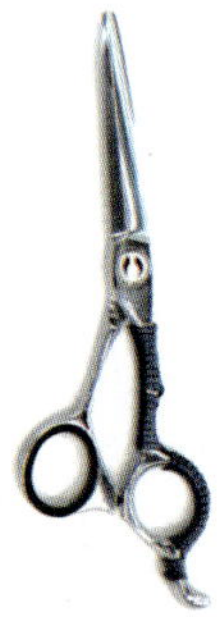

③ 블런트 가위

④ 드라이기

⑤ 롤 브러시

2) 도해도 및 시술 개요

① 도해도

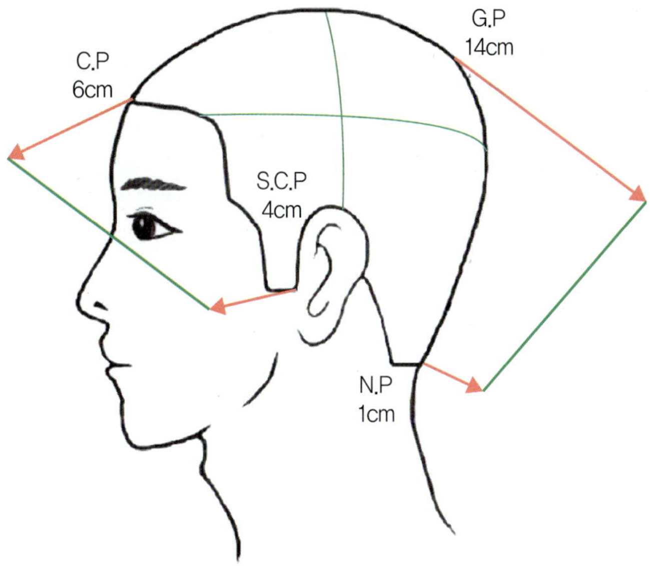

② 시술개요

블로킹 Blocking	정중선 Center Line, 측중선 E.E.L–Ear to Ear Line
섹션 Section	수평 Horizontal, 세로 Vertical, 전대각 Diagonal Forward
분배 Distribution	자연 분배 Nature Distribution, 직각 분배 Perpendicular Distribution
각도 Angle	자연 시술 각 Nature Fall 60° 60~90°, Top–60° to Over Directed
베이스 Base	온 더 베이스 On The Base, 프리 베이스 Free Base, 사이드 베이스 Side Base
커트 Cut	블런트 커트 Blunt Cut, 포인트 커트 Point Cut
질감 처리 Texturerising	노 텍스쳐 No Texture

3) 미용 남성 커트 시술 방법

시술 전

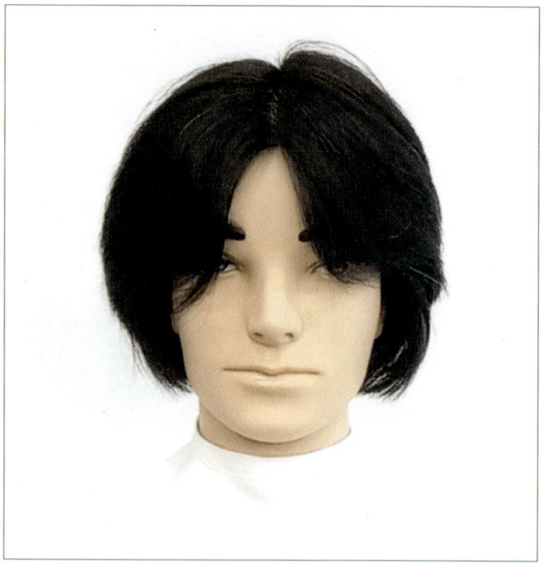

시술 후

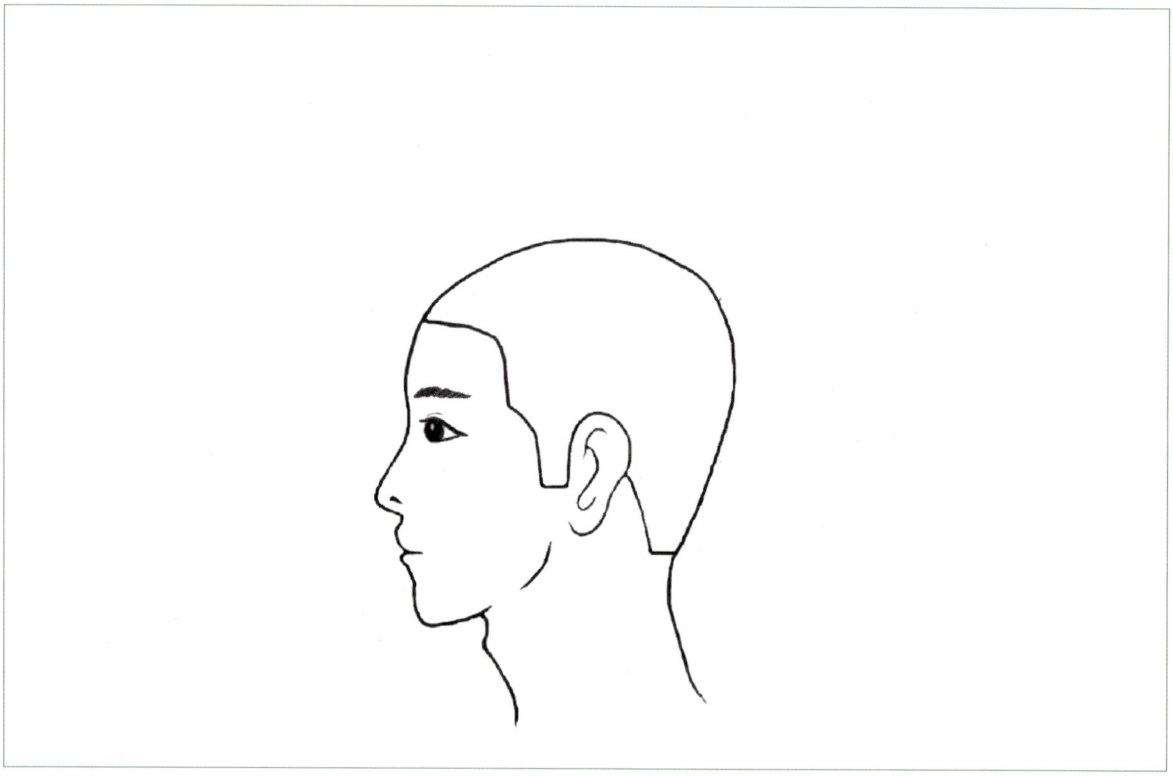

도해도 그려보기

(2) 높은그래쥬에이션 헤어 스타일 시술하기

①, ②, ③ 센터 포인트 C.P : Center Point 에서 탑 포인트 T.P : Top Point 부분까지 일직선으로 정중선을 나눈다.

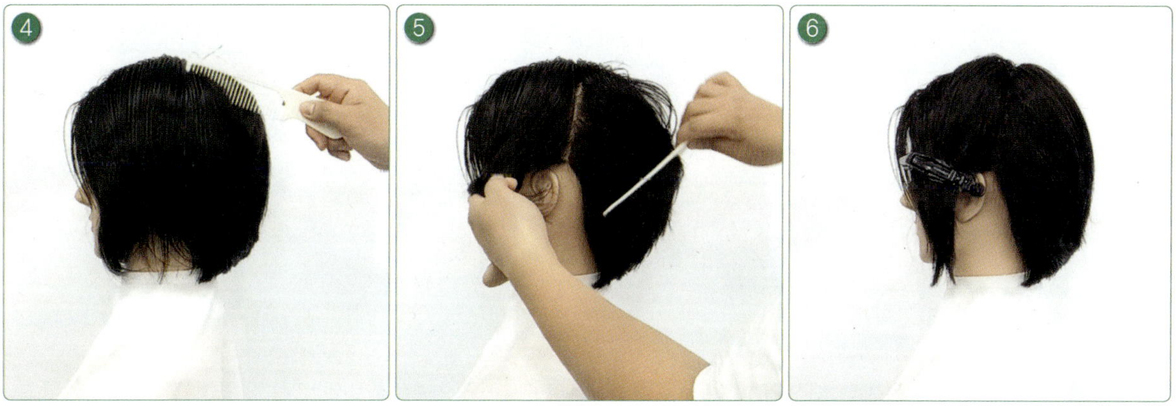

④, ⑤, ⑥ 탑 포인트에서 이어 백 포인트 E.B.P : Ear Back Point 까지 양쪽 사이드 Side 를 일직선으로 나눈다.

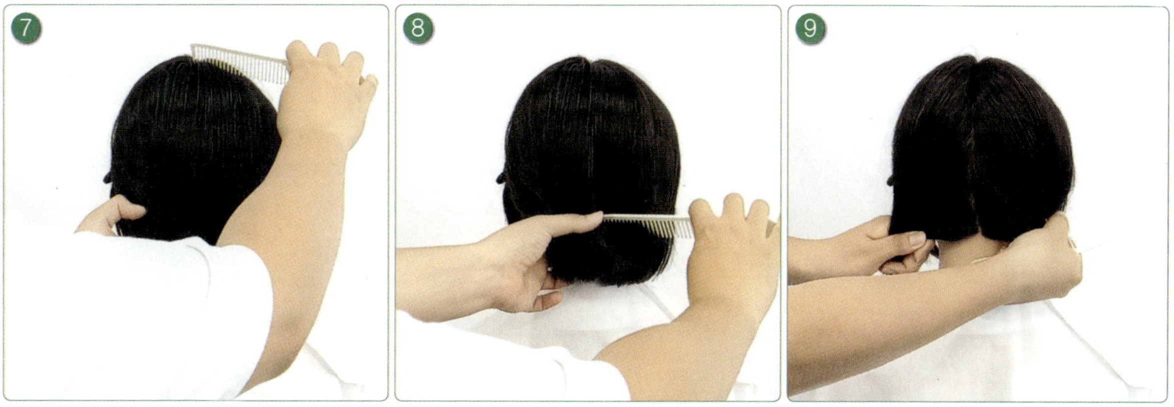

⑦, ⑧, ⑨ 탑 포인트에서 네이프 포인트 N.P : Nape Point 까지 일직선으로 정중선을 나눈다.

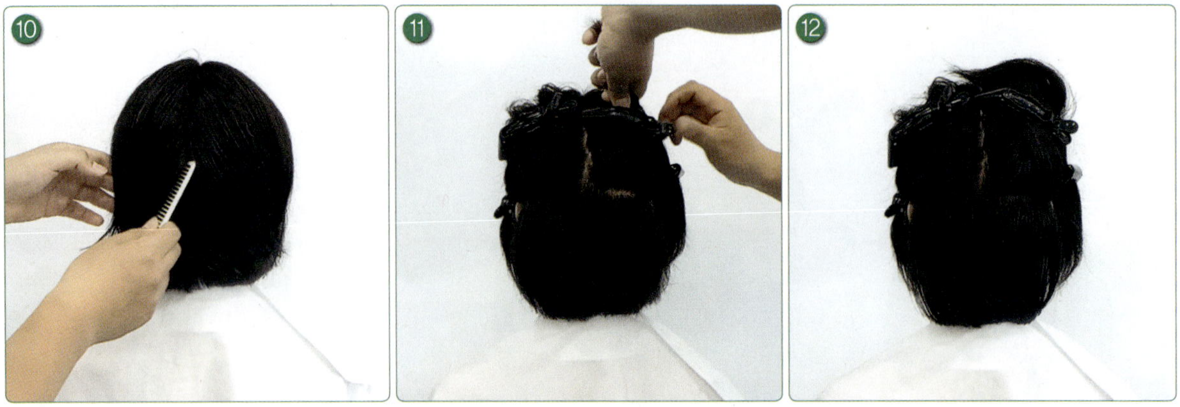

⑩, ⑪, ⑫ 백 포인트B.P : Back Point에서 이어 백 포인트까지 전대각 섹션Diagonal Forward Section으로 나눈다.

⑬, ⑭, ⑮ 손가락 위치를 전대각 섹션의 방향과 동일하게 네이프 라인Nape Line 아래로 빗질하여 길이를 설정한 후 네이프Nape 좌측 부분을 높은 시술 각 60°로 커트Cut를 진행한다.

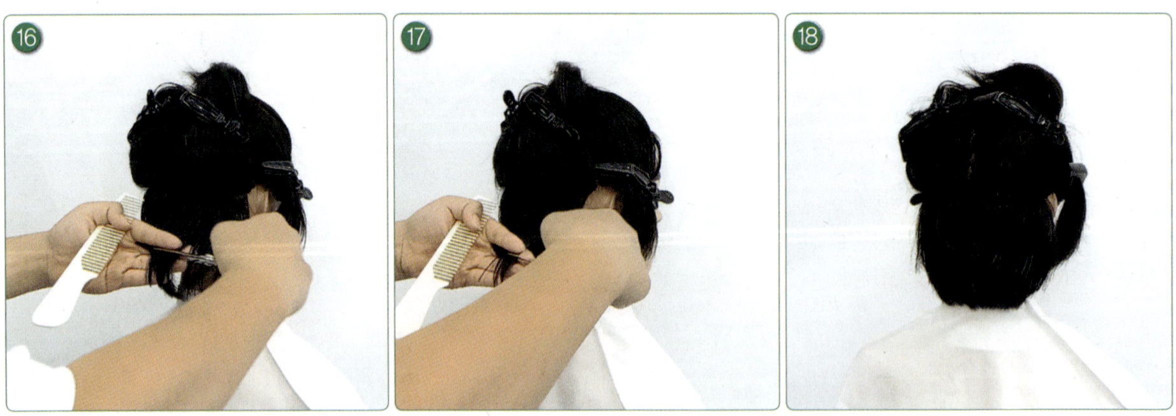

⑯, ⑰, ⑱ 전과 동일하게 네이프 우측 부분의 커트를 진행한다.

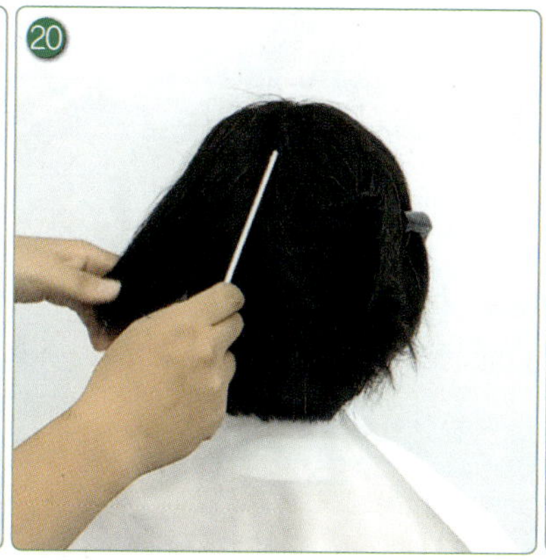

⑲, ⑳, ㉑ 골든 포인트G.P : Golden Point 부분을 시술한다.

* 두상의 곡면에 따른 각도를 이해하기 어렵다면 섹션Section을 좁게 나누어 커트를 진행하는게 용이하다.

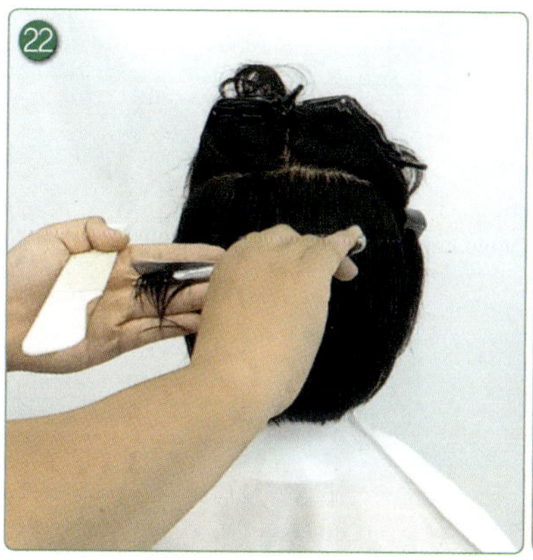

㉒, ㉓, ㉔ 골든 포인트 부분을 네이프 라인의 가이드Guide를 기준으로 동일하게 커트를 진행한다.

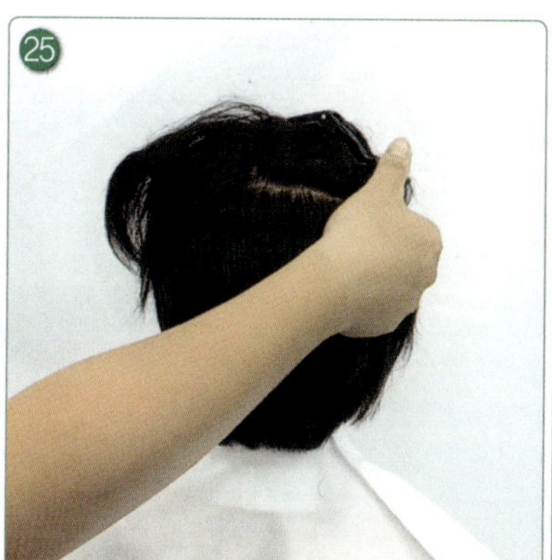

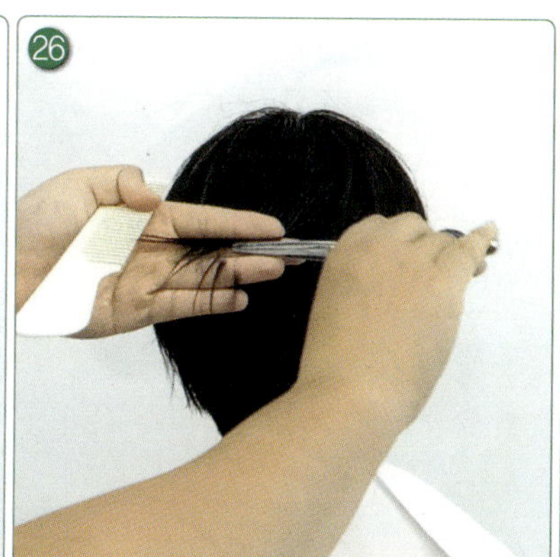

㉕, ㉖, ㉗ 탑 포인트 부분을 전과 동일한 방법으로 커트를 진행한다.

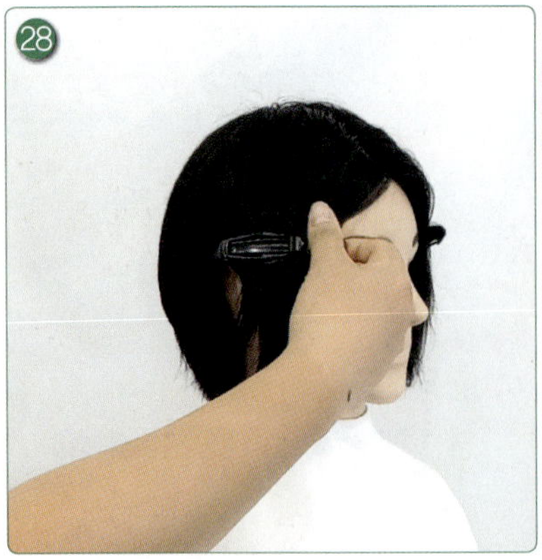

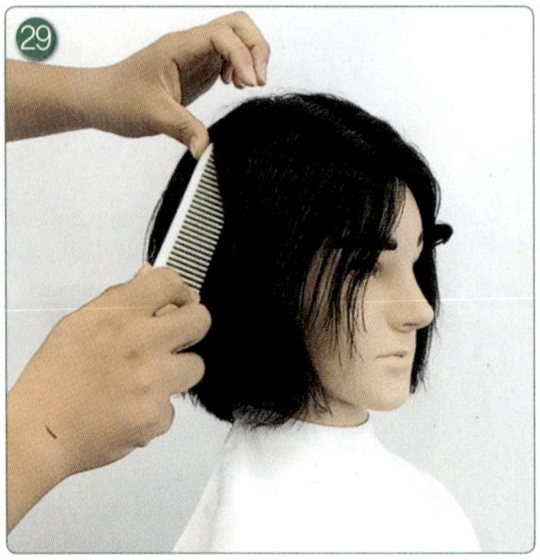

㉘, ㉙, ㉚ 우측 사이드를 전대각 섹션으로 나눈다.

* 두상의 곡면에 따른 각도를 이해하기 어렵다면 섹션을 좁게 나누어 커트를 진행하는게 용이하다.

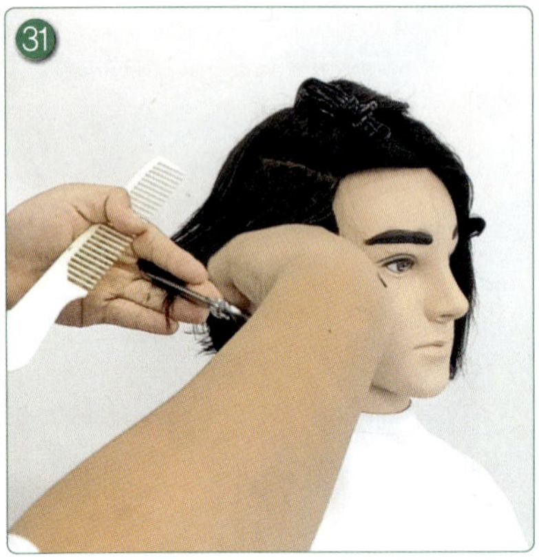

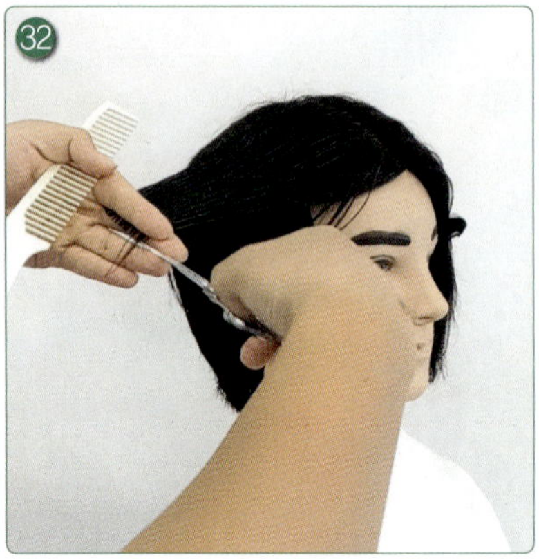

㉛, ㉜, ㉝ 우측 사이드는 백 사이드B.S : Back Side 의 가이드를 기준으로 텐션Tension 을 주지 않고 전대각 라인Diagonal Forward Line 으로 모발을 잡은 후 높은 시술 각 60°로 탑 포인트까지 커트를 진행한다.

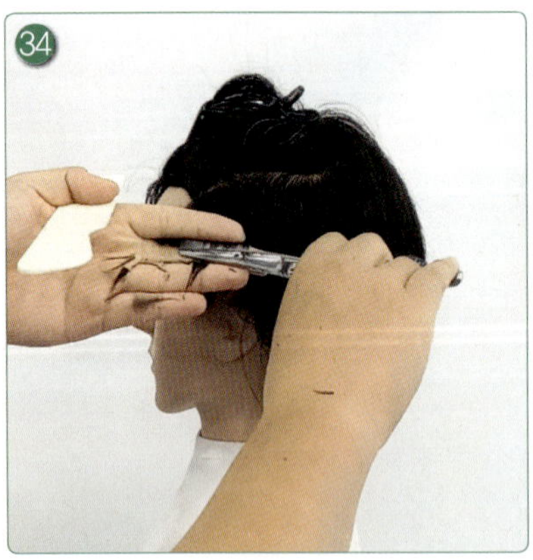

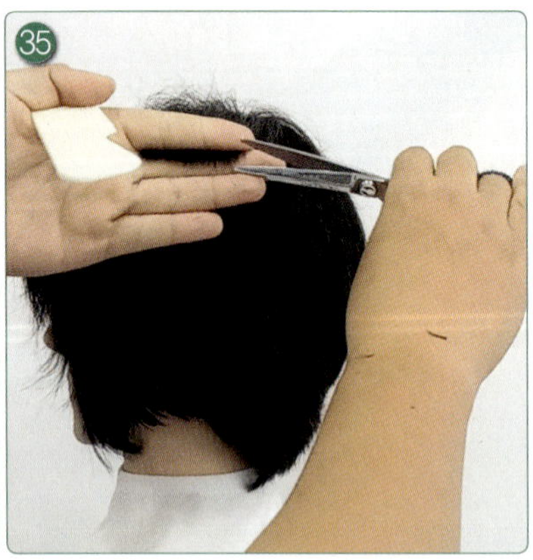

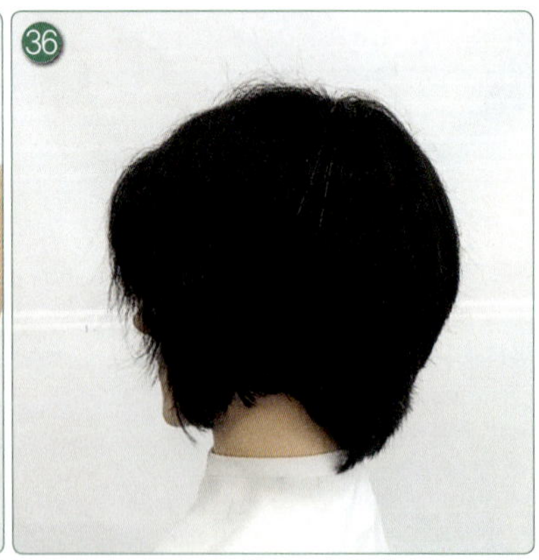

㉞, ㉟, ㊱ 전과 동일한 방법으로 좌측 사이드의 커트를 진행한다.

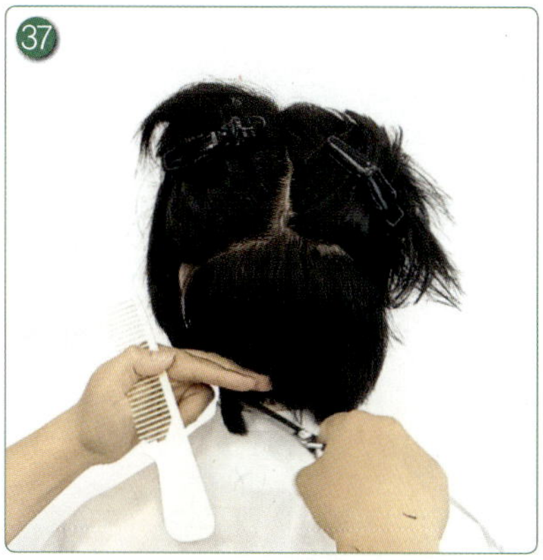

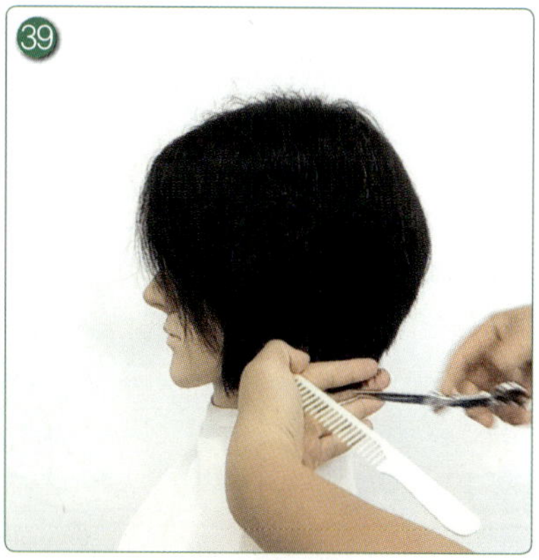

㊲, ㊳, ㊴ 완성된 커트 라인Cut Line에서 헤어 라인Hair Line의 부근에 튀어 나오는 모발을 깔끔하게 정리한다.

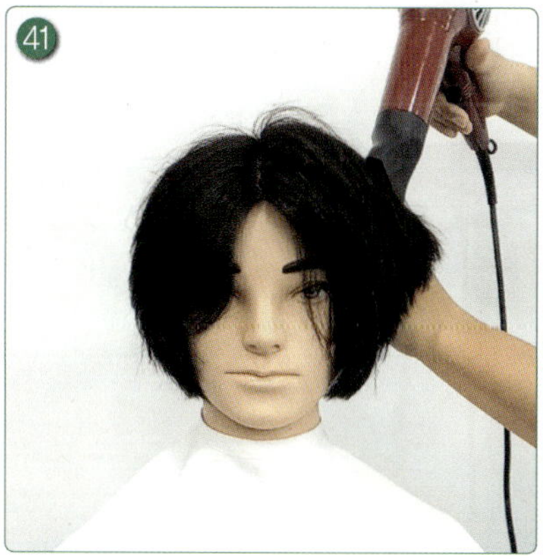

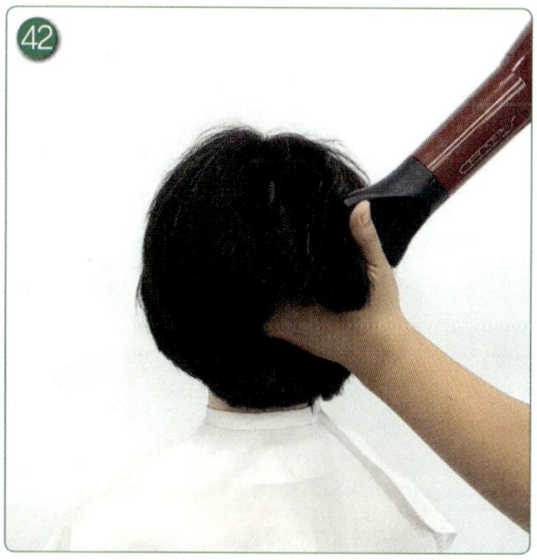

㊵, ㊶, ㊷ 모발의 흐름에 따라 드라이기를 이용하여 핸드 드라이Hand Dry 한다.

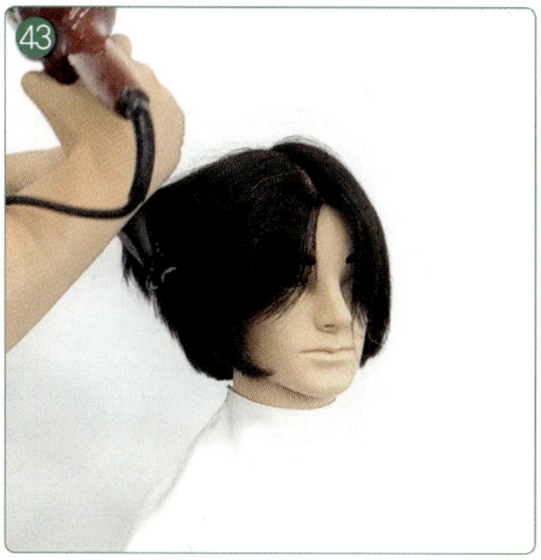

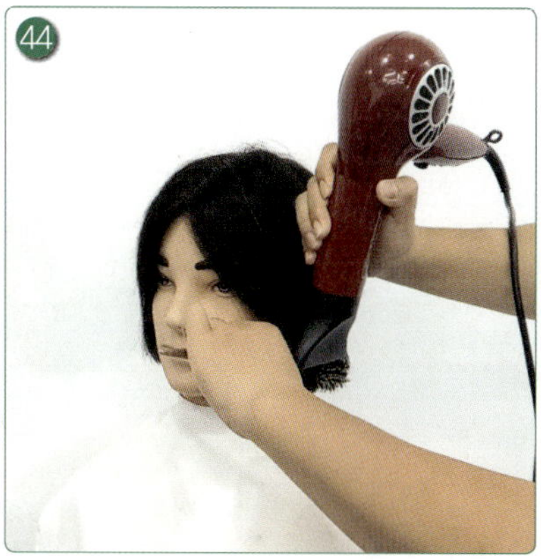

㊸, ㊹, ㊺ 롤 브러시Roll Brush를 이용하여 높은 그래쥬에이션High Graduation이 잘 표현될 수 있도록 드라이Dry를 진행한다.

(3) 높은그래쥬에이션 헤어 스타일 마무리 하기

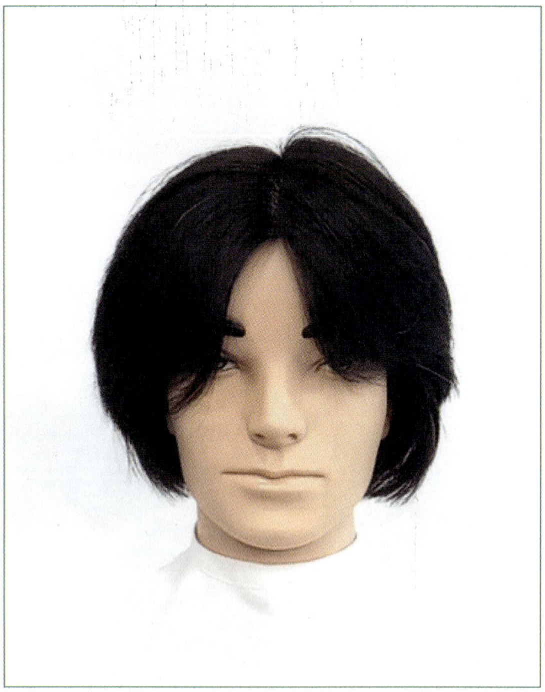

앞Front

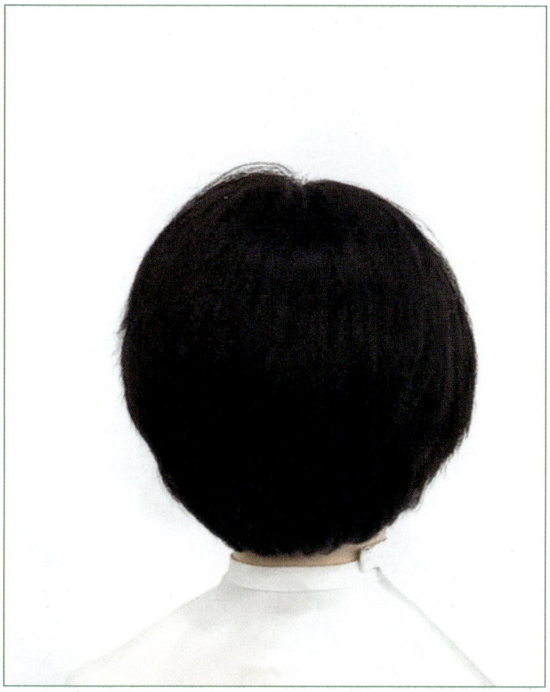

뒤Back

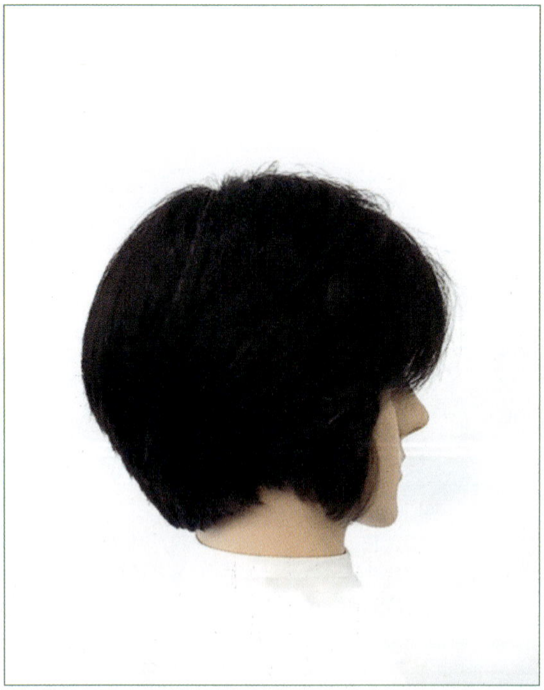

우측Right side

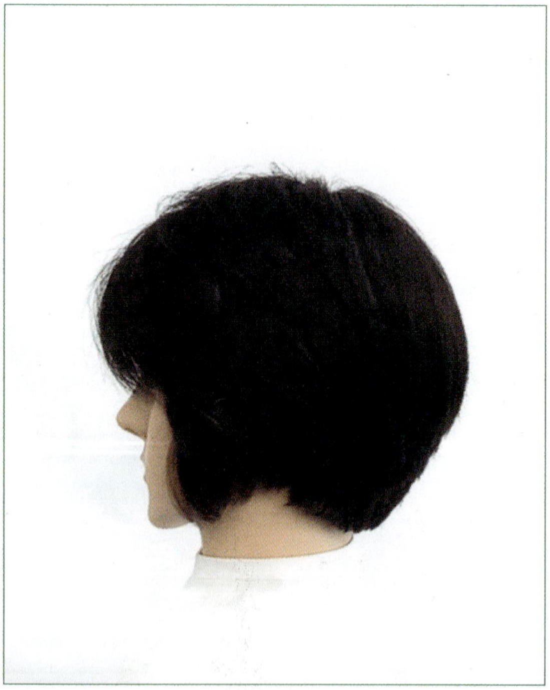

좌측Left side

실습과정 사진	
사진	설명

실습결과 사진	
앞 Front	뒤 Back
좌측 Left Side	우측 Right Side

[교수 학습방법]

교수 방법
① 그래쥬에이션의 커트의 형태와 길이 구조를 설명한다.
② 그래쥬에이션의 커트의 시술 각낮은, 중간, 높은과 커트 절차를 설명한다.
③ 그래쥬에이션의 커트 작업 절차에 따라 위그에 시연한다.
④ 그래쥬에이션의 도구 사용 방법과 커트 기법을 익힐 수 있도록 지도한다.

학습 방법
① 그래쥬에이션의 커트의 길이 구조를 이해하여 노트에 도해도를 그려 본다.
② 그래쥬에이션의 커트의 이발 작업 절차를 숙지하여 위그에 반복 실습한다.
③ 그래쥬에이션의 커트에 따른 시술 각을 숙지하여 위그에 실습한다.
④ 커트 도구를 바르게 사용할 수 있도록 주의하며 커트 기법을 위그에 실습한다.

[평가 준거]

학습 내용	평가 항목	성취 수준		
		상	중	하
그래쥬에이션형 이발 계획	1. 형태 분석에 따른 그래쥬에이션형의 종류 및 형태선 특징 등을 도식화하여 적용할 수 있다.			
	2. 그래쥬에이션형의 길이와 단차를 이해하고 도해도를 작성한 후 자를 수 있다.			
그래쥬에이션형 이발 작업	그래쥬에이션형의 다양한 무게감과 그라데이션을 연출할 수 있다.			

[평가 방법]

학습 내용	평가 항목	성취 수준		
		상	중	하
그래쥬에이션형 이발 계획	1. 커트 형태와 그래쥬에이션 스타일 종류의 이해 여부			
	2. 그래쥬에이션형 구조 그래픽을 그릴 수 있는 능력			
	3. 그래쥬에이션형의 커트 절차를 계획할 수 있는 능력			
그래쥬에이션형 이발 작업	1. 커트 절차에 따른 작업 순서 방법의 이해 여부			
	2. 4등분, 5등분 블로킹 능력			
	3. 커트 스타일에 맞는 파팅 능력			
	4. 그래쥬에이션 커트를 하기 위한 인 커트, 아웃 커트 작업 능력			

[평가자 체크리스트]

학습 내용	평가 항목	성취 수준		
		상	중	하
그래쥬에이션형 이발 계획	1. 그래쥬에이션형의 각도 인지 여부			
	2. 그래쥬에이션형 형태와 질감 인지 여부			
	3. 그래쥬에이션형 작업 순서 인지 여부			
그래쥬에이션형 이발 작업	1. 작업 전 도구 준비 여부			
	2. 올바른 도구 사용 방법 이해 여부			
	3. 인 커트 숙련 여부			
	4. 커트 후 콤 아웃 여부			

7. 남성 미용 장발 유니폼레이어 헤어 스타일

학습내용 단원명	수업 목표
남성 커트 기본 스타일 장발형 레이어 유니폼	남성 커트 미용 장발 유니폼 레이어 헤어 스타일 실습을 수행할 수 있다.

유니폼 레이어 Uniform Layer는 모발의 단차를 만들어 원형 또는 타원형으로 나타낼 수 있으며 종류는 유니폼 레이어, 인크리스 레이어 Increase Layer, 사이드 레이어 Side Layer로 시술 각과 기법에 따라 다양하게 커트 Cut할 수 있고, 모발의 단차를 내는 위치와 각도에 따라 길이가 같은 스타일을 유니폼 레이어라고 한다.

(1) 유니폼레이어 헤어 커트 준비하기

1) 재료

① 커트 빗

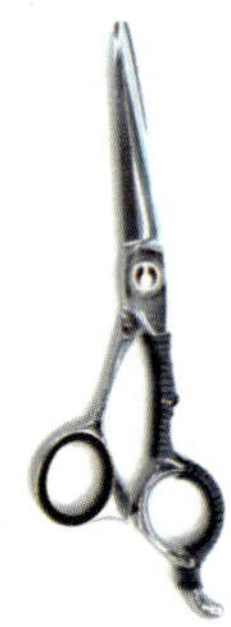

② 블런트 가위

③ 드라이기

④ 롤 브러시

2) 도해도 및 시술 개요

① 도해도

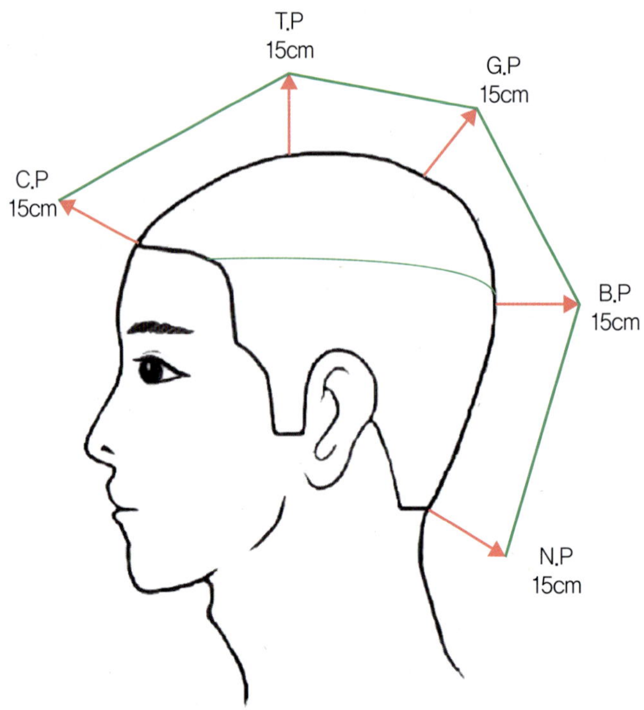

② 시술개요

블로킹 Blocking	노 파팅 No Parting
섹션 Section	수평 Horizontal, 세로 Vertical, 피봇 Pivot
분배 Distribution	직각 분배 Perpendicular Distribution
각도 Angle	일반 시술 각 Nomal Projection 90°
베이스 Base	온 더 베이스 On The Base
커트 Cut	블런트 커트 Blunt Cut, 포인트 커트 Point Cut
질감 처리 Texturerising	노 텍스쳐 No Texture

3) 미용 남성 커트 시술 방법

시술 전

시술 후

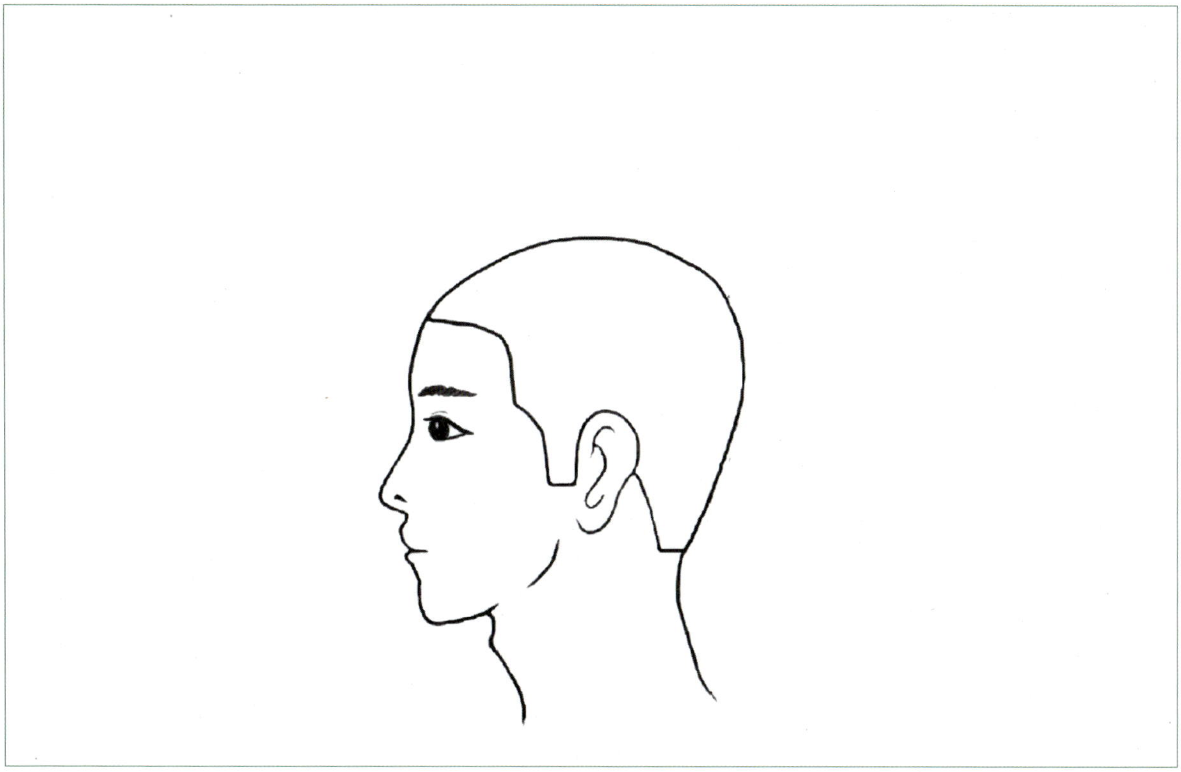

도해도 그려보기

(2) 유니폼레이어 헤어 스타일 시술하기

①, ②, ③ 센터 포인트C.P : Center Point에서 탑 포인트T.P : Top Point까지 버티컬 섹션Vertical Section으로 일반 시술 각 90°와 온 더 베이스On the Base를 유지하며 커트Cut를 진행한다.

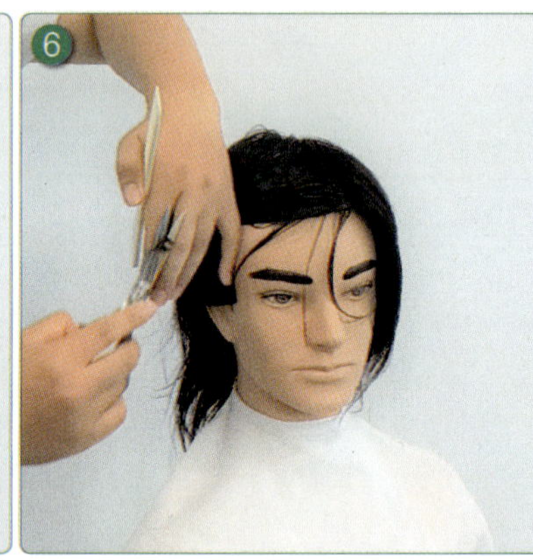

④, ⑤, ⑥ 우측 사이드Side의 센터 포인트에서 사이드 코너 포인트S.C.P : Side Corner Point까지 버티컬 섹션으로 일반 시술 각 90°와 온 더 베이스를 유지하며 커트를 진행한다.

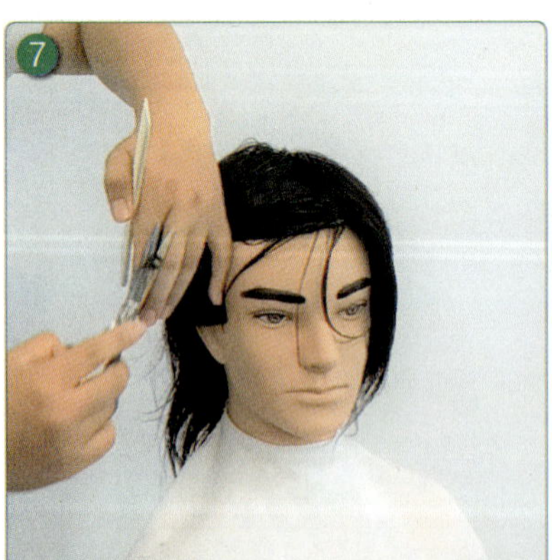

⑦, ⑧, ⑨ 우측 사이드의 탑 포인트에서 이어 백 포인트E.B.P : Ear Back Point까지 전과 동일한 방법으로 커트를 진행한다.

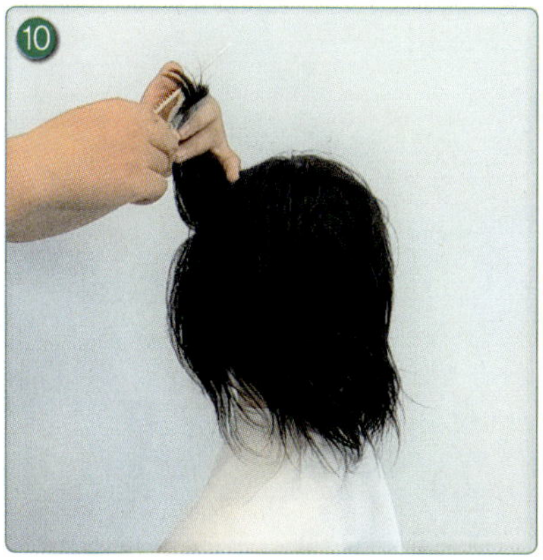

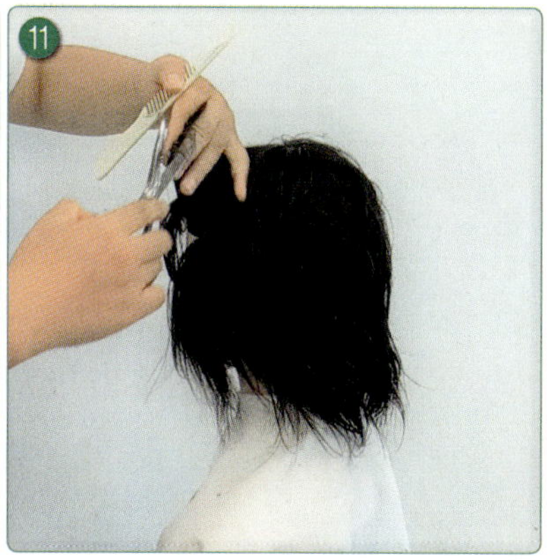

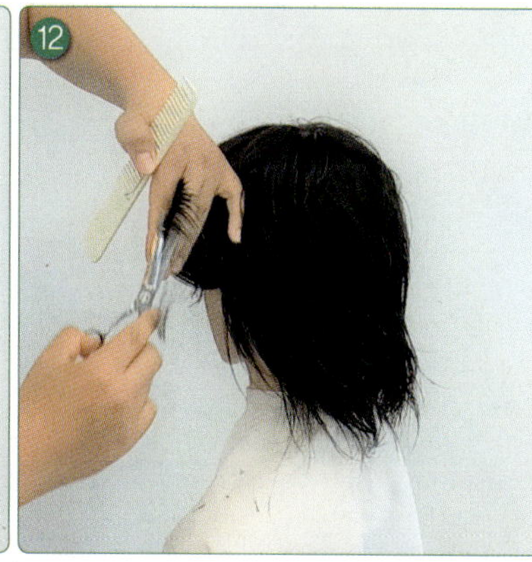

⑩, ⑪, ⑫ 좌측 사이드Side의 센터 포인트에서 사이드 코너 포인트까지 전과 동일한 방법으로 커트를 진행한다.

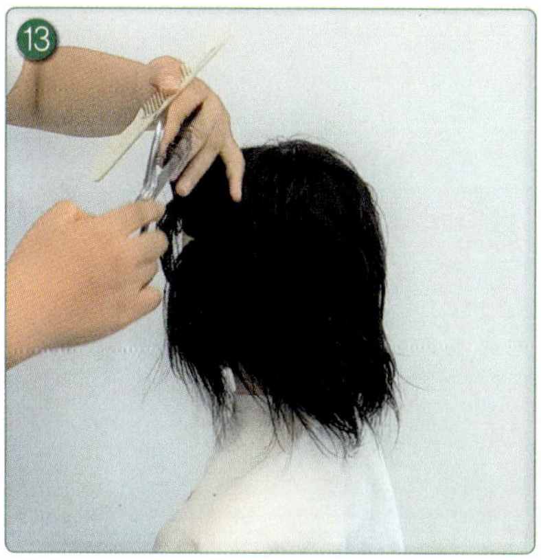

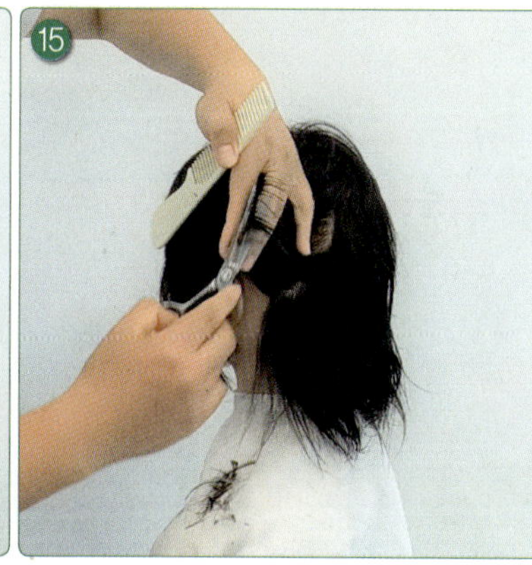

⑬, ⑭, ⑮ 좌측 사이드의 탑 포인트에서 이어 백 포인트까지 전과 동일한 방법으로 커트를 진행한다.

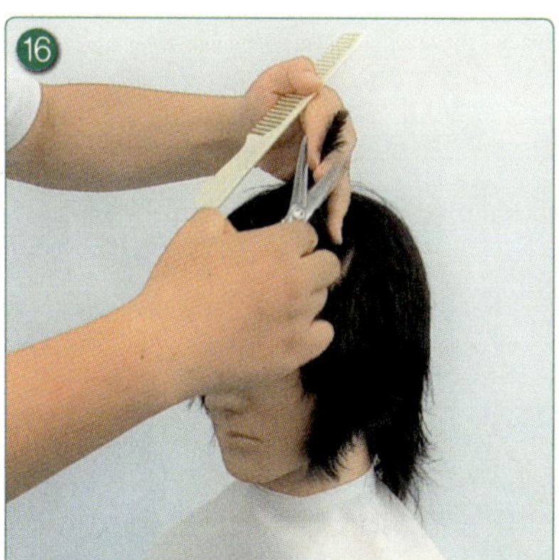

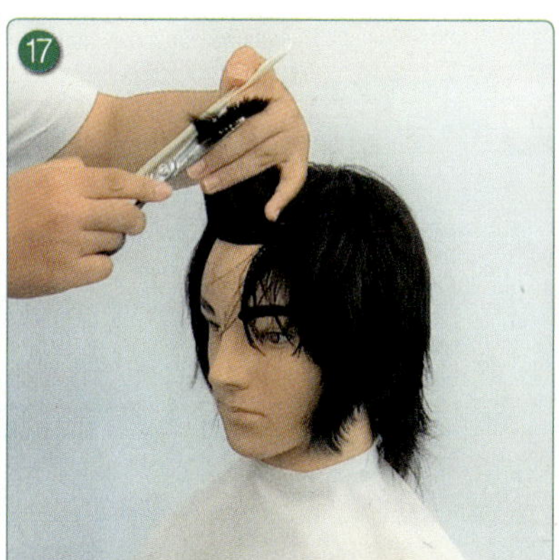

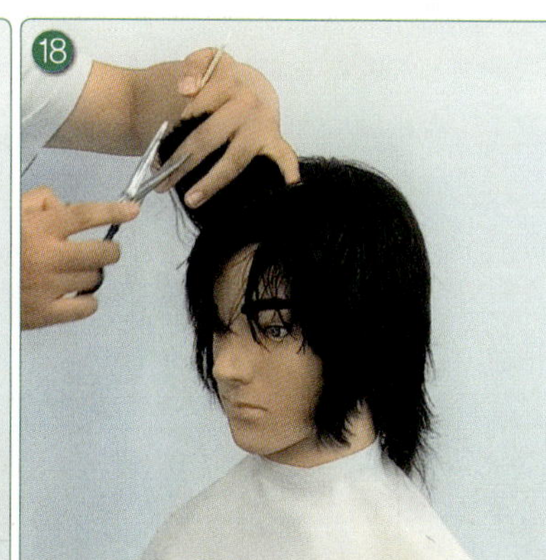

⑯, ⑰, ⑱ 좌측 프론트 사이드 포인트F.S.P : Front Side Point에서 우측 프론트 사이드 포인트까지 피봇 섹션Pivot Section으로 일반 시술 각 90°와 온 더 베이스를 유지하며 커트를 진행한다.

⑲, ⑳, ㉑ 우측 백 사이드B.S : Back Side에서 좌측 백 사이드까지 탑 포인트의 가이드Guide를 가지고 버티컬 섹션으로 일반 시술 각 90°와 온 더 베이스를 유지하며 커트를 진행한다.

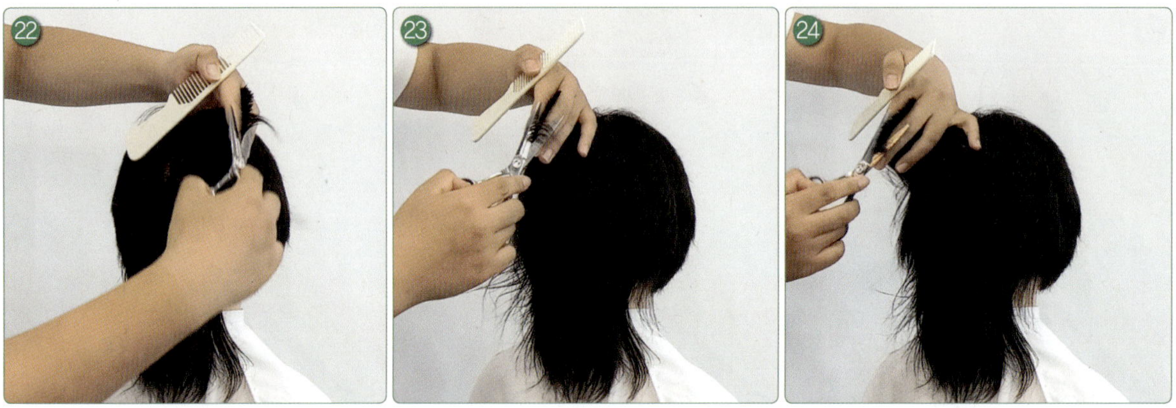

㉒, ㉓, ㉔ 전과 동일한 방법으로 골든 포인트G.P : Golden Point 부분의 커트를 진행한다.

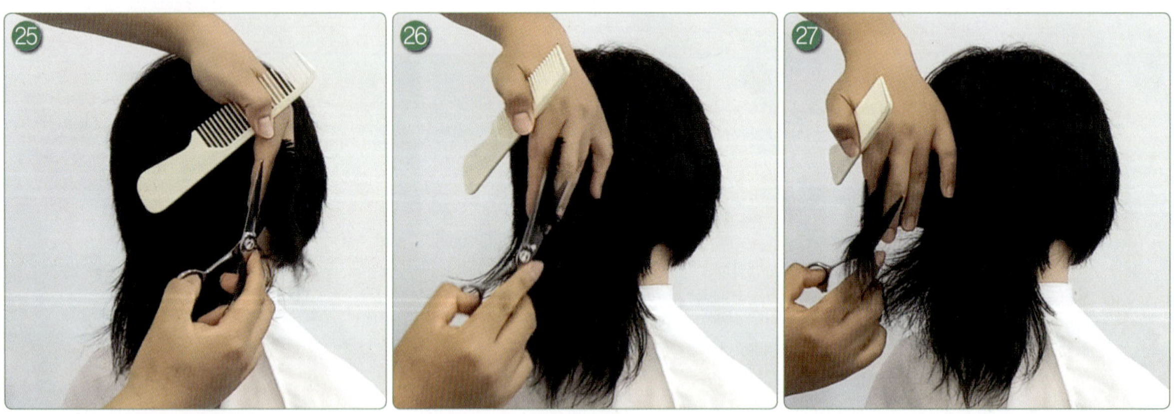

㉕, ㉖, ㉗ 전과 동일한 방법으로 백 포인트B.P : Back Point 부분의 커트를 진행한다.

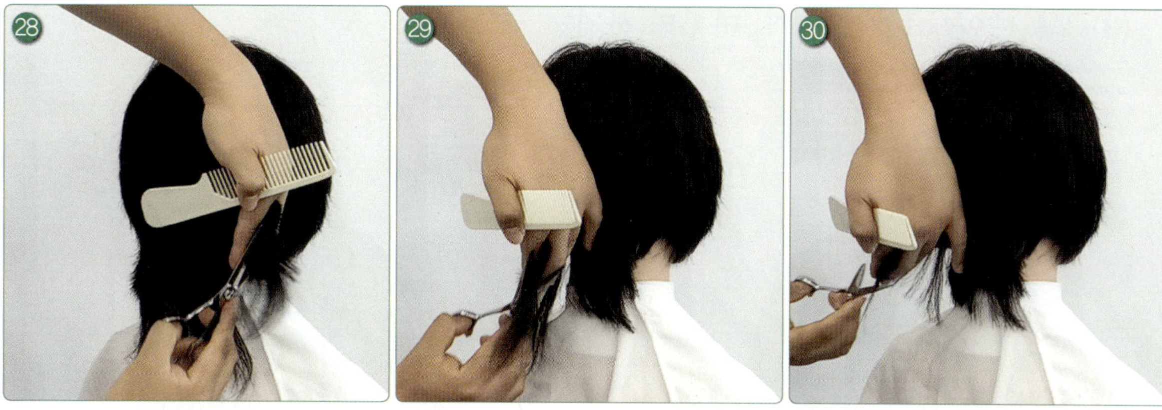

㉘, ㉙, ㉚ 전과 동일한 방법으로 네이프 포인트N.P : Nape Point의 커트를 진행한다.

㉛, ㉜, ㉝ 모발의 흐름에 따라 드라이기를 이용하여 핸드 드라이Hand Dry 한다.

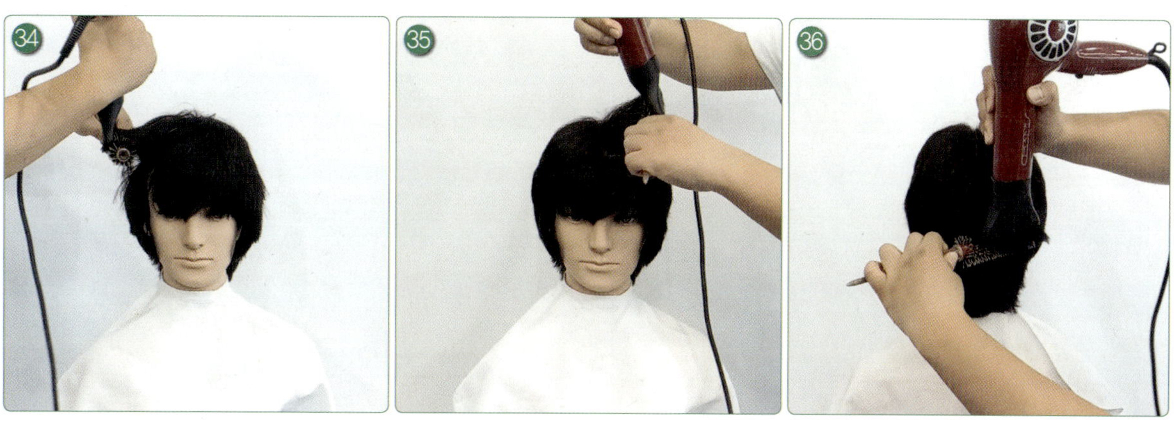

㉞, ㉟, ㊱ 롤 브러시Roll Brush를 이용하여 유니폼 레이어 스타일Uniform Layer Style이 잘 표현될 수 있도록 드라이Dry를 진행한다.

(3) 유니폼레이어 헤어 스타일 마무리 하기

앞Front

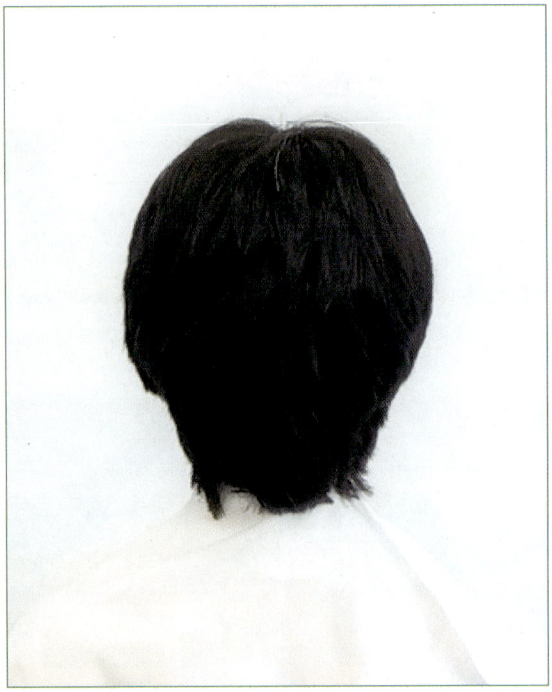

뒤Back

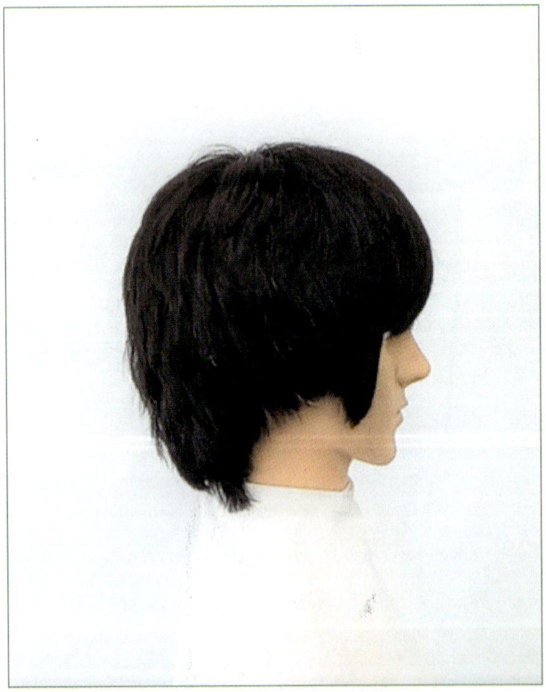

우측Right side

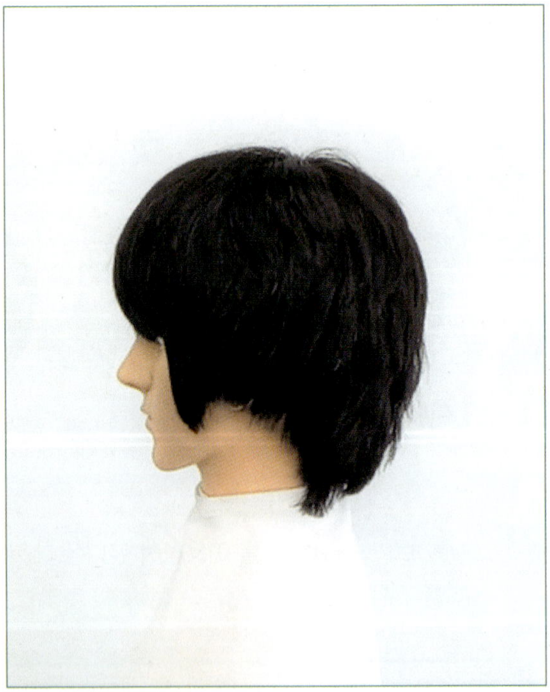

좌측Left side

실습과정 사진	
사진	설명

실습결과 사진	
앞 Front	뒤 Back
좌측 Left Side	우측 Right Side

8. 남성 미용 장발 인크리스레이어 헤어 스타일

학습내용 단원명	수업 목표
남성 커트 기본 스타일 장발형 레이어 인크리스	남성 커트 미용 장발 레이어 인크리스 헤어 스타일 실습을 수행할 수 있다.

인크리스 레이어Increase Layer는 모발의 단차를 만들어 원형 또는 타원형으로 나타낼 수 있으며 종류는 유니폼 레이어Uniform Layer, 인크리스 레이어, 사이드 레이어Side Layer로 시술 각과 기법에 따라 다양하게 커트Cut할 수 있고, 모발의 단차를 내는 위치와 각도에 따라 네이프Nape로 갈수록 길어지는 스타일Style을 인크리스 레이어라고 한다.

(1) 인크리스레이어 헤어 커트 준비하기

1) 재료

① 커트 빗

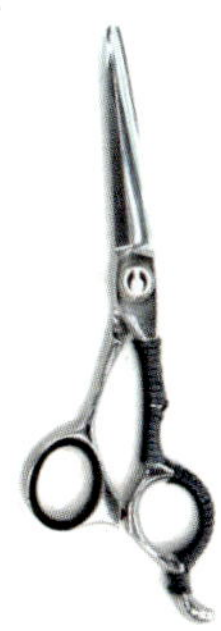

② 블런트 가위

③ 드라이기

④ 롤 브러시

2) 도해도 및 시술 개요

① 도해도

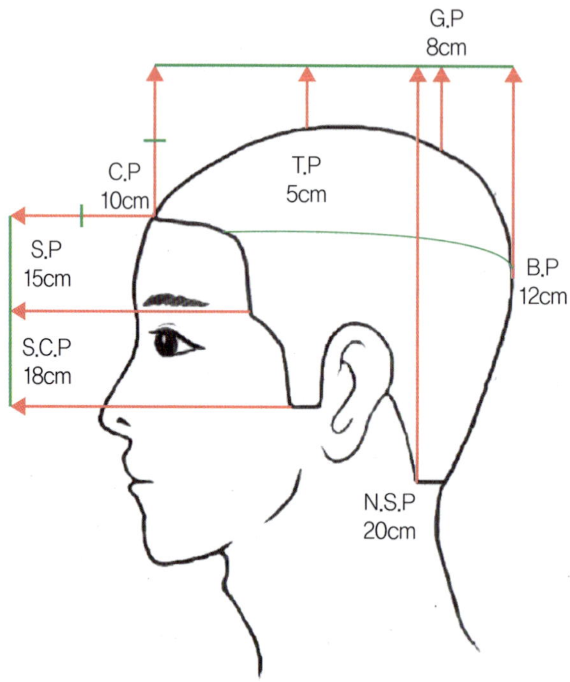

② 시술개요

블로킹 Blocking	노 파팅 No Parting
섹션 Section	수평 Horizontal , 세로 Vertical , 피봇 Pivot
분배 Distribution	방향 분배 Direction Distribution , 변이 분배 Shifted Distribution
각도 Angle	자연 시술 각 Nature Fall 상향 90°
베이스 Base	온 더 베이스 On The Base , 프리 베이스 Free Base , 사이드 베이스 Side Base
커트 Cut	블런트 커트 Blunt Cut , 포인트 커트 Point Cut
질감 처리 Texturerising	노 텍스처 No Texture

3) 미용 남성 커트 시술 방법

시술 전

시술 후

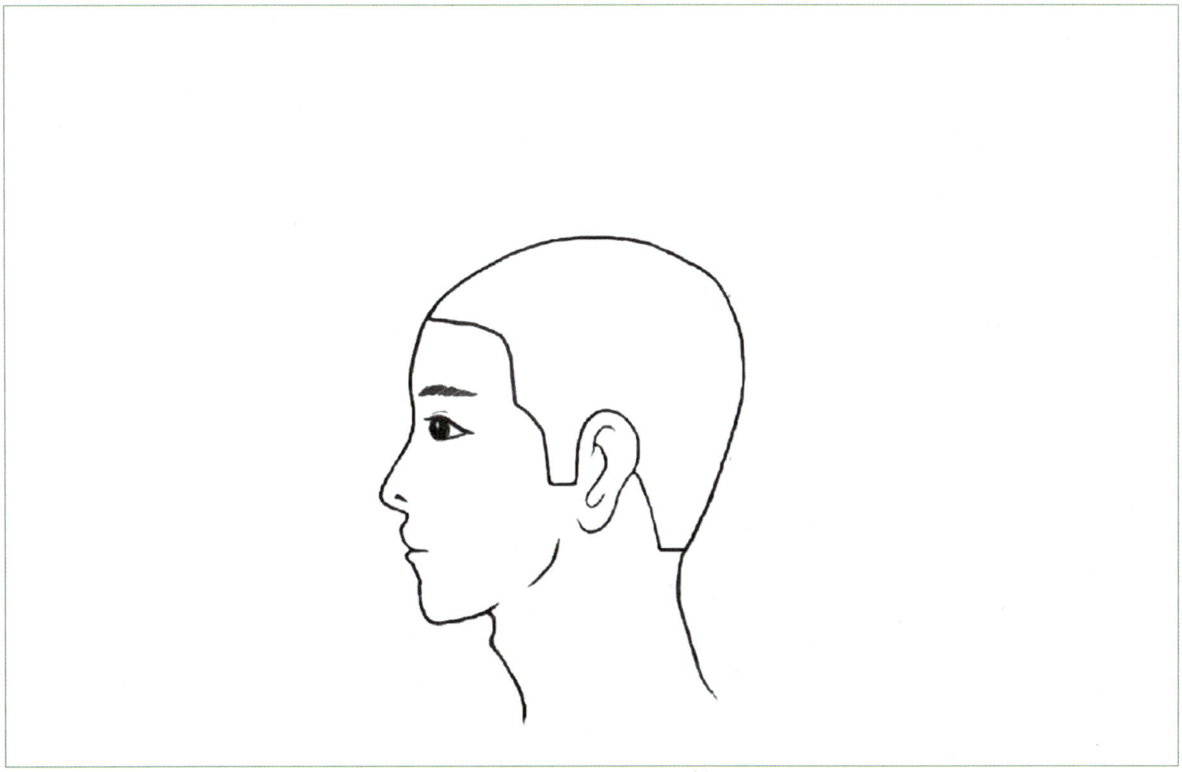

도해도 그려보기

(2) 인크리스레이어 헤어 스타일 시술하기

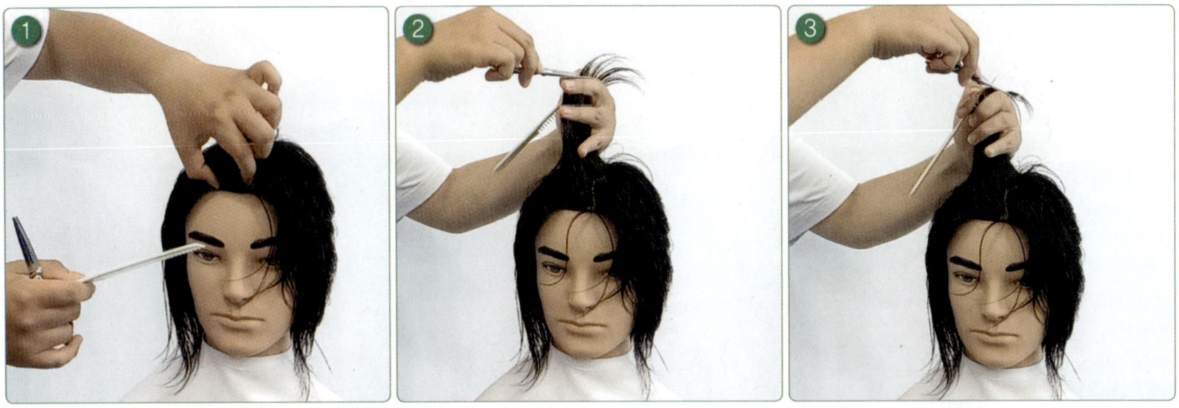

①, ②, ③ 센터 포인트C.P : Center Point에서 탑 포인트T.P : Top Point까지 버티컬 섹션Vertical Section으로 자연 시술 각 90°와 프리 베이스Free Base를 유지하고 스퀘어 라인Square Line으로 커트Cut를 진행한다.

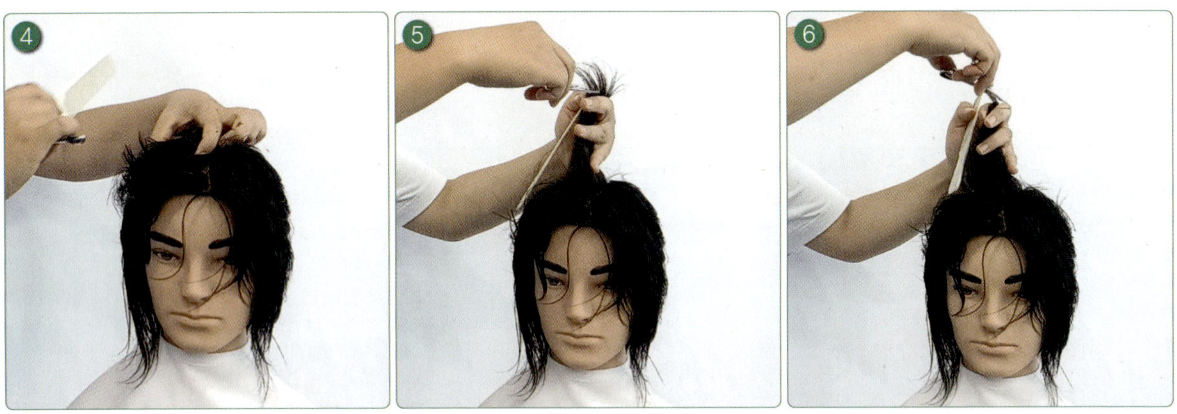

④, ⑤, ⑥ 우측 탑 포인트에서 이어 탑 미디움 포인트E.T.M.P : Ear Top Medium Point까지 탑 포인트의 가이드Guide를 기준으로 전과 동일하게 커트를 진행한다.

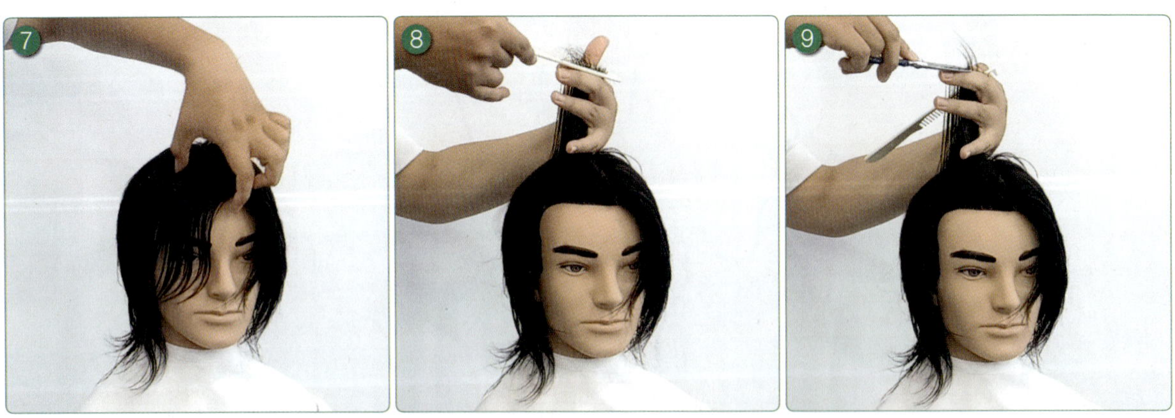

⑦, ⑧, ⑨ 우측 센터 포인트에서 프론트 사이드 포인트F.S.P : Front Side Point까지 센터 포인트의 가이드를 기준으로 전과 동일하게 커트를 진행한다.

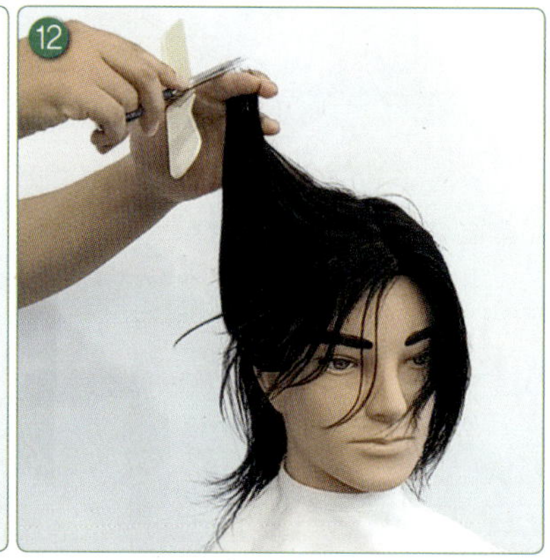

⑩, ⑪, ⑫ 우측 사이드Side의 전체 모발을 버티컬 섹션과 호리존탈 섹션Horizontal Section으로 교차하여 전과 동일한 방법으로 크로스 커트Cross Cut를 진행한다.
* 짧아서 떨어지는 모발은 커트하지 않는다.

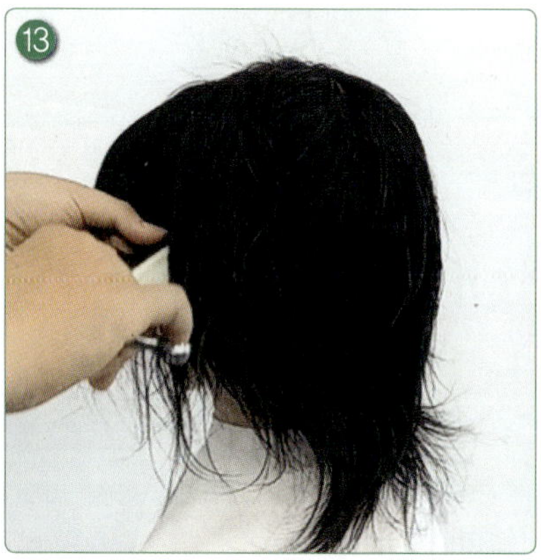

⑬, ⑭, ⑮ 좌측 센터 포인트에서 프론트 사이드 포인트까지 센터 포인트의 가이드를 가지고 버티컬 섹션으로 자연 시술 각 90°와 프리 베이스를 유지하고 스퀘어 라인으로 커트를 진행한다.

⑯, ⑰, ⑱ 좌측 사이드를 우측 사이드와 동일한 방법으로 커트를 진행한 후 전체 모발을 버티컬 섹션과 호리존탈 섹션으로 교차하여 전과 동일한 방법으로 크로스 체크Cross Check를 진행한다.
* 짧아서 떨어지는 모발은 커트하지 않는다

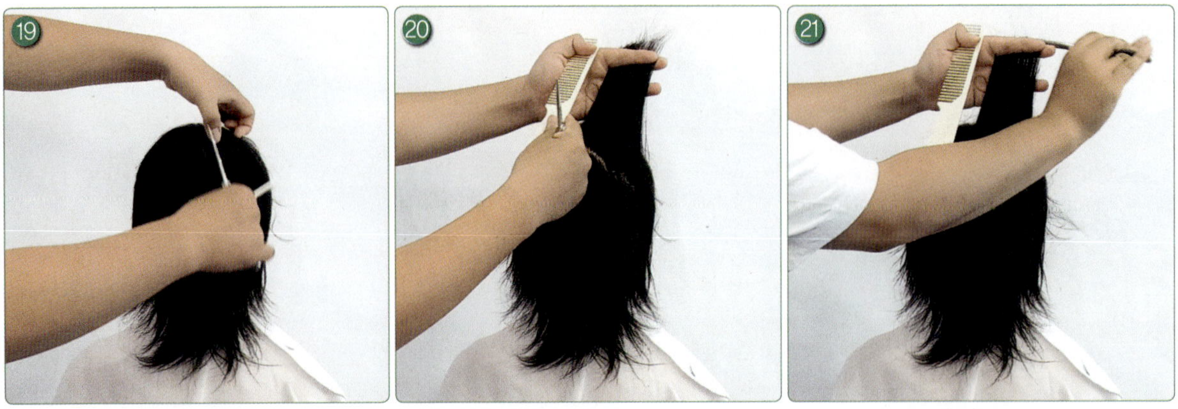

⑲, ⑳, ㉑ 우측 백 사이드B.S : Back Side부터 좌측 백 사이드까지 탑 포인트의 가이드를 가지고 버티컬 섹션으로 자연 시술 각 **90°**와 프리 베이스를 유지하고 스퀘어 라인으로 커트를 진행한다.

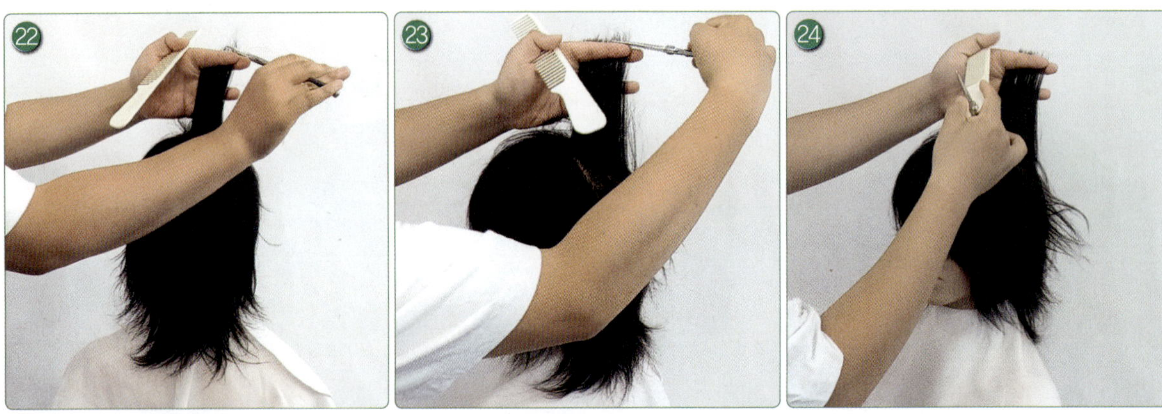

㉒, ㉓, ㉔ 전과 동일한 방법으로 골든 포인트G.P : Golden Point 부분의 커트를 진행한다.
* 짧아서 떨어지는 모발은 커트하지 않는다

㉕, ㉖, ㉗ 전과 동일한 방법으로 백 포인트B.P : Back Point와 네이프 포인트N.P : Nape Point 부분의 커트를 진행한다.
* 짧아서 떨어지는 모발은 커트하지 않는다

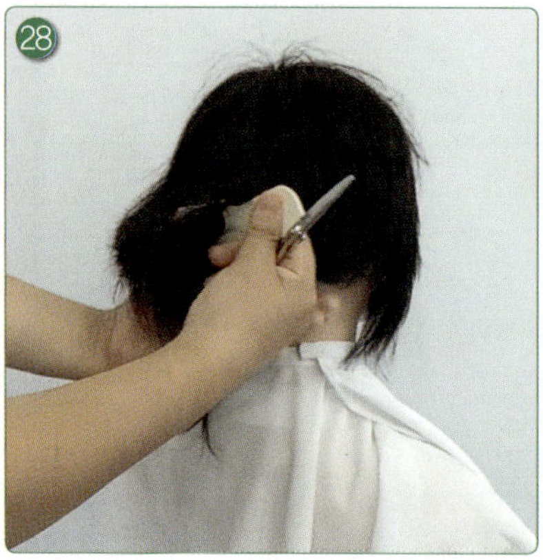

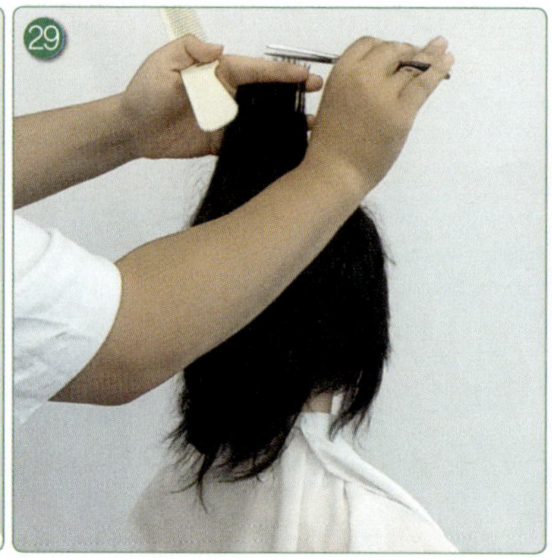

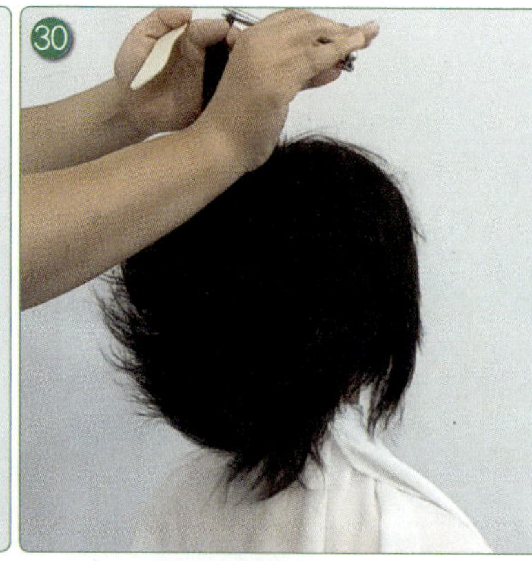

㉘, ㉙, ㉚ 백Back 부분의 전체 모발을 버티컬 섹션과 호리존탈 섹션으로 교차하여 전과 동일한 방법으로 크로스 체크를 진행한다.

* 짧아서 떨어지는 모발은 커트하지 않는다

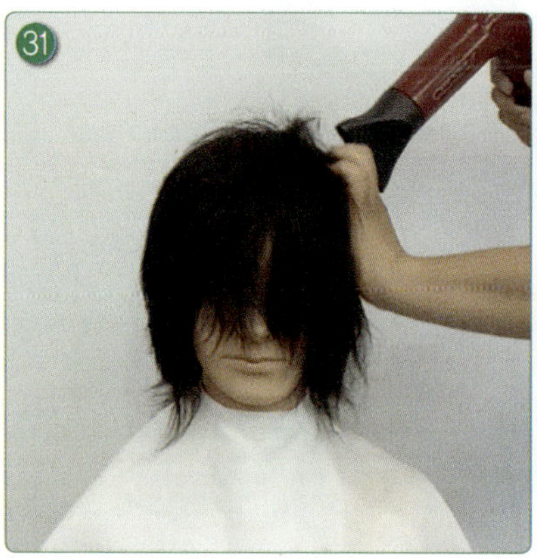

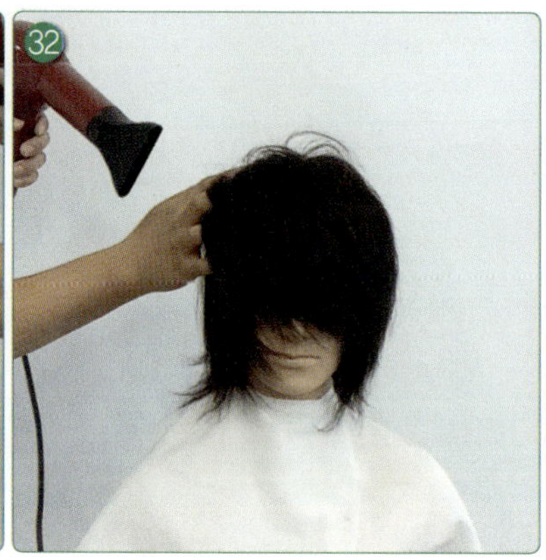

㉛, ㉜, ㉝ 모발의 흐름에 따라 드라이기를 이용하여 핸드 드라이Hand Dry 한다.

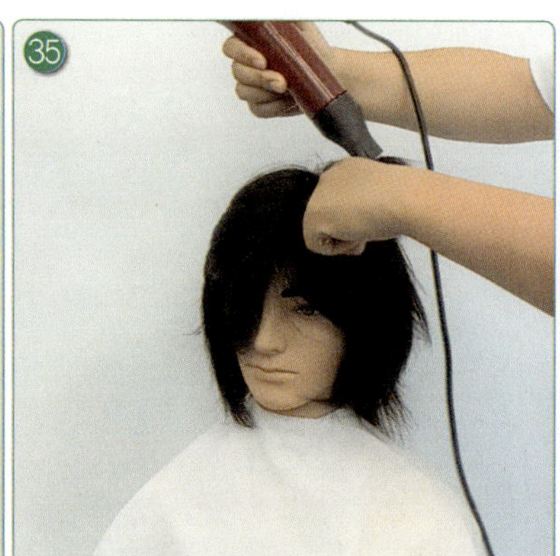

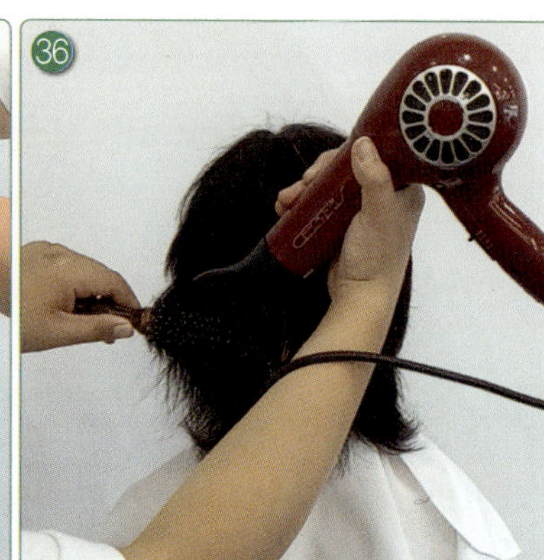

㉞, ㉟, ㊱ 롤 브러시Roll Brush를 이용하여 인크리스 레이어 스타일Increase Layer Style이 잘 표현될 수 있도록 드라이Dry를 진행한다.

(3) 인크리스레이어 헤어 스타일 마무리 하기

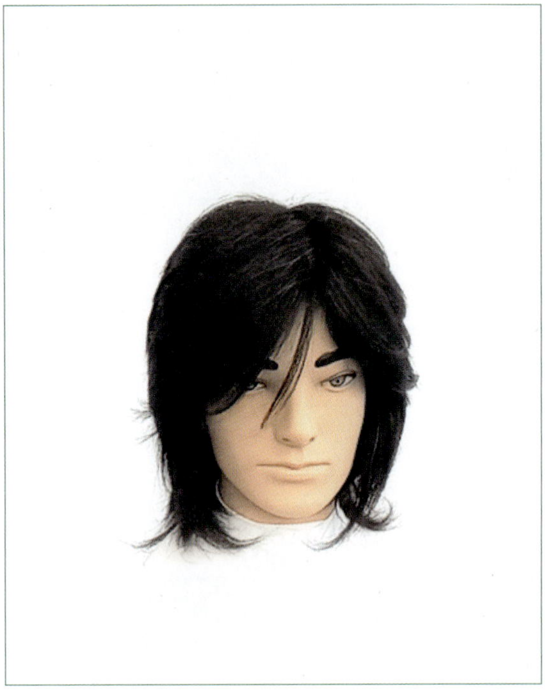

앞 Front

뒤 Back

우측 Right side

좌측 Left side

실습과정 사진	
사진	설명

실습결과 사진	
앞 Front	뒤 Back
좌측 Left Side	우측 Right Side

[교수 학습방법]

교수 방법
① 레이어드 커트의 형태와 길이 구조를 설명한다.
② 레이어드 커트의 종류유니폼, 인크리스와 커트 절차를 설명한다.
③ 레이어드 커트 작업 절차에 따라 위그에 시연한다.
④ 레이어드 도구 사용 방법과 커트 기법을 익힐 수 있도록 지도한다.

학습 방법
① 레이어드 커트의 길이 구조를 이해하여 노트에 도해도를 그려 본다.
② 레이어드 커트의 이발 작업 절차를 숙지하여 위그에 반복 실습한다.
③ 레이어드 커트에 따른 시술 각을 숙지하여 위그에 실습한다.
④ 도구를 바르게 사용할 수 있도록 주의하며 커트 기법을 위그에 실습한다.

[평가 준거]

학습 내용	평가 항목	성취 수준		
		상	중	하
레이어드형 이발 계획	형태 분석에 따른 레이어드형의 종류 및 형태선, 특징 등을 도식화하여 적용할 수 있다.			
레이어드형 이발 작업	레이어드형을 이해하고 도해도를 작성한 후 자를 수 있다.			

[평가 방법]

학습 내용	평가 항목	성취 수준		
		상	중	하
레이어드형 이발 계획	1. 커트 형태와 레이어드 스타일 종류의 이해 여부			
	2. 레이어드형 구조 그래픽을 그릴 수 있는 능력			
	3. 레이어드형 커트 절차를 계획할 수 있는 능력			
레이어드형 이발 작업	1. 커트 절차에 따른 작업 순서 방법의 이해 여부			
	2. 4등분 블로킹 능력			
	3. 커트 스타일에 맞는 파팅 능력			
	4. 레이어드 커트를 하기 위한 지간 작업 능력			

[평가자 체크리스트]

학습 내용	평가 항목	성취 수준		
		상	중	하
레이어드형 이발 계획	1. 레이어드형의 종류 인지 여부			
	2. 레이어드형 특징의 인지 여부			
	3. 레이어드형 작업 순서 인지 여부			
레이어드형 이발 작업	1. 작업 전 도구 준비 여부			
	2. 올바른 도구 사용 방법 이해 여부			
	3. 인 커트 숙련 여부			
	4. 커트 후 콤 아웃 여부			

2. 단발형 스타일

1. 남성 미용 단발 상상고 헤어 스타일

학습내용단원명	수업 목표
남성 커트 기본 스타일단발형 상상고	남성 커트 이용 단발 상상고 헤어 스타일 실습을 수행할 수 있다.

높게 치켜 깎은 상고上高 스타일로서 하이 그라데이션High Gradation 형태로 무게선의 위치가 백 포인트B.P : Back Point 이상인 가장 높은 상단부에 위치한다.

(1) 상상고 헤어 커트 준비하기

1) 재료

① 커트 빗

② 핀셋

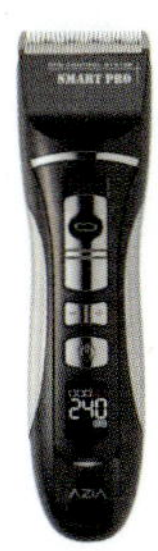

③ 클리퍼

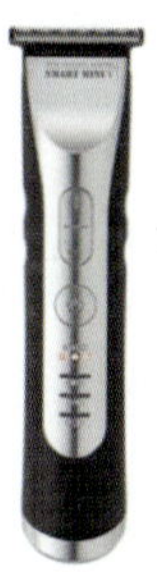

④ 트리머 클리퍼

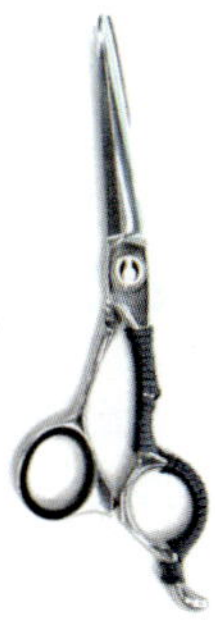

⑤ 블런트 가위

⑥ 장가위

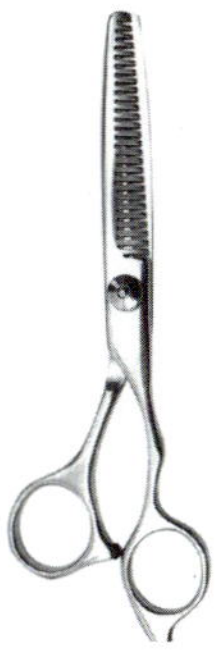

⑦ 틴닝 가위

⑧ 드라이기

2) 도해도 및 시술 개요

① 도해도

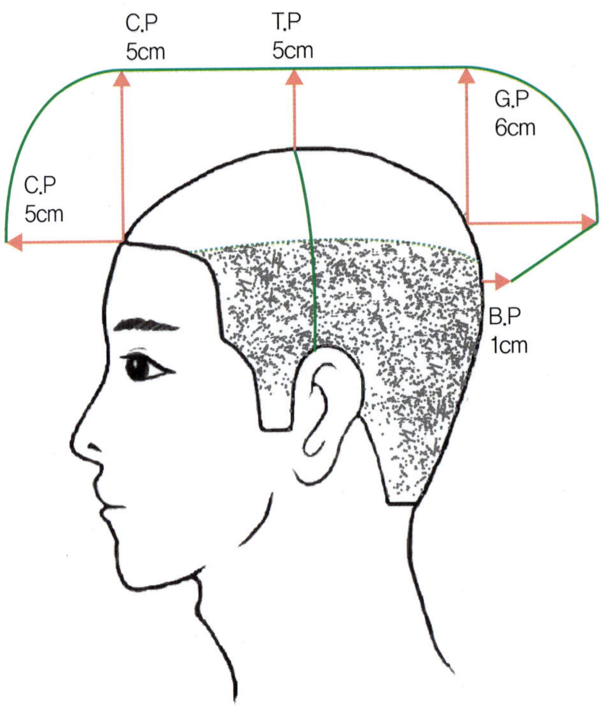

② 시술개요

블로킹Blocking	측두선U-Line, 측중선E.E.L-Ear to Ear Line
섹션Section	수평Horizontal, 세로Vertical, 후대각Diagonal Back
분배Distribution	자연 분배Nature Distribution, 직각 분배Perpendicular Distribution, 방향 분배Direction Distribution, 변이 분배Shifted Distribution
각도Angle	자연 시술 각Nature Fall 80°, Top-90° to Over Directed, 일반 시술 각Nomal Projection 90°
베이스Base	온 더 베이스On The Base, 프리 베이스Free Base, 사이드 베이스Side Base
커트Cut	블런트 커트Blunt Cut, 포인트 커트Point Cut, 시저스 오버 콤Scissor Over Comb, 클리퍼Clipper
질감 처리Texturerising	이너 틴닝Inner Thinning

3) 미용 남성 커트 시술 방법

시술 전

시술 후

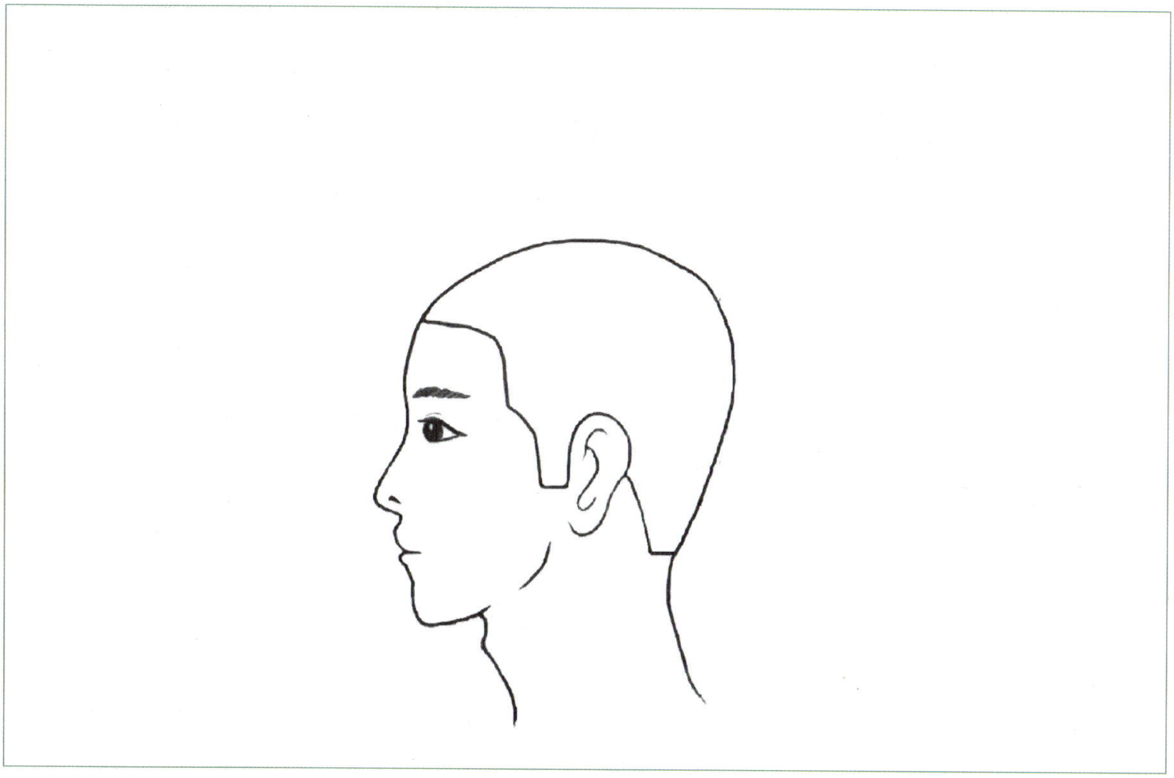

도해도 그려보기

(2) 상상고 헤어 스타일 시술하기

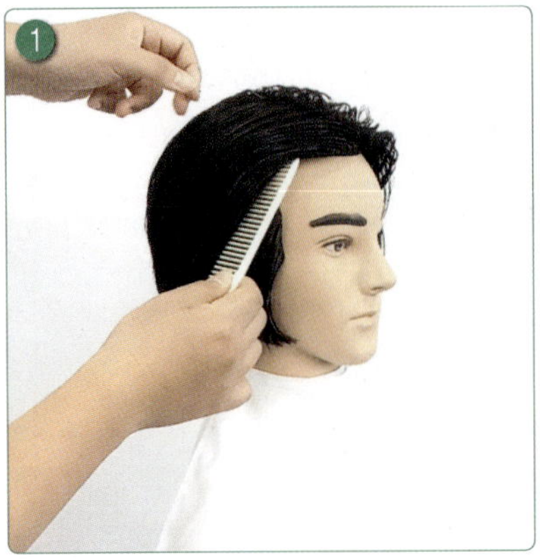

①, ②, ③ 프론트 사이드 포인트F.S.P : Front Side Point에서 이어 백 포인트E.B.P : Ear Back Point까지 일직선으로 섹션Section을 나눈다.

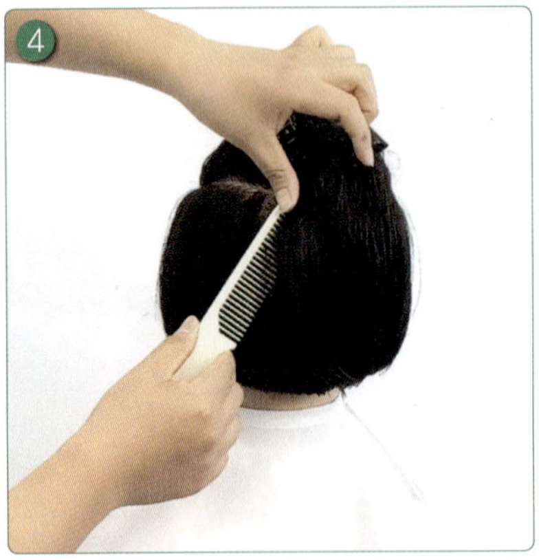

④, ⑤, ⑥ 이어 백 포인트에서 백 포인트B.P : Back Point까지 일직선으로 섹션으로 U 라인U-Line의 형태로 블로킹Blocking한다.

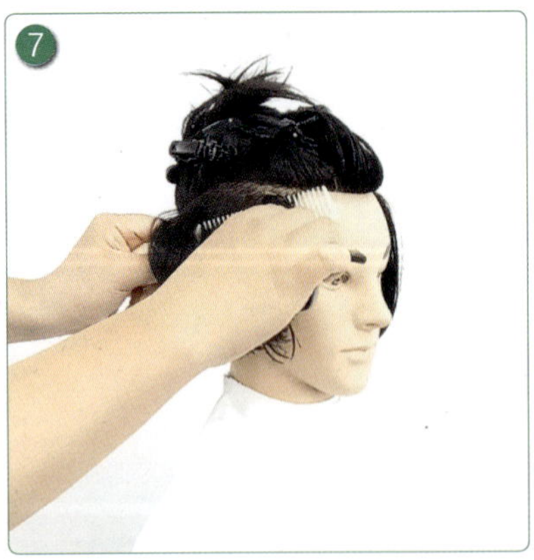

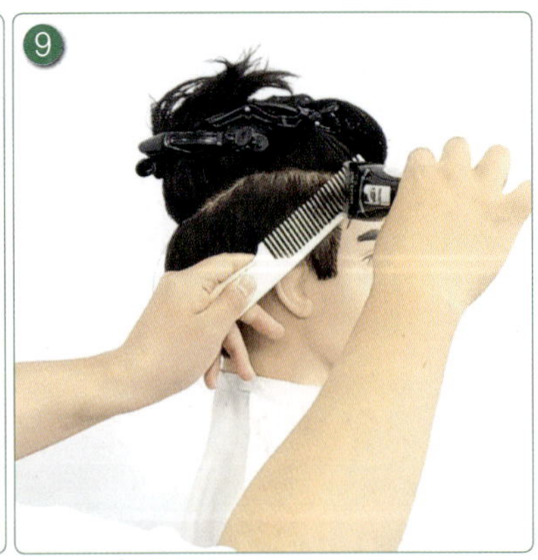

⑦, ⑧, ⑨ 우측 사이드Side를 클리퍼Clipper와 커트 빗Cut Comb을 이용하여 커트Cut하며, 높은 시술 각 80°로 컨벡스 라인Convex Line의 무게선을 형성한다.

* 커트된 단면이 일자로 평면이 되도록 하며 두상의 각도에 맞춰 굴려서 커트하지 않도록 주의한다.

⑩, ⑪, ⑫ 전과 동일한 방법으로 좌측 사이드의 커트를 진행한다.

⑬, ⑭, ⑮ 클리퍼와 커트 빗을 이용하여 백 포인트까지 백Back부분을 높은 시술 각 80°로 사이드 라인Side Line과 연결시키며 컨벡스 라인의 무게선을 형성한다.

* 커트된 단면이 일자로 평면이 되도록 하며 두상의 각도에 맞춰 굴려서 커트하지 않도록 주의한다.

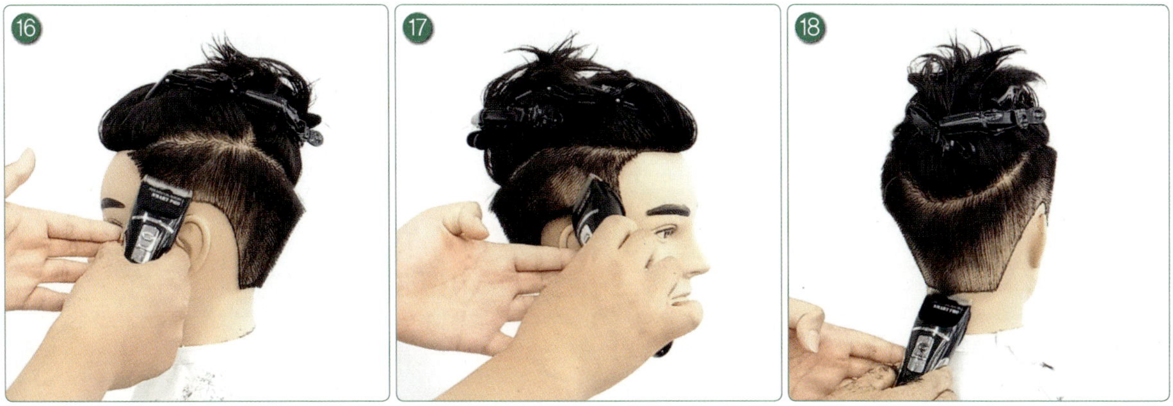

⑯, ⑰, ⑱ 사이드와 백 부분에 형성된 무게선에서 프리 핸드 기법Free Hand Technic으로 클리퍼 날의 길이를 1mm로 설정하여 컨벡스 라인의 무게선으로 그라데이션 커트Gradation Cut를 진행한다.

⑲, ⑳, ㉑ 단면이 그라데이션Gradation 형태가 되도록 커트를 진행한다.

㉒, ㉓, ㉔ 트리머 클리퍼Trimmer Clipper를 이용하여 헤어 라인Hair Line을 정리한다.

㉕, ㉖, ㉗ 상단부의 섹션을 풀고 시술을 진행한다.

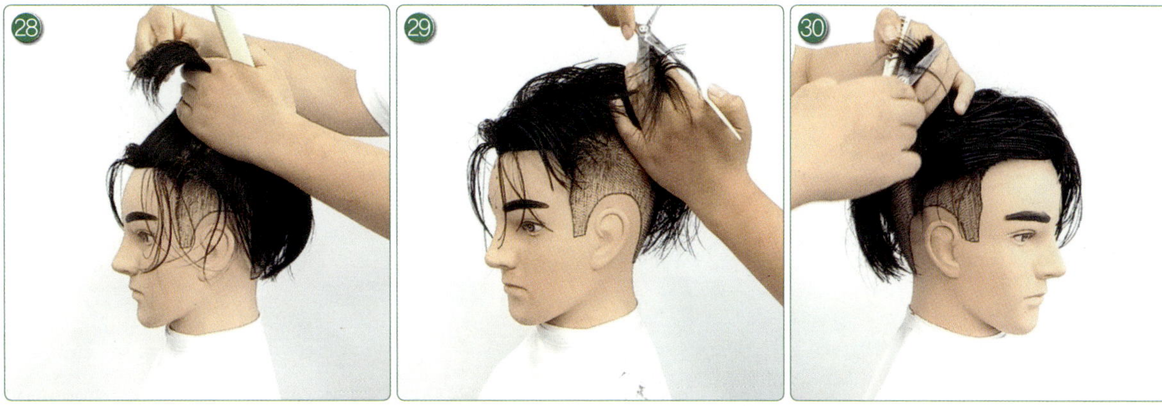

㉘, ㉙, ㉚ 탑 포인트T.P : Top Point의 가이드Guide를 기준으로 센터 포인트C.P : Center Point까지 뒤쪽으로 사이드 베이스Side Base 하여 스퀘어 라인Square Line 형태로 커트를 진행한다.

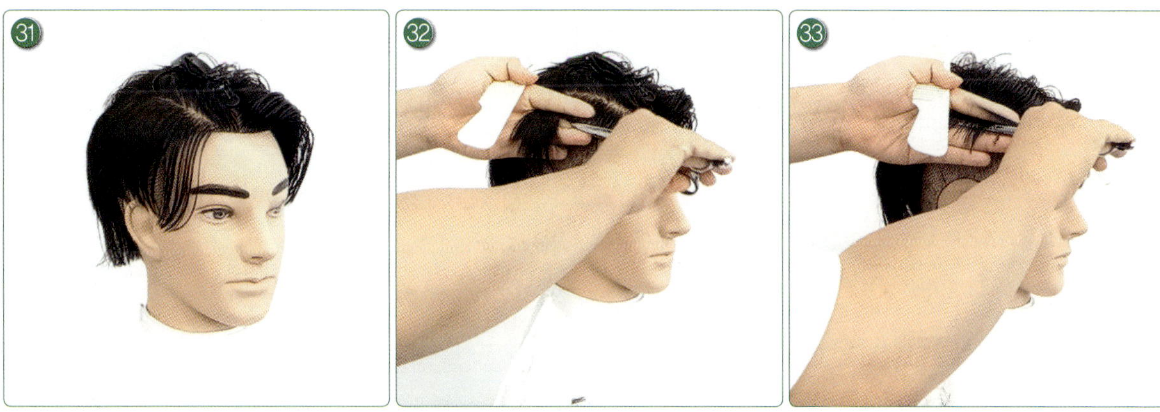

㉛, ㉜, ㉝ 우측 사이드의 상단부와 하단부가 자연스럽게 그라데이션 되도록 높은 시술 각 80°로 연결한다.

㉞, ㉟, ㊱ 전과 동일한 방법으로 좌측 사이드의 커트를 진행한다.

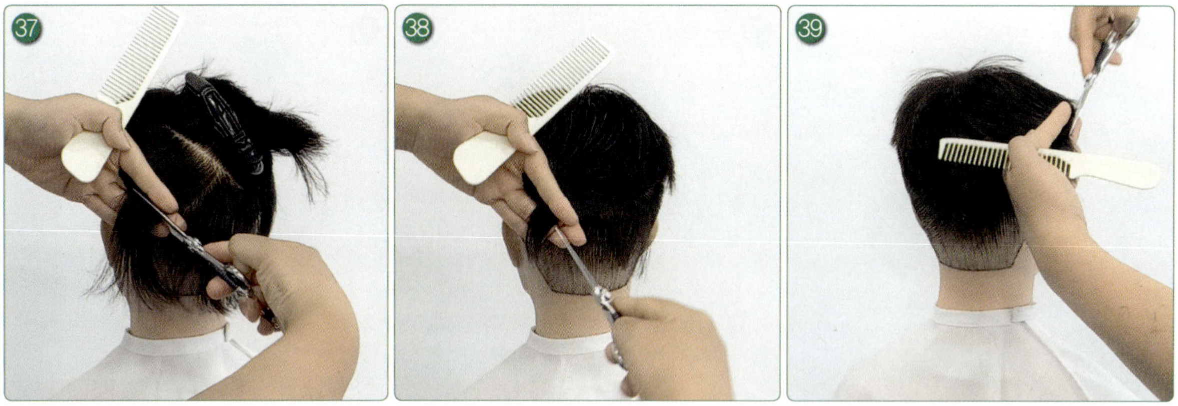

㊲, ㊳, ㊴ 백 포인트와 백 사이드B.S : Back Side의 상단부와 하단부가 자연스럽게 그라데이션 되도록 높은 시술 각 80°로 연결한다.

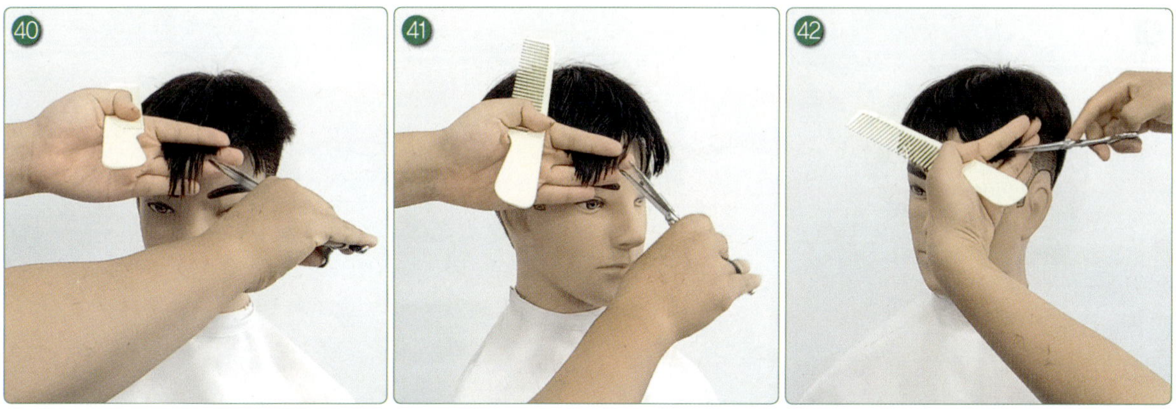

㊵, ㊶, ㊷ 센터 포인트의 가이드를 설정하여 양쪽 사이드까지 라운드 레이어Round Layer 형태로 커트를 진행한다.

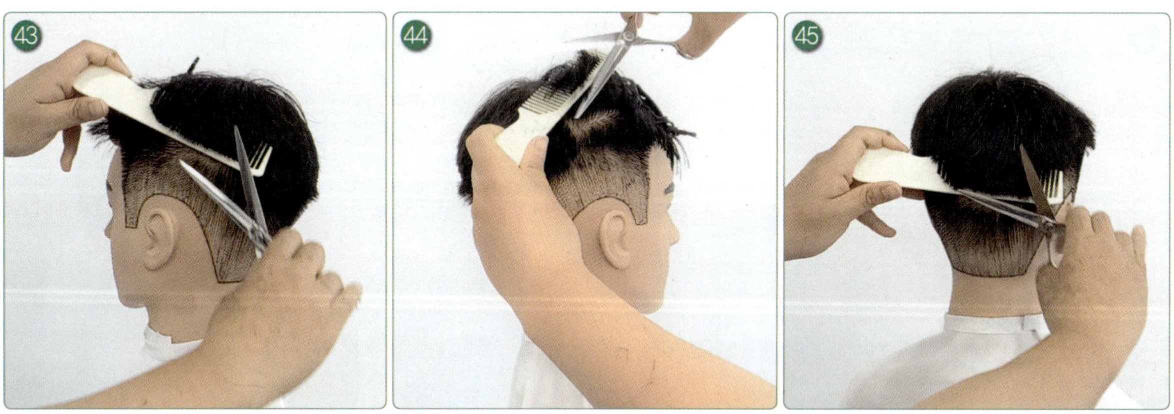

㊸, ㊹, ㊺ 시저스 오버 콤Scissor Over Comb 기법을 이용하여 전체적인 형태를 다듬어 정리한다.

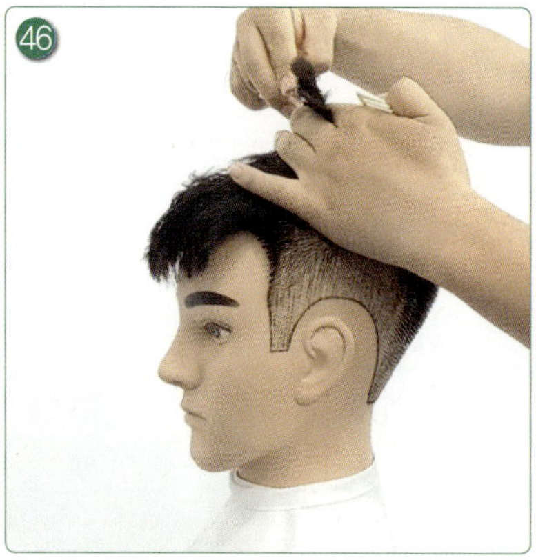

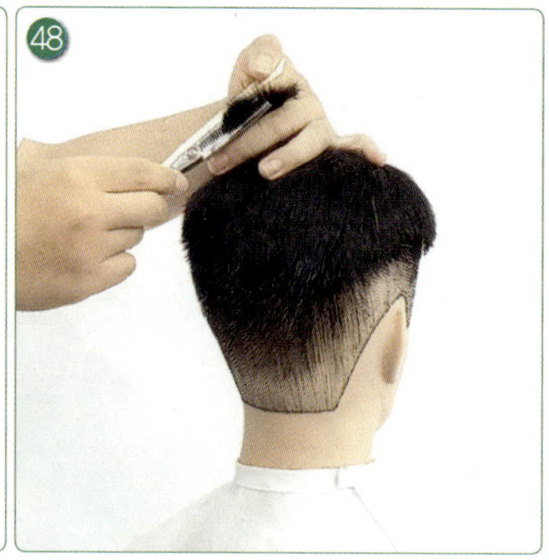

㊻, ㊼, ㊽ 이너 틴닝Inner Thinning 기법을 이용하여 전체 질감 처리를 한다.

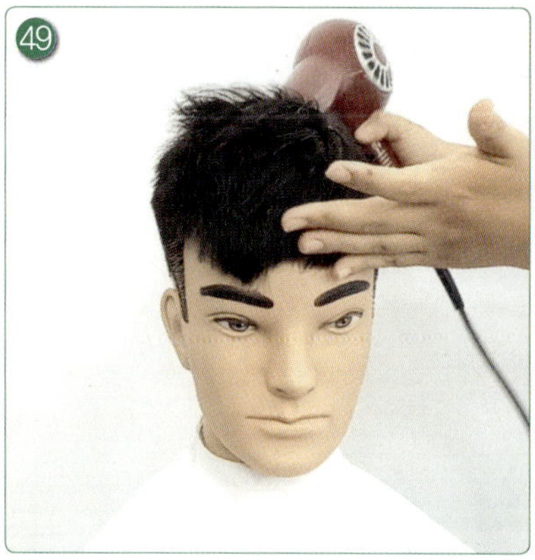

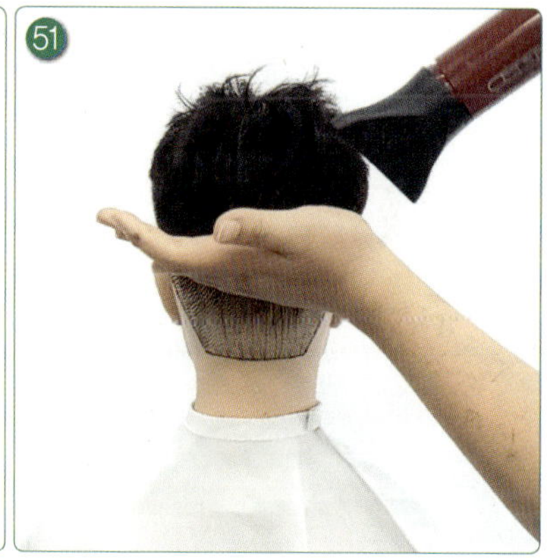

㊾, ㊿, 51 모발의 흐름에 따라 드라이기를 이용하여 핸드 드라이Hand Dry 한다.

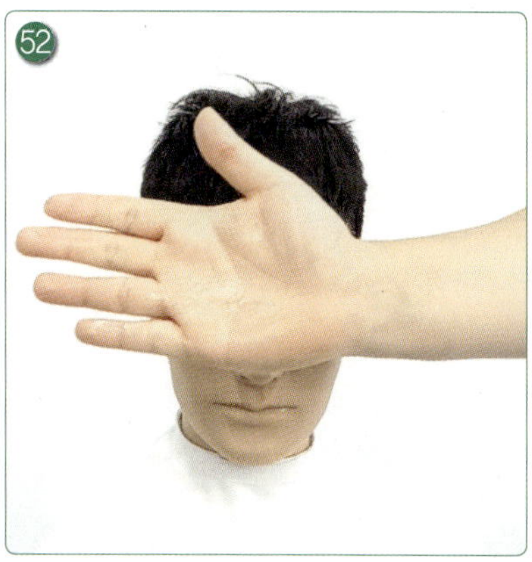

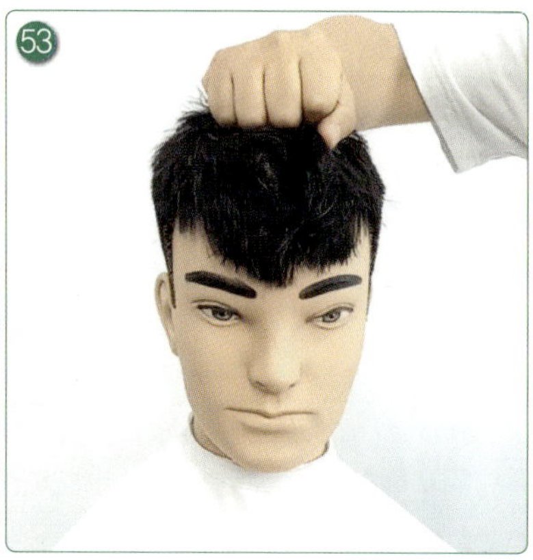

52, 53, 54 제품을 사용하여 스타일링Styling 한다.

(3) 상상고 헤어 스타일 마무리 하기

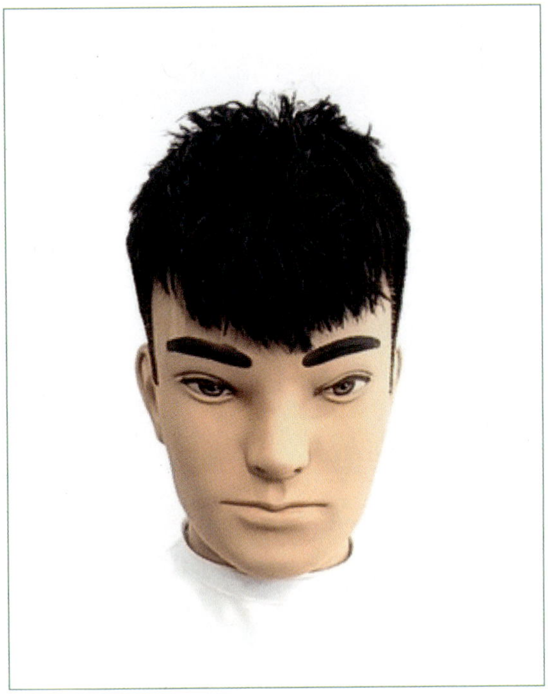

앞 Front

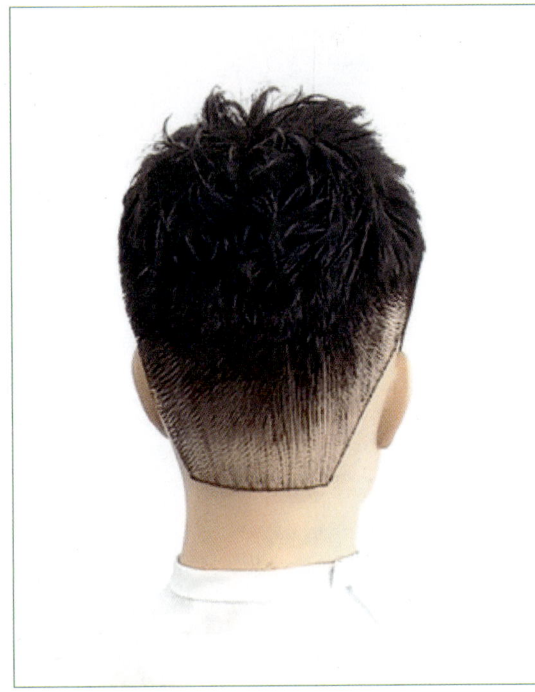

뒤 Back

우측 Right side

좌측 Left side

실습과정 사진	
사진	설명

실습결과 사진	
앞 Front	뒤 Back
좌측 Left Side	우측 Right Side

[교수 학습방법]

교수 방법
① 상상고형 이발의 길이 구조 배열을 통한 형태선을 설명한다.
② 상상고형 이발인 하이 페이드 커트와 하이 테이퍼링드 커트 스타일을 잘 이해할 수 있도록 다양한 사진 자료를 제시한다.
③ 하이 그라데이션 커트의 무게선 위치와 형성되는 이유에 대해 설명한다.
④ 상상고형 이발하이 페이드 커트, 하이 테이퍼링드 커트을 작업 절차에 따라 위그에 시연한다.
⑤ 올바른 도구 사용 방법과 이발 기법을 익힐 수 있도록 지도한다.
⑥ 다양한 이발 기법을 활용할 수 있도록 지도한다.

학습 방법
① 상상고형 이발의 길이 구조를 이해하여 노트에 도해도를 그려본다.
② 다양한 상상고 스타일의 디자인 패턴을 잘 파악할 수 있도록 자료를 수집한다.
③ 그라데이션 각도에 따른 무게선의 위치 변화를 숙지하여 위그에 실습한다.
④ 상상고 스타일의 작업 절차를 숙지하여 위그에 반복 실습한다.
⑤ 도구를 바르게 사용할 수 있도록 주의하며 이발 기법을 위그에 실습한다.
⑥ 다양한 이발 기법을 활용할 수 있도록 노력한다.

[평가 준거]

학습 내용	평가 항목	성취 수준		
		상	중	하
상상고형 이발 형태 작업	1. 두정부의 모발을 커트할 수 있다.			
	2. 두정부 아래 영역의 모발을 커트할 수 있다.			
	3. 클리퍼를 이용하여 측면과 후면의 경계선부터 중단부 이상 그라데이션하여 커트할 수 있다.			
상상고형 이발 질감과 마무리	1. 틴닝 가위를 사용하여 질감 처리를 할 수 있다.			
	2. 장가위를 사용하여 수정·보완할 수 있다.			

[평가 방법]

학습 내용	평가 항목	성취 수준		
		상	중	하
상상고형 남성 커트 형태 작업	1. 올바른 도구 사용 방법 이해 여부			
	2. 상상고형 남성 커트 형태 작업 순서 및 방법의 이해 여부			
	3. 오버 콤 기법, 덧날을 활용한 테크닉 등 다양한 남성 커트 기법의 숙련도 여부			
	4. 모발 길이에 따른 그라데이션의 완성도			
	5. 상상고형 남성 커트 형태 작업의 완성도			
상상고형 남성 커트 질감과 마무리	1. 질감과 마무리 작업 순서 및 방법의 이해 여부			
	2. 틴닝 가위 사용 능력			
	3. 트리밍 숙련도 여부			
	4. 상상고형 남성 커트 스타일의 완성도			

[평가자 체크리스트]

학습 내용	평가 항목	성취 수준		
		상	중	하
상상고형 이발 형태 작업	1. 작업 전 도구 준비 여부			
	2. 올바른 도구 사용 방법 이해 여부			
	3. 상상고형 남성 커트 형태 작업 절차에 따른 수행 능력			
	4. 그라데이션 커트의 수행 능력			
	5. 상상고형 남성 커트 형태 작업의 완성도			
상상고형 이발 질감과 마무리	1. 질감과 마무리 작업 절차에 따른 수행 능력			
	2. 틴닝 가위 사용 방법에 따른 숙련도 여부			
	3. 트리밍 숙련도 여부			
	4. 커트 스타일의 완성도			

2. 남성 미용 단발 중상고 헤어 스타일

학습내용 단원명	수업 목표
남성 커트 기본 스타일 단발형 중상고	남성 커트 미용 단발 중상고 헤어 스타일 실습을 수행할 수 있다.

중상고 헤어 스타일 Medium Gradation Short Hair Style 은 클리퍼 Clipper 를 이용하여 귀 상단으로 1~2cm 이상 올려 커트하고 빗 기울기 45°로 연결하여 후대각 라인 Diagonal Back Line을 만들고, U 라인 U-Line 을 대중적으로 선호하며 통상적으로 45° 정도의 기울기를 중상고 Medium Gradation 헤어 스타일이라고 한다.

(1) 중상고 헤어 커트 준비하기

1) 재료

① 커트 빗

② 핀셋

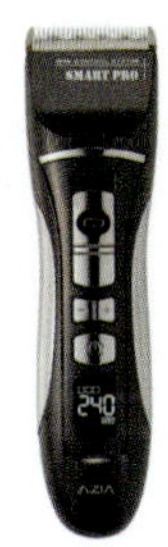

③ 클리퍼

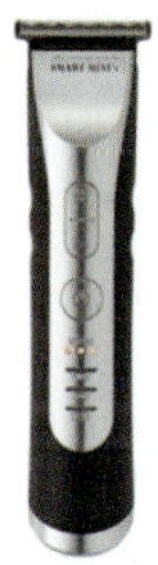

④ 트리머 클리퍼

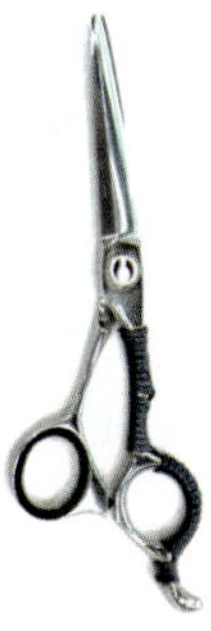

⑤ 블런트 가위

⑥ 장가위

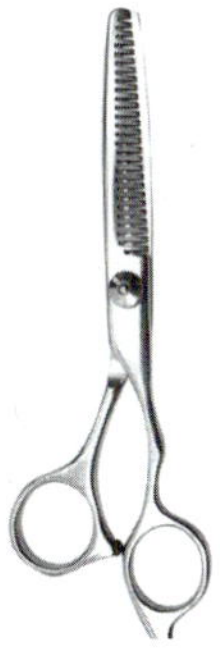

⑦ 틴닝 가위

⑧ 드라이기

2) 도해도 및 시술 개요

① 도해도

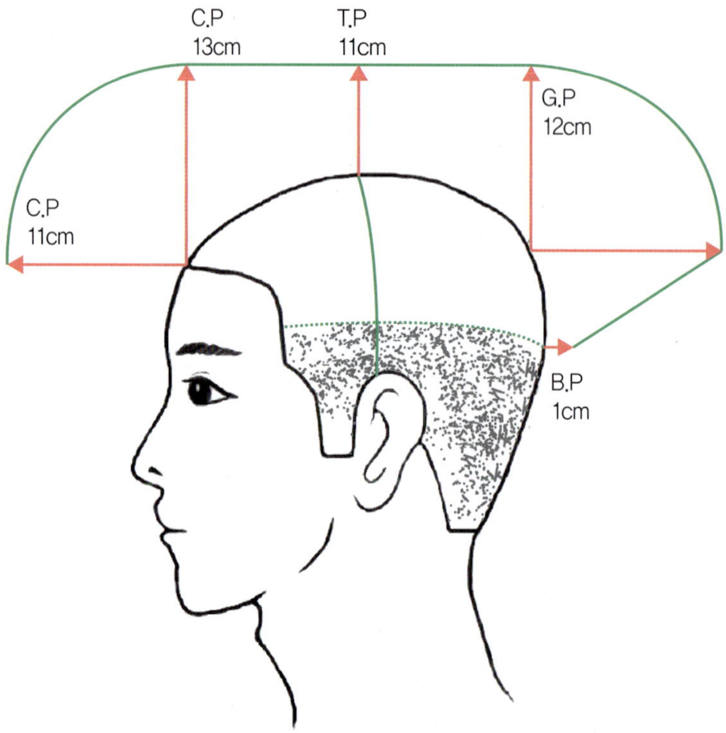

② 시술개요

블로킹 Blocking	프린지 파팅 Fringe Parting
섹션 Section	수평 Horizontal , 세로 Vertical , 후대각 Diagonal Back
분배 Distribution	자연 분배 Nature Distribution , 직각 분배 Perpendicular Distribution , 방향 분배 Direction Distribution , 변이 분배 Shifted Distribution
각도 Angle	자연 시술 각 Nature Fall 60°, Top−90° to Over Directed, 일반 시술 각 Nomal Projection 90°
베이스 Base	온 더 베이스 On The Base , 프리 베이스 Free Base , 사이드 베이스 Side Base
커트 Cut	블런트 커트 Blunt Cut , 포인트 커트 Point Cut , 시저스 오버 콤 Scissor Over Comb , 클리퍼 Clipper
질감 처리 Texturerising	이너 틴닝 Inner Thinning

3) 미용 남성 커트 시술 방법

시술 전

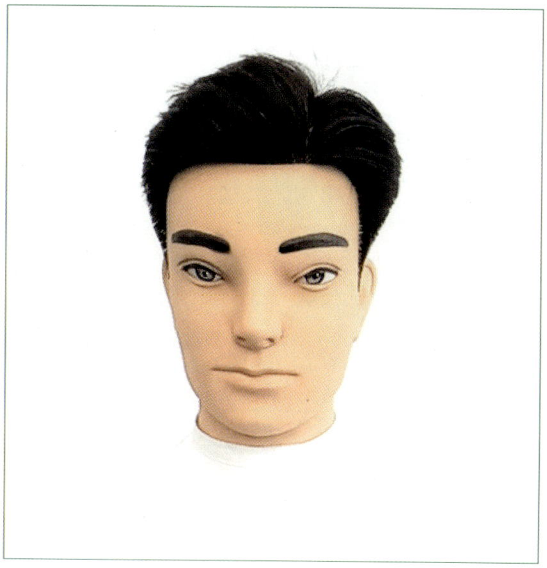

시술 후

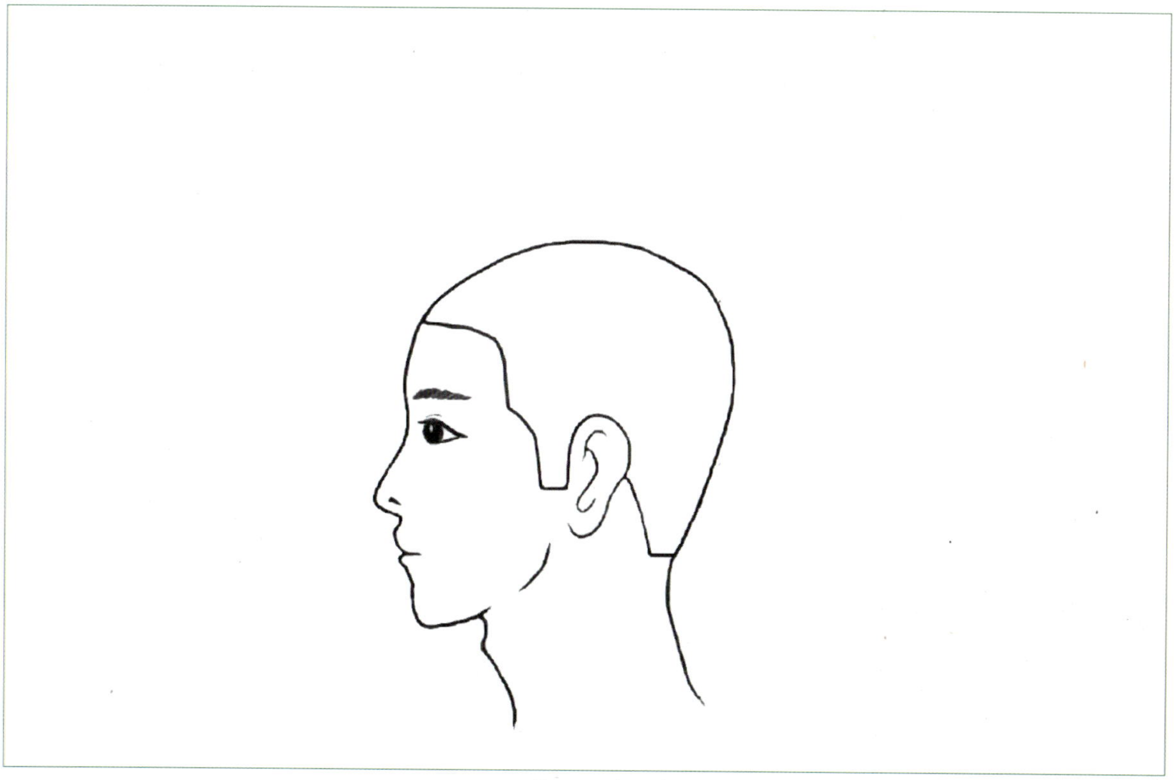

도해도 그려보기

(2) 중상고 헤어 스타일 시술하기

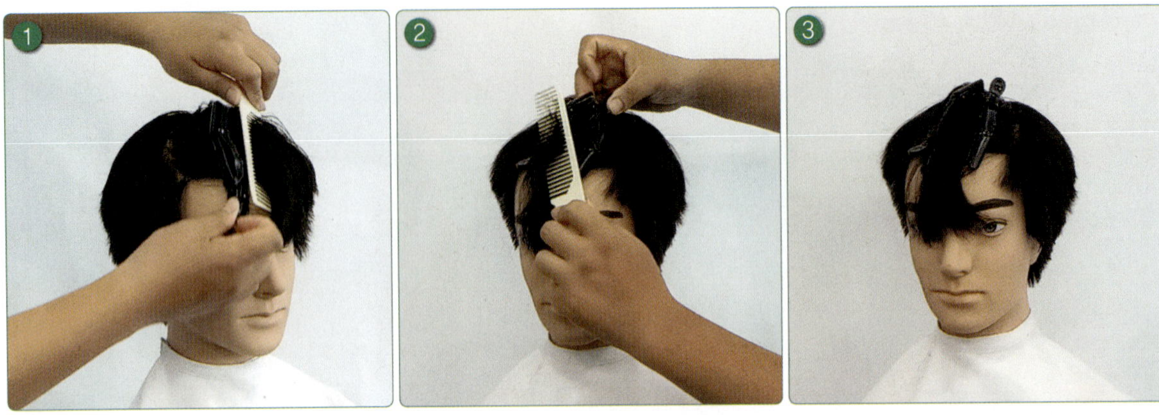

①, ②, ③ 양쪽 프론트 사이드 포인트F.S.P : Front Side Point에서 탑 포인트T.P : Top Point를 기점으로 프린지 섹션Fringe Section을 나눈다

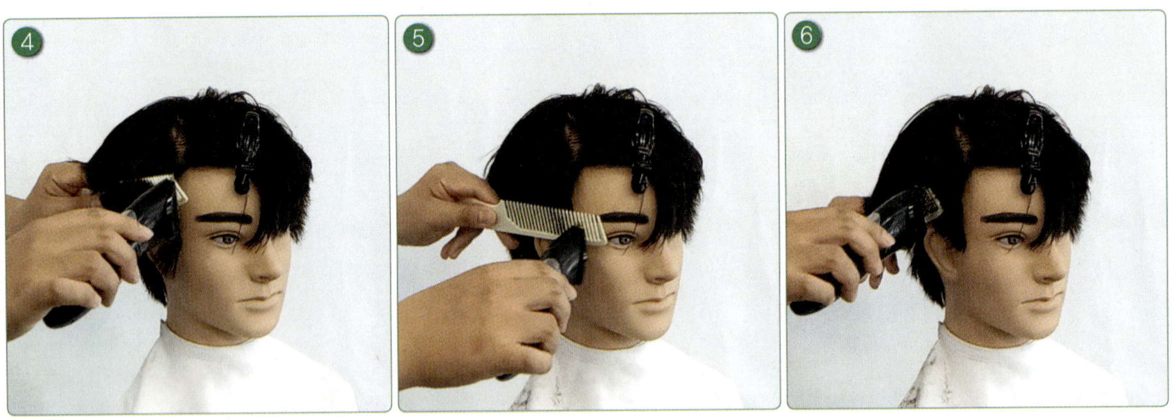

④, ⑤, ⑥ 우측 사이드Side를 클리퍼Clipper와 커트 빗Cut Comb을 이용하여 커트Cut를 진행한다. 중간 시술 각 60°로 컨벡스 라인Convex Line의 무게선을 형성한다.

* 커트된 단면이 일자로 평면이 되도록 하며 두상의 각도에 맞춰 굴려서 커트하지 않도록 주의한다.

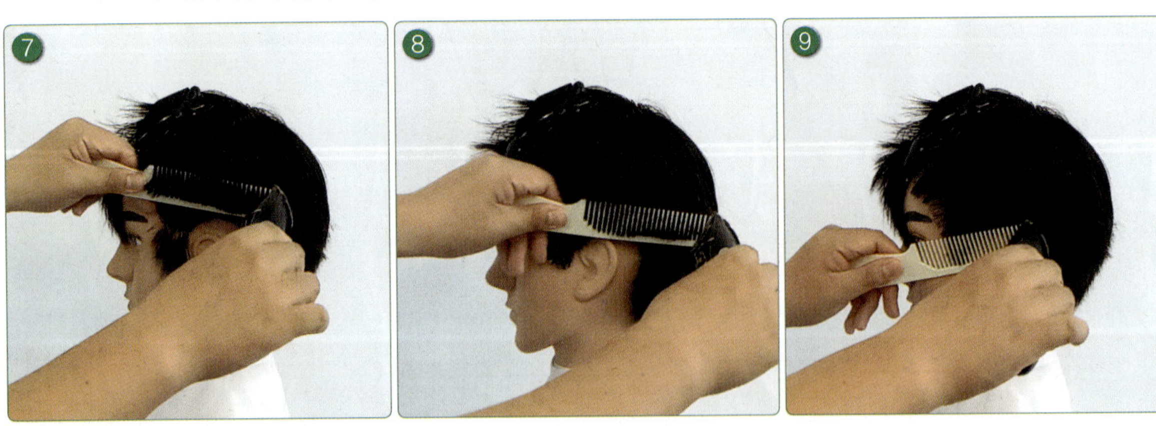

⑦, ⑧, ⑨ 전과 동일한 방법으로 좌측 사이드의 커트를 진행한다

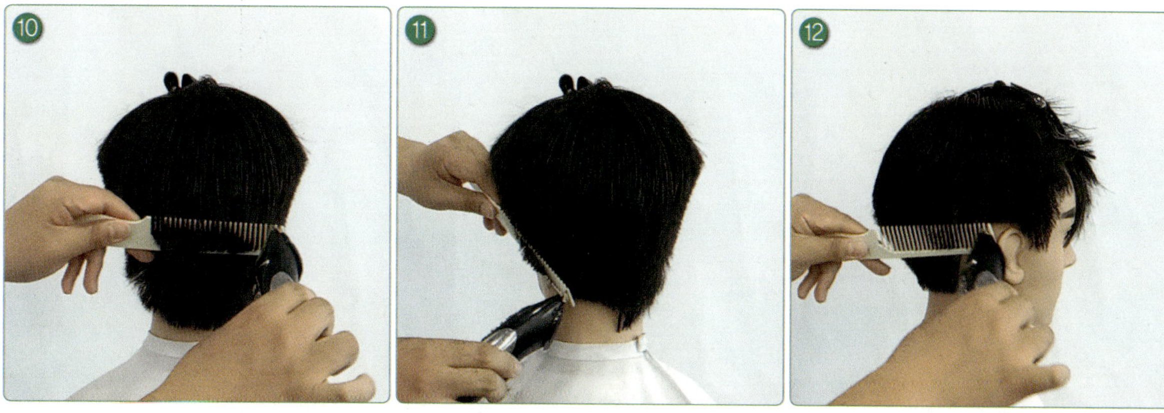

⑩, ⑪, ⑫ 클리퍼와 커트 빗을 이용하여 백 포인트B.P : Back Point까지 백Back부분을 중간 시술 각 60°로 사이드 라인Side Line과 연결시키며, 컨벡스 라인의 무게선을 형성한다.

* 커트된 단면이 일자로 평면이 되도록 하며 두상의 각도에 맞춰 굴려서 커트하지 않도록 주의한다.

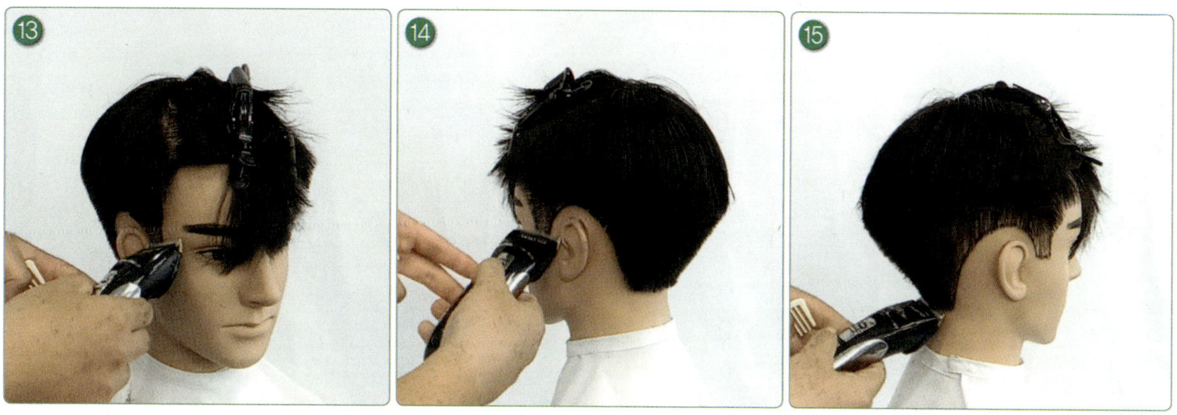

⑬, ⑭, ⑮ 사이드와 백 부분에 형성된 무게선에서 프리 핸드 기법Free Hand Technic으로 클리퍼 날의 길이를 1mm로 설정하여 컨벡스 라인의 낮은 시술 각 30°로 그라데이션 커트Gradation Cut를 진행한다.

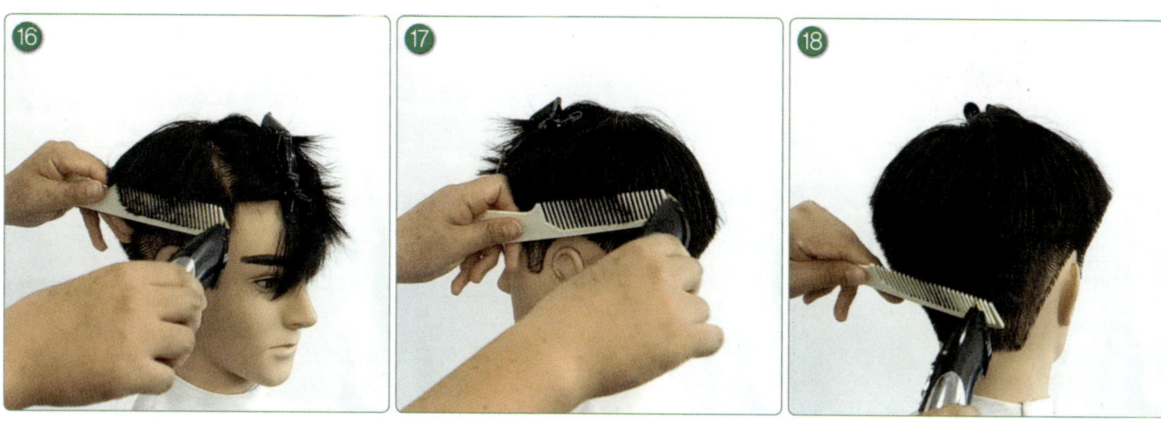

⑯, ⑰, ⑱ 커트 된 단면이 자연스럽게 그라데이션Gradation 되도록 확인한다.

* 커트 된 단면이 일자로 평면이 되도록 유지하며 두상의 각도에 맞춰 굴려서 커트하지 않도록 주의한다.

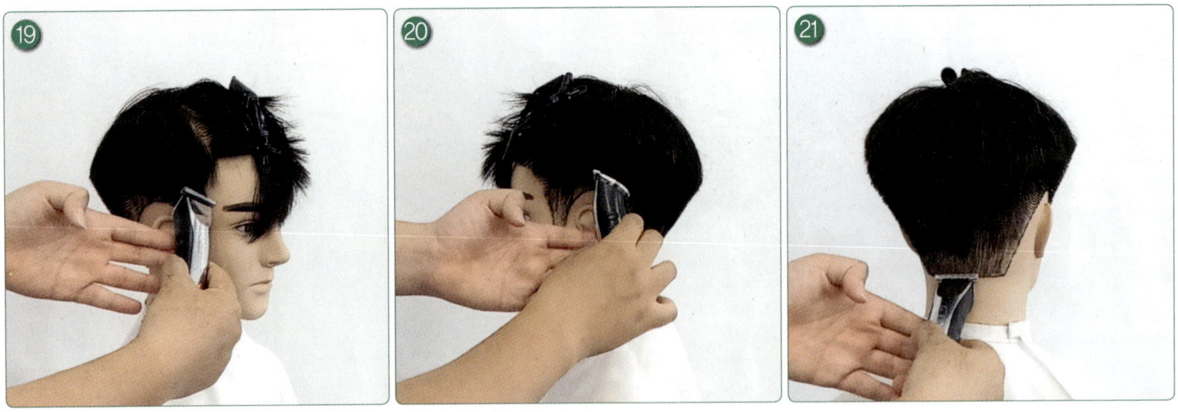

⑲, ⑳, ㉑ 트리머 클리퍼Trimmer Clipper를 이용하여 헤어 라인Hair Line을 정리한다.

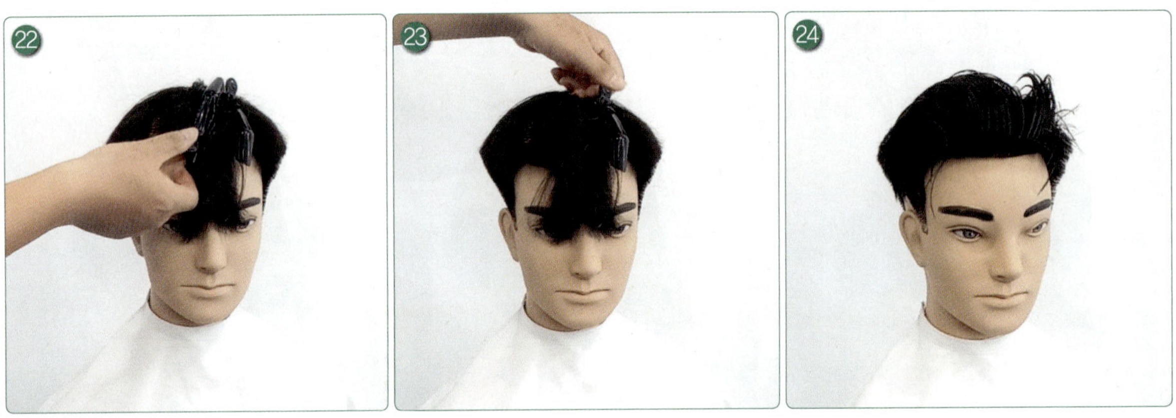

㉒, ㉓, ㉔ 탑 포인트 부분의 섹션Section을 풀고 상단부 시술을 진행한다.

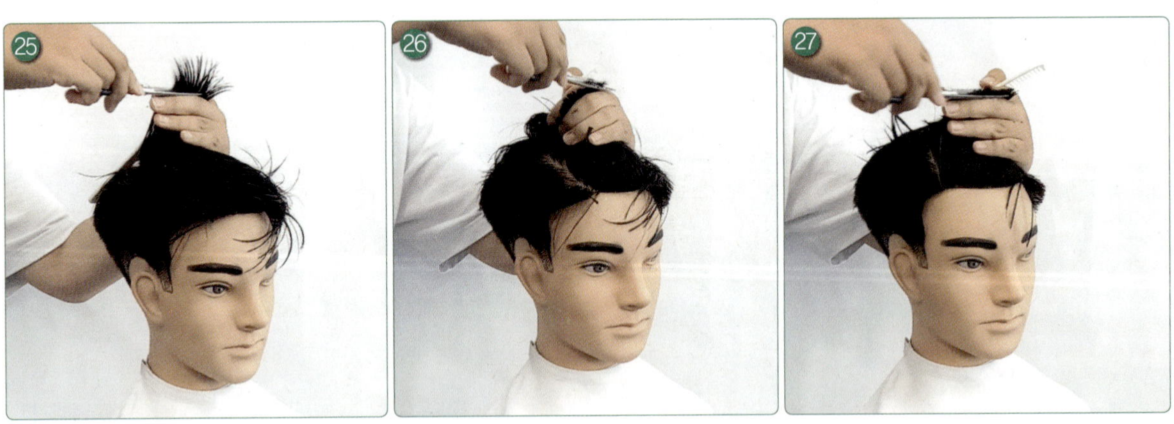

㉕, ㉖, ㉗ 탑 포인트의 가이드Guide를 기준으로 센터 포인트C.P : Center Point까지 뒤쪽으로 사이드 베이스Side Base 하여 스퀘어 라인Square Line 형태로 커트를 진행한다.

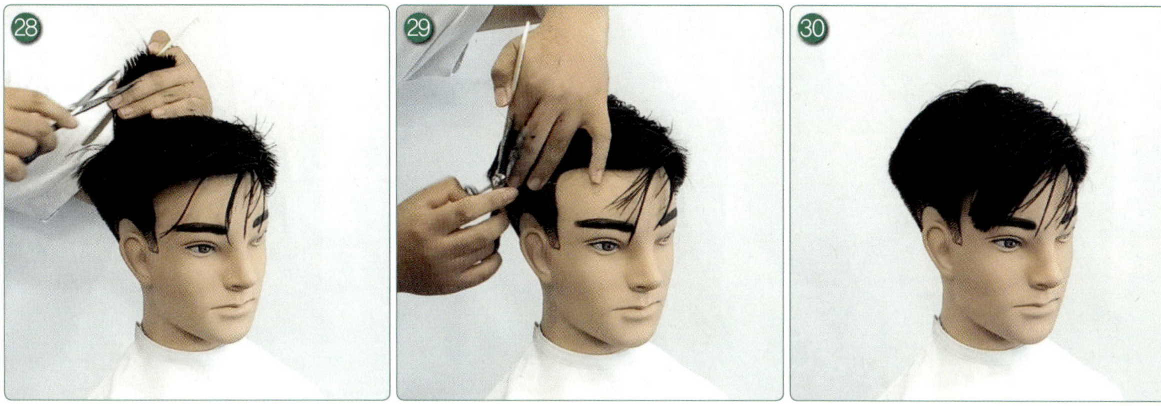

㉘, ㉙, ㉚ 탑 포인트의 가이드를 기준으로 우측 사이드를 라운드 레이어Round Layer 형태로 커트하며, 프론트 사이드 포인트까지 동일한 방법으로 진행한다.

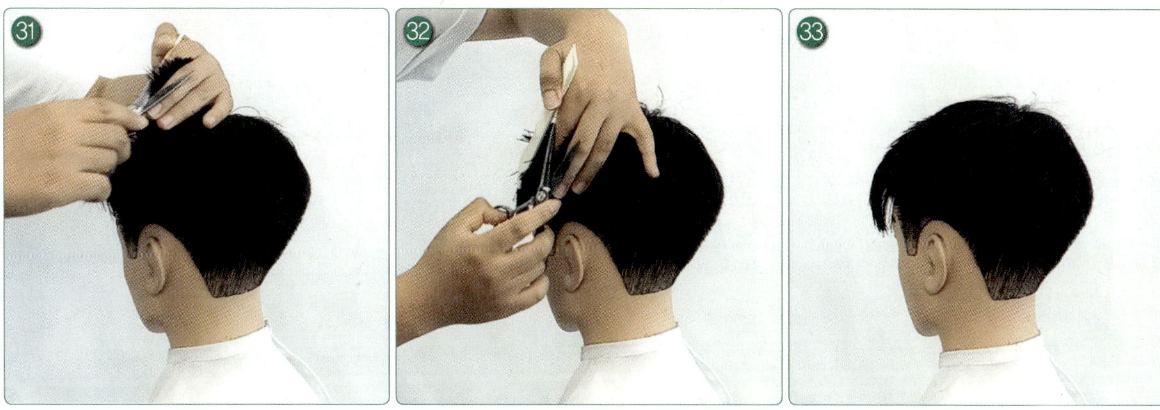

㉛, ㉜, ㉝ 전과 동일한 방법으로 좌측 사이드의 커트를 진행한다

㉞, ㉟, ㊱ 탑 포인트의 가이드를 기준으로 골든 포인트G.P : Golden Point 부분을 라운드 레이어로 커트하며, 백 포인트 부분까지 동일한 방법으로 커트를 진행한다.

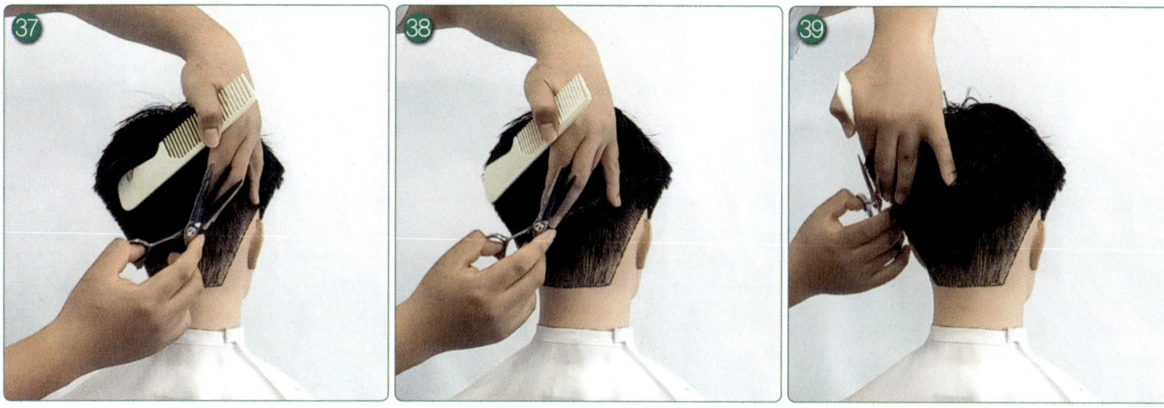

㊲, ㊳, ㊴ 백 포인트에서 네이프 포인트N.P : Nape Point까지 라운드 레이어로 커트를 진행한다.

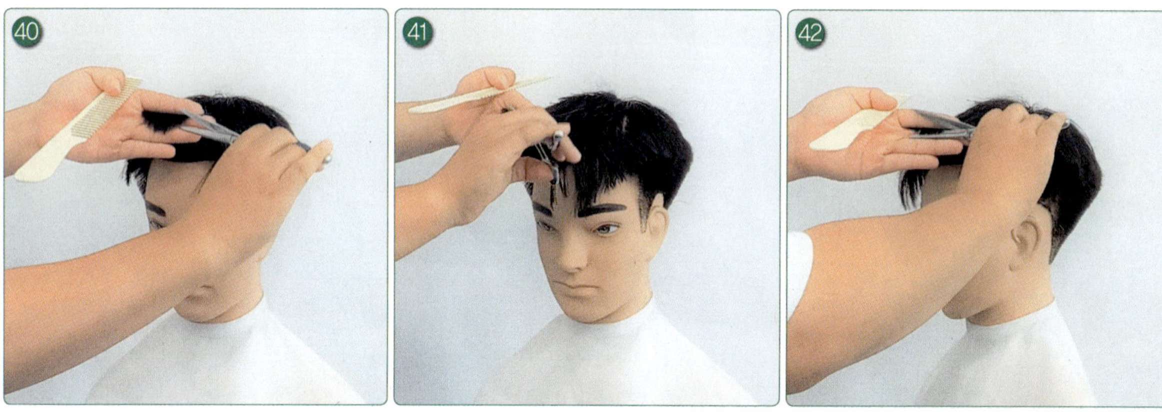

㊵, ㊶, ㊷ 센터 포인트의 가이드를 설정하여 양쪽 사이드까지 라운드 레이어 형태로 커트를 진행한다.

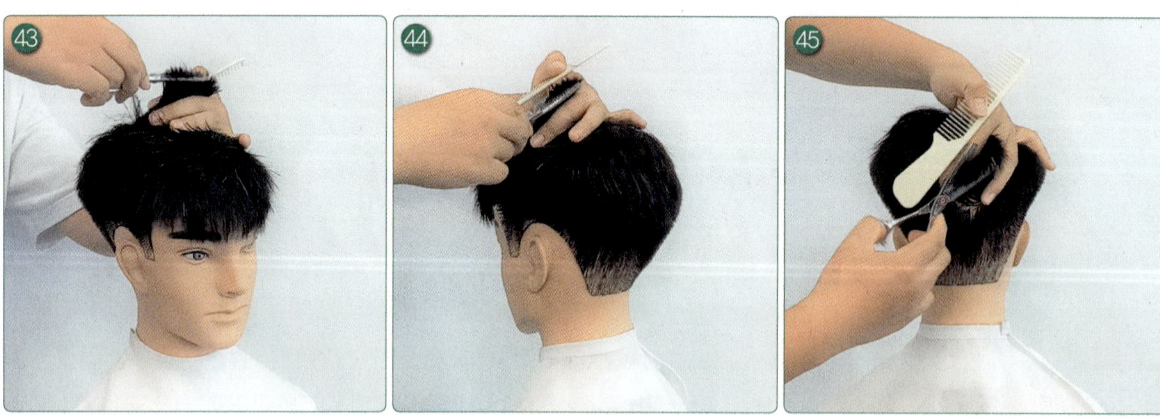

㊸, ㊹, ㊺ 이너 틴닝Inner Thinning 기법을 이용하여 전체 질감 처리를 한다.

㊻, ㊼, ㊽ 모발의 흐름에 따라 드라이기를 이용하여 핸드 드라이Hand Dry 한다.

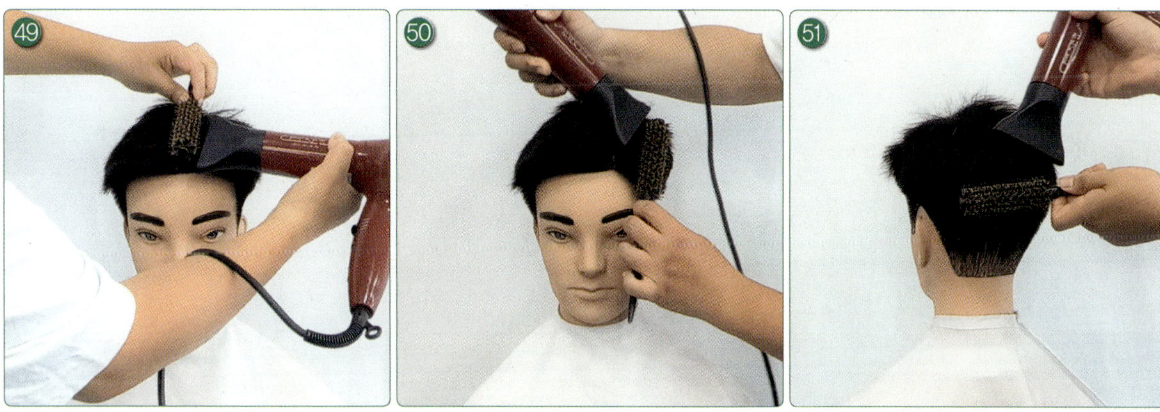

㊾, ㊿, (51) 롤 브러시Roll Brush를 이용하여 드라이 테크닉Dry Technic을 진행한다.

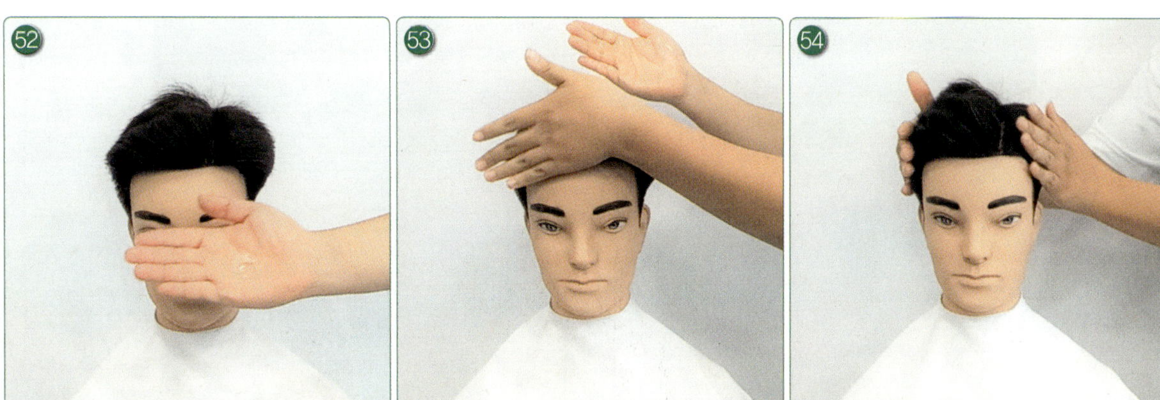

(52), (53), (54) 제품을 사용하여 스타일링Styling 한다.

(3) 중상고 헤어 스타일 마무리 하기

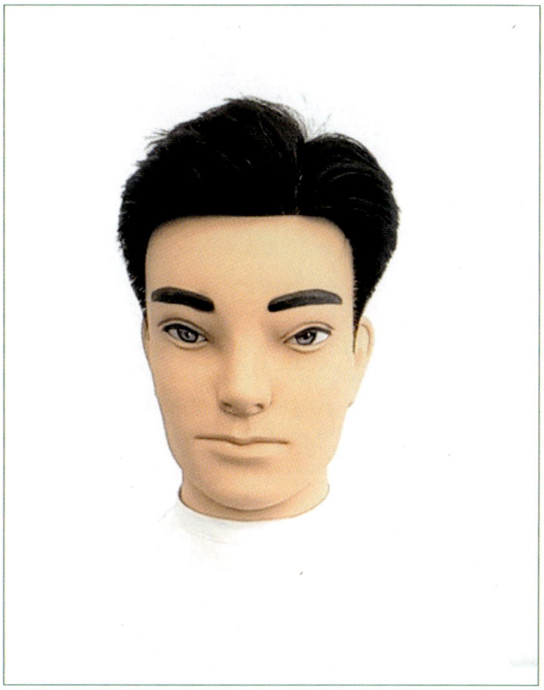

앞 Front

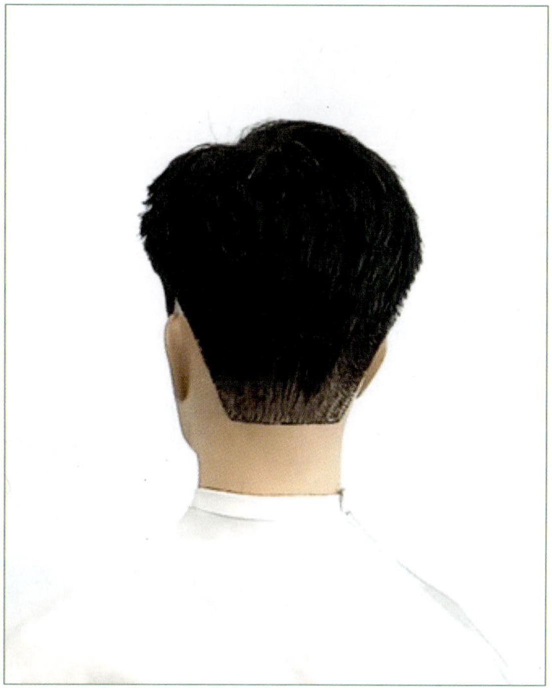

뒤 Back

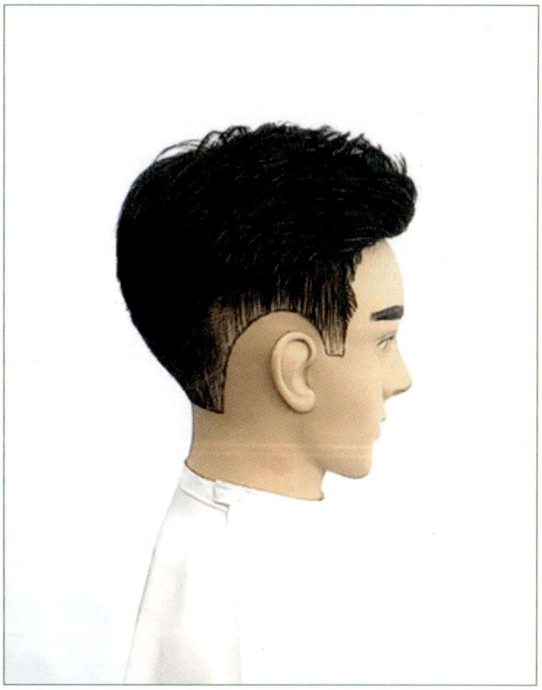

우측 Right side

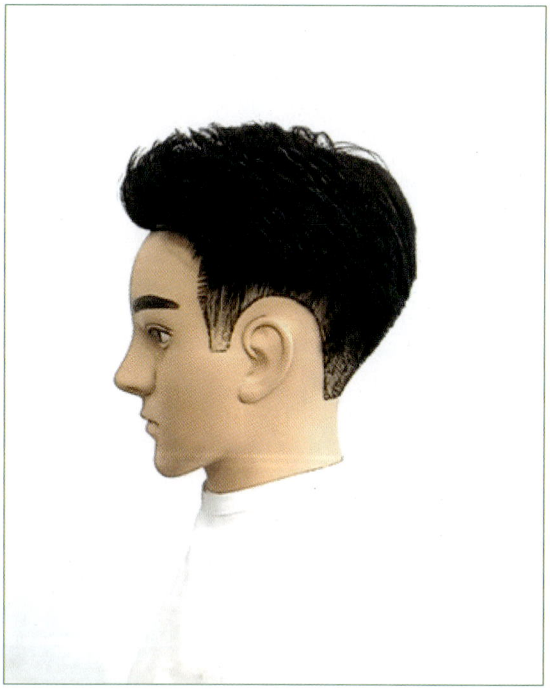

좌측 Left side

실습과정 사진	
사진	설명

실습결과 사진	
앞 Front	뒤 Back
좌측 Left Side	우측 Right Side

[교수 학습방법]

교수 방법
① 중상고형 이발의 길이 구조 배열을 통한 형태선을 설명한다.
② 중상고 스타일을 잘 이해할 수 있도록 다양한 사진 자료를 제시한다.
③ 미디엄 그라데이션 커트의 무게선 위치와 형성되는 이유에 대해 설명한다.
④ 중상고 스타일을 작업 절차에 따라 위그에 시연한다.
⑤ 올바른 도구 사용 방법과 남성 커트 기법을 익힐 수 있도록 지도한다.
⑥ 다양한 남성 커트 기법을 활용할 수 있도록 지도한다.

학습 방법
① 중상고형 이발의 길이 구조를 이해하여 노트에 도해도를 그려본다.
② 다양한 중상고 스타일의 디자인 패턴을 잘 파악할 수 있도록 자료를 수집한다.
③ 그라데이션 각도에 따른 무게선의 위치 변화를 숙지하여 위그에 실습한다.
④ 중상고 스타일의 작업 절차를 숙지하여 위그에 반복 실습한다.
⑤ 도구를 바르게 사용할 수 있도록 주의하며 남성 커트 기법을 위그에 실습한다.
⑥ 다양한 남성 커트 기법을 활용할 수 있도록 노력한다.

[평가 준거]

학습 내용	평가 항목	성취 수준		
		상	중	하
중상고형 이발 형태 작업	1. 두정부와 상단부의 두발을 지간 깎기를 할 수 있다.			
	2. 상단부 아래 영역의 두발을 거칠게 깎기를 할 수 있다.			
	3. 이발기를 이용하여 측면과 후면의 발제선부터 하단부까지 그라데이션 하여 깎을 수 있다.			
	4. 이발기로 깎은 후 싱글링하여 상단부의 두발과 자연스럽게 연결할 수 있다.			
중상고형 이발 질감과 마무리	1. 틴닝 가위를 사용하여 질감 처리를 할 수 있다.			
	2. 장가위를 사용하여 수정·보완할 수 있다.			

[평가 방법]

학습 내용	평가 항목	성취 수준		
		상	중	하
중상고형 이발 형태 작업	1. 올바른 도구 사용 방법 이해 여부			
	2. 중상고형 미용 형태 작업 순서 및 방법의 이해 여부			
	3. 지간 깎기, 싱글링 커트 등 미용 기법 숙련도 여부			
	4. 모발 길이에 따른 그라데이션의 완성도			
	5. 중상고형 미용 형태 작업의 완성도			
중상고형 이발 질감과 마무리	1. 질감과 마무리 작업 순서 및 방법의 이해 여부			
	2. 틴닝 가위 사용 능력			
	3. 트리밍 숙련도 여부			
	4. 중상고형 미용 커트 스타일의 완성도			

[평가자 체크리스트]

학습 내용	평가 항목	성취 수준		
		상	중	하
중상고형 이발 형태 작업	1. 작업 전 도구 준비 여부			
	2. 올바른 도구 사용 방법 이해 여부			
	3. 중상고형 미용 형태 작업 절차에 따른 수행 능력			
	4. 그라데이션 커트의 수행 능력			
	5. 중상고형 미용 형태 작업의 완성도			
중상고형 이발 질감과 마무리	1. 질감과 마무리 작업 절차에 따른 수행 능력			
	2. 틴닝 가위 사용 방법에 따른 숙련도 여부			
	3. 트리밍 숙련도 여부			
	4. 커트 스타일의 완성도			

3. 남성 미용 단발 하상고 헤어 스타일

학습내용 단원명	수업 목표
남성 커트 기본 스타일 단발형 하상고	남성 커트 미용 단발 하상고 헤어 스타일 실습을 수행할 수 있다.

하상고 헤어 스타일 Low Gradation Short Hair Style 은 두 가지로 나눈다. 측두부를 귀 상단과 닿는 기준으로 헤어라인 선만 깔끔하게 정리한 후 후두부 밑머리를 2cm 이상 올려 클리퍼 Clipper 로 그라데이션 커트 Gradation Cut 를 하는 스타일과 두툼하게 커트하는 스타일 2종류가 있다.

(1) 하상고 헤어 커트 준비하기

1) 재료

① 커트 빗

② 핀셋

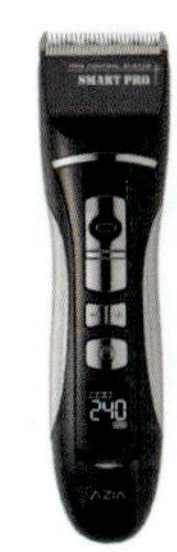
③ 클리퍼

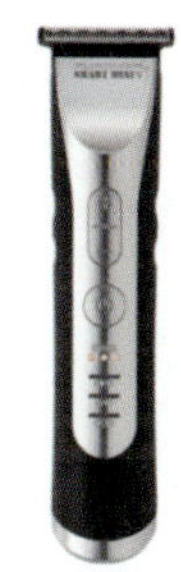
④ 트리머 클리퍼

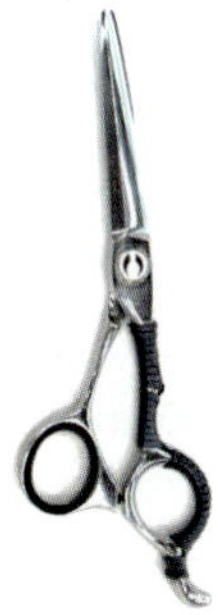
⑤ 블런트 가위

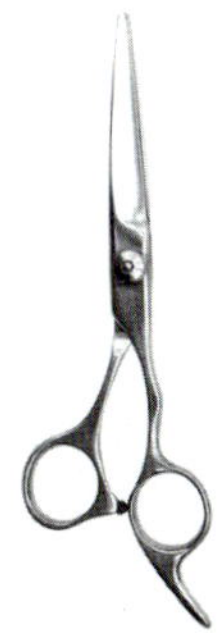
⑥ 장가위

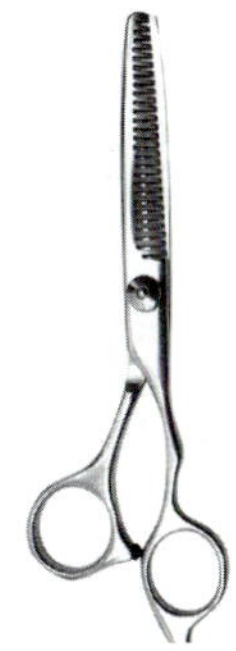
⑦ 틴닝 가위

⑧ 드라이기

2) 도해도 및 시술 개요

① 도해도

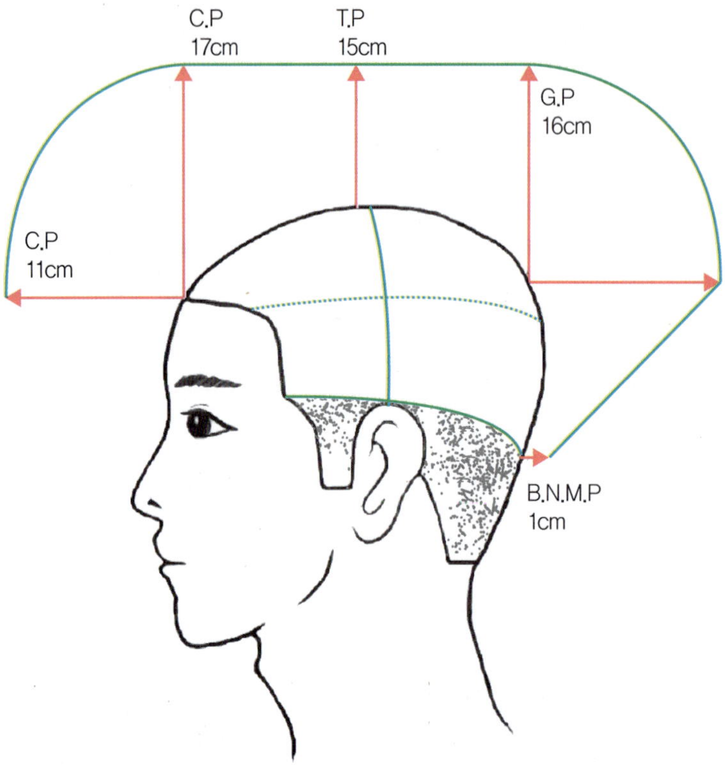

② 시술개요

블로킹 Blocking	프린지 파팅 Fringe Parting
섹션 Section	수평 Horizontal, 세로 Vertical, 후대각 Diagonal Back
분배 Distribution	Top−90° to Over Directed, Side−30°
각도 Angle	자연 분배 Nature Distribution, 직각 분배 Perpendicular Distribution, 방향 분배 Direction Distribution, 변이 분배 Shifted Distribution
베이스 Base	온 더 베이스 On The Base, 프리 베이스 Free Base, 사이드 베이스 Side Base
커트 Cut	블런트 커트 Blunt Cut, 포인트 커트 Point Cut, 시저스 오버 콤 Scissor Over Comb, 클리퍼 Clipper
질감 처리 Texturerising	이너 틴닝 Inner Thinning

3) 미용 남성 커트 시술 방법

시술 전

시술 후

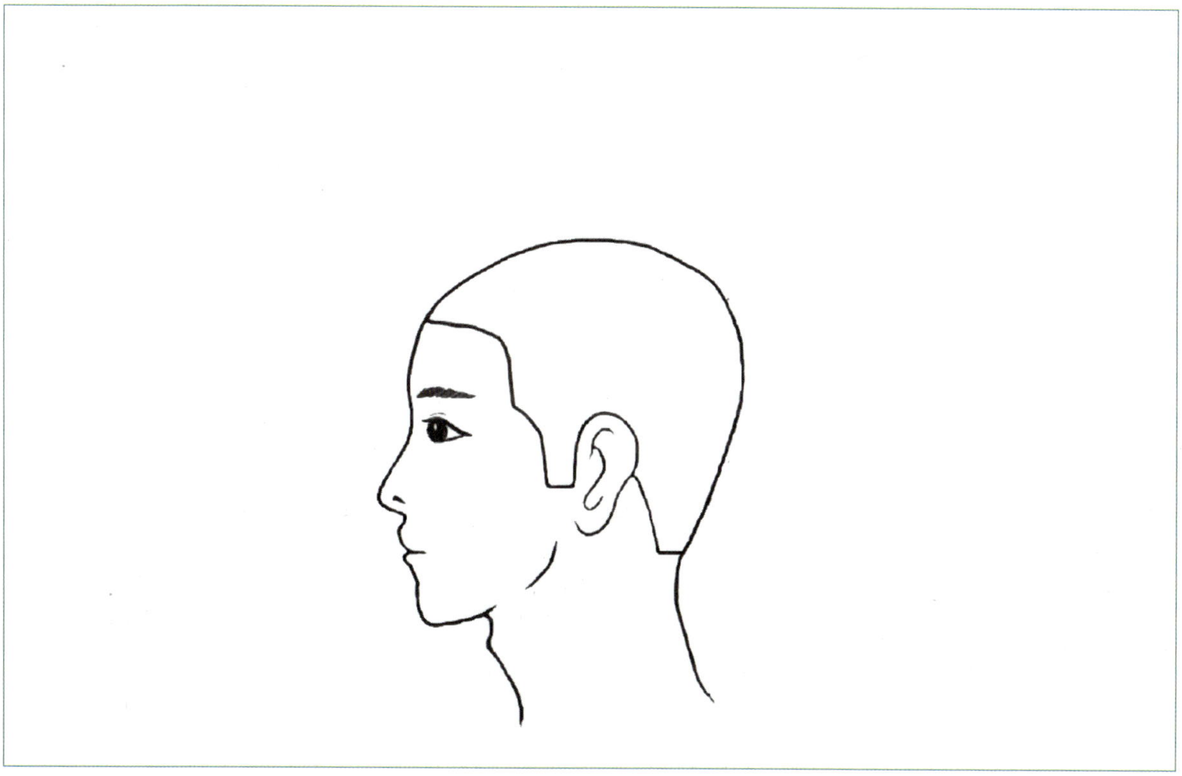

도해도 그려보기

(2) 하상고 헤어 스타일 시술하기

①, ②, ③ 프론트 사이드 포인트F.S.P : Front Side Point에서 탑 포인트T.P : Top Point를 기점으로 프린지 섹션Fringe Section을 나눈다.

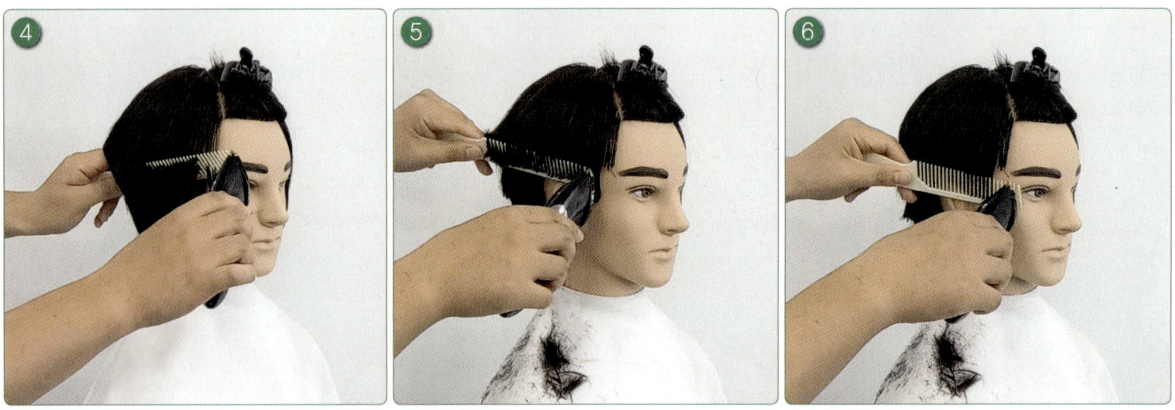

④, ⑤, ⑥ 우측 사이드Side를 클리퍼Clipper와 커트 빗Cut Comb을 이용하여 커트Cut를 진행한다. 낮은 시술 각 30°로 컨벡스 라인Convex Line의 무게선을 형성한다.
* 커트된 단면이 일자로 평면이 되도록 하며 두상의 각도에 맞춰 굴려서 커트하지 않도록 주의한다.

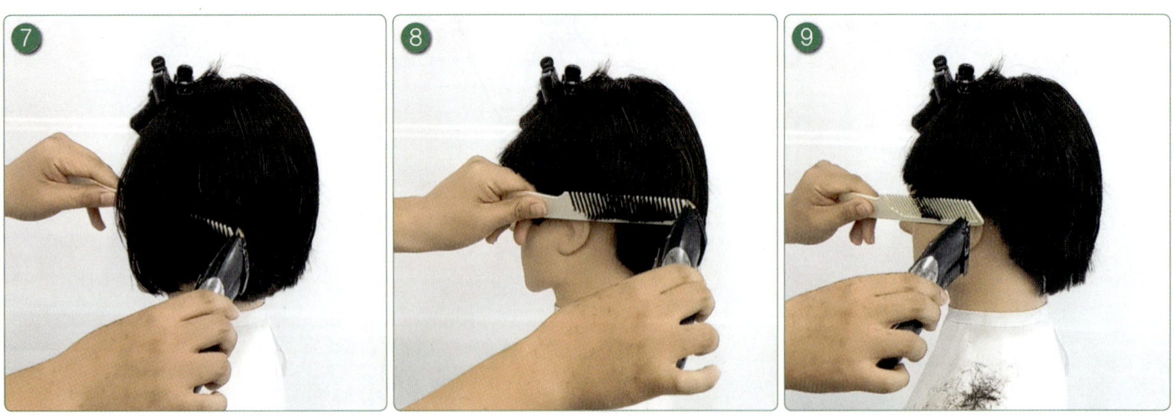

⑦, ⑧, ⑨ 전과 동일한 방법으로 좌측 사이드의 커트를 진행한다.

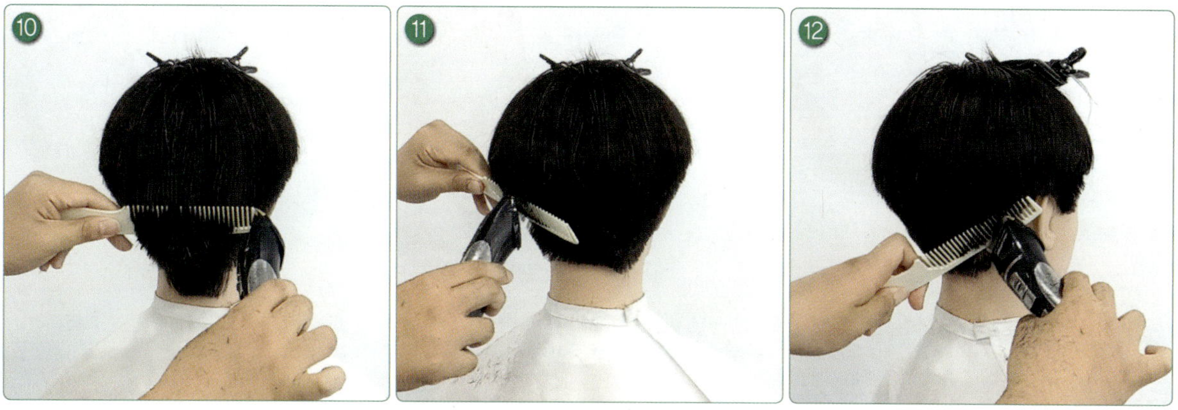

⑩, ⑪, ⑫ 클리퍼와 커트 빗을 이용하여 백 포인트B.P : Back Point까지 백Back부분을 낮은 시술 각 30°로 사이드 라인Side Line과 연결시키며 컨벡스 라인의 무게선을 형성한다.

* 커트된 단면이 일자로 평면이 되도록 하며 두상의 각도에 맞춰 굴려서 커트하지 않도록 주의한다.

⑬, ⑭, ⑮ 트리머 클리퍼Trimmer Clipper와 커트 빗을 이용하여 헤어 라인Hair Line을 정리한다.

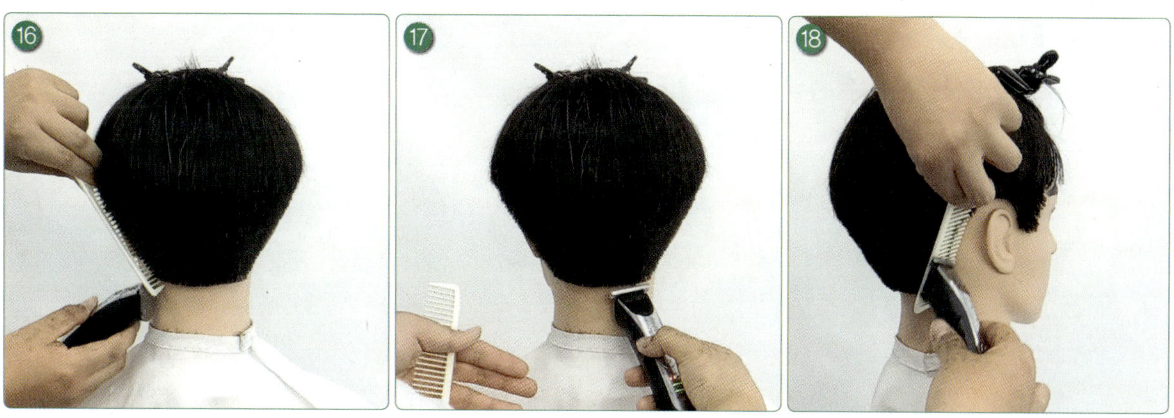

⑯, ⑰, ⑱ 전과 동일한 방법으로 헤어 라인을 정리한다.

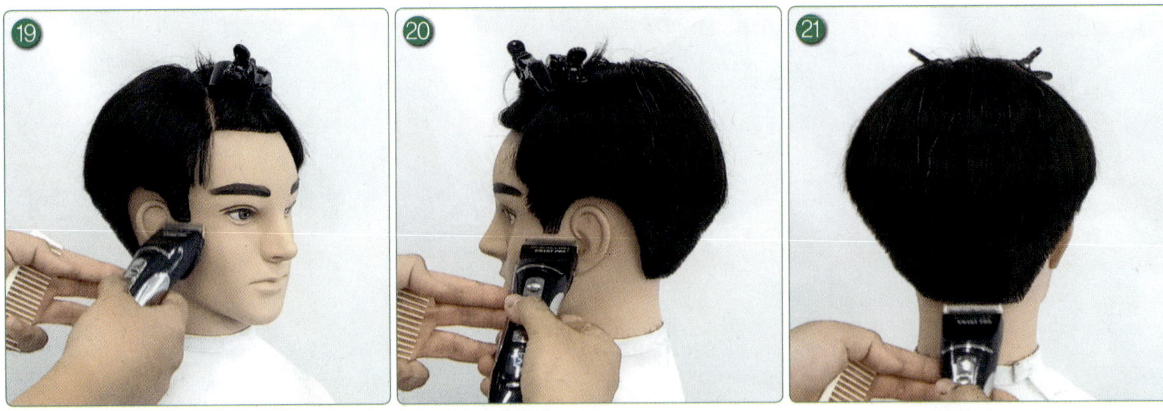

⑲, ⑳, ㉑ 사이드와 백부분에 형성된 무게선에서 프리 핸드 기법Free Hand Technic으로 클리퍼 날의 길이를 1mm로 설정하여 컨벡스 라인의 낮은 시술 각 15°로 그라데이션 커트Gradation Cut를 진행한다.

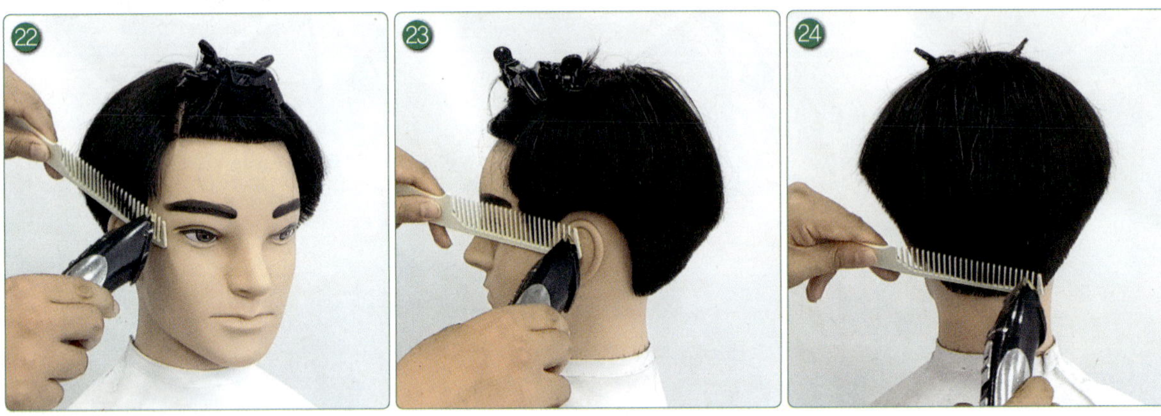

㉒, ㉓, ㉔ 커트된 단면이 자연스럽게 그라데이션Gradation 되도록 확인한다.

* 커트된 단면이 일자로 평면이 되도록 유지하며 두상의 각도에 맞춰 굴려서 커트하지 않도록 주의한다.

㉕, ㉖, ㉗ 탑 포인트 부분 섹션을 풀고 상단부의 시술을 진행한다.

㉘, ㉙, ㉚ 탑 포인트의 가이드Guide를 기준으로 센터 포인트C.P : Center Point까지 뒤쪽으로 사이드 베이스Side Base 하여 스퀘어 라인Square Line 형태로 커트를 진행한다.

㉛, ㉜, ㉝ 탑 포인트의 가이드를 기준으로 우측 사이드를 라운드 레이어Round Layer 형태로 커트하며, 프론트 사이드 포인트까지 동일한 방법으로 커트를 진행한다.

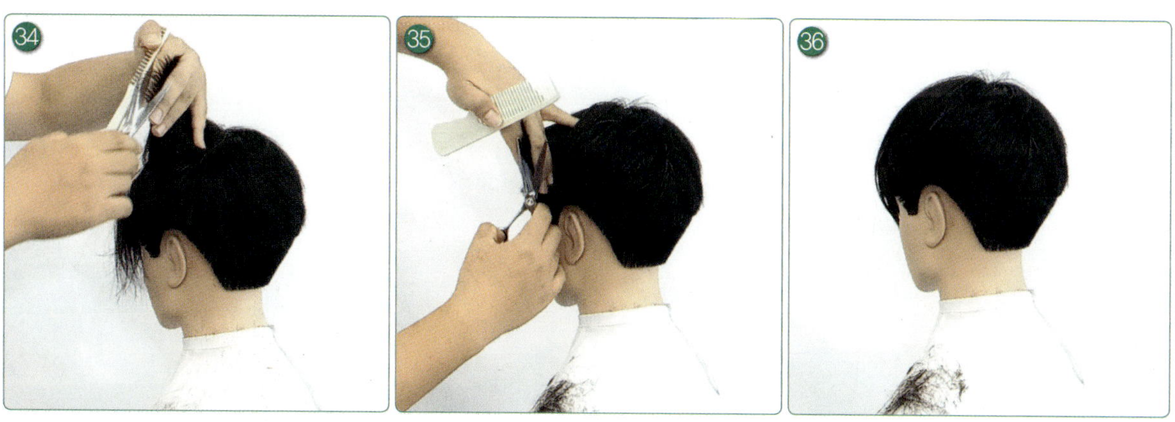

㉞, ㉟, ㊱ 전과 동일한 방법으로 좌측 사이드의 커트를 진행한다.

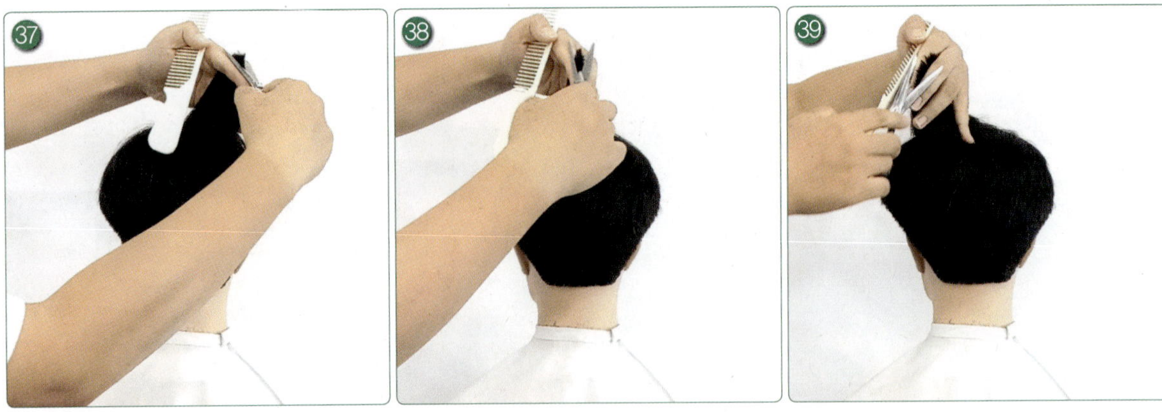

㊲, ㊳, ㊴ 탑 포인트의 가이드를 기준으로 골든 포인트G.P : Golden Point 부분을 라운드 레이어로 커트하며, 백 포인트 부분까지 동일한 방법으로 커트를 진행한다.

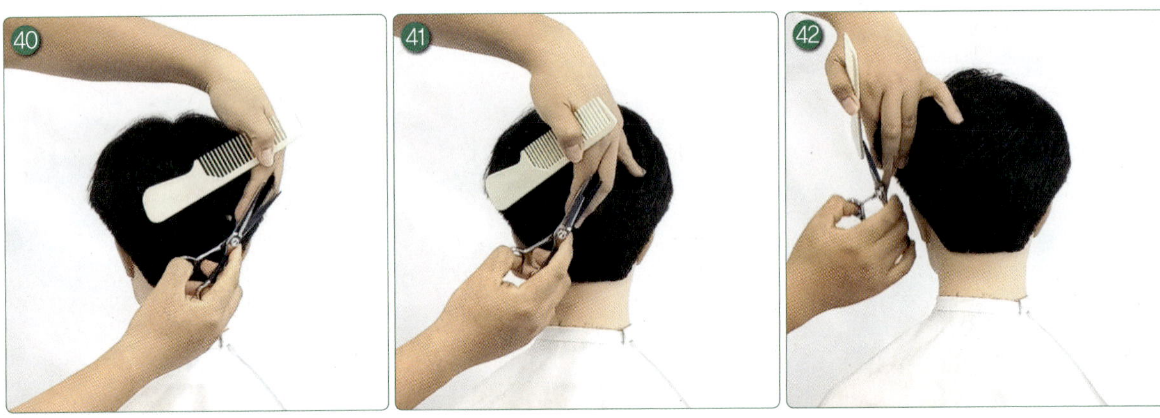

㊵, ㊶, ㊷ 백 포인트에서 네이프 포인트N.P : Nape Point까지 라운드 레이어로 커트를 진행한다.

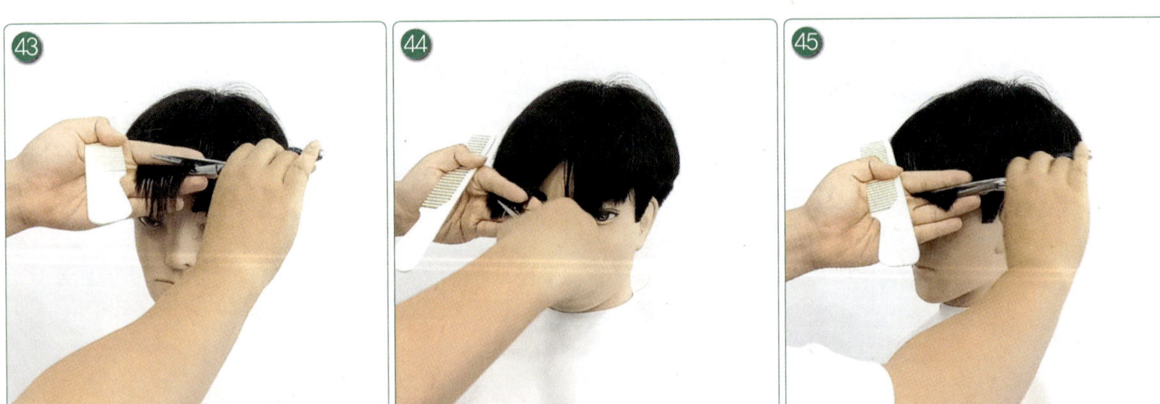

㊸, ㊹, ㊺ 센터 포인트의 가이드를 설정하여 양쪽 사이드까지 라운드 레이어 형태로 커트를 진행한다.

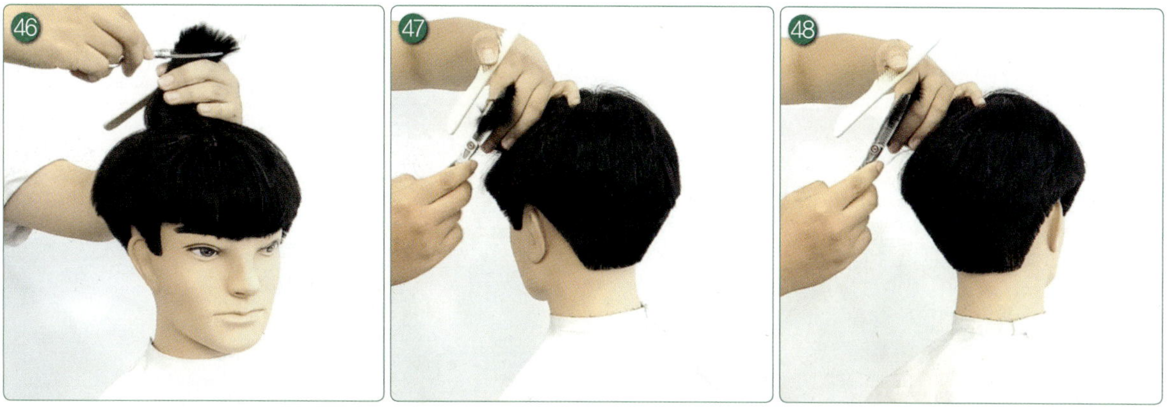

㊻, ㊼, ㊽ 이너 틴닝 Inner Thinning 기법을 이용하여 전체 질감 처리를 한다.

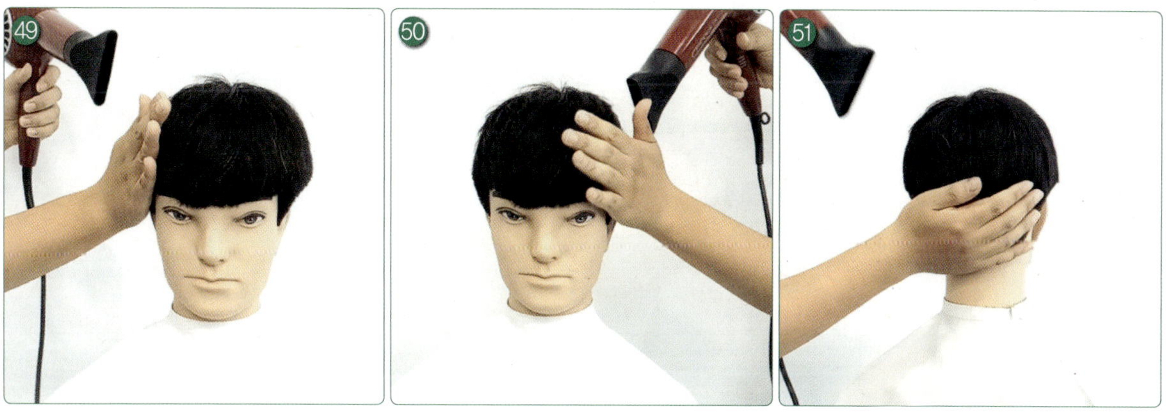

㊾, ㊿, (51) 모발의 흐름에 따라 드라이기를 이용하여 핸드 드라이 Hand Dry 한다.

(52), (53), (54) 제품을 사용하여 스타일링 Styling 한다.

(3) 하상고 헤어 스타일 마무리 하기

앞 Front

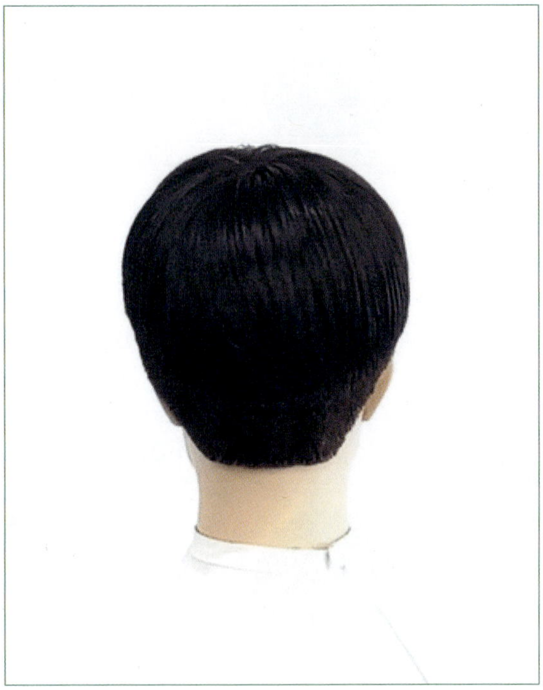

뒤 Back

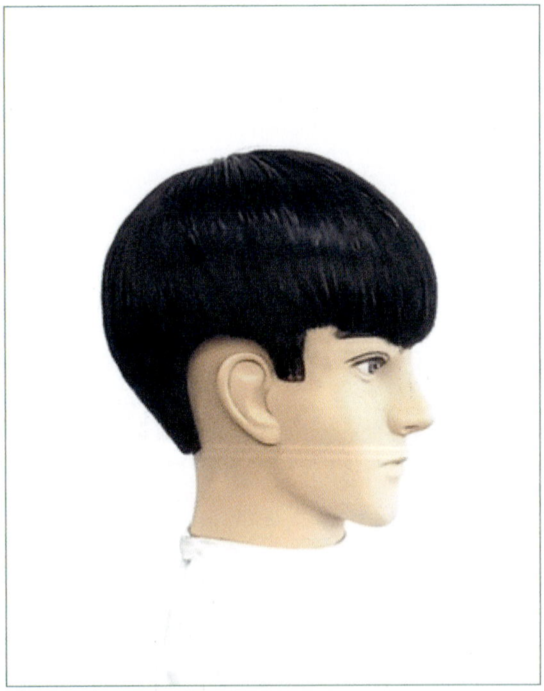

우측 Right side

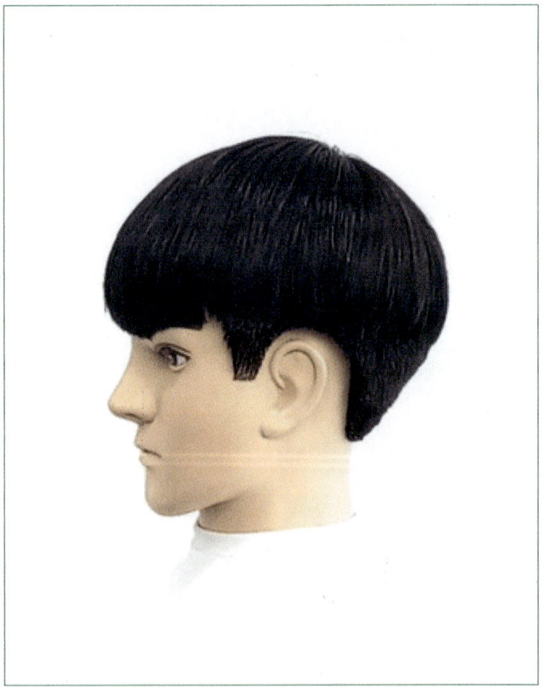

좌측 Left side

실습과정 사진	
사진	설명

실습결과 사진	
앞 Front	뒤 Back
좌측 Left Side	우측 Right Side

[교수 학습방법]

교수 방법
① 하상고형 미용의 길이 구조 배열을 통한 형태선을 설명한다.
② 하상고 스타일을 잘 이해할 수 있도록 다양한 사진 자료를 제시한다.
③ 로우 그라데이션 커트의 무게선 위치와 형성되는 이유에 대해 설명한다.
④ 하상고형 미용을 작업 절차에 따라 위그에 시연한다.
⑤ 올바른 도구 사용 방법과 미용 기법을 익힐 수 있도록 지도한다.
⑥ 다양한 미용 기법을 활용할 수 있도록 지도한다.

학습 방법
① 하상고형 미용의 길이 구조를 이해하여 노트에 도해도를 그려본다.
② 다양한 하상고 스타일의 디자인 패턴을 잘 파악할 수 있도록 자료를 수집한다.
③ 그라데이션 각도에 따른 무게선의 위치 변화를 숙지하여 위그에 실습한다.
④ 하상고형 미용의 작업 절차를 숙지하여 위그에 반복 실습한다.
⑤ 도구를 바르게 사용할 수 있도록 주의하며 미용 기법을 위그에 실습한다.
⑥ 다양한 미용 기법을 활용할 수 있도록 노력한다.

[평가 준거]

학습 내용	평가 항목	성취 수준		
		상	중	하
하상고형 이발 형태 작업	1. 천정부와 상단부의 두발을 지간 깎기를 할 수 있다.			
	2. 상단부 아래 영역의 두발을 거칠게 깎기를 할 수 있다.			
	3. 이발기를 이용하여 측면과 후면의 발제선부터 후두 하부까지 그라데이션하여 깎을 수 있다.			
	4. 이발기로 깎은 후 싱글링하여 상단부의 두발과 자연스럽게 연결할 수 있다.			
하상고형 이발 질감과 마무리	1. 틴닝 가위를 사용하여 질감 처리를 할 수 있다.			
	2. 장가위를 사용하여 수정·보완할 수 있다.			

[평가 방법]

학습 내용	평가 항목	성취 수준		
		상	중	하
하상고형 이발 형태 작업	1. 올바른 도구 사용 방법 이해 여부			
	2. 하상고형 형태 작업 순서 및 방법의 이해 여부			
	3. 지간 깎기, 싱글링 커트 등 미용 기법 숙련도 여부			
	4. 모발 길이에 따른 그라데이션의 완성도			
	5. 하상고형 미용 형태 작업의 완성도			
하상고형 이발 질감과 마무리	1. 질감과 마무리 작업 순서 및 방법의 이해 여부			
	2. 틴닝 가위 사용 능력			
	3. 트리밍 숙련도 여부			
	4. 하상고형 미용 커트 스타일의 완성도			

[평가자 체크리스트]

학습 내용	평가 항목	성취 수준		
		상	중	하
하상고형 이발 형태 작업	1. 작업 전 도구 준비 여부			
	2. 올바른 도구 사용 방법 이해 여부			
	3. 하상고형 형태 작업 절차에 따른 수행 능력			
	4. 그라데이션 커트의 수행 능력			
	5. 하상고형 미용 형태 작업의 완성도			
하상고형 이발 질감과 마무리	1. 질감과 마무리 작업 절차에 따른 수행 능력			
	2. 틴닝 가위 사용 방법에 따른 숙련도 여부			
	3. 트리밍 숙련도 여부			
	4. 커트 스타일의 완성도			

평가자 체크리스트

평가 일시	년 월 일	학과: 학번: 성명:	
교과목		평가자	(인)
능력단위명			
능력단위 요소			

평가 내용		성취 수준		
능력단위 요소	내용	상 (5)	중 (3)	하 (1)
1201010518_18v3.1 상상고형 이발하기	1. 천정부의 두발을 지간 깎기를 할 수 있다.			
	2. 천정부 아래 영역의 두발을 거칠게 깎기를 할 수 있다.			
	3. 이발기로 측면과 후면의 발제선부터 중단부 이상 그라데이션하여 깎을 수 있다.			
	4. 이발기로 깎은 후 싱글링하여 천정부의 두발과 자연스럽게 연결할 수 있다.			
	5. 틴닝 가위를 사용하여 질감 처리를 할 수 있다.			
	6. 장가위를 사용하여 수성·보완할 수 있다.			
1201010518_18v3.2 중상고형 이발하기	1. 천정부와 상단부의 두발을 지간 깎기를 할 수 있다.			
	2. 상단부 아래 영역의 두발을 거칠게 깎기를 할 수 있다.			
	3. 이발기로 측면과 후면의 발제선부터 하단부까지 그라데이션하여 깎을 수 있다.			
	4. 이발기로 깎은 후 싱글링하여 상단부의 두발과 자연스럽게 연결할 수 있다.			
	5. 틴닝 가위를 사용하여 질감 처리를 할 수 있다.			
	6. 장가위를 사용하여 수정·보완할 수 있다.			
1201010518_18v3.3 하상고형 이발하기	1. 천정부와 상단부의 두발을 지간 깎기를 할 수 있다.			
	2. 상단부 아래 영역의 두발을 거칠게 깎기를 할 수 있다.			
	3. 이발기로 측면과 후면의 발제선부터 후두하부까지 그라데이션하여 깎을 수 있다.			
	4. 이발기로 깎은 후 싱글링하여 상단부의 두발과 자연스럽게 연결할 수 있다.			
	5. 틴닝 가위를 사용하여 질감 처리를 할 수 있다.			
	6. 장가위를 사용하여 수정·보완할 수 있다.			

총점			성취수준		
성취 기준	매우 우수 (25점 이상)	우수 (25–20점)	보통 (20–11점)	미흡 (10–6점)	매우 미흡 (5점 미만)

〈평가 체크리스트 작성 방법〉

① 평가자는 학습자의 수준을 평가하여 상, 중, 하에 체크한다. 객관화된 평가를 위해 평가자는 채점 기준표를 개발해야 한다.

② 항목의 점수상: 5점, 중: 3점, 하: 1점의 총 합에 따라 성취 수준을 결정한다. 성취 수준은 아래의 성취 기준을 참고한다.

③ 성취 수준 매우 우수자는 심화 교육, 매우 미흡자는 보충 수업을 진행한다.

작업장 평가

<table>
<tr><td>평가 일시</td><td colspan="2">년 월 일</td><td colspan="3">학과: 학번: 성명:</td></tr>
<tr><td>교과목</td><td colspan="2"></td><td>평가자</td><td colspan="2">(인)</td></tr>
<tr><td>능력단위명</td><td colspan="5"></td></tr>
<tr><td>능력단위 요소</td><td colspan="5"></td></tr>
<tr><td colspan="5">평가 내용</td><td rowspan="2">점 수</td></tr>
<tr><td>능력단위 요소</td><td colspan="4">내용</td></tr>
<tr><td rowspan="2">작업 준비</td><td colspan="4">작업에 필요한 도구 준비</td><td></td></tr>
<tr><td colspan="4">준비된 도구의 위생적인 상태</td><td></td></tr>
<tr><td rowspan="5">작업 과정</td><td colspan="4">단발형 이발 형태 작업 절차에 따른 수행 여부</td><td></td></tr>
<tr><td colspan="4">장가위 사용 숙련도</td><td></td></tr>
<tr><td colspan="4">이발기 사용 숙련도</td><td></td></tr>
<tr><td colspan="4">틴닝 가위 사용 숙련도</td><td></td></tr>
<tr><td colspan="4">이발 기법[오버 콤 테크닉, 지간 깎기, 밀어 깎기 등]의 숙련도</td><td></td></tr>
<tr><td rowspan="3">작업 마무리</td><td colspan="4">모발 길이에 따른 그라데이션의 완성도</td><td></td></tr>
<tr><td colspan="4">질감 처리의 적절성</td><td></td></tr>
<tr><td colspan="4">수정 및 보정 커트에 의한 단발형 이발 스타일의 완성도</td><td></td></tr>
<tr><td>평가 과제</td><td colspan="2"></td><td>학습자 결과물</td><td colspan="2"></td></tr>
<tr><td>총점</td><td colspan="2"></td><td>성취수준</td><td colspan="2"></td></tr>
<tr><td>성취 기준</td><td>매우 우수
(25점 이상)</td><td>우수
(25−20점)</td><td>보통
(20−11점)</td><td>미흡
(10−6점)</td><td>매우 미흡
(5점 미만)</td></tr>
</table>

〈평가 체크리스트 작성 방법〉

① 평가자는 학습자의 수준을 평가하여 점수란에 각 평가 내용에 따른 점수각 항목은 10점 만점를 표기한다.

② 항목의 점수의 총 합에 따라 성취 수준을 결정한다. 성취 수준은 아래의 성취 기준을 참고한다.

③ 성취 수준 매우 우수자는 심화 교육, 매우 미흡자는 보충 수업을 진행한다.

3. 중발형 스타일

1. 남성 미용 중발 상중발 헤어 스타일

학습내용 단원명	수업 목표
남성 커트 기본 스타일 중발형 상중발	남성 커트 미용 중발 상중발 헤어 스타일 실습을 수행할 수 있다.

상중발 헤어 스타일 High Half Long Hair Style 은 사람의 머리 두상에서 귀가 있는 부분이 중심에 있고, 포인트 Point 가 되는 곳이 주위의 머리 길이에서 결정되어 좌·우측 두부 밑머리가 귀 상단 1/3을 가린 머리 길이 혹은 귀 상단을 드러내는 머리 길이 기준에 따라 상중발로 나뉘어진다.

(1) 상중발 헤어 커트 준비하기

1) 재료

① 커트 빗

② 핀셋

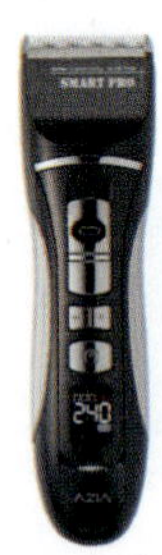
③ 클리퍼

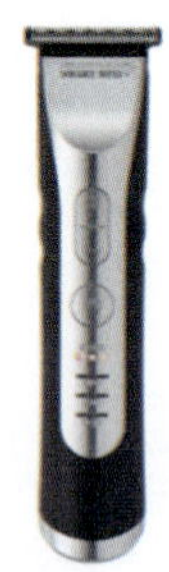
④ 트리머 클리퍼

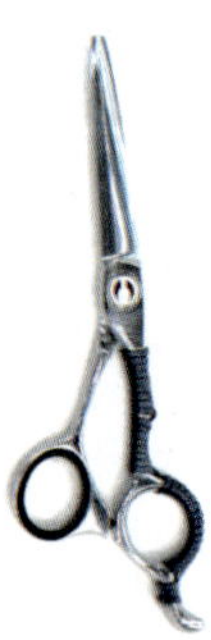
⑤ 블런트 가위

⑥ 장가위

⑦ 틴닝 가위

⑧ 드라이기

2) 도해도 및 시술 개요

① 도해도

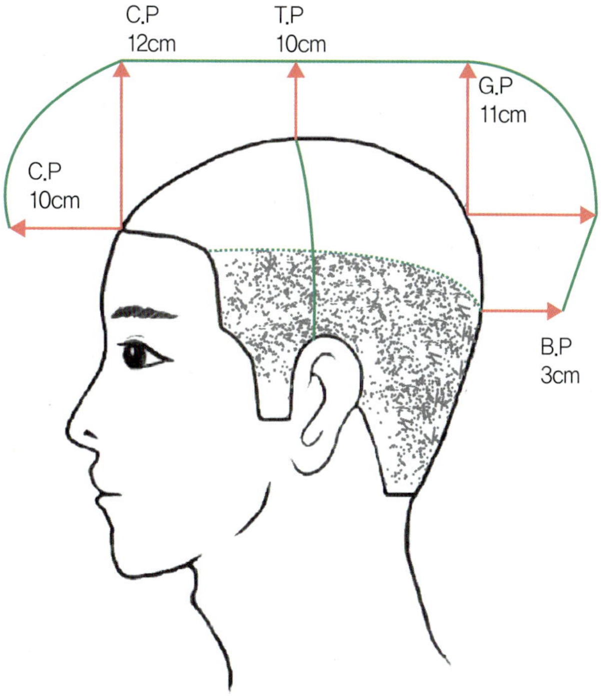

② 시술개요

블로킹 Blocking	측두선 U-Line, 측중선 E.E.L-Ear to Ear Line
섹션 Section	수평 Horizontal, 세로 Vertical, 후대각 Diagonal Back
분배 Distribution	자연 분배 Nature Distribution, 직각 분배 Perpendicular Distribution, 방향 분배 Direction Distribution, 변이 분배 Shifted Distribution
각도 Angle	자연 시술 각 Nature Fall 60° 45~70°, Top-90° to Over Directed, 일반 시술 각 Nomal Projection 90°
베이스 Base	온 더 베이스 On The Base, 프리 베이스 Free Base, 사이드 베이스 Side Base
커트 Cut	블런트 커트 Blunt Cut, 포인트 커트 Point Cut, 시저스 오버 콤 Scissor Over Comb, 클리퍼 Clipper
질감 처리 Texturerising	이너 틴닝 Inner Thinning

3) 미용 남성 커트 시술 방법

시술 전

시술 후

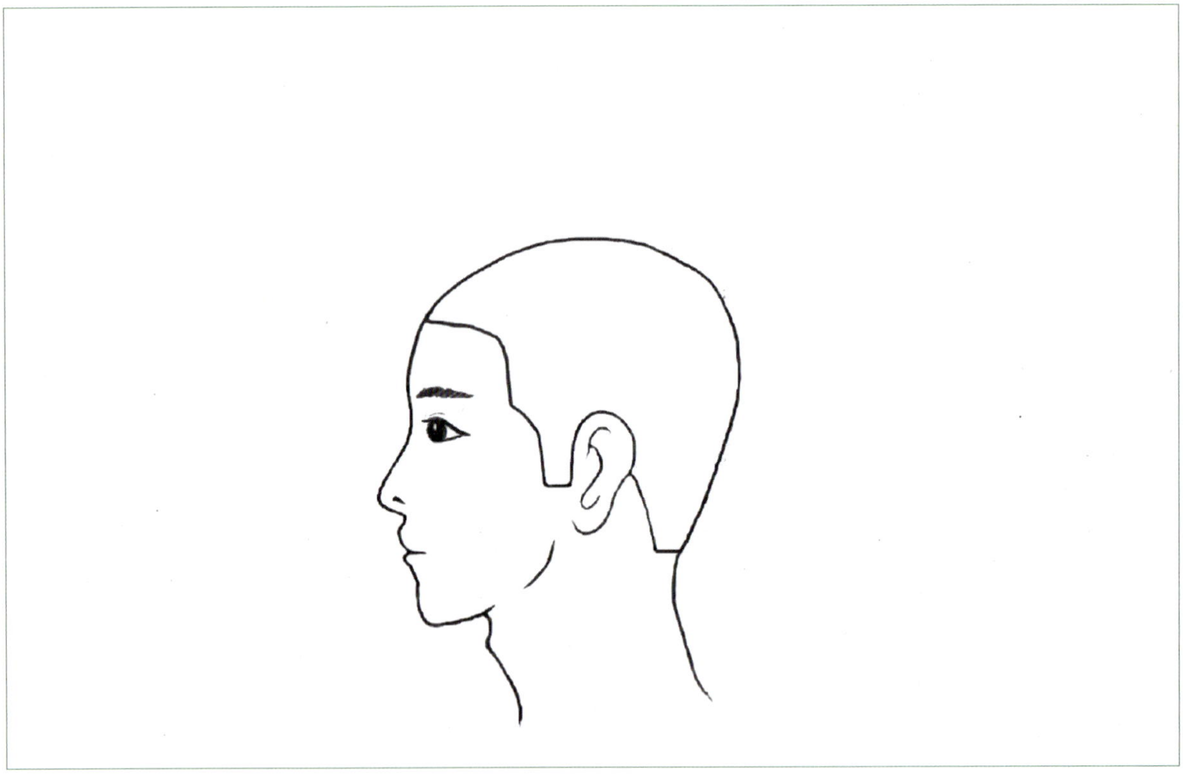

도해도 그려보기

(2) 상중발 헤어 스타일 시술하기

①, ②, ③ 양쪽 사이드Side를 프론트 사이드 포인트F.S.P : Front Side Point에서 이어 백 포인트E.B.P : Ear Back Point까지 일직선으로 섹션Section을 나눈다.

④, ⑤, ⑥ 양쪽 사이드에 맞춰진 섹션의 이어 백 포인트에서 백 포인트B.P : Back Point까지 U 라인U-Line의 블로킹Blocking을 나눈다.

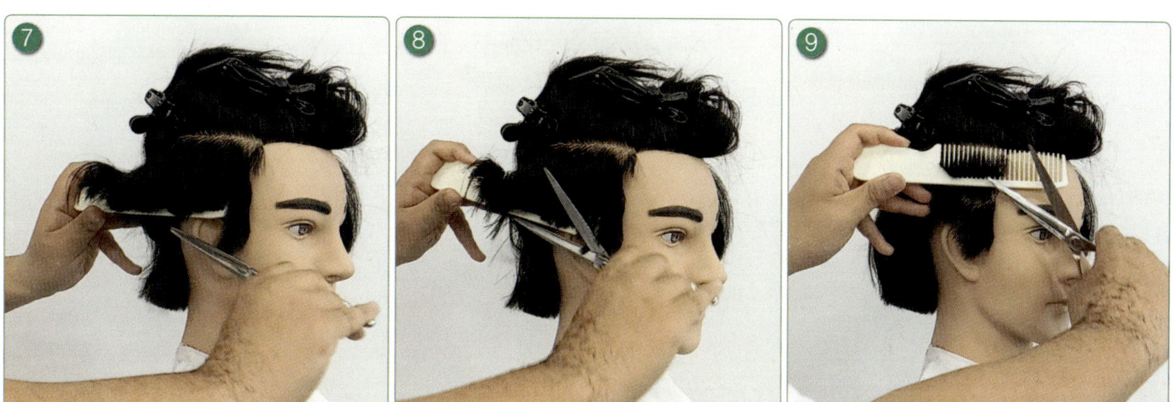

⑦, ⑧, ⑨ 우측 사이드를 시저스 오버 콤Scissor Over Comb 기법을 이용하여 높은 시술 각 70°로 컨벡스 라인Convex Line의 무게선을 형성한다.

⑩, ⑪, ⑫ 우측 사이드의 헤어 라인Hair Line을 가위로 귀가 드러날 정도로 정리한다.

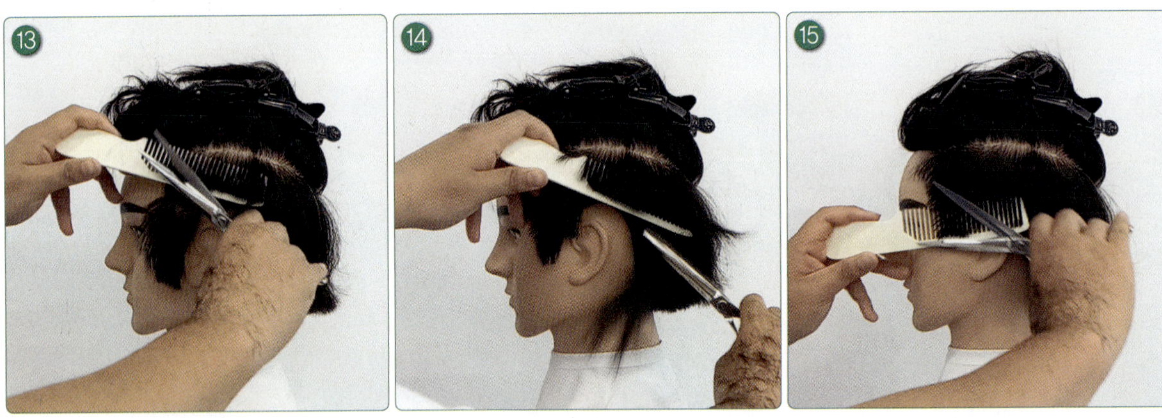

⑬, ⑭, ⑮ 전과 동일한 방법으로 좌측 사이드의 커트Cut를 진행한다.

⑯, ⑰, ⑱ 전과 동일한 방법으로 좌측 사이드의 커트를 진행한다.

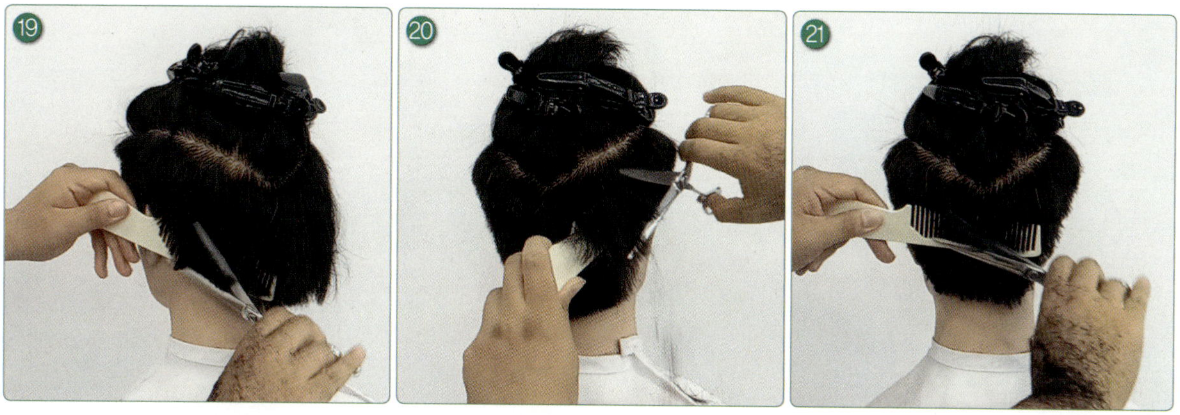

⑲, ⑳, ㉑ 백Back 부분을 시저스 오버 콤 기법을 이용하여 높은 시술 각 70°로 컨벡스 라인의 무게선을 형성한다.

㉒, ㉓, ㉔ 백부분의 헤어 라인을 가위로 정리한다.

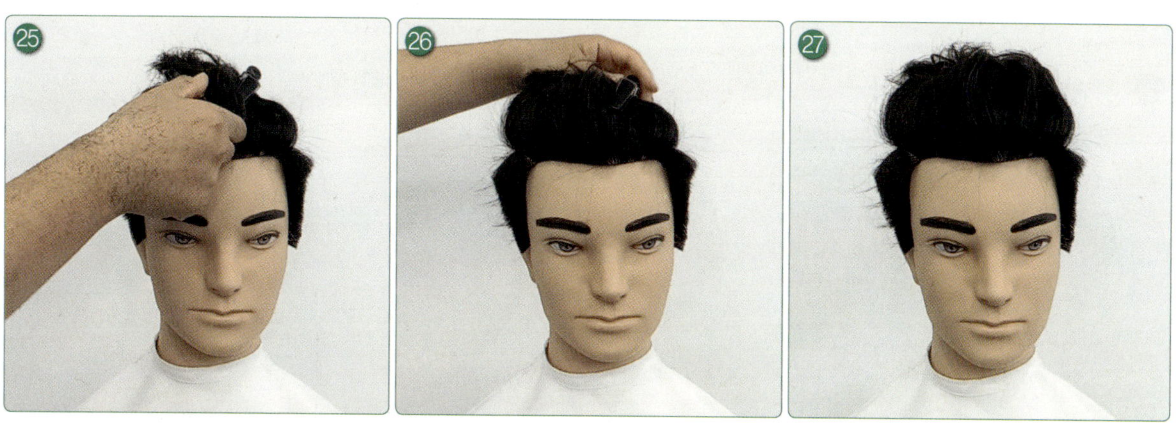

㉕, ㉖, ㉗ 상단부의 섹션을 풀고 시술을 진행한다.

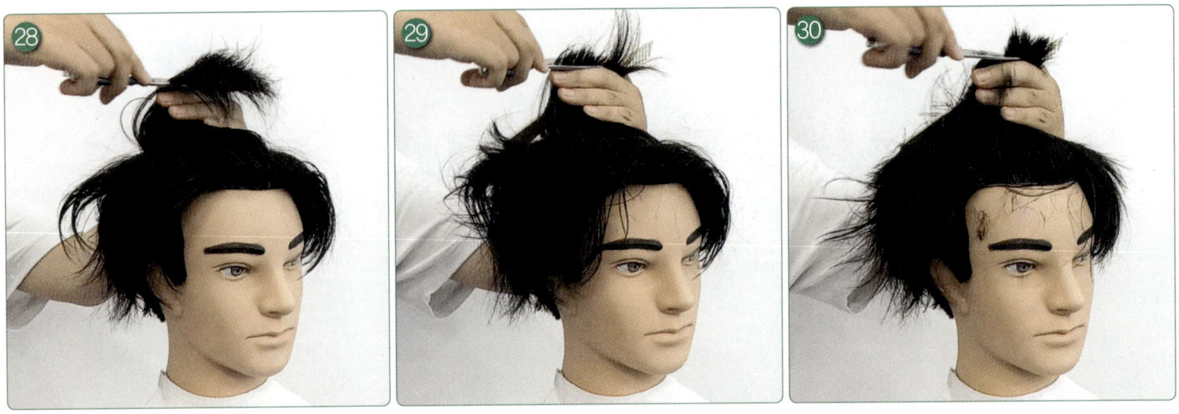

㉘, ㉙, ㉚ 탑 포인트 T.P : Top Point 의 가이드 Guide 를 기준으로 센터 포인트 C.P : Center Point 까지 뒤쪽으로 사이드 베이스 Side Base 하여 스퀘어 라인 Square Line 형태로 커트를 진행한다.

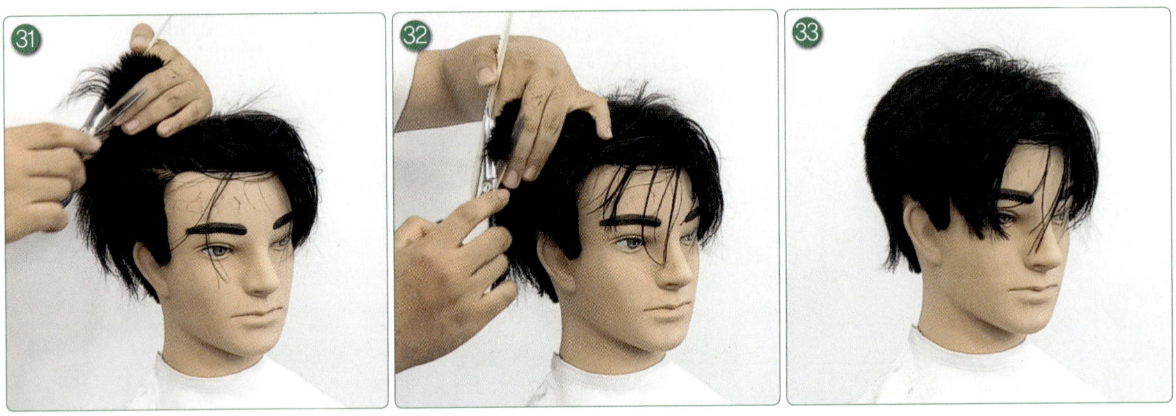

㉛, ㉜, ㉝ 탑 포인트의 가이드를 기준으로 우측 사이드를 라운드 레이어 Round Layer 형태로 커트하며, 프론트 사이드 포인트까지 동일한 방법으로 커트를 진행한다.

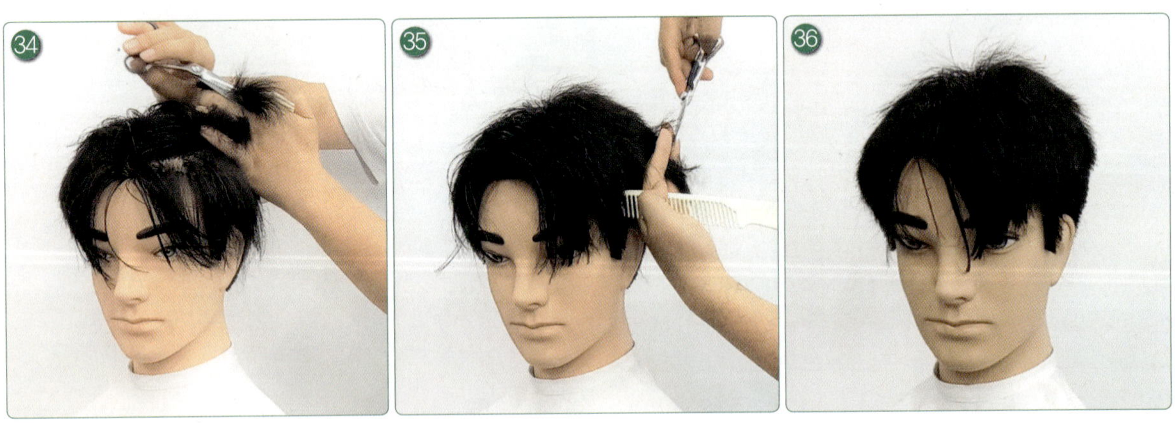

㉞, ㉟, ㊱ 전과 동일한 방법으로 좌측 사이드의 커트를 진행한다.

㊲, ㊳, ㊴ 탑 포인트의 가이드를 기준으로 골든 포인트G.P : Golden Point 부분을 라운드 레이어로 커트하며, 백 포인트 부분까지 동일한 방법으로 커트를 진행한다.

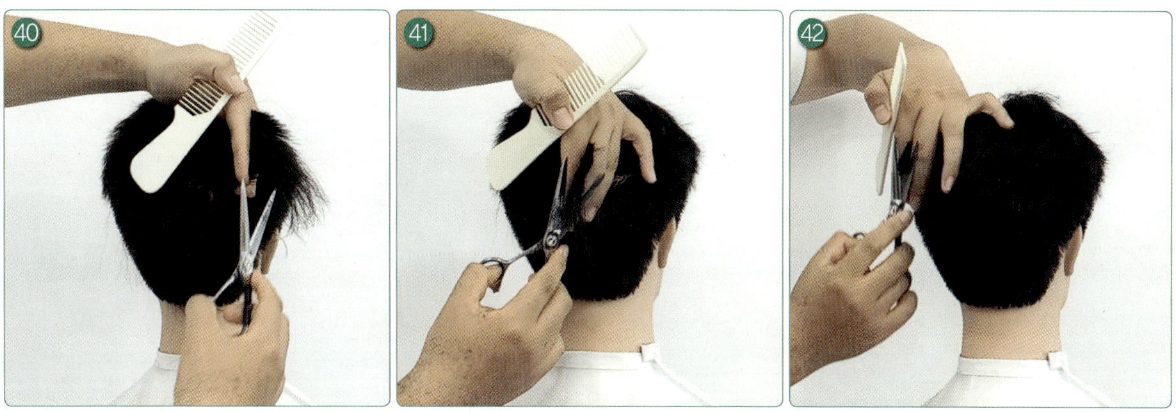

㊵, ㊶, ㊷ 백 포인트에서 네이프 포인트N.P : Nape Point까지 라운드 레이어로 커트를 진행한다.

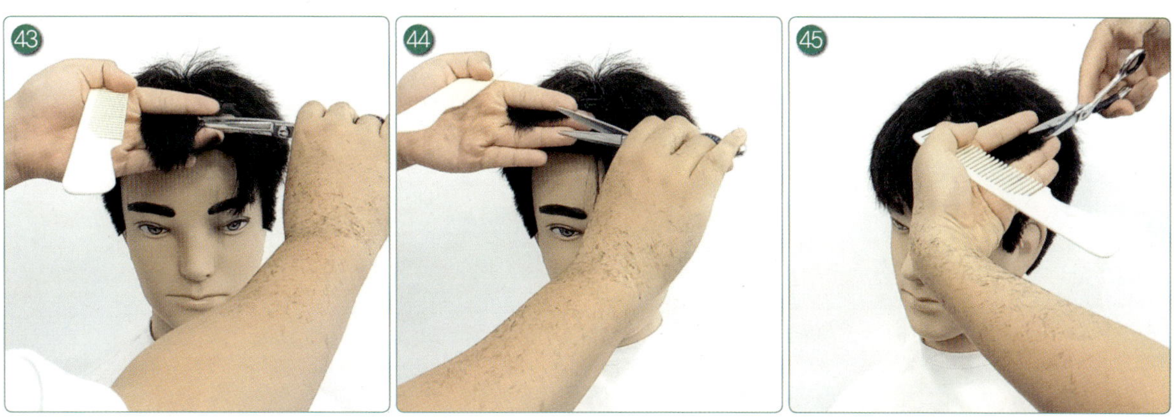

㊸, ㊹, ㊺ 센터 포인트의 가이드를 설정하여 양쪽 사이드까지 라운드 레이어 형태로 커트를 진행한다.

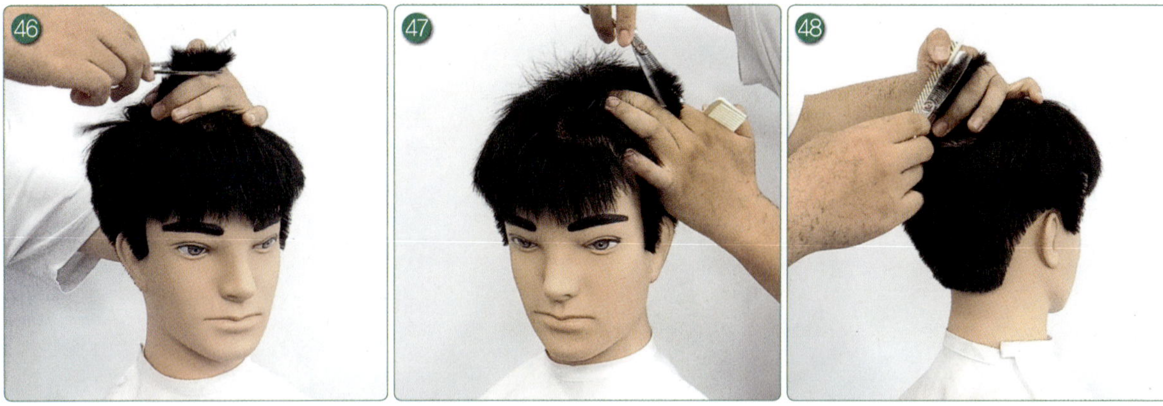

⑯, ⑰, ⑱ 이너 틴닝Inner Thinning 기법을 이용하여 전체 질감 처리를 한다.

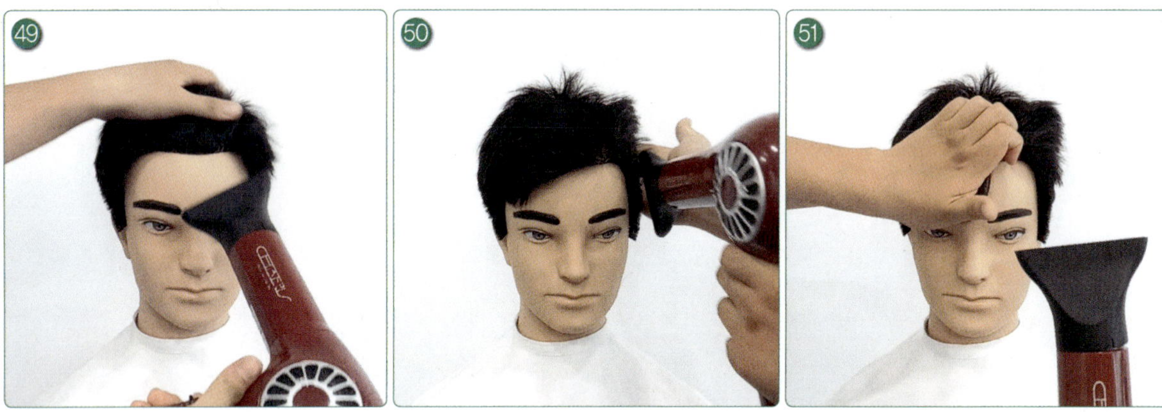

㊾, ㊿, 51 모발의 흐름에 따라 드라이기를 이용하여 핸드 드라이Hand Dry 한다.

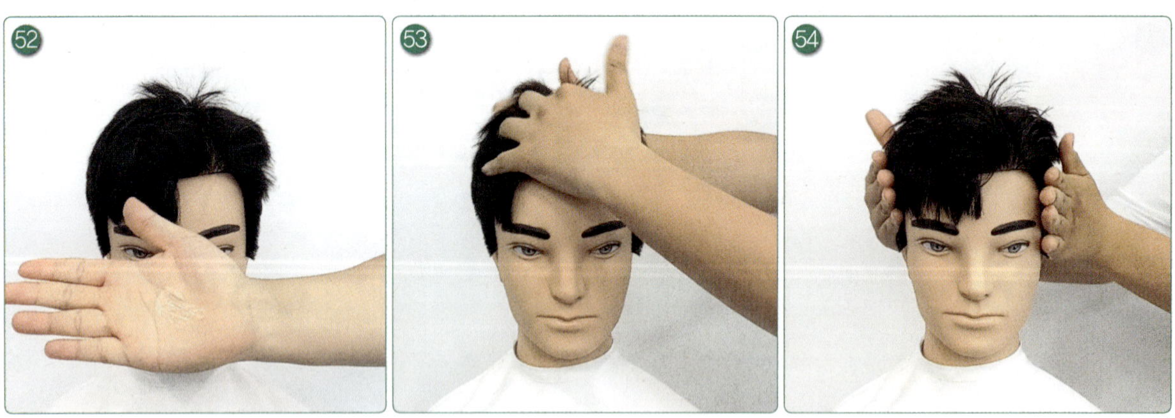

52, 53, 54 제품을 사용하여 스타일링Styling 한다.

(3) 상중발 헤어 스타일 마무리 하기

앞 Front

뒤 Back

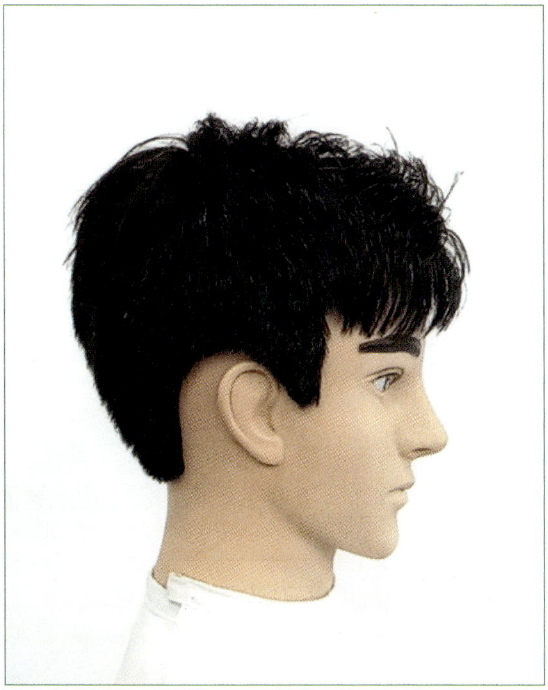

우측 Right side

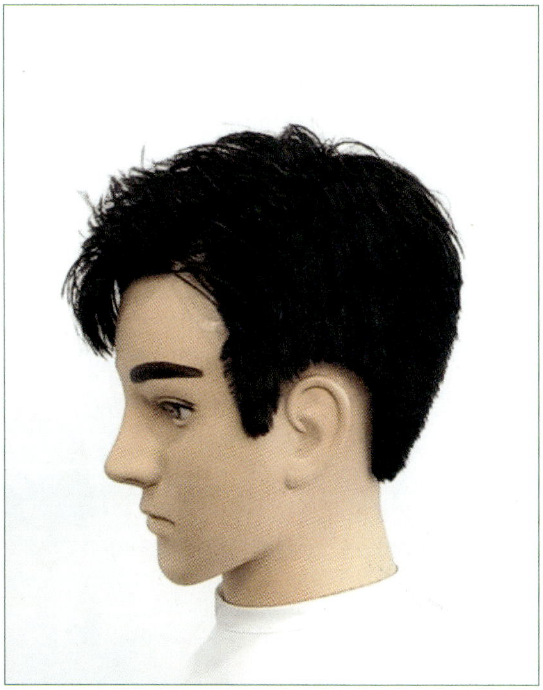

좌측 Left side

실습과정 사진	
사진	설명

실습결과 사진	
앞 Front	뒤 Back
좌측 Left Side	우측 Right Side

[교수 학습방법]

교수 방법
① 상중발형의 길이 구조 배열을 설명한다.
② 상중발형의 도해도를 그리며 7단계 절차에 대해 설명한다.
③ 상중발형을 작업 절차에 따라 위그에 시연한다.
④ 상중발형 미용을 작업 절차에 따라 위그에 시연한다.
⑤ 올바른 도구 사용 방법과 미용 기법을 익힐 수 있도록 지도한다.
⑥ 다양한 미용 기법을 활용할 수 있도록 지도한다.

학습 방법
① 상중발형 이발의 길이 구조를 이해하여 노트에 도해도를 그린다.
② 상중발형의 도해도와 7단계 커트 절차를 정리한다.
③ 상중발형 이발의 작업 절차를 숙지하여 위그에 반복 실습한다.
④ 도구를 바르게 사용할 수 있도록 주의하며 이발 기법을 위그에 실습한다.
⑤ 다양한 이발 기법을 활용할 수 있도록 노력한다.

[평가 준거]

<table>
<tr><th rowspan="2">학습 내용</th><th rowspan="2">평가 항목</th><th colspan="3">성취 수준</th></tr>
<tr><th>상</th><th>중</th><th>하</th></tr>
<tr><td rowspan="2">상중발형
이발 계획</td><td>1. 형태 분석에 따른 상중발형 스타일의 종류 및 형태선 특징 등을 도식화하여 설명할 수 있다.</td><td></td><td></td><td></td></tr>
<tr><td>2. 상중발형을 이발하기 위한 커트 절차를 설명할 수 있다.</td><td></td><td></td><td></td></tr>
<tr><td>상중발형
이발 작업</td><td>상중발형을 이발하기 위한 이발 기법을 수행할 수 있다.</td><td></td><td></td><td></td></tr>
</table>

[평가 방법]

<table>
<tr><th rowspan="2">학습 내용</th><th rowspan="2">평가 항목</th><th colspan="3">성취 수준</th></tr>
<tr><th>상</th><th>중</th><th>하</th></tr>
<tr><td rowspan="3">상중발형
이발 계획</td><td>1. 상중발형의 길이 구조의 이해 여부</td><td></td><td></td><td></td></tr>
<tr><td>2. 형태 작업 순서 및 방법의 이해 여부</td><td></td><td></td><td></td></tr>
<tr><td>3. 커트 도구 및 기법의 이해 여부</td><td></td><td></td><td></td></tr>
<tr><td rowspan="4">상중발형
이발 작업</td><td>1. 낮은 시술각 커트의 수행 능력</td><td></td><td></td><td></td></tr>
<tr><td>2. 상중발형 이발 형태 작업의 완성도 여부</td><td></td><td></td><td></td></tr>
<tr><td>3. 떠내려 깎기의 숙련도 여부</td><td></td><td></td><td></td></tr>
<tr><td>4. 커트 스타일의 완성도</td><td></td><td></td><td></td></tr>
</table>

[평가자 체크리스트]

<table>
<tr><th rowspan="2">학습 내용</th><th rowspan="2">평가 항목</th><th colspan="3">성취 수준</th></tr>
<tr><th>상</th><th>중</th><th>하</th></tr>
<tr><td rowspan="3">상중발형
이발 계획</td><td>1. 작업 전 도구 준비 여부</td><td></td><td></td><td></td></tr>
<tr><td>2. 올바른 도구 사용 방법 이해 여부</td><td></td><td></td><td></td></tr>
<tr><td>3. 형태 작업 절차 계획 능력</td><td></td><td></td><td></td></tr>
<tr><td rowspan="4">상중발형
이발 작업</td><td>1. 스퀘어 커트의 수행 능력</td><td></td><td></td><td></td></tr>
<tr><td>2. 상중발형 이발 형태 작업의 완성도 여부</td><td></td><td></td><td></td></tr>
<tr><td>3. 떠내려 깎기의 숙련도 여부</td><td></td><td></td><td></td></tr>
<tr><td>4. 커트 스타일의 완성도 여부</td><td></td><td></td><td></td></tr>
</table>

2. 남성 미용 중발 중중발 헤어 스타일

학습내용 단원명	수업 목표
남성 커트 기본 스타일 중발형 중중발	남성 커트 미용 중발 중중발 헤어 스타일 실습을 수행할 수 있다.

중중발 헤어 스타일 Medium Half Long Hair Style 은 사람의 머리 두상에서 귀가 있는 부분이 중심에 있고, 포인트 Point 가 되는 곳이 주위의 머리 길이에서 결정되어 좌·우측 두부 밑머리가 귀 상단 1/2을 가린 머리 길이의 기준에 따라 중중발로 나누어진다.

(1) 중중발 헤어 커트 준비하기

1) 재료

① 커트 빗

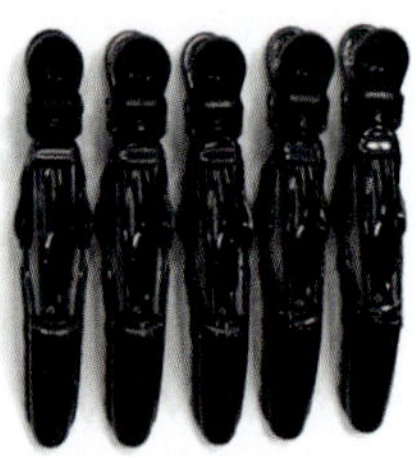

② 핀셋

③ 클리퍼

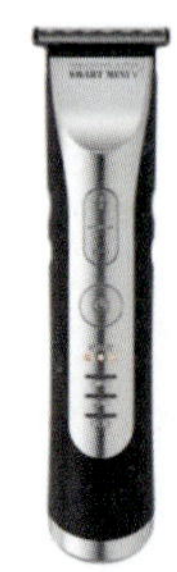

④ 트리머 클리퍼

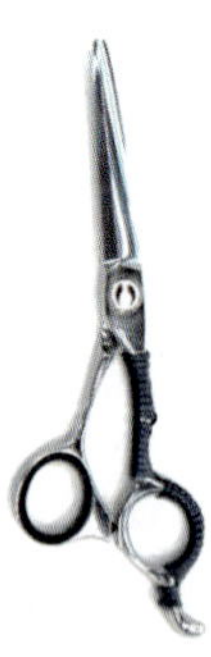

⑤ 블런트 가위

⑥ 장가위

⑦ 틴닝 가위

⑧ 드라이기

2) 도해도 및 시술 개요

① 도해도

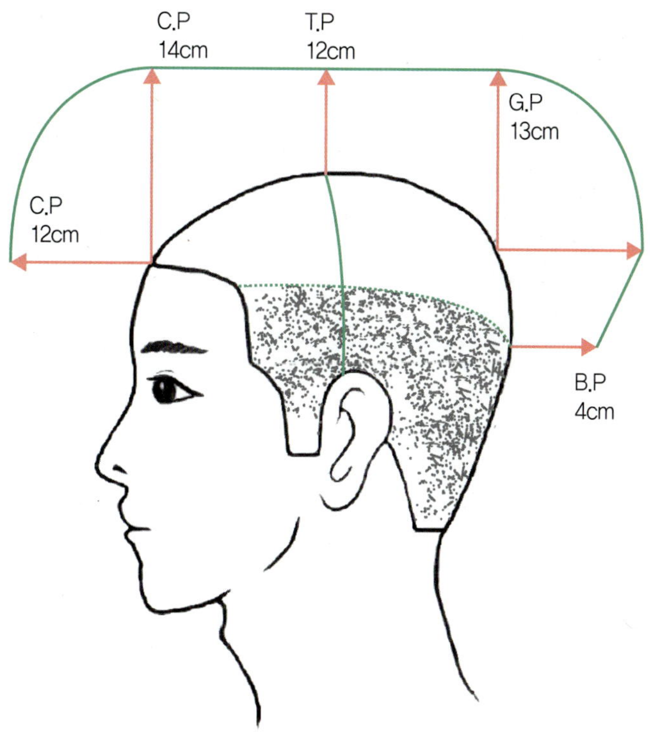

② 시술개요

블로킹 Blocking	측두선 U-Line, 측중선 E.E.L-Ear to Ear Line
섹션 Section	수평 Horizontal, 세로 Vertical, 후대각 Diagonal Back
분배 Distribution	자연 분배 Nature Distribution, 직각 분배 Perpendicular Distribution, 방향 분배 Direction Distribution, 변이 분배 Shifted Distribution
각도 Angle	자연 시술 각 Nature Fall 60° 45~70°, Top-90° to Over Directed, 일반 시술 각 Nomal Projection 90°
베이스 Base	온 더 베이스 On The Base, 프리 베이스 Free Base, 사이드 베이스 Side Base
커트 Cut	블런트 커트 Blunt Cut, 포인트 커트 Point Cut, 시저스 오버 콤 Scissor Over Comb, 클리퍼 Clipper
질감 처리 Texturerising	이너 틴닝 Inner Thinning

3) 미용 남성 커트 시술 방법

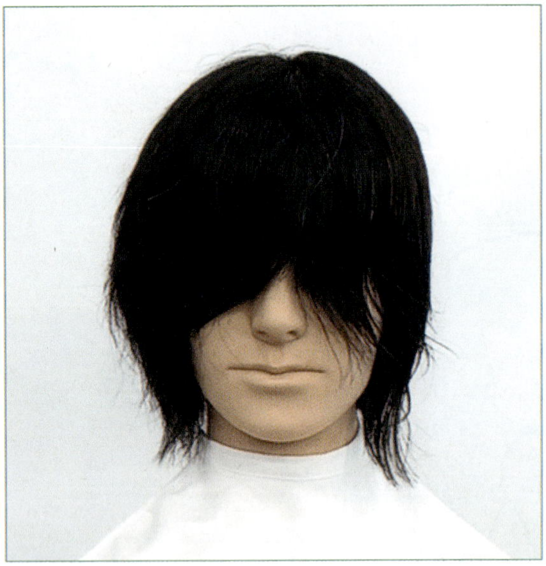

시술 전

시술 후

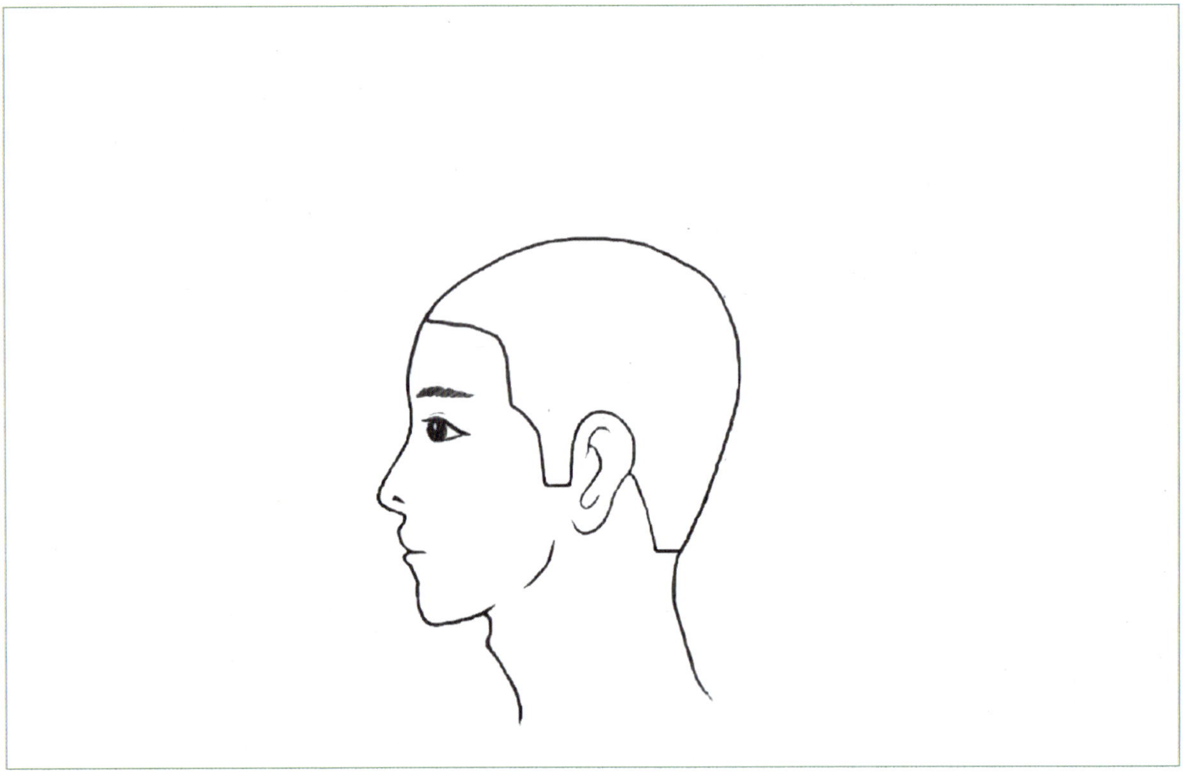

도해도 그려보기

(2) 중중발 헤어 스타일 시술하기

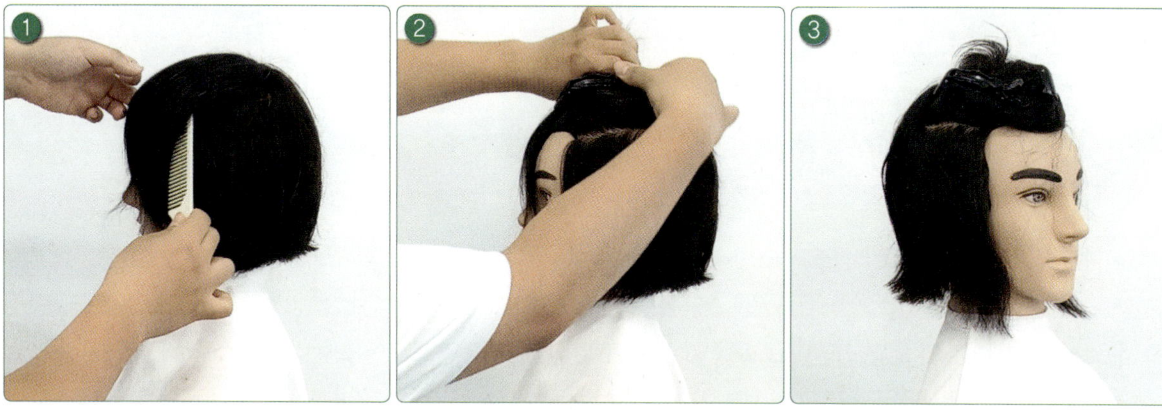

①, ②, ③ 양쪽 사이드Side를 프론트 사이드 포인트F.S.P : Front Side Point에서 이어 백 포인트E.B.P : Ear Back Point까지 일직선으로 섹션Section을 나눈다.

④, ⑤, ⑥ 양쪽 사이드에 맞춰진 섹션의 이어 백 포인트에서 백 포인트B.P : Back Point까지 U 라인U-Line의 블로킹Blocking을 나눈다.

⑦, ⑧, ⑨ 좌측 사이드를 시저스 오버 콤Scissor Over Comb 기법을 이용하여 중간 시술 각 60°로 컨벡스 라인Convex Line의 무게선을 형성한다.

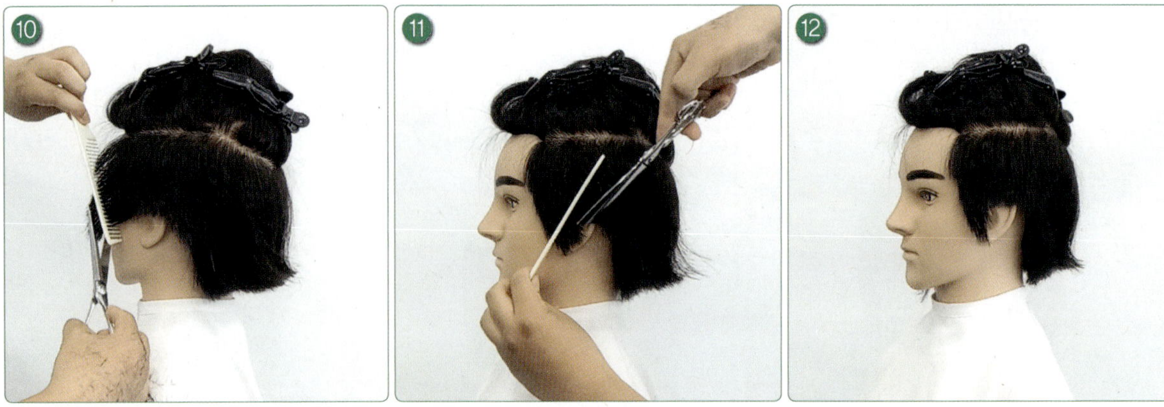

⑩, ⑪, ⑫ 좌측 사이드의 헤어 라인Hair Line을 가위로 귀의 1/2을 가릴 정도로 정리한다.

⑬, ⑭, ⑮ 전과 동일한 방법으로 우측 사이드의 커트Cut를 진행한다.

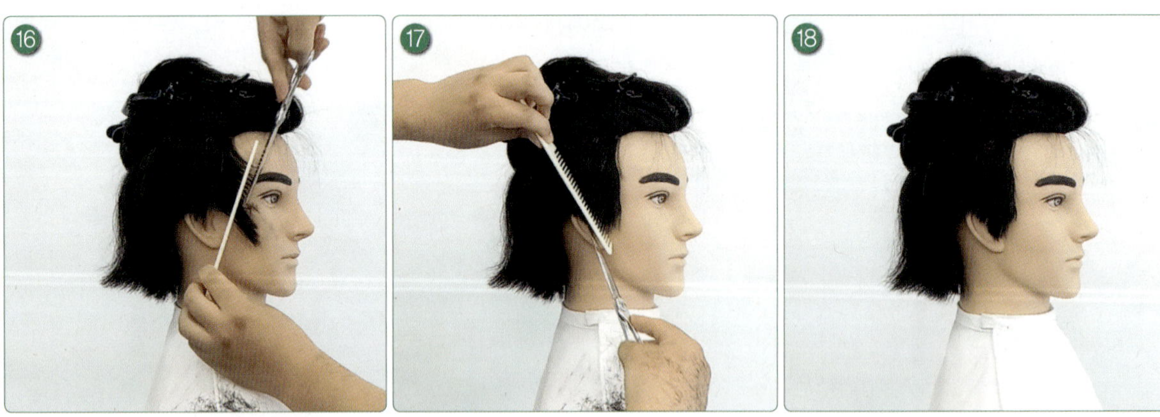

⑯, ⑰, ⑱ 전과 동일한 방법으로 우측 사이드의 커트를 진행한다.

⑲, ⑳, ㉑ 백Back 부분을 시저스 오버 콤 기법을 이용하여 중간 시술 각 60°로 컨벡스 라인의 무게선을 형성한다.

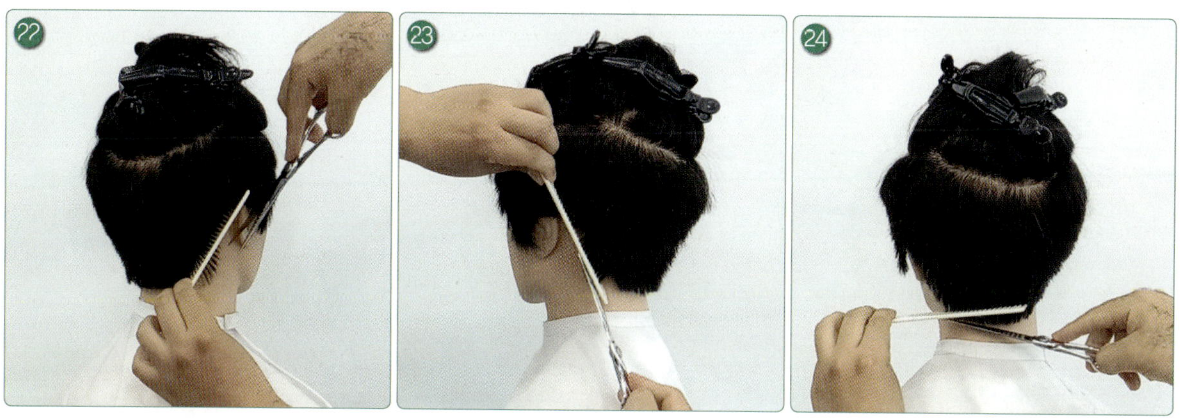

㉒, ㉓, ㉔ 백 부분의 헤어 라인을 가위로 깔끔하게 정리한다.

㉕, ㉖, ㉗ 상단부의 섹션을 풀고 시술을 진행한다.

㉘, ㉙, ㉚ 탑 포인트T.P : Top Point의 가이드Guide를 기준으로 센터 포인트C.P : Center Point까지 뒤쪽으로 사이드 베이스Side Base 하여 스퀘어 라인Square Line 형태로 커트를 진행한다.

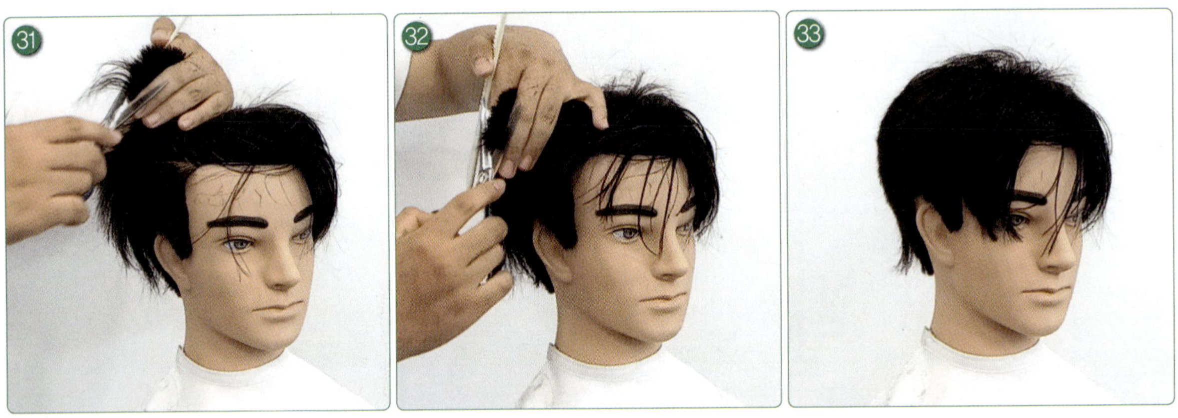

㉛, ㉜, ㉝ 탑 포인트의 가이드를 기준으로 우측 사이드를 라운드 레이어Round Layer 형태로 커트하며, 프론트 사이드 포인트까지 동일한 방법으로 커트를 진행한다.

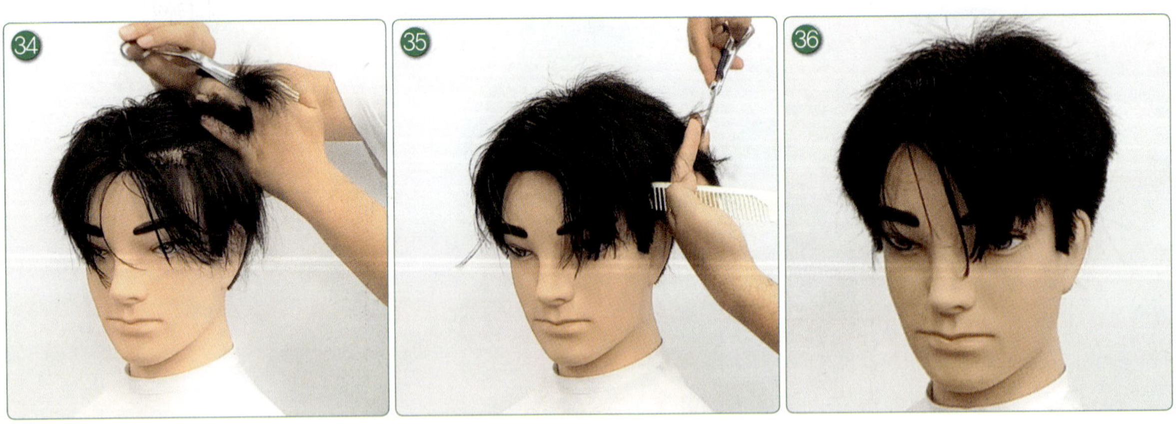

㉞, ㉟, ㊱ 전과 동일한 방법으로 좌측 사이드의 커트를 진행한다.

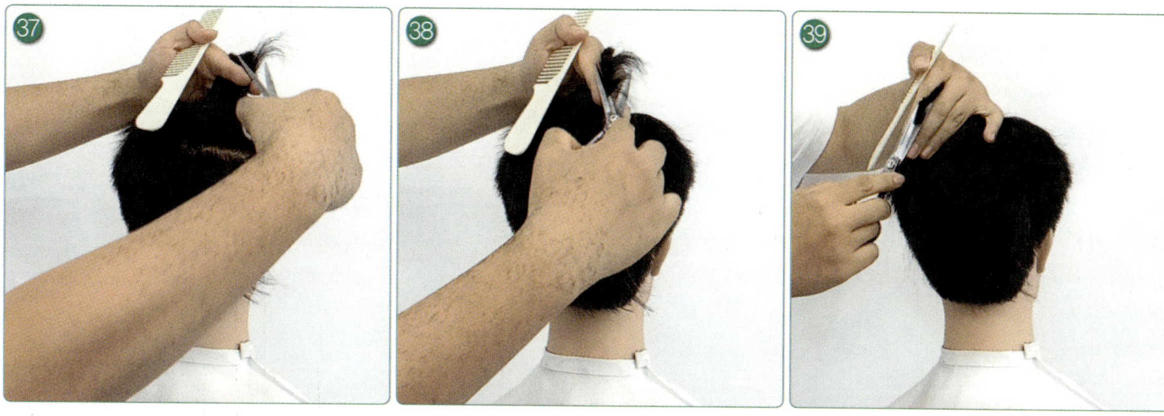

㊲, ㊳, ㊴ 탑 포인트의 가이드를 기준으로 골든 포인트G.P : Golden Point 부분을 라운드 레이어로 커트하며, 백 포인트 부분까지 동일한 방법으로 커트를 진행한다.

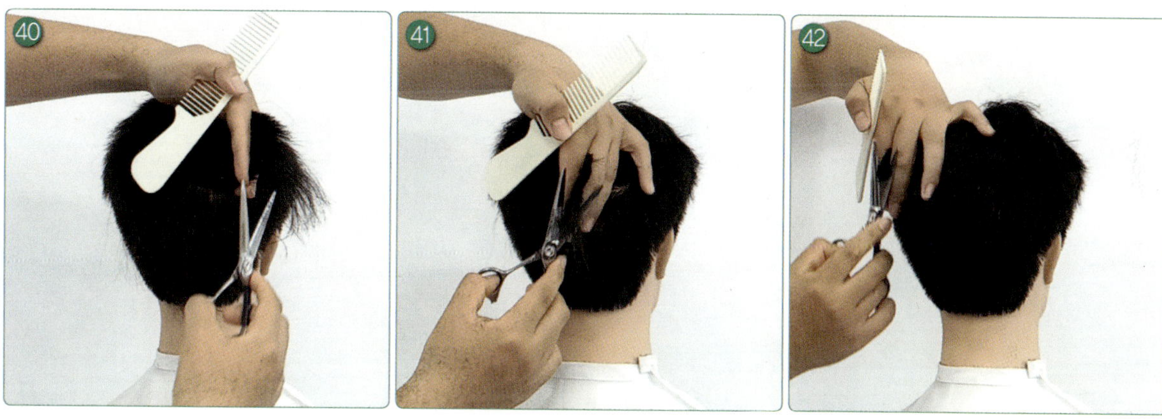

㊵, ㊶, ㊷ 백 포인트에서 네이프 포인트N.P : Nape Point까지 라운드 레이어로 커트를 진행한다.

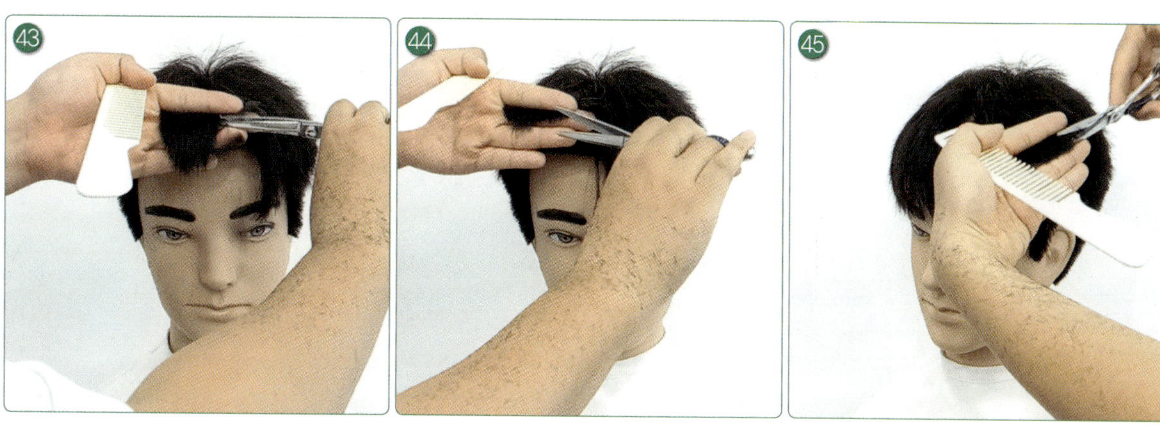

㊸, ㊹, ㊺ 센터 포인트의 가이드를 설정하여 양쪽 사이드까지 라운드 레이어 형태로 커트를 진행한다.

㊻, ㊼, ㊽ 이너 틴닝 Inner Thinning 기법을 이용하여 전체 질감 처리를 한다.

㊾, ㊿, 51 모발의 흐름에 따라 드라이기를 이용하여 핸드 드라이 Hand Dry 한다.

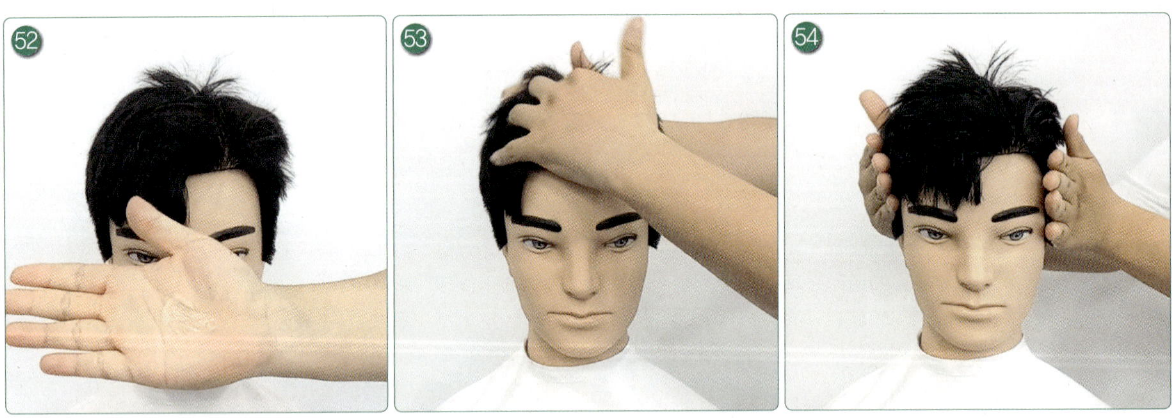

52, 53, 54 제품을 사용하여 스타일링 Styling 한다.

(3) 중중발 헤어 스타일 마무리 하기

앞 Front

뒤 Back

우측 Right side

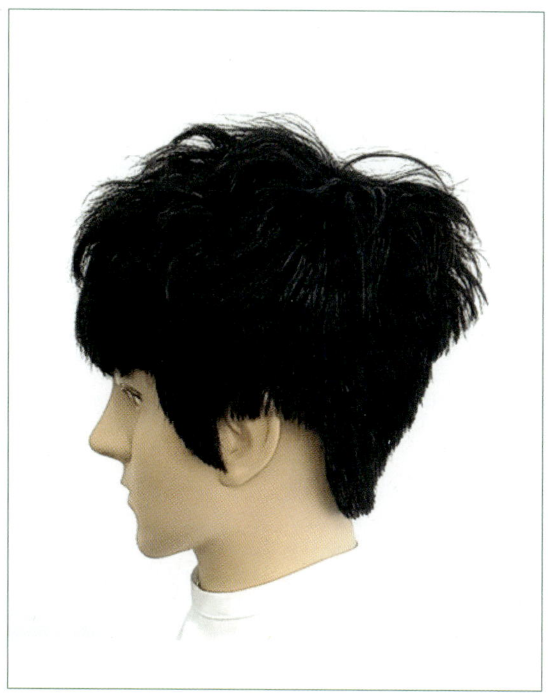

좌측 Left side

실습과정 사진	
사진	설명

실습결과 사진	
앞 Front	뒤 Back
좌측 Left Side	우측 Right Side

[교수 학습방법]

교수 방법
① 중중발형의 길이 구조 배열을 설명한다.
② 중중발형의 도해도를 그리며 7단계 절차에 대해 설명한다.
③ 중중발형을 작업 절차에 따라 위그에 시연한다.
④ 올바른 도구 사용 방법과 이발 기법을 익힐 수 있도록 지도한다.
⑤ 다양한 이발 기법을 활용할 수 있도록 지도한다.

학습 방법
① 중중발형 이발의 길이 구조를 이해하여 노트에 도해도를 그린다.
② 중중발형의 도해도와 7단계 커트 절차를 정리한다.
③ 중중발형 이발의 작업 절차를 숙지하여 위그에 반복 실습한다.
④ 도구를 바르게 사용할 수 있도록 주의하며 이발 기법을 위그에 실습한다.
⑤ 다양한 이발 기법을 활용할 수 있도록 노력한다.

[평가 준거]

학습 내용	평가 항목	성취 수준		
		상	중	하
중중발형 이발 계획	1. 형태 분석에 따른 중중발형 스타일의 종류 및 형태선 특징 등을 도식화하여 설명할 수 있다.			
	2. 중중발형을 이발하기 위한 커트 절차를 설명할 수 있다.			
중중발형 이발 작업	중중발형을 이발하기 위한 이발 기법을 수행할 수 있다.			

[평가 방법]

학습 내용	평가 항목	성취 수준		
		상	중	하
중중발형 이발 계획	1. 중중발형의 길이 구조의 이해 여부			
	2. 형태 작업 순서 및 방법의 이해 여부			
	3. 커트 도구 및 기법의 이해 여부			
중중발형 이발 작업	1. 두상각 90°숙련 여부			
	2. 레이어드 커트의 숙련도 여부			
	3. 떠내 깎기, 떠올려 깎기의 숙련도 여부			
	4. 커트 스타일의 완성도			

[평가자 체크리스트]

학습 내용	평가 항목	성취 수준		
		상	중	하
중상고형 이발 형태 작업	1. 작업 전 도구 준비 여부			
	2. 올바른 도구 사용 방법 이해 여부			
	3. 형태 작업 절차 계획 능력			
중상고형 이발 질감과 마무리	1. 레이어 커트의 수행 능력			
	2. 중중발형 이발 형태 작업의 완성도			
	3. 떠내 깎기, 떠올려 깎기의 숙련도 여부			
	4. 커트 스타일의 완성도 여부			

3. 남성 미용 중발 하중발 헤어 스타일

학습내용 단원명	수업 목표
남성 커트 기본 스타일 중발형 하중발	남성 커트 미용 중발 하중발 헤어 스타일 실습을 수행할 수 있다.

하중발 헤어 스타일 Low Half Long Hair Style은 사람의 머리 두상에서 귀가 있는 부분이 중심에 있고, 포인트 Point가 되는 곳이 주위의 머리 길이에서 결정되어 좌·우 측 두부 밑머리가 귀 상단 2/3를 가린 머리 길이의 기준에 따라 하중발로 나누어진다.

(1) 하중발 헤어 커트 준비하기

1) 재료

① 커트 빗

② 핀셋

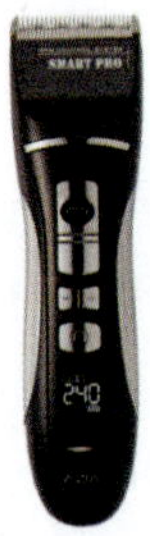

③ 클리퍼

④ 트리머 클리퍼

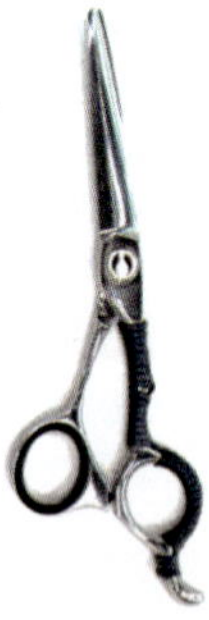

⑤ 블런트 가위

⑥ 장가위

⑦ 틴닝 가위

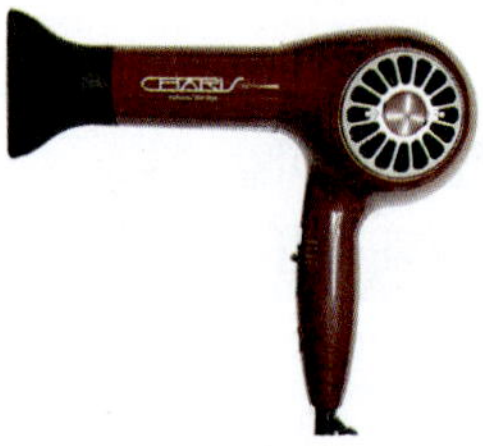

⑧ 드라이기

2) 도해도 및 시술 개요

① 도해도

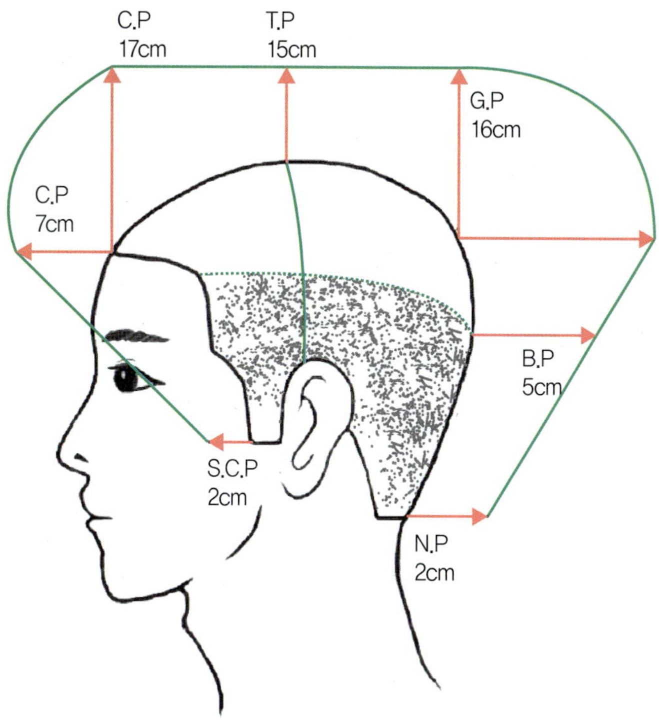

② 시술개요

블로킹 Blocking	측두선 U-Line, 측중선 E.E.L-Ear to Ear Line
섹션 Section	수평 Horizontal, 세로 Vertical, 후대각 Diagonal Back
분배 Distribution	자연 분배 Nature Distribution, 직각 분배 Perpendicular Distribution, 방향 분배 Direction Distribution, 변이 분배 Shifted Distribution
각도 Angle	자연 시술 각 Nature Fall 60° 45~70°, Top−90° to Over Directed, 일반 시술 각 Nomal Projection 90°
베이스 Base	온 더 베이스 On The Base, 프리 베이스 Free Base, 사이드 베이스 Side Base
커트 Cut	블런트 커트 Blunt Cut, 포인트 커트 Point Cut, 시저스 오버 콤 Scissor Over Comb, 클리퍼 Clipper
질감 처리 Texturerising	이너 틴닝 Inner Thinning

3) 미용 남성 커트 시술 방법

시술 전

시술 후

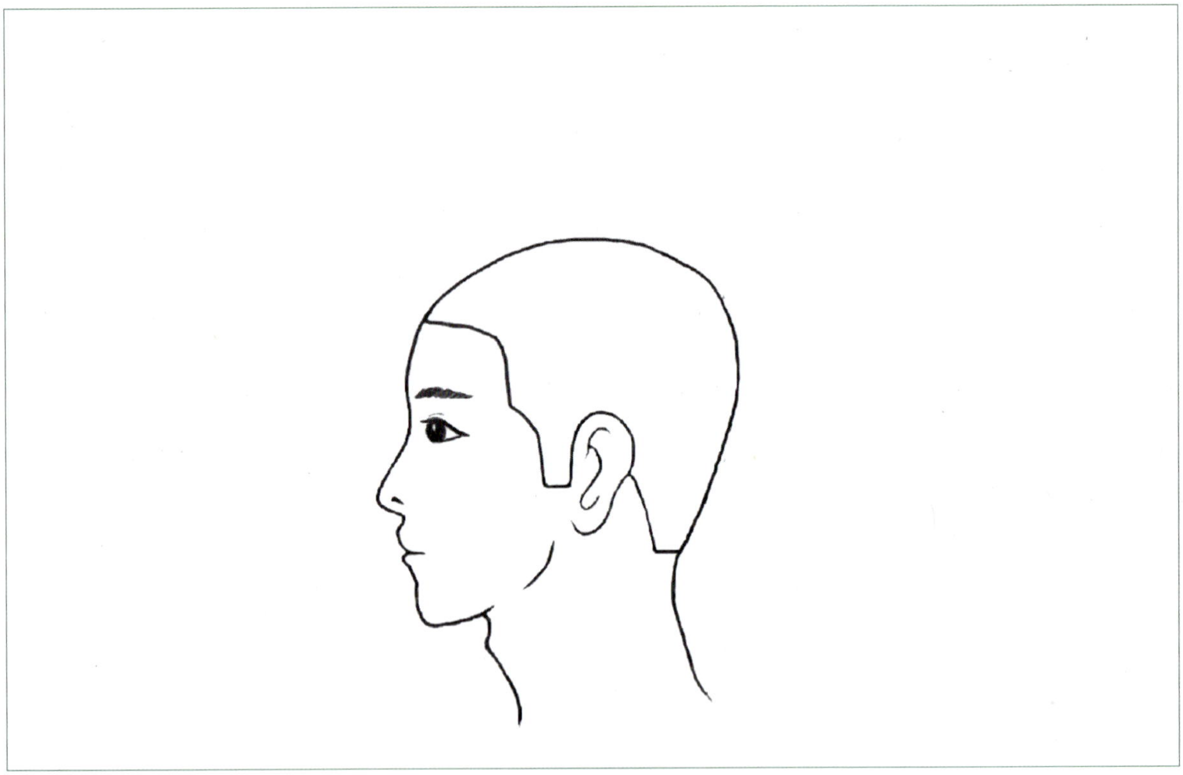

도해도 그려보기

(2) 하중발 헤어 스타일 시술하기

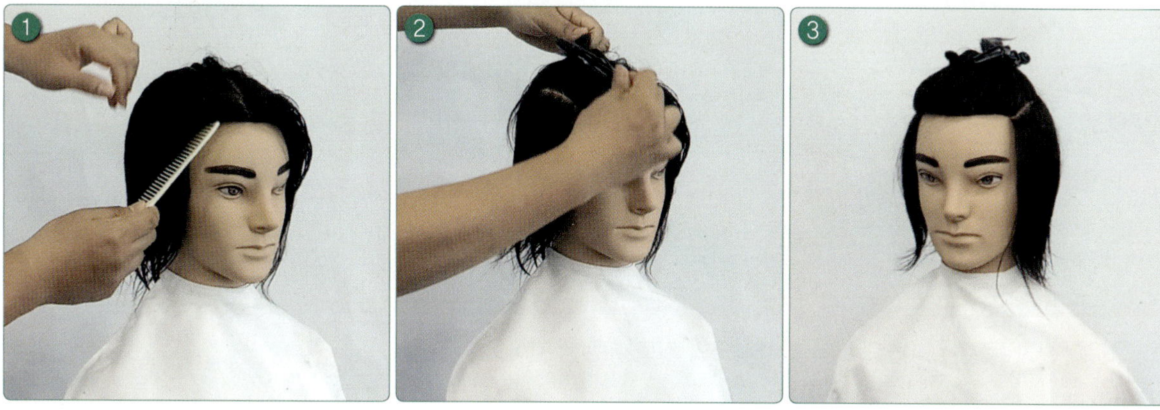

①, ②, ③ 프론트 사이드 포인트F.S.P : Front Side Point에서 이어 백 포인트E.B.P : Ear Back Point까지 일직선으로 섹션Section을 나눈다.

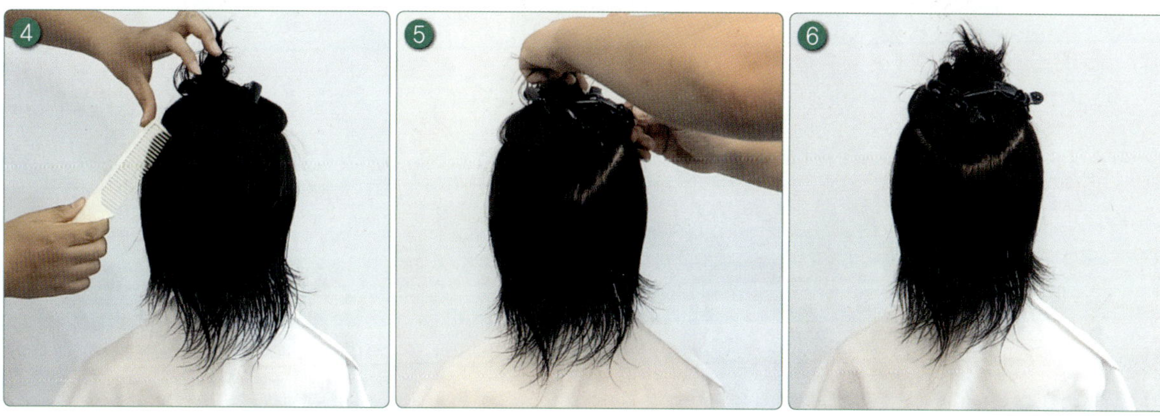

④, ⑤, ⑥ 양쪽 사이드Side에 맞춰진 섹션의 이어 백 포인트에서 백 포인트B.P : Back Point까지 U 라인U-Line으로 블로킹Blocking을 나눈다.

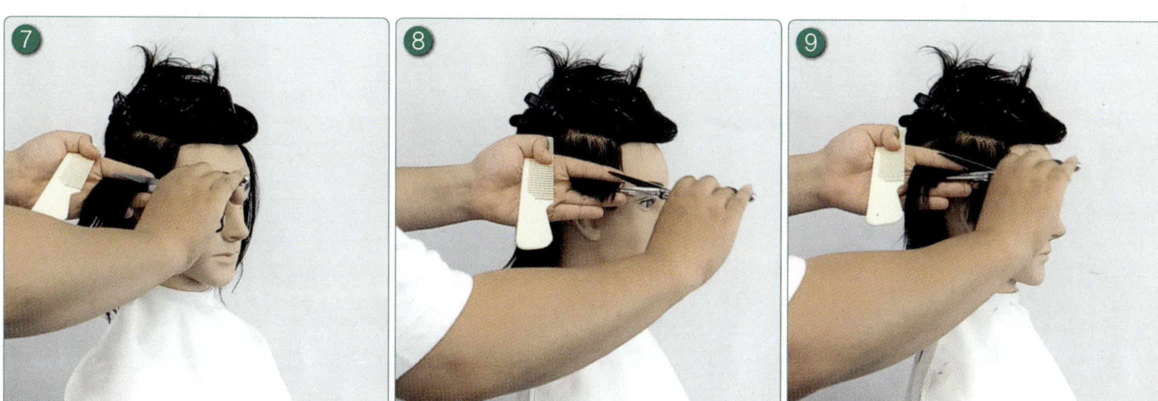

⑦, ⑧, ⑨ 우측 사이드를 수평 섹션Horiaontal Section과 중간 시술 각 45°로 커트Cut하여 컨벡스 라인Convex Line의 무게선을 형성한다.

⑩, ⑪, ⑫ 전과 동일한 방법으로 좌측 사이드의 커트를 진행한다.

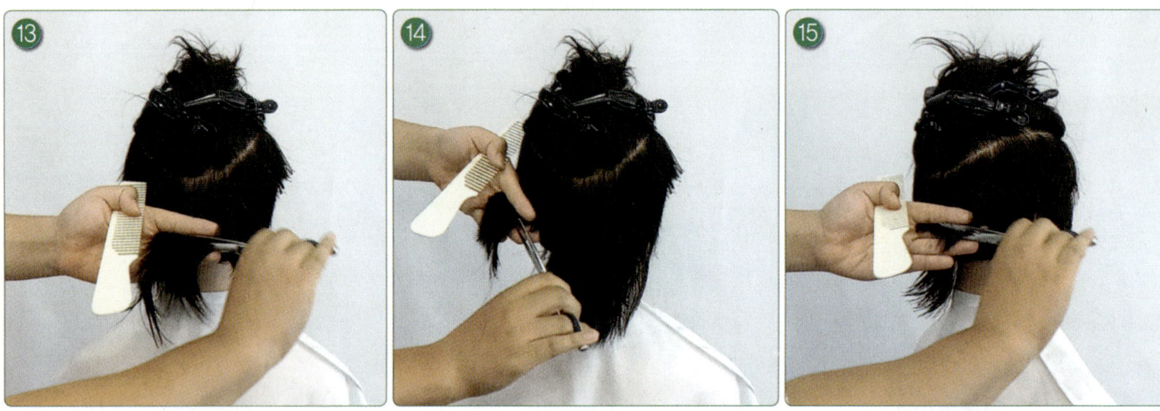

⑬, ⑭, ⑮ 백Back 부분을 수평 섹션과 중간 시술 각 45°로 커트하여 컨벡스 라인의 무게선을 형성한다.

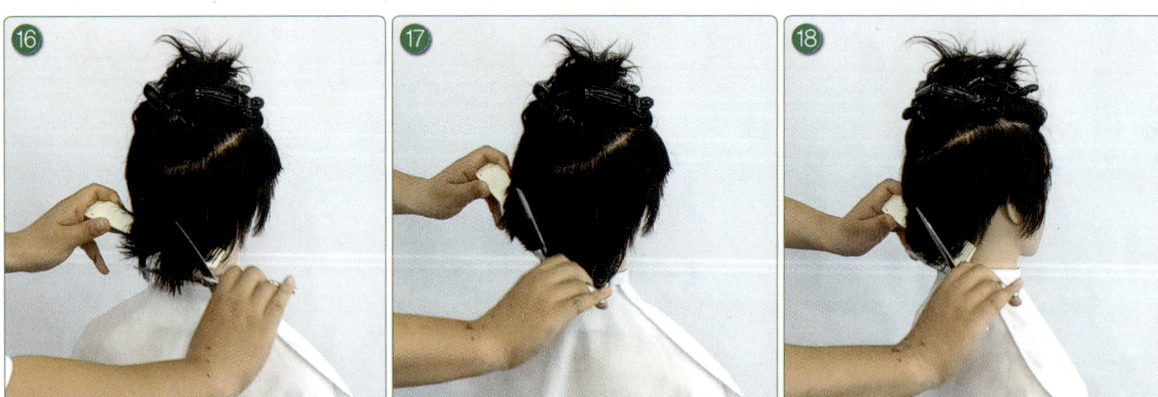

⑯, ⑰, ⑱ 네이프Nape 부분에 시저스 오버 콤Scissor Over Comb 기법을 이용하여 낮은 시술 각 30°로 그라데이션 커트Gradation Cut를 진행한다.

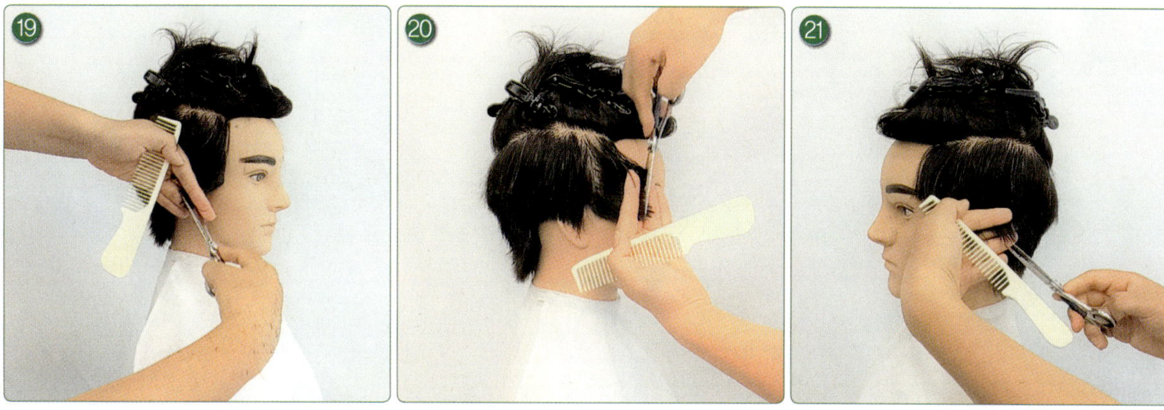

⑲, ⑳, ㉑ 양쪽 사이드의 헤어 라인Hair Line을 가위로 귀의 2/3를 가릴 정도로 정리한다.

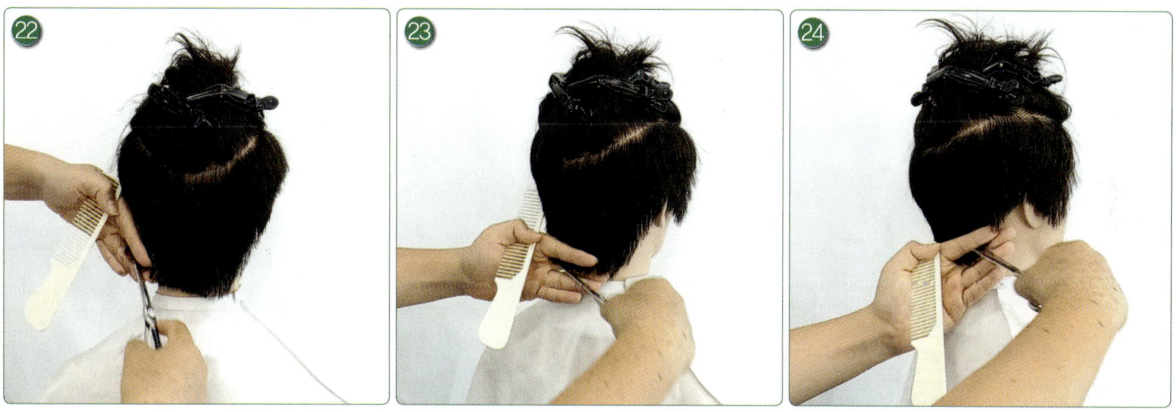

㉒, ㉓, ㉔ 백 부분의 헤어 라인을 가위로 정리한다.

㉕, ㉖, ㉗ 상단부의 섹션을 풀고 시술을 진행한다.

㉘, ㉙, ㉚ 탑 포인트T.P : Top Point의 가이드Guide를 기준으로 센터 포인트C.P : Center Point까지 뒤쪽으로 사이드 베이스Side Base 하여 스퀘어 라인Square Line 형태로 커트를 진행한다.

㉛, ㉜, ㉝ 탑 포인트의 가이드를 기준으로 우측 사이드를 라운드 레이어Round Layer 형태로 커트하며, 프론트 사이드 포인트까지 동일한 방법으로 커트를 진행한다.

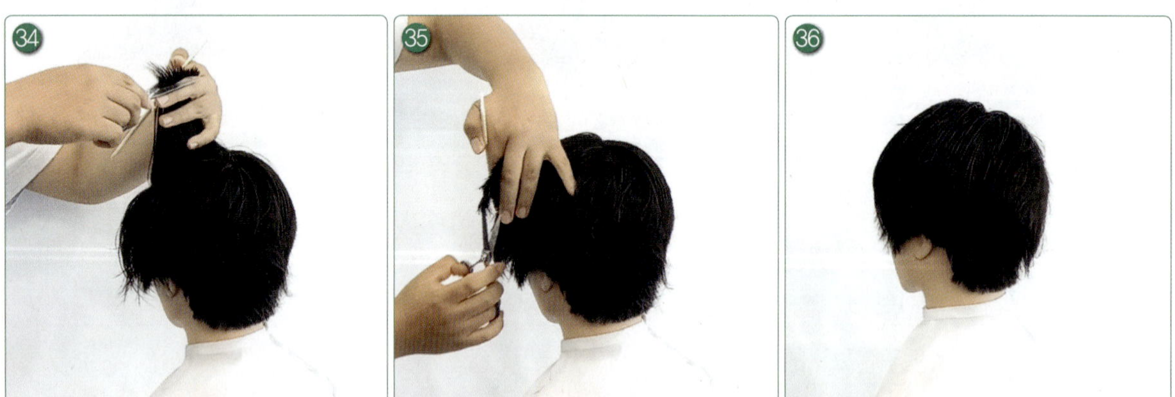

㉞, ㉟, ㊱ 전과 동일한 방법으로 좌측 사이드의 커트를 진행한다

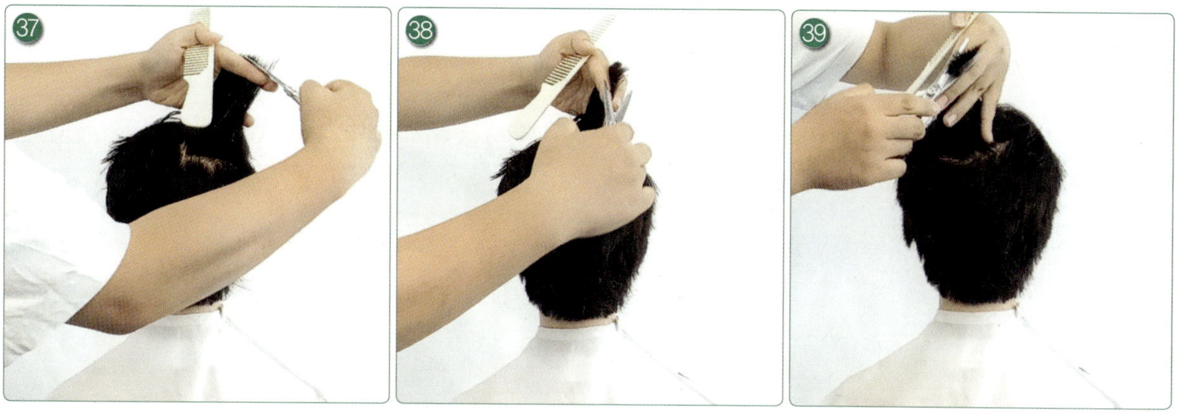

㊲, ㊳, ㊴ 탑 포인트의 가이드를 기준으로 골든 포인트G.P : Golden Point 부분을 라운드 레이어로 커트하며, 백 포인트 부분까지 동일한 방법으로 커트를 진행한다.

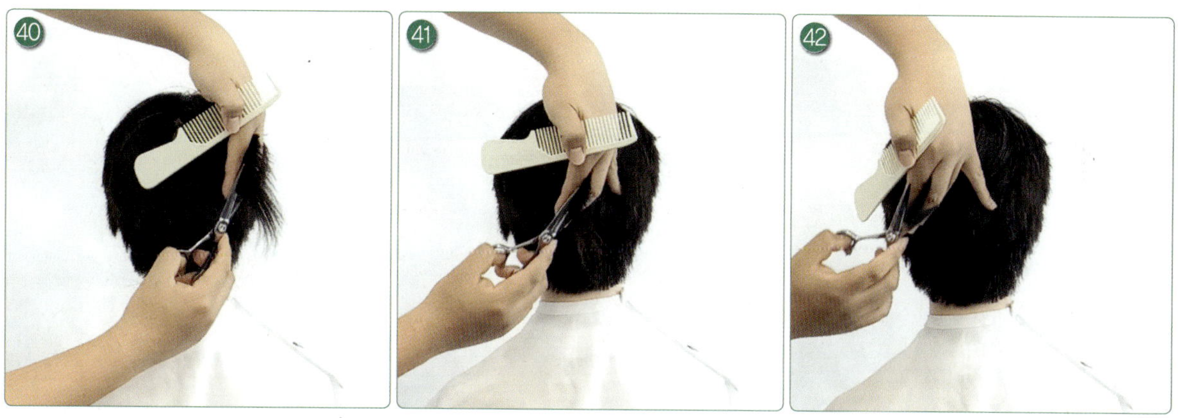

㊵, ㊶, ㊷ 백 포인트에서 네이프 포인트N.P : Nape Point까지 라운드 레이어로 커트를 진행한다.

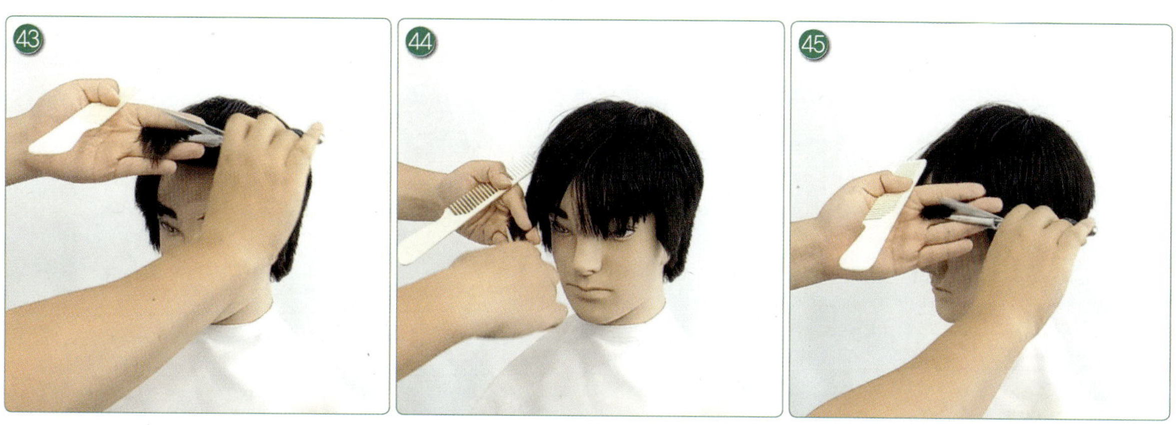

㊸, ㊹, ㊺ 센터 포인트의 가이드를 설정하여 양쪽 사이드까지 라운드 레이어 형태로 커트를 진행한다.

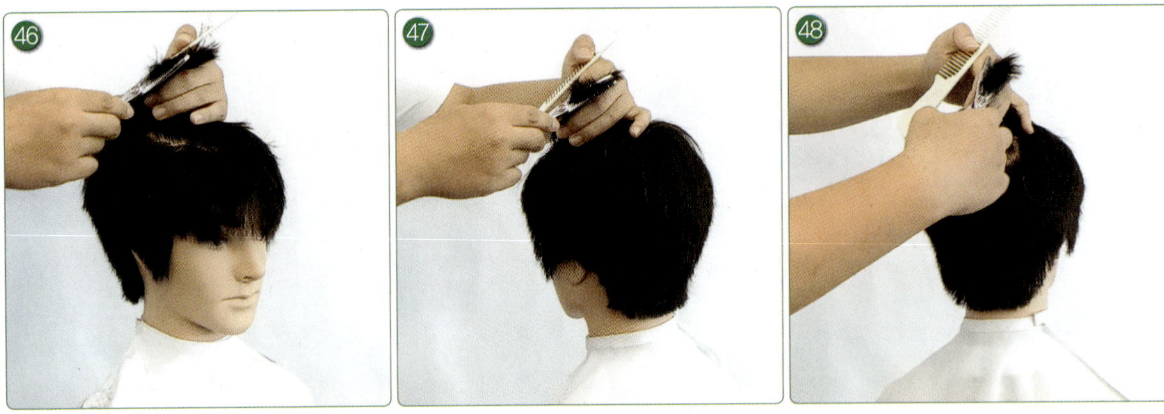

㊻, ㊼, ㊽ 이너 틴닝Inner Thinning 기법을 이용하여 전체 질감 처리를 한다.

㊾, ㊿, (51) 모발의 흐름에 따라 드라이기를 이용하여 핸드 드라이Hand Dry 한다.

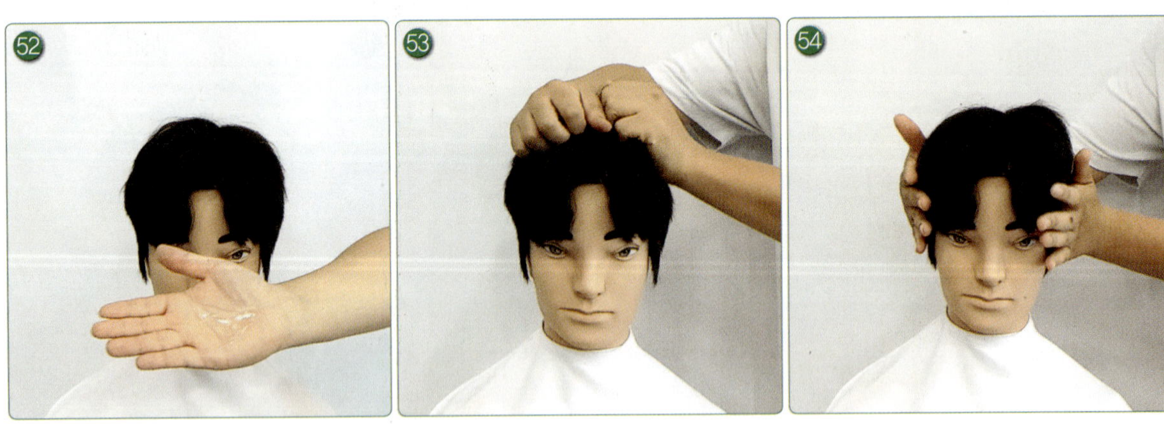

(52), (53), (54) 제품을 사용하여 스타일링Styling 한다.

(3) 하중발 헤어 스타일 마무리 하기

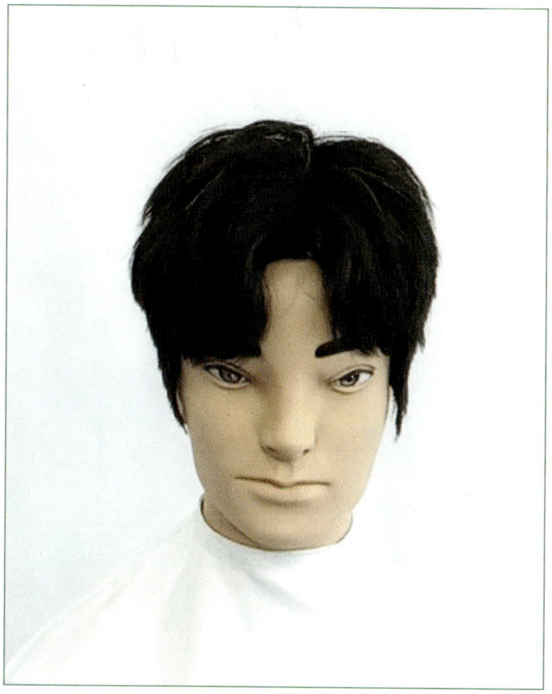

앞Front

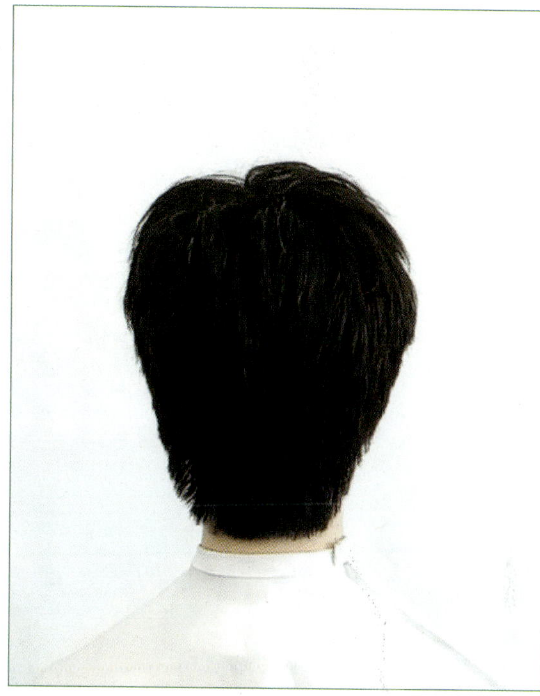

뒤Back

우측Right side

좌측Left side

실습과정 사진	
사진	설명

실습결과 사진	
앞 Front	뒤 Back
좌측 Left Side	우측 Right Side

[교수 학습방법]

교수 방법
① 하중발형의 길이 구조 배열을 설명한다.
② 하중발형의 도해도를 그리며 7단계 절차에 대해 설명한다.
③ 하중발형을 작업 절차에 따라 위그에 시연한다.
④ 올바른 도구 사용 방법과 이발 기법을 익힐 수 있도록 지도한다.
⑤ 다양한 이발 기법을 활용할 수 있도록 지도한다.

학습 방법
① 하중발형 이발의 길이 구조를 이해하여 노트에 도해도를 그린다.
② 하중발형의 도해도와 7단계 커트 절차를 정리한다.
③ 하중발형 이발의 작업 절차를 숙지하여 위그에 반복 실습한다.
④ 도구를 바르게 사용할 수 있도록 주의하며 이발 기법을 위그에 실습한다.
⑤ 다양한 이발 기법을 활용할 수 있도록 노력한다.

[평가 준거]

학습 내용	평가 항목	성취 수준		
		상	중	하
하중발형 이발 계획	1. 형태 분석에 따른 하중발형 스타일의 종류 및 형태선 특징 등을 도식화하여 설명할 수 있다.			
	2. 하중발형을 이발하기 위한 커트 절차를 설명할 수 있다.			
하중발형 이발 작업	하중발형을 이발하기 위한 이발 기법을 수행할 수 있다.			

[평가 방법]

학습 내용	평가 항목	성취 수준		
		상	중	하
하중발형 이발 계획	1. 하중발형의 길이 구조의 이해 여부			
	2. 형태 작업 순서 및 방법의 이해 여부			
	3. 커트 도구 및 기법의 이해 여부			
하중발형 이발 작업	1. 천체축 90° 지간 잡기 커트 숙련 여부			
	2. 스퀘어 커트의 수행 능력			
	3. 떠내 깎기, 떠올려 깎기의 숙련도 여부			
	4. 커트 스타일의 완성도			

[평가자 체크리스트]

학습 내용	평가 항목	성취 수준		
		상	중	하
하중발형 이발 계획	1. 작업 전 도구 준비 여부			
	2. 올바른 도구 사용 방법 이해 여부			
	3. 형태 작업 절차 계획 능력			
하중발형 이발 작업	1. 낮은 시술 각 커트의 수행 능력			
	2. 하중발형 이발 형태 작업의 완성도 여부			
	3. 떠내 깎기, 떠올려 깎기의 숙련도 여부			
	4. 커트 스타일의 완성도 여부			

4. 짧은 단발형 스타일

1. 남성 미용 짧은 단발 둥근형 이발 헤어 스타일

학습내용 단원명	수업 목표
남성 커트 기본 스타일 짧은 단발형 둥근형 이발	남성 커트 미용 짧은 단발 둥근형 이발 헤어 스타일 실습을 수행할 수 있다.

둥근형 이발 헤어 스타일 Round Short Hair Style 의 디자인 구성은 전체의 형태를 하나의 둥근 모형처럼 원형으로 연출하되 네이프 라인 Nape Line 과 사이드 라인 Side Line 은 짧게 커트 Cut 해 주는 형태이다.

(1) 둥근형 헤어 커트 준비하기

1) 재료

① 커트 빗

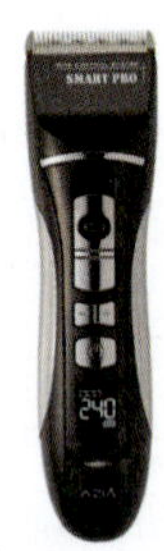
② 클리퍼

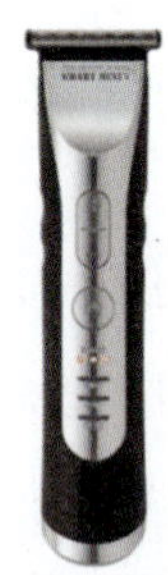
③ 트리머 클리퍼

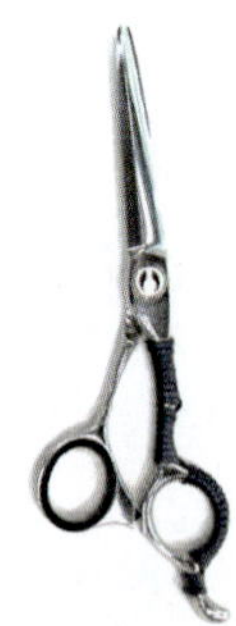
③ 블런트 가위

⑤ 장가위

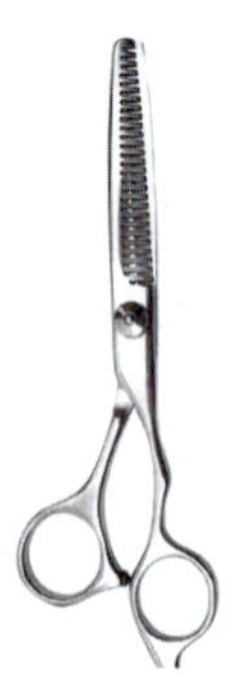
⑥ 틴닝 가위

⑦ 드라이기

⑧ 스타일링 제품

2) 도해도 및 시술 개요

① 도해도

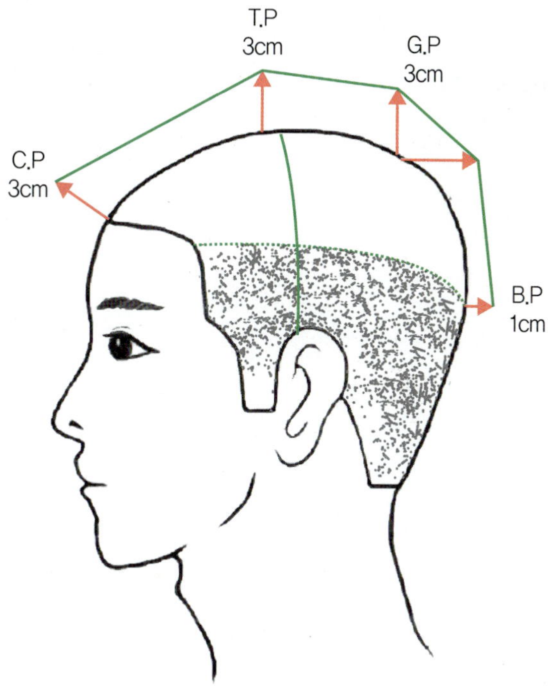

② 시술개요

블로킹 Blocking	노 파팅 No Parting
섹션 Section	수평 Horizontal, 세로 Vertical, 후대각 Diagonal Back
분배 Distribution	자연 분배 Nature Distribution, 직각 분배 Perpendicular Distribution, 방향 분배 Direction Distribution, 변이 분배 Shifted Distribution
각도 Angle	일반 시술 각 Nomal Projection 90°, Side−70~90°
베이스 Base	온 더 베이스 On The Base, 프리 베이스 Free Base, 사이드 베이스 Side Base
커트 Cut	블런트 커트 Blunt Cut, 포인트 커트 Point Cut, 시저스 오버 콤 Scissor Over Comb, 클리퍼 Clipper
질감 처리 Texturerising	이너 틴닝 Inner Thinning

3) 미용 남성 커트 시술 방법

시술 전

시술 후

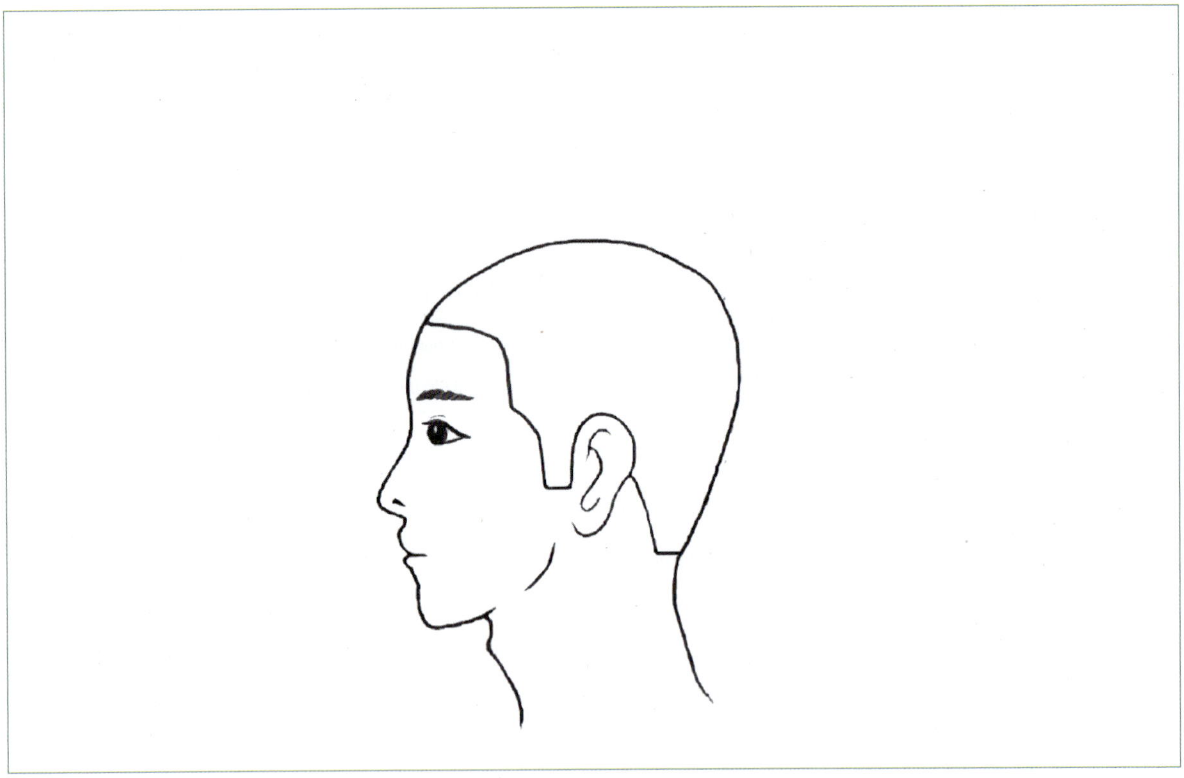

도해도 그려보기

(2) 둥근형 헤어 스타일 시술하기

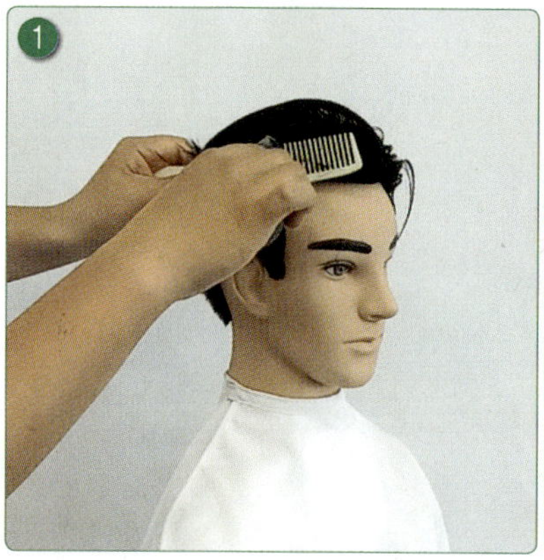

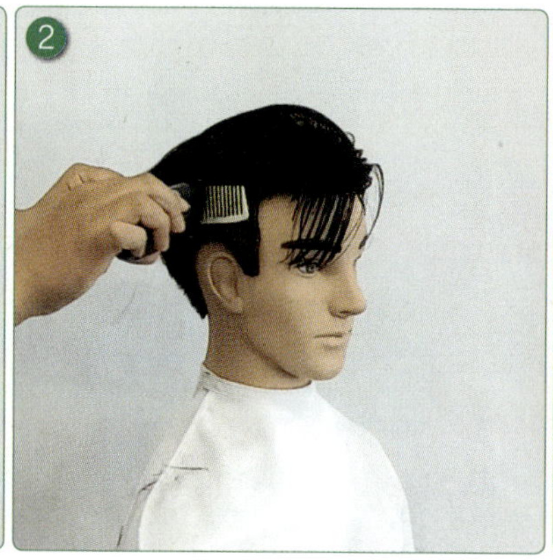

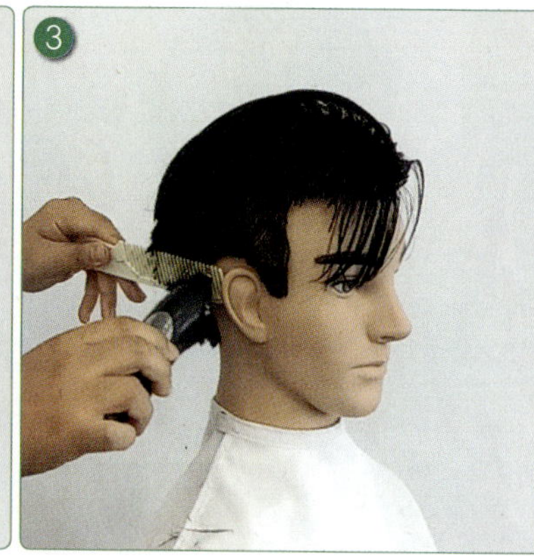

①, ②, ③ 프론트 사이드 포인트F.S.P : Front Side Point에서 이어 백 포인트E.B.P : Ear Back Point까지 클리퍼Clipper와 커트 빗Cut Comb을 이용하여 우측 사이드Side를 높은 시술 각 80°로 컨벡스 라인Convex Line의 무게선을 형성한다.

* 커트된 단면이 일자로 평면이 되도록 하며 두상의 각도에 맞춰 굴려서 커트하지 않도록 주의한다.

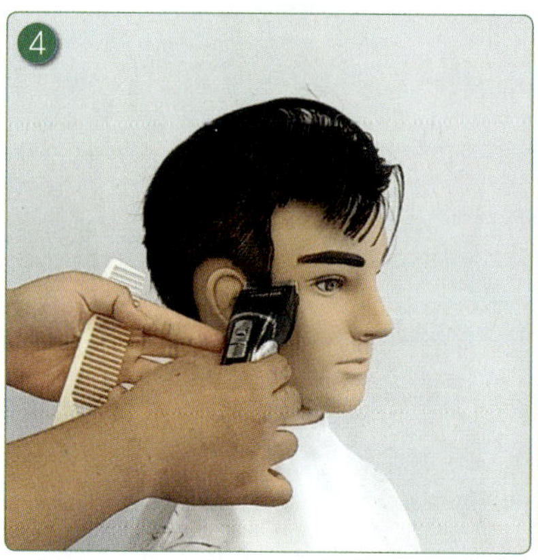

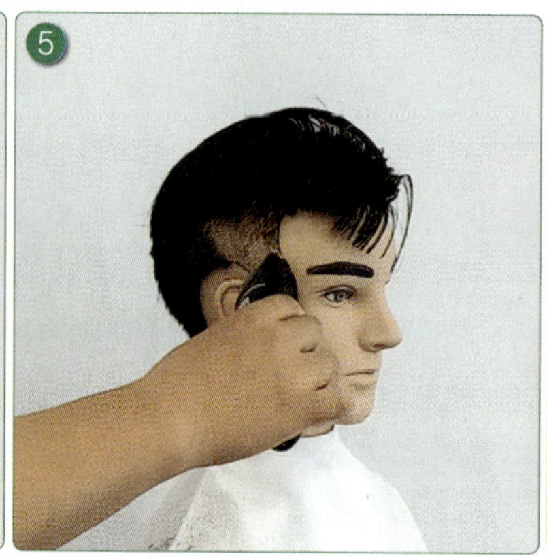

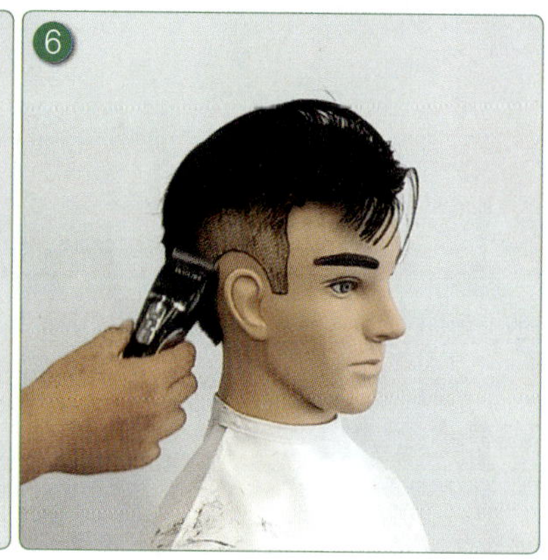

④, ⑤, ⑥ 프리 핸드 기법Free Hand Technic으로 클리퍼 날의 길이를 1mm로 설정하여 컨벡스 라인의 무게선으로 단면이 일자로 평면이 되도록 그라데이션 커트Gradation Cut를 진행한다.

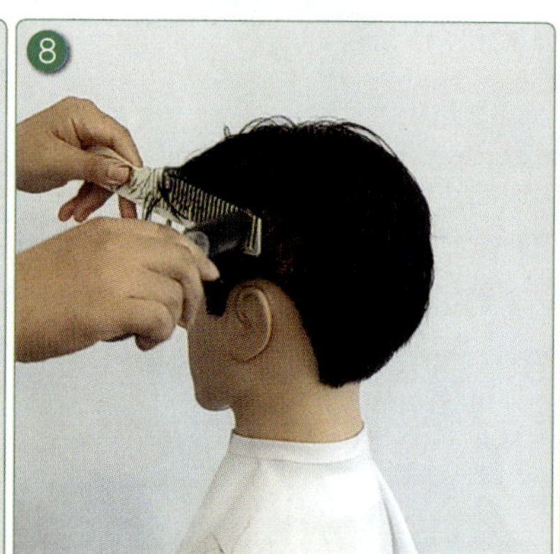

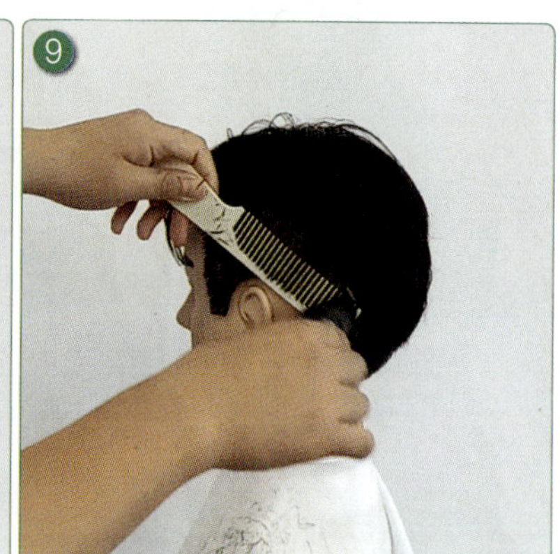

⑦, ⑧, ⑨ 전과 동일한 방법으로 좌측 사이드의 커트를 진행한다.

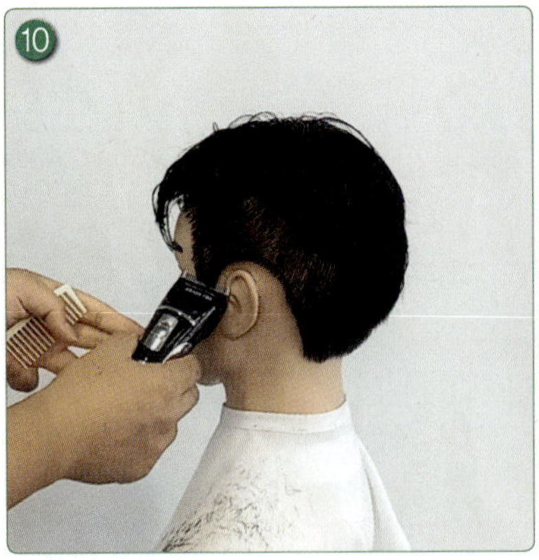

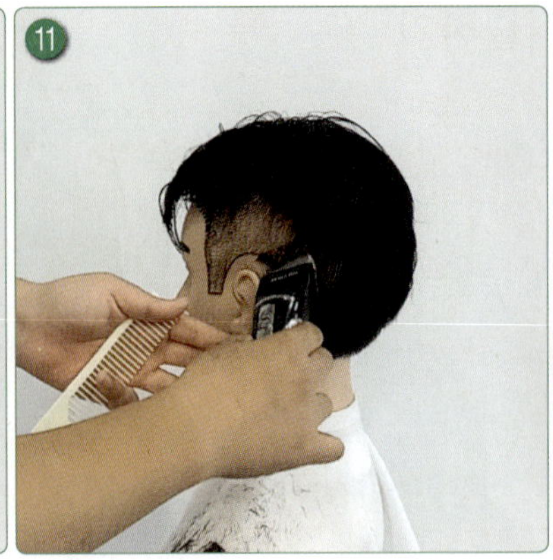

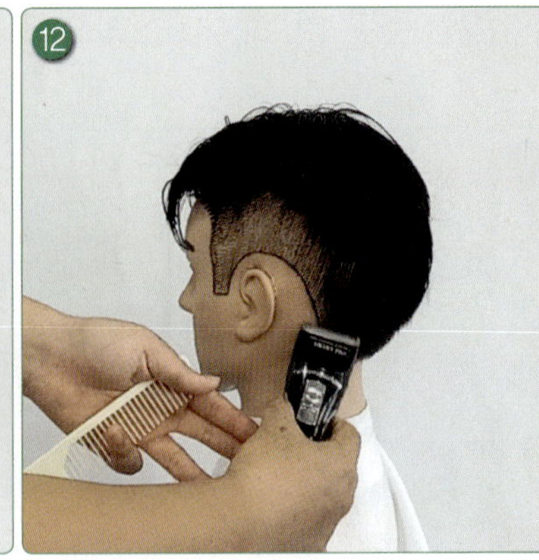

⑩, ⑪, ⑫ 전과 동일한 방법으로 좌측 사이드의 커트를 진행한다.

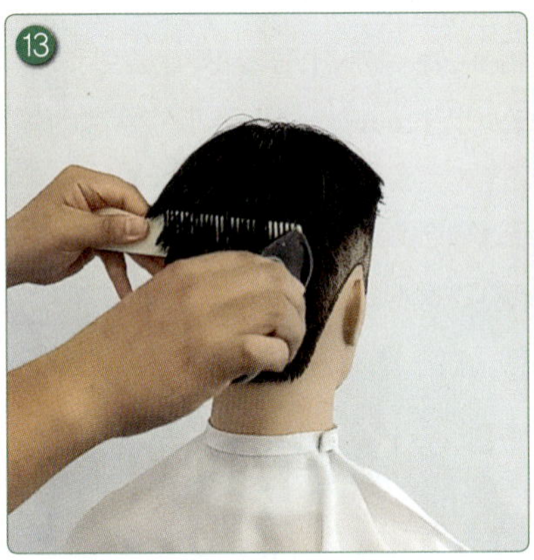

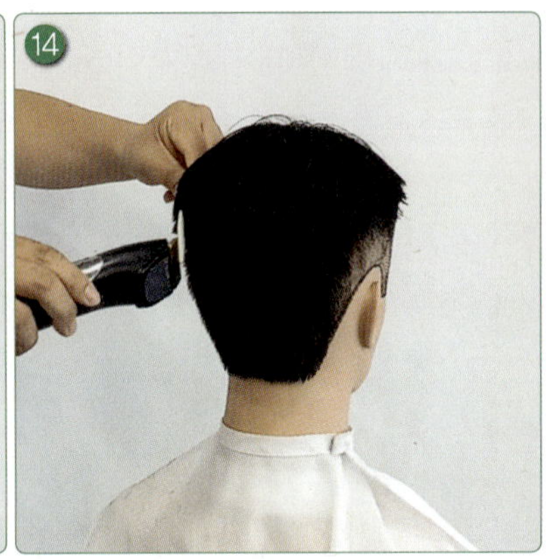

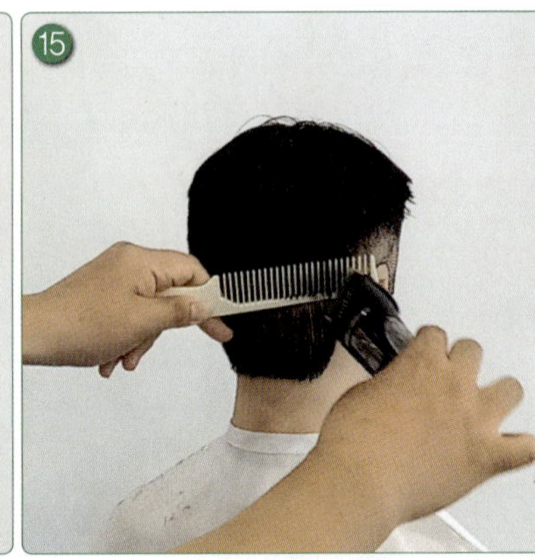

⑬, ⑭, ⑮ 클리퍼와 커트 빗을 이용하여 골든 백 미디움 포인트G.B.M.P : Golden Back Medium Point까지 백Back 부분을 높은 시술 각 80°로 컨벡스 라인의 단면이 일자로 평면이 되도록 무게선을 형성한다.

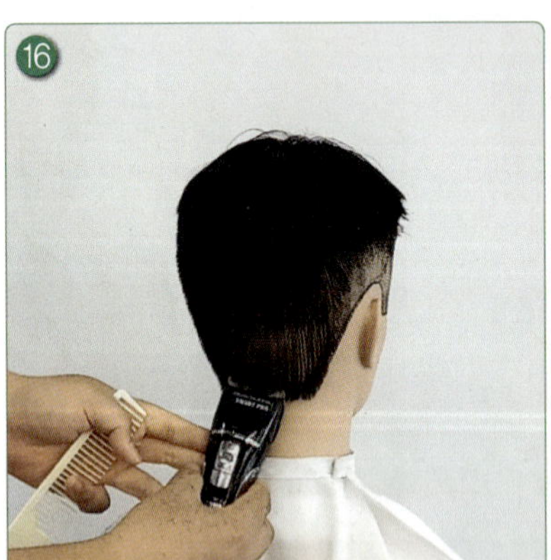

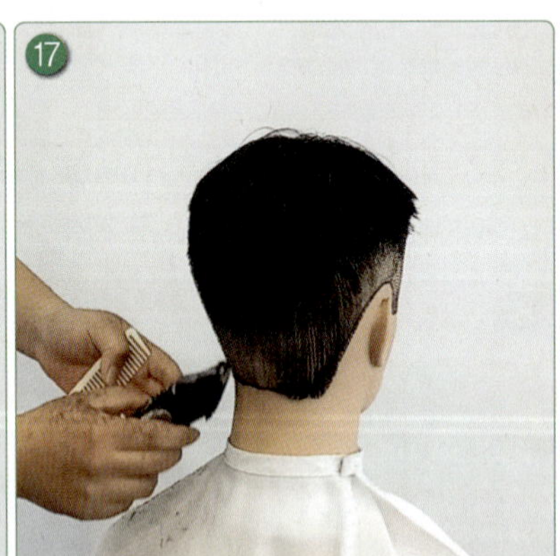

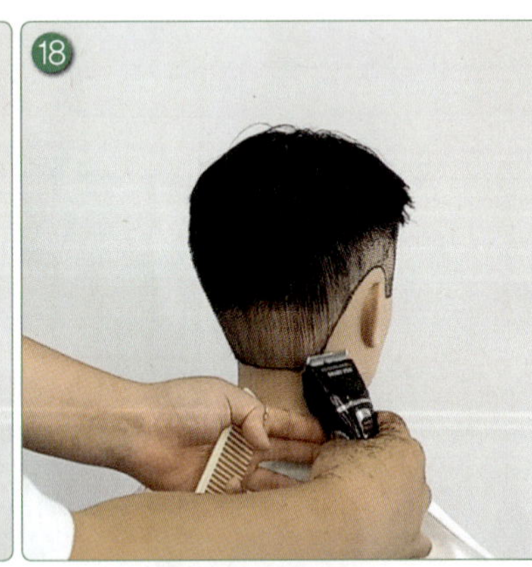

⑯, ⑰, ⑱ 프리 핸드 기법으로 클리퍼 날의 길이를 1mm로 설정하여 컨벡스 라인의 무게선으로 단면이 일자로 평면이 되도록 그라데이션 커트를 진행한다.

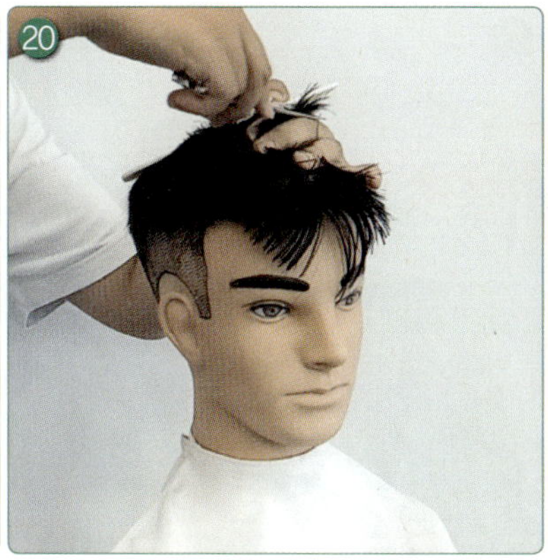

⑲, ⑳, ㉑ 탑 포인트T.P : Top Point의 가이드Guide를 기준으로 센터 포인트C.P : Center Point까지 온 더 베이스On The Base로 두상에 따라 라운드 레이어Round Layer 형태로 커트를 진행한다.

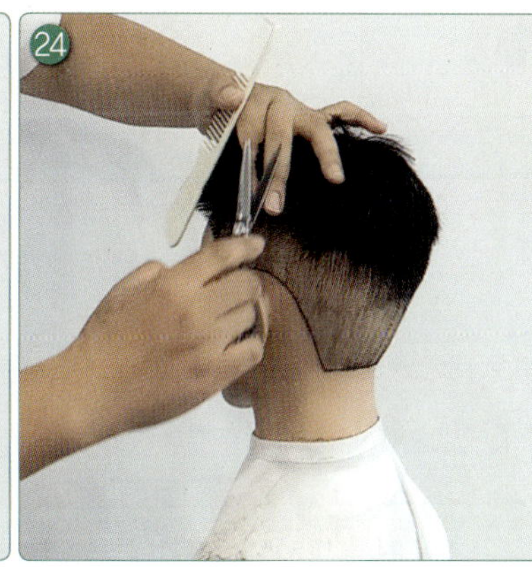

㉒, ㉓, ㉔ 탑 포인트의 가이드를 기준으로 양쪽 사이드를 라운드 레이어 형태로 커트하며, 프론트 사이드 포인트까지 동일한 방법으로 커트를 진행한다.

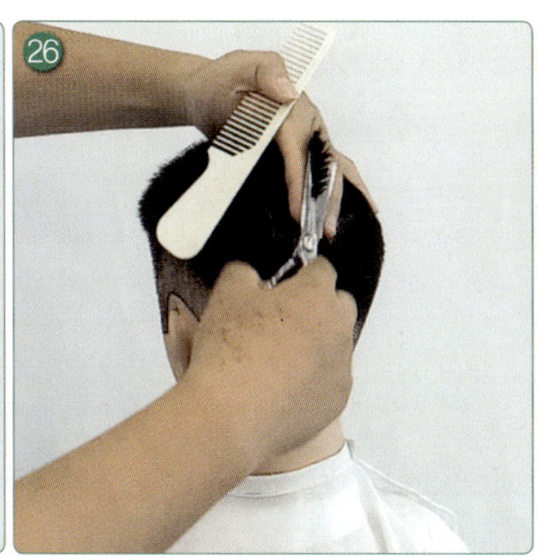

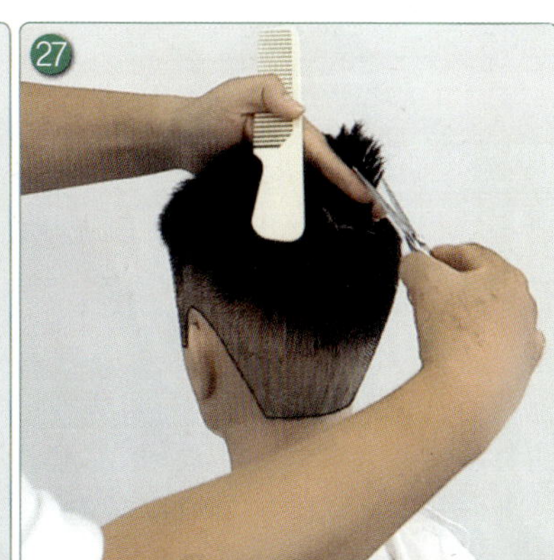

㉕, ㉖, ㉗ 탑 포인트의 가이드를 기준으로 골든 포인트G.P : Golden Point 부분을 라운드 레이어로 커트하며, 백 포인트B.P : Back Point 부분까지 동일한 방법으로 커트를 진행한다.

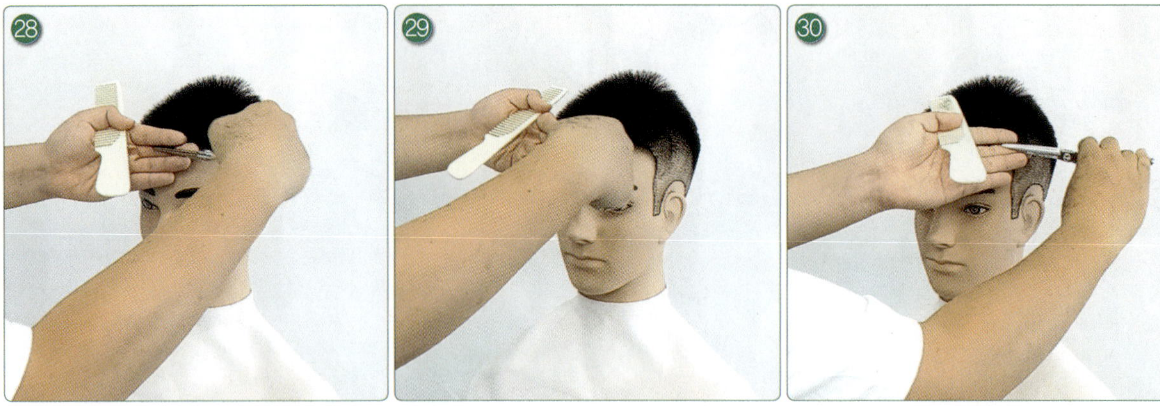

㉘, ㉙, ㉚ 센터 포인트의 가이드를 설정하여 양쪽 사이드까지 라운드 레이어 형태로 커트를 진행한다.

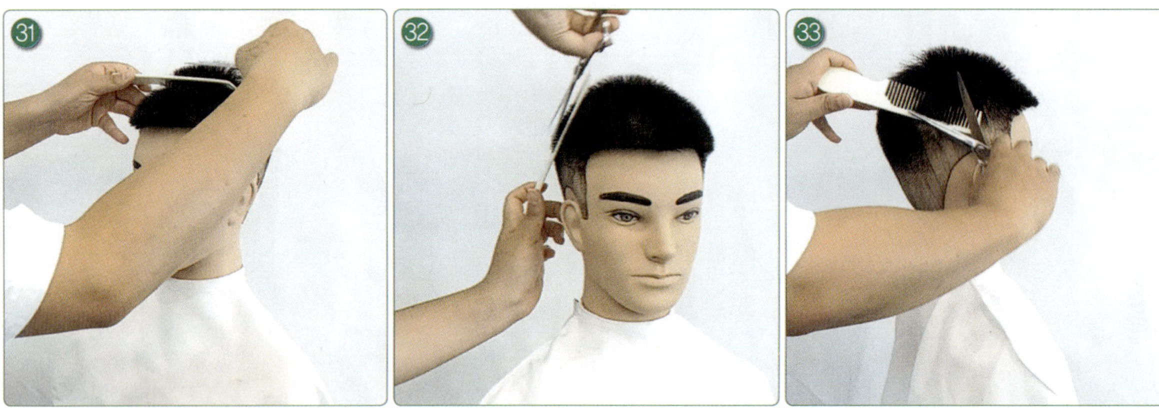

㉛, ㉜, ㉝ 시저스 오버 콤Scissor Over Comb 기법을 이용하여 전체적인 형태를 다듬어 보완한다.

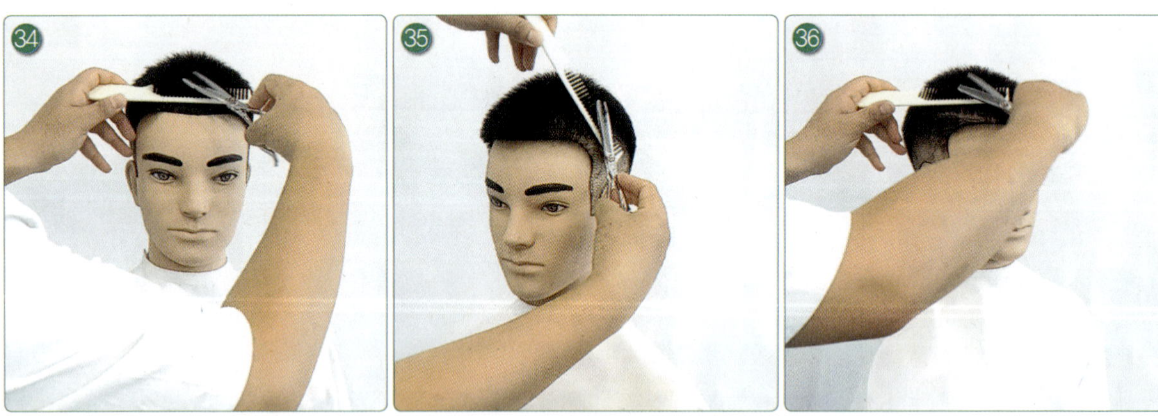

㉞, ㉟, ㊱ 이너 틴닝Inner Thinning 기법을 이용하여 전체 질감 처리를 한다.

(3) 둥근형 헤어 스타일 마무리 하기

앞Front

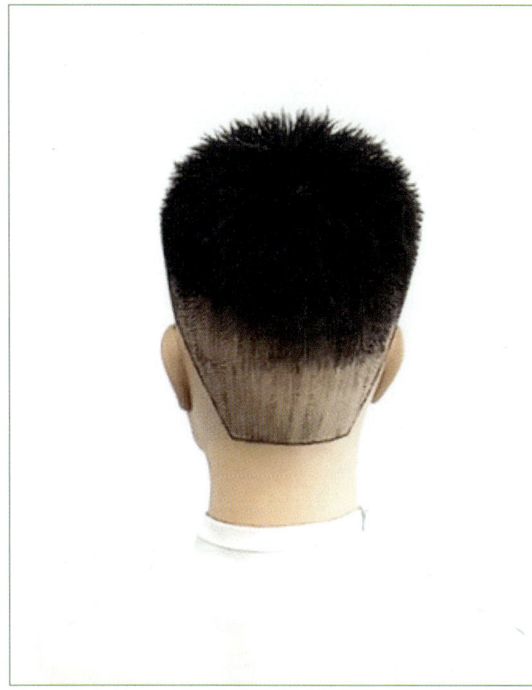

뒤Back

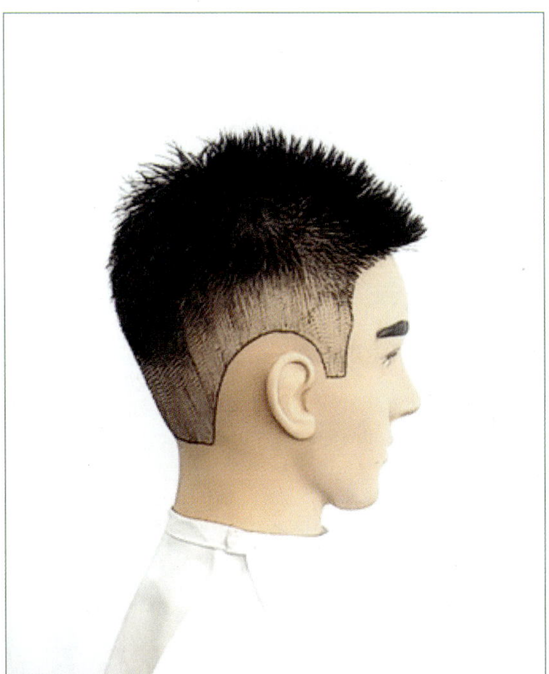

우측Right side

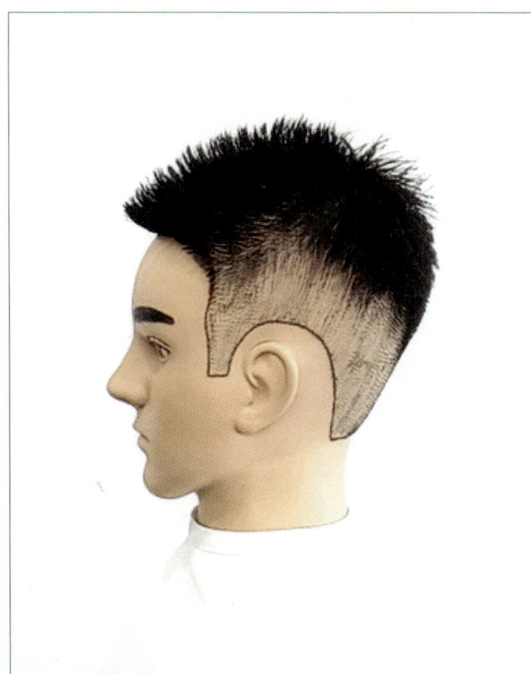

좌측Left side

실습과정 사진	
사진	설명

실습결과 사진	
앞 Front	뒤 Back
좌측 Left Side	우측 Right Side

[교수 학습방법]

교수 방법
① 둥근형 이발의 길이 구조 배열을 통한 형태선을 설명한다.
② 둥근형 이발인 둥근 스포츠 스타일을 잘 이해할 수 있도록 다양한 사진 자료를 제시한다.
③ 하이 그라데이션 커트의 무게선 위치와 형성되는 이유에 대해 설명한다.
④ 모발 길이에 따른 작업 절차의 차이점을 설명한다.
⑤ 둥근형 이발을 작업 절차에 따라 위그에 시연한다.
⑥ 올바른 도구 사용 방법과 이발 기법을 익힐 수 있도록 지도한다.

학습 방법
① 둥근형 이발의 길이 구조를 이해하여 노트에 도해도를 그려본다.
② 둥근형 이발 스타일의 디자인 패턴을 잘 파악할 수 있도록 자료를 수집한다.
③ 그라데이션 각도에 따른 무게선의 위치 변화를 숙지하여 위그에 실습한다.
④ 두발 길이에 따라 올바른 작업 절차를 선정하여 위그에 실습한다.
⑤ 둥근형 이발의 작업 절차를 숙지하여 위그에 반복 실습한다.
⑥ 도구를 바르게 사용할 수 있도록 주의하며 이발 기법을 위그에 실습한다.

[평가 준거]

학습 내용	평가 항목	성취 수준		
		상	중	하
둥근형 남성 커트 형태 작업	1. 전체 두발을 거칠게 깎기를 할 수 있다.			
	2. 이발기를 이용하여 측면과 후면의 발제선부터 후두부까지 그라데이션 하여 깎을 수 있다.			
	3. 천정부를 둥근형으로 깎은 후 싱글링하여 천정부의 두발과 자연스럽게 연결할 수 있다.			
둥근형 남성 커트 질감과 마무리	1. 틴닝 가위를 사용하여 질감 처리를 할 수 있다.			
	2. 장가위를 사용하여 수정·보완할 수 있다.			

[평가 방법]

학습 내용	평가 항목	성취 수준		
		상	중	하
둥근형 남성 커트 형태 작업	1. 올바른 도구 사용 방법 이해 여부			
	2. 둥근형 이발 형태 작업 순서 및 방법의 이해 여부			
	3. 오버 콤 기법, 싱글링 커트 등 이발 기법 숙련도 여부			
	4. 모발 길이에 따른 그라데이션의 완성도			
	5. 둥근형 이발 형태 작업의 완성도			
둥근형 남성 커트 질감과 마무리	1. 질감과 마무리 작업 순서 및 방법의 이해 여부			
	2. 틴닝 가위 사용 능력			
	3. 옆 가위질[세워 깎기, 밀어 깎기] 숙련도 여부			
	4. 둥근형 이발 스타일의 완성도			

[평가자 체크리스트]

학습 내용	평가 항목	성취 수준		
		상	중	하
둥근형 남성 커트 형태 작업	1. 작업 전 도구 준비 여부			
	2. 올바른 도구 사용 방법 이해 여부			
	3. 둥근형 이발 형태 작업 절차에 따른 수행 능력			
	4. 그라데이션 커트의 수행 능력			
	5. 둥근형 이발 형태 작업의 완성도			
둥근형 남성 커트 질감과 마무리	1. 질감과 마무리 작업 절차에 따른 수행 능력			
	2. 틴닝 가위 사용 능력			
	3. 옆 가위질[세워 깎기, 밀어 깎기] 숙련도 여부			
	4. 둥근형 이발 스타일의 마무리 여부			

2. 남성 미용 짧은 단발 삼각형 이발 헤어 스타일

학습내용 단원명	수업 목표
남성 커트 기본 스타일 짧은 단발형 삼각형 이발	남성 커트 미용 짧은 단발 삼각형 이발 헤어 스타일 실습을 수행할 수 있다.

삼각형 이발 헤어 스타일 Triangle Short Hair Style 의 구성은 전체의 형태를 흡사한 모히칸 스타일 Mphican Style 의 닭 벼슬 모형처럼 삼각으로 연출하되 네이프 라인 Nape Line 과 사이드 라인 Side Line 은 짧게 커트해 주는 형태이다.

(1) 삼각형 헤어 커트 준비하기

1) 재료

① 커트 빗

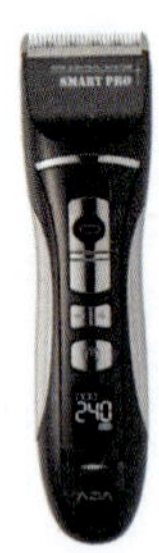

② 클리퍼

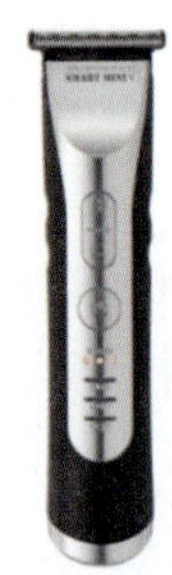

③ 트리머 클리퍼

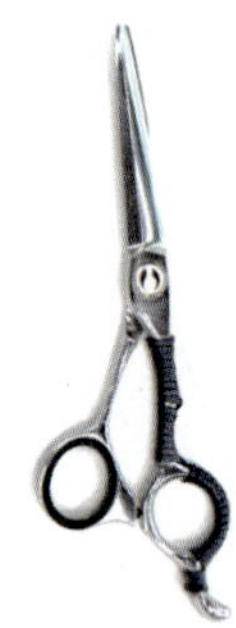

③ 블런트 가위

⑤ 장가위

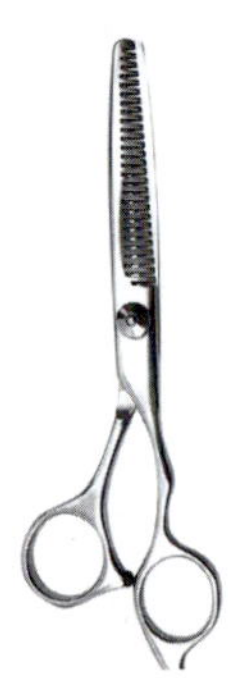

⑥ 틴닝 가위

⑦ 드라이기

⑧ 스타일링 제품

2) 도해도 및 시술 개요

① 도해도

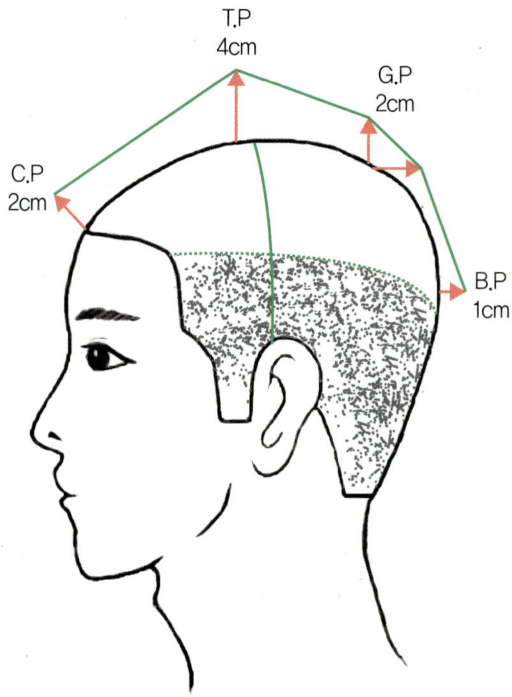

② 시술개요

블로킹 Blocking	노 파팅 No Parting
섹션 Section	수평 Horizontal, 세로 Vertical, 후대각 Diagonal Back
분배 Distribution	자연 분배 Nature Distribution, 직각 분배 Perpendicular Distribution, 방향 분배 Direction Distribution, 변이 분배 Shifted Distribution
각도 Angle	일반 시술 각 Nomal Projection 90°, Side-60~90°
베이스 Base	온 더 베이스 On The Base, 프리 베이스 Free Base, 사이드 베이스 Side Base
커트 Cut	블런트 커트 Blunt Cut, 포인트 커트 Point Cut, 시저스 오버 콤 Scissor Over Comb, 클리퍼 Clipper
질감 처리 Texturerising	이너 틴닝 Inner Thinning

3) 미용 남성 커트 시술 방법

시술 전

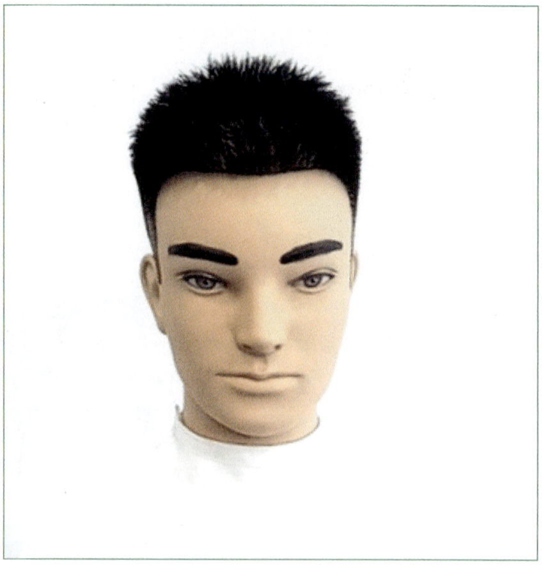

시술 후

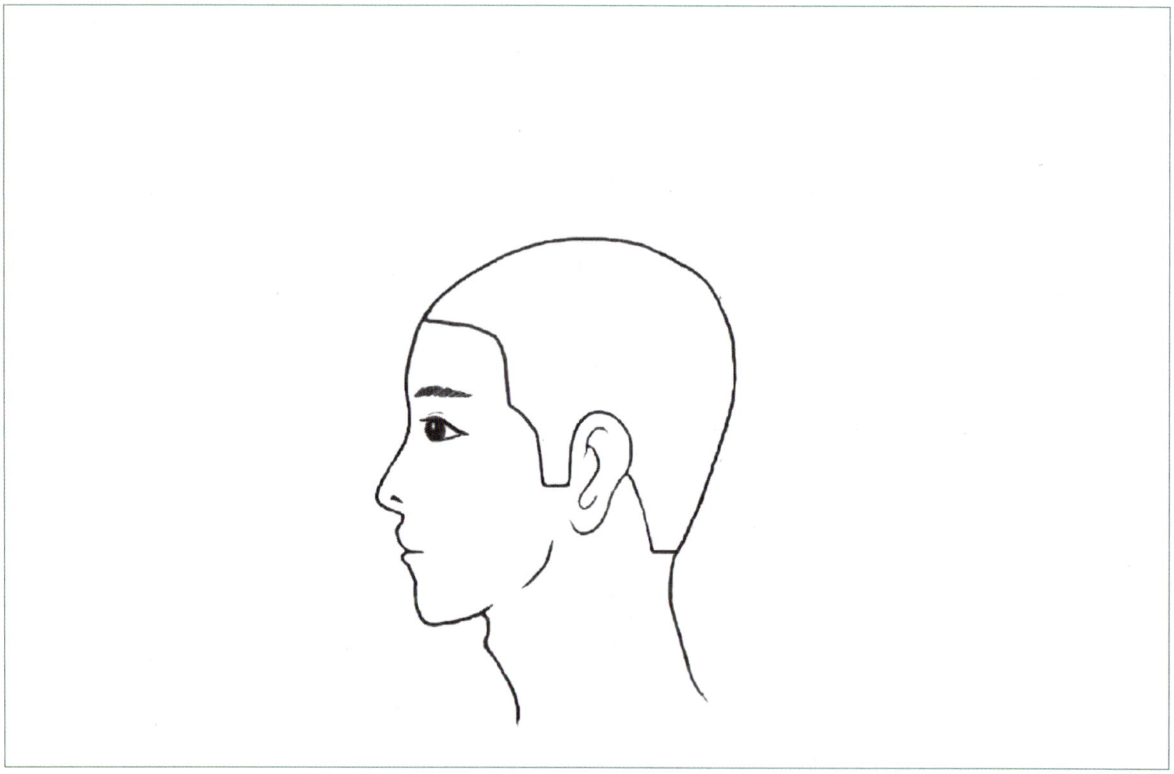

도해도 그려보기

(2) 삼각형 헤어 스타일 시술하기

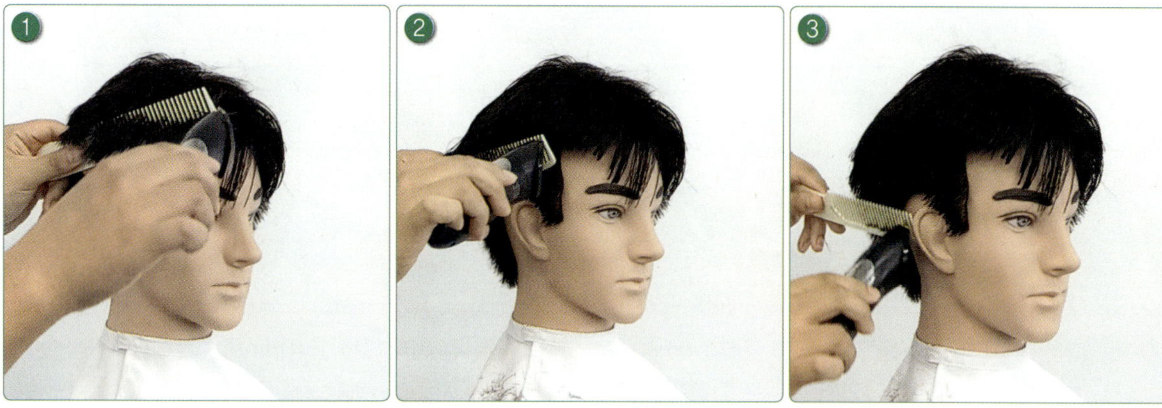

①, ②, ③ 프론트 사이드 포인트F.S.P : Front Side Point에서 이어 백 포인트E.B.P : Ear Back Point까지 클리퍼Clipper와 커트 빗Cut Comb을 이용하여 우측 사이드Side를 높은 시술 각 80°로 컨벡스 라인Convex Line의 무게선을 형성한다.

* 커트된 단면이 일자로 평면이 되도록 하며 두상의 각도에 맞춰 굴려서 커트하지 않도록 주의한다.

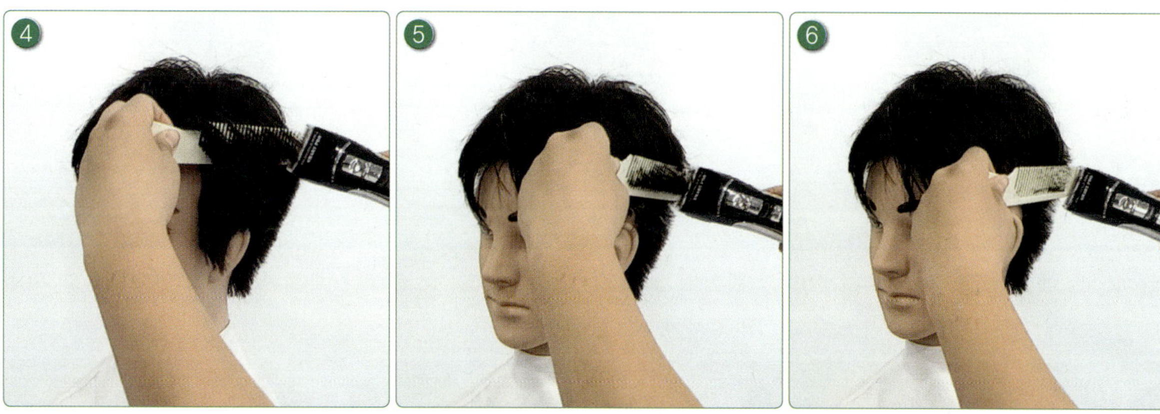

④, ⑤, ⑥ 전과 동일한 방법으로 좌측 사이드의 커트를 진행한다.

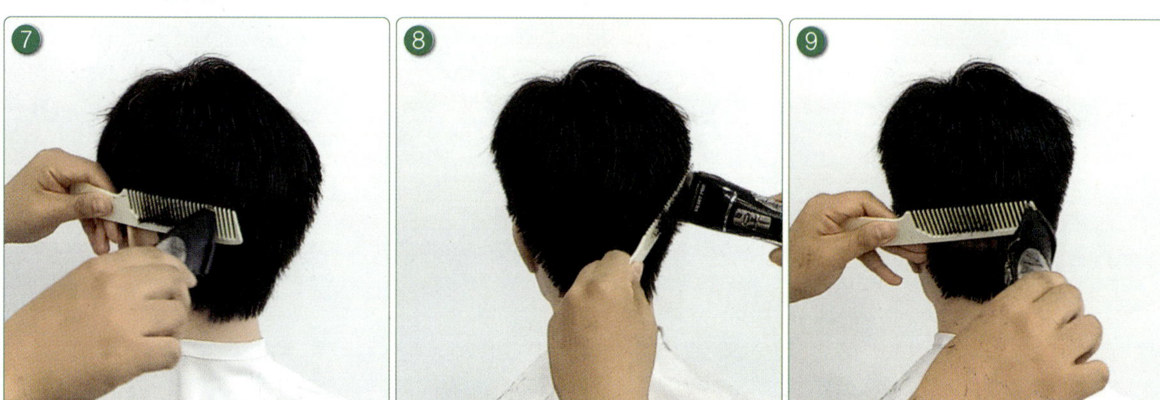

⑦, ⑧, ⑨ 클리퍼와 커트 빗을 이용하여 골든 백 미디움 포인트G.B.M.P : Golden Back Medium Point까지 백Back 부분을 높은 시술 각 80°로 단면이 일자로 평면형태가 되도록 컨벡스 라인의 무게선을 형성한다.

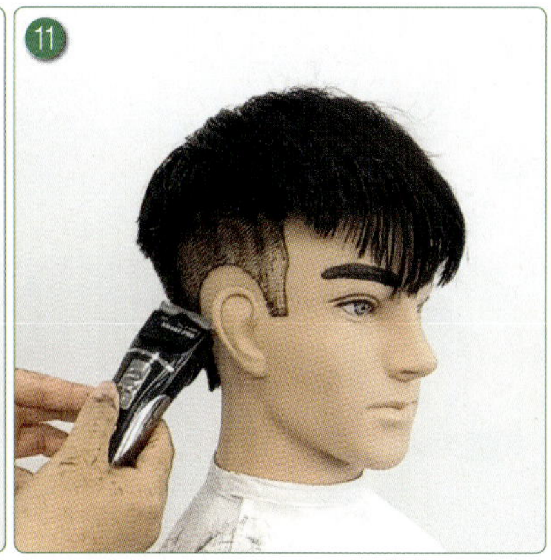

⑩, ⑪, ⑫ 양쪽 사이드Side를 프리 핸드 기법Free Hand Technic으로 클리퍼 날의 길이를 1mm로 설정하여 컨벡스 라인의 무게선으로 단면이 일자로 평면이 되도록 그라데이션 커트Gradation Cut를 진행한다.

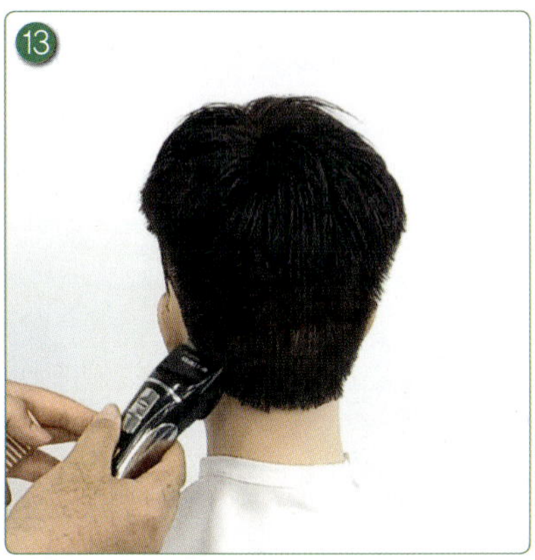

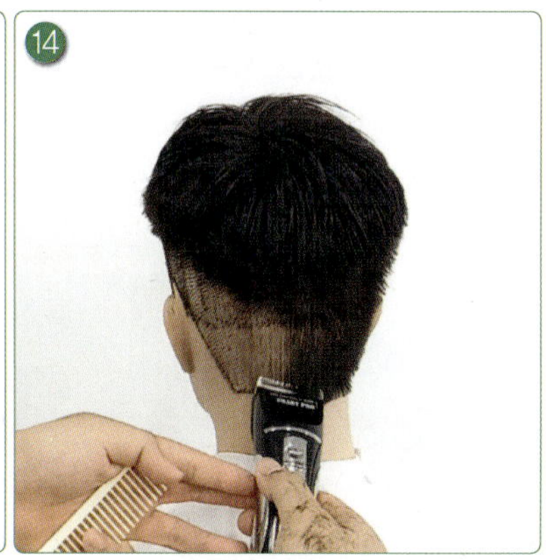

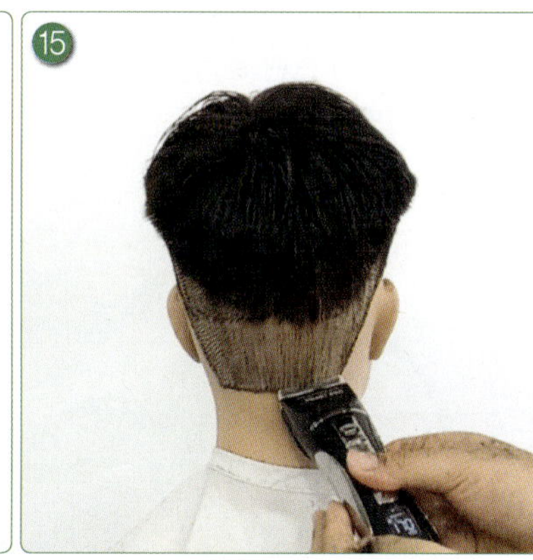

⑬, ⑭, ⑮ 백 부분을 프리 핸드 기법으로 클리퍼 날의 길이를 1mm로 설정하여 컨벡스 라인의 무게선으로 단면이 일자로 평면 형태가 되도록 그라데이션 커트를 진행한다.

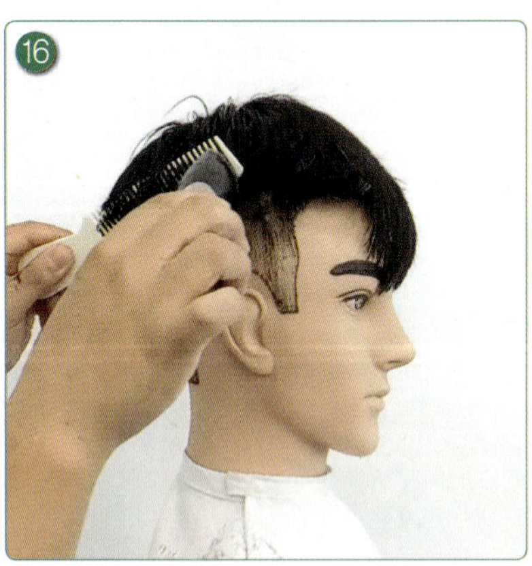

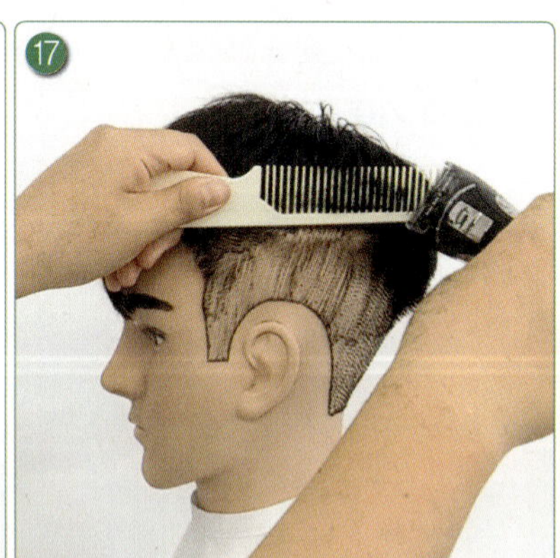

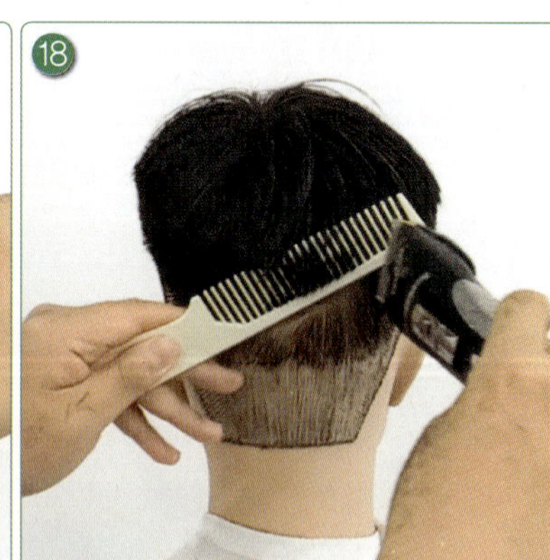

⑯, ⑰, ⑱ 상단부와 하단부가 단면이 일자로 평면 형태로 그라데이션Gradation 되도록 확인한다.

⑲, ⑳, ㉑ 탑 포인트T.P : Top Point의 가이드Guide를 기준으로 센터 포인트C.P : Center Point까지 사이드 베이스Side Base로 그라데이션 형태의 커트를 진행한다.

* 탑Top 부분이 가장 길어지게 커트를 진행한다.

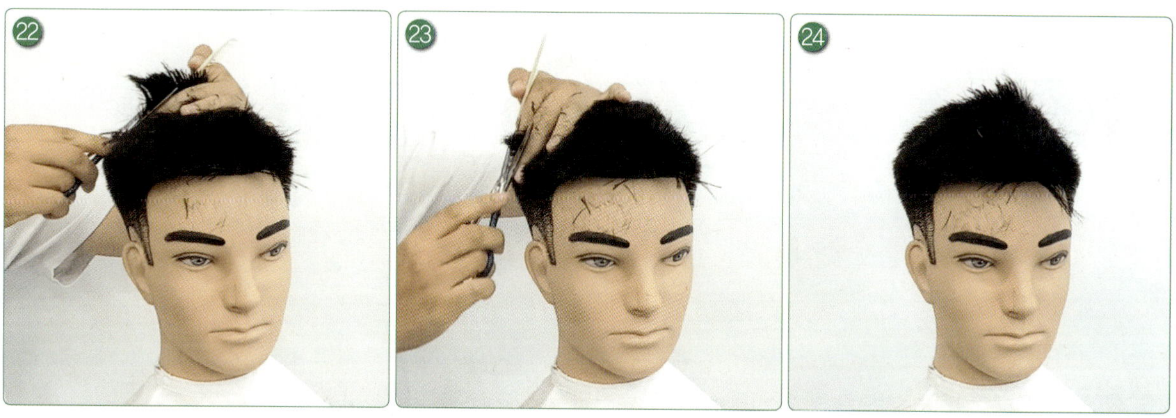

㉒, ㉓, ㉔ 탑 포인트의 가이드를 기준으로 양쪽 사이드를 그라데이션 형태로 탑 부분이 가장 길어지게 커트하며, 프론트 사이드 포인트까지 동일한 방법으로 진행한다.

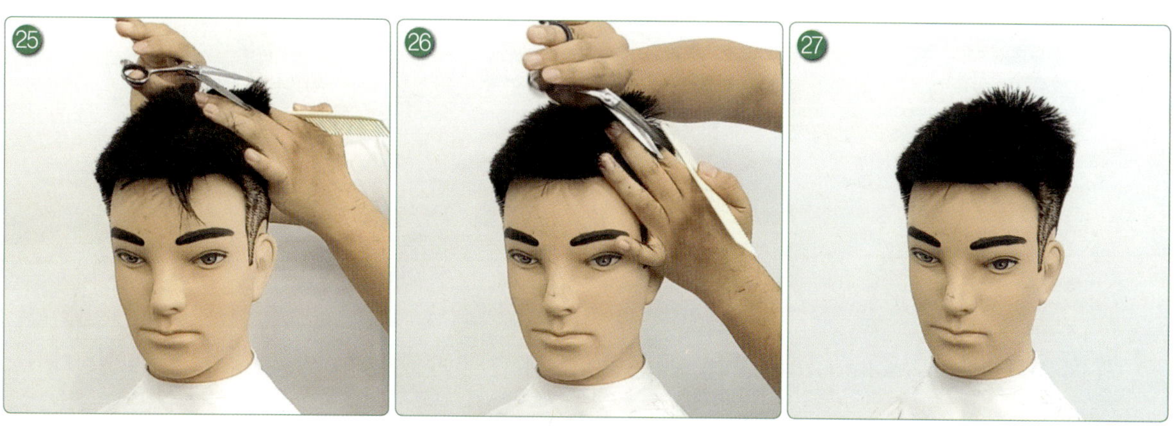

㉕, ㉖, ㉗ 전과 동일한 방법으로 좌측 사이드의 커트를 진행한다.

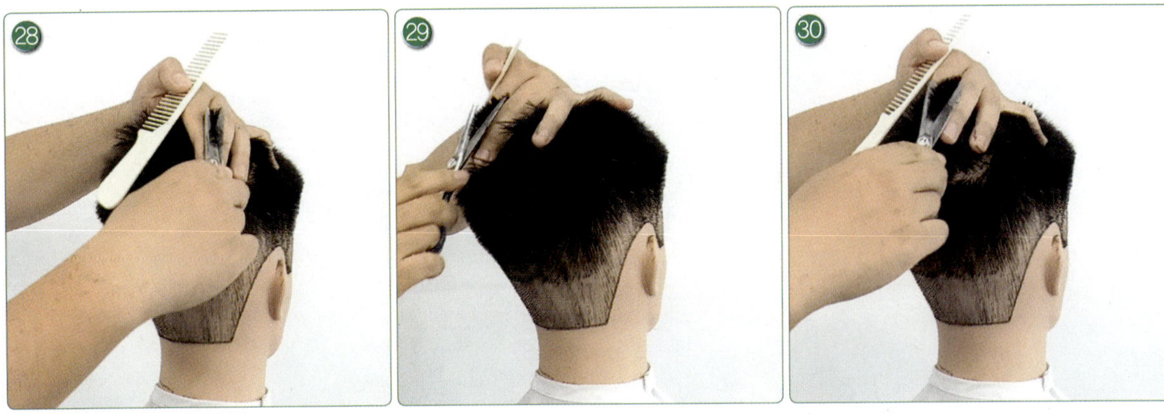

㉘, ㉙, ㉚ 탑 포인트의 가이드를 기준으로 골든 포인트G.P : Golden Point 부분을 그라데이션 형태로 커트를 진행한다.

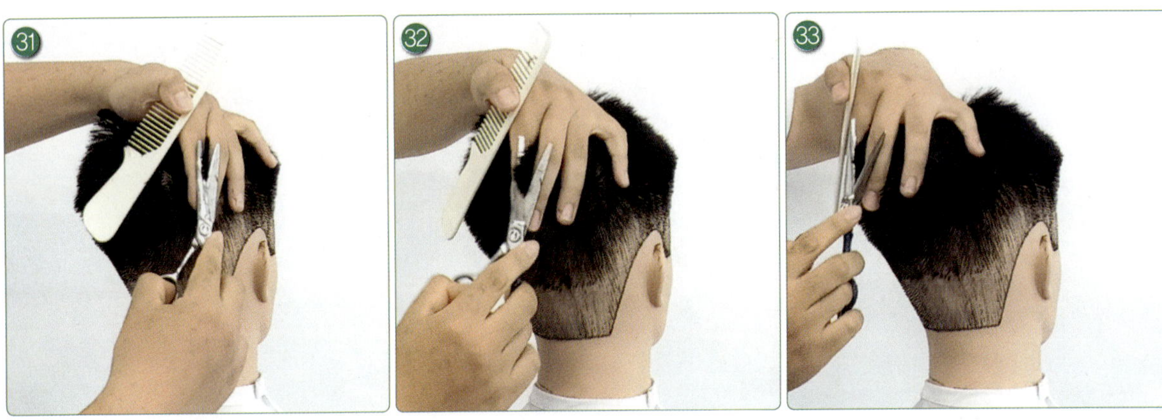

㉛, ㉜, ㉝ 전과 동일한 방법으로 백 포인트B.P : Back Point 부분까지 커트를 진행한다.

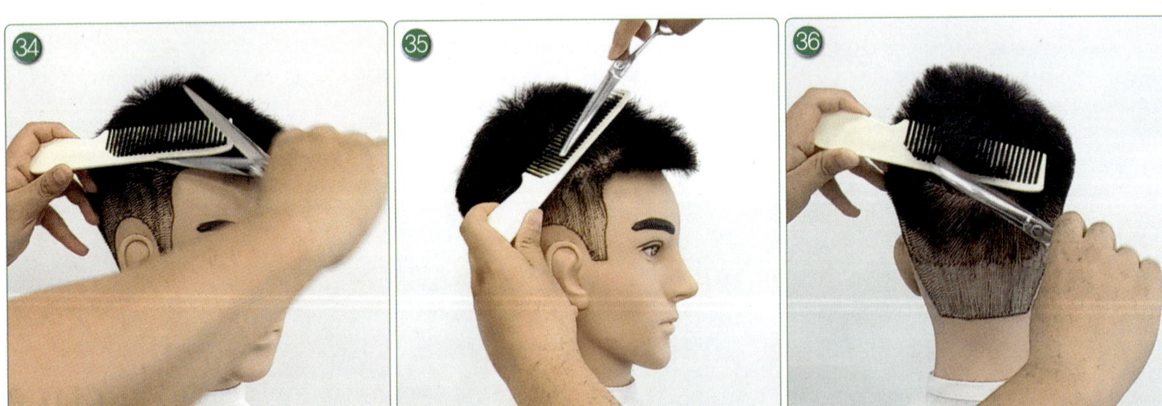

㉞, ㉟, ㊱ 시저스 오버 콤Scissor Over Comb 기법을 이용하여 전체적인 형태를 삼각형 모형으로 다듬어 보완한다.

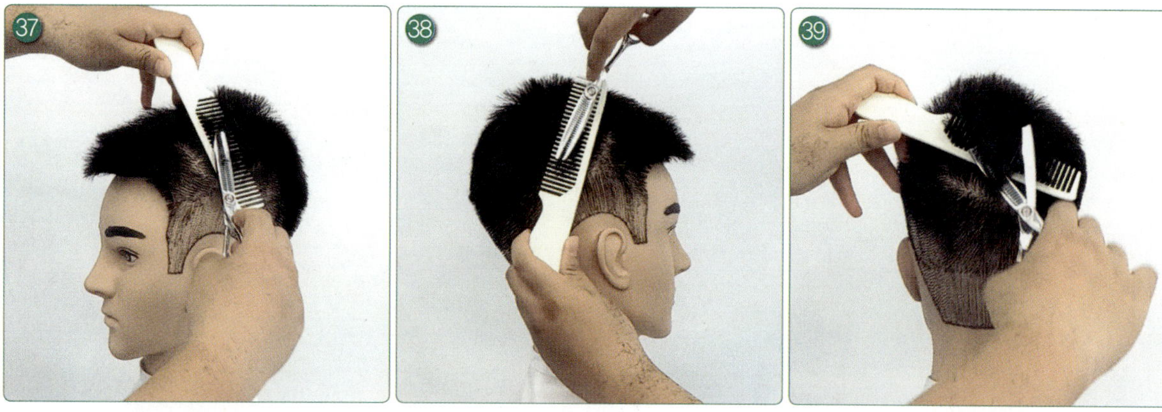

㊲, ㊳, ㊴ 이너 틴닝Inner Thinning 기법을 이용하여 전체 질감 처리를 한다.

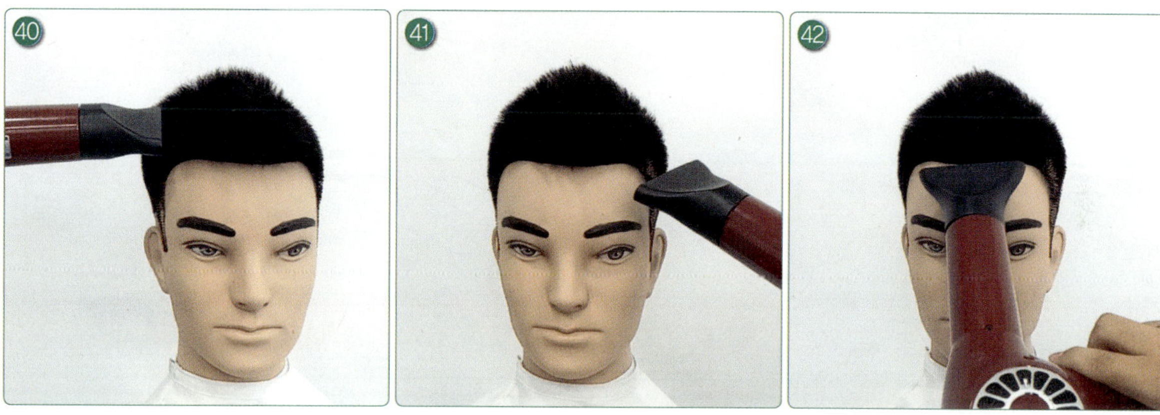

㊵, ㊶, ㊷ 모발의 흐름에 따라 드라이기를 이용하여 핸드 드라이Hand Dry 한다.

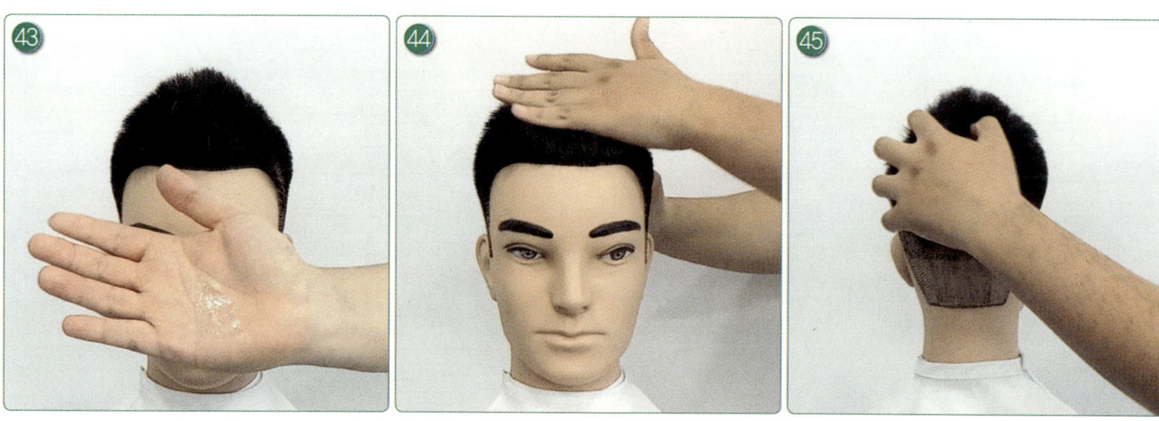

㊸, ㊹, ㊺ 제품을 사용하여 스타일링Styling 한다.

(3) 삼각형 헤어 스타일 마무리 하기

앞Front

뒤Back

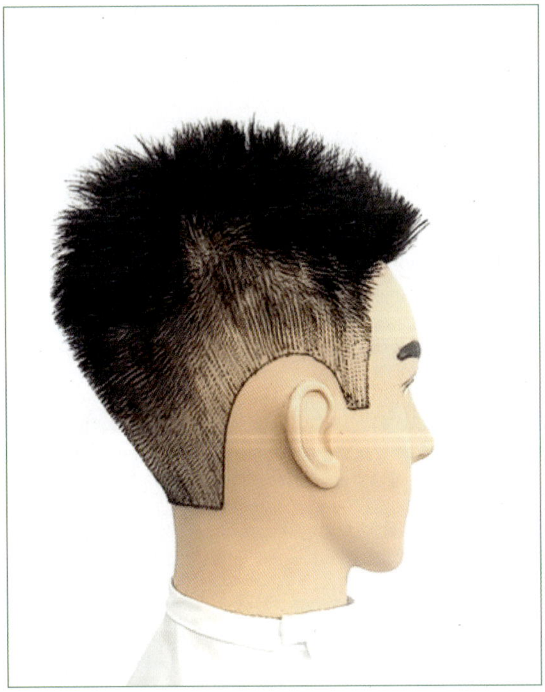

우측Right side

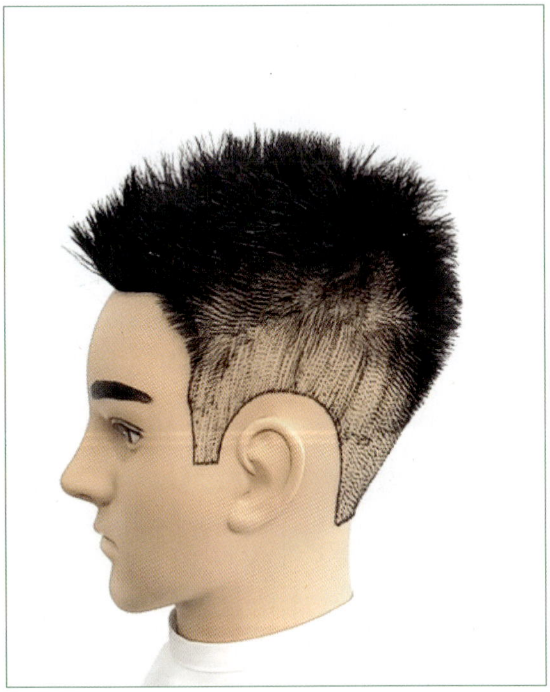

좌측Left side

실습과정 사진	
사진	설명

실습결과 사진	
앞 Front	뒤 Back
좌측 Left Side	우측 Right Side

[교수 학습방법]

교수 방법
① 삼각형 이발의 길이 구조 배열을 통한 형태선을 설명한다.
② 삼각형 이발인 모히칸 스타일을 잘 이해할 수 있도록 다양한 사진 자료를 제시한다
③ 하이 그라데이션 커트의 무게선 위치와 형성되는 이유에 대해 설명한다.
④ 모발 길이에 따른 작업 절차의 차이점을 설명한다.
⑤ 삼각형 이발을 작업 절차에 따라 위그에 시연한다.
⑥ 올바른 도구 사용 방법과 이발 기법을 익힐 수 있도록 지도한다.

학습 방법
① 삼각형 이발의 길이 구조를 이해하여 노트에 도해도를 그려 본다.
② 모히칸 스타일의 디자인 패턴을 잘 파악할 수 있도록 자료를 수집한다.
③ 그라데이션 각도에 따른 무게선의 위치 변화를 숙지하여 위그에 실습한다.
④ 모발 길이에 따라 올바른 작업 절차를 선정하여 위그에 실습한다.
⑤ 삼각형 이발의 작업 절차를 숙지하여 위그에 반복 실습한다.
⑥ 도구를 바르게 사용할 수 있도록 주의하며 이발 기법을 위그에 실습한다.

[평가 준거]

학습 내용	평가 항목	성취 수준		
		상	중	하
삼각형 남성 커트 형태 작업	1. 전체 두발을 거칠게 깎기를 할 수 있다.			
	2. 이발기를 이용하여 측면과 후면의 발제선부터 후두부까지 그라데이션 하여 깎을 수 있다.			
	3. 천정부를 둥근형으로 깎은 후 싱글링하여 천정부의 두발과 자연스럽게 연결할 수 있다.			
삼각형 남성 커트 질감과 마무리	1. 틴닝 가위를 사용하여 질감 처리를 할 수 있다.			
	2. 장가위를 사용하여 수정·보완할 수 있다.			

[평가 방법]

학습 내용	평가 항목	성취 수준		
		상	중	하
삼각형 남성 커트 형태 작업	1. 올바른 도구 사용 방법 이해 여부			
	2. 삼각형 이발 형태 작업 순서 및 방법의 이해 여부			
	3. 이발 기법 숙련도 여부			
	4. 모발 길이에 따른 그라데이션의 완성도			
	5. 삼각형 이발 형태 작업의 완성도			
삼각형 남성 커트 질감과 마무리	1. 질감과 마무리 작업 순서 및 방법의 이해 여부			
	2. 틴닝 가위 사용 능력			
	3. 옆 가위질[세워 깎기, 밀어 깎기] 숙련도 여부			
	4. 모히칸 스타일의 완성도			

[평가자 체크리스트]

학습 내용	평가 항목	성취 수준		
		상	중	하
삼각형 남성 커트 형태 작업	1. 작업 전 도구 준비 여부			
	2. 올바른 도구 사용 방법 이해 여부			
	3. 형태 작업 절차에 따른 수행 능력			
	4. 그라데이션 커트의 수행 능력			
	5. 삼각형 이발 형태 작업의 완성도			
삼각형 남성 커트 질감과 마무리	1. 질감과 마무리 작업 절차에 따른 수행 능력			
	2. 틴닝 가위 사용 능력			
	3. 옆 가위질[세워 깎기, 밀어 깎기] 숙련도 여부			
	4. 수정 및 보완 작업을 통한 스타일의 마무리 여부			

3. 남성 미용 짧은 단발 사각형 이발 헤어 스타일

학습내용 단원명	수업 목표
남성 커트 기본 스타일 짧은 단발형 사각형 이발	남성 커트 미용 짧은단발 사각형 이발 헤어 스타일 실습을 수행할 수 있다.

사각형 이발 헤어 스타일 Square Short Hair Style 의 구성은 전체의 형태를 하나의 박스모형처럼 직각으로 연출하되 네이프 라인 Nape Line 과 사이드 라인 Side Line 은 짧게 커트 Cut 해 주는 형태이다.

(1) 사각형 헤어 커트 준비하기

1) 재료

① 커트 빗

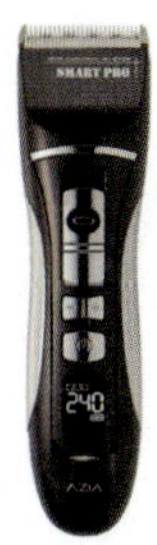

② 클리퍼

③ 트리머 클리퍼

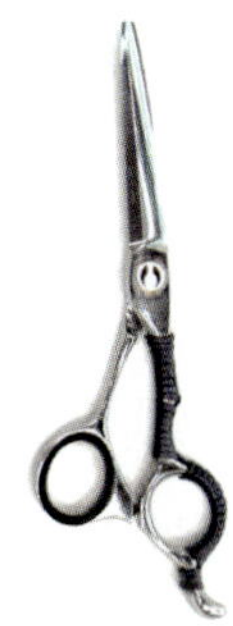

③ 블런트 가위

⑤ 장가위

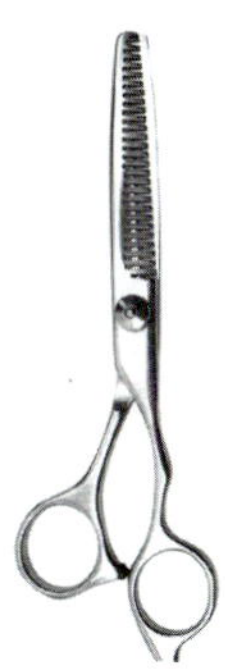

⑥ 틴닝 가위

⑦ 드라이기

⑧ 스타일링 제품

2) 도해도 및 시술 개요

① 도해도

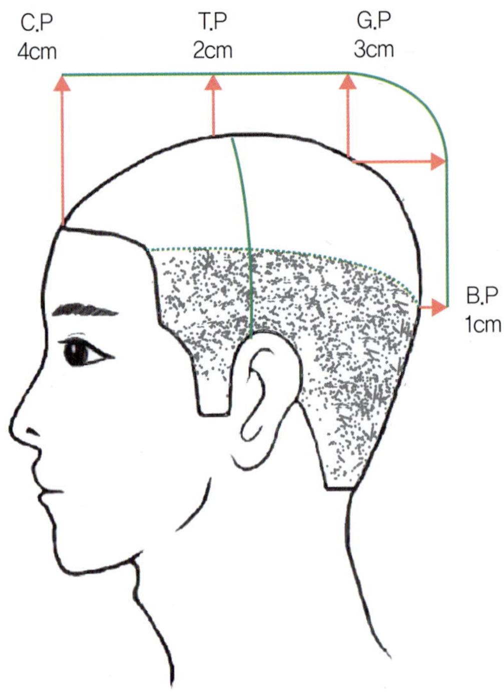

② 시술개요

블로킹 Blocking	노 파팅 No Parting
섹션 Section	수평 Horizontal , 세로 Vertical , 후대각 Diagonal Back
분배 Distribution	자연 분배 Nature Distribution , 직각 분배 Perpendicular Distribution , 방향 분배 Direction Distribution , 변이 분배 Shifted Distribution
각도 Angle	일반 시술 각 Nomal Projection 90°, Side-80~90°
베이스 Base	온 더 베이스 On The Base , 프리 베이스 Free Base , 사이드 베이스 Side Base
커트 Cut	블런트 커트 Blunt Cut , 포인트 커트 Point Cut , 시저스 오버 콤 Scissor Over Comb , 클리퍼 Clipper
질감 처리 Texturerising	이너 틴닝 Inner Thinning

3) 미용 남성 커트 시술 방법

시술 전

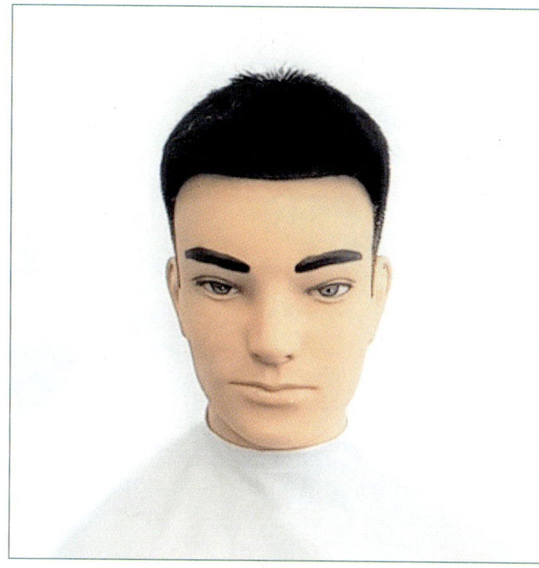

시술 후

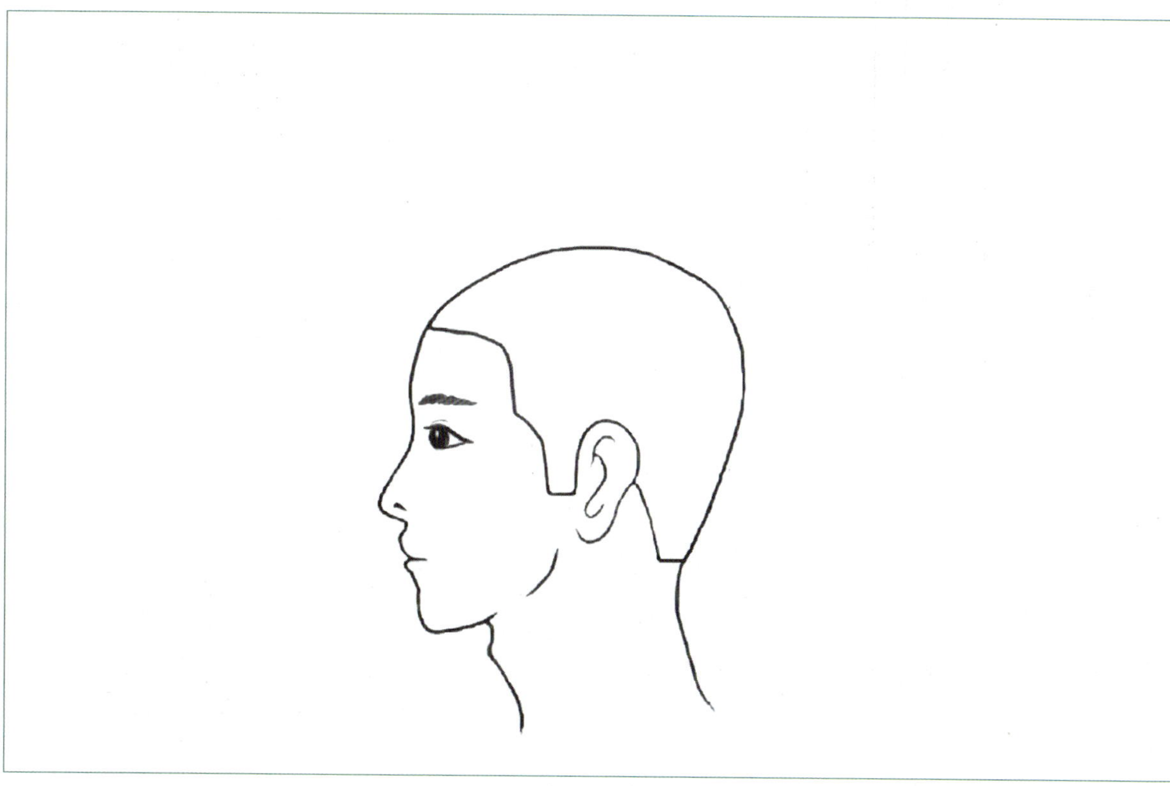

도해도 그려보기

(2) 사각형 헤어 스타일 시술하기

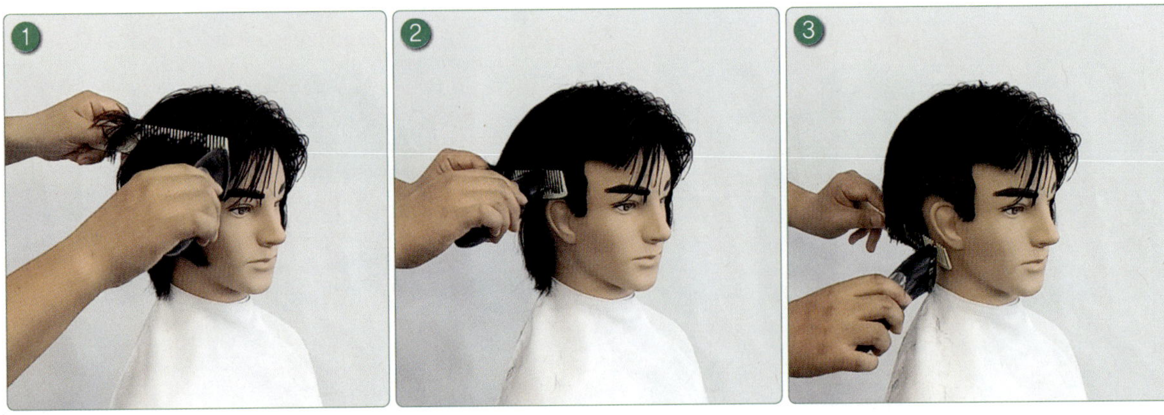

①, ②, ③ 프론트 사이드 포인트F.S.P : Front Side Point에서 이어 백 포인트E.B.P : Ear Back Point까지 클리퍼Clipper와 커트 빗Cut Comb을 이용하여 우측 사이드Side를 높은 시술 각 80°로 컨벡스 라인Convex Line의 무게선을 형성한다.

* 커트된 단면이 일자로 평면이 되도록 하며 두상의 각도에 맞춰 굴려서 커트하지 않도록 주의한다.

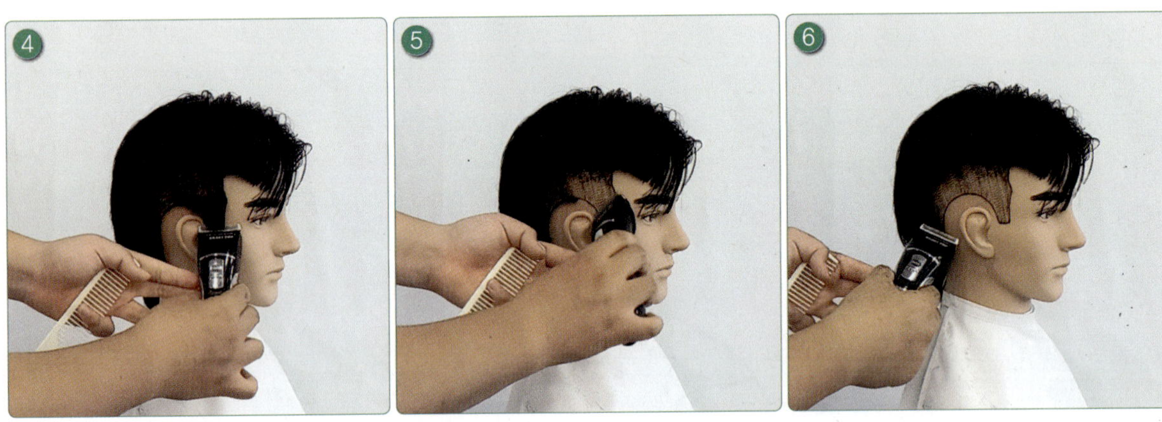

④, ⑤, ⑥ 프리 핸드 기법Free Hand Technic으로 클리퍼 날의 길이를 1mm로 설정하여 컨벡스 라인의 무게선으로 단면이 일자로 평면 형태로 그라데이션 커트Gradation Cut를 진행한다.

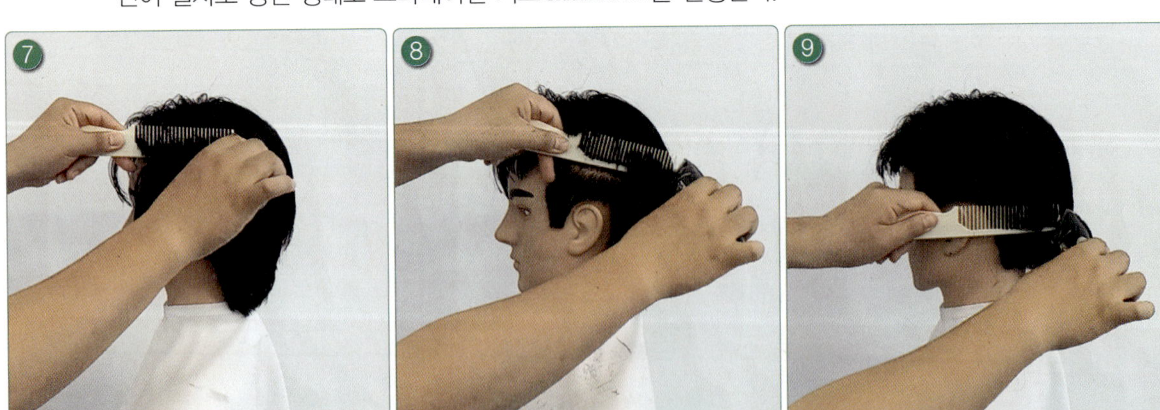

⑦, ⑧, ⑨ 전과 동일한 방법으로 좌측 사이드의 커트를 진행한다.

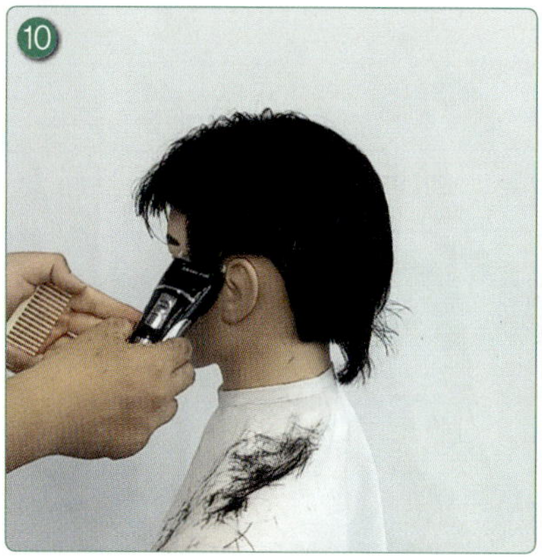

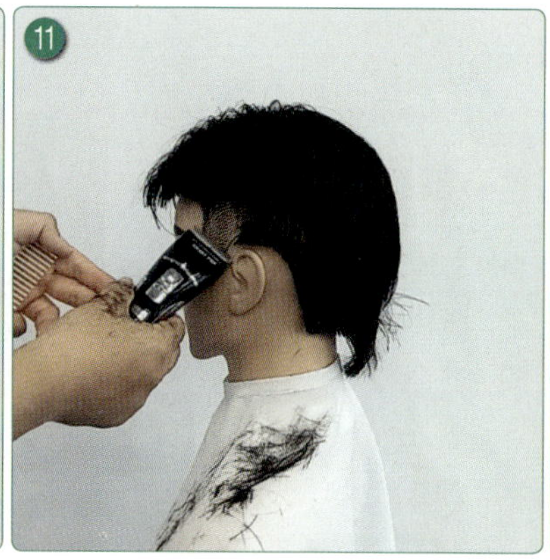

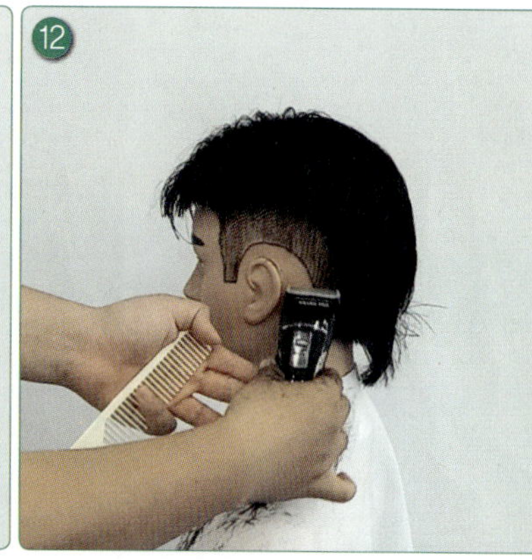

⑩, ⑪, ⑫ 전과 동일한 방법으로 좌측 사이드의 커트를 진행한다.

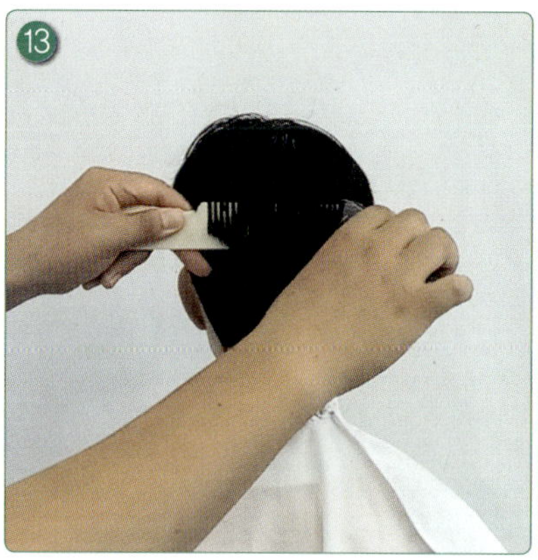

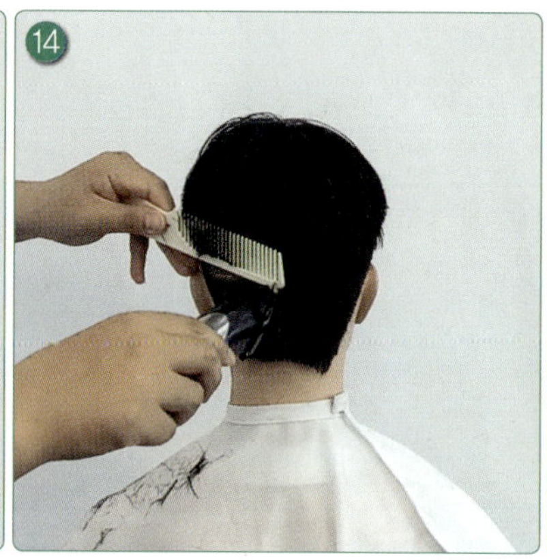

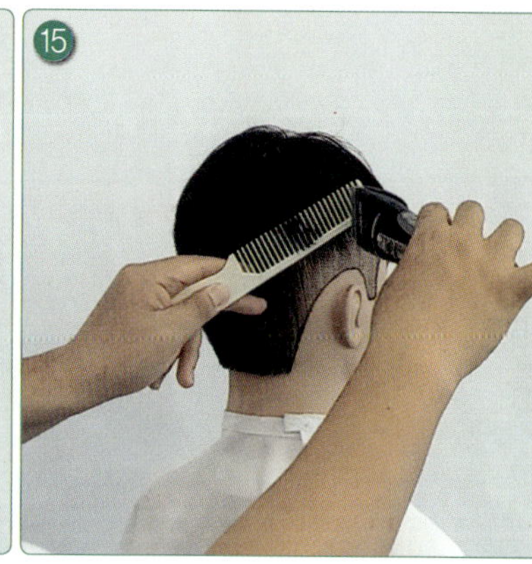

⑬, ⑭, ⑮ 백Back 부분을 프리 핸드 기법으로 클리퍼 날의 길이를 1mm로 설정하여 컨벡스 라인의 무게선으로 단면이 일자로 평면 형태가 되도록 그라데이션 커트를 진행한다.

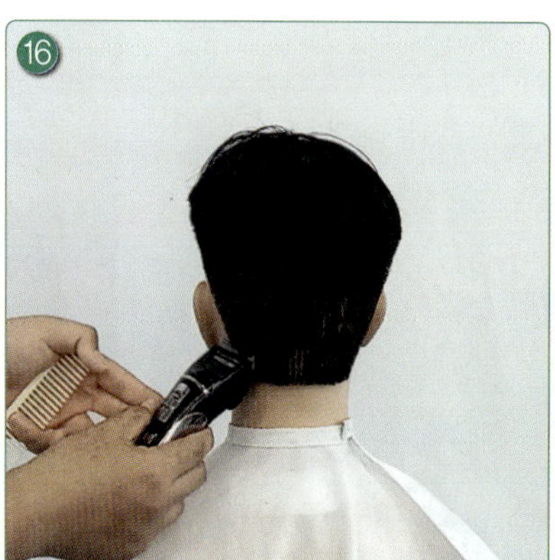

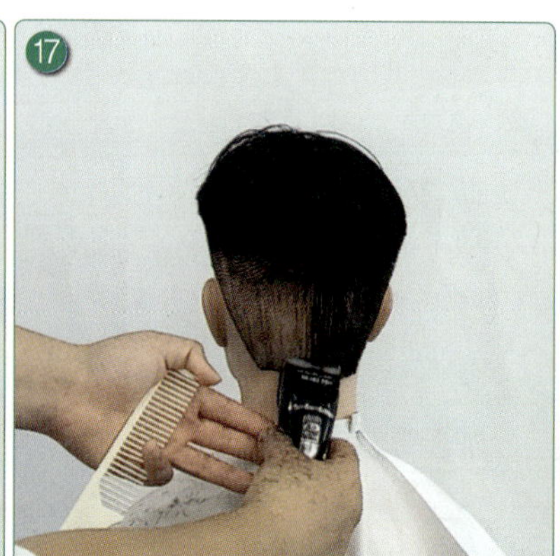

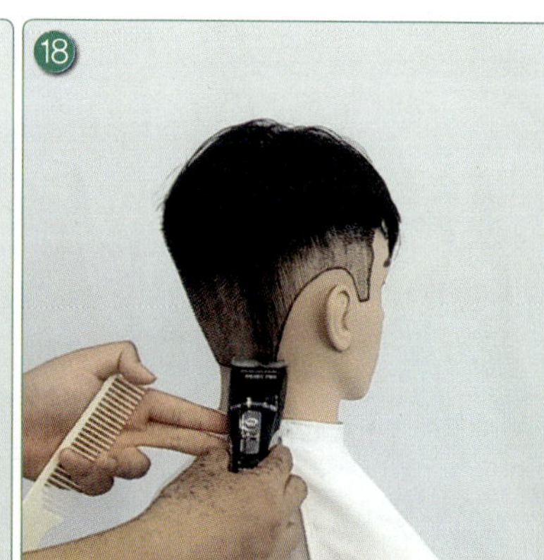

⑯, ⑰, ⑱ 프리 핸드 기법으로 클리퍼 날의 길이를 1mm로 설정하여 컨벡스 라인의 무게선으로 단면이 일자로 평면의 형태로 그라데이션 커트를 진행한다.

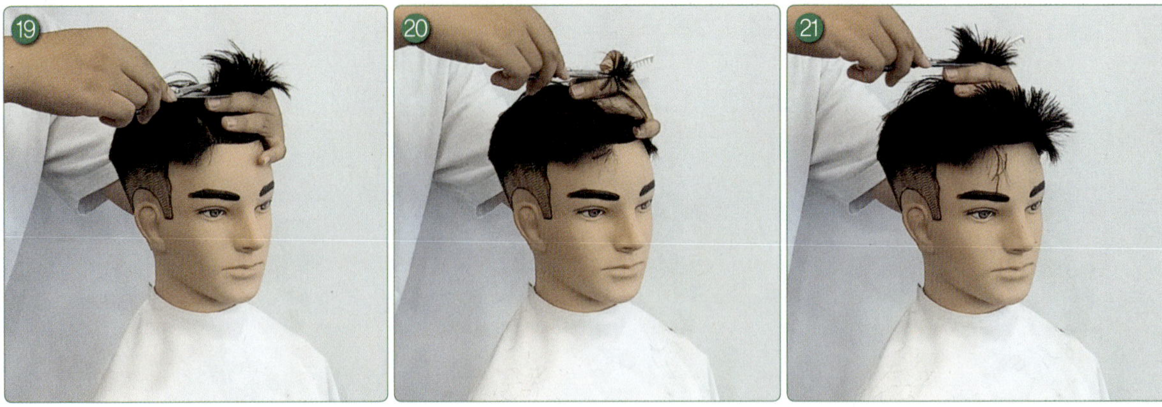

⑲, ⑳, ㉑ 탑 포인트 T.P : Top Point 의 가이드 Guide 를 기준으로 센터 포인트 C.P : Center Point 까지 프리 베이스 Free Base 로 스퀘어 레이어 Square Layer 형태의 커트를 진행한다.

㉒, ㉓, ㉔ 탑 포인트의 가이드를 기준으로 양쪽 사이드를 그라데이션 Gradation 형태로 커트하며, 프론트 사이드 포인트까지 동일한 방법으로 커트를 진행한다.

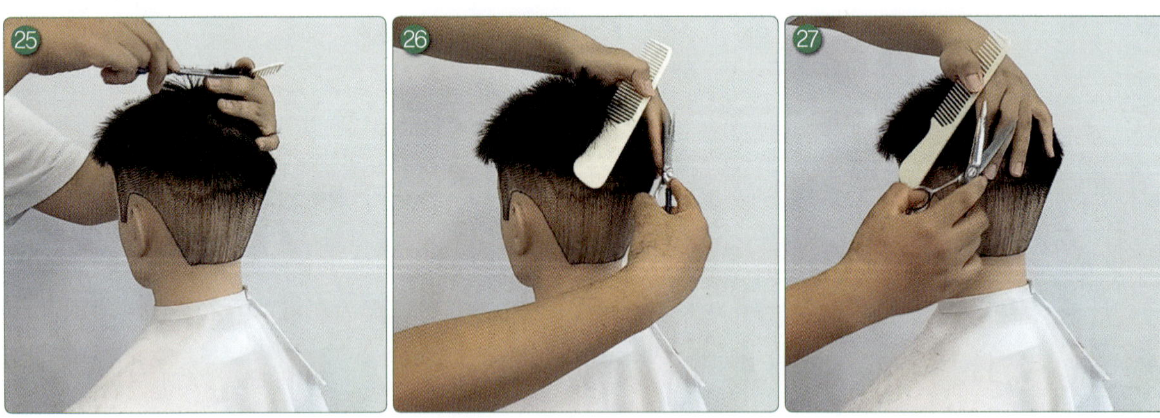

㉕, ㉖, ㉗ 탑 포인트의 가이드를 기준으로 골든 포인트 G.P : Golden Point 부분을 그라데이션 형태로 커트하며, 백 포인트 B.P : Back Point 부분까지 동일한 방법으로 커트를 진행한다.

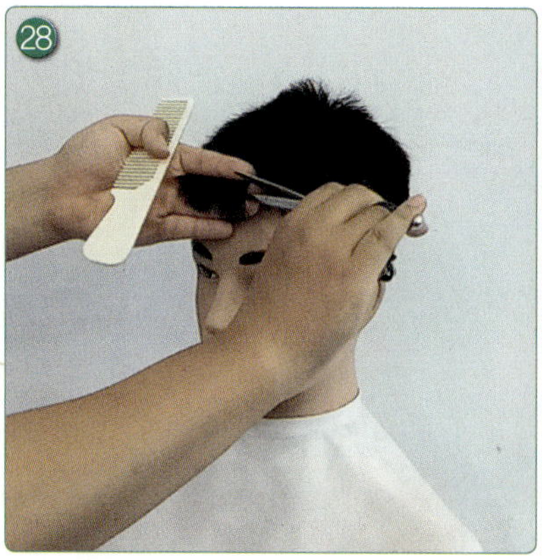
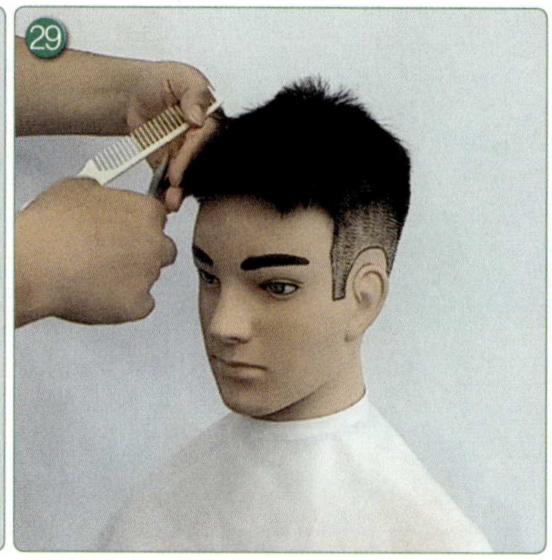
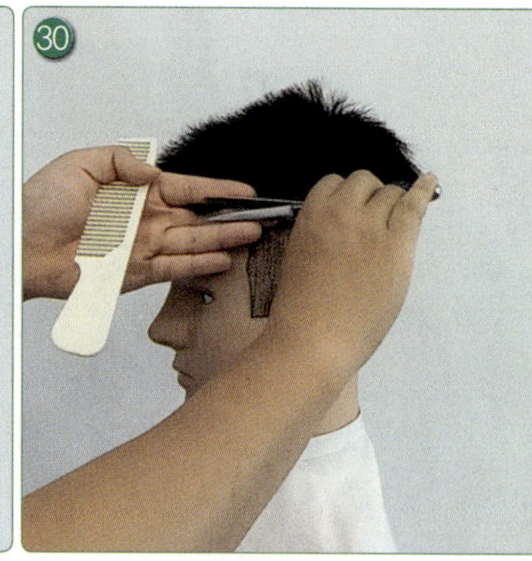

㉘, ㉙, ㉚ 센터 포인트의 가이드를 설정하여 양쪽 사이드까지 스퀘어 레이어 형태로 커트를 진행한다.

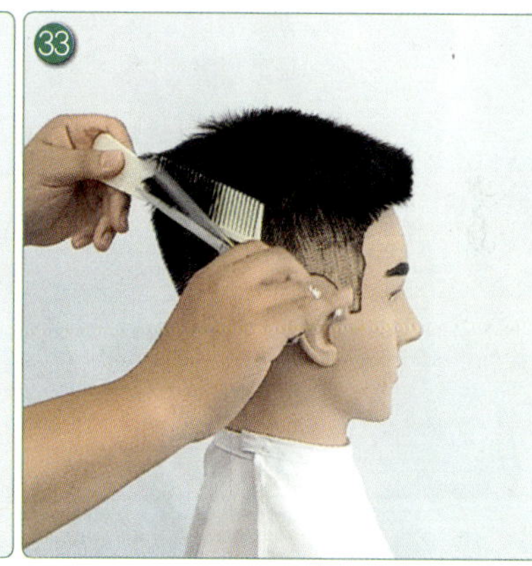

㉛, ㉜, ㉝ 시저스 오버 콤Scissor Over Comb 기법을 이용하여 전체적인 형태를 사각형 모형으로 각지게 다듬어 보완한다.

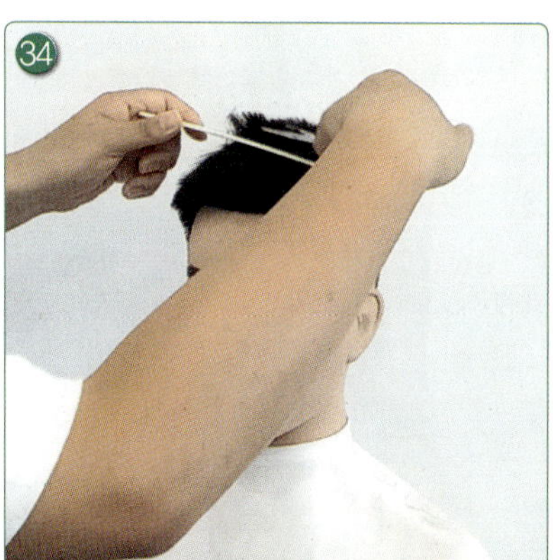
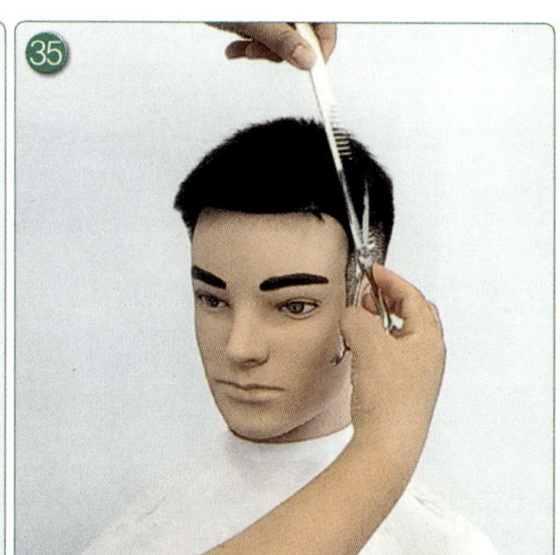

㉞, ㉟, ㊱ 이너 틴닝Inner Thinning 기법을 이용하여 전체 질감 처리를 한다.

㊲, ㊳, ㊴ 모발의 흐름에 따라 드라이기를 이용하여 핸드 드라이Hand Dry 한다.

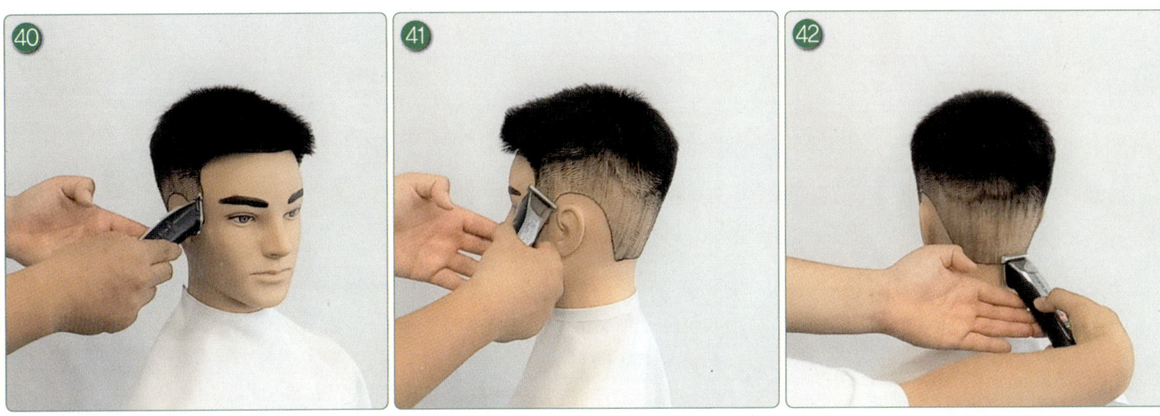

㊵, ㊶, ㊷ 트리머 클리퍼Trimmer Clipper를 이용하여 헤어 라인Hair Line을 깔끔하게 정리한다.

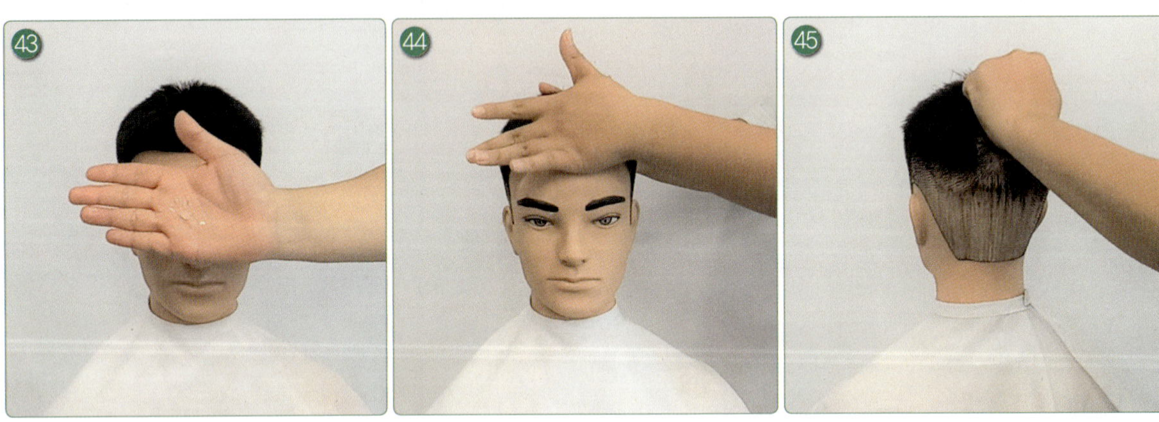

㊸, ㊹, ㊺ 제품을 사용하여 스타일링Styling 한다.

(3) 사각형 헤어 스타일 마무리 하기

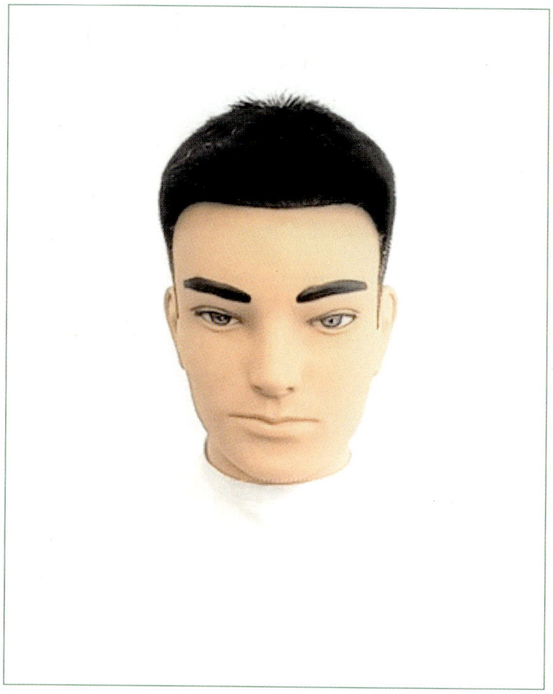

앞 Front

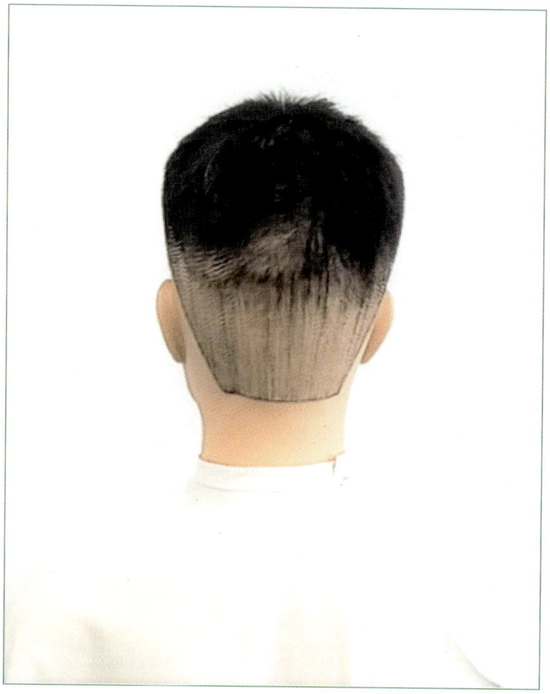

뒤 Back

우측 Right side

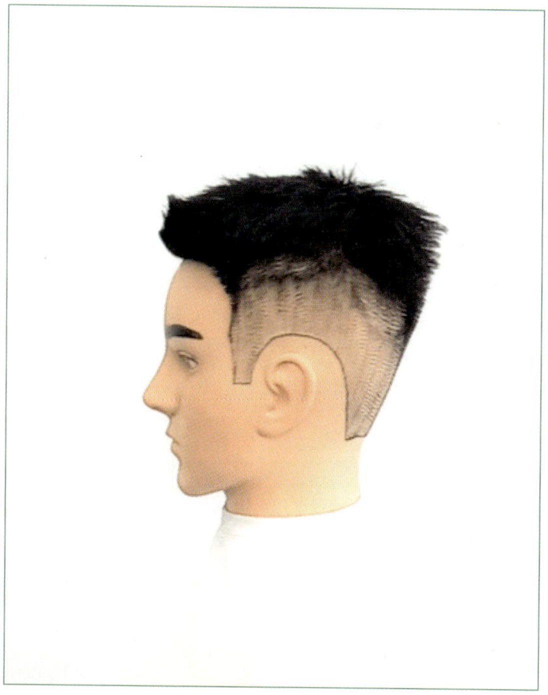

좌측 Left side

실습과정 사진	
사진	설명

실습결과 사진	
앞 Front	뒤 Back
좌측 Left Side	우측 Right Side

[교수 학습방법]

교수 방법
① 사각형 이발의 길이 구조 배열을 통한 형태선을 설명한다.
② 사각형 이발인 각진 스포츠 스타일을 잘 이해할 수 있도록 다양한 사진 자료를 제시한다.
③ 하이 그라데이션 커트의 무게선 위치와 형성되는 이유에 대해 설명한다.
④ 모발 길이에 따른 작업 절차의 차이점을 설명한다.
⑤ 사각형 이발을 작업 절차에 따라 위그에 시연한다.
⑥ 올바른 도구 사용 방법과 이발 기법을 익힐 수 있도록 지도한다.

학습 방법
① 사각형 이발의 길이 구조를 이해하여 노트에 도해도를 그려 본다.
② 다양한 각진 스포츠 스타일의 디자인 패턴을 잘 파악할 수 있도록 자료를 수집한다.
③ 그라데이션 각도에 따른 무게선의 위치 변화를 숙지하여 위그에 실습한다.
④ 두발 길이에 따라 올바른 작업 절차를 선정하여 위그에 실습한다.
⑤ 사각형 이발의 작업 절차를 숙지하여 위그에 반복 실습한다.
⑥ 도구를 바르게 사용할 수 있도록 주의하며 이발 기법을 위그에 실습한다.

[평가 준거]

학습 내용	평가 항목	성취 수준		
		상	중	하
사각형 남성 커트 형태 작업	1. 전체 두발을 거칠게 깎기를 할 수 있다.			
	2. 이발기를 이용하여 측면과 후면의 발제선부터 후두부까지 그라데이션하여 깎을 수 있다.			
	3. 천정부를 둥근형으로 깎은 후 싱글링하여 천정부의 두발과 자연스럽게 연결할 수 있다.			
사각형 남성 커트 질감과 마무리	1. 틴닝 가위를 사용하여 질감 처리를 할 수 있다.			
	2. 장가위를 사용하여 수정·보완할 수 있다.			

[평가 방법]

학습 내용	평가 항목	성취 수준		
		상	중	하
사각형 남성 커트 형태 작업	1. 올바른 도구 사용 방법 이해 여부			
	2. 사각형 이발 형태 작업 순서 및 방법의 이해 여부			
	3. 이발 기법 숙련도 여부			
	4. 모발 길이에 따른 그라데이션의 완성도			
	5. 사각형 이발 형태 작업의 완성도			
사각형 남성 커트 질감과 마무리	1. 질감과 마무리 작업 순서 및 방법의 이해 여부			
	2. 틴닝 가위 사용 능력			
	3. 옆 가위질[세워 깎기, 밀어 깎기] 숙련도 여부			
	4. 각진 스포츠 스타일의 완성도			

[평가자 체크리스트]

학습 내용	평가 항목	성취 수준		
		상	중	하
사각형 남성 커트 형태 작업	1. 작업 전 도구 준비 여부			
	2. 올바른 도구 사용 방법 이해 여부			
	3. 형태 작업 절차에 따른 수행 능력			
	4. 그라데이션 커트의 수행 능력			
	5. 삼각형 이발 형태 작업의 완성도			
사각형 남성 커트 질감과 마무리	1. 질감과 마무리 작업 절차에 따른 수행 능력			
	2. 틴닝 가위 사용 능력			
	3. 옆 가위질[세워 깎기, 밀어 깎기] 숙련도 여부			
	4. 수정 및 보완 작업을 통한 스타일의 마무리 여부			

평가자 체크리스트

<table>
<tr><td>평가 일시</td><td colspan="4">년 월 일 / 학과: 학번: 성명:</td></tr>
<tr><td>교과목</td><td></td><td>평가자</td><td colspan="2">(인)</td></tr>
<tr><td>능력단위명</td><td colspan="4"></td></tr>
<tr><td>능력단위 요소</td><td colspan="4"></td></tr>
<tr><td colspan="2">평가 내용</td><td colspan="3">성취 수준</td></tr>
<tr><td>능력단위 요소</td><td>내용</td><td>상
(5)</td><td>중
(3)</td><td>하
(1)</td></tr>
<tr><td rowspan="5">1201010519_18v3.1
둥근형 이발하기</td><td>1. 전체 두발을 거칠게 깎기를 할 수 있다.</td><td></td><td></td><td></td></tr>
<tr><td>2. 천정부 아래 영역의 두발을 거칠게 깎기를 할 수 있다. 이발기를 이용하여 측면과 후면의 발제선부터 후두부까지 그라데이션하여 깎을 수 있다.</td><td></td><td></td><td></td></tr>
<tr><td>3. 천정부를 둥근형으로 깎은 후 싱글링하여 천정부의 두발과 자연스럽게 연결할 수 있다.</td><td></td><td></td><td></td></tr>
<tr><td>4. 틴닝 가위를 사용하여 질감 처리를 할 수 있다.</td><td></td><td></td><td></td></tr>
<tr><td>5. 장가위를 사용하여 수정·보완할 수 있다.</td><td></td><td></td><td></td></tr>
<tr><td rowspan="5">1201010519_18v3.2
삼각형 이발하기</td><td>1. 전체 두발을 거칠게 깎기를 할 수 있다.</td><td></td><td></td><td></td></tr>
<tr><td>2. 이발기를 이용하여 측면과 후면의 발제선부터 후두부까지 그라데이션하여 깎을 수 있다.</td><td></td><td></td><td></td></tr>
<tr><td>3. 천정부를 삼각형으로 깎은 후 싱글링하여 천정부의 두발과 자연스럽게 연결할 수 있다.</td><td></td><td></td><td></td></tr>
<tr><td>4. 틴닝 가위를 사용하여 질감 처리를 할 수 있다.</td><td></td><td></td><td></td></tr>
<tr><td>5. 장가위를 사용하여 수정·보완할 수 있다.</td><td></td><td></td><td></td></tr>
<tr><td rowspan="5">1201010519_18v3.3
사각형 이발하기</td><td>1. 전체 두발을 거칠게 깎기를 할 수 있다.</td><td></td><td></td><td></td></tr>
<tr><td>2. 이발기를 이용하여 측면과 후면의 발제선부터 후두부까지 그라데이션하여 깎을 수 있다.</td><td></td><td></td><td></td></tr>
<tr><td>3. 천정부를 사각형으로 깎은 후 싱글링하여 천정부의 두발과 자연스럽게 연결할 수 있다.</td><td></td><td></td><td></td></tr>
<tr><td>4. 틴닝 가위를 사용하여 질감 처리를 할 수 있다.</td><td></td><td></td><td></td></tr>
<tr><td>5. 장가위를 사용하여 수정·보완할 수 있다.</td><td></td><td></td><td></td></tr>
</table>

총점			성취수준		
성취 기준	매우 우수 (25점 이상)	우수 (25−20점)	보통 (20−11점)	미흡 (10−6점)	매우 미흡 (5점 미만)

〈평가 체크리스트 작성 방법〉

① 평가자는 학습자의 수준을 평가하여 상, 중, 하에 체크한다. 객관화된 평가를 위해 평가자는 채점 기준표를 개발해야 한다.

② 항목의 점수상: 5점, 중: 3점, 하: 1점의 총 합에 따라 성취 수준을 결정한다. 성취 수준은 아래의 성취 기준을 참고한다.

③ 성취 수준 매우 우수자는 심화 교육, 매우 미흡자는 보충 수업을 진행한다.

작업장 평가

<table>
<tr><td>평가 일시</td><td colspan="2">년 월 일</td><td colspan="3">학과: 학번: 성명:</td></tr>
<tr><td>교과목</td><td colspan="3"></td><td>평가자</td><td>(인)</td></tr>
<tr><td>능력단위명</td><td colspan="5"></td></tr>
<tr><td>능력단위 요소</td><td colspan="5"></td></tr>
<tr><td colspan="5">평가 내용</td><td rowspan="2">점 수</td></tr>
<tr><td>능력단위 요소</td><td colspan="4">내용</td></tr>
<tr><td rowspan="2">작업 준비</td><td colspan="4">작업에 필요한 도구 준비</td><td></td></tr>
<tr><td colspan="4">준비된 도구의 위생적인 상태</td><td></td></tr>
<tr><td rowspan="5">작업 과정</td><td colspan="4">짧은 단발형 이발 형태 작업 절차에 따른 수행 여부</td><td></td></tr>
<tr><td colspan="4">장가위 사용 숙련도</td><td></td></tr>
<tr><td colspan="4">이발기 사용 숙련도</td><td></td></tr>
<tr><td colspan="4">틴닝 가위 사용 숙련도</td><td></td></tr>
<tr><td colspan="4">이발 기법[오버 콤 테크닉, 지간 깎기, 밀어 깎기 등]의 숙련도</td><td></td></tr>
<tr><td rowspan="3">작업 마무리</td><td colspan="4">모발 길이에 따른 그라데이션의 완성도</td><td></td></tr>
<tr><td colspan="4">질감 처리의 적절성</td><td></td></tr>
<tr><td colspan="4">수정 및 보정 커트에 의한 단발형 이발 스타일의 완성도</td><td></td></tr>
<tr><td>평가 과제</td><td colspan="2"></td><td>학습자 결과물</td><td colspan="2"></td></tr>
<tr><td>총점</td><td colspan="2"></td><td>성취수준</td><td colspan="2"></td></tr>
<tr><td>성취 기준</td><td>매우 우수
(25점 이상)</td><td>우수
(25–20점)</td><td>보통
(20–11점)</td><td>미흡
(10–6점)</td><td>매우 미흡
(5점 미만)</td></tr>
</table>

〈평가 체크리스트 작성 방법〉

① 평가자는 학습자의 수준을 평가하여 점수란에 각 평가 내용에 따른 점수각 항목은 10점 만점를 표기한다.

② 항목의 점수의 총 합에 따라 성취 수준을 결정한다. 성취 수준은 아래의 성취 기준을 참고한다.

③ 성취 수준 매우 우수자는 심화 교육, 매우 미흡자는 보충 수업을 진행한다.

이·미용 용어 정리

명 칭	설 명
Reference points of the head shape	두상의 포인트와 관련된 명칭
이어 포인트 Ear Point	양쪽 귀의 정중앙 부분의 선
센터 포인트 Center Point	앞머리 부분
탑 포인트 Top Point	가장 윗머리 부분
골든 포인트 Golden Point	뒷머리 중앙 약간 윗부분
백 포인트 Back Point	뒷머리 아래 부분
네이프 포인트 Nape Point	뒷머리의 가장 아래 부분
프론트 사이드 포인트 Front Side Point	페이스 라인 Face Line 의 양쪽 관자놀이 부분
사이드 포인트 Side Point	양쪽 옆머리 부분
사이드 코너 포인트 Side Corner Point	양쪽 관자놀이와 옆머리의 코너 부분
이어 백 포인트 Ear Back Point	양쪽 귀의 정중앙 부분의 뒤쪽 선
네이프 사이드 포인트 Nape Side Point	뒷머리 아래쪽의 좌·우 양쪽의 코너 부분
센터 탑 미디움 포인트 Center Top Medium Point	센터와 탑 사이의 부분
탑 골든 미디움 포인트 Top Golden Medium Point	탑과 골든 사이의 부분, 가장 윗머리 바로 뒷 부분
골든 백 미디움 포인트 Golden Back Medium Point	골든과 백 사이의 부분, 뒷머리 중앙 부분
백 네이프 미디움 포인트 Back Nape Medium Point	백과 네이프의 사이의 부분, 뒷머리 아래쪽 부분
크라운 Crown	일반적으로 두상의 가장 높은 부분에서 가마가 생기는 부분을 말하지만 사람마다 모류 방향 및 가마가 다르기 때문에 센터 포 헤드에서 센터 네이프 사이의 가장 중심이 되는 부분
네이프 Nape	후두부에서 가장 낮은 부분
그로스 패턴 Growth Pattern	모류 방향 모발이 자라나는 방향

명 칭	설 명
프린지Fringe	어떤 디자인에서 이마를 부분적으로 또는 완전히 덮는 머리. 가장 다양한 스타일 연출이 가능한 부분 중 하나
옥시피탈Occipital	후두부에서 가장 튀어나온 부분
백 사이드Back Side	두상의 옆면과 뒷면의 중간지점
후두하부	네이프 포인트N.P : Nape Point 하단의 영역, 그라데이션Gradation을 표현하거나 아웃 라인Out Line의 질감 및 무게감을 표현
천정부	프론트 사이드 포인트F.S.P : Front Side Point와 골든 포인트G.P : Golden Point를 이은 선으로 안쪽 영역, 윗머리의 길이, 층, 볼륨Volume을 표현
후두부	커트의 형태를 결정 짓는 영역으로 두상에서 가장 낮은 곳에 위치하고 있으며, 두상의 아웃 라인Out Line이나 길이를 결정하는 곳
Partings & Sections	파팅과 섹션
블로킹Blocking	헤어 시술을 위하여 두상을 큰 구획으로 나누는 것
홀슈Horseshoe	양쪽 리세션Recession을 연결하여 만드는 파팅
섹셔닝Sectioning	섹션Section 나누기 조절을 위하여 두상을 시술하기 편한 구역으로 나누는 것
파팅Parting	머리를 나누어 분배하고 조절해주기 위해 소 섹션으로 나누어주는 선
피봇팅Pivoting	한 점을 중심으로 회전하는 선으로 수박 섹션, 또는 방사선 섹션
프로파일Profile	센터 파트Center Part에서 센터 네이프Center Nape까지 이어진 선으로 정중선, 가운데 가르마
래디얼Radial	크라운Crown에서 헤어 라인Hair Line을 연결하는 선. 우리는 일반적으로 이어 투 이어Ear To Ear로 사용
Line & Distribution	선과 분배
천체축Celestial Axis	위, 아래, 좌, 우로 움직일 수 있는 곡선과 직선
라인Line	선
센터 라인Center Line	센터 포인트C.P : Center Point에서 네이프 포인트N.P : Nape point까지 좌우로 분할하는 선=정중선
이어 투 이어 라인Ear to Ear Line	양쪽 이어 백 포인트E.B.P : Ear Back Point에서 탑 포인트T.P : Top Point를 지나는 선=측중선
수평선Horizontal Line	이어 포인트E.P : Ear point의 높이를 가로로 이어주고 두상 부위 측면을 상·하로 2등분하는 선
유 라인U-Line	프론트 사이드 포인트F.S.P : Front Side Point에서 골든 포인트G.P : Golden Point, 반대편 프론트 사이드 포인트F.S.P : Front Side Point를 잇는 둥근 선=측두선

명 칭	설 명
스퀘어 라인 Square Line	사각형의 커트 형태
페이스 라인 Face Line	얼굴과 모발이 나 있는 두피의 경계선
헤어 라인 Hair Line	피부와 모발이 난 부분의 경계선
이어 라인 Ear Line	사이드 코너 포인트 S.C.P : Side Corner Point 에서 이어 백 포인트 E.B.P : Ear Back Point 를 연결한 라인
인테리어 Interior	두상의 크레스트 Crest 윗 부분의 명칭
엑스테리어 Exterior	두상의 크레스트 Crest 아랫 부분의 명칭
크레스트 Crest	인테리어 Interior 와 엑스테리어 Exterior 의 분할선 명칭
호리존탈 Horizontal	평면에 대해서 평행한 선
버티컬 Vertical	평면에 대해서 수직인 선
다이애거널 Diagonal	대각선
컨케이브 Concave	구의 내부 인테리어 : Interiror 와 같이 휘어진 표면 =오목곡선
컨벡스 Convex	구의 외부 익스테리어 : Exterior 처럼 바깥쪽으로 휘어진 표면 =볼록곡선
다이애거널 포워드 Diagonal Forward	전대각, 얼굴을 방향으로 흐르는 대각선
다이애거널 백 Diagonal Back	후대각, 머리가 뒤쪽으로 흐르는 대각선
다이애거널 레프트 Diagonal Left	좌대각, 왼쪽으로 향하는 대각선
다이애거널 라이트 Diagonal Right	우대각, 오른쪽으로 향하는 대각선
웨이트 라인 Weight Line	무게선 감을 나타내는 선
디렉셔널 디스트리뷰션 Directional Distribution	방향분배, 천체축을 따라 수평, 수직, 대각 방향으로 분배
자연분배 Natural Distribution	모발이 두상에서 자연스럽게 떨어지는 그대로의 방향
직각분배 Perpendicular Distribution	모발을 베이스 파팅 Base Parting 에서 90° 직각 으로 빗어질 때의 방향
변이분배 Shifted Distribution	모발이 베이스 파팅 Base Parting 에서 직각분배나 자연분배 이외의 다른 방향으로 빗질되는 방향. 일반적으로 급격한 길이차를 보이거나 각 부분들 간의 길이를 연결할 때 사용
방향분배 Directional Distribution	파팅 Parting 과 관계없이 한 방향으로 빗는 것
Base	**베이스**
온 더 베이스 On The Base	베이스 Base 중심 부분에 모발이 두피로부터 일반 시술 각 90°로 들어 올려 앞쪽과 뒤쪽의 모발을 가운데로 모아진 접점에서 커트

명칭	설명
사이드 베이스 Side Base	한 섹션 Section의 폭에서 양쪽 끝점 중 어느 한쪽으로 각을 이루어 모발의 길이가 점차적으로 길어지게 하거나 짧아지게 하기 위해 베이스 Base 폭의 가장자리 접점에서 커트
오프 더 베이스 Off The Base	패널의 한 변이 90° 이상으로 베이스 Base를 벗어나 밖으로 벗어나는 것
프리 베이스 Free Base	온 더 베이스 On The Base와 사이드 베이스 Side Base의 중간 베이스 Base를 말하며, 모발 길이가 두상에서 자연스럽게 길어지거나 짧아지는 효과
트위스트 베이스 Twist Base	모발 길이의 장단이 좌·우, 위·아래에 급격한 길이 변화가 필요할 때 사용
Elevation	각도
45°	0°에서 90° 사이의 모든 각을 말하며 일반적으로 사용하는 그래쥬에이션 Graduation의 각도
90°	천체축 90° 혹은 두상 90°
자연 시술 각 Natural Fall	모발이 두상 곡면 위에서 아래로 자연스럽게 떨어질 때 보이는 모습이 자연 시술 각 천체축 각도
일반 시술 각	두상의 곡면에 따라 둥글게 굴려져 들어지는 90°
하이 High	60°보다 크고 90°보다 작은 각
미디엄 Medium	30°보다 크고 60°보다 작은 각
로우 Low	0°보다 크고 30° 보다 작은 각
엘리베이션 Elevation	두상으로부터 모발을 들어올리는 정도
커팅 앵글 Cutting Angle	커트 Cut가 행해지는 각도
Cut	커트
커트 Cut	블런트 Blent Cut, 싱글링 Singling, 질감 처리 Texture, 포인트 커트 Point Cut
블런트 커트 Blunt Cut	모발의 단면을 가위로 자르는 커트
텍스춰 Texture	질감
틴닝 Thinning	모발의 길이는 변화를 주지 않으면서 전체적으로 숱만 감소시키는 기법
텍스춰 라이징 Texturerizing	질감 만들기 모질, 디자인의 생동감 또는 확장감을 만들기 위해 가장자리나 형태 내의 모발을 커트하는 것
포인팅 Pointing	가위의 끝이 손가락에서 머리끝을 향해서 움직이는 질감을 만드는 기법
크로스 체크 Crosscheck	원래 파팅 패턴의 반대패턴을 사용하여 정확도를 점검하는 커팅의 마지막 단계, 수직과 수평의 분배에서 교차하여 커트=크로스 커트 Cross Cut
클리퍼 오버 콤 Clipper-Over-Comb	두상의 아주 가까이에서 커트하기 위한 기법, 빗 사이로 튀어나온 모발을 클리퍼로 커트

명 칭	설 명
싱글링 Shingling	빗 밖으로 나온 모발을 가위로 목 부분이나 사이드를 매우 짧게 자르는 것
나칭 컷 Notching Cut	가위를 45°로 세워 커트된 단면이 불규칙하게 커트하는 것
테이퍼링 Tapering	겉 마름 기법 Bevel Up은 스트랜드 바깥쪽 부분에 레이저를 이용하여 질감 처리하는 방법으로 에칭 기법을 한층 더 효과 있게 표현하고자 할 때 사용, 레이저 날을 모발 표면에 놓고 곡선을 그리듯이 움직임
	안 마름 기법 Bevel Under은 스트랜드 안쪽 부분에 레이저를 이용하여 질감 처리하는 방법으로 레이저 날을 모발 뒷면에 놓고 곡선을 그리듯이 움직이고, 테이퍼되는 숱의 양을 볼 수 있기 때문에 원하는 만큼의 질감 처리
시저스 오버 콤 Scissors-Over-Comb	두상의 아주 가까이에서 커트하기 위한 기법, 빗 사이로 튀어나온 모발을 가위로 커트
그라데이션 커트 Gradation Cut	모발 길이를 발제선 헤어 라인 : Hair Line에서부터 내측 인테리어 : Interior으로 갈수록 아주 짧은 길이에서부터 점점 길어지게 깎는 것을 의미 때때로 '테이퍼링 커트 Tapering Cut'라고도 함
C-스트로크 C-Stroke	클리퍼를 'C' 모양의 곡선으로 들어올려 모발 길이를 점차적으로 길어지게 깎는 기법, 곡선을 그리지 않고 두상면에 밀착하여 그대로 깎으면 영역 간의 블렌딩이 잘 이뤄지지 않아 점차적으로 어두워지는 섬세한 명암 표현이 어려움
프리 핸드 Free Hand	손 또는 빗으로 모발을 쥐지 않고 깎는 도구만을 사용해서 커트하는 기법을 말함, 발제선 부분을 짧은 길이로 커트할 때 클리퍼를 두상에 밀착해서 깎는 경우를 예로 들 수 있음
노멀 테이퍼 Normal Taper	모발 중간의 모량을 줄이고 끝쪽 모발의 질감도 가늘어지게 연출하여 형태선을 부드럽게 함
노 텍스처 No Textura	질감 처리를 하지 않는 것
엔드 테이퍼링 End Tapering	모발 끝의 모량을 붓 끝처럼 가늘어지게 연출하여 형태 선을 부드럽게 함
딥 테이퍼링 Deep Tapering	모다발의 가장 깊은 곳에 짧은 길이의 모발을 형성함으로써 받쳐 주는 역할을 하기도 하고, 베이스 부분에서 모량을 많이 감소하기 때문에 부피감을 줄여 줌
슬라이싱 Slicing	생동감을 주기 위해 머리의 표면을 따라서 가위를 벌려 미끄러지듯이 움직여 머리 질감을 만드는 기법
루트 틴닝 Root Thinning	뿌리 부분에 모발의 밀도가 높은 경우와 모류가 강한 부분의 모류 방향을 보정하기 위해, 또는 밀도가 높은 모량을 줄이기 위해 모발의 뿌리 부분을 솎아내는 테크닉. 모발의 길이 0.5cm 이하에서 모류를 보정
이너 틴닝 Inner Thinning	모발의 길이 3~12cm 안에서 하는 양감 조절 테크닉
라인 틴닝 Line Thinning	모발의 끝부분에서 공간을 만들어 볼륨감과 율동감 조절을 통해 움직임을 표현하는 테크닉

<table>
<tr><th>명 칭</th><th colspan="2">설 명</th></tr>
<tr><td>애칭Etching</td><td colspan="2">레이저로 긁듯이 머리를 커트하는 레이저 커팅Razor Cutting 기법</td></tr>
<tr><td>지간 깎기</td><td colspan="2">헤어 커트 시술의 기본기법으로 빗질된 모발 다발을 왼손 검지와 중지 사이에 끼우고 일정하게 자르는 방법</td></tr>
<tr><td>떠올려 깎기</td><td colspan="2">아래서부터 빗으로 두발을 떠내어 빗살 밖으로 나온 긴 두발을 잘라 형태를 만들며 상향으로 커트</td></tr>
<tr><td>연속 깎기</td><td colspan="2">연속 깎기는 떠내려 깎기나 떠올려 깎기의 적용되는 기법으로 빗 등에 가위의 정날을 일자로 밀착시켜 커트 된 형태면에 따라 연속적으로 이루어지는 작업. 싱글링이라고도 함</td></tr>
<tr><td>수정 깎기</td><td colspan="2">마무리 작업으로써 형태와 질감이 완성된 후에 최종 검토 후 수정 및 보완 작업이 필요한 곳에 작업, 좁은 의미로는 형태 작업을 하면서 자른 곳을 다시 확인하여 수정하는 기법크로스 체킹 : Cross Checking이라고도 볼 수 있음</td></tr>
<tr><td>떠내 깎기</td><td colspan="2">빗을 두피 면에 대고 수직으로 들어 올려 커트하는 방법</td></tr>
<tr><td rowspan="2">세워 깎기</td><td>밀어 깎기</td><td>시계방향 즉, 오른쪽 측두면에서 왼쪽 측두면을 향하여 모류 방향을 향해 엄지에 정인의 가윗날 끝을 지지하여 개폐 작동은 빠르게 하며 미는 듯한 느낌으로 섬세하게 작업</td></tr>
<tr><td>당겨 깎기</td><td>끌어 깎기는 시계 반대 방향으로 검지에 동인의 가위 날 끝을 지지하여 당기는 듯한 느낌으로 섬세하게 작업</td></tr>
<tr><th>Form</th><th colspan="2">형태</th></tr>
<tr><td>솔리드Solid</td><td colspan="2">겉면의 모발과 안쪽의 모발을 동일 선상에서 자른 것으로 원 랭스One Length 형태</td></tr>
<tr><td>스파니엘Spaniel</td><td colspan="2">머리카락의 길이가 앞으로 길어지는 형태</td></tr>
<tr><td>이사도라Isadora</td><td colspan="2">머리카락의 길이가 앞으로 짧아지는 형태</td></tr>
<tr><td>그래쥬에이션Graduation</td><td colspan="2">무게감을 쌓는 테크닉. 무게감의 양은 엘리베이션Elevation에 따라 결정</td></tr>
<tr><td>유니폼 레이어Uniform Layer</td><td colspan="2">전체적으로 길이가 균일하여 무게선이 나타나지 않는 형태로 두상의 곡면과 평행되는 스타일</td></tr>
<tr><td>인크리스 레이어Increase Layer</td><td colspan="2">모발의 단차를 내는 위치와 각도에 따라 아래로 갈수록 모발의 길이가 길어지는 스타일</td></tr>
<tr><td>스퀘어Square</td><td colspan="2">두상에 코너를 주며 전면과 뒷면의 밸런스를 맞게 디자인한 형태</td></tr>
<tr><td>라운드Round</td><td colspan="2">두상을 따른 형태. 앞쪽에서 뒤쪽으로 길어지는 형태</td></tr>
<tr><td>트라이앵글Triangular</td><td colspan="2">뒤쪽에서 앞쪽으로 점진적으로 길어지는 형태</td></tr>
<tr><td>비대칭Asymmetry</td><td colspan="2">크기, 형태 등 균형이 중심축을 기준으로 양쪽이 상반된 상태를 의미, 좌·우 또는 상·하가 동일하지 않은 형태</td></tr>
<tr><td>대칭Symmetry</td><td colspan="2">축을 중심으로 양쪽의 모양이 같은 것, 좌·우 또는 상·하가 동일한 형태</td></tr>
</table>

명 칭	설 명
기타	
텐션 Tension	잡아당기는 행위 또는 잡아당겨진 상태
밸런스 Balance	균형, 중앙 축 둘레 부분의 조화로운 배치
블로우 드라이 Blow Dry	헤어 컷 시술 후 형태를 알 수 있게 모발을 말리는 것
콤 Comb	빗
콤 아웃 Comb Out	빗으로 모발을 빗는 것
클리퍼 Clipper	두 날의 교차로 커트하는 전동 기기
네추럴 Natural	자연스러운
포마드 Pomade	반고체의 젤리형의 제품으로 광택과 두발을 정리하는 데 사용. 식물성 포마드의 주원료는 피마자 오일과 목납이고, 광물성 포마드는 바세린을 주원료로 하여 식물성보다 끈적임이 적음
핸드 드라이 Hand Dry	드라이기와 손을 이용하여 스타일링 함
존 Zone	머리의 길이의 해부학적, 공간적 레벨

참고 문헌

001) 국제헤어디자인연구회(2008). "C.C.C 남성커트". 청구문화사. pp. 7-8

002) 하상중(2011). "남성커트 14일에 완전정복하기". 프로방스. p. 15

003) 김민정(2003). 개화기 이후 남성 머리 양식의 변천과 재현에 관한 연구. 한성대학교 예 술대학원 패션예술학과 문장예술전공 석사학위논문. pp. 14-15

004) 박은준, 김영래, 김우빈, 권은실(2018). "NCS 적용 교육 남성 헤어 커트". 메디시언. pp. 26-27

005) 최은정, 진영모, 김광희(2020). "NCS 기반 남성헤어커트 & 캡스톤 디자인". 광문각. pp. 14-25

006) https://blog.naver.com/namubit/110024189136

007) http://news.imaeil.com/inc/photos/2007/09/26/2007092607470757134_m.jpg

008) https://postfiles.pstatic.net/20140402_173/wheofh12_1396434300569f0B8Y_JPEG/%B0%ED%B4%EB%C0%CC%C1%FD%C6%AE%C0%C7%BB%F35.jpg?type=w2

009) https://postfiles.pstatic.net/20140402_289/wheofh12_1396434299944laI05_JPEG/%B0%ED%B4%EB%C0%CC%C1%FD%C6%AE%C0%C7%BB%F31.jpg?type=w2

010) https://blog.naver.com/theharu22/221144497319

011) https://blog.naver.com/babydoll03/50124177135

012) https://blog.naver.com/opazizi/221999427929

013) https://blogfiles.pstatic.net/20140710_34/cjs11112_1404967030538Mc6w9_PNG/3.png?type=w2

014) https://blog.naver.com/citrain64/100172463326

015) https://post-phinf.pstatic.net/MjAyMTA0MjhfMjAw/MDAxNjE5NTk0MTg3NzE2.XE0JPeKanVR5nP9X0EaC-cZGOxaGD5Kvt37ierKiwVcg.ORttLGhKEqvszaw-NJfmHBkBA_lwPkPx3XG7tdrCAVIg.JPEG/사진2_소크라테스_출처_위키미디어커먼즈.jpg?type=w1200

016) https://blog.naver.com/ysunnylee/2201565337500

017) 018) https://blog.naver.com/aboutking/221684367054

019) https://blog.naver.com/chanwoolee/222169343684

020) 021) https://blog.naver.com/horong95/130029812831

022) https://blog.naver.com/ebsstory/50185588975

023) https://blog.naver.com/ziumpost/222280709557

024) https://blog.naver.com/partlycloudy/220679717948

025) https://blog.naver.com/hansaramu/222357545014

026) https://blog.naver.com/qkraudcns98/222145229433

027) https://i.pinimg.com/564x/6a/c5/41/6ac541614c5813a25e1633922edb4bec.jpg

028) https://cafe.naver.com/michinchin/2637

029) https://blog.naver.com/qkraudcns98/222145229433

030) https://blog.naver.com/joytea12/220316599220

031) 032) https://blog.naver.com/view_rikok/221580578911

033) https://blog.naver.com/royamad/222301733318

034) 035) https://blog.naver.com/wjrc1858/221199357739

036) https://blog.naver.com/jjj_1/222198519947

037) https://blog.naver.com/janet7711/140110981518

038) https://postfiles.pstatic.net/20121024_299/interohrigin_1351064452823JnYez_JPEG/2012-10-24_16;16;24.jpg?type=w2

039) https://postfiles.pstatic.net/MjAyMTAzMThfMTY3/MDAxNjE2MDU1MjgxMTIy.MoqsL2SLpsJKMIttFOnxWv5rPxWSY462xlKh8amLarUg.1Vi7t49cEztDgt_YPSMHLIKhynsPYLtUBQF7KTPMwD8g.JPEG.lolipoi123/Hals_Frans_The_Laughing_Cavalier_1624.jpg?type=w773

040) https://cafe.naver.com/conceptartworkshop/3013

041) https://blog.naver.com/gkakni/220252697213

042) https://postfiles.pstatic.net/MjAyMTAxMjRfMyAg/MDAxNjExNDM3NTMzNDkz.VDwAPHPKKWs-OaHZ5gLq5FI_gLpNyDyz75t3r9_1QfAg.FFeweQQLUYXcFTgETLC0Oz1eOOUERMxF5khpXOb6rD4g.JPEG.skdud7986/output_2848371293.jpg?type=w773

043) https://postfiles.pstatic.net/20150811_184/jiwoo245_1439282459891wIjOk_JPEG/naver_com_20121228_152051.jpg?type=w2

044) https://cafe.naver.com/mercury26466/402

045) https://postfiles.pstatic.net/MjAxNzA4MDhfMTA0/MDAxNTAyMTkwMzE0MTc0.5Ko89Wj8D-rr-9lLLx-NMfDRl3eye0zoKyGohfJCi6Yg.YtqsogyNGPEJf4f7CQ0QB80d5nTNcLBy5iljmP5Isv8g.JPEG.cocoelli/%ED%81%AC%EA%B8%B0%EB%B3%80%ED%99%98_IMG_2755.JPG?type=w2

046) https://postfiles.pstatic.net/data33/2008/2/16/261/%B7%CE%C4%DA%C4%DA-%B3%B2%C0%FC%B9%DD%B0%A1%B9%DF_nulbooda2.jpg?type=w2

047) https://blog.naver.com/ksydiva/220267731335

048) https://imgnews.pstatic.net/image/021/2020/02/03/0002415827_004_20200203103102180.jpg?type=w647

049) https://blog.naver.com/kongga7/222209664661

050) https://blog.naver.com/koeyoung/88919324

051) https://blog.naver.com/goldstar10041/222325896802

052) https://img.theqoo.net/img/HWRGC.jpg

053) https://blog.naver.com/cocoro1119/222352060979

054) https://cafe.naver.com/booheong/25808

055) https://d3d00swyhr67nd.cloudfront.net/w1200h1200/collection/NTII/SUNY/NTII_SUNY_1319350-001.jpg

056) https://64.media.tumblr.com/tumblr_lth10i5OPW1qga5wno1_500.jpg

057) https://i.etsystatic.com/5842899/r/il/d249d0/353053012/il_794xN.353053012_euxw.jpg

058) 059) https://blog.naver.com/returntonow/70160619967

060) https://dbscthumb-phinf.pstatic.net/3329_000_2/20140913194042796_4747U9O4F.jpg/09-577768.jpg?type=m2000_2000_fst_n&wm=Y

061) 062) https://cafe.naver.com/booheong/25808

063) https://blog.naver.com/kkotgilhanbok/222259442737

064) https://blog.naver.com/ebsstory/50182773198

065) https://search.pstatic.net/common/?src=http%3A%2F%2Fshop1.phinf.naver.net%2F20190610_56%2Fjoyposter_1560157753556gOtoS_JPEG%2FAMQ-135.jpg&type=a340

066) https://blog.naver.com/lifeship36/222125721984
067) https://postfiles.pstatic.net/MjAyMTAzMDdfMTMg/MDAxNjE1MTA1MDg0MDUx.UnZ2xe4VzGNgKeFIp19_gqyLC5p2y0zaYS7K9uecXNMg.0opoTRTzfwvn4G5HA8M0m6QMzoDgzBwMKWrYxEi9sb4g.PNG.baroques/생가와_옴마.png?type=w773
068) https://cafe.naver.com/booheong/25808
069) 070) https://postfiles.pstatic.net/20160607_3/uaah__1465272780112vdEmm_JPEG/attachImage_1964626412.jpeg?type=w773
071) https://postfiles.pstatic.net/20141114_168/stthesuit_14159466408570ofrh_JPEG/a0048039_4ea59a798e7eb.jpg?type=w2
072) https://postfiles.pstatic.net/MjAyMDAxMzFfMTc3/MDAxNTgwNDY1MDE2NDQ4.X_UuZeQ3vaYo2tGK8hmo8EHc00kkyssLscs3RCzx2MMg.uL_yYIrkERn7gwX8UNvzXifVHjw5xmiUWQPneIzEPE4g.PNG.fotton051/1910패션.png?type=w773
073) https://cafe.naver.com/skulec/109
074) 075) https://postfiles.pstatic.net/MjAxOTAzMDZfNTUg/MDAxNTUxODYyNTM5MDkz.rI6IwjdXCs2ON7Gc82hmBEJ76tDLKGS5NmTI01kMhFIg.7O37vf_sGAcMARfhKKvSFx4pgsjlCejPqX0Qvlvujvwg.JPEG.busdriver23/1920년대_머리.jpg?type=w773
076) https://postfiles.pstatic.net/MjAyMTAyMDdfMjIz/MDAxNjEyNzA4ODgwNzAz.e6rs1lhsRg2n2MNA1TxSzqEPfKU_dVD2KIhUrYq_dZwg.kdmp_-VKicgIU6d6JI8e_D4CvUt9bilFFnqTYUIggCsg.PNG.psjjoayo/image.png?type=w966
077) https://cafe.naver.com/skulec/109
078) https://blog.naver.com/holo3/220407705684
079) 080) https://postfiles.pstatic.net/MjAxOTAzMTNfNjQg/MDAxNTUyNDUyOTcwMDg2.7ZAicYzR-cBpweKgSTlBwHtYNDB-tiizkatdE41q7dsg.MvJHXApRWu41Tau-6Reoyst_9vjJ_uRql7yHzp8FaBYg.JPEG.busdriver23/덕테일.jpg?type=w773
081) https://postfiles.pstatic.net/MjAxOTA0MDRfMjA3/MDAxNTU0MzU5MDExMzk5.JZtmCSNj74HQm5UnzgA9Jzzt3AaCPYW8m-3anS-aDT8g.RDNrd-Plz-_nqupMk6K41LCN-vpt64UKw-c1rP25GrYg.JPEG.busdriver23/링고_스타.jpg?type=w773
082) https://blog.naver.com/in_veronique/100148393737
083) https://cafeptthumb-phinf.pstatic.net/20150803_2/huhu1938_1438594827827L3qrv_JPEG/%A4%BB.jpg?type=w740
084) https://blog.naver.com/lulu4796/50140944533
085) https://blog.naver.com/hana_yoon/20173095703
086) https://postfiles.pstatic.net/20160606_52/dansp11_1465217540425luEsl_JPEG/attachImage_2903934632.jpeg?type=w966
087) https://blog.naver.com/designpress2016/221192376463
088) https://postfiles.pstatic.net/20151019_270/tkwldk_1445195930092LeIwQ_PNG/%BC%AD%B0%E6%B4%EB_%C6%D0%BC%C7%B5%F0%C0%DA%C0%CE_%C6%F2%BB%FD%B1%B3%C0%B0%BF%F8_%C6%E3%C5%A9_%BD%BA%C5%B8%C0%CF3.png?type=w1
089) 090) https://postfiles.pstatic.net/MjAyMTAxMDdfMjA5/MDAxNjA5OTk1OTA4MDcx.r_BPbCV9xHw9IshzvSSxisncLdlH65AgBD71_CSBbgkg.VELPlCiX0hWcSmZVkidyi2JHgK0nwAVtTKQJfBwv4JQg.JPEG.naimfloral/men%27s_hairstyle_1970_(2).jpg?type=w773
091) https://postfiles.pstatic.net/MjAyMTAxMDdfMjYg/MDAxNjA5OTk1OTA4MDQ3._VonO9suZTV3FSNMCyg-TFf

PuUfiY9oRr6LEA8oizrYg.3adGmN7HboWeKAVN1OaD-Rksnb_3u1xUBBHpmefbfJUg.JPEG.naimfloral/Charlies-Angels.jpg?type=w773

092) https://postfiles.pstatic.net/MjAxNzAyMTZfMTcx/MDAxNDg3MjEyODAzMjQy.SlFnU5Y0cO8mKSADA2mURezX7vIGE-gsvmYKACI6docg.I-DX1Wy6Ect7-gawX7m0p0hIFbLMn8MX01Po_7KlXEYg.JPEG.sastar777/맥가이버머리2.PNG?type=w1

093) https://blog.naver.com/artistravi/20188249632

094) https://blog.naver.com/wonhwahan/220591957058

095) 096) 097) https://blog.naver.com/rl88ks7dq/220618553269

098) https://blog.naver.com/felia5550/220313808208

099) https://postfiles.pstatic.net/MjAxOTA0MjlfMjQ2/MDAxNTU2NDY4MjI2MTA2.UXwxrIqgYYWy2XX3zM1VD7LoB_HUgfEDRizqy0zCVUAg.FiVAPKnj2yJoq8sIzv5qS1Bbo3p6eyPJdTDuT2uOUyYg.JPEG.fogh1234zz/IMG_6483.JPG?type=w966

100) https://postfiles.pstatic.net/MjAxODA4MTdfMjg4/MDAxNTM0NDQ1ODE3ODc4.KIe1LlCwRdjxC_ts9CCENcUgoIVgM7sKzubvGfuvrpQg.waqPqK0_2frIiSrQBUCxXAslFin4ecRjefqlwvJw9LYg.JPEG.hyw3426/6.jpg?type=w966

101) https://blog.naver.com/nkxhsqmlc/220268371020

102) https://postfiles.pstatic.net/MjAyMDA3MzBfMjAz/MDAxNTk2MDQ5NzIyMjAx.pSbxRMy_cqG_jyugmmVBbJj-hgW2ztARce_deTbG_Hsg.Pqya3Yc1CU0VT80nJBHIMMTQP9r8p_lRhun5ZVnO7gUg.JPEG.kangbokeum7654/2020menhair3.jpg?type=w966

103) https://blog.naver.com/designpress2016/222376958902

104) https://postfiles.pstatic.net/MjAxOTA0MTVfODkg/MDAxNTU1MzE1Njk2OTQz.R0wREcdCrUsEQIdT6aIZOtmsOu_UJI0xj9-YCTDiW9Mg.Jz1wgIOS1aWikp9SzMZxgz8zJtqC_0VnqjgHJlL4Io4g.PNG.busdriver23/2000ss.png?type=w773

105) 106) https://postfiles.pstatic.net/MjAyMDA5MzBfMjIx/MDAxNjAxNDU0OTc1MDQw.Le8pag9f4ZTjv5pYxgny2TbCjQYwuuLzN2snzBIlAmcg.KTpYinmPPRgfGJXu6-cbTJd4kBCIWhC74kbDkOuCeL8g.JPEG.david369/1601454974398.jpg?type=w966

107) https://postfiles.pstatic.net/20110628_120/krazycore_1309246879325lSaQh_JPEG/Beck_top.jpg?type=w2

108) https://i.pinimg.com/564x/b8/89/c5/b889c53b5620055779cc84429588e2b7.jpg

109) https://i.pinimg.com/564x/cc/42/ca/cc42ca4d9848b7a91353e84bbcb31315.jpg

110) 김성철(2016). "딱 한권으로 끝내주는 이용사 필기, 실기 시험문제". 크라운 출판사. pp. 24-25

111) 임 린(2005). 한국 가체 양식의 변천에 관한 연구. 전남대학교 대학원 박사 학위 논문. p.8.

112) 홍경옥(2006). 우리나라 여성의 전통머리 모양에 관한연구. 남부대학교 산업정보대학원 석사 학위 논문. p.4

113) 김윤선(2014). 한국 전통머리에 대한 인식 및 선호도와 활용방안. 서경대학교 미용예술대학원 석사 학위 논문. pp. 5-27

114) 교육부(2020). NCS 학습 모듈 기초 이발. 한국 직업 능력 개발원. pp. 6-9

115) 이금숙,이순재. 조형유물에 나타난 한국인의 얼굴과 머리 모양연구-고대사회,삼국시대 중심으로-. 한국의류학회. 2010(1). p. 71

116) 홍경옥(2006). 우리나라 여성의 전통 머리 모양에 관한 연구. 남부대학교 산업정보 대학원. 향장 미용 학과, 석사 학위 논문. pp. 3-40

117) 118) https://blog.naver.com/bnulinxinyou/220211250493

119) https://postfiles.pstatic.net/20120627_205/cmicmicmi_134080054853272vYh_JPEG/%BA%AF%B9%DF3.jpg?type=w2
120) 121) https://blog.naver.com/leejj0301/150019189721
122) https://blog.naver.com/devilsnake/222092475622
123) https://postfiles.pstatic.net/MjAxNzA5MTRfMzQg/MDAxNTA1MzY3OTE4MjU0.G7bBNppwxSnr9HG7uLexAnajYqSQzRH4eM8NXGUo3SEg.x9p9Msiy5_Rp5gkqIjuGEqKMYtINkCW1Up_nWpY7OZ0g.JPEG.jumi7414/musi_top_04_05_사본.jpg?type=w966
124) https://blog.naver.com/dibrary1004/30125538694
125) https://i.pinimg.com/564x/fb/78/80/fb78806f061b5e88c007644b42cb9e0f.jpg
126) https://blog.naver.com/ghost0200/221762374998
127) https://imgnews.pstatic.net/image/020/2014/06/17/64338334.2_99_20140812113303.jpg?type=w647
128) https://postfiles.pstatic.net/MjAyMDExMjhfMzQg/MDAxNjA2NTY4MTY1NDUx.0VIbKPlqjKfffeg0LFS7WCwIr83r63Ud6hStOGWLmwgg.bPDXxpZgSVmY7Yi8-KYCowOrkMQUeA3RkzSUSvknNAYg.JPEG.ej5312/20201128%EF%BC%BF213211.jpg?type=w966
129) https://m.blog.naver.com/dibrary1004/30125538694
130) https://sccdn.chosun.com/news2/html/2010/11/02/2010110301000181400008701.jpg
131) https://mimgnews.pstatic.net/image/003/2011/09/19/NISI20110919_0005162570_web.jpg?type=w540
132) https://postfiles.pstatic.net/20150919_34/kalim5428_14426446245479Uzi3_JPEG/%BC%AD%B5%BF%BC%B1%C8%AD1.jpg?type=w2
133) https://postfiles.pstatic.net/20110718_219/khs6347_13109569622691ODfQ_JPEG/naver_com_20110718_114108.jpg?type=w2
134) 박효정(2016). 삼국시대 여인의 머리형태 연구: 가야를 중심으로, 창원대학교 보건대학원 향장미용전공 석사학위 논문. pp. 12-14
135) https://terms.naver.com/entry.naver?docId=545680&cid=46671&categoryId=46671
136) https://m.blog.naver.com/snrntpdysp/221450935388
137) https://blog.naver.com/my2000b/120088545731
138) https://ssl.pstatic.net/mimgnews/image/018/2009/06/01/1243820464.419314_PP09060100011.JPG?type=w540
139) https://postfiles.pstatic.net/MjAyMTAxMDRfMTk5/MDAxNjA5NzQ3MjQ4MzU2.REPZnKqiZ0Kk0QHryRTZAqiPHIR8qosobna4-lvxo2Ag.uYnQT-R3jbLN2GPSypEzm1S-TDnySxF8S0AnxG_0LSIg.PNG.postitmemo/5.PNG?type=w773
140) https://blog.naver.com/aqkrwldud/30051445384
141) http://cdn.newsinside.kr/news/photo/first/200911/img_67552_1.jpg
142) https://mytema.tistory.com/entry/헤어미용역사?category=924246
143) https://blog.naver.com/kbn630/90153549736
144) https://mblogthumb-phinf.pstatic.net/20140307_287/sohoja_1394175453078Mm52k_PNG/11gg.PNG?type=w2
145) https://dbscthumb-phinf.pstatic.net/1694_000_8/20130315212435944_25Y0L0568.jpg/z2_cp04130006000.jpg?type=w300_fst_kocca&wm=Y
146) https://dbscthumb-phinf.pstatic.net/1694_000_8/20130315212425199_SO70L6MEL.jpg/z2_cp04130006000.jpg?type=w300_fst_kocca&wm=Y
147) https://postfiles.pstatic.net/MjAyMTA0MTVfOTAg/MDAxNjE4NDU2MDU0MjE5.

tOIDkYsLpXkHRdnfwyrmScRBFi_yxKqU0L1pYw2TutAg.Ex-VV9a-hnqelOcKTenSlVq8nDi21vaj1G2CbJavboQg.JPEG.ggongji77/1618455916672.jpg?type=w773
148) https://blog.naver.com/hanbok_jjoa/222321919510
149) https://terms.naver.com/entry.naver?docId=545680&cid=46671&categoryId=46671
150) https://postfiles.pstatic.net/MjAyMTA2MjNfMjQw/MDAxNjI0NDI5ODcyODIx.ASvdymJFPf-fLj_3ZVkod180_MWLOdm-8kLY4lSMoFMg.B4-yttAHkV5VLeo7F8oXIGJtXK9hPTzwkUpkv_UdZGcg.PNG.kcdf2010/blogimg3.png?type=w966
151) https://dbscthumb-phinf.pstatic.net/1694_000_8/20130315212822147_727EGCSKQ.jpg/z2_cp04130048000.jpg?type=w300_fst_kocca&wm=Y
152) https://postfiles.pstatic.net/MjAyMTA1MDdfMjA0/MDAxNjIwMzYwNjU1MzQ5.vGJP5OptEb3ZckzZ5nK0-tEYhwDvxCGVqxIYjDoB0EMg.CrROGjp0Hn-SRc3WkX6FdJTDm3VjEK4gaCT8DHAPy-0g.PNG.ardlofficial/image.png?type=w966
153) https://blog.naver.com/bu77er/100185179087
154) https://imgnews.pstatic.net/image/469/2019/05/06/0000386169_004_20190507045319070.jpg?type=w647
155) https://postfiles.pstatic.net/MjAyMDA1MTFfMTUy/MDAxNTg5MTgzNzY4ODM2.BURtGAaiVMEHn9Am-Zt6LnjJSEBMVA2Umd1nwAG_Db4g.Juc_WgBHUeYyISoF8muUnO1pa4WdX7tJRPkEcK-obpQg.JPEG.soobinhairmakeup/ADS_2911.jpg?type=w773
156) https://postfiles.pstatic.net/MjAxOTA2MDhfMjg2/MDAxNTU5OTYzNjM3NDcz.8Gl7zL7QZzVBoO5ePGqRmZ2kmTSLvoGk3mbeEAfHGHYg.iCBaXT1hjQHxM3nwJDFiMU4rV9WajQRKYEyg3EiQgKcg.PNG.foskfnsk/캡처_2019_06_08_12_06_42_417.png?type=w966
157) https://blog.naver.com/newheater/220582459403
158) https://postfiles.pstatic.net/MjAxOTAzMjZfMTky/MDAxNTUzNTc5MjUwMjgx.bIFKQ-pd5kjSVHAA24dbhhzCDaF41NaitwuJ9qb5Rncg.VmeW578bX_exbXDE5DwBVysfueTwB-pChjUZT2oUp9Ig.PNG.min357kr/image.png?type=w773
159) https://blog.naver.com/trustymk/221681071227
160) https://imgnews.pstatic.net/image/023/2021/02/10/2021021000147_1_20210211000930417.jpg?type=w647
161) https://postfiles.pstatic.net/MjAxODAyMTBfMTU3/MDAxNTE4MjM5MzYyNzgz.RlPt8f0HlfFheJ1SBBcpFz3j5fb6YuUTJgo1xTZ8eNkg.NkTlNcQ-wWv73-fzPXuJZSmCbbNi50XNxpjD9ViizbIg.JPEG.jiaip/20180210_131359.jpg?type=w580
162) 곽형심, 권대순, 권태신, 김효정, 이수경, 장경옥, 허순득(2006). "미용 문화사". 청구문화사. p. 92
163) https://terms.naver.com/entry.naver?docId=3385396&cid=62045&categoryId=62045
164) http://hbs1000.cafe24.com/product/나무-손잡이-바리깡1개-가격입니다-이발기구수동바리깡이발바리깡옛날바리깡바리깡/15414/
165) https://www.yeongnam.com/mnt/file/201104/20110408.010420752160001i3.jpg
166) http://ksinews.co.kr/files/ArticleUpload/editor/images/꾸미기_크기변환_사본 -이용요금표(1960년).jpg
167) https://img.seoul.co.kr/img/upload/2015/05/31/SSI_20150531161442_O2.jpg
168) https://blog.naver.com/roripia/50075385032
169) https://search.naver.com/search.naver?sm=tab_hty.top&where=nexearch&query=보사부&oquery=보사부&tqi=hMcsFwprvTVsssXMTIhssssstfh-488780
170) http://www.m-i.kr/news/photo/201910/643718_436024_5839.jpg

171) https://imgnews.pstatic.net/image/003/2014/05/16/NISI20140516_0009682566_web_99_20140516155905.jpg?type=w647
172) https://post-phinf.pstatic.net/MjAyMTAyMjNfMjU4/MDAxNjE0MDM4OTc1NzUw.i9ttMfcnujHAJlU-5oVa8l8SE9AVxDhwcLH_V1qOlLgg.-xAlmCUyUyO7Pe2BTAFcDdOnfkroG5Ee5MiukCSzkXIg.JPEG/2021021902483_1.jpg?type=w1200
173) https://postfiles.pstatic.net/20151221_191/jiwoo245_1450708335978pyAJf_JPEG/%C1%F6%BF%EC_19301940%B3%E2%B4%EB_%C7%D8%B9%E6%B1%E2_042.jpg?type=w2
174) https://postfiles.pstatic.net/20151221_257/jiwoo245_1450708336636lhgCV_JPEG/%C1%F6%BF%EC_19301940%B3%E2%B4%EB_%C7%D8%B9%E6%B1%E2_041.jpg?type=w2
175) https://ssl.pstatic.net/mimgnews/image/003/2015/07/07/NISI20150707_0011137198_web_99_20150707114105.jpg?type=w540
176) 곽형심, 권대순, 권태신, 김효정, 이수경, 장경옥, 허순득(2006). "미용 문화사". 청구문화사. p.103
177) https://cdn.jjan.kr/news/photo/201406/513420_156982_578.jpg
178) https://blog.naver.com/kkkk8155/220370468813
179) http://www.knnews.co.kr/core_board2007/webnote/upload/_quick/2017/10/09/5953789e8d076b5_15075093106715406977.jpg
180) https://post-phinf.pstatic.net/MjAyMTA2MjhfMjgw/MDAxNjI0ODQ5MDY2MjYw.Th779bcMRcI4YZSwC-EXfvc362W1lBWDcn76lx2y2fAg.OLekCtLnBbKsjZhwVghqYYSyrDz6KTL7V8BhV7EZtkIg.JPEG/05.jpg
181) https://imgnews.pstatic.net/image/079/2020/02/18/0003324078_001_20200218120108148.jpg?type=w647
182) https://imgnews.pstatic.net/image/001/2019/10/28/AKR20191028139500005_02_i_20191028175405091.jpg
183) 위의 책. PP. 104-105
184) https://ssl.pstatic.net/mimgnews/image/005/2018/08/15/201808150404_13230923992977_3_20180815040514459.jpg?type=w540
185) https://ssl.pstatic.net/mimgnews/image/020/2010/11/16/32619278.4.jpg?type=w540
186) https://blog.naver.com/oldcine/70182398134
187) https://blog.naver.com/onesally1/222172960715
188) https://blog.naver.com/ho2994/222338922039
189) https://blog.naver.com/dcbusan/221961986340
190) 곽형심, 권대순, 권태신,김효정,이수경,장경옥, 허순득(2006). 미용 문화사. 청구문화사. pp.106-107
191) https://blog.naver.com/70tkfkdgo/221967261502
192) https://blog.naver.com/hanok21c/222177448397
193) https://cafe.naver.com/poetland/31
194) https://cdn.thebk.co.kr/news/photo/201308/164276_8727_1058.jpg
195) http://photo.heraldcorp.com/ptview.php?ud=20170321092428AUI2233_20170321092630_01.jpg
196) https://blogfiles.pstatic.net/MjAyMDA3MDhfMjcx/MDAxNTk0MjEzMTczOTkz.P90ZqikHTirQOBlccFNSx9fzswxLNlfOhrLuOW4QyWEg.eELBUKlf5q6FstGXsjsA3A5gf-TgQPpY1jGhKTFvGE8g.JPEG.s5we/Screenshot_2020-07-07_at_23.15.13.jpg?type=w2
197) 위의 책. pp. 108-109
198) http://db.kookje.co.kr/news2000/photo/2012/0120/20120120.22027184644i1.jpg
199) https://postfiles.pstatic.net/20130915_266/cre_m_1379171145773gpsin_JPEG/AKR20110216209300005_02_

i.jpg?type=w1
200) https://blog.naver.com/juderow9/222190204171
201) https://1.bp.blogspot.com/-MtI4QXmjHow/YIuEL0XQUjI/AAAAAAAAOl8/RsyVCYn4IFs2ndi5Qi36_N5_1LN9rgGTACLcBGAsYHQ/s600/2021-04-30%2B13%253B12%253B56.PNG
202) https://goodinj.tistory.com/entry/1980년대-유행-헤어-스타일
203) https://blog.naver.com/da2noso5/10139266335
204) 곽형심, 권대순, 권태신, 김효정, 이수경, 장경옥, 허순득(2006). 미용 문화사. 청구문화사. pp. 110-111
205) 206) https://blog.naver.com/dgcompany_1/221044622356
207) http://image.sportsseoul.com/2017/11/20/news/20171120140722_3_219309.jpg
208) https://blog.naver.com/i-mamttae/222025210890
209) http://news.khan.co.kr/kh_storytelling/2019/genx/
210) http://img.theqoo.net/img/XptmD.jpg
211) 문병옥(2006). 한국 여성 헤어스타일과 미용회보 표지 헤어스타일에 관한 비교 연구 : 1980년대 이후 발행된 미용회보 표지를 중심으로. 남부대학교 산업정보 대학원 석사학위 논문. pp. 52-58
212) 213) https://m.blog.naver.com/tmdgks7231/220583996353
214) https://cdn.thebk.co.kr/news/photo/201311/165535_9966_13.jpg
215) http://img.theqoo.net/img/wmmEU.jpg
216) http://news.tf.co.kr/read/entertain/767951.htm
217) https://imgnews.pstatic.net/image/082/2004/07/03/10190301i1u.jpg?type=w647
218) 박은준, 김영래, 김우빈, 권은실(2018). NCS 적용 교육 남성 헤어 커트. 메디시언. pp. 51-72
219) 김성철(2016). 이발실무 남성 커트의 모든 것. 크라운출판사. pp.12-32
220) 최은정, 진영모, 김광희(2020). NCS 기반 남성헤어커트 & 캡스톤 디자인. 광문각. pp.44-98
221) 채선숙, 박윤미, 전금채, 백순식, 박명희. 김은하, 임우경. 허창호(2020). NCS 기반 남성커트 & 스타일링. 메시디언. pp.16-58
222) 조지훈(2010). 남성헤어커트. 현문사. pp.11-55
223) 위의 책. p.52
224) 앞의 책. p. 53
225) 위의 책. pp. 58-59
226) 위의 책. p. 71
227) 박은준, 권은실, 김우빈, 서예지, 임미지, 전근옥, 차경희, 최부경, 최지연(2021). 교육역량 강화를 위한 베이직 헤어커트.. 메시디언. p. 45
228) 위의 책. p. 37
229) 앞의 책. p. 69
230) 하상중(2011). 남성커트 14일에 완전정복하기. 프로방스. pp.24-39
231) https://m.post.naver.com/viewer/postView.nhn?volumeNo=27593410&memberNo=44928417
232) 233) https://post-phinf.pstatic.net/MjAyMDAyMjZfMjI5/MDAxNTgyNjk0MTQxNTUx.1kLx_FLAFFI8aj4alTxL2NuRmSk6rkDUi91qL118Jhog.-u6V7lgXQa5MLoid4PF6wO4HiL32HyjX0U9O3L69hDAg.JPEG/image_455560081582694133297.jpg?type=w1200
234) http://www.heritage.go.kr/unisearch/images/treasure/thumb/2247742.jhttps://dbscthumb-phinf.pstatic.net/3609_000_1/20141103235940552_9VJYIY582.jpg/cjm04659.jpg?type=w690_fst

235) https://dbscthumb-phinf.pstatic.net/3764_000_4/20150718051221569_3CQX41T3C.jpg/GC042P10775.jpg?type=m4500_4500_fst_nce&wm=Y
236) https://dbscthumb-phinf.pstatic.net/3609_000_12/20141105153121117_4ZWOP6U8W.jpg/kum000496.jpg?type=w690_fst
237) 위의 책. p.24
238) 위의 책. p. 72-73
239) 박은준, 김영래, 김우빈, 권은실(2018). NCS 적용 교육 남성 헤어 커트. 메디시언. pp. 34-35
240) 위의 책. pp. 56-57
241) 최은정, 진영모, 김광희(2020). NCS 기반 남성헤어커트 & 캡스톤 디자인. 광문각. pp.73-74
242) 위의 책. p.33-34
243) 위의 책. p. 29
244) 위의 책. p.73
245) 조지훈(2010). 남성헤어커트. 현문사. pp.30-34
246) 최은정, 진영모, 김광희(2020). NCS 기반 남성헤어커트 & 캡스톤 디자인. 광문각. pp.76-78
247) https://smartstore.naver.com/hairwork/products/2822801498?NaPm=ct%3Dkrt8rev4%7Cci%3D922bcf7c4bc6d4d15b4587a8a6b39c0da4003243%7Ctr%3Dslsl%7Csn%3D565041%7Chk%3Dd93ed7e891121d43b563ee0832e045e5b4ae7427
248) 박은준, 박재홍, 권은실, 김우빈, 김경희, 여이주, 강주아, 전소영(2018). NCS 적용 교육 ADVANCE HAIR CUT. 메시디언. p.51
249) 위의 책. p.78
250) 하상중(2011). 남성커트 14일에 완전정복하기. 프로방스. p.38
251) 위의 책. p.80-81
252) 공복례, 배호, 김경득(2015). Man's Cut 남성컷&이용사 실기시험. 구민사.pp.41-44
253) 위의 책. pp.38-42
254) 앞의 책. pp.81-83
255) 위의 책. p. 41
256) https://smartstore.naver.com/tbt1101/products/702221554
257) https://smartstore.naver.com/placedp/products/5529900153
258) https://smartstore.naver.com/okcompany/products/4985643518
259) https://www.lotteon.com/p/product/LO1521898213?sitmNo=LO1521898213_1521898214
260) 박은준, 최지연, 김지영. 이유림, 윤영한(2020). NCS를 반영한 이용사 필기. 메시디언. P.25
261) 위의 책. p.42
262) 앞의 책. p.83
263) 위의 책. p.40
264) 266) 위의 책. p56
267) https://smartstore.naver.com/somc/products/300015017
268) https://smartstore.naver.com/hair_murin/products/5291800506
269) https://smartstore.naver.com/blacklabel2020/products/5364342882
270) https://blog.naver.com/avedacs1/150141704815
271) 박은준, 김우빈, 권은실, 박명희, 황은혜(2019) HAIR CUTTING WORK BOOK 헤어 워크북. 메시디언. pp. 15
272) 박은준, 김영래, 김우빈, 권은실(2018). NCS 적용 교육 남성 헤어 커트. 메디시언. pp. 67-72

273) 최은정, 진영모, 김광희(2020). NCS 기반 남성 헤어커트 & 캡스톤 디자인. 광문각. pp. 90–92
274) 교육부(2016). 이발(LM1201010517_16v2, LM1201010518_16v2, LM1201010519_16v2, LM1201010520_16v2, LM1201010550_16v1). 한국직업능력개발원. p.92.
275) NCS 국가 직무능력표준. 이용 학습모듈. 기초이발.pp.37–51
276) 박은준, 진영모, 강주아, 김민, 김혜정, 장미여, 김우빈, 김동표, 성명수, 박명희(2014). 이·미용 남성 헤어스타일. 청구문화사. pp.53–57
277) 김미정(2009). 상황에 따른 남성 헤어스타일 선호도. 경상대학교 대학원 석사학위논문. p.9
278) 앞의 책. PP.99–109
279) https://blog.naver.com/blogbookit/40194622828
280) 281) https://blog.naver.com/booshin1/220421364765
282) https://blog.naver.com/thduddl0102/50192879429
283) 284) 285) https://blog.naver.com/basicman_kr/221164033557
286) https://blog.naver.com/b25118/221215930061
287) https://blog.naver.com/forever415y/220732326582
288) https://blog.naver.com/breackhan2/221230295506
289) https://blog.naver.com/hanilgnt/220810284665
290) https://blog.naver.com/79638/110188270632
291) https://blog.naver.com/ohyounaceo/220113990919
292) https://blog.naver.com/swim2012/70138923524
293) https://blog.naver.com/busdriver23/221514336724
294) https://blog.naver.com/psheur/220626719779
295) 296) https://blog.naver.com/acminn/220815947876
297) https://blog.naver.com/busdriver23/221514336724
298) https://blog.naver.com/anayo1985/221829707339
299) https://blog.naver.com/blackscissors/222023587816
300) https://blog.naver.com/anayo1985/221829707339
301) https://blog.naver.com/busdriver23/221514336724
302) https://blog.naver.com/anayo1985/221829707339
303) 304) https://blog.naver.com/vuddlf90/221887361241
305) https://blog.naver.com/oudemaasbarbershop/222422101210
306) 307) 308) https://blog.naver.com/cherryheary/222260164101
309) https://cafe.naver.com/eshommes/8497
310) https://blog.naver.com/taeng0221/220065583261
311) https://blog.naver.com/minisms1/137364432
312) https://blog.naver.com/tnwl901/40161871778
313) https://blog.naver.com/ds5ljq/220587383959
314) https://blog.naver.com/hyperjjong/220006226552
315) https://blog.naver.com/soojaeng/220430561199
316) https://blog.naver.com/ekcb8689/220240305749
317) https://blog.naver.com/dbekthal5139/221113811971

318) https://blog.naver.com/linanatasha/180831352
319) https://blog.naver.com/ghxpftkf/20120876342
320) https://blog.naver.com/ghkddbstns/30144040195
321) https://blog.naver.com/boboris1/221251447956
322) https://blog.naver.com/woohong0877/221255637058
323) https://blog.naver.com/hosiwig/220743003111
324) https://blog.naver.com/ksj012/140149506075
325) https://blog.naver.com/sisisnsn123/220181453075
326) https://blog.naver.com/tigermetal/130127241829
327) https://blog.naver.com/bishop1705/221449547569
328) https://blog.naver.com/nuyyun/221143004844
329) https://blog.naver.com/leekajaguri/220249976627
330) https://blog.naver.com/kwontae88/220551967966
331) https://blog.naver.com/yum2126/220227464811
332) https://blog.naver.com/linanatasha/180831352
333) https://cafe.naver.com/dieselmania/23403595
334) https://blog.naver.com/tigermetal/130128850256
335) https://blog.naver.com/ekcb8689/220280337598

베이직 남성 이·미용 커트

1판 1쇄 인쇄 | 2022년 5월 6일
1판 1쇄 발행 | 2022년 5월 10일

지은이 | 박은준·김우빈·박명희
박정은·임윤경·김병국

발행인 | 주병오·주민기

발행처 | 메디시인

경기도 파주시 회동길 209 (파주출판도시)
대표전화 : 031-955-2777, 031-955-7577
팩스 : 031-955-7730
홈페이지 : www.ji-gu.co.kr
E-mail : jigupub@hanmail.net
등록번호 : 2005년 2월 16일
제 406-2005-000045호

ISBN 979-11-90839-62-4 값 35,000원